ダムの基礎グラウチング

財団法人ダム技術センター 監修
飯田隆一 著

技報堂出版

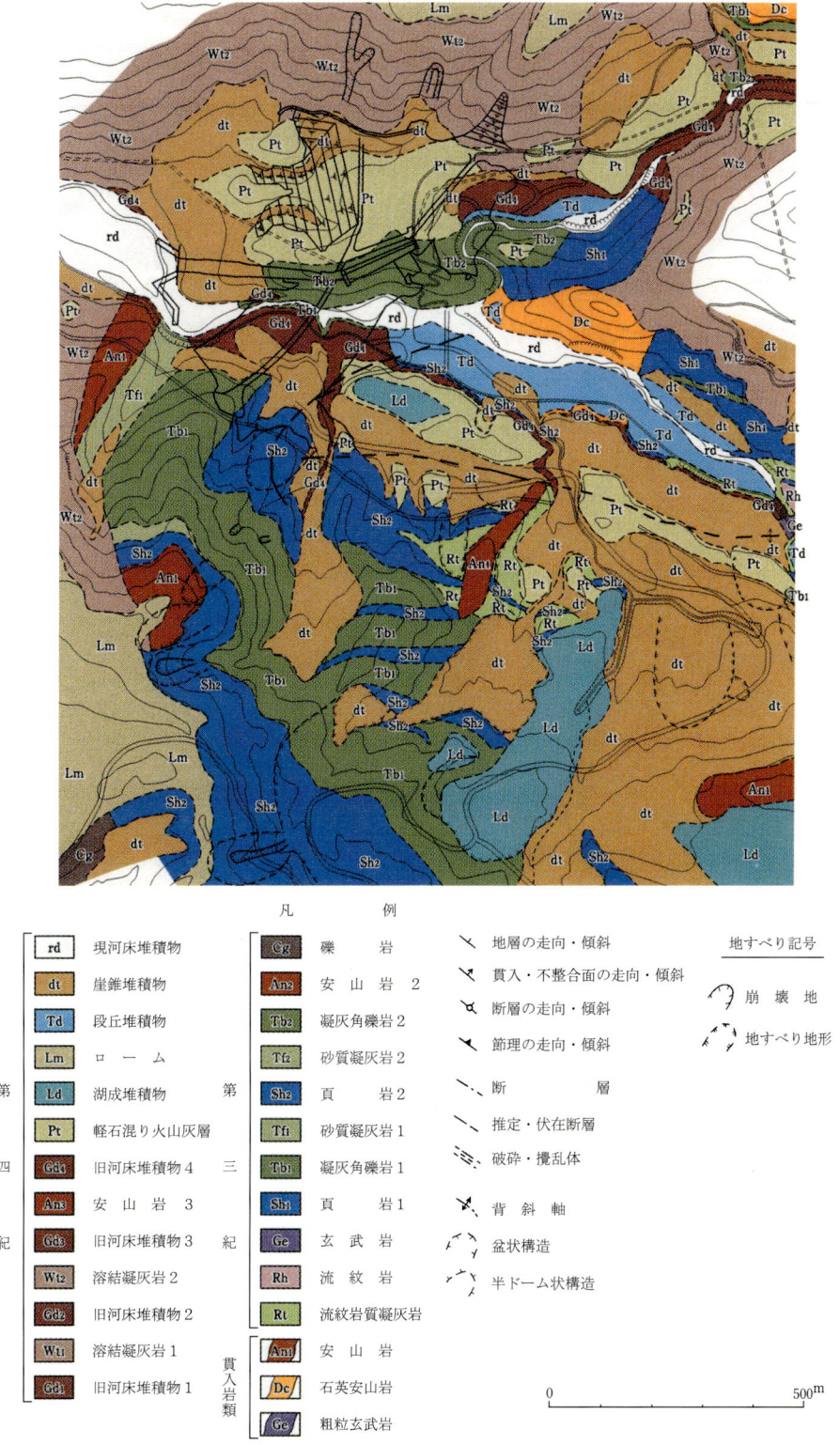

口絵-1　下湯ダム周辺地質図（「下湯ダム工事誌」より）

20世紀後半でどのような変化をしてきたのか調べてみる必要性を強く感ずるようになり，本書の第3章の部分に着手した．

その結果，当初筆者が漠然と感じていたことが明確となった．すなわち，最近のダムの基礎グラウチングは指針類が整備されるに従って浸透流に対しての安全性は大幅に向上してきているが，地質条件に恵まれない地点でのダム建設が増えたということだけでは説明できないような工事数量の増加がはっきりとした形で浮かび上がってきた．そして，その点に関しても指針類で規定された事項の中でも原点に立ち返った検討が必要であることを痛感するに至った．

このような経緯を経て，ダムの基礎グラウチングの設計面について筆者なりの考え方が浮かび上がってきたので，単に事例集ではなくてダムの基礎グラウチングに関してより広くまとめてみることにした．

現在ダム建設は極めて厳しい状況下にある．筆者が若い頃は自然の克服というのが一つの大きな目標となってダム建設に従事していた．しかし社会施設が次第に整備されてそれによるマイナス面が浮かび上がってくると，自然に変化を与えずに社会施設の整備を行うことが強く要請されるようになり，さらに経済効率が良い地点からダム建設が行われてきた経緯もあって，今後のダム建設は一段と合理化を進めた形で取り組まなければ社会の要請に応じられなくなっている．

振り返ってみると，筆者はダム建設が最も多く行われ，最も多くの経験を踏むことができた時代を生きたといえる．また今後ダム建設の必要性は減少することはあっても存続すると考えられるので，我々の世代はこの貴重な経験を収集・整理し，是正すべき点と活用すべき点を明らかにし，その上に立ってより合理的なダム建設が行い得るようにする責任があると考えられる．特にダムの基礎グラウチングのように経験工学的な色彩が濃い分野では，理論的な観点からの考察だけでは合理的な姿は浮かび出てこないので，このような方向からのアプローチが必要であると考えて本書を取りまとめた次第である．

しかし筆者は何分にもグラウチングに関しては施工経験もなく，その細部については全くの素人であるため，本書も工事誌などの工事記録を調べて書いたものである．したがって，実際の施工にあたっては不適当と考えられる部分が多々含まれていると考えられる．その点に関しては本書を契機にダムの基礎グラウチングに関して施工経験者を含めた議論が進められ，より現実的で合理化された姿に改善されることを念願している次第である．

最後にこのような取りまとめが可能になったのは筆者がダム技術センターという組織に在職し，工事誌などに記載されていない部分についても資料が得やすく，自分なりに理解し得るまで資料を収集したり建設当時の担当者から説明を受けることができたことと，役職を離れて時間的な余裕に恵まれたためであると考えている．

筆者をこのような環境下におき励ましてくださった関係各位，特に広瀬利夫氏やダム技術センターの方々に深く感謝する次第である．また，本書をまとめていく過程で，ダム技術センター顧問の大木達夫氏，水資源開発公団の杉村淑人氏からいろいろな貴重なご意見をいただいた．

さらに事例研究を進めるに際しては工事誌などの公表された資料のみでは理解し得ない点が多くあり，それを補完するために当時の工事関係者からいろいろと説明を受けたり，資料を提供していただいた．特に元緑川ダムの所長の田原正清氏，元美利河ダム副所長の山下弘一氏，水資源開発公

団の元理事高樋堅太郎氏，同理事の丈達俊夫氏，元群馬県企業局の倉沢辰巳氏，元新潟県の米沢富信氏，元福島県の三浦定氏，東京電力の高津浩明氏，開発設計コンサルタントの祖父江要氏と武田和久氏，アイドールエンジニヤリングの奥田英治氏などから貴重な資料とご意見をいただいた．
　また本書の出版にあたっては技報堂出版の森晴人氏のご協力をいただいた．
　これらの方々に改めて感謝の意を表する次第である．

2002年2月

著　者

目 次

第1章 ダム基礎グラウチングの基準・指針類の歴史的経緯
- 1.1 日本のダム基礎グラウチングに影響を与えた基準・指針類の概要 1
- 1.2 1957年（昭和32年）の「設計基準」の止水処理から見た特徴 3
- 1.3 1972年（昭和47年）の「施工指針」の止水処理から見た特徴 5
- 1.4 1983年（昭和58年）の「技術指針」の止水処理から見た特徴 9

第2章 ダム基礎岩盤の透水特性と変形特性に関する基礎理論
- 2.1 岩盤内浸透流の基礎理論 17
  - 2.1.1 Darcyの法則と浸透流の種類 17
  - 2.1.2 真の透水係数と見掛けの透水係数 21
  - 2.1.3 黒部ダムにおける大長昭雄の実験的研究 24
  - 2.1.4 止水カーテンとコンソリデーショングラウチングと排水孔の効果に関する考察 ... 30
  - 2.1.5 止水カーテン先端部の岩盤に必要な透水度に対する考察 32
- 2.2 節理性岩盤の力学的性質の概要 42
  - 2.2.1 節理性岩盤の力学的性質の基礎的な特徴 42
  - 2.2.2 グラウチングによる岩盤の力学的性質の改良効果 44

第3章 戦後の日本のダム基礎グラウチングの変遷に対する歴史的考察
- 3.1 戦後の日本のダム基礎グラウチングからみた年代区分 51
- 3.2 第1期に完成したダムの基礎グラウチングの特徴 51
  - 3.2.1 第1期でのダム建設の概況と基礎グラウチングを取り巻く状況 51
  - 3.2.2 第1期に完成した重力ダムの基礎グラウチングの概況 53
  - 3.2.3 第1期に完成したアーチダムの基礎グラウチングの概況 56
- 3.3 第2期に完成したダムの基礎グラウチングの特徴 60
  - 3.3.1 第2期でのダム建設の概況と基礎グラウチングを取り巻く状況 60
  - 3.3.2 第2期に完成した主要なアーチダムの基礎グラウチングの概況 64
  - 3.3.3 第2期に完成した主要な重力ダムの基礎グラウチングの概況 71
  - 3.3.4 第2期に完成した主要なフィルダムの基礎グラウチングの概況 80
  - 3.3.5 第2期に完成した主要なダムの基礎グラウチングの特徴の要約 84
- 3.4 第3期に完成したダムの基礎グラウチングの特徴 86
  - 3.4.1 第3期でのダム建設の概況と基礎グラウチングを取り巻く状況 86

3.4.2　第 3 期に完成した主要なコンクリートダムの基礎グラウチングの概況 89
　3.4.3　第 3 期に完成した主要なフィルダムの基礎グラウチングの概況 96
　3.4.4　第 3 期に完成した主要ダムの基礎グラウチングの特徴の要約 103
3.5　第 4 期に完成したダムの基礎グラウチングの特徴 105
　3.5.1　第 4 期でのダム建設の概況と基礎グラウチングを取り巻く状況 105
　3.5.2　第 4 期に完成した主要なコンクリートダムの基礎グラウチングの概況 109
　3.5.3　第 4 期に完成したフィルダムの基礎グラウチングの概況 116
　3.5.4　第 4 期に完成した主要なダムの基礎グラウチングの特徴の要約 121
3.6　日本のダム基礎グラウチングの歴史的観点から見た問題点 123

第 4 章　グラウチングによる止水処理の事例研究

4.1　グラウチングによる止水処理の事例研究での問題点と着目点 131
4.2　緑川ダムの更新世末期の火山性地層での止水処理 132
　4.2.1　緑川ダムの概要 132
　4.2.2　緑川ダムの地質の概況 133
　4.2.3　緑川ダムの右岸台地部の追加調査と追加止水工事 136
　4.2.4　緑川ダムの止水上の問題点の要約 139
4.3　松原・下筌ダムの鮮新世後期の火山性地層での止水処理 140
　4.3.1　松原・下筌ダムの概要 140
　4.3.2　松原・下筌ダムの地質の概況 142
　4.3.3　松原・下筌ダムの当初の止水対策 147
　4.3.4　松原・下筌ダムの初期湛水時に生じた浸透流問題とその対策 149
　4.3.5　松原・下筌ダムの止水上の問題点とそれに対する考察 155
4.4　鯖石川ダムの鮮新世末期の砂岩層での止水処理 159
　4.4.1　鯖石川ダムの概要と地質概況 159
　4.4.2　鯖石川ダムの砂岩層における止水上の問題点 161
　4.4.3　鯖石川ダムにおける透水試験とグラウチングテスト 162
　4.4.4　施工結果と湛水後の状況 165
4.5　漁川ダムの更新世末期の火砕流堆積層での止水処理 167
　4.5.1　漁川ダムの概要と地質概況 167
　4.5.2　河床部の軽石質凝灰岩層（Ps 層）の耐水頭勾配性と透水度の調査 170
　4.5.3　漁川ダムの低固結軽石質凝灰岩および低溶結凝灰岩における止水処理 173
　4.5.4　止水処理の施工と湛水後の状況 176
4.6　御所ダムの泥流堆積層の透水度の調査 179
　4.6.1　御所ダムの概要と地質概況 179
　4.6.2　御所ダムの泥流堆積層における透水試験 180
　4.6.3　御所ダム泥流堆積層における透水試験結果に対する考察 183
4.7　大門ダムの更新世後期の岩屑流堆積層での止水対策 184

4.7.1	大門ダムの概要	184
4.7.2	大門ダムサイトの地質概況	185
4.7.3	大門ダムの右岸の第四紀堆積層に対する止水対策	189
4.7.4	大門ダムの韮崎岩屑流堆積層でのグラウチングの施工結果	190
4.7.5	大門ダムの韮崎岩屑流堆積層の止水処理結果に対する考察	194

4.8 下湯ダムの更新世後期の火砕流堆積層での止水対策 ... 196
    4.8.1 下湯ダムの概要 ... 196
    4.8.2 下湯ダムの地質概況 ... 197
    4.8.3 下湯ダムの止水処理 ... 200
    4.8.4 下湯ダムの高溶結凝灰岩層内での地下水面形状の特徴 ... 203
    4.8.5 下湯ダムの試験湛水時の状況 ... 205
    4.8.6 高溶結凝灰岩層の透水特性と下湯ダムの止水処理の問題点 ... 208

4.9 美利河ダムの鮮新世末期から更新世初期の堆積層での止水処理 ... 212
    4.9.1 美利河ダムの概要 ... 212
    4.9.2 美利河ダムサイトの地形・地質の概況 ... 213
    4.9.3 美利河ダムの瀬棚層の透水および力学的特性の調査結果 ... 219
    4.9.4 美利河ダムの施工と湛水後の状況 ... 227
    4.9.5 美利河ダムの止水処理の施工結果に対する考察 ... 227

4.10 四時ダムの山落ち弱層の上盤の緩んだ部分での止水対策 ... 231
    4.10.1 四時ダムの概要 ... 231
    4.10.2 四時ダムサイトの地質概況 ... 232
    4.10.3 試験湛水開始前の止水処理 ... 235
    4.10.4 試験湛水初期の浸透流の状況と追加止水工事 ... 238
    4.10.5 追加止水工事後の湛水時の状況 ... 241
    4.10.6 四時ダムの止水処理の施工結果に対する考察 ... 243

4.11 浦山ダムの地形侵食による緩みの著しい部分での基礎グラウチング ... 244
    4.11.1 浦山ダムの概況 ... 244
    4.11.2 浦山ダムサイトの地質概要 ... 244
    4.11.3 浦山ダムの緩みの著しい部分に対する特殊基礎処理の概要 ... 247
    4.11.4 浦山ダムの特殊基礎処理の施工結果 ... 250
    4.11.5 浦山ダムの止水カーテンの施工結果 ... 258
    4.11.6 浦山ダム止水グラウチングの施工結果に対する考察 ... 262

第5章 各種地層のグラウチングによる止水処理の面から見た特徴と各々の問題点

5.1 ダム基礎岩盤のグラウチングによる止水処理の面から見た地層の分類 ... 271
5.2 通常の地層の地形侵食により緩んだ部分での止水処理 ... 273
    5.2.1 通常の地層の地形侵食により緩んだ部分の特徴 ... 273
    5.2.2 通常の地層の河谷の侵食により緩んだ部分の止水処理上の留意点 ... 276

5.2.3　通常の地層でのグラウチング施工実績資料の整理方法の問題点 277
　　　5.2.4　通常の地層での浸透流解析の適用の可否 282
　5.3　鮮・更新世以降の火山性地層での止水処理 287
　　　5.3.1　火山性地層の特徴 287
　　　5.3.2　火山性地層の地質調査上の留意点 292
　　　5.3.3　高溶結の火山性地層での冷却節理の特徴 293
　　　5.3.4　新しい地質年代に生成された高溶結の火山性地層での止水処理上の問題点の要約 297
　5.4　固結度が低い地層での止水処理 299
　　　5.4.1　固結度が低い地層内の浸透流の特徴 299
　　　5.4.2　固結度が低い地層の透水度を支配する主要因 300
　　　5.4.3　固結度が低い地層の透水試験方法 301
　　　5.4.4　固結度が低い地層の透水度の表示方法 306
　　　5.4.5　固結度が低い地層のグラウチングによる改良可能値 307
　　　5.4.6　固結度が低い地層における浸透流解析の適否 312
　　　5.4.7　固結度が低い地層内での止水処理上の問題点の要約 313
　5.5　風化岩特にマサ化した花崗岩での止水処理 314
　　　5.5.1　風化花崗岩の特徴とその止水処理事例の概況 314
　　　5.5.2　広瀬ダムの風化花崗岩での止水処理 317
　　　5.5.3　奈良俣ダムの風化花崗岩での止水処理の検討 319
　　　5.5.4　布目ダム右岸鞍部の風化花崗岩での止水処理 322
　　　5.5.5　風化花崗岩の透水特性と止水処理から見た分類方法 328
　　　5.5.6　風化花崗岩の止水処理検討での調査・試験と浸透流解析の適否 331
　5.6　断層・破砕帯など弱層内の浸透流の止水対策上の問題点 332
　　　5.6.1　断層周辺部などの弱層部での止水処理の問題点 332
　　　5.6.2　断層やその周辺部などの弱層部の止水面から見た特徴と問題点 334
　　　5.6.3　比較的規模が大きい断層の止水対策事例に対する考察 338
　　　5.6.4　最近の断層周辺部のグラウチングによる止水処理の問題点 342
　　　5.6.5　断層周辺部でのその性状に適合した止水処理の要約 348

第6章　ダム基礎グラウチングの問題点と改善方法

　6.1　ダム基礎グラウチングの問題点の概要 351
　6.2　各種地層での主止水カーテンの改良目標値と施工深さの検討 351
　　　6.2.1　現在の主止水カーテン改良目標値の問題点と浸透流速の実測値 351
　　　6.2.2　ダム基礎岩盤の主止水カーテン内の水頭勾配・浸透流速などの推定 354
　　　6.2.3　主止水カーテンの施工深さと改良目標値 363
　　　6.2.4　断層・破砕帯周辺部での主止水カーテンの改良目標値・施工深さ・孔配置 366
　　　6.2.5　止水カーテンの調査範囲 369
　6.3　補助カーテン 370

    6.3.1 補助カーテンの目的と現況 370
    6.3.2 補助カーテンの孔配置・施工深さと改良目標値 371
 6.4 コンソリデーショングラウチング 373
    6.4.1 コンソリデーショングラウチングの目的と効果 373
    6.4.2 コンソリデーショングラウチングの改善点 377
    6.4.3 コンソリデーショングラウチングの改良目標値 379
 6.5 ブランケットグラウチング 380
    6.5.1 ブランケットグラウチングの目的と効果 380
    6.5.2 ブランケットグラウチングの施工範囲・孔配置・孔深と改良目標値 382

第1章 ダム基礎グラウチングの基準・指針類の歴史的経緯

1.1 日本のダム基礎グラウチングに影響を与えた基準・指針類の概要

　ダム建設が始められた初期においては止水工法が未発達であったこと，止水上問題が少ないと考えられるような地点にダムサイトが選定されていたこと，ダム規模も大きくなく，地形・地質条件に対しても余裕のある高さの範囲内でダム建設が行われていたことなどにより，ダム工事はもっぱらダム本体に注意が注がれ，止水処理に注意が向けられるようになったのは比較的近年になってからのようである．

　止水カーテンなどのグラウチングによる基礎処理は筆者がダム建設に関係し始めた1953年にはすでに行われており，施工の問題として多くの検討が行われていた．しかし，主としてダムの設計業務に従事していた筆者は，その時点でこれらの基礎処理技術がどのような検討と実績に基づいて当時の姿が形成されたかについては詳細には知り得ていない．

　現在筆者が知り得る止水処理としてのグラウチングによる基礎処理の1950年以前の諸外国における発展の経緯は，1952年に提出されたASCEの揚圧力委員会の報告書である"Uplift in Masonry Dams"に引用されているダムの揚圧力の測定値からも知ることができる．すなわち1930年頃を境にそれ以前に完成したダムとそれ以降に完成したダムとでは揚圧力の測定値は大きく異なり，1930年以前に完成したダムの中で止水カーテンが施工されて排水孔が設けられたダムでも，1930年以降に完成したダムに比べて排水孔周辺およびそれ以外の場所の揚圧力の測定値は比較的高く，止水カーテンが効果的に働いていなかったことを示している．

　これに対して1930年以降に完成したダム，特にアメリカの開拓局（以下単にUSBRと記す）のHooverダム，Grand CouleeダムやTVAの諸ダムと前後して建設された大規模ダム以降，揚圧力の測定値は極めて低く抑制されている．これらの事実から1920年代後半からアメリカを中心に止水工法の大幅な進歩があり，ダムの基礎グラウチングについて現在一般に用いられている考え方と工法の基本が組み立てられたと読み取ることができる．

　戦前の日本においてダム建設にあたってどのような工法により止水処理が行われていたかについては，筆者は戦前のダムの工事記録を入手していないので正確に述べることはできない．しかし前述したように，1950年代の初期にはすでに大規模なダムでは止水カーテンは現在一般に行われているものよりも施工範囲はかなり狭く，孔間隔は粗いものであったが実施されていた．またコンソリデーショングラウチングも断層周辺部などの弱層部や湧水箇所を中心に部分的ではあるが実施され，各現場で独自にUSBR，TVA，陸軍工兵隊などアメリカの主要機関で建設されたダムや，戦前の代表的なダムの工事記録を参考としながら建設を進めていた．これらの経緯とその後の変化について

は第3章で詳しく述べることにする．

このほかダム本体の設計・施工法についても同様の状態に置かれ，思想的にも混乱が見られたので，設計法を中心にこれらの種々な流儀に検討を加えて思想的にも統一したものを組み立て，その後の発展を図ったものが1957年の大ダム会議の「ダム設計基準」（以下単に「設計基準」と記す）である．また，1965年の「コンクリートダム施工基準」，1971年，1978年の「改訂ダム設計基準」がまとめられた．さらにこれらを法令としてまとめたものとして1976年の「河川管理施設構造令」が制定され，建設省河川局は「河川砂防技術基準」として1958年にまとめ，1976年，1986年に改訂を行っている．

これに対して基礎グラウチングについては，設計部門に比べて理論的に解明しにくい部分が多くて工事経験と工事事例の分析に基づく経験工学的な要素が多いために，設計部門に比べて基準や指針類の整備はやや遅れた．しかし1950年代後半から1970年代前半にかけて完成した数多くのアーチダムの建設を通してこの分野でも大きな発展が見られ，それらをまとめる形で1972年の「ダム基礎岩盤のグラウチング施工指針」（以下単に「施工指針」と記す）と1983年の「グラウチング技術指針」（以下単に「技術指針」と記す）が作成された．さらにこれらの指針を補完して岩盤の透水度を測定するルジオンテストの細部を規定するものとして，1977年の「ルジオンテスト施工指針」，1984年の「ルジオンテスト技術指針」などがまとめられている．

これらの基準・指針などはそれがまとめられた時点においては主だった関係者が参画して討議を経てまとめられており，その時点での主流となった考え方を表しているとともに，その時点での基礎グラウチングに対する主な問題点に対する考え方が強く現れていると考えられる．

これらの指針類はその後のダムの基礎グラウチングの姿に大きな影響を与えており，これらの指針類が作成された各々の時点での技術的背景とその時点で直面していた技術的問題点と，さらにこれらの指針類により新たに提起された注目すべき問題点について概略の考察を加えることにする．なおこれらの指針類がその後のダムの基礎グラウチングに与えた影響と具体的な問題点については第3章で詳しく論ずることにする．

このような観点に立って戦後の約50年におけるダムの基礎グラウチングの歴史的経緯に考察を加えるにあたって，注目すべき基準・指針類としては，

 i) 1957年（昭和32年）制定の「設計基準」
 ii) 1972年（昭和47年）制定の「施工指針」
 iii) 1983年（昭和58年）制定の「技術指針」

があげられる．

これらのほかに1965年に制定された「コンクリートダム施工基準」があるが，基礎グラウチングに関する限り1955～1964年の間に完成した27の主要なダムのグラウチングの実績資料を収集したにとどまった．すなわちちょうどこの時期には黒部ダムをはじめとするいくつかの大規模なアーチダムの建設を通して新しい技術が形成されつつあった．これらの新しい技術はその後のグラウチングに決定的な影響を与えたが，この基準はこれらの新しい技術の結果を集約したものとはならず，次の1972年の「施工指針」への橋渡し的な役割しか果たさなかった．

また1971年の「改訂ダム設計基準」は，1950年代後半から1960年代にかけて完成したアーチダム，中空重力ダム，フィルダムなどの多種にわたる大規模な数多くのダムの建設を経て集積され

た技術を集約したものとして設計論的には注目すべきものである．しかし止水処理という観点からは「施工指針」の作成が並行して進められており，ダムの基礎グラウチングの問題は施工の問題として細部には踏み込まなかったので，その後の基礎グラウチングに関しては「施工指針」と「技術指針」とが決定的な影響を与えている．

このほか1977年の「ルジオンテスト施工指針」や1984年の「ルジオンテスト技術指針」などのルジオンテストの指針もまとめられているが，これらはそれぞれ1972年の「施工指針」や1983年の「技術指針」を補完するものとして作成されたものである．したがって本章では上記の3つの基準・指針を中心に，その指針が制定された技術的背景とその指針等で新たに打ち出された主要な点について述べることにする．

1.2　1957年（昭和32年）の「設計基準」の止水処理から見た特徴

前節に述べたように，1930年頃からアメリカを中心としてダムの建設技術は大きく進歩し，現在の大ダムの建設技術に近い水準に達してその一部は戦前の日本にも伝えられた．しかし1950年頃から戦後の日本で大ダムの建設が再開されてみると日米の技術格差は著しく，アメリカの著名なダムの設計例，工事例を参考として建設が進められた．このような状況からその間に数多くの流儀が入り乱れて混乱が見られたので，これらを日本の技術として消化して統合を図った第一歩が1957年制定の「ダム設計基準」であり，これがその後の日本のダムの設計思想の出発点となった．

この時期に日本のダム技術が置かれた背景をより詳しく述べると，1950年頃から戦後の経済的混乱から立ち直り，経済復興の柱として電力用の大ダムと並行して洪水調節，都市用水，灌漑をも目的とした多目的ダムも相次いで建設に着手された．

当初はアメリカ軍の進駐下にあり，ガロア資金などのアメリカの資金援助による事業もあったこともあり，さらに諸外国の細部まで記述された文献などは容易に入手できる状態にはなく，詳細なマニュアルや工事記録は当時訪米する機会があった人々によりもたらされた文献が中心になり，USBR，工兵隊，TVAの文献が主な検討対象となり，主としてアメリカのダム技術を習得しつつ建設が進められた．

しかしアメリカのダム技術もその細部については各機関によりかなりの相違があり，またそれを文献などにより導入した各ダムの建設現場の事情により異なった適用が行われるなど，前述したように数多くの流儀が入り乱れて混乱も生じてきた．

このような背景からこの「設計基準」の作成作業は進められたが，1950年代前半に着手されたダムは上椎葉ダム，鳴子ダムと井川ダムを除いてほとんどの大規模なダムは重力ダムであった．このため「設計基準」を作成する際に検討対象となったのは主として重力ダムで，アーチダム，中空重力ダムや大規模なフィルダムの建設は各々1〜2ダム程度しかなく，一般論的に検討する段階に至っていなかった．このためこの種のダムの関係者の手でごく簡単に記述され，同種の形式のダムがいくつか完成した時点において再度一般論的に検討し直そうというのが実状であった．

このような状態において1951年10月にアメリカのJ. Savage博士が来日し，十数冊から成り詳細な記述が盛り込まれたUSBRのマニュアルのTreatise on Damsを土木学会に寄贈し，これが各機関と各希望者に配布されたためにUSBRのダム技術全般が詳細に紹介され，多くのダムでこれ

を中心に学びつつ建設が進められたことである．特に，1930年代後半からUSBRはHooverダム，Grand Coulee ダム，Shasta ダムなど当時の世界の最も注目を集めた大規模なダムを建設した機関であったこともあって，そのダム技術は特に強い関心が注がれていた．

このためにこの「設計基準」にはUSBRの設計・施工の考え方が強く影響を与えることになった．したがってダムの基礎グラウチングに関する技術もこの時期にはUSBRの技術を模範として習得し，その水準まで引き上げていくことが一般的な目標となって改善が進められていった．

しかし当時の日本はグラウチングの施工機械はまだ未熟な段階にあり，文献等で調べても直ちにそれを実施し得る状況にはなく，施工機械が改良されたり新しい性能の機器が導入されることにより現在見られる基礎グラウチングの姿に近い形での施工が可能となり，これらの施工機械の進歩に裏付けられてグラウチングの施工結果にもある程度の自信が持てるようになったのが実状であった．

これと歩調を合わせて，ダムの基礎岩盤の止水処理も戦前の止水壁（カットオフウォール）中心の考え方から基礎グラウチング中心の考え方へと移行していった．この「設計基準」が制定された段階では大半のダムではカットオフウォールと止水カーテンの併用で止水処理が検討されており，カットオフウォールがほぼなくなって止水カーテンのみによる止水へと移行したのは1956〜1957年に完成した五十里ダムと小河内ダムにおいてであった．

このような背景からこの「設計基準」では基礎処理は施工上の問題として具体的な記述は示されていないが，［第3章コンクリート重力ダム 第13条基礎処理］の条文では『……基礎岩盤の上流側は水密性を要するから十分グラウトを行わなければならない……』と記述し，その解説で『……従来ダム基礎の上流部には漏水を防ぐために止水壁を設けるのを例としてきたが，…（中略）…最近はこれを廃止し，カーテングラウトを用いることが多い……』[1]と記述し，当時はまだカットオフウォールによる止水が主流を占めていたことを示すとともに，緩い調子で止水カーテンへの移行を推奨しているにすぎない．

このようにこの「設計基準」では止水処理に関してはカットオフウォールから止水カーテンへの移行を緩く推し進める段階にとどまっていた．

しかしこの「設計基準」が施行された時点においてすでに日本のダム技術は大きな変動期に入り，重力ダム一色からアーチダム，中空重力ダムなど堤体積が大幅に削減されるダム形式を多用する時期へと移行し，その数年後には大型施工機械を用いた大量機械化施工に適した大規模なフィルダムの登場へと移行していった．

その変化をさらに大きく増幅したのは，1959年12月のフランスのMalpassetダムの破壊を契機として生じたダム設計の主眼点のダム本体の安全性からダム基礎の安全性への移行であった．

すなわち日本の最初のアーチダムとなった上椎葉ダムはアメリカのOCIの技術指導を受けて設計・施工が行われ，当時のアメリカの設計技術としてはかなり薄肉のアーチダムであった．しかし1950年代初期から欧州，特にイタリア，フランスを中心にドーム型の極めて薄肉のアーチダムや中空重力ダムが相次いで建設され，これらが文献等を通じて紹介されると，上椎葉ダムよりも堤体積の削減の度合は欧州系のアーチダムの方が著しく，欧州系のダムの設計技術は極めて魅力に富んだものとして大きな注目を集めた．

当時日本は戦争による経済の痛手は著しく，材料費は高くて人件費は低い状態にあったので，人手間をかけても堤体積が少ないダムを建設することは経済的に極めて有利であり，当時世界の富の

大半を集めた経済状態にあったアメリカの設計技術に比べて，当時の日本と同様な経済状態にあった欧州諸国のそれは極めて魅力に富んだものであった．

これから意識的に欧州系，特にイタリア，フランスのアーチダム，中空重力ダムの設計技術を文献等を通して習得し，この種のダムの建設が数多く進められるようになった．

このために「設計基準」が制定された1957年には，すでに欧州の設計思想に基づいたアーチダムとして殿山ダム，佐々波川ダム，綾北ダム，室牧ダム，黒部ダム，天ヶ瀬ダム，川俣ダムなどが，中空重力ダムとして大森川ダム，畑薙第1ダム，横山ダムなどが建設に着手されていた．

このように主としてアメリカからの技術を導入して消化した技術を中心に編成されていた「設計基準」は，設計の分野でも制定された時点ですでにアーチダム，中空重力ダムではこの「設計基準」の内容を越えた取組みが始まっていた．さらに前述したMalpassetダムの事故を契機とした設計の着眼点の変換により重力ダムの設計も根本的な見直しが必要となり，1969～1971年の「改訂ダム設計基準」で大きく改訂されることになった．

ダムの基礎グラウチングの技術は止水面からも力学的な面からも，重力ダムに比べてはるかに厳しい条件下におかれているアーチダムの建設を通して大きな発展が見られた．すなわち上椎葉ダムでは前述したようにアメリカの技術に準拠して建設され，多くの新しい技術が習得されたが，それらの技術は1950年代後半に着手したいくつかのアーチダム（殿山ダム，佐々並川ダム，綾北ダム，室牧ダムなど）の建設を通して次第に体系化した姿を現し始めた．さらにダム高さ186mの黒部ダムの建設において設計技術のみならず施工技術，特に基礎グラウチングの技術も欧州，特にイタリア，フランスの技術が大幅に導入され，大きな変化がもたらされることになった．

これとほぼ期を一にしてMalpassetダムの事故を契機とした設計の主眼点の堤体から基礎岩盤への移行が生じたが，この移行は基礎グラウチングの重要性をさらに強く認識させることになった．これらが相まってダムの基礎グラウチングを経験のみに準拠した定性的な判断に基づく施工管理から，施工中に得られた資料に基づいたより科学的な施工管理へと大きく変換させ，1960年代に施工中の新しい考えに基づくいくつかのダムでの工事経験を経て新しい基礎グラウチングの指針の作成に取り組まれることになった．

このような背景から生まれたのが次節で述べる1972年の「施工指針」である．

1.3　1972年（昭和47年）の「施工指針」の止水処理から見た特徴

1972年の「施工指針」は前節に述べたような背景の下に作成された．

この「施工指針」は土木学会の岩盤力学委員会の中に設けられた分科会で作成作業が進められ，1950年代後半から1970年代初期に完成したアーチダムの建設に関係した人々（発注機関，施工業者を含めて）を中心に討議され，作成されたものである．

したがってこの「施工指針」は主としてアーチダムの基礎となるような極めて堅硬な岩盤における調査・施工に際して得られた資料を中心に検討して作成作業が進められており，アーチダムの堅硬な基礎岩盤を対象とした指針としては現在見ても優れたものである．

しかし，固結度が低い地層や断層周辺部などの弱層のように強度が低い部分に対してはまだ調査・工事の経験も少なく，検討対象となり得る資料もわずかしか得られていなかったのでほとんど検討

されていなかった．すなわち例えば限界圧力については［2.2 ルジオンテスト］では全く触れられず，［3.3 グラウチング 3.3.4 注入 (2) 注入方法］の解説で高圧グラウチングに関連して説明されているような状況である．

以上述べたような「施工指針」が作成された時点での技術的背景を要約すると，

- ㋐ 1950 年代には大規模な重力ダムの建設にあたっては主としてアメリカの基礎グラウチングの技術が導入されたが，黒部ダムの建設を契機に欧州，特にイタリア，フランスの技術が導入された．これに伴ってルジオンテストによる原位置透水試験，ルジオン値によるグラウチングの施工管理や高圧グラウチングの技術などが導入され，主としてアーチダムの基礎グラウチングを中心に体系化された．
- ㋑ 1959 年 12 月の Malpasset ダムの事故を契機としてダム設計の主眼点がダム本体の安全性の検討から基礎岩盤の安定性の検討に移行した．これと連動して基礎グラウチングの改良効果の判定もダム建設にあたっての重要項目として認識されるに至り，改良効果を透水度の面からも力学的性質の面からもより定量的に捉える方向が指向されるようになった．
- ㋒ 検討対象とされた岩盤が大規模な薄肉のアーチダムの基礎となった堅硬な岩盤が中心であったためにアーチダムの基礎岩盤に対しては適用しやすく，一般的に見ても堅硬な岩盤に対しては有効な指針となった．しかし固結度が低い地層や弱層のように強度的に劣る地層や部分に対しての適用は考慮されていない指針となっていた．

などであろう．

なおこの「施工指針」で提示された主要な点を列記すると，

(1) ダム基礎岩盤の透水度を求める方法をルジオンテストに統一したこと [2]．

(2) ルジオンテストを行う位置・範囲を規定したこと．すなわち調査範囲として『……少なくともダムの最大水深の半分程度まで，地質上問題がある場合には最大水深にほぼ等しい深さまで……』[3] と記述し，一般的には $H/2$ の深さまで，地質上問題がある地層で H の深さまでと規定したこと．しかし地質上問題がある地層については当時はまだ具体的に充分な経験が積まれていなかったために，固結度が低い地層・鮮新世以降の新しい火山活動による高溶結な火山岩類を含む地層や石灰岩を含む地層などの止水上特殊な観点からの検討が必要な地層については記述されていない．

(3) 注入の項で特に「注入方法」という条項を設け，最高注入圧力と限界圧力との関係についていくつかの考え方を紹介して論じていること．特に高圧グラウチングについてかなりの力点を置いて紹介している [4]．

(4) コンソリデーショングラウチングの効果は割れ目を充塡することにあり，その目的は基礎岩盤の変形性と着岩面近くの岩盤の透水度の改良にあることを明記したこと [5]．

(5) 止水カーテンの改良目標値を『チェック孔によるルジオンテストの結果は，全ステージ数のうち 85〜90% 程度が目標ルジオン値以下となることが望ましい．目標ルジオン値はコンクリートダムの場合重要な部分に対して普通 1〜2 ルジオン，ロックフィルダムの場合 2〜5 ルジオン程度とすることが多い』[6] とはっきりと明記したこと．

(6) コンソリデーショングラウチングの施工範囲，孔間隔，深さについては具体的な記述が示されたが，その改良目標値については具体的な数値は示されなかったこと．

(7) 止水カーテンの施工深さについては一応その基本的な考え方について述べ，さらにそれ以前に一般に用いられていた経験式も併せて示していること．

などであろう．

以上の諸点のうち，(6) と (7) についてはその後の基礎グラウチングに大きな影響を与えているので立ち入って検討を加えることにする．

まず (6) について述べると，[4 コンソリデーショングラウチング 4.2 施工範囲] の条文には『……基礎に作用する応力の大きさ，および岩盤状況を考慮して定める』[7] とし，その解説では『…コンソリデーショングラウチングは，基礎岩盤のひび割れの多い箇所，シームの集中している箇所などに重点的に行うのが普通である．アーチダムの場合はその高さにかかわらず，岩盤への作用応力が大きいので，一般に基礎面全域にわたりコンソリデーショングラウチングを施工する場合がほとんどであり，またその深さも大きくする必要がある．…(中略)…重力ダムの場合には，一般にアバットメントの近傍ならびに基礎岩盤の均一性から見て問題となるような岩盤の悪い箇所に行い…』[8] と記述され，重力ダムの基礎岩盤については必ずしも全面的に施工する方向は示してはいない．

しかし [4.4 孔の配置，深さおよび方向] の解説では『……この間隔は岩盤の状況に応じて定められるべきであるが，全域にわたる一様なコンソリデーショングラウチングに対しては…(中略)…最終間隔が 2.5〜5m になるまで行うのが普通である』[9] と記述し，内挿法で最終孔間隔 2.5〜5m まで施工することを標準施工法として推奨している．前述したように 4.2 節では『重力ダムでは…(中略)…岩盤の悪い箇所に行い…』と記述しながら，最終孔間隔 2.5〜5m という値を示したのは，ダム敷の全面に施工されるアーチダムや大規模な重力ダムを対象に記述されたものであろうか．

さらに 4.1 節と 4.2 節の記述では，明確にコンソリデーショングラウチングの目的は着岩面近くの浅い部分の止水と変形性の改良を目的とし，基礎岩盤のひび割れの多い箇所やシームの集中している箇所などに重点的に行うと規定している．しかし 4.4 節になると施工範囲や孔間隔は岩盤状況と作用応力に着目して設定するという記述となり，どちらかというと岩盤の力学的改良に重点が置かれ，重力ダムでもダム敷全面のコンソリデーショングラウチングを指向した記述となっている．

このように 4.1 および 4.2 節の記述と 4.4 節の記述とでは設計思想の異なった考えが示されており，全体として見たときに設計論的に統一されていない考えが提示されている．しかし一方からは止水目的のコンソリデーショングラウチングは上流端と排水孔との間に限定され，これは詳しく説明するまでのことではないので重力ダムでこの部分以外のところのコンソリデーショングラウチングは力学的改良を主目的とし，岩盤状況と作用応力に対応して施工されるべきことからこのような記述となったとも解釈される．

元来重力ダムでは上流端と排水孔との間の部分とそれ以外の部分とではコンソリデーショングラウチングの目的は異なるので，その目的に対応して施工範囲，孔の配置や施工深さは異なってくるはずであり，その各々の着目点について明記すべきであったと考えられる．

また (7) については [5. カーテングラウチング 5.3 施工範囲] の解説では『カーテングラウチングを施工しなければならない範囲を決定するには従来は経験公式により深度を決定する方法が用いられることが多かった．しかし近年計画されるダムは，その高さに比べて必ずしも岩盤が良好であるとは言い難い場合も見受けられるようになるとともに，ダム基礎岩盤に対する調査や浸透流の解析に関する研究も進み，これらの成果を利用して範囲を決めるようになってきた．…(中略)…ル

ジオン値が深部にいくほど低くなっていく一般の岩盤では，…（中略）…グラウチング前の岩盤のルジオン値がコンクリートダムの場合 1～2 ルジオン，ロックフィルダムの場合 2～5 ルジオン程度の透水度を示す部分までの範囲を目標とする場合が多い．…（中略）…カーテングラウチングを施工する範囲は原則として上述のようにルジオンテストの結果ならびにパイロット孔の施工結果に基づいて決定するが，従来の経験も参考にする』と記述し，その直後に施工深さの経験公式として，

 i) $d = H_1/3 + C$ d：孔深 (m)，H_1：孔上のダム高さ，C：定数 (8～25 m)
 ii) $d = \alpha H_2$ d：孔深 (m)，H_2：ダム最大水深 (m)，α：定数 (0.5～1.0)

を示している[10]．

このようにこの「施工指針」では，次第に基礎岩盤の地質条件に恵まれない地点でのダム建設が増えることを考慮して改良目標値と同じ透水度の岩盤までをその施工深さとした．しかし，この「施工指針」が作成された時点ではまだルジオン値により施工深さが設定された事例は高いアーチダムに限られ，すでに完成したダムに適用した場合にルジオン値により設定した施工深さと経験公式により設定した施工深さとでどのような関係にあるのかなどについては充分に検討されていなかったので，両者を併記した形となっている．

この「施工指針」の制定により現在一般に行われているダムの基礎グラウチングの骨格ができあがり，基礎グラウチングは数多くのアーチダムの建設を通して体系化され，本来ならば各ダム形式の特徴に対応した基礎グラウチングが検討されるべきであったが，重力ダムやフィルダムにそのまま移行していくことになった．

またこの「施工指針」によりダム基礎岩盤の透水試験がルジオンテストに統一され，多くの地点でルジオンテストが実施されるようになるとルジオンテストの細部についても規定する必要が生じ，1977 年（昭和 52 年）に「ルジオンテスト施工指針」が制定された．

この「ルジオンテスト施工指針」で特に注目する必要がある点は，送水管の損失水頭についての規定が示されたことであろう．

すなわち比較的深く（20～30 m 以深）て高ルジオン値を示す部分でのルジオンテストでは，送水量が多いために孔口から加圧部までの間の水頭損失が著しく，加圧部の圧力は孔口圧力よりもかなり低くなる．したがって実際にはかなりの高ルジオン値を示す透水度が高い部分でも孔口圧力と送水量から求めたルジオン値は本来の値よりかなり低い値しか算出されなくなる[注1]．この点を是正するためにこの指針で規定が設けられた．しかしこの指針では計算方法を示したりいくつかの実験結果を示したにとどまり[11]，より詳細な規定は 1984 年の「ルジオンテスト技術指針」により示されることになる．

これと同時にこの「施工指針」が制定された頃から新しい地質年代の火山岩地域に建設されたいくつかのダムで湛水が行われ，深部や側方のかなり離れた所に存在した高溶結の火山岩類内の開口した冷却節理面沿いの著しい浸透流や固結度が低い地層での浸透流の問題などに遭遇し，「施工指

[注1] なおこのルジオンテストでの損失水頭の問題は送水管での摩擦抵抗のみでなく，加圧部へのノズルの形状による損失水頭も大きく影響しており，正確には加圧部に圧力計を挿入してこれにより加圧部での圧力を測定しなければ正確な測定結果は得にくいことが判明してきている．また 10 ルジオン以上の透水度が高い部分の測定値は，補正を行わないときの値の 2～2.5 倍程度のルジオン値が得られるようになった．しかし極めて透水度が高い場合で，ポンプ能力の不足から 10 kgf/cm^2 まで昇圧できない場合でも，補正後の値で 50 ルジオン程度の値が得られ，所定圧まで昇圧し得ない場合には 50 ルジオン以上と記載されている場合が多い．

針」が作成された時点では想定されていなかった新たな問題点への対応策を含めた新しい指針の必要性が高まってきた．

このような新しい問題点に対応すべく作成された指針が次節で述べる1983年の「技術指針」である．

1.4 1983年（昭和58年）の「技術指針」の止水処理から見た特徴

1983年の「技術指針」は1980年（昭和55年）より3年間にわたり「ダム基礎岩盤グラウチングに関する研究」を建設省技術研究会の指定課題として取り上げ，建設省・水資源開発公団・都道府県の完成直後・施工中のダムの資料を収集して検討を加え，指針の形に取りまとめたものである．

「施工指針」が土木学会岩盤力学委員会の場で取りまとめられたのに対し，この「技術指針」は建設省技術研究会の場で資料が収集され，それに基づいて取りまとめられた．

この2つの指針がまとめられた10年の間にダム建設を取り巻く状況は大きく変化していた．すなわちこの10年間に電力会社によるダム建設は減少し，建設省・水資源開発公団・都道府県による公共事業関係のダム建設が大幅に増加した．さらにこの間に電力会社により建設された大規模なダムの大半がロックフィルダムとして建設され（高瀬ダム・手取川ダム・岩屋ダム・七倉ダム・瀬戸ダムなど），大規模なコンクリートダムの多くは建設省・水資源開発公団・都道府県の手で建設されていた．さらにダム基礎の透水度の改良という観点から困難な問題を提起した地層上のダム建設は主として公共事業関係で進められていた．

これらの状況を考慮するとこの「技術指針」はコンクリートダムの基礎グラウチングに関する部分と止水上困難な問題を提起した地層での止水問題に関する部分は，「施工指針」をその後の技術的進歩と工事経験を加味して修正したものと見ることができよう．

この間の技術的な状況の変化と新しい経験の主なものをあげると次のとおりである．

⑦ コンクリートダムではアーチダム・中空重力ダムの建設が減り，重力ダム・フィルダムの建設が大幅に増えたこと．
④ 地質条件に恵まれない地点での施工事例が増加し，特に
　❶ 新第三紀末から第四紀にかけて火山活動により生成された開口した冷却節理を持ち，ダムからかなり離れた側方や深部でも極めて高い透水度を示す高溶結の火山岩類が存在する地点でのダム建設が行われ，これらの地層での止水処理の問題を経験したこと．
　❷ 鮮新世以降の固結度が低い地層での止水処理の問題に直面し，その透水度の調査や改良効果などについて貴重な経験が得られ始めたこと．

など，「施工指針」の段階では経験していなかった新しい調査・施工の事例を経験したこと．などであろう．

なおこの「技術指針」は建設省技術研究会という場で資料を収集し，討議して作成されたために，「施工指針」がどちらかといえば当時脚光を浴びた大規模なアーチダムで得られた資料を中心に検討されたのに対して，この「技術指針」は中小規模のダムの工事資料も検討され，記述も細部にわたっている．さらにこの「技術指針」ではコンソリデーショングラウチングの改良目標値・注入圧力と上載荷重との関係・孔の配置・施工深さなどについては極めて豊富な資料を提供している．

しかし各工事現場の状況が各々異なったために論評が困難であったり，その時点で完成後間もないダムや工事中のダムに対して，善し悪しの評価を下すのは問題があったためであろうか，やや事例集的に整理し，その中から安全側の値や考え方を指針として取りまとめた傾向が強く，本来あるべき姿の追求やより合理的・より経済的で効果的な姿の追求という方向での検討はやや物足りなさがある記述が見られる．

このような性質が強かった上に内部での指針を目指したためであろうか，コンソリデーショングラウチングやブランケットグラウチングの改良目標値や孔間隔などの記述では，元来あるべき姿や合理的で必要と考えられた値を検討した上で提示するというよりも収集された値の中で安全側の値を示し，合理性の追求よりも安全性の重視が目立つ指針となっている．

この点から「施工指針」に比べて地質条件に恵まれない地点での止水問題など新しい問題を取り上げ，工事の理想的な資料のみでなく工事の実際の資料を豊富に示した点では新しく踏み込んだ指針で，いくつかの新しい改訂も行われている．しかし止水処理で新たに提起された重要な問題点，すなわち地層の種類と岩盤の透水性調査範囲との関係・ルジオンテストの適用限界・地層の性状による改良目標値の相違などについては，まだ検討し得るような充分な資料が得られていなかったために踏み込んだ検討は行われていない．

このために固結度が低い地層や断層などの弱層部での止水処理についてはルジオンテスト以外の透水試験の実施を規定しているにもかかわらず，施工範囲の設定や改良目標値の見直しに際してはルジオンテストが不向きな地層での具体的な止水対策には何ら踏み込んだ検討を行わずに，基本的には「施工指針」のルジオンテスト中心の内容をそのまま受け継いだ部分が多くなっている．

この「技術指針」での注目すべき点について要約すると，

(1) 透水試験については「施工指針」以降の恵まれない地質条件下での経験を考慮して，限界圧力が低い地層での透水試験を『……ルジオンテストと併用して他の透水試験を実施する』と改訂され[12]，さらにルジオンテストにおける損失水頭に対する補正についても記述している[13]こと．

(2) ダム基礎岩盤の透水度の調査範囲を止水処理前の透水性がカーテングラウチングの改良目標値に達するまでとし，調査の初期段階においては河床部ではダムの最大水深まで，左右岸においては地下水位がサーチャージ水位に等しくなるまでと規定した[14]こと．

(3) コンソリデーショングラウチングの目的については，「施工指針」と同様に基礎岩盤の変形性の改良と堤体との接触部付近の透水性の改良とをあげているが[15]，施工範囲としてはコンクリートダムのダム敷全面の施工を義務付け[16]，岩盤の良好な部分で2〜2.5 m孔間隔の施工を提示している[17]こと．

なおコンソリデーショングラウチングの改良目標値についてはこの「技術指針」では数多くの施工実績や施工計画での値を表示し，重力ダムで5〜10ルジオン，アーチダムでは2〜5ルジオンを目標値としている例が多いと具体的な数値を示しており[18]，この指針以降コンソリデーショングラウチングの改良目標値はルジオン値で，この表に示された低い方の値に設定されるようになったこと．

(4) ブランケットグラウチングについては「施工指針」では全く触れられていなかったが，この「技術指針」ではコンソリデーショングラウチングと並んで新たに節が設けられ，コンソリデー

ショングラウチングと同様な細かな規定が設けられた．その目的として着岩面付近の基礎岩盤の止水性の向上をあげ，原則として遮水ゾーンと基礎岩盤との接触面の全域（コア敷全面）に施工すると記述されている[19]こと．

(5) 止水カーテンの改良目標値については「施工指針」の記述をそのまま踏襲した形となっている．しかし止水カーテンの施工深さについては，［3.5 カーテングラウチング 3.5.2 施工範囲］の解説では『……所定の改良目標値に達しない範囲およびサーチャージ水位と地下水面が交わる範囲……』と規定し，経験公式は施工範囲の項の解説からは全く姿を消し，わずかに［3.5.4 施工位置及び施工時期］の（参考）に示されるのみとなっている[20]こと．

などがあげられる．

これらの項目は「技術指針」の制定以降に建設されたダムの基礎グラウチングに大きな影響を与えているので，立ち入って検討を加えてみよう．

まず(1)についてであるが，この記述は固結度が低い地層や断層周辺部などの弱層部のように限界圧力が低くて通常のルジオンテストでは限界圧力以下での透水度の把握が困難である地層を考慮して挿入されたと考えられる．しかしこの種の地層の特性に対応した基礎グラウチングのあり方について以降の章・節で何ら言及されていない．

このために固結度が低い地層の止水問題は特殊な問題としてこの種の問題に直面した建設工事では，節理を有する硬岩から成る地層（以降節理性岩盤と記す）とは異なった観点から種々検討され，節理性岩盤とは異なった体系にまとめられた事例も現れてきている．しかししばしば遭遇する断層周辺部などの節理性岩盤内に存在する弱層部では節理性岩盤と同じ施工管理方法で施工される例が多くなり，孔間隔が極端に密で深い止水カーテンが施工された例が急増するようになった．

次に(2)に述べる透水度の調査範囲であるが，調査範囲を「施工指針」では前述したように『……少なくとも最大水深の半分程度の深さまで…（中略）…地質上に問題のある場合にはダムの最大水深にほぼ等しい深さまで……』と記述していた．しかしこれを『……調査範囲は河床部においては最大ダム高に相当する深さ……』[14]と改め，すべての地層に対して拡張した調査範囲を示している．

この点に関してはこの「技術指針」が作成された時点では，止水処理上深部での浸透流の問題を提起した地層の地質的特徴に対する検討が十分行われていない段階にあった．さらに固結度が低い地層などの止水処理についての経験が少なく，この種の地層に対する透水特性・グラウチングの効果や改良可能値などについて検討対象とし得る資料はわずかしか得られていない段階にあった．

このような状況からやむを得なかったが，本来は限界圧力以下での透水度を調査してその地層の特性に対応した改良目標値と深部の岩盤の止水対策上必要な透水度についての検討を行うべきであった．しかしこれを行わずに貯水池からの浸透流に対する安全性確保のためには貯水池を改良目標値と同じルジオン値（見掛けの透水係数）の地層で覆う必要があると解釈し，その方向を指向する止水処理へと大きく方向換えされることになった．

なお両岸の地下水位がサーチャージ水位と等しくなるまでの範囲としたことは自然の状況に対応した合理的な考え方であったと考えられる．

(3)についてはこの点が「技術指針」で最も大きく変わった点の一つであろう．すなわち［3.3 コンソリデーショングラウチング 3.3.1 目的］の条文では，基礎岩盤の変形性の改良と堤体との接触部付近の透水度の改良とをあげ，［3.3.3 施工範囲］の条文では『……基礎掘削による岩盤の緩み等

を考慮して，基礎岩盤全面に施工することを原則とする』[16]と記述し，[3.3 コンソリデーショングラウチング 3.3.5 孔の配置および深さ]の解説では『……基礎岩盤の良好な箇所では，一次孔（4～5 m 間隔），二次孔（2～2.5 m）の施工で改良目標値を達成できる例が多い』[17]と記述している．「施工指針」では作用応力が高い部分やひび割れの多い部分に対して施工するという記述が示されていたが，この文言が除去され，ダム敷全面で良好な部分でも 2～2.5 m 孔間隔のグラウチングを標準とした形となり，設計思想の面からは大きな変化がもたらされる結果となった．

　この点をもう少し詳しく説明すると，第 3 章で実際のダムの施工状況の変化していく経緯をより詳しく述べるが，1960 年代前半以前にはコンソリデーショングラウチングはアーチダムのみでダム敷全面に施工され，重力ダムでは上流面と排水孔との間や断層・破砕部などの弱層部や湧水箇所に対してのみ施工されていたが，1960 年代初期以降から重力ダムもアーチダムに準拠して次第にダム敷全面に施工されるようになっていった．

　1972 年に「施工指針」が作成された段階ではコンソリデーショングラウチングはすでに重力ダムも大半のダムではダム敷全面に施工されていたが，「施工指針」では一般に排水孔より上流端と作用応力が高い部分および割れ目が多い部分に施工するという記述になっていた．これがこの「技術指針」では重力ダムでもダム敷全面の施工を義務付けるとともに，良好な岩盤でも 2～2.5 m 孔間隔のコンソリデーショングラウチングを標準とする形となり，1960 年代前半のアーチダム建設の最盛期での薄肉の大規模なアーチダムのコンソリデーショングラウチングと同程度か，それより孔間隔が密で施工深さが深いものが義務付けられる結果となった．

　この記述は当時施工中の比較的規模が大きい重力ダムで丁寧なコンソリデーショングラウチングが施工されていた事例の実状を追認した形のものであった．しかしこのような形ではっきりと記述した結果，コンソリデーショングラウチングの目的と効果に対する考え方は大きく変化し，中小規模の重力ダムでも岩盤の力学的性質の改良が主目的と考えられるようになり，ダム敷全面で孔間隔が密な施工が標準となり，工事数量も大幅に増加する方向に向かうようになった．

　なお [3.3.5 孔の配置および深さ] の（参考）で，重力ダムの排水孔より上流側では特に水頭勾配が急なことに着目してその部分のコンソリデーショングラウチングの深さを 10 m（他の部分では 7 m）とした例（大石ダム）を紹介している[21]．このような考え方は興味あるものであるが，これを単に紹介するにとどまり推奨するまでには至っていない．

　またコンソリデーショングラウチングの改良目標値はこの指針以前に完成したダムではダムによっては単位セメント注入量かルジオン値で設定されていた．しかしこの指針では改良目標値をルジオン値で表示したダムが多かったためであろうか，ルジオン値で改良目標値を設定する方向を規定している．

　元来岩盤の透水度の改良を目標としたグラウチングの場合には改良目標値はルジオン値で設定すべきものであろう．しかし岩盤の力学的性質の改良を目的とした場合には注入状況を把握することがその目的であるからルジオン値にこだわる必要はなく，単位セメント注入量でもその目的は充分達せられるはずである．しかも単位セメント注入量は注入作業中に得られる数値であるが，ルジオン値で施工管理を行うためには通常の水押しテストよりも入念なルジオンテストを行う必要があり，岩盤の力学的性質の改良のみを目的とした場合にルジオン値で改良目標値を設定する必要性があるのかについては疑問に感ぜられる．

1.4 1983年(昭和58年)の「技術指針」の止水処理から見た特徴

すなわち，上流面と排水孔との間の止水目的のコンソリデーショングラウチングはルジオン値による改良目標値を設定すべきであるが，その他の部分の岩盤の力学的改良を目的とした部分のコンソリデーショングラウチングは作業の簡素化からも単位セメント注入量による施工管理でもよいと考えられる．

(4) については前述したようにこの「技術指針」で初めて触れられた事項である．第3章に詳しく述べるように，このコア敷全面のブランケットグラウチングの施工は1976年に完成した岩屋ダムで初めて実施され，この指針が作成段階にあった1980年代初期に建設段階にあった大半のダムでは採用されていた施工法であった．しかし「技術指針」が検討されている時期に完成後間もなかった大雪ダム・漁川ダムなどでは底設監査廊を中心にある幅の範囲しか施工されていなかったし，それ以前のフィルダムでは主カーテンの近傍と破砕部などの割れ目の多い部分に対してのみに施工されていたにすぎない．さらに元来ブランケットグラウチングは補助カーテンの列数・孔間隔・施工深さなどの施工規模と関連させて検討されるべきものであるが，この点には触れずにコア敷全面のブランケットグラウチングの施工を指示したことは短絡的であり，その目的と補助カーテンの施工規模と関連させてそれが必要となる部分についてより丁寧な指示が欲しかったと考えられる．

またブランケットグラウチングの改良目標値にも言及し，6ダムのブランケットグラウチングの改良目標値がルジオン値および単位セメント注入量で表示されている．しかしコア敷全面のブランケットグラウチングを義務付けながら，この表に掲載された1/3のダム（大雪ダム・漁川ダム）では部分的にしか施工されていないにもかかわらずこれらのダムの改良目標値が注釈なしに記載されており，誤解を生みやすい表となっている．

このようにブランケットグラウチングでの記述に関する限り検討された資料も乏しく，あるべき姿を十分検討せずにより安全な施工を義務付け，合理性の追求の点では見劣りがする部分となっている．

最後に (5) について述べると，河床面以上の標高の両側の岩盤は地形侵食により地山が川側に変形し，断層などの変形しやすい部分の有無やその規模および節理面の方向などにより緩んだ部分の広がりやその度合が大きく異なってくる．したがってこの部分の止水カーテンの施工深さは地質状況により大きく異なり，経験公式は適用しにくくなるのが一般である．

さらに1970年代以降，鮮新世以降の溶結度が高くて冷却節理が発達した火山性地層上のダム建設が進められ，深部や側方のかなり離れた部分を通しての著しい浸透流の問題に遭遇して経験公式では全く対応できない地層上でのダム建設を経験した．このために経験公式から離れて岩盤の透水度に着目した止水カーテンの施工深さの設定への移行は一つの必然的な流れであったと見るべきであろう．

しかし節理性岩盤での改良可能値に近い1～2ルジオンという値を水頭勾配が急な着岩面近くの節理性岩盤に適用するのはかなりの妥当性を持っている．しかし貯水池からの浸透流に対しての安全性を確保するために，浸透路長がはるかに長くて水頭勾配が緩い止水カーテンの先端付近も同等の改良目標値まで改良する必要があるのか，さらに止水カーテンの先端付近の岩盤の透水度も着岩面近くでの改良目標値と同等のものである必要があるのかなどについては多くの検討すべき点が残されている．にもかかわらずこれらの問題点に対して充分な検討を行わずに，貯水池全体を改良目標値と同等のルジオン値の部分で覆うことを目標とした体系へと移行してしまった．

この点では「施工指針」でも経験公式から岩盤の透水度に着目した施工深さの設定への移行という方向が示されているが，経験公式も併記するなどそれ以前の考え方と妥協を図った記述となっていた．このためにこの指針以前に完成したダムでは止水カーテンの施工深さや孔間隔などの設定の際に経験公式が工事数量の増加に対して一種の歯止めの働きをしていたが，この指針以降この歯止めがはずされて大幅な工事数量の増大を招くことになった．この点については第3章で詳しく論ずることにする．

　以上述べたようにこの「技術指針」は当時の実際の工事の実状を調べて「施工指針」以降に生じた問題点に検討を加え，それ以降に提起された問題点に対する新しい知見を取り込み，「施工指針」で曖昧であった点をはっきりさせた指針であった．しかしどちらかというと，個人的な解釈や見解の相違を排除して標準化してより安全性の高い方向を指向したために全般的にはかなり保守的な性格が強く現れ，特に本節の(3)(4)(5)に指摘した項目でその傾向が強く現れた結果となった．

　また1984年の「ルジオンテスト技術指針」は「技術指針」への移行に対応して，ルジオンテストのその時点での改良すべき点を中心に「ルジオンテスト施工指針」を改訂して補完したものである．

　この指針ではこの頃からしばしば遭遇するようになった固結度が低い地層でのルジオンテスト以外の透水試験方法や，限界圧力が低い場合のルジオンテストでの注意事項や用いるべき加圧機器の特徴などについてかなり詳しく記載されている．

　ここ約50年の間にダムの基礎グラウチングは以上のような経緯で指針類が整備され，改訂されて今日に至っている．これらの指針の整備によりダムの基礎グラウチングに関しては40〜50年以前に比べると飛躍的に安全性が増し，湛水後の測定された漏水量も1/10以下に減少してきている．

　しかし一方ではグラウチングの工事数量は第3章に述べるように2倍以上に増大しており，ダム建設事業の効率を高めるためにも単に安全性が増すからという理由で工事数量を増すのではなく，安全性が充分確保し得る範囲内においてより合理的，より効率的な工事を追求する必要がある．

　さらに40〜50年前に比べて極めて豊富な工事経験と資料が蓄積されており，これらの成果を有効に生かした基礎グラウチングへと進むべき時期にきていると考えられる．

　この点から見たダムの基礎グラウチングの再構築が現在のダム建設における大きな課題となっていると考えられる．

参考文献（1章）
1) 日本大ダム会議；「ダム設計基準」，pp.25〜26，昭和32年（1957年）．
2) 土木学会；「ダム基礎岩盤グラウチングの施工指針」，p.9，昭和47年（1972年）．
3) 同上，pp.9〜10．
4) 同上，pp.41〜42．
5) 同上，pp.53〜54．
6) 同上，p.73．
7) 同上，p.53．
8) 同上，pp.54〜55．
9) 同上，p.56．
10) 同上，pp.65〜66．
11) 国土開発技術研究センター；「ルジオンテスト施工指針」，pp.11〜12およびpp.41〜54，昭和52年11月．
12) 国土開発技術研究センター；「グラウチング技術指針」，p.18，昭和52年11月．
13) 同上，p.20．

14) 同上，p.14.
15) 同上，p.37.
16) 同上，p.41.
17) 同上，p.44.
18) 同上，pp.40〜41.
19) 同上，pp.46〜47.
20) 同上，p.51 および p.58.

第2章

ダム基礎岩盤の透水特性と変形特性に関する基礎理論

2.1 岩盤内浸透流の基礎理論

2.1.1 Darcyの法則と浸透流の種類

1856年にDarcyは間隙が完全に水で満たされた飽和状態にある一様な試料砂を管内に詰めて定常状態の浸透流の実験を行い，『浸透流量は水頭勾配に比例する』という有名なDarcyの法則を提案した．すなわち，hはピエゾ水頭（以降これを単に水頭と呼ぶ）あるいは流体単位重量当たりの位置のエネルギーとし，位置の水頭zと圧力水頭$p/(\rho g)$との和であるとすると（pは圧力，ρは水の単位容積重量），

$$h = z + \frac{p}{\rho g} \tag{2.1}$$

という形で水頭hは表される．ここで図2.1に示す断面積Aの試料砂を詰めた管内を流れる流量Qは管沿いにlだけ隔たった二つの断面における水頭をそれぞれh_1，h_2とすると（図2.1参照），次式で表されるとした．

$$Q = \frac{k'A(h_1 - h_2)}{l} \tag{2.2}$$

これをより一般的な形で表して単位面積当たりの浸透流量をqとすると，

$$q = \frac{Q}{A} = -k'\frac{dh}{dl} \tag{2.3}$$

として表される．すなわち単位面積当たりの浸透流量は水頭勾配に比例することになる．さらにこの試料砂の面的な空隙率[注2]をβとし，浸透流速をuとすると，

$$u = \frac{q}{\beta} = -\frac{k'}{\beta}\left(\frac{dh}{dl}\right) = -k\frac{dh}{dl} \tag{2.4}$$

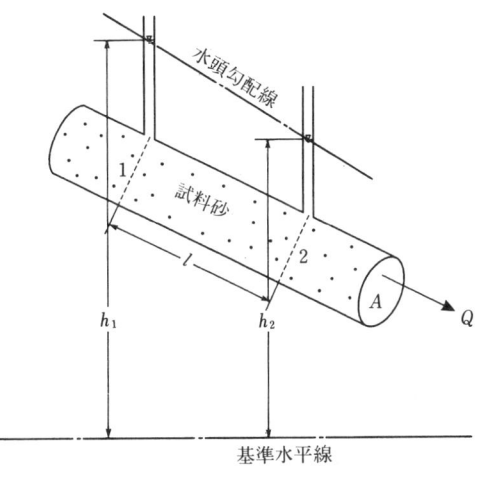

図 2.1 Darcyの実験

[注2] 一般に土質力学では浸透流量から浸透流速を求める際に有効流路断面積は流路断面積に三次元的な空隙率を乗じて求めている．しかし有効流路断面積は浸透流路に直交した二次元断面で考えるべきであると考えられるので，ここでは面的な（あるいは二次元的な）空隙率という概念を用いることにした．

という形に変形される．すなわち浸透流量または浸透流速は流路沿いの水頭勾配に比例するという形で表される．ここに k は真の透水係数，k' は見掛けの透水係数と言い，両者の間には，次の関係が成立している．

$$k' = \beta k \tag{2.5}$$

以上が浸透流に関する Darcy の法則である．このような法則が成立している流れでは『粘性流体において摩擦抵抗は速度勾配に比例する』という Newton の法則が成立していると考えられている．

これは Newton の法則に従う粘性流体については平行な二平面間の流れや円管内の流れについて有名な理論解が得られており，これらはいずれも流速は壁面で0で流路の中心で最大流速を示す放物線分布をし，各位置の流速や平均流速が流路沿いの圧力勾配に比例した値を示していることがその論拠となっている．すなわち平行な二平面 ($y=0$, $y=b$) 間の粘性流体の層流としての速度分布に対しては有名な Hele-Shaw の解があり，

$$u = -\frac{\rho g}{2\mu}\frac{dh}{dx}(by - y^2) \tag{2.6a}$$

として表されている（この解の誘導は省略する）．この場合の平均流速 u_m は，

$$u_m = \frac{1}{b}\int_0^b u\,dy = -\frac{\rho g b^2}{12\mu}\frac{dh}{dx} \tag{2.6b}$$

として表される．この式が式 (2.4) と全く相似的な式となっているため，平行な二平面間に粘性の高い流体を流すことにより，浸潤面の形状を求める浸透流の粘性流体模型 (Hele-Shaw 模型) 実験の基本式となっている．

また半径 a なる円管内の粘性流体の層流としての流れについては Hagen-Poiseuille による理論解があり，

$$u = -\frac{\rho g}{4\mu}\frac{dh}{dx}(a^2 - r^2) \tag{2.7a}$$

$$u_m = \frac{1}{\pi a^2}\int_0^a (2\pi r)\,u\,dr = -\frac{\rho g a^2}{8\mu}\frac{dh}{dx} \tag{2.7b}$$

となり（この解の誘導も省略する），この場合も平均流速は圧力勾配に比例している．

以上のように Hele-Shaw 流あるいは Hagen-Poiseuille 流のように一様な水路幅で一定方向に定常的に流れる層流では，平均流速は水頭勾配に比例して Darcy の法則に従う浸透流と相似関係が成立している．

これらの理論式で特に注目しておくべきことは粘性流，すなわち二平面間を流れる Hele-Shaw 流も管内を流れる Hagen-Poiseuille 流もその平均流速は二平面間の隔たり b や管径 a の2乗に比例しており，土質材料や粒状体に近い地層内の浸透流は Hagen-Poiseuille 流に類似した流れと考え，節理を有する硬岩から成る地層（以降節理性岩盤と記す）の節理面沿いの浸透流は Hele-Shaw 流に類似した流れと考えると，これらの浸透流の平均流速は流路に直交した断面内の一流路の径または開口幅の2乗に比例することになる．

すなわち節理面沿いの浸透流のような二平面間の流れの場合にはその流れが粘性流である限り開口幅が b の1個の節理面沿いの流れと開口幅が b/n の n 個の節理面沿いの流れと比較すると，両者

の流路面積は同一であるが式 (2.6b) から後者の流速は前者の流速の $1/n^2$ となって後者の流量は前者の $1/n^2$ となる．同様に土質材料などの粒子間を通る浸透流を円管内の層流と相似なものと考えると，管径が a の 1 本の管路内の流れと管径が a/n で n^2 本の管路内の流れとを比較すると節理面沿いの流れと同様に両者の流路面積は同一であるが，式 (2.7b) から後者の流速は前者の流速の $1/n^2$ となって後者の流量は前者の $1/n^2$ となる．

すなわち浸透流の流速が水頭勾配に比例する Darcy の法則に従う限りその流速や流量はその流路の細かさが決定的な影響を与えており，その流路面積はそれほど重要な意味を持っていないことになる．

一般に土質力学では見掛けの透水係数はその構成粒度，特にその微粒分の含有率に強く依存しているとされているが，微粒分の含有率が高いことは微粒分の径より微細な流路が数多く存在していることを意味し，上記の考察はこのような場合には見掛けの透水係数が小さいことを理論的に裏付けている．また次項で述べるように節理性岩盤の空隙率が土質材料のそれより数十～百分の一と大幅に小さい場合に同程度の見掛けの透水係数を示しているが，これらの事実も理論的に妥当なものとなる．以上の式 (2.6b)，(2.7b) に基づいた考察はこれらの関係を流体力学的な観点から裏付けたものと言い得る．

これからダムの基礎岩盤の止水処理の主眼点は岩盤内の幅の広い浸透路を確実に遮断することにあり，微細な浸透路まで満遍なく遮断して岩盤内の流路面積を低減することにあるのではないことになる．すなわち流体力学的な観点からは微細な流路まで満遍なくグラウチングにより遮断するのではなく，粗い浸透路を確実に捉えてこれを遮断することが流速が速くて流量が多い浸透流をなくして最も効果的で安全性が高い止水処理となる．

このように Darcy の法則に従う浸透流は式 (2.4) と式 (2.6b) や (2.7b) との相似関係から Darcy の法則に従う浸透流は粘性流状態で流れていると考えられている．さらに浸透流は流速が遅い段階では粘性流状態で流れているが，次第に流速が速くなるに従って一様な断面の円管内の流れに対する Nikuradse の実験結果（図 2.2 参照）や，円柱あるいは球の周りの流体抵抗からも見られるように，【粘性流】→【遷移領域の流れ】→【乱流】へと流れの状態が変化し，作用する流体抵抗も大き

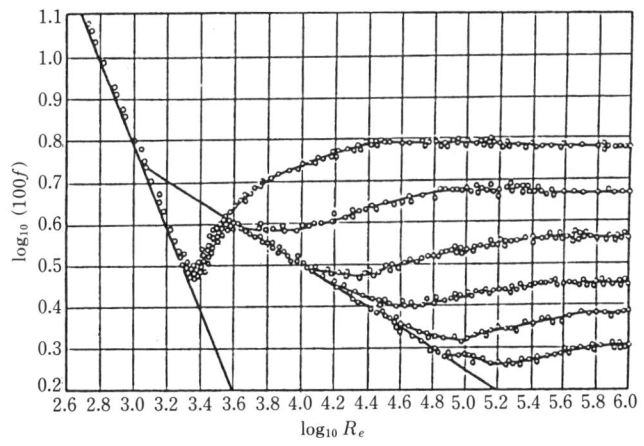

図 2.2 Nikuradse の実験結果

く変化していくと考えられている．

なお節理性岩盤内の節理面沿いの流れは巨視的には浸透流であるが，微視的には平行な二平面間のHele-Shaw流であり（実際の節理性岩盤内の節理面沿いの流れでは着目した節理面に交わる節理面が数多く存在してその影響が強く現れるので，一つの節理面を取り出して抽象的に考えることは実際との整合性を低くしているとも考えられるが），流体抵抗を支配する法則と流速あるいはReynolds数（Re数，$Re = au/\mu$）との関係も流体力学の分野で求められた関係に近いものとなっていると考えられている．

以上の考察からも多孔質材料内の浸透流も節理性岩盤内の節理面沿いの浸透流も流速が極めて遅い領域においては，Darcyの法則あるいは粘性流での流体抵抗に相似な抵抗を受けており，流速が増大するに従って二平面間の流れの実験やNikuradseの実験結果ではっきりと観察されるように，【粘性流】→【遷移領域の流れ】→【乱流】と流体抵抗を支配している法則が変わり，Darcyの法則に従わない領域が現れてくる．しかし浸透路での遷移領域における流体抵抗は流体力学的な観点から行われたNikuradseの実験結果や球や円柱周辺の流体抵抗などとはかなり異なっているはずであり，検討対象の流れでどのような乱れが生じているかなどにより流体抵抗は異なってくるので実験的に求める以外にないが，この種の地層内の浸透路は多様性に富み，一般論的にその法則性を確定することは困難であると考えられる．

なおこの種の問題については松本徳久・山口嘉一および杉浦叔人・森田豊・山口昌弘・渡辺邦夫が興味ある研究を行っており[1]，作用する水頭勾配の値や二平面間の流路幅・流路の形状などにより流れの状態が【粘性流】→【遷移領域の流れ】→【乱流】へと変わっていく状況を実験的に捉え，その場合の流量と水頭勾配との関係などについて詳細に論じている．

第4章で詳しく述べるが，新しい地質年代（鮮新世後期以降）の高溶結な火山岩類，特に開口度が著しい柱状節理を持った高溶結凝灰岩などにおいては，しばしば1/20程度の水頭勾配で数cm/sの流速が観測されている．このような浸透流はすでにDarcyの法則に従っていないことは明らかである．このような図2.2に示される遷移領域ないし乱流領域での浸透流を我々はnon Darcy流と呼んでいる．しかし明らかにnon Darcy流と考えられる浸透流であっても，それが遷移領域に属する浸透流か乱流領域に属する浸透流かを見分けることはかなりの困難を伴った問題を含んでいる．

ここで注目すべきことは浸透流が粘性流としての流れ，あるいはDarcyの法則に従う浸透流の場合には浸透流量は水頭勾配に比例するから，浸透路長を延ばせばそれに反比例して水頭勾配が緩くなり，浸透流量も浸透路長に反比例して減少させることができる．一方non Darcy流では流速が比較的速いpipe flowに近い性質に類似した流れとなっているので，浸透路を延長してもその延長による損失水頭の増大に対応した浸透流量の低減しか生じない．したがってnon Darcy流となっていると考えられる浸透路では浸透流速はかなり速い上に浸透路を延ばすことによる止水対策はあまり効果的ではなく，そのような浸透路は遮断する以外には効果的な止水対策は成り立たないことになる．

このように浸透流には大別してDarcy流とnon Darcy流とがあり，その各々の流体抵抗には大きな相違があるが，ダムの基礎岩盤の止水対策に対する解析的な検討に際しては一般にDarcy則に基づく浸透流解析が行われている．しかしこのような解析は解析対象とした全領域で浸透流速が極めて遅く，浸透流が粘性流と相似な流れであることを前提としている．

むしろ筆者の経験ではダムの基礎岩盤の浸透流がDarcy流のときはダムの安全性に関わるような

浸透流は生じていない．しかし non Darcy 流と見られる浸透流が生じたときはその流速がかなり速いから non Darcy 流になったのであり，このような場合には浸透流量が多い上に流れが粘性流ではなくて乱流に近い性状で流れているので流路周辺の微粒子を洗い流しやすく，浸透路が将来拡大する恐れがあり，止水処理の問題が極めて重要な問題として登場してくることが多かった．

この意味では止水対策を検討するにあたって最初にまず着目すべきことは，検討対象としている基礎岩盤内に浸透流が non Darcy 流となる可能性のある部分が存在しているか否かである．さらにダムの上下流を通して non Darcy 流になるような浸透路が残らないようにするのが止水処理の第一歩であろう．

このようにダム基礎岩盤内の浸透流はすべてが Darcy 流であるとは限らず，一部の透水度が高い部分では浸透流が non Darcy 流になる可能性があり，より詳しく述べると浸透流速がより速い部分では【遷移領域での non Darcy 流】や【乱流領域での non Darcy 流】へと移行している可能性がある．しかしルジオン値から透水係数を換算して求める場合にも Darcy の法則が成立しているという前提で行われており，止水対策の調査・設計・施工を通しての体系はすべて Darcy の法則を前提として組み立てられている．

したがって止水対策を検討する場合には，まず基礎岩盤内に浸透流が non Darcy 流になる可能性がある部分が存在しているか否かの確認が第一歩で，次に浸透流が non Darcy 流となる可能性がある浸透路がダムの上下流に連続していないか否かを確認し，連続している可能性があるこの種の浸透路は必ず遮断することが基本となる．したがって確実に Darcy の法則に従うと考えられる部分に対してのみ 2.1.3 項以降で述べる理論的な考察から得られた結果や浸透流解析が適用可能となる（5.2 節で詳しく述べるがこの種の理論の適用や解析を用いる場合には高い透水度を示す部分でのルジオン値と岩盤の節理の開口度の異方性に大きな問題があり，この問題点をどの程度把握できるかが大きな問題となる）．

2.1.2 真の透水係数と見掛けの透水係数

前項で一般に用いられている透水係数には真の透水係数と見掛けの透水係数という 2 種類があり，それぞれが式 (2.4) および (2.3) で定義され，その両者間には式 (2.5) で示される関係があることを示した．

しかしダム基礎岩盤の止水処理の調査・設計・施工にあたってはしばしば両者が混同して用いられ，混乱が生じているのでその相違について詳しく述べることにする．

一般に見掛けの透水係数は式 (2.3) からも明らかなように水頭勾配と浸透流量との関係から得られる係数で，浸透流量の測定から求められる透水係数はいずれも見掛けの透水係数である．したがってルジオンテストから求められるルジオン値は見掛けの透水係数に関連した数値であり，室内透水試験や土質力学的手法による各種原位置透水試験などで求められる透水係数もすべて見掛けの透水係数である．これに対して浸透流にトレーサーを投入して浸透流速を測定し，これから求められる透水係数は真の透水係数である．

このように調査段階で測定される透水係数は多くの場合見掛けの透水係数が求められている．しかし浸透流の性質，すなわち【Darcy 流】→【遷移領域での non Darcy 流】→【乱流領域での non Darcy 流】への移行や，パイピング現象（浸透流路沿いにある微粒子を洗い流すことによる流路の

拡大）の発生は現象論的には浸透流量に関係するのではなく，浸透流速に関係すると考えられる．

このため基礎岩盤内の浸透流量（すなわちダム完成後の漏水量）は見掛けの透水係数の値に大きく関係している．しかしパイピング現象が発生して流路が拡大し，将来に向かって浸透流量が増大していく可能性があるか否かは Justin の限界流速の理論からも明らかなように浸透流速が関係している．さらに浸透流が Darcy 流か non Darcy 流か，あるいは浸透流解析の対象とし得るか否かなどについては浸透流速の値が支配的な関係を持ち，真の透水係数の値が判断の根拠となるべきであると考えられる．

この 2 つの透水係数の間には式 (2.5) に示す関係が存在し，真の透水係数に浸透流路を構成する地盤の面的な空隙率を乗じたものが見掛けの透水係数となる．この地盤の面的な空隙率の値が地層によって大きく異ならなければ，これらの 2 つの透水係数を厳密に分離しなくても止水対策を検討する上でそれほど大きな問題は生じてこない．しかし地層の種類により，また場所により面的な空隙率が大きく異なる場合には，今検討している問題に対して決定的な意味を持つ透水係数は物理的に見て真の透水係数か見掛けの透水係数か，検討対象としている地層の面的な空隙率がどの程度の値かについて概略の知識を持った上で検討する必要がある．特に立体的な空隙率や面的な空隙率の値は土質的な地層の場合と節理性岩盤の場合とで大きく異なるので注意を要する．

すなわち土質的な地層では立体的な空隙率はよく締め固められた地層でおおよそ 15～30% である．これから面的な空隙率 β を求めると[注3]約 10～20% となる．これに対して一般に節理性岩盤の場合には岩石の空隙率は極めて小さく，岩石内を流れる浸透流量は無視し得るからほとんどの浸透流は節理面沿いに流れている．このような場合には節理面の開口度，すなわち節理面沿いの浸透路幅が問題となり，一次元的な空隙率が 1% ということは幅 1 m の岩盤の中に合計して 1 cm の開口節理が存在していることを意味しており，このような状態，特に節理面間隔が広くて開口度が著しい場合には（例えば節理面間隔が 40 cm で幅 4 mm の開口節理が存在するとき），それらの開口節理面沿いに流れる浸透流は確実に non Darcy 流になっていると考えられる岩盤である．以上のような開口節理が縦横二次元的に存在している場合は岩盤の単位面積当たりの浸透流路面積は 2% であるが，前述したように一つの方向の節理群の開口が一次元的に 1% に達するような開口度が著しい節理群が二方向以上に存在する状態は通常の基礎岩盤では考えられない．一般的にはこのような高い面的な空隙率は non Darcy 流になっている可能性が高いような透水度が高い岩盤においてのみであり，通常我々が止水対策を検討する節理性岩盤では多くの場合面的な空隙率 β は 0.1～1% 程度である．

以上述べたように面的な空隙率 β の値は土質材料に近い性質を持つ地層と節理性岩盤とでは大きく異なり，土質材料に近い性質を持つ地層の場合には節理性岩盤の数十～百倍程度の値となっているのが一般である．例えば土質材料に近い性質を持つ地層と節理性岩盤とも見掛けの透水係数が 10^{-5} cm/s という値が得られた場合でも，節理性岩盤の場合には面的な空隙率が 0.1～1% 程度であるから真の透水係数の値は $10～1 \times 10^{-3}$ cm/s 程度となっているが，土質材料に近い性質を持つ地層では真の透水係数の値は $10～5 \times 10^{-5}$ cm/s 程度の値になっていることになる．したがって見掛

[注3] 理論的には直交する x, y, z 方向の一次元的な空隙率をそれぞれ α, β, γ とすると，xy 平面での面的な空隙率は $1-(1-\alpha)(1-\beta) = (\alpha+\beta)-\alpha\beta$ で，立体的な空隙率は $1-(1-\alpha)(1-\beta)(1-\gamma) = (\alpha+\beta+\gamma)-(\alpha\beta+\beta\gamma+\gamma\alpha)+\alpha\beta\gamma$ にて表される．これから等方性体での面的な空隙率と立体的な空隙率との数値的な関係を示すと，

面的な空隙率	5%	10%	15%	20%	25%	30%
立体的な空隙率	7.2%	14.4%	21.6%	24.5%	34.5%	41.2%

けの透水係数が同じで同じ水頭勾配が作用した場合には，節理性岩盤内では土質材料に近い性質を持つ地層内に比べて数十〜百倍程度の浸透流速が生じていることになる．

このように同じ見掛けの透水係数でも節理性岩盤内では浸透流速は土質材料に近い性質を持つ地層内の数十〜百倍程度の流速が生じている．元来節理性岩盤内の浸透流はそのほとんどが節理面沿いに流れ，比較的少ない抵抗を受けながら流れるのに対して，土質材料に近い性質を持つ地層内の浸透流は地盤内の構成粒子間の空隙をつなぐ流路を曲がりくねりながら大きな抵抗を受けつつ流れている．

さらに節理性岩盤内では比較的低い見掛けの透水係数の場合にも non Darcy 流に移行していることがしばしば見られる．これに反して土質材料に近い性質を持つ地層では上記の理由から non Darcy 流はかなり高い見掛けの透水係数の場合でも生じにくくなっている．

もちろん，構成粒子の一部が洗い流される浸透流速，すなわちいわゆる限界流速も土質材料に近い性質を持つ地層と節理性岩盤とでは大きく異なると考えられるが，節理面沿いに存在する夾雑物などが洗い流される浸透流速は土質材料に近い性質を持つ地層での限界流速とは大きくは異ならないと推定される．

このように土質材料に近い性質を持つ地層と節理性岩盤での空隙率と限界流速の相違は著しいにもかかわらず，現在止水処理の調査・設計・施工管理はいずれもルジオン値あるいは見掛けの透水係数を指標として進められている．しかし以上述べてきたことを考慮すると，元来各種地層の構成状況に着目して検討し，その地層の特徴に対応した改良目標値を設定し，その特徴に対応した体系に基づいた施工が必要となるはずである．

また土質材料に近い性質を持つ地層と節理性岩盤とでの基本的な性質の大きな相違は同程度の見掛けの透水係数でも発生する浸透流速は大きく異なり，【Darcy 流】→【non Darcy 流】への遷移点での流速も異なっていることである．このために土質材料に近い性質を持つ地層での浸透流解析に基づいた数多くの経験や検討結果も節理性岩盤での浸透流速の速い部分に対しては適用できず，節理性岩盤に対しては独自の事例に準拠した経験則に基づいて検討を進めた方がより現実的な対応策が得られるという認識が高まってきた．

この認識に対応して節理性岩盤を基礎岩盤とすることがほとんどであるダムの基礎岩盤については土質材料に近い性質を持つ地層とは別の体系への指向が強く打ち出されるようになった．

このような方向への指向はグラウチングの改良目標値を設定したり岩盤の透水度に着目した止水カーテンの施工深さを検討する際に，当然節理性岩盤と固結度が低い地層や断層周辺部などの弱層部のような土質材料に近い性質を持つ地層とでは空隙率や浸透路の性状が大きく異なり，浸透流の性状の変化や限界流速の推定に同一の見掛けの透水係数の値を適用し得ない点に注目する必要があった．

しかし一方ではこのような節理性岩盤の浸透流問題に対して浸透流解析に重きを置かずに経験則に基づいて検討するという方向（筆者も強く主張した一人であるが）は，実際の節理性岩盤内での浸透流の現象に着目して検討しようとする点では正しかったが，理論的な検討を排除してただ経験的な事例のみにより判断の根拠を求める傾向が生じ，その後のこの種の浸透流の理論的研究の芽を阻害した可能性がある点については反省される次第である．

以上のような観点を基本に置いて，ダムの止水処理の基本的な事項に対して Darcy の法則に基づいたダム基礎岩盤の止水問題に関する代表的な研究について紹介することにする．

その代表的な研究は次項に紹介する大長昭雄による黒部ダムの基礎岩盤の止水処理に関する実験的研究[2])である.

2.1.3 黒部ダムにおける大長昭雄の実験的研究

黒部ダムの建設にあたっては基礎岩盤の透水性調査・グラウチングの施工管理にルジオンテストが本格的に用いられるようになったが，これと並行して大長昭雄が止水カーテンの効果とその効率的な深さや排水孔の効果とその効率的な配置・間隔などについて，浸透流理論に基づいて一連の理論的・実験的研究[2])を行っている．

この研究はこの種の問題に対する初めての体系的な研究でその後の止水処理に対して理論的な基礎を与え，その出発点となった研究である．しかし一方ではこの研究以降第 4 章で詳しく述べるような新しい火山岩類などで極めて透水度の高い岩盤に遭遇し，これらの事例でこの研究の出発点となったルジオン値から見掛けの透水係数を換算して Darcy の法則を適用するという手法によっては説明し得ない現象に数多く直面した．このためこの研究の妥当な結論も正当に用いられていない点もあるので，本書の次章以降の記述に関係のある主要な部分を簡単に紹介することにする．

この研究は等方性で均一な地層に対して Darcy の法則を適用することにより行っており，節理性岩盤特有の節理・亀裂の面を通しての浸透流に考慮した研究とはなっていない．しかし当時節理性岩盤内の浸透流の特徴について現象的にもほとんど把握されていなかったし，浸透流解析も複雑な問題に対しては模型実験による以外に検討方法はなかったことを考慮すると，当時としては最も詳細かつ体系的に行われた研究と言い得る．この点については大長も結語で言及し，『抵抗を感ぜられる向きがあるとすれば，それは岩盤内の地下水流に Darcy の法則を適用することであろう』と述べている[3]).

しかし一般に岩盤の力学的設計解析も弾性応力解析から出発して，非弾性的性質の強い部分に対してその性質に適合した解析方法を検討するか補正方法を検討するなどの方法が取られているが，定性的な傾向は弾性応力解析結果に基づいて行われるのが一般である．これと同様に節理性岩盤内の浸透流もまず Darcy の法則に基づいた解析による理論的な観点から見た方向を把握した上で，節理性岩盤特有の問題に対する補正方法を考慮するというのが本来の方向であろう．この意味では Darcy の法則による解析はダム基礎岩盤の止水処理においては定性的傾向を把握する上で欠くことのできないものである．

この研究で基本となっている事項でもう一つ注目すべき点はグラウチングをいかに丁寧に行っても細かい節理・亀裂にはセメントの粒子は入り得ず，グラウチングによりある幅の難透水ゾーンは形成し得ても不透水膜は形成し得ないとした点である．この考え方はグラウチング後のルジオンテストの結果からは当然の帰結であって，現在では止水処理の基本となる考え方となっているが，当時の日本では止水カーテンにより不透水膜が形成されるという考えが主流であって，その後ルジオン値による止水カーテンの施工実績が数多く発表され，止水カーテンにより難透水ゾーンの形成というこの論文で採用された考え方に統一されていった．

(1) 止水カーテンの止水効果に対する一次元理論による検討

この研究では止水カーテンにより浸透流が完全に遮断されるのではなく，ある幅の透水度が低い部分が形成されるという考えに立っているので，透水度が低い部分の幅と見掛けの透水係数の改良度

合により浸透流量・揚圧力などがどのように減少するかについてまず一次元的に検討を行っている．

図 2.3 に示すように浸透路長が L，見掛けの透水係数が k_1' なる均一等方性な透水性材料が水平に置かれ，その両端に（図 2.3 の点 A・B）それぞれ $p_1 \cdot p_2$ なる圧力が加えられたとすると，点 A・B における水頭はそれぞれ $p_1/(\rho g) \cdot p_2/(\rho g)$ で表されることになる．

次に浸透路の中に（図 2.3 の点 C・D 間）透水係数 k_2'，幅 L_2 なる透水度が低い部分が形成され，均一な場合と同様に A・B 点に $p_1 \cdot p_2$ なる圧力が加えられたとする．この場合の C・D 点での圧力 $p_3 \cdot p_4$ の値と，透水度が低い部分を設けた場合と設けない場合の浸透流の相違について考察している．すなわち，透水度が低い部分より上流側の

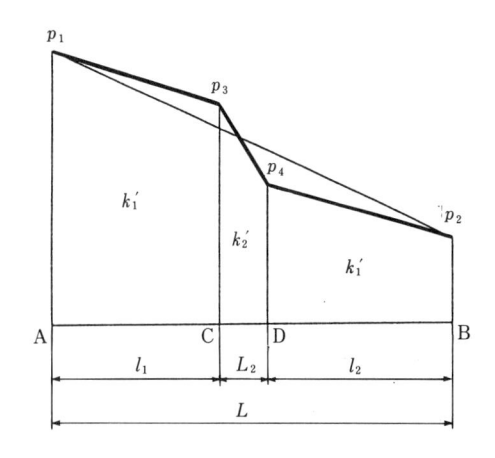

図 2.3 一次元問題における水頭勾配

透水度が高い部分内の浸透路長を l_1，下流側の透水度が高い部分の浸透路長を l_2 とする．また透水度が高い部分が設けられないときの単位面積当たりの浸透流量を q_0，透水度が低い部分が設けられたときのそれを q とすると，式 (2.3) から一次元浸透流の場合には，

$$q_0 = k_1' \frac{p_1 - p_2}{\rho g L} \tag{2.8a}$$

$$q = k_1' \frac{p_1 - p_3}{\rho g l_1} = k_2' \frac{p_3 - p_4}{\rho g L_2} = k_1' \frac{p_4 - p_2}{\rho g l_2} \tag{2.8b}$$

として表される．今，全浸透路長に対するグラウチングにより形成された透水度が低い部分の幅の比率を η $(= L_2/L,\ \eta < 1.0)$ とし，透水度が低い部分のグラウチングによる見掛けの透水係数の改良度合を ζ $(= k_2'/k_1',\ \zeta < 1.0)$ とし，透水度が低い部分を形成することによる浸透流量の低減率を ε $(\varepsilon = [q_0 - q]/q_0)$ とすると，式 (2.8) からグラウチング施工後の浸透流量は，

$$q = \frac{q_0 \zeta}{\zeta + \eta(1 - \zeta)} \tag{2.9}$$

にて表され，グラウチングによる浸透流量の低減率は，

$$\varepsilon = \frac{q_0 - q}{q_0} = \eta \frac{1 - \zeta}{\zeta + \eta(1 - \zeta)} \tag{2.10}$$

として表されることになる．

式 (2.1) からグラウチングにより透水度が低く改良された部分の透水係数の改良度 (ζ) と，透水度が低い部分の幅と全浸透路長との比 (η) とが種々の値のときの浸透流量の低減率 (ε) の値を求めると表 2.1 のようである．

この表から一次元浸透流については当然のことではあるが，グラウチングにより形成される透水度が低い部分の全浸透路長に対する割合が大きくなるほど浸透流量の低減率は大きくなり，同様にグラウチングよる見掛けの透水係数の改良度合が良いほど低減率 ε の値は大きくなることが示されている．

表 2.1 止水カーテンの透水度の改良度合とその幅が浸透流の低減効果 ε に与える影響

ζ	η	透路長 (L) に対する透水度が低い部分の厚さ (L_2) の比 (η)					
		1/5	1/10	1/20	1/30	1/40	1/50
透水性の改良度合 (ζ)	1/5	0.444	0.286	0.167	0.118	0.091	0.093
	1/10	0.643	0.474	0.310	0.231	0.184	0.153
	1/20	0.792	0.655	0.487	0.388	0.320	0.275
	1/30	0.853	0.744	0.592	0.492	0.420	0.367
	1/40	0.886	0.796	0.661	0.591	0.481	0.438
	1/50	0.907	0.831	0.710	0.620	0.551	0.495

　以上が大長が行った研究の最初の部分に展開されている一次元的な理論的考察を筆者なりに補正してその概要を述べた結果である．これらの検討結果は実際の止水カーテンの止水効果・コンソリデーショングラウチング・排水孔などが加わったときの揚圧力の分布・浸透流量の増減などについてはさらに複雑な種々な要因が作用してくるので，直ちにそのまま用い得るものではない．

　しかしこの一次元的考察は簡易検討法として定性的な判断に用いるべきものであり，ダム基礎岩盤の止水処理・揚圧力の低減などを検討する簡易手法としては極めて利用度の高いものである．

(2) 止水カーテンの効果に対する二次元模型実験による検討

　次に大長は止水カーテンの止水効果についての一次元的な考察に続いて，黒部ダムを例にとって二次元模型実験により効果的な止水カーテンの施工深さについて検討を行った．その結果を図 2.4 に示す形で整理している．すなわち止水カーテンの施工深さは 150 m（黒部ダムの高さは 186 m であるから $0.81H$ に相当）・100 m（$\fallingdotseq 0.54H$）・50 m（$\fallingdotseq 0.27H$）の場合について，また止水カーテンの透水度の改良度合は ζ が 0%（$\zeta = k_2'/k_1' = 0$，すなわち止水カーテンゾーンが全くの不透水ゾーンと考えた場合）・15%（すなわち止水カーテン内の透水係数が周囲の岩盤の透水係数の 15% まで改良された場合）・30%・60% の 4 種類について模型実験を行った．またこの研究では止水カーテンの効果を堤体よりもやや下流で下流下向きに設けたピエゾメーター孔の尖端での水頭をパラメーターにして論じている．

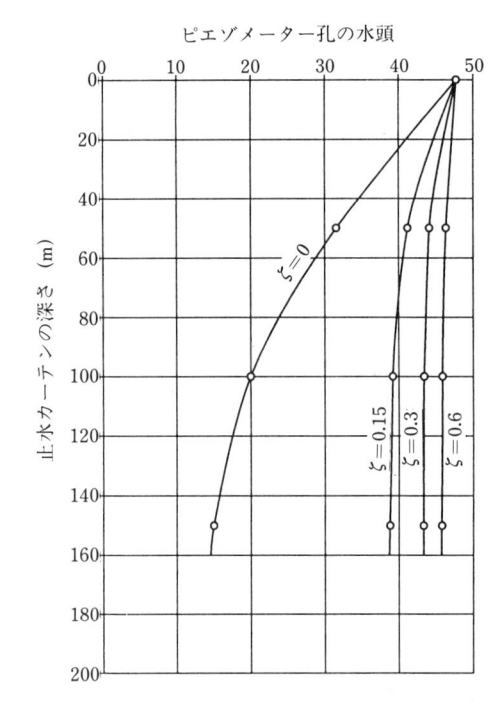

図 2.4　止水カーテンの深さとピエゾメーター孔の水頭との関係（大長昭雄より）

　これらの検討から『止水カーテンは完全な不透水ゾーンが形成されるときは，$0.6 \sim 0.7H$ の深さまではカーテンゾーンを延長しても止水効果の向上はあるが，止水カーテンの透水度が周囲の岩盤の 15〜60% 程度の透水係数にしか改良できないときは，$0.5H$ 以上の深さまで延長してもその効果は向上しない』との結論を出している．

この結論は止水カーテンの施工深さを検討する上で極めて興味深いもので，それ以前のダムの止水カーテンの施工深さの設定の際に準拠していた経験公式の $[H/3+C]$ または $[H/2]$ を理論的に裏付けた形となった．しかし一方ではこの研究は，

- ⑦ ダムの基礎岩盤を Darcy の法則に従う等方均質な地層から成っているという仮定から出発していること．
- ④ 止水カーテンの施工深さを止水カーテンより下流側の揚圧力の低減効果から論じていること．言い換えれば止水カーテンの施工深さを基礎岩盤の力学的安定性の面からの効率的な施工深さを論じたものである．したがって岩盤内の浸透流がパイピング現象などにより将来に向かって流路が拡大したりせず，次第に目詰りが進行してより低減していくと考えられる流速しか生じていない状態に抑制するという浸透流の面からの安全性の確保という観点からの検討ではなかったこと．

という問題点を持っていた．

　このうち⑦の問題点はこの種の理論的な研究の宿命であって，実際問題に適用する際にどのような補正と適用限界を考慮して検討すべきかの問題である．しかし④の問題点についてはここで述べる二次元的な研究の後に三次元的な研究として，三次元的な止水カーテンの施工範囲と揚圧力低減のために必要な三次元的な排水孔の配置についての研究が行われており，この研究の主目的が岩盤内の揚圧力を低減して三次元的な基礎岩盤の力学的安定性を確保するために効果的な止水カーテンの施工範囲と排水孔の配置を検討することにあった．これらを考慮するとこの研究にとってはこのような角度からの検討はむしろ必然的な方向であったとも考えられる．

　しかし一般のダム，特に重力ダムの止水カーテンの施工深さの検討にあたっては，浸透流に対する安全性が確保し得る施工深さを問題として検討している．すなわち満水状態における浸透流が一定値に確保されているか，目詰りにより減少する方向にあるかのいずれかの状態にあって浸透流路が拡大する可能性は全くなく，浸透流の面からは将来にわたって現在と同程度の状態が保持されるかより安全な状態に移行すると推定される状態にあることを確認し得る施工深さ，理論的には各部に生ずる浸透流速がその部分の限界流速以下に抑制し得る施工深さを求めて検討している．このような観点に立つならばこの研究はこの要請に直接答えるものではなかった．

　さらにこの結論は⑦で述べた仮定の下で検討されているので，深部にもより透水度が高い部分が存在する可能性がある地層，すなわち生成時の冷却節理が完全に閉ざされていない状態で残され，極めて高い透水度を示す比較的新しい地質年代（鮮新世後期以降）の火山岩類などが基礎岩盤内の深部に存在するときは適用できない．さらに部分的にも non Darcy 流が発生する可能性がある地層が存在する場合にはこの研究結果に基づいた検討は不適当であることになる．

　一方では古・中生層（石灰岩層を除く）や花崗岩などを含む変成岩類では透水度が高い部分は一般に地形侵食による緩み以外には考えにくいので，一般に深い部分ほど透水度は低くなっており，この研究で行われた実験よりも良い条件下にあることが多い．

　このことは止水処理の対象となる部分が地形侵食により緩んだ部分に限られる地層，すなわち数千～数万 m の深い地殻の深部で続成硬化し，第四紀の中期以降に地表面近くに現れてきた古・中生層や花崗岩などを含む変成岩類から成る基礎岩盤の河床面以下の硬岩部に対しては，一般的にこの

結論は岩盤の力学的安定性の面から見た効率論としては適用し得るものと考えることができる[注4].

(3) 排水孔の効果とその配置に対する二次元模型実験による検討

大長は前項に述べた止水カーテンの効率的な施工深さの検討に続いて，排水孔の効果と配置についても二次元模型実験により検討を行った．この研究結果は重力ダムの排水孔の効果などに貴重な示唆を与えているので，以下簡単に説明することにする．

まず浸透路の長さが上下流に 200 m の中央に排水孔を設けた場合を検討対象として排水孔の口径が 56 mm と 76 mm の 2 種類について，また排水孔間隔が 3 m・5 m・10 m・15 m…の場合を上流側からの進入浸透流量と下流側への湧出流量と排水孔からの湧出流量をパラメーターにして整理を行った．その結果として排水孔の口径の相違の影響はわずかであり，排水孔の間隔が 10 m 以下になると上流側からの進入浸透流量・排水孔からの湧水量の増加が目立つようになるとしている（図 2.5 参照）．

この排水孔の間隔が 10 m という値は浸透路長が 200 m の場合に排水孔からの湧水量が急増しない範囲内で求めたものであるが，実験結果を示す図 2.5 では 20 m 前後で大きな変化が生じており，この図の見方によっては多少異なった値が適切な値であるとも解釈可能な図となっている．

さらに当然着岩面の上下流方向の長さが 100 m のときはそれに相当する孔間隔は 5 m に，50 m のときは 2.5 m になり，現在一般に用いられている排水孔間隔の 5〜7.5 m の妥当性を概略裏付けたものと見ることができる．

なお筆者が調べた範囲では実際のダムでの排水孔間隔は小河内ダムの 3 m が最小であった．

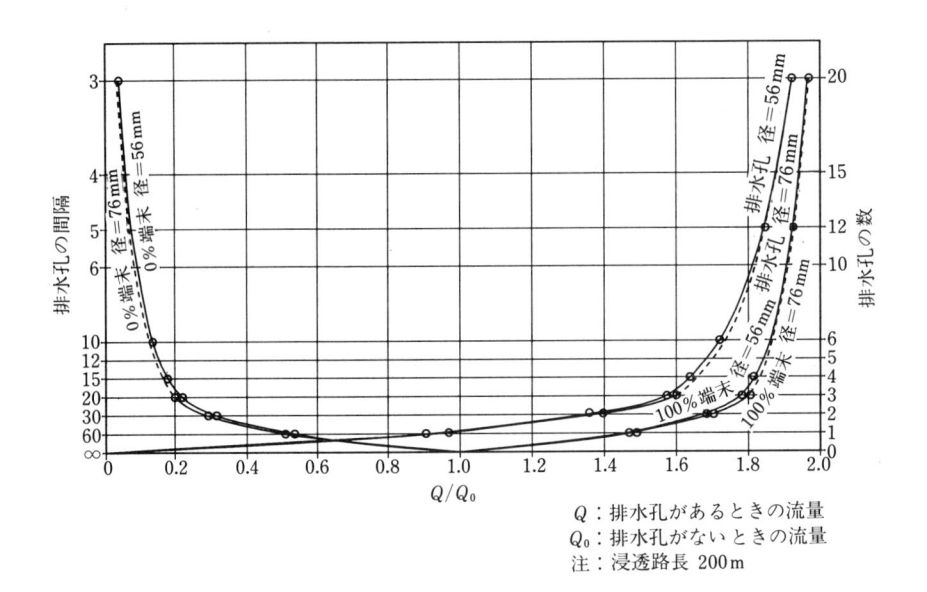

図 2.5 排水孔の孔間隔による浸透流量の変化（大長より）

Q：排水孔があるときの流量
Q_0：排水孔がないときの流量
注：浸透路長 200 m

[注4] この結論は古・中生層（溶食鍾乳洞を含む石灰岩層を除く）や花崗岩などを含む変成岩類から成るダムサイトの河床面以下の標高の硬岩部では安全側のものである．しかし河床面以上の標高の両側の地山では地質条件によってはかなりの深部まで大きな緩みが生じている場合がある．このように河床面下の深部では透水度が低くなるこの種の地層でも両側の地山では地形侵食により生じた緩んだ部分の発達の度合によっては適用し得ないこともしばしばである．なおまれにこの種の地層の深部で予想外に透水度が高い部分が存在することがあり，現時点ではどのような原因によるものか明らかでないが，この種の地層でも念のため深部に対して 2〜3 本の調査ボーリングは必要である．

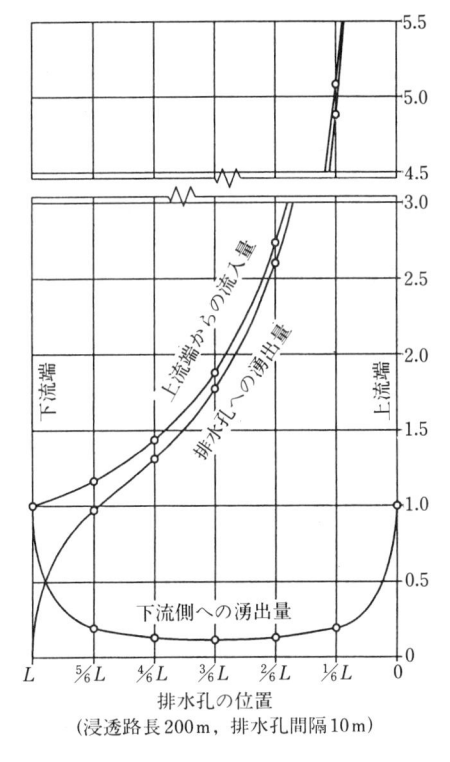

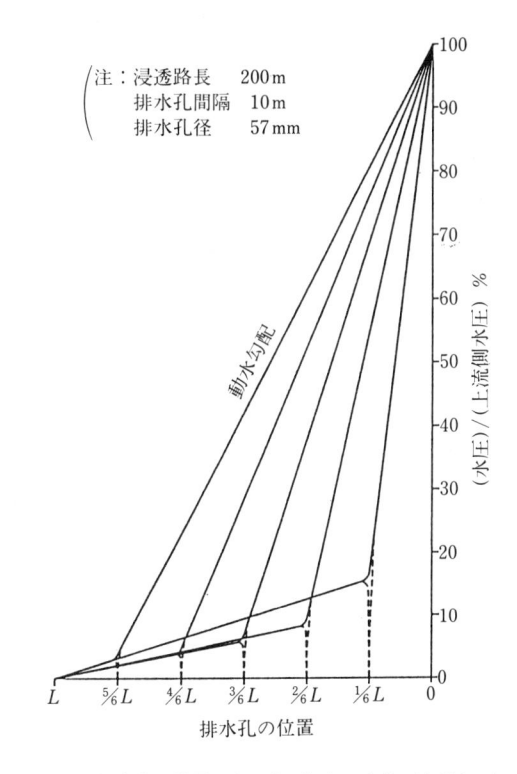

図 2.6 排水孔の位置による浸透流量の変化（大長より）　　図 2.7 排水孔の位置による水頭勾配の変化（大長より）

またこの研究では浸透路中の排水孔の位置による上流側からの進入浸透流量と下流側および排水孔からの湧出量の変化や浸透路に直交する方向の平均の揚圧力分布の変化とを求めている．すなわち前述した実験結果から排水孔間隔を 10 m として浸透路を 6 等分した位置に排水孔を設けて各々の浸透流量と揚圧力分布の比較を行っている（図 2.6 と 2.7 参照）．

その結果上流側からの進入浸透流量と排水孔からの湧出量は排水孔の位置が上流端に近づくに従って急激に増大するが，揚圧力は大幅に低減するようになる．また下流端からの湧出量は排水孔を浸透路の中央に設置したときに最小になるとしている．

この実験結果から大長は『重力ダムにおける如き安定性に対して揚圧力が支配的な要素となるような水理構造物に，drain hole を設けて揚圧力を低減することに目的を置くような場合には，できるだけ水源に近い位置を選んだ方が有利であり』[4] と述べている．

この排水孔の間隔の 10 m という結論はすでに述べたように，200 m の浸透路長で中央に排水孔を設置した場合に上流側からの流入浸透流量や排水孔からの湧出量が急増しない範囲での比較的狭い間隔として選定されたものである．しかし重力ダムの排水孔の場合には，図 2.7 からも明らかなようにこれらの浸透流量が増えても揚圧力低減のためには上流端に近い所に排水孔を設けた方が効果的であるので，排水孔より上流側の基礎岩盤の透水度をグラウチングにより可能な限り改良して排水孔からの湧出量を抑制しながら排水孔をいかに上流端に接近させるかが焦点となる．

このほか大長は黒部ダムの基礎岩盤内の浸透流に対して三次元模型実験を行い，三次元的に見た場合の適切な止水カーテンの範囲と排水孔の配置について検討を行っている．これらの点の検討は

この研究の中で最も力点の置かれた部分と考えられるが，黒部ダムというアーチダム固有の問題であり，一般論的に適用し得る結論ではないのでここでは取り上げて紹介しないことにする．

以上大長昭雄のダム基礎岩盤内の浸透流に関する理論的・実験的研究のうち，止水カーテンの止水効果に対する一次元理論による検討と二次元模型実験による検討と排水孔の効果についての二次元模型実験に焦点を当ててその概要を紹介してきた．

これらの研究から，

ⓐ 止水カーテンにより透水度が低い部分が形成されたときには浸透流量は低減するが，全浸透路長に対する透水度が低い部分の幅の比が大きいほど，またその部分の透水度の改良度合が著しいほど浸透流量の低減は顕著に現れる．

ⓑ 均一かつ等方性で浸透流がDarcyの法則に従う基礎岩盤では止水カーテンの下流側の揚圧力の低減という観点から見た場合に，止水カーテンの施工深さはグラウチングによる止水カーテン内の透水度の改良度合にも関係するが，$H/2$以上に深くしても効果的ではない．

ⓒ 排水孔の設置は揚圧力の低減には極めて効果的に働くが，同時に上流側からの流入浸透流量および排水孔からの湧出量が増大する．排水孔の位置が上流端に近いほど揚圧力の低減には効果的となるが浸透流量も大幅に増大することになる．これから揚圧力の低減という観点からは排水孔を可能な限り上流側に設けたいが浸透流量の増大を招くことになり，排水孔の位置は揚圧力の低減と浸透流量の増大との兼ね合いから決められることになる．したがって排水孔より上流側の基礎岩盤が低い透水度に改良されているほど，また急な水頭勾配に対する抵抗力が高いほど少ない浸透流量で排水孔の位置を上流側にして揚圧力を効果的に低減することができることになる．

などの結論が導き出された．

大長の黒部ダム（アーチダム）の基礎岩盤内の浸透流の実験的研究の主目的は黒部ダムの基礎岩盤内の三次元的な浸透流の性状と，効果的な止水カーテンの施工範囲・排水孔の配置について検討することにあった．しかしこの研究は当時としては極めて体系的に進められていたので重力ダムの基礎岩盤にも適用し得る止水カーテンや排水孔の効果についても検討されており，止水設計を行う際および揚圧力の低減を検討する際の基本的な事項に対して前述したような注目すべき結論を引き出している．

しかしⓑの止水カーテンの施工深さについての結論は止水カーテンの下流側での揚圧力の低減効果という観点から論じられ，基礎岩盤内の浸透流速が充分低い値に抑制されて流路が拡大する危険性に対して充分な安全性が確保されているか否かの観点から論じられていなかったので，止水カーテンの施工深さの決定や改良目標値の設定にはあまり参考とはされずに今日に至っている．

2.1.4 止水カーテンとコンソリデーショングラウチングと排水孔の効果に関する考察

前項に述べた大長昭雄の研究は約40年前に行われたものであり，当時は有力な解析手段がなかったので，もっぱら電気相似法による寒天模型で実験的に研究が進められた．一方現在では有限要素法などの数値解析法によりこの種の問題は容易に解析し得るようになっており，組織的に検討すればより一般的な結論を得ることができると考えられる．

しかしここではこの種の問題の細部には立ち入らないで，大長の研究に多少修正を加えて止水カー

テンとコンソリデーショングラウチングと排水孔の効果について一次元的に考察し，概略な検討を加えることにする．

図 2.8 は図 2.3 に修正を加えて，
(1) グラウチングによる止水処理を行わなかった場合（細い実線）．
(2) 止水カーテンのみ施工した（止水カーテン部以外の岩盤の透水係数の 1/10 程度の透水係数に改良した）場合（二点破線）．
(3) 止水カーテンを施工し，排水孔を設置した場合（破線）．
(4) 止水カーテン・排水孔を設置した上でさらに排水孔より上流側をコンソリデーショングラウチングにより低い透水度（グラウチング施工部以外の岩盤の透水係数の 1/5，止水カーテン内の 2 倍程度まで）に改良した場合（一点破線）．

の 4 つの場合について模式的に一次元流の水頭勾配を図示したものである．

この図においては浸透流量は同じ透水係数の部分での水頭勾配に比例するから，(1)・(2)・(3) の場合の浸透流量の比較は上流面と止水カーテンとの間の部分の水頭勾配の相違から，(2)・(3)・(4) の場合の浸透流量の比較は止水カーテン内での水頭勾配の相違から読み取ることができる．

この図は一次元的に検討した結果であるので，グラウチングが施工された部分の先端部ではグラウ

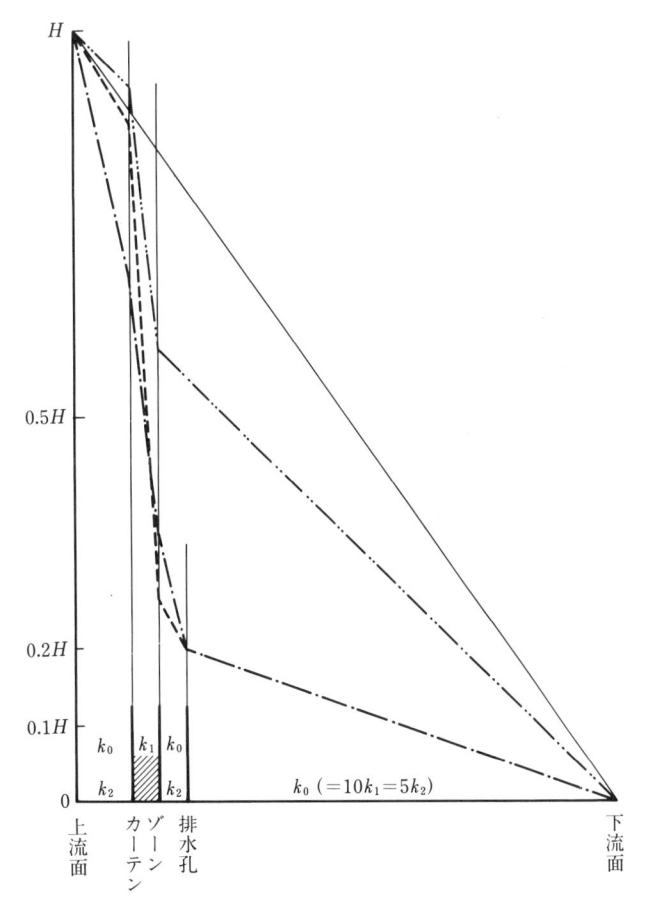

図 2.8 重力ダム基礎岩盤内の圧力水頭の分布

チングの施工前には施工された部分を流れていた浸透流の一部がこれらの施工部分の外側を迂回するようになり，施工部分外の浸透流が増大する．このため二次元的に検討したときは一次元的な検討結果よりも浸透流量や揚圧力の低減率は低くなるが，おおよその傾向は示していると考えられる．

この図から重力ダムの基礎岩盤内の止水カーテン・コンソリデーショングラウチングと排水孔の効果については，

- Ⓐ 止水カーテンにより浸透流量はかなり低減され，揚圧力も止水カーテンより下流側で低下するが，揚圧力の低下に関しては排水孔の設置ほど効果的ではない．
- Ⓑ 排水孔の設置は揚圧力を大幅に低減させるが，浸透流量をかなり増大させる．
- Ⓒ 排水孔より上流側の部分全般の透水度をコンソリデーショングラウチングにより改良することは浸透流量，特に排水孔からの湧出量の低減に対して極めて効果的である．

などを知ることができる．

2.1.5 止水カーテン先端部の岩盤に必要な透水度に対する考察

2.1.3 で紹介した大長昭雄の止水カーテンの効果的な施工深さに関する研究は，前述したように湛水後に生ずる浸透流がその浸透路の各部においてパイピングなどによる浸透路の拡大に対して安全か否かという観点から検討されていなかった．このためこの研究から得られた止水カーテンの効果的な施工深さに関する結論は止水カーテンの施工深さや改良目標値の設定に際しては現在のところあまり用いられていない．

この止水カーテンの施工深さや改良目標値の設定の問題をより合理的に解決するためには，別の観点からの研究と今までの施工事例の分析により検討する必要がある．

本項では止水カーテン内および止水カーテンの先端付近を通る浸透流の流速に着目して簡単に理論的角度からの検討を加えることにする．

この種の問題は止水カーテンの改良目標値が設定された以降に登場した問題であり，特に止水カーテンの施工深さの決定が経験公式から止水カーテン先端付近の岩盤の透水度による決定へと指向し始めてから，特に重要性が増してきた問題である．

この方向での検討や施工事例は第3章でも述べるが，最初の研究は下小鳥ダムでの検討であろう．下小鳥ダムの建設にあたってはそれ以前の土質材料でのJustinの理論や限界流速に関する研究結果を集約して限界水頭勾配を1.0以下に設定し，フィルダムのコア敷近辺や深部での浸透路長を求めて水頭勾配が限界水頭勾配以上の部分に対して止水カーテンを施工するとして検討した．その結果，経験公式と同程度の $[H/3+C]$ に近い結果が得られ，両岸の上部では浸透路長が長くて水頭勾配が緩いことを考慮して改良目標値を10ルジオンに設定して施工している[5]．

この研究はどちらかといえば土質力学的な観点から検討され，限界水頭勾配の値の設定も土質材料での資料に基づいて検討されている．しかし結果的にこのような観点からの検討により経験公式を裏付けたことと，両岸上部では改良目標値を10ルジオンに設定し，それと同等の透水度の岩盤までを止水カーテンの施工範囲としたことは注目される点である．

次のこの方向の研究としては一庫ダムにおける検討があげられる．すなわち一庫ダムの建設にあたっては，止水カーテンの改良目標値や止水カーテン先端付近の岩盤の透水度はその部分を流れる浸透流の流速により決められるべきものであり，その部分の浸透路長や水頭勾配が異なれば改良目

標値なども当然異なってくるという観点に立ち，その部分の浸透路長に比例してこれらの値を緩和し得るとして検討を行っている．この結果クリープ比（水頭勾配の逆数）が 2.5 以下の部分は改良目標値を 1～2 ルジオン，クリープ比が 2.5～3.5 の部分は 3～4 ルジオン，クリープ比が 3.5 以上の部分は 5 ルジオン以上として施工している[6]．

またこれらの考え方に準拠したのであろうか，阿木川ダムでは浸透路長が長くて水頭勾配が緩い深部（着岩面より 50 m 以深）での改良目標値を 5 ルジオンに緩和している．また寒河江ダムと奈良俣ダムでは両岸上部の変質や風化が著しい部分に対して改良目標値を 5 ルジオンに緩和している（寒河江ダムと奈良俣ダムでは両岸上部は風化・変質が著しくて 2 ルジオンまでの改良が困難であったためのようであるが）．

これらのダムはいずれもフィルダムであり，元来「施工指針」以来フィルダムの改良目標値は 2～5 ルジオンに緩和されており，1985 年以前に完成したかなりのフィルダム（三保ダム・手取川ダム・漆沢ダム・玉原ダム・四時ダム・十勝ダムなど）では 3～5 ルジオンに緩和された改良目標値で施工されている．

しかし 1985 年以降に完成したダムでは，フィルダムといえども浸透路長が短くて水頭勾配が急な着岩面付近では浸透流に対する条件はコンクリートダムと大差ないとの考えから，コンクリートダムと同じ改良目標値を用いる例が多くなってきている．しかしここに示した 3 ダム（阿木川ダム・寒河江ダム・奈良俣ダム）では浸透路長が短くて水頭勾配が急な着岩面付近ではコンクリートダムと同じ改良目標値を用い，浸透路長が長くて浸透流に対する条件が緩いと考えられる深部とリム部の改良目標値を緩和したのは下小鳥ダムや一庫ダムでの考え方と軌を一にするものであり，注目される事例である．

このように浸透路長が長くて水頭勾配が緩い深部や両岸の袖部では，浸透路長が短くて水頭勾配が急な着岩面近くに比べて改良目標値をある程度緩和し得るのではないかという考えはかなり以前からあった．またその考え方に従って浸透路長が長い部分の改良目標値を緩和して施工したダムもいくつか完成し，ある程度の実績が得られている．

したがってここでは下小鳥ダムや一庫ダムでの検討を参考にしつつ，筆者なりに理論的な面から検討を加えてみよう．

(1) 理論的検討

以上述べたような観点から止水カーテンの先端付近でグラウチングが施工されていない部分の岩盤に対して止水面から要求される透水度について検討してみよう．まず，止水カーテンの改良目標値および止水カーテン先端付近の非施工部の岩盤がダムの安全上必要とされる透水度は，止水カーテンによりその外側に迂回させられる浸透流を含めて，止水カーテンの外側を通る浸透流がすべて満水位において流路の目詰りなどにより経年的に減少傾向をたどる流速しか生じないような透水度であることになる．

この条件はダムの基礎岩盤内では，止水面からは水頭勾配が最も急な着岩面に近い部分も水頭勾配が緩い深部の岩盤も共に目詰りが確実に進行する流速以下に抑制することが求められていると表現することができる．すなわち各部分を通る浸透路上で最も速い流速が生ずる水頭勾配が最も急な所で，そこでの真の透水係数と水頭勾配との積の値が着岩面直下の止水カーテン内での値と同程度である必要があり，この値を上回る値を持つ浸透路に対してはその部分をグラウチングにより真の

透水係数を引き下げ，その浸透路内では浸透流速が目詰りが進行し始める流速以下に抑制する必要があることになる．

この点については，下小鳥ダムの検討は止水カーテン先端付近のグラウチングを施工していない状態での岩盤の限界水頭勾配をコア部の限界水頭勾配以下にするということを目標に進められているが，2.1.2項に述べた土質材料と岩盤との面的な空隙率での大きな相違については考慮していない．

一方一庫ダムの検討はこの種の問題を避けて，着岩面近くの浸透路と止水カーテンの先端部を通る浸透路の長さの相違に着目して深部での改良目標値を検討している．

また筆者は先に各部岩盤内の面的な空隙率を係数として含んだ形での理論的検討を行った[7]．しかし現時点では着岩面付近のカーテン・コンソリデーショングラウチングの施工部分の面的な空隙率や止水カーテン先端付近を通る浸透路の浅い部分や深い部分での面的な空隙率の値などに関してはほとんど資料が得られていないので，結果的には一庫ダムの検討と類似した程度の検討しか行えなかった．

しかし今後この種の問題が検討しやすくするために未知な係数を含んだ形での理論解を示し，未知な係数の概略な値を推定して検討を加えることにする．

このような観点に立って止水カーテンの先端直下の岩盤が要求される透水度と止水カーテンの改良目標値との関係をDarcyの法則により概算してみよう．ダムの最大水深をHとし，

着岩面直下の水頭勾配が最も急な浸透路における平均の浸透流速を	U_0
〃　　　　　　　　の止水カーテン内の浸透流速を	u_0
〃　　　　　　　　の全浸透路長を	L_0
〃　　　　　　　　の止水カーテン内の浸透路長を	l_0
〃　　　　　　　　における平均の真の透水係数を	$_0K$
〃　　　　　　　　の止水カーテン内の真の透水係数を	$_0k$
〃　　　　　　　　における平均の見掛けの透水係数を	$_0K'$
〃　　　　　　　　の止水カーテン内の見掛けの透水係数を	$_0k'$
〃　　　　　　　　における平均の面的な空隙率を	B_0
〃　　　　　　　　の止水カーテン内の面的な空隙率を	β_0
〃　　　　　　　　の止水カーテンの上下流間の水頭差を	ΔH_0
止水カーテン先端直下を通る浸透路における平均の浸透流速を	U
〃　　　　　　　　の止水カーテン先端直下での浸透流速を	u
〃　　　　　　　　の全浸透路長を	L
止水カーテン先端直下部分と同じ透水係数を持つ部分の浸透路長を	l
止水カーテン先端直下を通る浸透路における平均の真の透水係数を	K
〃　　　　　　　　の止水カーテン先端直下での真の透水係数を	k
〃　　　　　　　　における平均の見掛けの透水係数を	K'
〃　　　　　　　　の止水カーテン先端直下での見掛けの透水係数を	k'
〃　　　　　　　　における平均の面的な空隙率を	B
〃　　　　　　　　の止水カーテン先端直下での面的な空隙率を	β
〃　　　　　　　　の止水カーテン先端直下の部分での水頭差を	ΔH

とすると，フィルダムにおいては着岩面直下の水頭勾配が最も急な浸透路の全路長はコア敷の幅としてその間の水頭差は H でよいが，重力ダムでは上流側の流入部から排水孔設置位置までとすべきであり，排水孔位置での揚圧力の平均値を構造令の設計揚圧力の規定に準拠して $0.2H$ とすると，その間の水頭差は $(1-0.2)H = 0.8H$ となる．

したがって Darcy の法則から，ηH を着岩面真下の水頭勾配が最も急な浸透路の水頭差とすると

$$U_0 = \eta_0 K \frac{H}{L_0}, \quad U = K \frac{H}{L}, \quad u_0 = {}_0k \frac{\Delta H_0}{l_0}, \quad u = k \frac{\Delta H}{l} \tag{2.11}$$

と表すことができる．ただし η は重力ダムの場合に 0.8，フィルダムの場合に 1.0 とする．

一般に着岩面直下の水頭勾配が最も急な浸透路の路長は重力ダムでは着岩面上流端から排水孔までがこれに相当し，フィルダムではコア敷幅がこれに相当する．したがって重力ダムでは $L_0 = (0.1 \sim 0.3)H$ で，フィルダムでは $L_0 = (0.3 \sim 0.7)H$ である．

一方浸透流の連続の条件を考慮すると，浸透流線網の間隔は止水カーテン内やその直下を通る所で最も狭くなっていると考えられ，特に止水カーテンの先端直下では止水カーテンを迂回した浸透流が集中して流れるためにこの部分で流線網は特に密になるのが一般である．したがって各々の全浸透路の平均の流線網の幅と止水カーテン内あるいは止水カーテンの直下の部分の流線網の幅との比をそれぞれ $\alpha_0 \cdot \alpha$ とすると，連続の条件から，

$$\alpha \beta u = BU, \quad \alpha_0 \beta_0 u_0 = B_0 U_0 \tag{2.12}$$

となり，これから，

$$u = \frac{B}{\alpha \beta} U = \frac{BKH}{\alpha \beta L} \tag{2.13a}$$

$$u_0 = \frac{B_0}{\alpha_0 \beta_0} U_0 = \eta \frac{B_0 {}_0 KH}{\alpha_0 \beta_0 L_0} \tag{2.13b}$$

が得られる．

ここでこれらの浸透路における流路全体の平均の真の透水係数と着目した部分の真の透水係数との比をそれぞれ $\gamma_0 \cdot \gamma$ とすると，

$${}_0K = \gamma_0 {}_0k, \quad K = \gamma k \tag{2.14}$$

となる．

式 (2.14) を式 (2.13) に代入すると，

$$u = \frac{B}{\alpha \beta} U = \frac{B \gamma k}{\alpha \beta} \frac{H}{L}, \tag{2.15a}$$

$$u_0 = \frac{B_0}{\alpha_0 \beta_0} U_0 = \frac{\eta B_0 \gamma_0 {}_0 k}{\alpha_0 \beta_0} \frac{H}{L_0} \tag{2.15b}$$

が得られる．

ここで着岩面直下の水頭勾配が最も急な浸透路の止水カーテン内の浸透流速 u_0 は，湛水後目詰りにより経年的に減少傾向にあるように止水カーテンの改良目標値が設定されているとし，止水カーテン先端直下を通る透水路の止水カーテン直下での浸透流速 u も同じ条件下におくとすると，

$$u_0 = u \tag{2.16}$$

と表現することができる．すなわち式 (2.16) に式 (2.15a)，(2.15b) を代入すると，

$$k = \eta \frac{B_0}{\beta_0} \frac{\beta}{B} \frac{\gamma_0}{\gamma} \frac{\alpha}{\alpha_0} \frac{L}{L_0} {}_0k$$

なる関係が成立し，両者の見掛けの透水係数の間には式 (2.5) が成立しているから，

$$k' = \beta k = \eta \frac{B_0}{B} \frac{\beta}{\beta_0}^2 \frac{\gamma_0}{\gamma} \frac{\alpha}{\alpha_0} \frac{L}{L_0} {}_0k' \tag{2.17}$$

なる関係が成立することになる．ルジオン値と見掛けの透水係数との間には比例関係が成立しているから，止水カーテンの改良目標値を ${}_0Lu$ とし止水カーテン直下の岩盤で許容されるルジオン値を Lu とすると，

$$Lu = \eta \frac{B_0}{B} \frac{\beta}{\beta_0}^2 \frac{\gamma_0}{\gamma} \frac{\alpha}{\alpha_0} \frac{L}{L_0} {}_0Lu \tag{2.18a}$$

あるいは

$$\frac{Lu}{{}_0Lu} = \eta \frac{B_0}{B} \frac{\beta}{\beta_0}^2 \frac{\gamma_0}{\gamma} \frac{\alpha}{\alpha_0} \frac{L}{L_0} \tag{2.18b}$$

が成立することになる．

(2) 理論解に基づいた概算

この止水カーテンの先端直下の岩盤に必要なルジオン値と着岩面直下の止水カーテンの改良目標値との比 ($Lu/{}_0Lu$) の値に大きな影響を与えているのは式 (2.18b) から，

- ❶ 止水カーテンの先端直下を通る浸透路の長さと着岩面直下の水頭勾配が最も急な浸透路の長さの比 (L/L_0)，
- ❷ 止水カーテン内を流れる浸透流がグラウチングの施工により着岩面付近や止水カーテンの先端付近でより低い透水度に改良された部分を迂回して流れるために，改良度が低い部分に浸透流が集中して各々での流線網の間隔が狭くなる度合の比 (α/α_0)，
- ❸ 着岩面直下の浸透路での止水カーテン内とその全浸透路の平均の真の透水係数の比 γ_0 と，止水カーテン先端直下を通る浸透路での止水カーテン直下の岩盤とその全浸透路の平均の真の透水係数との比 γ との比 (γ_0/γ)，
- ❹ 着岩面直下の止水カーテンおよび補助カーテンまたはコンソリデーショングラウチングが施工された部分での岩盤の空隙率と止水カーテン先端直下を通る浸透流路における岩盤の面的な空隙率により決まる $(B_0/B)(\beta/\beta_0)^2$，

である．ここで❶・❷は浸透流解析を行うことによりある程度正確な値を得ることができる．また一庫ダムでの検討は❶の値についてのみ着目して ($Lu/{}_0Lu$) の値を検討したものである．

❸については各ダムサイトで状況は異なり，緩んだ部分がごく表面に限定されている場合と比較的深い部分まで拡がっている場合（もちろん止水カーテンは緩みが少ない部分まで施工しなければならないが）とで大きく異なる．

❹については現時点では岩盤の面的な空隙率についての研究はほとんどなく，面的な空隙率と透水係数との間には相関関係があると考えられるが，その相関関係は節理面の間隔やその開口度によっても大きく異なり，さらにグラウチングによる改良がどのような形で関係してくるかについては現

在ではほとんど把握されていない.

このように現状では❸で述べた (γ_0/γ) の値は各ダムサイトごとにかなり異なり,❹で述べた $(B_0/B)(\beta/\beta_0)^2$ の値は正確な値を設定することは困難なので,❶・❷の値を正確に求めても $(Lu/_0Lu)$ の値をはっきりとした値として求めることは困難である.

そこで岩盤の緩みが少なくて緩んだ部分が比較的浅い部分に限定されている場合と,緩みが著しい部分が止水カーテンの深さの半分以深まで緩んでいる場合について検討し,❶・❷についてごくおおよその値を設定して $(Lu/_0Lu)$ の値を概算してみよう.

まず❷の (α/α_0) については,着岩面付近の浸透路では止水カーテン内は特に他の部分に比べて浸透流線網の間隔は狭くはならないが,止水カーテンの先端直下では止水カーテンを迂回した浸透流が集まるためにその上下流に比べて浸透流線網の間隔はかなり狭くなる.すなわち α の値は α_0 の値に比べて小さくなり,(α/α_0) の値は $2/3 \sim 1/2$ 程度の値を取ると考えられる.

次に❸の (γ_0/γ) の概略の値について考察すると,一般に着岩面直下の水頭勾配が最も急な浸透路はその全長にわたって止水カーテンが施工されているわけではない.しかし重力ダムにあっては止水カーテンが施工されている区間以外の部分は補助カーテンやコンソリデーショングラウチングが施工されてその改良目標値まで改良されている.またフィルダムにあってはコア敷全体に対してブランケットグラウチングが施工されているか,少なくとも緩んだ部分はグラウチングによりある程度改良されていると考えられる.このように考えるとこの浸透路全体の平均の真の透水係数は止水カーテン内の真の透水係数に対して重力ダムでは約 $3/2$ 倍程度,フィルダムでは $2.0 \sim 2.5$ 倍程度の値となっていると考えられる.

一方,止水カーテンの先端直下を通る浸透路について考察すると,この浸透路もその全長にわたって止水カーテンの先端直下の部分と同程度の透水度であるわけではなく,一般的にはその浸透路の上下流の浅い部分ではより透水度が高い部分を流れていると考えられる.したがって,この浸透路全体の平均の真の透水係数はダム型式に関係なく止水カーテン直下の部分の真の透水係数に対して $2 \sim 4$ 倍程度の透水係数となっていると考えるべきであろう.すなわち (γ_0/γ) の値は重力ダムの場合で岩盤の緩みが著しくて緩んだ部分が比較的広いときには $1/2$ 程度,緩みが少なくて緩んだ部分が狭いときには $1 \sim 3/8$ 程度の値,フィルダムの場合にそれぞれ $1 \sim 5/8$ 程度と考えられる.

次に❹の $(B_0/B)(\beta/\beta_0)^2$ の値について考察してみよう.この値については岩盤内の各部分での空隙率の比であるから,現時点ではごく大まかな推定しかできないのが実状である.着岩面直下の浸透路と止水カーテンの先端直下を通る浸透路の平均の空隙率の比 (B_0/B) の値は,着岩面直下の浸透路では❸の値の検討の際に述べたように何らかのグラウチングにより改良された部分で,元々存在した空隙のかなりの部分はミルクにより充填されている.これに対して,止水カーテン直下を通る浸透路は全くグラウチングが施工されていない部分のみを通っているので,元々の岩盤の空隙率の大小に応じて $1/2 \sim 1/4$ 程度の値を示すと考えるべきであろう.これに対して (β/β_0) の値は止水カーテン直下の部分が緩みが少ない部分であるべきであるから,2 程度の値と考えられる.したがって $(B_0/B)(\beta/\beta_0)^2$ の値はおおよそ $1 \sim 2$ 程度と考えられる.

最後に❶の (L/L_0) の値について考察する.この値は $(Lu/_0Lu)$ の値に対して最も強い影響を与えており,本来は浸透流解析を行って各々の部分の浸透路長を求めて論ずるべきであるが,すでに述べたように式 (2.18b) の $(Lu/_0Lu)$ の中には $(B_0/B)(\beta/\beta_0)^2$ の値のように現時点ではごく概略の

(a) 重力ダム **(b)** フィルダム

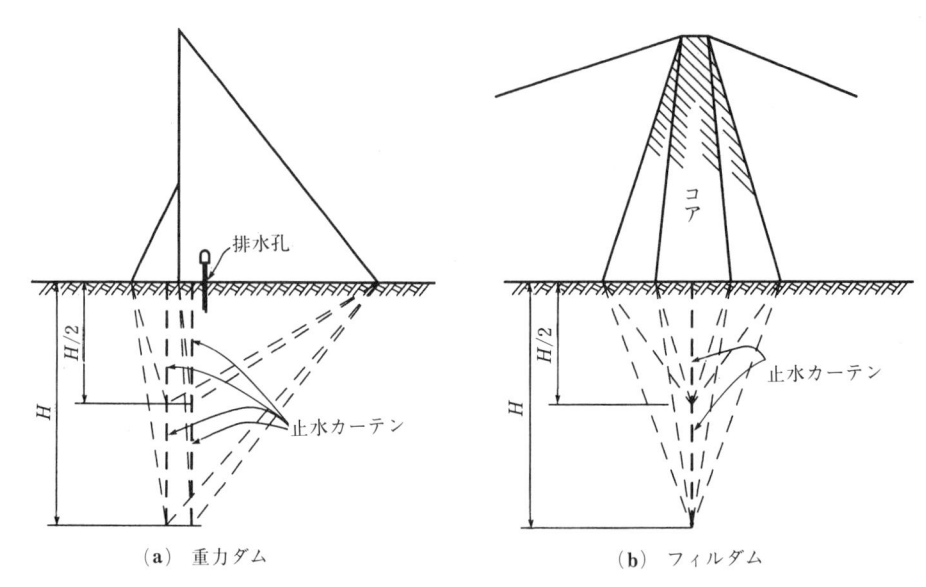

図 2.9 ダム基礎岩盤内の止水カーテン先端を迂回する浸透路の概略の比較図

値しか推定し得ない項が含まれているので概算で求めることにする．

すなわちおおよその傾向を知るために止水カーテン先端直下を通る浸透路長はその流路の流入部から止水カーテンの先端を結ぶ直線の長さと止水カーテンの先端からその浸透路の流出部を結ぶ直線の長さの和（図 2.9 参照）を，止水カーテンの先端付近での流線の曲がる度合に対応して 10～20％程度大きくした値で近似できるとして求めることにする．

ここで重力ダムの止水カーテンは上流側フーチングから施工される場合と監査廊からの場合と両方あるので上流端と排水孔位置の中央に施工されているとし，さらに簡単のために重力ダムの止水カーテンを迂回する浸透流の浸透路長は排水孔の位置により影響は受けていないとして概算することにする．また先に推定した η や $(B_0/B)\cdot(\beta/\beta_0)\cdot(\gamma_0/\gamma)\cdot(\alpha/\alpha_0)$ などの値を用いて式 (2.18b) から $(Lu/_0Lu)$ の値を概算すると，

ⓐ 重力ダムで排水孔が上流側より $0.1H$ の位置にあり，フィレットのないダム，すなわち基礎岩盤がダム高さに比べて強度的に良好な場合，

(1) 止水カーテンの深さが $H/2$ のとき，

$$\frac{L}{L_0} \fallingdotseq 16, \quad \frac{Lu}{_0Lu} \fallingdotseq 4\sim11, \tag{2.19a}$$

(2) 止水カーテンの深さが H のとき，

$$\frac{L}{L_0} \fallingdotseq 27, \quad \frac{Lu}{_0Lu} \fallingdotseq 7\sim20, \tag{2.19b}$$

ⓑ 重力ダムで排水孔が上流側より $0.3H$ の位置にあり，大きなフィレットが設けられているダム，すなわち基礎岩盤がダム高さに比べて強度的にあまり良好でない場合，

(3) 止水カーテンの深さが $H/2$ のとき，

$$\frac{L}{L_0} \fallingdotseq 6, \quad \frac{Lu}{_0Lu} \fallingdotseq 1.6\sim4, \tag{2.19c}$$

(4) 止水カーテンの深さが H のとき，

$$\frac{L}{L_0} \fallingdotseq 9, \quad \frac{Lu}{{}_0Lu} \fallingdotseq 2.5 \sim 6, \tag{2.19d}$$

ⓒ コア幅が薄いゾーン型フィルダムで，$L_0 = 0.3H$ の場合，

(5) 止水カーテンの深さが $H/2$ のとき，

$$\frac{L}{L_0} \fallingdotseq 4.2, \quad \frac{Lu}{{}_0Lu} \fallingdotseq 1.3 \sim 3.8, \tag{2.19e}$$

(6) 止水カーテンの深さが H のとき，

$$\frac{L}{L_0} \fallingdotseq 8, \quad \frac{Lu}{{}_0Lu} \fallingdotseq 2.5 \sim 8, \tag{2.19f}$$

ⓓ コア幅が厚いゾーン型フィルダムで，$L_0 = 0.7H$ の場合，

(7) 止水カーテンの深さが $H/2$ のとき，

$$\frac{L}{L_0} \fallingdotseq 2.0, \quad \frac{Lu}{{}_0Lu} \fallingdotseq 1.0 \sim 2.0, \tag{2.19g}$$

(8) 止水カーテンの深さが H のとき，

$$\frac{L}{L_0} \fallingdotseq 3.6, \quad \frac{Lu}{{}_0Lu} \fallingdotseq 1.2 \sim 3.2, \tag{2.19h}$$

程度の値となる．なおここに示した ($Lu/{}_0Lu$) の小さい方の値は緩みが多くてその範囲が広い岩盤を，大きい方の値は緩みが少なくてその範囲が狭い岩盤を念頭に置いている．

これらの値を概観してまず気がつくことは，重力ダムの上流端より排水孔までの距離やフィルダムのコア幅など着岩面直下を通る浸透流の水頭勾配により ($Lu/{}_0Lu$) の値が大きく異なることである．

元来止水カーテンの先端付近の岩盤に要求される透水度はその部分を通る浸透路長とその経路の透水度の分布状況によって異なるはずで，着岩面直下を通る浸透流の水頭勾配とは関係ないはずである．このように着岩面直下を通る浸透流の水頭勾配に強く影響した値が得られたのは ($Lu/{}_0Lu$) という止水カーテン内の改良目標値 ${}_0Lu$ との比の形で求めたためである．すなわち止水カーテン内の改良目標値 ${}_0Lu$ も元来その部分での流速が目詰りにより浸透流量が経年的に減少するような流速以下に抑制されるべきであり，その部分に形成される水頭勾配に反比例した真の透水係数に対応した値が採用されるのが本来であったのに，水頭勾配の値いかんに関係なく見掛けの透水係数に対応したルジオン値で表した一定の改良目標値を設定したためである．

すなわち一般に重力ダムの止水カーテンの改良目標値は 2 ルジオン非超過確率 85％，フィルダムの止水カーテンの改良目標値は 5 ルジオン非超過確率 85％ とされているが，前述したように元来着岩面付近の改良目標値もその部分で形成される最も急な水頭勾配に着目して設定されるべきものである．したがってここではこの部分での最も急な水頭勾配の逆数を 1/10 した値を改良目標値をルジオン値で表した値とすることにして論を進めることにする．

このように改良目標値 (${}_0Lu$) を規定すると，重力ダムで排水孔が上流端より $0.1H$ にあるような排水孔より上流側で極めて急な水頭勾配が形成される場合には改良目標値 (${}_0Lu$) は 1.25 ルジオン，排水孔が上流端より $0.3H$ にある場合は 3.75 ルジオンに設定し，フィルダムでコア幅が $0.3H$ と薄

表 2.2 Lu および $_0Lu$ の値

ダム型式	排水孔の位置（重力ダム）またはコア幅（フィルダム）	止水カーテンの深さ	$_0Lu$（ルジオン）	Lu（ルジオン） 緩んだ部分が深い岩盤	Lu（ルジオン） 緩んだ部分が浅い岩盤
重力ダム	$0.1H$	$H/2$	1.25	5	14
	$0.1H$	H	1.25	8	24
	$0.3H$	$H/2$	3.75	5	16
	$0.3H$	H	3.75	8	24
フィルダム	$0.3H$	$H/2$	3.0	4	11
	$0.3H$	H	3.0	7	24
	$0.7H$	$H/2$	7.0	7	14
	$0.7H$	H	7.0	8	23

いダムでは止水カーテン内の改良目標値（$_0Lu$）は3ルジオン，コア幅が $0.7H$ と厚いダムでは7ルジオンに設定されることになる．

このような前提に立って止水カーテン先端付近の岩盤に要求される透水度（$_0Lu$）を求めると表 2.2 のようである．

以上からダム型式・排水孔の位置やコア幅に関係なく緩んだ部分が止水カーテンの深さの半分以深まで及び，緩みの度合が高い岩盤で止水カーテンの深さが $H/2$ のときは5ルジオン，止水カーテンの深さが H のときは8ルジオン程度，緩んだ部分が浅くて緩みの度合が低い岩盤で止水カーテンの深さが $H/2$ のときは $11〜16$ ルジオン程度，止水カーテンの深さが H のときは24ルジオン程度という数値が得られる．

これらの結果は比較的理解しやすい値であり，特に着岩面直下の止水カーテンの改良目標値をその部分に形成される水頭勾配に反比例した値に設定すると全体が理解しやすい形で整理されることは，このような点からも本来止水カーテンの改良目標値は画一的，あるいはダム型式により設定されるべきものではなく，着岩面直下に形成される最も急な水頭勾配に反比例した値に設定されるべきであったことを示している．

以上の検討結果を要約すると次のようにまとめることができる．

Ⓐ 止水カーテンの改良目標値はダム基礎岩盤内で形成される最も急な水頭勾配に反比例した値に設定すべきである．

Ⓑ 止水カーテン先端直下の岩盤に要求される透水度はダム型式や排水孔の位置・コア幅に関係なく，緩みが多い岩盤で止水カーテンの深さが $H/2$ のときに5ルジオン程度，止水カーテンの深さが H のときに8ルジオン程度である．また緩みが少ない岩盤では止水カーテンの深さが $H/2$ のときに $10〜16$ ルジオン程度，止水カーテンの深さが H のときに24ルジオン程度である．

このように止水カーテン先端付近のグラウチングが施工されない部分の浸透流速が水頭勾配が最も急な着岩面直下の止水カーテン内の浸透流速以下に抑制されているならば，着岩面直下の止水カーテン内と同等な安全性が確保されているという観点に立って止水カーテンが着岩する岩盤の透水度の概略の検討を行ってきた．

その結果は各部分の岩盤内に生ずる流速を経験的に浸透流量が経年的に確実に減少すると考えられる流速よりも低い流速に抑制するという観点に立ったので当然とは考えられるが，各部分を通る浸透流はその浸透路のなかで最も流速の遅い部分の透水度がある値以下である必要があることになる．さらに，その安全性確保上必要な透水度は一定値ではなく，浸透路長とその浸透路での緩みの状況により異なり，透水度が低い部分での路長が長いほど必要な透水度に対する条件は緩和されてくることになる．

　したがって止水カーテンの先端直下の岩盤が止水面から必要とされる透水度は止水カーテン内に要求される透水度，すなわち止水カーテンの改良目標値よりも浸透路長が長くなった分だけ緩和されることになり，止水カーテンが深い部分まで施工されればされるほど緩和される度合は高くなる．一方，岩盤内の緩んだ部分が深くまで存在するほど低い値が必要となる．

　以上の検討結果はダム基礎岩盤の止水面からの安全性の確保という観点から必要な透水度は，貯水位が満水状態において各部分の浸透流速が目詰りが進行する流速以下に抑制されていることであるという立場に立って得られたものである．さらに基礎岩盤が Darcy 則に従い，その透水度はグラウチングされた部分もされない部分も場所によりある程度の相違はあるが，ルジオンテストの 1 測定区間内では著しい非均一性や異方性はないという前提の上に立っていた．

　これらの結果を実際の岩盤に適用する場合には実際の岩盤，特に節理性岩盤の場合にはかなりの非均一性と異方性があることに留意する必要がある．すなわち固結度が低い地層や断層粘土部などの弱層部のような土質材料に近い性質を持つ地層ではルジオンテストの 1 試験区間内での透水度の非均一性と異方性はそれほど著しくないが，節理性岩盤の場合には非均一性と異方性が顕著な場合が多く，特に非均一性はルジオンテストの 1 測定区間内でも平均値の数十倍から百倍以上の部分が存在している場合はしばしばである．

　さらに今までの長い間にわたって節理性岩盤の改良目標値の 2 ルジオン超過確率 15% 以下という値を支えてきた背景には，この値以下の透水度の節理性岩盤ではその試験区間の非均一性は小さくて部分的に前述したような卓越した透水度を示す浸透路が存在している可能性はほとんどなく，5 ルジオン超過確率 15% 以下のときはそのような卓越した浸透路が存在する可能性は少ないが，10 ルジオンになるとかなりの非均一性があり，卓越した浸透路の存在の可能性を否定し得なくなるという経験的事実が存在していた．

　したがってこのような経験的事実と次章で述べる今までの数多くの施工実績を考慮すると，節理性岩盤の場合には表 2.2 に示された深部で必要な透水度の値が 10 ルジオン以上のときでも現時点では 10 ルジオン以下に抑えて適用した方がより確実性が高いと考えられる．

　このために固結度が低い土質材料に近い性質を持つ地層の場合には，表 2.2 に示した透水度を参考にしてこの値を見掛けの透水係数に換算した値に基づいて検討を進めても差し支えないと考えられる．しかし節理性岩盤の場合には岩盤の非均一性と異方性とに十分考慮してボーリングコアを入念に観察し，止水カーテンの先端より深部に開口節理が集中した部分や地表水の通過により酸化された部分がないかについて検討する必要があることになる．

2.2 節理性岩盤の力学的性質の概要

2.2.1 節理性岩盤の力学的性質の基礎的な特徴

岩盤，特に硬岩から成る節理を有する岩盤，すなわち節理性岩盤の非弾性的な挙動の特徴については岩盤を構成する岩石は極めて硬くて弾性的な性質を持っているが，節理・亀裂などの節理面が数多く存在してある程度以上の外力が加わるとこれらの節理面沿いに相対的な移動が生じて非弾性的な挙動が生ずると考えられている．

このような観点に立って岩盤の非弾性的な挙動についての数理論的な研究[8]も行われ，岩盤変形試験や原位置せん断試験の際に得られた岩盤の非弾性的な挙動を定性的に裏付けた説明も可能となっている．

本書はこのような問題に対して詳細に論及することはその目的としていないので，岩盤の非弾性的挙動が節理面沿いに生ずる相対的な移動によるという観点に立って，簡単で定性的な説明を述べることにする．

特にダム基礎岩盤のグラウチングという面から見て，岩盤の力学的性質の改良を目的としたコンソリデーショングラウチングによる緩んだ岩盤の改良の目的と効果はどのような節理性岩盤の力学的特性に対応したものかが一番の問題点として登場してくることになる．したがって節理性岩盤が緩んだ状態においてどのような力学的な特徴を示すか，この緩んだ状態がグラウチングによりどのように改良されるかについて定性的に述べることにする．

まず節理性岩盤が緩んだ状態においてどのような状況にあるかについて模式的に考察を加えてみよう．鉛直に近い方向の節理面のようにその面を通して力を伝達する必要がない状態にある節理面は全く接触しないで開口した状態にあるのがしばしば見られるが，それ以外の方向の節理面はその上の岩盤の重さを下に伝え，山体を現在の状態に維持するためにも一部では接触し，一部では開いた状態にあるのが一般であると考えられる．すなわち図 2.10 の (a) に見られるような状態にあると考えられる．

このような緩んだ状態でこの節理面に垂直ないし平行な方向の力が作用すると緩んだ部分が閉ざされ，図 2.10 の (b) に示されるような緩んだ部分が閉ざされて締め固められた状態に移行していくことになる．この後これらの節理面に垂直方向の力が増大するときは，節理面沿いには相対移動は生ぜずに構成岩石内の応力が増大して弾性的な挙動が続くことになるが，節理面に垂直な方向の力よりも平行な力の方がより増大すると図 2.10 の (c) に示すように節理面沿いに再び緩みが生ずる．

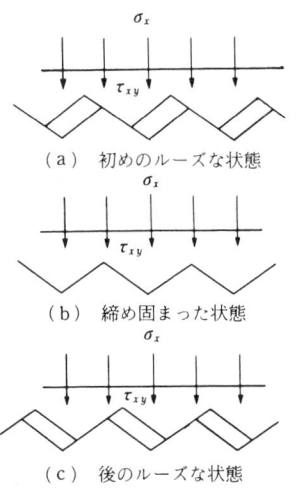

図 2.10 節理面の状況のモデル

(a) 初めのルーズな状態
(b) 締め固まった状態
(c) 後のルーズな状態

したがって図 2.10 の (a)，(b)，(c) の状態にとどまって変形するときは岩盤は弾性的な変形を示し，(a) → (b) の状態へと移行するときには収縮を伴った非可逆的で非弾性的な変形を示し，(b) → (c) の状態へと移行するときは膨張を伴った非可逆的で非弾性的な変形を示すことになる．

すなわち通常の原位置変形試験で得られる岩盤の荷重–変位曲線は図 2.11 に示されるような形をしている．これは図 2.12 に示すように載荷面下の岩盤内では A・B・C の 3 つのゾーンが生じ，A

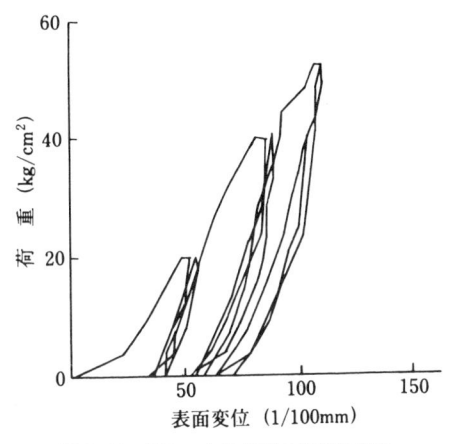

図 2.11 緩みのある岩盤の原位置変形試験での荷重–変位曲線

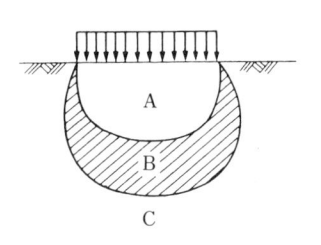

図 2.12 原位置変形試験時の各ゾーンの分布図

A：締め固まりゾーン
B：スリップゾーン
C：未締め固めゾーン

は図 2.10 の (b) に示される状態にあり，B は (a) → (b) に移行していく段階での非可逆的で非弾性な変形が生じている状態にあり，C は (a) の状態にあるが作用応力が低いために (a) → (b) への移行は生じない状態にあり，荷重が増加するに従って A・B のゾーンは次第に広がっていく状態にあると考えられる．

このために最初に荷重が増大していくときには，A・B のゾーンは次第に外に広がっていくために (a) → (b) に移行する際に生ずる非可逆的で非弾性的な変形が加わって緩い勾配の荷重–変位曲線が描かれるが，繰返し載荷時には A・B・C ゾーンの広がりには変化が生じないのでほぼ弾性的に挙動し，それまでに載荷したよりも大きい荷重をかけると A・B ゾーンが再び広がり始めて (a) → (b) に移行する際に生ずる非可逆的で非弾性的な変形が加わり，緩い荷重–変位曲線が現れると考えられている（図 2.11 参照）．

また筆者は横坑内であったが数か所の地点での岩盤変形試験の際に載荷面下でのひずみ分布を測定した．それらの結果のうちの代表的な例を 2 つ示すと図 2.13 のようである[10]．すなわちこの図の (a) は極めて堅硬な岩盤での変形試験から得られた測定結果で，深さ 0〜50 cm の間は小さい荷重の載荷時には大きなひずみ増分を示しているが，荷重が大きくなるに従ってひずみ増分は減少し，図 2.10 の (a) → (b) への移行が生じている状況が読み取れる．一方載荷面から 50 cm 以深ではこの地点でのコアから得られた弾性係数を持つ弾性体と全く同じ弾性的なひずみ増分しか生じていない．すなわち載荷面から 50 cm 以深では岩石コアと同一の弾性係数を持った弾性体としての挙動を示しており，0〜50 cm の範囲が緩みを持った岩盤特有の挙動を示している．

これに対して図 2.13 の (b) は横坑掘削前の状態からその付近全般に緩みが広く存在した岩盤での試験結果で，40 cm 以深ではいずれも岩石コアや岩盤変位から求めた弾性係数を持った弾性体として計算されたひずみ増分よりも大きなひずみ増分が測定されており，むしろ 40 cm より浅い部分の方が計算で求めたひずみ増分よりも小さい値を示している．しかし各荷重段階でのひずみ増分を詳しく調べると，10〜30 cm の深さでは載荷面の荷重が 0〜20 kgf/cm^2 の範囲のとき，20〜50 cm の深さでは載荷面の荷重が 20〜40 kgf/cm^2 の範囲のとき，70 cm 以深では載荷面の荷重が 40〜60 kgf/cm^2 の範囲のときのひずみ増分が最も多くて載荷面の荷重が 0〜20 kgf/cm^2 の範囲のときのひずみ増分が最も小さくなっている．このように図 2.10 の (a) → (b) への移行の際に生ずる非弾性的なひず

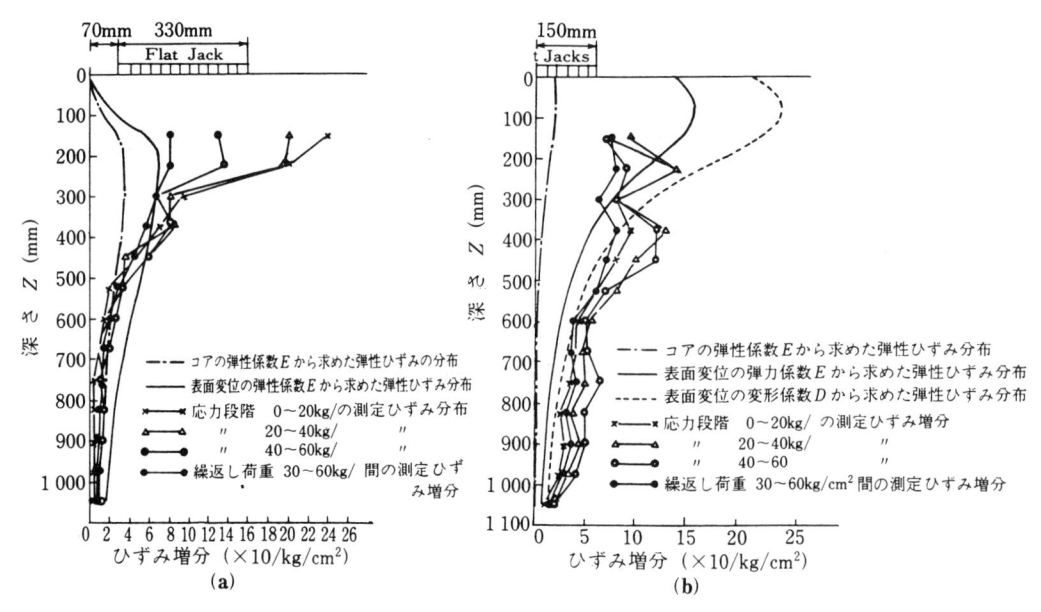

図 2.13 岩盤変形試験での載荷面下でのひずみ分布

み増分は載荷面の荷重が小さいときは表面近くで最も多く生じ，荷重が増すに従って主として非弾性的なひずみ増分が生ずる部分が深い部分に移行していく状況が読み取れ，載荷面下で図 2.11 に示すような現象が起こっていることを示している．

ここに示した図 2.13 の (a) では明らかに表面近くに緩みが著しい部分が存在しているが，(b) では表面近くも内部も同程度に緩んでいたことを示していた．これは (a) の対象となった箇所は極めて堅硬な地点であったので，掘削にあたっても通常の横坑掘削よりも火薬の使用量も多かったためと考えられる．一方 (b) の対象となった地点では in tact な状態での緩みが著しい地点であったので，横坑の掘削も慎重に行われて緩みが著しかった部分は試験前に除去されたためと考えられる．

このように緩みがある節理性岩盤では外荷重が加わったときには緩みが閉ざされるために非可逆的・非弾性的な変形が生じ，緩みが不均一に存在しているときは不均一な非可逆的・非弾性的な変形が生ずるが，緩みがない岩盤ではこの種の不均一な非可逆的・非弾性的な変形は生じないことになる．

この種の不均一な非可逆的・非弾性的な変形はダムの基礎岩盤で生じた場合には堤体の応力に乱れが生ずるので，発生応力が低くてその部分の許容応力に余裕がある部分では特に留意する必要はない．しかしアーチダムの基礎岩盤や重力ダムの下流端部分のように作用応力が高くてダム本体を支える上で重要な働きを果たしている部分では，このような変形がダムの基礎岩盤で生じないように処理する必要が生じてくる．

2.2.2 グラウチングによる岩盤の力学的性質の改良効果

1950 年代後半より数多くの薄肉のアーチダムの建設に本格的に着手され，着岩面付近の岩盤の止水性の向上と力学的性質の改善を目標とした着岩面全面のコンソリデーショングラウチングが施工されるようになると，これらの工事で岩盤の力学的性質の改良度合を見るためにコンソリデーショ

2.2 節理性岩盤の力学的性質の概要

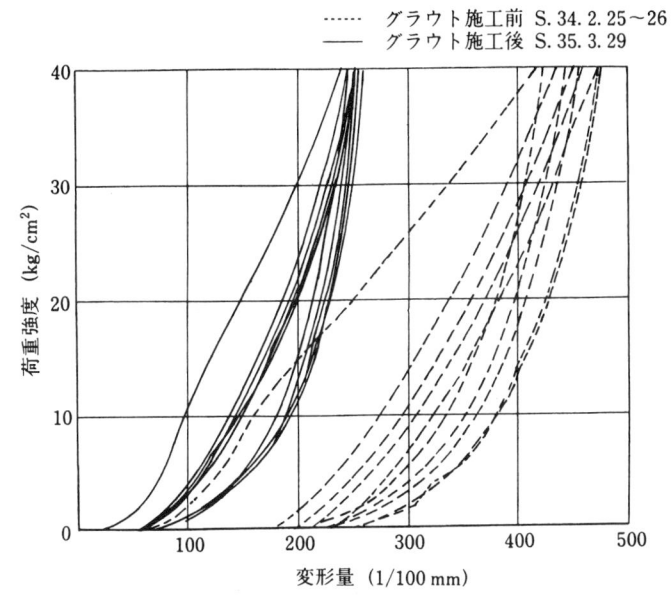

...... グラウト施工前 S. 34. 2. 25〜26
——— グラウト施工後 S. 35. 3. 29

図 2.14 グラウチング施工前後の岩盤変形試験結果（天ヶ瀬ダム GL-7 地点）

ングラウチングの前後での種々な岩盤試験が行われた．まず最初に登場したこの種の原位置試験はいくつかのダムの建設工事に際して行われたコンソリデーショングラウチングの前後での直接波法による弾性波速度の測定であった．

これらの結果によるとグラウチング施工前の掘削表面近くの弾性波速度は緩んだ節理・亀裂の存在によりその部分の岩石の弾性波速度よりかなり遅いが，グラウチングの施工後は岩石の弾性波速度に近い値が得られることなどが明らかとなってきた[9]．その後幾多の調査・試験を経てこのグラウチングによる弾性波速度の向上の度合が直ちに岩盤の弾性係数の向上や力学的性質の改善の度合を示すものではなく，むしろグラウチング施工前には開口した節理面が存在して弾性波がこれらを迂回して伝達されていたが，グラウチングにより充填されて短い経路で伝達されるようになったために到達に要する時間が短くなり，見掛けの弾性波速度が速くなったことを示す資料も得られた（下筌ダムのグラウチングテスト）．これらの資料からグラウチングによる弾性波速度の上昇度合は必ずしもグラウチングによる岩盤の力学的性質の改良度合を示す指標にはならないという考えが支配的となってきた．

この種の問題に対して最も理解しやすい結論を与えたのは天ヶ瀬ダムで行われた岩盤試験の結果[11]である．この試験は試掘横坑内において6か所でコンソリデーショングラウチングの前後での原位置岩盤変形試験を行い，グラウチングによる岩盤の力学的性質の変化を測定した．その結果は図 2.14 に示されるように初期載荷の荷重–変位曲線から求められる変形係数はグラウチングにより改善され，繰返し載荷時の荷重–変位曲線から求められる弾性係数に近い値に変化するが，弾性係数そのものの値はあまり変化しないという結果であった．

この結果は前項で説明した緩みがある岩盤で載荷時に生ずる非可逆的・非弾性的な変形の発生メカニズムを適用して考察すると極めて理解しやすい測定結果である．すなわち，緩みがある岩盤では図 2.10 の (a) に示すように節理面沿いの一部に空隙が存在している．この状態に外力が加わる

表 2.3 グラウチング施工前後の弾性係数（天ヶ瀬ダム）

試験地点	弾性係数 (kgf/cm^2)		比
	グラウト前	グラウト後	
GL-12	29 000	36 000	1.24
GL-7	40 000	52 000	1.36
GL-4	56 000	80 000	1.43
GL-10	37 500	40 000	1.07
GL-8	61 000	65 500	1.07
GL-1	96 000	100 000	1.04

と載荷面に近い部分から締め固められて図 2.10 の (b) の状態に移行し，その際に非可逆的・非弾性的な変形を生じて図 2.11 に示すような荷重–変位曲線を示すことはすでに前項で述べた．

これに対して緩んだ岩盤にグラウチングを施工すると，図 2.10 の (a) に示す状態で存在した空隙にミルクが充填されて図 2.10 の (b) に示す状態と同じ状態になるので，岩盤は弾性的な挙動を示すようになり，緩んだ岩盤での繰返し載荷時と同様な弾性係数を持った弾性的な挙動を示すことになる．

なお表 2.3 にはこの研究に際して行われた 6 か所でのグラウチング前後での弾性係数の値と両者の比も示されており，半数の試験地点では弾性係数の値はグラウチングによりある程度上昇していたが，半数の試験地点ではほとんど変化せず，一般的傾向として弾性係数が 30 000〜50 000 kgf/cm^2 の試験箇所では弾性係数の値は 30％程度上昇していたが，60 000〜100 000 kgf/cm^2 の試験箇所ではグラウチングによる弾性係数の値の上昇はほとんど見られなかった．

このことは節理・亀裂が数多く発達してシームなども存在する比較的変形性が大きい岩盤ではグラウチングにより弾性係数あるいは強度のある程度の上昇はあり得るが，比較的堅硬な岩盤ではグラウチングによる弾性係数や強度の改良はあまり期待できないことを示している．

この結果は極めて理解しやすい結果であり，当時の岩盤力学の分野でも弾性波速度のような岩盤の動的な性質の変化から静的な性質の変化を推定するよりも直接静的な試験により静的な性質の変化を求める方向を指向していた時期でもあったので，緩みのある岩盤でのグラウチングによる岩盤の力学的改良効果を示す典型的な試験結果と認められ，この結果は 1972 年の「施工指針」でも紹介され，コンソリデーショングラウチングの効果として岩盤の弾性係数や強度の改善を期待することに警告を与えている[12]．

このように緩みのある岩盤のグラウチングによる力学的性質の改良は，外力が作用した場合に緩んだ部分での節理面沿いに存在した空隙が締め固められることにより閉ざされて生ずる不均一で非可逆的・非弾性的な変形が，グラウチングにより空隙がセメントで充填されるために生じなくなるという形で現れ，緩みの度合が特に高い岩盤の場合を除いて弾性係数はあまり変化せず，強度もあまり変化しないと考えられる．

このようにグラウチングの岩盤の力学的性質に対する改良効果は主として緩みが存在しているために生ずる岩盤の非弾性的変形を低減させるが，緩みの度合が特に高い岩盤を除いて弾性変形を小さくさせたり強度を上昇させたりする効果は少なく，止水面ほどの顕著な改良効果は期待できないのが実状であろう．

ここで岩盤の力学的性質の改良を目的としたグラウチングを検討するにあたってまず問題になるのは，グラウチングによりその力学的性質を改良すべき岩盤は注入可能なすべての岩盤であるのか，あるいはある限定された範囲で充分であるのかである．

一般に地表面近くの岩盤はある程度の緩みは持っており，古・中生層や花崗岩などを含む変成岩類のように地殻の深部で続成硬化作用を受けて最近の地質年代に地表近くに現れてきた地層にあっては，河床部では比較的浅い部分のみに，両岸の斜面部では比較的深くまで緩んでいる場合が多い．

しかし少なくとも止水カーテンが常に掘削面よりもかなり深部まで施工されているということは止水カーテンの施工範囲には充填し得る空隙が残存しているからであり，ダム基礎岩盤中に残存している緩み，すなわち空隙をすべて岩盤の力学的改良を目的として充填することは実際上不可能であり，またその必要はないと考えられる．

一方断層周辺部などの弱層部はその周囲に比べて変形性が大きいので地形侵食による緩みの度合は堅硬な岩盤部に比べて高いのが通例であり，掘削による上載荷重の除去などの外的な要因が作用した場合も他の部分に比べて緩みは増大しやすく，堤体からの力が加わった場合も不均一で非可逆的・非弾性的な変形が大きく生ずるのが一般である．したがってこのような弱層部に対してのグラウチングによる力学的性質の改良効果はある程度期待し得るし，またその必要性は高いと考えられる．

一般に掘削により掘削面近くに生ずる緩みについては仕上げ掘削を丁寧に施工することにより極力生じないように施工されているが，掘削面からある程度の深さまで緩ませられることは避けられない．すなわち一般に岩盤は丁寧な掘削を行い，最終的な掘削面近くでは入念な仕上げ掘削を行っても掘削面近くは応力解放などによりある程度の緩みが生ずるのは避け難く，掘削後には外気に触れて昼夜の温度変化を受けるので，掘削前には緩みがなかった部分でも掘削後にある程度の深さまで緩みが生じてくるのは避けられないのが現実である．むしろこのような緩みがダム建設にとってどの程度までが許容されるかが問題となろう．

ではコンソリデーショングラウチングなどの岩盤の力学的性質の改良を目的としたグラウチングを施工すべき範囲はどのような部分であるかが問題となる．

この点に関しては少なくともダム敷において緩みが著しい部分，すなわち断層周辺部などの弱層部や破砕帯などは掘削前の状態から緩みは他の部分に比べて著しく，ダム本体からの力が作用した場合にその部分により大きな非可逆的・非弾性的な変形が大きく生ずる可能性が高い．このためこのような部分では他の部分に比べて大きな非弾性的な変形は可能な限りグラウチングにより生じないようにしておきたいところであろう．

この掘削作業と掘削後の環境変化により生ずる緩みの改良がコンソリデーショングラウチングの主目的の1つと考えられている．この種の緩みは節理・亀裂が少ない堅硬な岩盤では丁寧な仕上げ掘削によりある程度除去可能であり，また緩んだ部分はある深さまででとどまるが，元々緩みが多かった部分ではその緩みが大きく促進されるとともに緩んだ範囲をさらに深い部分まで及ぼすことになる．したがってダムの基礎岩盤として充分な強度を持ち，低い変形性を持った良好な岩盤ではコンソリデーショングラウチングにより改良することは水頭勾配が急な着岩面近くの排水孔より上流側などでは止水面からの必要性は極めて高いが，力学的な面からの必要性は全般的にそれほど高くない．これに対して掘削前の in tact な状態でかなりの緩みを持った岩盤では緩んだ節理・亀裂にミルクを充填することにより透水度が大幅に改良されるだけでなく，力学的にもある程度強度が上

昇し，非可逆的・非弾性的な変形も大幅に減少して顕著な改良効果が見られることになる．

　この種の掘削作業と掘削後の環境変化により生ずる緩みの生ずる範囲がどの程度の範囲まで及ぶかという点については，岩盤の力学的性質の改良を目的としたコンソリデーショングラウチングを計画するにあたって念頭に置いておくことは重要である．この種の問題に対しては掘削完了前後の弾性波速度の測定などによりかなり調べられており，大体 1～2 m の範囲にとどまった例が多かった．

　現在原則としてはコンクリートダムの基礎岩盤は原位置せん断試験により岩盤のせん断強度を求め，その結果に基づいて基礎岩盤の安全性を検討している．この際一般的には横坑内で 20～30 cm 掘り下げて横坑掘削時の緩みを手掘り掘削により除去して試験を行っているが，筆者がいくつかの地点で岩盤内のひずみ分布の測定を行った結果では一般に掘削による緩んだ部分の深さは 50～60 cm 程度まで及んでいる（図 2.13 参照）．また新たな手掘り作業による掘削やせん断試験の準備などのためにそれ以深まで緩ませてしまった例も多く，緩んだ部分を完全には除去し得ずに行われた試験が大半であった．このように考えると，現在コンクリートダムの設計には掘削時および掘削後に生じた緩みの一部が残存した状態での強度などの値が用いられている例が多いと考えられる．

　したがって岩盤の力学的性質の改良を目的としたコンソリデーショングラウチングは，掘削前の時点ですでに緩みが多かった断層周辺部や破砕部などの周囲の部分に比べて変形性の大きい部分と，アーチダムの着岩面や重力ダムの下流端付近など作用応力が大きい部分を中心に行うのが本来である．また作用応力が低い部分やそのダム基礎岩盤として緩みが少なくて堅硬で，作用応力に対して強度的に充分な余裕を有すると考えられる部分に対しては画一的に密な孔間隔のグラウチングは必要ないと考えられる．

　いずれにせよ，この掘削作業と掘削後の環境変化により生ずる緩みの除去を対象にコンソリデーショングラウチングを施工する場合には，断層・破砕帯や大幅な緩みが in tact な状態ですでに存在している部分以外は高々 3～5 m の深さで充分であろう．

参考文献（2章）

1) 松本徳久・山口嘉一；「岩盤の流体抵抗に関する研究」，土木研究所資料，No.2968，平成 3 年（1991年）3 月．
山口嘉一・松本徳久；「岩盤のルジオン値と透水係数の関係」，土木学会論文集，No.454/III-20，pp.123～126，1992 年 9 月．
杉村叔人，森田豊，山口昌弘，渡辺邦夫；「室内及び原位置試験に基づく亀裂性岩盤の層流・乱流抵抗則」，岩盤構造物の設計法に関する研究報告書 G，岩盤構造物の設計法に関する研究委員会主催シンポジウム No.107，平成 9 年（1997 年）12 月．
2) 大長昭雄；「アーチダム基盤内の浸透流に関する実験的研究」，土木学会論文集 97 号，1963 年 9 月．
野瀬正儀，横田潤，大長昭雄；「ダム建設におけるカーテングラウト並びに岩盤内ドレイン設備の設計合理化に関する一考察」，発電水力，No.61，1962 年 12 月．
3) 野瀬正儀，横田潤，大長昭雄；「ダム建設におけるカーテングラウト並びに岩盤内ドレイン設備の設計合理化に関する一考察」，発電水力，No.61，p.34，1962 年 12 月．
4) 大長昭雄；「アーチダム基盤内の浸透流に関する実験的研究」，土木学会論文集 97 号，p.23，1963 年 9 月．
5) 関西電力株式会社；「下小鳥発電所工事誌，事務・土木・建築編」，pp.534～537，昭和 52 年 8 月．
6) 水資源開発公団一庫ダム建設所；「一庫ダム工事誌」，pp.314～315，昭和 59 年 3 月．
7) 飯田隆一；「カーテングラウチングの施工範囲に関する一考察」，ダム技術，155 号，pp.3～11，1999 年 8 月．
8) 飯田隆一，小林茂敏；「割れ目を有する岩盤の非弾性的挙動に関する理論的研究」，土木研究所報告，

Vol.144, No.2, 1972年4月.
9) 工藤慎一:「ダム基礎岩盤の調査—Geophysicalな方法による岩盤の調査—」, 土木技術資料, Vol.2, No.3, pp.12〜17, 1960年3月.
10) R. Iida, K. Hojo, R. Saito : "Study of Deformation Characteristics and Analysis of Jointed Rockmasses", 2nd International Cong. on Numerical Analysis in Geomechanics, 1976.
飯田隆一, 柴田功, 西岡正, 斉藤孝三:「岩盤変形試験と内部ひずみ分布特性について」, 第11回岩盤力学シンポジウム, 土木学会, 1978.
11) 建設省直轄工事研究会, 第17回技術研究会:「ダムの基礎処理」, pp.125〜133, 昭和39年.
12) 土木学会:「ダム基礎岩盤グラウチングの施工指針」, pp.53〜54, 昭和47年 (1972年).

第3章

戦後の日本のダム基礎グラウチングの変遷に対する歴史的考察

3.1 戦後の日本のダム基礎グラウチングからみた年代区分

第1章において戦後の日本のダム基礎グラウチングに対して大きな影響を与えた基準・指針類に対して考察を加えた．その際，ダムの基礎グラウチングが現在の姿に形成される過程で大きな影響を与えていた基準・指針類は，

  i) 1957年（昭和32年）制定の「ダム設計基準」，
  ii) 1972年（昭和47年）制定の「ダム基礎岩盤グラウチングの施工指針」，
  iii) 1983年（昭和58年）制定の「グラウチング技術指針」，

であることを述べた．したがって第二次世界大戦以降の最近の約55年間または20世紀後半をこれらの基準・指針類が適用されて工事が進められたダムが完成し始めた時点を境として年代区分を行い，

  ① 第1期……1946年（昭和21年）～1958年（昭和33年），
  ② 第2期……1959年（昭和34年）～1974年（昭和49年），
  ③ 第3期……1975年（昭和50年）～1985年（昭和60年），
  ④ 第4期……1986年（昭和61年）以降現在（1998年）まで，

の四つの時期に分け，各々の時期に完成したダムの基礎グラウチングの特徴を調べてその設計思想と施工状況の変化してきた過程に考察を加えることにする．

すなわち第1章では基準・指針類が作成された時点での社会的・技術的背景とその内容との関連に焦点を当てて考察を加えたが，本章ではこれらの基準・指針類が実際の工事に適用されていく過程での問題点とそれによりもたらされた変化を抽出し，その影響と問題点に主な焦点を当てて考察を加えることにする．

3.2 第1期に完成したダムの基礎グラウチングの特徴

3.2.1 第1期でのダム建設の概況と基礎グラウチングを取り巻く状況

この時期のダム建設事業が置かれた社会的状況とダムの基礎グラウチングが置かれていた技術的背景についてはすでに第1章で述べたのでここでは省略し，ここではまずこの時期でのダム建設とダム基礎グラウチングの概況から述べることにする．

この時期に完成したダムの高さ50m以上のダム名を示すと表3.2.1のようである．

表 3.2.1 第 1 期に完成した高さ 50 m 以上の主要ダム（諸数値は「ダム年鑑」より）

	ダム名	工事発注者	ダム型式	ダム高さ	着工年	完成年
1	三浦ダム	関西電力	重力ダム	83.2 m	1943	1945
2	宮下ダム	東北電力	重力ダム	53.0 m	1941	1946
3	相模ダム	神奈川県	重力ダム	58.4 m	1938	1947
4	高暮ダム	中国電力	重力ダム	69.4 m		1949
5	長沢ダム	四国電力	重力ダム	71.5 m	1941	1949
6	野洲川ダム	野洲川土地改良	重力ダム	58.7 m		1951
7	平岡ダム	中部電力	重力ダム	62.5 m	1938	1951
8	松尾ダム	宮崎県	重力ダム	68.0 m	1939	1951
9	成出ダム	関西電力	重力ダム	53.2 m	1950	1951
10	内場ダム	香川県	重力ダム	50.0 m	1938	1952
11	石淵ダム	東北地建	コンクリート遮水型フィルダム	53.0 m	1947	1953
12	三面ダム	新潟県	重力ダム	82.5 m	1947	1953
13	柳瀬ダム	中国四国地建	重力ダム	55.5 m	1948	1953
14	森吉ダム	秋田県	重力ダム	62.0 m	1951	1953
15	松尾川ダム	四国電力	重力ダム	67.0 m	1951	1953
16	朝日ダム	中部電力	重力ダム	87.0 m	1952	1953
17	秋神ダム	中部電力	重力ダム	74.0 m	1952	1953
18	椿原ダム	関西電力	重力ダム	68.2 m	1952	1953
19	田瀬ダム	東北地建	重力ダム	81.5 m	1938	1954
20	湯原ダム	中国電力	重力ダム	73.5 m	1951	1954
21	本名ダム	東北電力	重力ダム	51.5 m	1952	1954
22	小阪部ダム	中国電力	重力ダム	67.2 m		1955
23	丸山ダム	関西電力	重力ダム	98.2 m	1950	1955
24	長安口ダム	徳島県	重力ダム	85.5 m	1950	1955
25	上椎葉ダム	九州電力	アーチダム	110.0 m	1950	1955
26	渡川ダム	宮崎県	重力ダム	62.5 m	1951	1955
27	宮川ダム	三重県	重力ダム	88.5 m	1951	1955
28	須田貝ダム	東京電力	重力ダム	72.0 m	1952	1955
29	佐波川ダム	中国地建	重力ダム	54.0 m	1952	1955
30	荒沢ダム	山形県	重力ダム	61.0 m	1953	1955
31	来島ダム	中国電力	重力ダム	63.0 m		1956
32	五十里ダム	関東地建	重力ダム	112.0 m	1941	1956
33	永瀬ダム	中国四国地建	重力ダム	87.0 m	1950	1956
34	猿谷ダム	近畿地建	重力ダム	74.0 m	1950	1956
35	七川ダム	和歌山県	重力ダム	58.5 m	1951	1956
36	相俣ダム第 1 期	群馬県	重力ダム	67.0 m	1952	1956
37	芹川ダム	大分県	重力ダム	52.2 m	1952	1956
38	糠平ダム	電源開発	重力ダム	76.0 m	1953	1956
39	佐久間ダム	電源開発	重力ダム	155.3 m	1953	1956
40	鳩ヶ谷ダム	関西電力	重力ダム	63.2 m	1954	1956
41	八久和ダム	東北電力	重力ダム	97.5 m		1957
42	小河内ダム	東京都	重力ダム	149.0 m	1936	1957
43	桂沢ダム	北海道開発局	重力ダム	63.5 m	1947	1957
44	藤原ダム	関東地建	重力ダム	95.0 m	1951	1957
45	井川ダム	中部電力	中空重力ダム	103.6 m	1952	1957
46	鎧畑ダム	東北地建	重力ダム	58.5 m	1952	1957
47	笹生川ダム	福井県	重力ダム	76.0 m	1952	1957
48	引原ダム	兵庫県	重力ダム	66.0 m	1953	1957
49	殿山ダム	関西電力	アーチダム	64.5 m	1955	1957
50	宇連ダム	旧愛知用水公団	重力ダム	69.0 m	1949	1958
51	鳴子ダム	東北地建	アーチダム	94.5 m	1951	1958
52	鹿野川ダム	四国地建	重力ダム	61.0 m	1953	1958
53	綾南ダム	宮崎県	重力ダム	64.0 m	1953	1958
54	美和ダム	中部地建	重力ダム	69.1 m	1953	1958
55	秋葉ダム	電源開発	重力ダム	89.0 m	1954	1958
56	黒又川第 1 ダム	電源開発	重力ダム	91.0 m	1954	1958

この表で松尾ダム以前に完成したダムは戦時中に中断した工事の再開により建設されたダムで，石淵ダム以降に戦後に新規に着工されたダムが登場してくるが，大規模なダム建設の着工は 1950 年以降から本格的に登場してくる．

すなわち 1950 年以前に着手されたダムのほとんどは戦前の最も高かった塚原ダム（高さ 87 m，1938 年完成）と同程度かそれ以下の高さの重力ダムであった．これが，1950 年代に入ると塚原ダムより高いダムの建設に着手されるとともに，上椎葉ダムや井川ダムではそれまでに経験がなかったアーチダムや中空重力ダムへの挑戦が試みられるようになった．

このようなダム規模やダム形式からも読み取れるように，1950 年代初頭以前に着手されて 1953 年頃までに完成したダムの多くは戦前のダム技術をそのまま踏襲して建設が進められた．しかし，1950 年代に入って本格的に建設に着手して 1953 年以降に完成したダムになると，それ以前に経験していなかった規模のダムが登場するようになった．さらに上椎葉ダムや井川ダムに見られるような新しい形式のダム建設に着手され，戦前のダム技術から脱却して欧米，特にアメリカの技術を積極的に導入して建設が進められるようになり，ダムの建設技術全般に大きな変化が現れた．

この時点で現れたダム技術全般での変化についてはそのおおよその状況は第 1 章ですでに述べたのでここでは省略することにする．またダムの基礎グラウチングは第 1 章にも述べたように戦前には重力ダムでは基礎グラウチングはあまり施工されず，止水処理も主としてカットオフウォール（どの程度の止水効果があったかは疑問であるが）を中心とした考え方であった．しかし次第にカットオフウォールと基礎グラウチングの併用へ，さらにはカットオフウォールを廃止して基礎グラウチングのみによる止水処理への移行がこの時期の中期以降に現れてくる．

このような状況から 1953 年以前に完成したダムの工事誌にはダム基礎グラウチングに関する記載は極めて少なく，またその後のダム基礎グラウチングの発展の経緯という観点からは重要な意味を持っていない．したがって 1953 年に完成した田瀬ダム以降の主要なダムでの基礎グラウチングの施工状況を調べ，考察を加えることにする．

3.2.2 第 1 期に完成した重力ダムの基礎グラウチングの概況

前項に述べたように，戦前のダムの基礎処理から離れて現在一般に見られる基礎グラウチングのごく初歩的な姿は 1950 年代の中頃に完成したダムから現れてくるが，調べ得た工事誌などの中から主要な重力ダムの基礎グラウチングの概況を示すと表 3.2.2 および表 3.2.3 のようである．

まず止水カーテンの施工状況から考察してみよう．止水カーテンの施工状況については通常の地層では河床部は地形侵食のみにより緩みが生じており，地質条件により緩みゾーンの範囲には大きな相違は現れていないのが一般である．したがってここでは，止水処理の考え方を比較しやすくするために河床部での止水カーテンの施工深さに焦点を当てて検討を進めることにする．

第 1 章でも述べたようにこの表に示されたダムのうち五十里ダムと小河内ダム以外はカットオフウォールを設けた上で止水カーテンを施工している．またこの表で最初に登場する田瀬ダムでの止水カーテンは現在一般的に行われている主カーテンの施工に比べて，施工深さがやや浅いことと補助カーテンが施工されていないこと以外はほとんど相違はなく，この時期に完成したダムとしては極めて丁寧な施工がされている．これに対して次の丸山ダムの止水カーテンは現在一般に行われているものに比べて極めて孔間隔が粗い上に孔深が浅くて驚くほどであるが，このサイトは地質条件

表 3.2.2 第1期の主要な重力ダムの河床部での止水カーテンの概況

ダム名	ダム高/完成年	主カーテン	補助カーテン
田瀬ダム [1]	81.5 m/1954年	列間隔 1.5 m で 2 列千鳥,孔間隔 3 m,深さ 30 m.	なし.
丸山ダム [2]	98.2 m/1955年	1 次カーテン孔間隔 3 m,深さ 5 m: 2 次カーテン孔間隔 6 m,深さ 15 m: 3 次カーテン孔間隔 7.5 m,深さ 25 m ≒ $H/4$.	
五十里ダム [3]	112.0 m/1956年	堤内監査廊から上流向 7°,孔間隔 1.5 m,深さ 50 m ≒ $0.45H$.	上流端から下流向 10°,孔間隔 3 m,深さ 20 m ≒ $0.18H$.
猿谷ダム [4]	74.0 m/1956年	上流端から鉛直に,孔間隔 2 m,深さ $H/4+12$ m ≒ $H/3$.	主カーテンの 0.5 m 上流から下流向 10°,深さ 10 m ≒ $H/7.5$.
佐久間ダム [5]	155.3 m/1956年	列間隔 2 m で 2 列千鳥,孔間隔 2 m,深さ 45 m ≒ $0.3H$.	堤内監査廊から斜め上流向,孔間隔 3 m,深さ 30 m ≒ $H/5$.
小河内ダム [6]	149.0 m/1967年	堤内監査廊から上流向 10°,孔間隔 1.5 m,深さ $H/2$.	上流端から下流向 10°,孔間隔 1.5〜3 m,深さ $0.3H$.

表 3.2.3 第1期の主要な重力ダムでのコンソリデーショングラウチングの概況

ダム名	ダム高/完成年	コンソリデーショングラウチング
田瀬ダム [1]	81.5 m/1954年	湧水箇所および節理・亀裂が集中した弱層部にパイプを立て込み,コンクリート打設後に注入.
丸山ダム [2]	98.2 m/1955年	断層・破砕帯など弱層部に対してのみ施工 (図 3.2.1)
五十里ダム [3]	112.0 m/1956年	ダム基礎の上流側 1/3 に列間隔 4 m で 5 列,孔間隔 6 m の千鳥,深さ 8 m で施工,このほか河床部両岸付根や左右岸上部の節理・亀裂が多い部分は下流側まで 15〜25 m の深さで施工 (図 3.2.2).
猿谷ダム [4]	74.0 m/1956年	ダム敷の岩盤の節理・亀裂が集中した部分や弱層部に対してパイプを立て込み,コンクリート打設後に注入.
佐久間ダム [5]	155.3 m/1956年	工事記録や竣工図にはコンソリデーショングラウチングに関する記述はない.
小河内ダム [6]	149.0 m/1957年	ダム軸と上流面との間と節理・亀裂が発達した部分に列間隔・孔間隔とも 3 m 千鳥でカバーロックで施工,このほかに破砕帯に対してはその部分を V 字型に掘削して,コンクリート打設後にコンタクトグラウチングを兼ねて施工 (図 3.2.3).

に極めて恵まれていたのでこの程度の止水カーテンで充分であったのであろう.

これが 1956 年以降に完成した重力ダムになると大体一つのまとまった形が現れてきており,主カーテンは河床部では大体 $H/3$ の深さを基準とし,このほかに $(1/5 \sim 1/7)H$ 程度の深さの補助カーテンが施工される例が多くなってくる.表 3.2.2 では猿谷ダムと佐久間ダムがそれに相当し,工事誌などに具体的な記述が記載されていないので表 3.2.2 には示さなかったが,1955 年に完成した宮川ダムや 1957 年に完成した藤原ダムなどの止水カーテンも竣功図などから推定してこれと同程度の孔間隔と施工深さの止水カーテンが施工されていたようである.

これに対して USBR の技術を文献等により積極的に取り入れた五十里ダムや文献調査のみでなく直接指導も受けた小河内ダムでは,カットオフウォールは廃止されて河床部での止水カーテンの施工深さは $H/2$ 程度と他のダムよりやや深くまで施工されている.

次にこの時期の主要な重力ダムでのコンソリデーショングラウチングの施工状況について検討を加えてみよう.

3.2 第1期に完成したダムの基礎グラウチングの特徴　55

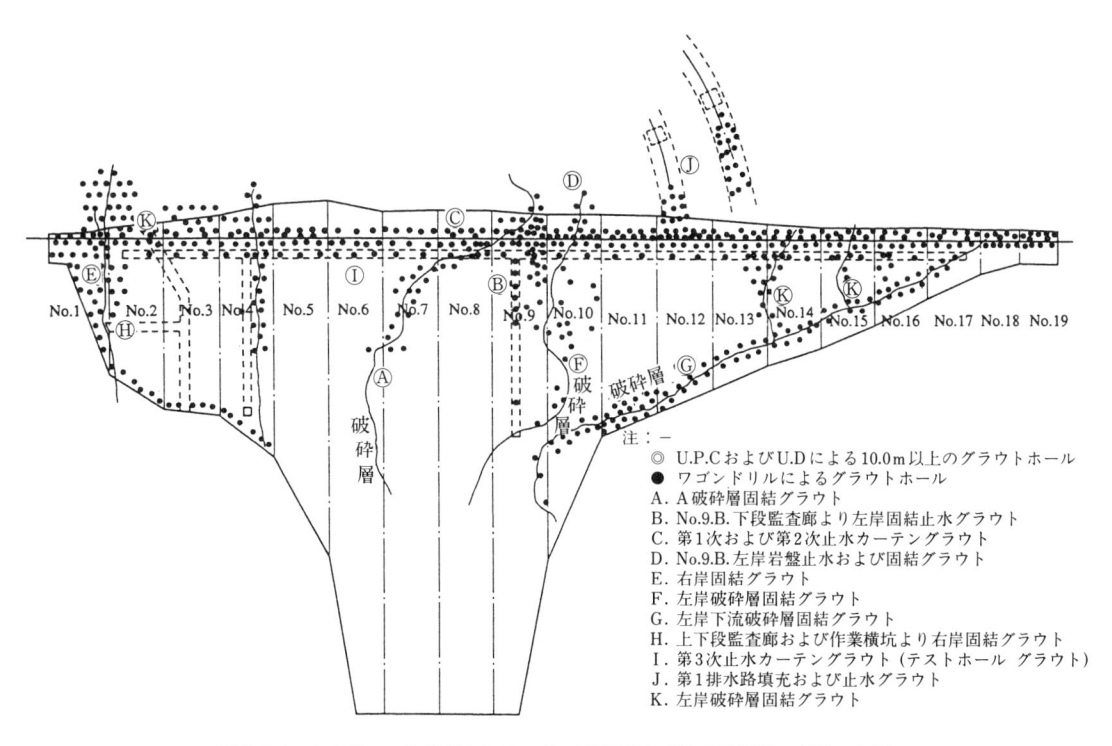

注：
◎ U.P.CおよびU.Dによる10.0m以上のグラウトホール
● ワゴンドリルによるグラウトホール
A. A破砕層固結グラウト
B. No.9.B.下段監査廊より左岸固結止水グラウト
C. 第1次および第2次止水カーテングラウト
D. No.9.B.左岸岩盤止水および固結グラウト
E. 右岸固結グラウト
F. 左岸破砕層固結グラウト
G. 左岸下流破砕層固結グラウト
H. 上下段監査廊および作業横坑より右岸固結グラウト
I. 第3次止水カーテングラウト（テストホール グラウト）
J. 第1排水路填充および止水グラウト
K. 左岸破砕層固結グラウト

図 3.2.1 丸山ダムの基礎グラウチングの孔配置図（「丸山発電所工事誌」より）

　表3.2.3にも見られるように，佐久間ダムについては工事誌に相当する文献を入手できなかったので詳細は不明であるが，竣工図には止水カーテンの施工図は記載されているがコンソリデーショングラウチングの施工図は記載されていない．また田瀬ダム・丸山ダム・猿谷ダムでは工事誌などに湧水箇所および節理・亀裂が多い弱層部に削孔してパイプを立て込み注入したことが記述されている（図3.2.1参照）．また表3.2.3には記載しなかったが宮川ダム・鎧畑ダムなどこの時期に完成したダムのほとんどは，これらのダムと同様に湧水箇所および節理・亀裂が多い弱層部を中心に部分的にコンソリデーショングラウチングが施工されたという記述が残されている．

　これが五十里ダムや小河内ダムになるとコンソリデーショングラウチングは単に湧水箇所や弱層部のみでなく，ダム敷の上流端と排水孔との間に明らかに止水を目的としたコンソリデーショングラウチングが施工されている（図3.2.2および図3.2.3参照）．

　このうち五十里ダムでは，図3.2.2に見られるように止水目的と考えられるコンソリデーショングラウチングはダム敷の上流側1/3と排水孔より下流側まで施工されて設計論的には多少の混乱も見られる．しかし小河内ダムになると図3.2.3に見られるようにダム敷の上流端と排水孔との間にかなり密なコンソリデーショングラウチングが施工されている．

　さらに岩盤の力学的性質の改良を目的としたグラウチングは節理・亀裂が多い部分に対してはカバーロックで，断層・破砕帯などの弱層部に対してはV型に掘削してコンクリートを打設した後にフィッシャーグラウチングの名称のもとにコンタクトグラウチングを兼ねて施工するなど，現在の目で見ても合理的で無駄のない施工がされている．

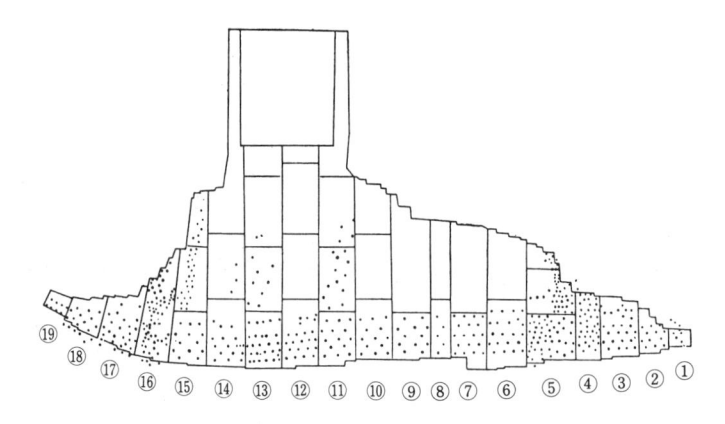

図 3.2.2 五十里ダムコンソリデーショングラウチング孔配置図（「五十里ダム工事報告書」より）

○ コンソリデーショングラウト孔
● フィッシャーグラウト孔
⊙ カーテン中圧グラウト孔
⊕ カーテン高圧グラウト孔

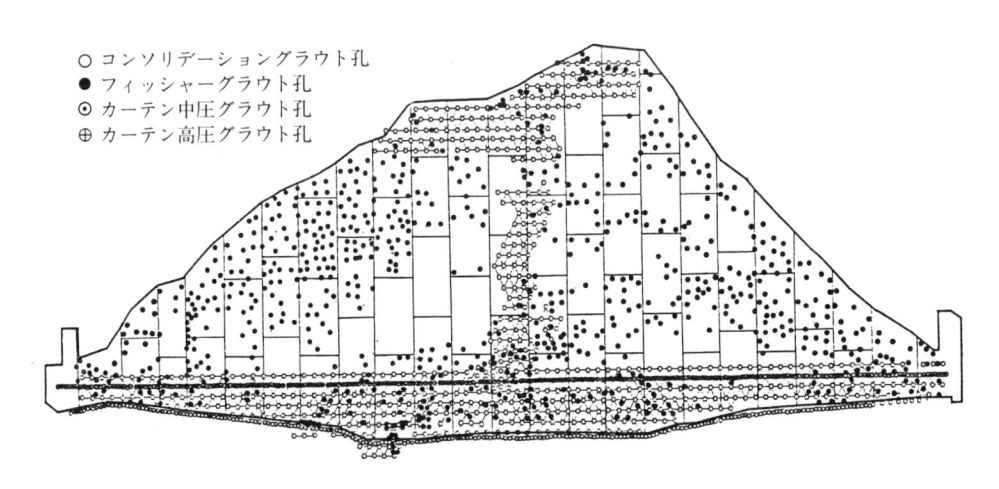

図 3.2.3 小河内ダムコンソリデーショングラウチング孔配置図（「小河内ダム」より）

また1956年以降に完成したほとんどの重力ダムで$(0.2～0.3)H$の深さの補助カーテンが中圧グラウチングの名称で施工されている．これは当時日本のダム技術に最も強い影響を与えていたUSBRのTreatise on DamsのChapter 9に中圧グラウチングとしてはっきり規定されていたためであろうか，注目される点である．

3.2.3 第1期に完成したアーチダムの基礎グラウチングの概況

次にこの時期に完成したアーチダムでの止水カーテンの状況を概観してみよう．この時期に完成したアーチダムは上椎葉ダム・殿山ダム・鳴子ダムの3ダムである．

前述したようにアーチダムは戦前には日本では全く建設の経験がなく，戦時中から戦後まもない時期の日本の重力ダムの主流となっていた止水処理でのカットオフウォールと止水カーテンとを併用する考え方では全く対応できないダム型式であったので，アーチダムの建設はそれ以前の止水処理の考え方から離れて，グラウチングのみによる止水処理への移行を大きく促す契機となった．

3.2 第1期に完成したダムの基礎グラウチングの特徴

表 3.2.4 第1期のアーチダムの河床部での止水カーテンの概況

ダム名	ダム高/完成年	主カーテン	補助カーテン
上椎葉ダム[7]	110.0 m/1955 年	調査孔は孔間隔 20 m,深さ $H/3+C > 50$ m $\fallingdotseq 0.45H$,中間孔の 1〜3 次は孔間隔 2.5 m,深さ $H/3 > 25$ m で内挿法で施工.	なし.
殿山ダム[8]	64.5 m/1957 年	下流側サドルから上流向き 25°,孔間隔 2.5 m,深さ 30 m $= H/3+C \fallingdotseq 0.47H$.	上流側サドルから孔間隔 2.5 m,深さ 15 m.
鳴子ダム[9]	94.5 m/1958 年	河床部では上流端から下流向 17°,孔間隔 1.5 m,深さ $H/3+2.5$ m*で,河床部で 35 m $\fallingdotseq 0.4H$.	2 次コンソリで代用,面間隔 5 m,深さ 10 m.

* 鳴子ダムの止水カーテンの施工深さは工事誌には $H/8+2.5$ m と記述されているが,河床部の 35 m と整合性がなく,浅すぎるので,$H/3+2.5$ m のミスプリントと考えられる.

日本の最初のアーチダムとなった上椎葉ダムはアメリカの OCI の指導の下に建設が進められ,当時としては日本ではなかった設計・施工の考え方が取り入れられたダムであったが,ここで注目すべき点は表 3.2.4 に示されているように第2期からアーチダムでの一般的な方式として普及し,現在一般的に行われている止水カーテンでのパイロット孔を一般孔よりも深くまで施工する方法と,内挿方式による止水カーテンの施工とが先駆的な形で現れていることである.

次に完成した殿山ダムでは主カーテンはダムの下流側のサドルの上から上流向き 25° の傾きで施工され,これを補強するために上流側から補助カーテンが施工されたが,主カーテンを下流側から施工するのはアーチダム以外では考えられない事例として注目される.孔間隔や施工深さは当時の重力ダムとほぼ同様であった(表 3.2.4 参照).

以上が第1期に完成したアーチダムにおける止水カーテンの概況であるが,主カーテンの施工深さは大体経験公式の $[H/3+C]$ を基準として $(0.4〜0.5)H$ 程度の深さまで施工されており,補助カーテンや2次コンソリは必ずしも施工されていなかったようである(殿山ダムの補助カーテンは主カーテンが下流側から施工されたという特殊な事情もあったと考えられる).

この時期には重力ダムでは破砕帯や節理・亀裂が多くて緩んだ部分にしかコンソリデーショングラウチングは施工されていなかったが(五十里ダムと小河内ダムでは止水目的で上流面近くに対して施工されていたが),補助カーテンに関する限り第1期末の重力ダムの方が現在よりも丁寧な施工がされていたと考えられる.

なおこの時期の河床部での止水カーテンの施工深さは前述したように重力ダムではこの時期の後半には $H/3$ が主流となり,五十里ダムと小河内ダムで $H/2$ の深さまで施工されているのに対して,アーチダムでは $[H/3+C] < H/2$ が主流となっている.

このように第1期に完成したダムの止水カーテンはその初期にはダムにより大きく異なり,現在の眼から見ると驚くような施工事例も見られる.しかしアーチダムの止水処理を契機としてダムの止水処理は基礎グラウチングのみによる止水へと移行し,次第に統一的な姿が形作られてきた.このように当初はアーチダムが新しい止水処理の姿を先導した形となったが,第1期末では止水カーテンに関する限りアーチダムと重力ダムとではかなり接近した姿になってきている.

次にこの時期に完成したアーチダムのコンソリデーショングラウチングの施工状況について概観してみよう.その概況は表 3.2.5 に示されている.

一般にアーチダムでは堤体から岩盤に伝達される応力は重力ダムに比べて数倍に達し,不静定構造物であるために部分的な変形もダム全体の応力状態にかなりの影響を与え,さらに基礎岩盤内に

表 3.2.5　第 1 期のアーチダムでのコンソリデーショングラウチングの概況

ダム名	ダム高/完成年	コンソリデーショングラウチング
上椎葉ダム[7]	110.0 m/1955 年	カバーロックでダム敷全面に施工，5 m 格子に深さ 3 m の 1 次孔，その中央に深さ 7 m の 2 次孔の配置を基本に良い部分では間引き，不良部は追加して施工．
殿山ダム[8]	64.5 m/1957 年	カバーロックでダム敷全面に深さは一般孔は深さ 3～7 m，チェック孔は深さ 10 m で施工（図 3.2.4 参照）．
鳴子ダム[9]	94.5 m/1958 年	1 次コンソリは行わず，2 次コンソリをダム敷全面に深さ 10 m で施工（図 3.2.5 参照）．

生ずる水頭勾配も重力ダムでのそれの数倍に達するので当初からダム敷全面にコンソリデーショングラウチングが施工された姿が登場することになった．

アーチダムについては日本では戦前には全く建設の経験がなく，力学的な面からも止水の面からも前述したような重力ダムでは見られなかった厳しい条件に立ち向かうことになったので，当時先進的な技術を持った欧米の新しい技術を積極的に導入して建設に取り組むことになった．すなわちコンソリデーショングラウチングも当時の重力ダムとは異なり，当初からダム敷全面に施工されるのが一般的な姿となっていた．

まず上椎葉ダムではコンソリデーショングラウチングはダム敷全面に施工され，1973 年（昭和 48 年）の土木学会の「ダム基礎岩盤グラウチングの施工実例集」では 5 m 格子に深さ 3 m の 1 次孔，格子の中央に深さ 7 m の 2 次孔を施工と記述されている．しかし施工図では孔間隔は場所によりかなりの粗密があり，実際にはカバーロックの利点を生かして岩盤の状況に応じて孔配置をかなり変化させて施工されたようである．

またコンソリデーショングラウチングの施工状況の記述の中にはカバーロックで施工したために漏洩が著しくて施工に苦労した状況が読み取られ，『ヒビワレの多い箇所では表面漏洩が多く，最も困難なコーキング作業に多くの労力，時間，資材を必要とし，岩盤を汚す欠点がある．一方この方法は肉眼で観察しながらグラウト作業ができる利点がある』という記述が残されている．このように上椎葉ダムでは日本で最初の本格的なアーチダムの建設としてアメリカの OCI の指導の下に進められ，現在のアーチダムのコンソリデーショングラウチングの原形が登場してくるが，良好な部分には施工せず，必要な部分に集中して施工し得るカバーロックのコンソリデーショングラウチングの施工が固執されて多くの苦労を経験した．

このダムのカバーロックによるコンソリデーショングラウチングの施工の困難さから，その後の日本ではカバーロックでの施工は次第に敬遠されるようになってきた．すなわちアーチダムや第 3 期に完成した大規模な重力ダムではカバーロックを原則とし，節理・亀裂が多くてミルクの漏洩が多い部分は掘削終了後に削孔してパイプを立て込み，コンクリート打設後に注入するという方法が主流となっていた．しかし第 2 期の後半からダム高さ 90 m 以下の中規模以下の重力ダムでは掘削面上に 3 m 前後のコンクリートを打設した後にコンソリデーショングラウチングを施工する，いわゆるカバーコンクリートでの施工が増え，第 4 期に完成した重力ダムになると大規模なものもカバーコンクリートでの施工がほとんどとなってきた．

次に完成した殿山ダムもコンソリデーショングラウチングはカバーロックでダム敷全面に施工された．孔配置図は図 3.2.4 に示されている．図 3.2.4 からも明らかなようにこのダムの孔配置はあら

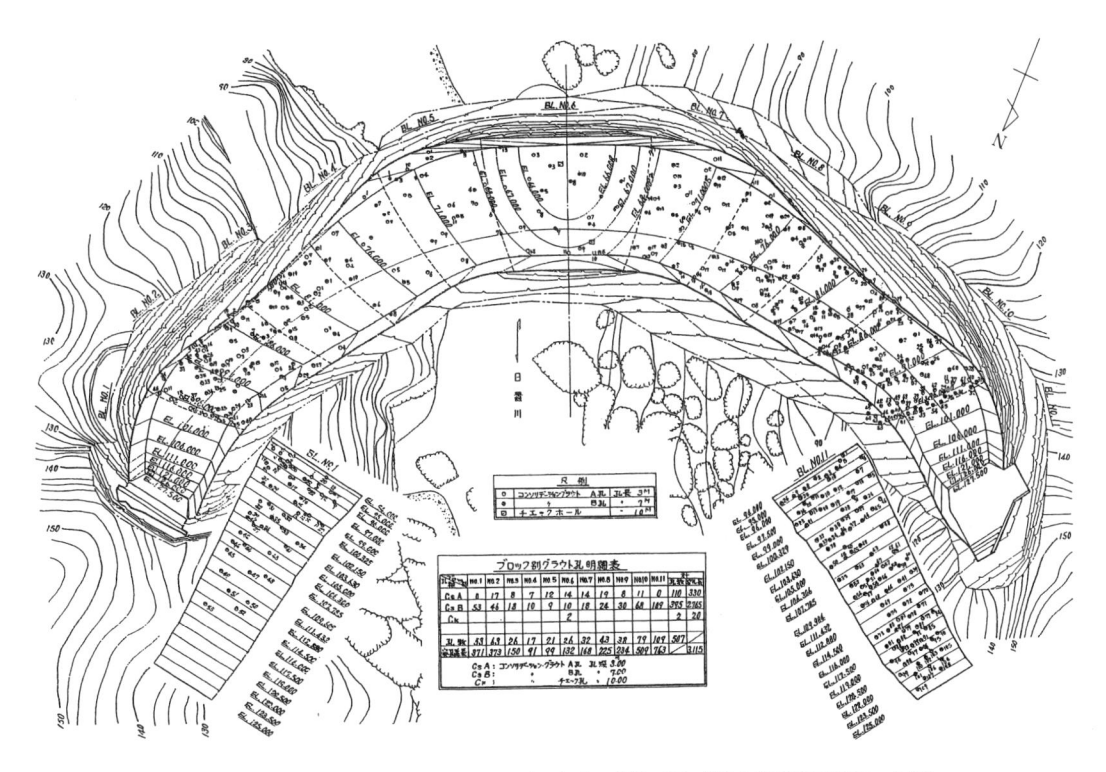

図 3.2.4 殿山ダムコンソリデーショングラウチング施工図（「殿山発電所工事誌」より）

かじめ決められた孔配置に従って施工されたのではなく，岩盤状況に応じて不等間隔の孔配置で施工されたようである．

また殿山ダムと前後して完成した鳴子ダムでは，コンソリデーショングラウチングは着岩部の上下流端と底設監査廊とから深さ 10 m まで放射状に 2 次コンソリの形で施工されている（図 3.2.5 参照）．これは上椎葉ダムでのカバーロックでのコンソリデーショングラウチングの施工の困難さを聞き，ダムがある程度打ち上がって上載荷重が加わり，注入圧力をある程度高くしても漏洩しにくい状態での効果的なグラウチングを指向したと考えられる．これと同様に 1 次コンソリを行わずに 2 次コンソリの形での施工のみを行ったのは 1972 年に完成した高さ 116.5 m の豊平峡ダムがあるが，100 m を超える高さのアーチダムで 1 次コンソリを行わずに 2 次コンソリのみを行い，湛水後何ら問題が生じなかった事例があることは注目に値する．

以上述べたように，アーチダムではその基礎岩盤に形成される水頭勾配が急であることからも，また堤体から岩盤に伝えられる応力が多くの場所で $30 \sim 40 \, \mathrm{kgf/cm^2}$ に達するなど重力ダムに比べて極めて大きいことからも当然であるが，第 1 期に完成したアーチダムではすでにダム敷全面にコンソリデーショングラウチングが施工されていた．

しかしこの時期のコンソリデーショングラウチングは現在一般に行われているコンソリデーショングラウチングとはかなり異なっている．すなわち上椎葉ダムと殿山ダムとではコンソリデーショングラウチングは本来節理・亀裂が存在して緩みがある所に施工すべきで，緩みがなくて良好な所に施工しても意味がないということからカバーロックでの施工に固執し，孔配置も岩盤の状況に対応した不規則な配置となっている（図 3.2.4 参照）．一方カバーロックでの施工の困難さを避けた鳴

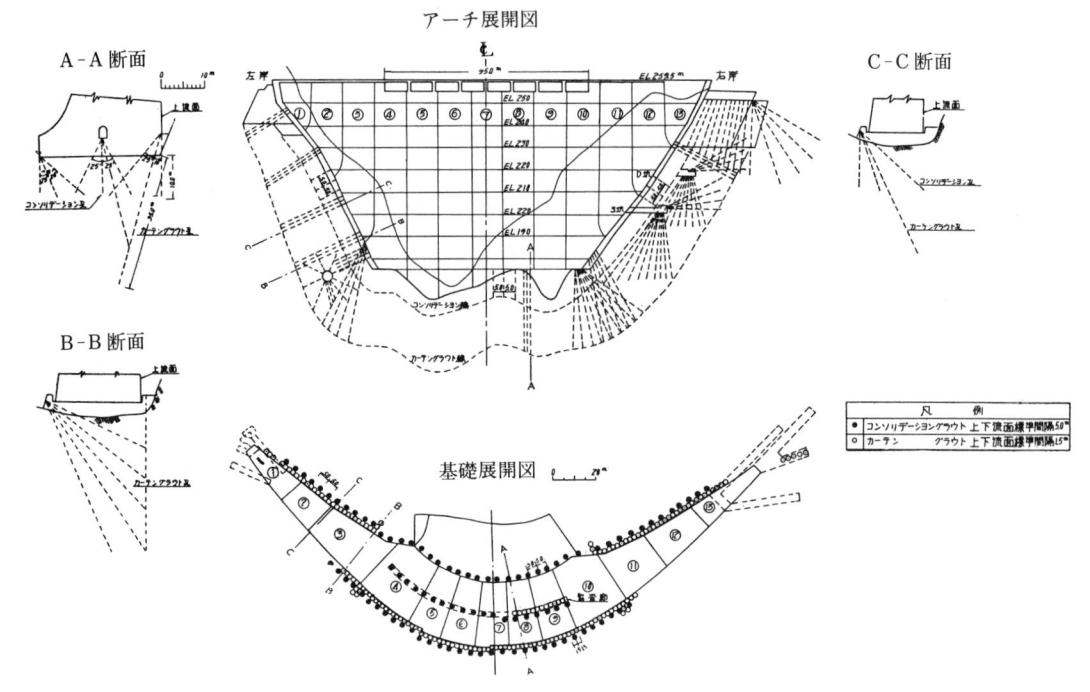

図 3.2.5 鳴子ダムの基礎グラウチング孔配置図（「鳴子ダム工事誌」より）

子ダムではダムがある程度の高さまで打設され，ミルクが漏洩しにくくなってから2次コンソリの形で施工されており（図 3.2.5 参照），いずれも注目すべき方法で施工されている．

この時期のアーチダムのコンソリデーショングラウチングの施工状況についてはその妥当性は検討すべき点があるが，コンソリデーショングラウチングの原点を知る上では極めて興味深いものがある．すなわち，上椎葉ダムで OCI から指導を受けたコンソリデーショングラウチングや小河内ダムで USBR から受けたそれは，カバーコンクリートで画一的な格子状に施工するコンソリデーショングラウチングではない．すなわち断層周辺部などのミルクの漏洩が著しい部分は V 字型に掘削してコンクリートを充填するなどの事前処理を行い，通常の部分は節理・亀裂が多い部分に対して重点的に目で注入状況を確認しながら施工し，節理・亀裂が少ない部分に対しては間引くという形での原則的にはカバーロックで施工する基礎グラウチングであったことは注目すべきであろう．

3.3 第2期に完成したダムの基礎グラウチングの特徴

3.3.1 第2期でのダム建設の概況と基礎グラウチングを取り巻く状況

第2期（1959～1974 年）は日本の経済も戦後の混乱から立ち直り，いわゆる高度成長期に入り，飛躍的な経済発展が見られた時期である．このようにこの期の初期には国民の生活水準はある程度向上し始めていたが人件費はまだかなり低く，ダム建設も人手間をかけても材料費を節減できるアーチダムや中空重力ダムの建設がより経済的であった．しかしこの期の後半には人件費も大幅に上昇して材料費は相対的に低下し，堤体積が多少増大しても大型機械よる大量施工の方がより経済的になる経済状態に移行し始め，大規模なフィルダムの建設が数多く着手された．

ダム建設に対する需要の面から見た場合には前半は季節的な電力の調整を目的とした大規模な貯水池による大規模な水力発電用のダム建設の最盛期を迎えたが，後半からは発電の分野では火主水

表 3.3.1 第 2 期に完成したダム数

	全　体	重力ダム	アーチダム	中空重力ダム	フィルダム
高さ 50 m 以上のダム	127	57	38	14	18
高さ 70 m 以上のダム	77	28	31	4	14
高さ 100 m 以上のダム	29	7	14	1	7

従へと移行して揚水発電が登場するようになった．一方，重化学工業の発達と都市への人口の集中による水資源開発の需要が高まり，水資源開発のためのダム建設が増加する状況となった．

表 3.3.1～表 3.3.5 にはこの時期の中規模程度以上の各種形式のダムの建設状況が示されているが，表 3.3.1 に見られるようにこの時期は最近の 50 年余の中でダム建設が最も活気を呈した時期であるとともに，ダム形式が最も多様化した時期でもあった．

この時期でのダム技術全般でのおおよその状況についてはすでに第 1 章で簡単に触れた．この時期の基礎グラウチングの特徴を理解しやすくするためにその要点を繰り返し述べると，第 1 期には戦時中の大幅な技術の遅れを取り戻すべく主としてアメリカの技術を積極的に導入して当初は多少の混乱も見られたが，これらを次第に日本独自の技術体系に組み立てていった．さらに第 1 期の後期からは当時の社会経済の要請に対応して戦前には経験のなかったアーチダム・中空重力ダムなど新しいダム型式の建設に取り組み，第 2 期に入ると大規模なダムではアーチダムや中空重力ダムが主流となり，高さ 70 m 以上のダムでは重力ダムよりもアーチダムの方が多いという状況になった．

当時アーチダムや中空重力ダムなどの堤体積の削減の度合が高いダムの建設で先駆的な技術を示していた欧州，特にイタリア・フランスの設計技術に強い関心が集まり，当初はこの種の設計技術を中心に文献などを通しての導入が図られた．すなわちアーチダムでは殿山ダム以降はイタリアのアーチダムの形状に準拠したダムの設計が主流となった．さらに第 2 期に入って高さ 186 m の黒部ダムがアーチダムとして建設に着手されると，基礎処理についてもイタリア・フランス・オーストリアの技術，すなわち岩盤分類法・原位置岩盤試験法・ルジオンテスト・ルジオン値によるグラウチングの施工管理法・高圧グラウチングの方法などが導入され，ダムの基礎グラウチングの分野にも大きな変化が現れた．

またこの時期でダムの技術的な面で注目すべき点は，第 2 期の初めの 1959 年 12 月にフランスの Malpasset ダムが基礎岩盤の欠陥から破壊し，ダムの安全性にとって基礎岩盤の安定性が極めて重要であることが認識され，これを契機にダムの設計の主眼点が堤体の応力から岩盤の安定性へと大きく移行したことである．

特にこの設計の主眼点の堤体の応力から岩盤の安定性への移行はそれまでダム技術の先導的役割を果たしていた欧米諸国も同時に直面した問題であったので，第 1 期に戦時中の技術的な遅れをほぼ取り戻していた日本はこの時期から欧米と肩を並べてこの新しい設計の主眼点の移行に伴う技術開発に取り組むことになった．

この設計の主眼点の移行はコンクリートダムの設計全般に現れ，特に上位標高の岩盤に大きな力が作用するアーチダムで強く現れた．すなわち当時黒部ダム・川俣ダム・湯田ダム・下筌ダムなどでは基礎岩盤の安全性確保の上で入念な検討を必要とするいくつかの問題点を持っており，これらの検討を通して新たに岩盤力学という分野が開かれて急速な発展を見せるなど大きな進展が見られ

表 3.3.2 第 2 期に完成した高さ 70 m 以上のアーチダム（諸数値は「ダム年鑑」より）

	ダム名	工事発注機関	ダム型式	ダム高さ	着工年	完成年
1	綾北ダム	宮崎県	アーチダム	75.3 m	1957	1960
2	大倉ダム	東北地建	ダブルアーチダム	82.0 m	1956	1961
3	室牧ダム	富山県	アーチダム	80.5 m	1952	1961
4	二瀬ダム	関東地建	アーチ重力式ダム	95.0 m	1952	1961
5	北川ダム	大分県	アーチダム	82.0 m	1958	1962
6	二津野ダム	電源開発	アーチダム	76.0 m	1959	1962
7	坂本ダム	電源開発	アーチダム	103.0 m	1959	1962
8	一ツ瀬ダム	九州電力	アーチダム	130.0 m	1960	1963
9	黒部ダム	関西電力	アーチダム	186.0 m	1956	1963
10	大鳥ダム	電源開発	アーチ重力式ダム	83.0 m	1961	1963
11	湯田ダム	東北地建	アーチ重力式ダム	89.5 m	1953	1964
12	天瀬ダム	近畿地建	アーチダム	72.0 m	1955	1964
13	黒又川第 2 ダム	電源開発	アーチダム	82.5 m	1961	1964
14	池原ダム	電源開発	アーチダム	111.0 m	1962	1964
15	川俣ダム	関東地建	アーチダム	117.0 m	1957	1966
16	刀利ダム	北陸農政局	アーチダム	101.0 m		1966
17	矢木沢ダム	水資源公団	アーチダム	131.0 m	1959	1967
18	雨畑ダム	日本軽金属	アーチダム	80.5 m		1967
19	新成羽川ダム	中国電力	アーチ重力式ダム	103.0 m	1963	1968
20	小渋ダム	中部地建	アーチダム	105.0 m	1961	1969
21	裾花ダム	長野県	アーチダム	83.0 m	1962	1969
22	高根第 1 ダム	中部電力	アーチーチダム	131.0 m	1963	1969
23	奈川渡ダム	東京電力	アーチダム	155.0 m	1961	1969
24	水殿ダム	東京電力	アーチダム	95.0 m	1965	1970
25	矢作ダム	中部地建	アーチダム	100.0 m	1962	1970
26	青蓮寺ダム	水資源公団	アーチダム	82.0 m	1964	1970
27	下筌ダム	九州地建	アーチダム	98.0 m	1958	1972
28	豊平峡ダム	北海道開発局	アーチダム	102.5 m	1969	1972
29	新豊根ダム	電源開発	アーチダム	116.5 m	1969	1972
30	大迫ダム	近畿農政局	アーチダム	70.5 m		1973
31	阿武川ダム	山口県	アーチ重力式ダム	95.0 m	1966	1974

た．またこの時期にダムの基礎岩盤の調査・設計・施工に関する新たな研究のほとんどはアーチダムの建設に際して行われたものであり，新しい基礎処理技術もアーチダムの建設に際して導入されたり開発されたものである．このアーチダムの建設の際に開発された新しい技術が次第に他の型式のダムの建設に移行していくというのが，この時期の特徴的な姿であった．

前述したようにこの時期の前半は大規模なアーチダム建設の全盛時代であったので，黒部ダムで導入された欧州の基礎グラウチングの技術は直ちに並行して建設が進められていた他の大規模なアーチダム（一ツ瀬ダム・湯田ダム・川俣ダム・下筌ダムなど）の建設にも採用され，ダムの基礎グラ

表 3.3.3 第 2 期に完成した高さ 70 m 以上の重力ダム（諸数値は「ダム年鑑」より）

	ダム名	工事発注機関	ダム高さ	着工年	完成年
1	八久和ダム	東北電力	97.5 m		1959
2	市房ダム	九州地建	78.5 m	1953	1959
3	日向神ダム	福岡県	79.5 m	1953	1959
4	田子倉ダム	電源開発	145.0 m	1953	1959
5	有峰ダム	北陸電力	140.0 m	1956	1959
6	王泊ダム	中国電力	74.0 m	1956	1959
7	風屋ダム	電源開発	101.0 m		1960
8	奥只見ダム	電源開発	157.0 m	1954	1960
9	立花ダム	宮崎県	71.5 m	1959	1963
10	笠堀ダム	新潟県	74.5 m	1959	1964
11	城山ダム	神奈川県	75.0 m	1960	1964
12	本沢ダム	神奈川県	73.0 m		1965
13	面河ダム	中国四国農政局	73.0 m		1965
14	薗原ダム	関東地建	72.0 m	1958	1965
15	鶴田ダム	九州地建	117.3 m	1959	1965
16	菅野ダム	山口県	87.0 m	1959	1965
17	犀川ダム	石川県	72.0 m	1960	1965
18	別子ダム	住友共同電力	71.0 m	1961	1965
19	菅沢ダム	中国地建	73.5 m	1962	1967
20	下久保ダム	水資源公団	129.0 m	1959	1968
21	素波里ダム	秋田県	72.0 m	1960	1970
22	緑川ダム	九州地建	76.3 m	1964	1970
23	松原ダム	九州地建	83.0 m	1958	1972
24	江川ダム	水資源公団	79.2 m	1967	1972
25	石手川ダム	四国地建	87.3 m	1976	1974
26	内川ダム	石川県	81.0 m	1967	1974
27	加治川ダム	新潟県	106.5 m	1967	1974
28	松川ダム	長野県	84.3 m	1967	1974

表 3.3.4 第 2 期に完成した高さ 70 m 以上の主要中空重力ダム（諸数値は「ダム年鑑」より）

	ダム名	工事発注機関	ダム高さ	着工年	完成年
1	大森川ダム	四国電力	73.2 m	1957	1959
2	畑薙第1ダム	中部電力	125.0 m	1957	1962
3	横山ダム	中部地建	80.8 m	1957	1964
4	内ノ倉ダム	北陸農政局	82.5 m	1964	1972

ウチングの分野にも大幅な変化と進展が見られた．これらの新しい技術による大規模なアーチダムの建設を通して止水カーテンの施工深さも単に経験公式のみにより設定するのではなく，経験公式とルジオン値とを参考にしながら設定する例が現れるなど新しい芽が生まれ，これが次第に第 2 期の後半から重力ダムの一部に波及していく姿が浮かび上がってくる．

表 3.3.5 第2期に完成した高さ70m以上のフィルダム（諸数値は「ダム年鑑」より）

	ダム名	工事発注機関	ダム型式	ダム高さ	着工年	完成年
1	牧尾ダム	愛知用水公団	ゾーン型フィルダム	104.0 m	1957	1960
2	御母衣ダム	電源開発	ゾーン型フィルダム	131.0 m	1957	1961
3	大白川ダム	電源開発	ゾーン型フィルダム	95.0 m	1961	1963
4	本沢ダム	神奈川県	ゾーン型フィルダム	73.0 m		1965
5	九頭竜ダム	電源開発	ゾーン型フィルダム	128.0 m	1962	1968
6	大津岐ダム*	電源開発	アスファルト遮水壁型フィルダム	52.0 m	1965	1968
7	水窪ダム	電源開発	ゾーン型フィルダム	105.0 m	1967	1969
8	魚梁瀬ダム	電源開発	ゾーン型フィルダム	115.0 m	1962	1970
9	喜撰山ダム	関西電力	ゾーン型フィルダム	91.0 m	1966	1970
10	深山ダム	関東農政局	アスファルト遮水壁型フィルダム	75.5 m	1968	1973
11	下小鳥ダム	関西電力	ゾーン型フィルダム	119.0 m	1970	1973
12	福地ダム	沖縄開発庁	ゾーン型フィルダム	91.7 m	1971	1973
13	広瀬ダム	山梨県	ゾーン型フィルダム	75.0 m	1965	1974
14	黒川ダム	関西電力	ゾーン型フィルダム	98.0 m	1970	1974
15	多々良木ダム*	関西電力	アスファルト遮水壁型フィルダム	64.5 m	1970	1974
16	新冠ダム	北海道電力	ゾーン型フィルダム	102.8 m	1970	1974

* 大津岐ダム・多々良木ダムはこの時期に新たに登場した新形式のダムであるので，ダム高さ70m以下であるが，あえて記載した．

　しかし各々のダムの建設にあたっては改良目標値について積極的に検討する資料もなかったので，当初はイタリア・フランスの高いアーチダムでの事例に準じて平均1ルジオンを目標にしたり，あるいはそれ以前に行われていた単位セメント注入量や経験公式とを並行して考慮するなど各現場で適宜設定されていた状態であった．しかし，現在の基礎グラウチングの基本的な姿がこの時期のアーチダムの建設を通して次第に形成され，次いでこれらが重力ダム・フィルダムの基礎グラウチングに移行され，ダムの基礎グラウチングの姿が体系化されて指針類が制定される素地が形成される状況になってきた．

　以上述べたようにこの時期では基礎グラウチングはアーチダムが止水面からも岩盤の力学的条件からも厳しい条件下に置かれ，まずアーチダムの建設を通して新しい考え方が形成され，それが重力ダム，さらにはフィルダムへと移行していく姿がはっきりと現れてくる．したがって，以降アーチダム・重力ダム・フィルダムの順にこの時期の主要なダムの基礎グラウチングの状況に検討を加えることにする．

3.3.2　第2期に完成した主要なアーチダムの基礎グラウチングの概況

　この時期に完成した主要なダムの基礎グラウチングは1973年に土木学会岩盤力学委員会で編集された「ダム基礎グラウチングの施工実例集」（以降単に「施工実例集」と記す）に集約されており，これを中心に筆者が時代的配列から記述したいと考えた事例を入手可能な工事記録から補完しつつ，主要なアーチダムの基礎グラウチングの概況を表に示すと表 3.3.6 に示すようである．

表 3.3.6　第 2 期に完成した主要なアーチダムの河床部での止水カーテンの概況

ダム名	ダム高/完成年	主カーテン	補助カーテンまたは 2 次コンソリ
室牧ダム [10]	80.5 m/1961 年	主カーテンは鉛直孔で施工，12 m 孔間隔のパイロット孔はサドルの上面から深さ 50 m ≒ 0.62H，孔間隔 1.5 m の一般孔は深さはサドルの上面から 30 m ≒ 0.37H で内挿法で施工．	2 次カーテンを左右岸の高透水性な部分に対してのみ，斜孔で深さ 3 m の 1 次カーテンと同じ線上で施工．
坂本ダム [11]	103.0 m/1962 年	下流端から上流向 20° で施工，孔長は河床部で 40 m ≒ 0.37H，孔間隔は 1 次孔で 12 m，2 次孔で 6 m，3 次孔で 1.5 m の内挿法で施工．	なし．
黒部ダム [12]	186.0 m/1963 年	1 次カーテンは鉛直孔，2 次カーテンは斜孔で各々パイロット孔間隔 20 m，一般孔間隔 2.5 m で，当初計画で深さ 75 m ≒ 0.4H であったが，最終的に 118 m ≒ 0.63H の深さまで内挿法で施工．中間湛水後チェック孔を孔間隔 20〜10 m で施工，さらに高透水部に追加孔を施工．	放射線状に 4 本，面間隔 2.5 m で深さ 15 m まで施工．
一ツ瀬ダム [13]	130.0 m/1963 年	ダム基礎全般は 1 次カーテンで止水．ダム上流側より内挿法で施工．チェック孔は孔間隔 12 m，孔深は河床部で 90 m ≒ 0.7H，1〜2 次孔は孔間隔 3 m，孔深は 70 m ≒ 0.54H で施工．河床部に数本の断層が存在したため，河床部は監査廊から 2 次・3 次カーテンを深さ 100 m と 64.5 m，孔間隔 1.5 m で施工．ルジオンテスト実施，追加基準は単位セメント注入量による．	ダムの下流側より 22.5° および 45° 上流向きに深さ 15 m，面間隔 5 m 千鳥に施工．
池原ダム [14]	111.0 m/1964 年	主カーテンは 1 列．調査孔を孔間隔 20 m で深さ 60 m ≒ 0.54H，一般孔を河床部で孔間隔 2 m で深さ 40 m ≒ 0.36H で内挿法，中位標高では孔間隔 1.5 m，深さ 40〜20 m，上位標高では孔間隔 1 m，深さ 20 m．	なし．
川俣ダム [15]	117.0 m/1966 年	列間隔 0.5 m で 2 列，孔間隔 3 m の千鳥，河床部で深さ 80 m ≒ 0.67H で内挿法で施工，河床の F-30 の近辺は止水カーテン 1 列追加，深さ 110 m ≒ 0.92H まで施工，ルジオンテスト実施，追加基準は 1 Lu．	2 次コンソリとして下流側より列間隔 1.5 m で放射状に深さ 15〜20 m まで施工
矢木沢ダム [16]	131.0 m/1967 年	列間隔 1.5 m で 2 列，孔間隔 3.3 m の千鳥，深さ 50 m ≒ 0.4H で内挿法で施工．ルジオンテスト実施，追加基準は単位セメント注入量による．	孔間隔 1.5 m で交互に鉛直と堤体側に傾斜したボーリングで深さは 15〜25 m．
高根第 1 ダム [17]	133.0 m/1968 年	1 列，孔間隔 10〜25 m で深さ 130 (≒H)〜80 m のパイロット孔で透水度調査，一般孔は孔間隔 2.5 m，深さ 50 m ≒ 0.4H で施工，追加基準は 1 Lu．	5×5 m 格子の 1 次コンソリを，2 次コンソリで 2.5×2.5 m 格子になるように配置．
小渋ダム [18]	105.0 m/1969 年	上流端より 1 列，パイロット孔間隔 12.5 m，一般孔間隔 2.5 m の変則的な内挿法で施工，深さ 50 m ≒ 0.47H，追加基準は 1 Lu．	2 次コンソリはやや高透水一部でのみ施工．
奈川渡ダム [19]	155.0 m/1969 年	堤内および岩盤監査廊より 1 列で施工，パイロット孔と 1 次孔（孔間隔 15 m）は H の深さまで施工，そのルジオン値が 1 Lu となるまでを一般孔の施工範囲とし，内挿法で施工．一般孔の孔間隔は 3 m，深さは $H/2$．	2 次コンソリは応力の高い部分と地質的にやや軟弱と考えられた部分に対して施工．
裾花ダム [20]	83.0 m/1969 年	1 列，パイロット孔は孔間隔 15 m，深さ 100 m ≒ 1.2H で先行，一般孔は当初計画は孔間隔 2.5 m で深さ 40 m ≒ $H/2$ としたが，最終的に一般孔の深さは 70 m ≒ 0.84H まで延長，改良目標値 1 Lu．	2 次コンソリは堤内監査廊か上下流から放射状に深さ 15〜20 m，面間隔 3 m で施工．
青蓮寺ダム [21]	82.0 m/1970 年	良好な岩盤部で 1 列，孔間隔 3 m，深さ 35 m ≒ 0.4H 内挿法．断層など弱層部で列間隔 0.8〜1.5 m の 2 列．千鳥深さ 60 m ≒ 0.73H で施工，改良目標値 1 Lu．	なし．
矢作ダム [22]	100.0 m/1971 年	1 列，パイロット孔は孔間隔 12 m で，深さ 75 m ≒ 0.75H（一般孔の 1.5 倍），一般孔は孔間隔 1.5 m，深さ 50 m ≒ $H/2$ で内挿法で施工，ルジオンテストは水押し試験で，追加基準は 2 Lu．	2 次コンソリは上下流から放射状に面間隔 3 m 深さ 15 m．
豊平峡ダム [23]	102.5 m/1972 年	列間隔 2 m，孔間隔 3 m 千鳥，河床部通常の所で深さ 40 m ≒ 0.4H，河床部断層付近で深さ 60 m ≒ 0.6H まで施工，追加基準は単位セメント注入量．	断層周辺に深さ 40 m の補助カーテンを施工．

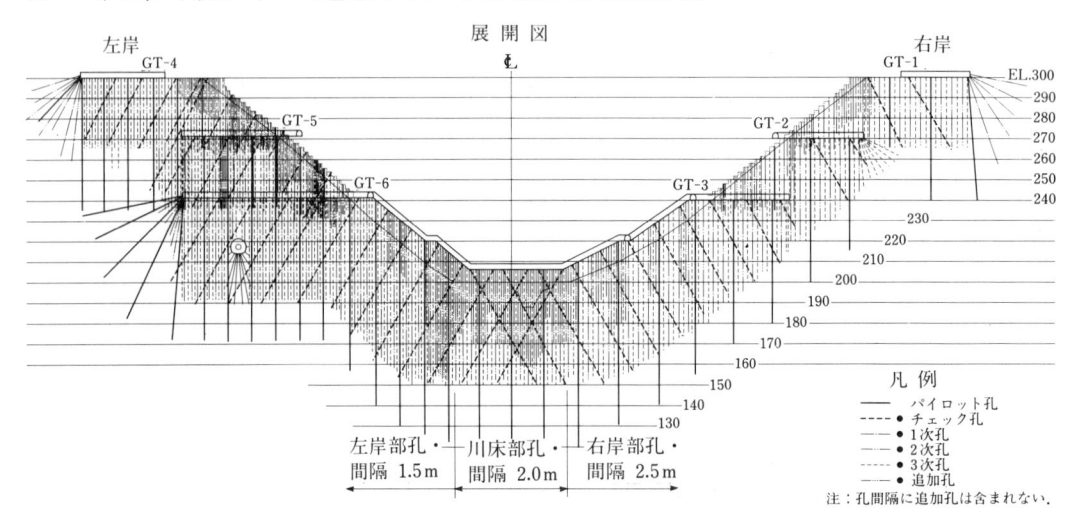

図 3.3.1 矢作ダムの止水カーテンの孔配置図（土木学会「施工実例集」より）

まず止水グラウチングについて述べると室牧ダム・坂本ダムや池原ダムは黒部ダムの基礎グラウチングの施工が本格化する以前に工事の最盛期を越えていたので，黒部ダムで導入されたルジオンテストやルジオン値に基づく施工管理方法は用いられていない．したがって工事誌にもルジオンテストに関する記述はなく，部分的に止水カーテンの施工深さを延ばしたダムも見られるが単位セメント注入量により判断して決めたようである．

これに対して一ツ瀬ダム以降のダムでは工事記録にルジオンテストを行ったという記述が見られるが，当初は止水カーテンの施工深さの設定規準・改良目標値・追加基準などは各ダムによりかなり異なり，ルジオン値で規定したダムも見られるが，単位セメント注入量で規定したダムの方が多かった．これが1965年以降に完成したダムになるとパイロット孔のルジオン値により施工深さを設定したり，改良目標値や追加基準をルジオン値で示したダムが主流となってくる．

この時期になると止水カーテンの先端部の岩盤の透水度や改良目標値を欧州の高いアーチダムの事例に倣って1ルジオン（この値は平均値で，超過確率15％の値で言うならば2ルジオンに相当すると考えられるが）に設定したダムもかなり見られる．しかしこの時期に完成したアーチダムは地形が急峻で侵食速度が早く，地質条件にも恵まれて緩みゾーンが浅いダムサイトに建設されたダムが多かったために，高根第1ダム・小渋ダム・奈川渡ダム・矢作ダムなどに見られるように，1ルジオン以上の部分が岩盤掘削面から10～20mの範囲にとどまったダムが多かった．このためこれらのダムではこの条件で設定された施工深さが経験公式の範囲内で収まるダムが多かった．

しかし黒部ダム（このダムでは施工深さの決定規準が厳しすぎたためと考えられるが）や裾花ダムでは地形・地質条件に恵まれてアーチダムとして建設されたが，この条件のために河床部で経験公式より深部まで施工深さが広げられている．さらに断層周辺部などの弱層部でより深くまで施工された例（一ツ瀬ダム・川俣ダム・青蓮寺ダム）もいくつか見られる．

このような経緯を経て，調査孔を兼ねたパイロット孔を一般孔より深くまで削孔した例（池原ダム・高根第1ダム・奈川渡ダム・矢作ダム）が多くなる．当初は深部の岩盤の透水状況を的確に把握するためであったが，次第に深部では注入量を規制すれば高い圧力での注入が可能となり，粗い孔間隔の施工でもその孔間隔を補った透水度の改良が見込めることから，工事費の増大を抑制しな

がら安全性を高める工法としてパイロット孔を一般孔より深くまで施工する工法が定着するに至った（図 3.3.1 参照）．

ここで特に経験公式の $H/2$ ないし $[H/3+C]$ より深くまで止水カーテンが施工された事例について，簡単にその原因と地質状況について調べ得た範囲で述べてみよう．

最初に経験公式に示された施工深さ以上に止水カーテンが施工されたのは黒部ダムであるが，このダムはすでに述べたように最初にルジオンテストとルジオン値による施工管理法を本格的に導入したダムであり，さらに大長昭雄により止水カーテンの効率的な施工深さを理論的に検討したダムであった．このために当初は改良目標値は平均 1 ルジオン，施工深さは $H/2$ の深さで施工されていたが，最終的には河床部で当初計画より 43m 深くて約 $0.63H$ の深さまで拡張されている．このダムでの透水テストの合格基準として「施工実例集」に示されている値を調べると河床面下では $20\,\mathrm{kgf/cm^2}$ の加圧で漏水量が $1\,l/\mathrm{min/m}$ と記載され，この値は約 0.5 ルジオンに相当し，現在の眼から見てかなり厳しい合格基準を設定した結果と考えられる．このように最終的には止水カーテンの先端付近の岩盤の透水度に対して厳しい条件を付加して $H/2$ より深くまで施工深さを延ばしたのは，実際の施工にあたってはより慎重な施工を行ったと解すべきであろうか[注5]．

川俣ダムでは川を横断する方向で鉛直な幅 5m 以上の弱層 F-30 上に堤体が乗せられ，河床面から約 H の深さには連続性のある不整合面があり，この不整合面はダム軸より上流側約 400m，下流側約 500m で河床面に現れていた．この不整合面を全面的に遮水することは事実上不可能であり，その後の緑川ダムや下湯ダムの例を見ても一般に不整合面は深部では比較的透水度は低く，浸透路長が長い時は特別な止水対策は必要ない場合が多かった．しかしこのダムのルジオンテストの結果とこの種の問題での初めての経験であったことから，F-30 に堤体が乗る部分の真下では不整合面まで止水カーテンを施工した．この部分のルジオンテストは当時の状況から判断すると限界圧力以上でのルジオン値を測定していた可能性があり，現在ならば別の考え方で検討されたと考えられる．

裾花ダムでは当初は経験公式程度の施工深さで計画されたが，河床部と両岸下位標高部でかなり施工深さが拡張され，さらに右岸中腹部の奥に孔間隔は粗いが広い範囲に追加止水カーテンが施工されている（図 3.3.2 参照）．このダムの基礎岩盤では河床部のある深さまでと左岸側の基礎岩盤とは鮮新世初期の安山岩で堆積性の地層よりやや透水度が高かったことと，右岸下位標高の奥には乾湿の繰返しにより泥化しやすい泥質凝灰岩が存在したことが地質上特に注目すべき点であった．

この泥質凝灰岩のよう乾湿の繰返しによる泥化はグリーンタフ地域の堆積層によく見られる現象であるが，この種の地層に対するダム基礎としての止水処理は初経験であったので，特に薄肉のアーチダムの基礎岩盤ということも考慮して慎重にこの部分を入念なグラウチングで封じ込めるための特殊グラウチングが施工された．このような事情から左岸の下位標高部を中心に止水カーテンの施

[注5] 黒部ダムで導入された欧州のグラウチング技術では改良目標値は平均 1 ルジオンであり，黒部ダム建設に際して行われた大長の研究でも効率的な止水カーテンの深さは $H/2$ としている．また当初の止水カーテンは $H/2$ の深さまでしか施工されていないのに何故に工事末期にこのような厳しい基準で追加施工がされたかについては工事誌などを調べてもその点に関する記述は見出せなかった．これはあくまでも筆者の推察であるが，このダムは工事半ばで Malpasset ダムの事故の影響で世界銀行からこのダムの基礎岩盤の状況に対してダム高さが高すぎるのではないかとの疑念が持ち出され，入念な調査・検討により当初のダム計画をそのまま実施し得るように大規模で入念な岩盤試験や設計の見直しが行われている．このダムの止水カーテンの施工で最終的に適用された透水テストの合格基準の河床面下では $20\,\mathrm{kgf/cm^2}$ の加圧で注水量が $1\,l/\mathrm{min/m}$ という値はこの見直しの段階で，止水面での充分な安全性を示すために一段と厳しい基準を適用した結果ではないかと推察される．

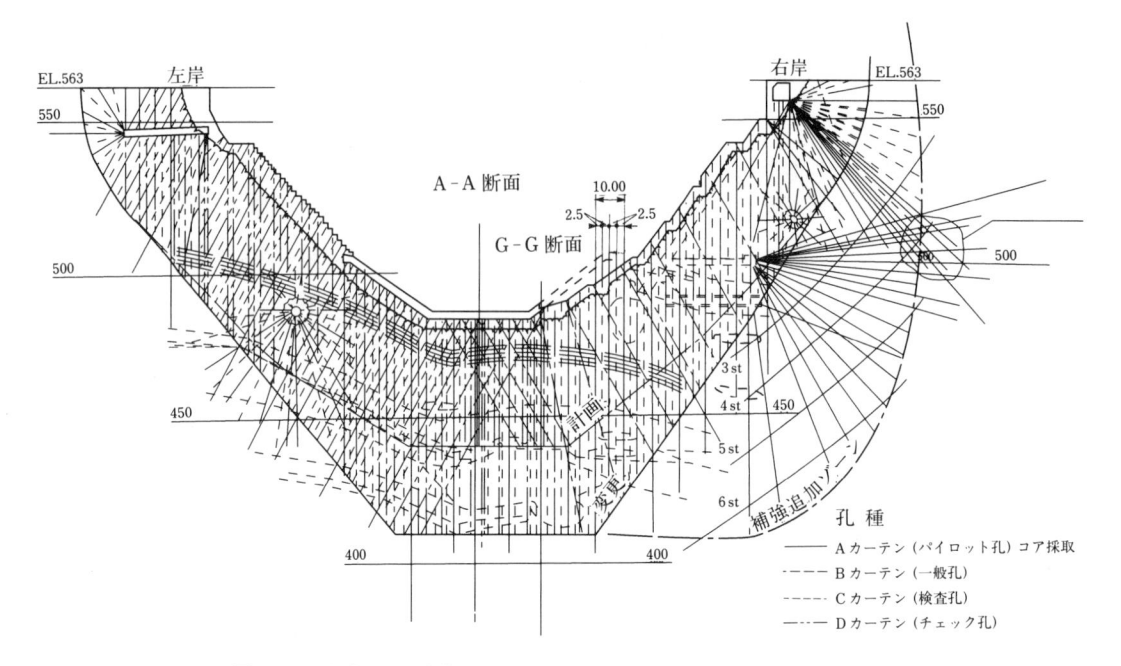

図 3.3.2 裾花ダムの止水カーテン孔配置図（土木学会「施工実例集」より）

工範囲が拡大された．しかし止水カーテンの施工実績図を見るとこの部分はパイロット孔ではかなりの高ルジオン値と高単位セメント注入量を示した部分もあったが，一般孔ではルジオン値も単位セメント注入量もかなり低い値を示しており，$40\,\mathrm{kgf/cm^2}$ という比較的高い圧力で注入したのでパイロット孔ないし1次孔の高圧グラウチングで充分処理されていたようである．

断層周辺部などで深くまで施工された例としては一ツ瀬ダム・川俣ダム・青蓮寺ダムなどがあげられる．川俣ダムについてはすでに述べたので省略すると，断層周辺部で一度目立った浸透路が形成されると，その周囲を洗い流して浸透路が次第に拡大してダムの安全性に大きな影響を与える可能性が懸念されたことと，当時この種の弱層部は限界圧力が低くて通常のルジオンテストでは限界圧力以下での透水度は低くても高透水ゾーンと誤認されやすいことが充分認識されていなかったという事情が加わって，経験公式よりも深くまで施工深さを延ばして複数列のグラウチングが施工されたと考えられる．

この時期のアーチダムの断層周辺部の止水処理は川俣ダムを除いて孔深が $0.7H$ 程度，孔間隔 $0.75\sim1.5\,\mathrm{m}$ で2列の主カーテンを施工し，その上下流側に同程度の孔間隔の追加施工を行った程度のもので，極端に狭い孔間隔まで内挿孔を施工した例は見られない．

また補助カーテンないし2次コンソリについては坂本ダム・池原ダム・青蓮寺ダムではその記載がなく，室牧ダム・奈川渡ダムの2次コンソリと豊平峡ダムの補助カーテンは弱層部に対してのみ施工されたと記述されているが，他の大半のダムでは2次コンソリの形で施工されている．

以上が第2期のアーチダムの河床部での主および補助カーテンの概況である．

次にこの時期のアーチダムのコンソリデーショングラウチングの概況について考察してみよう．この時期に完成したアーチダムでのコンソリデーショングラウチングの施工概況は表 3.3.7 に示されている．表 3.3.7 でまず注目すべきことはこの時期に完成したアーチダムはすべて1次コンソリ

表 3.3.7 第 2 期に完成した主要なアーチダムのコンソリデーショングラウチングの概況

ダム名	ダム高/完成年	1 次コンソリデーショングラウチング
室牧ダム[10]	80.5 m/1961 年	ダム敷全面に孔間隔 4 m, 列間隔 2 m 千鳥で, 深さは右岸側で 7 m, 左岸側で 10 m で施工, 3 m 以浅はカバーロックで, それ以深はパイプを立て込み, コンクリート打設後に注入.
坂本ダム[11]	103.0 m/1962 年	ダム敷全面に孔間隔 (ダム軸方向に) 3 m, 列間隔 4 m の格子, 深さは 10 m で施工, 不良部分ではこの格子の中央に内挿孔を施工, 当初はカバーロックの施工を計画したが, ミルクの漏洩著しく, 削孔後パイプを立て込み, コンクリート打設後に注入.
黒部ダム[12]	186.0 m/1963 年	ダム敷全面に, 河床部は孔間隔 (ダム軸方向に) 9 m, 列間隔 4 m 千鳥, 左右岸斜面部は標高 3 m ごとに孔間隔 5 m で鉛直孔と斜面に直角方向にそれぞれ施工, 深さは 3~15 m, 掘削終了後注入孔を掘り, パイプを立て込んで監査廊に導き, コンクリート打設後に数本をまとめて監査廊より注入.
一ツ瀬ダム[13]	130.0 m/1963 年	ダム敷全面に堤軸方向に 6 m, それに直交方向に 5 m の格子で, 深さは 5~15 m で, カバーロックで施工.
池原ダム[14]	111.0 m/1964 年	ダム敷全面に, 孔間隔 (ダム軸方向に) 3 m, 列間隔 3 m 千鳥, 深さ 10~15 m で施工, 当初カバーロックで計画したが, ミルクの漏洩著しく, 掘削後削孔してパイプを立て込み, コンクリート打設後に注入.
川俣ダム[15]	117.0 m/1966 年	ダム敷全面に孔間隔 3 m, 列間隔 1.5 m 千鳥または 2 m 格子の深さ 5~15 m でカバーロックでの施工を原則としたが, 左岸の一部は打設後岩盤内の坑内より施工.
矢木沢ダム[16]	131.0 m/1967 年	ダム敷全面に, 河床部および下位標高部は 5 m 格子で深さ 6 m, 上位標高では 2.5 m 格子で深さ 10 m, 通常の部分はカバーロックで, 脆弱部はパイプを立て込み打設後に注入.
高根第 1 ダム[17]	133.0 m/1968 年	ダム敷全面に, 孔間隔 (上下流方向に) 3 m, 列間隔 3 m 千鳥に, 深さ 7~12 m でカバーロックで施工.
小渋ダム[18]	105.0 m/1969 年	ダム敷全面に 5 × 5 m 格子を基本に, 深さ 10 m でカバーロックで施工.
奈川渡ダム[19]	155.0 m/1969 年	ダム敷全面に上下流方向に 3 m, 列間隔 3 m 千鳥で深さ 7~12 m を基本としてカバーロックで施工.
裾花ダム[20]	83.0 m/1969 年	ダム敷全面に上下流方向に 3 m, 列間隔 3 m で深さ 5 m で, コンクリート打設前に削孔し, パイプを立て込み, 打設後に注入.
青蓮寺ダム[21]	82.0 m/1970 年	ダム敷全面に, 良好な部分は孔間隔 5 m, 列間隔 2.5 m 千鳥, 節理が多くて多少風化した部分は孔間隔 4 m, 断層・破砕部は孔間隔 3 m, 列間隔 1.5 m, 深さは通常の部分で 6~10 m, 断層破砕部で 6~20 m で (図 3.3.3), 断層・破砕部以外はカバーロックで施工.
矢作ダム[22]	100.0 m/1971 年	河床部は 3 m 格子, 左岸全域と右岸下位 2/3 の部分に対しては上下流方向に孔間隔 6 m, 堤軸方向は標高 2 m ごとに千鳥で, 深さ 5 m (図 3.3.4), カバーロックで施工.
豊平峡ダム[23]	102.5 m/1972 年	1 次コンソリは施工せず, 2 次コンソリは監査廊と上下流側より上下流方向断面内に放射状に面間隔 3 m, 岩長 15~20 m で施工 (表 3.3.6).

は原則としてカバーロックで施工されている．筆者の記憶で基礎岩盤に節理が少なくて極めて堅硬であった地点や部分（高根第 1 ダム・小渋ダム・奈川渡ダム・矢作ダムの右岸など）ではカバーロックで，岩盤の強度は充分あるが節理・亀裂が比較的多かった地点や部分（黒部ダム・坂本ダム・池原ダム・裾花ダム・矢木沢ダムの上位標高部など）ではコンクリート打設前に削孔してパイプを立て込み，コンクリート打設後に注入する方法で施工された．

その意味ではこの時期に完成したアーチダムでは，1 次コンソリを施工しなかった豊平峡ダム以外では上椎葉ダムでのコンソリデーショングラウチングでの原則であったカバーロックでの施工が守られ，ミルクの漏洩が著しくカバーロックでの注入が困難な場合には削孔は打設前に行い，打設後注入するという方法が取られていた．

しかしコンソリデーショングラウチングの施工孔配置図を見ると，個人的な判断に左右されないように意図した結果であろうか，上椎葉ダムや殿山ダムで見られたような岩盤の状況に応じた不等間隔の孔配置（図 3.2.4 参照）は見られず，あらかじめ決められた孔配置に従った施工孔配置図（良

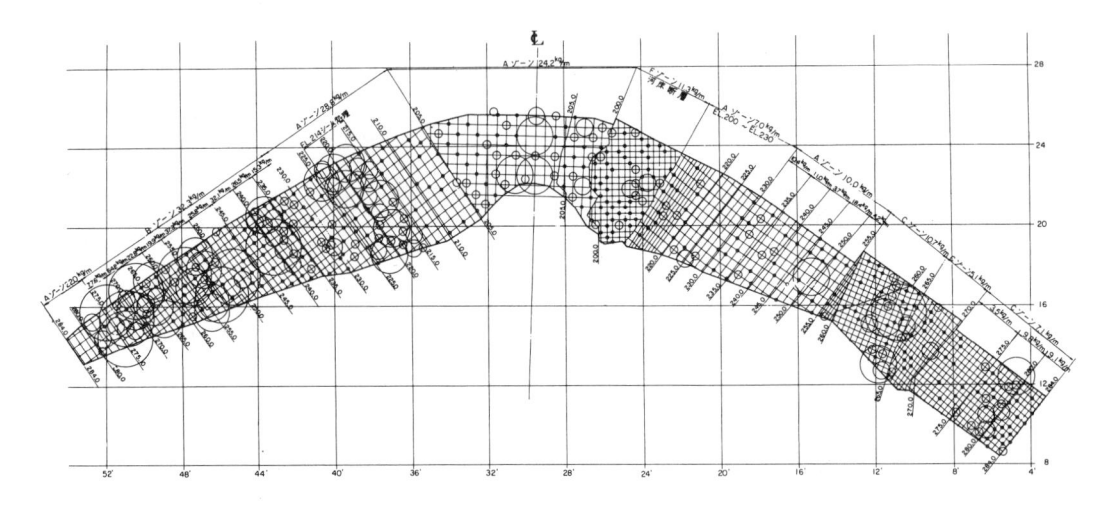

図 3.3.3 青蓮寺ダムコンソリデーショングラウチング施工図（土木学会「実例集」より）

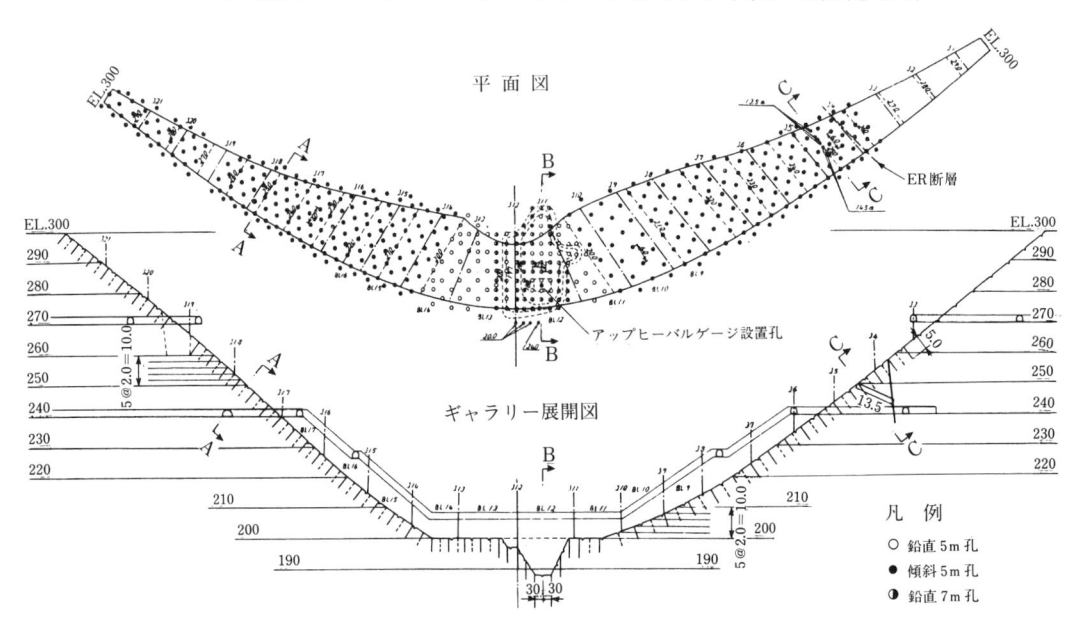

図 3.3.4 矢作ダムコンソリデーショングラウチング施工図（土木学会「実例集」より）

好な岩盤部分では間引かれているが）が示されている．

このような状況から推察すると，この時期のアーチダムのコンソリデーショングラウチングの施工では上椎葉ダムでの岩盤の状況に対応して節理・亀裂が多い部分に対して施工し，節理・亀裂がない部分には施工しても意味がないという原則に従って少なくともコンクリート打設前に削孔するという原則は守られていた．また青蓮寺ダムなどでは3～4種類の孔配置と施工深さのパターンを用意し，岩盤状況に対応して孔配置と施工深さを変えた施工がされているなど，岩盤状況に対応した施工を指向してかなりの工夫が見られる（図 3.3.3 参照）．しかし上椎葉ダムや殿山ダムの施工孔配置図に比べると画一的な孔配置へと移行していったこと（図 3.3.4 参照）は否定できない．

コンソリデーショングラウチングの孔配置は本来はミルクを注入したい緩んだ部分に施工し，緩みが少ない部分に施工しても意味がないということは正しいが，実際の施工にあたっては肉眼観察

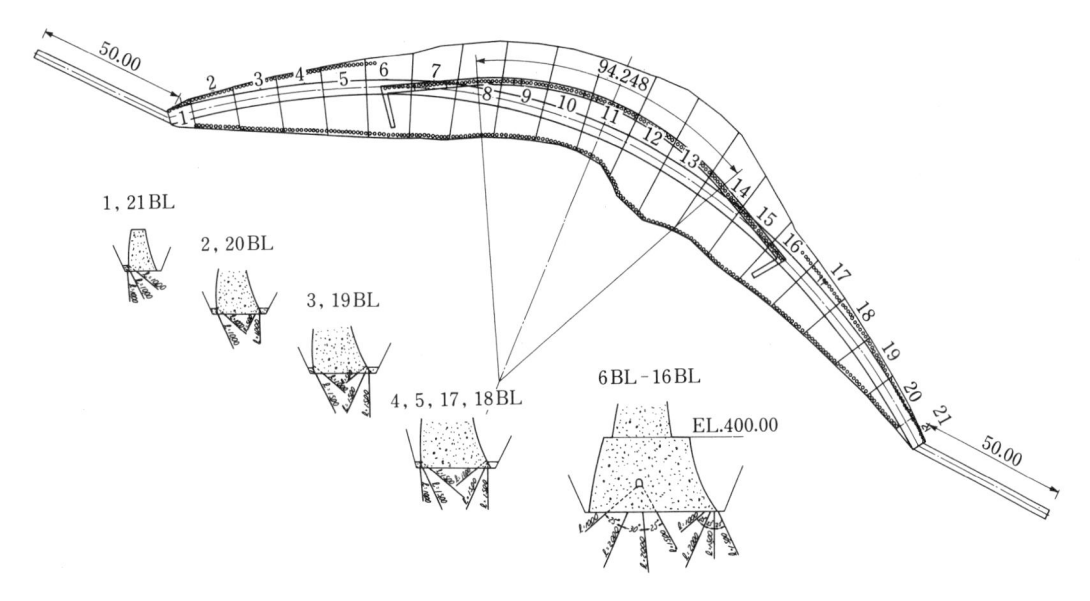

図 3.3.5 豊平峡ダムの2次コンソリ施工図（土木学会「実例集」より）

による孔配置は個人的判断に左右されやすくて客観性に欠けるために全くの不等間隔な孔配置は実際上困難で，数種類の孔配置に区分して施工する程度以上の地質状況に対応した孔配置は実現しにくかったとも解釈される．

なお前述したように，節理・亀裂が少なくて極めて堅硬であったと見られた岩盤ではカバーロックでの注入は比較的容易に施工し得た．しかし節理・亀裂が発達して緩みがある程度存在していたと見られた岩盤ではカバーロックでの注入はかなりのミルクの漏洩が生じたために，削孔後パイプを立て込んで打設後注入せざるを得ないのが実状であったようである．

またこの時期に完成したアーチダムの1次コンソリの一般的な施工状況は孔配置が3～5mの格子か，孔間隔3～5mで列間隔1.5～2.5m千鳥の配置で，施工深さは通常の部分で5～15m，弱層部で10～15mであったようである．

なお矢作ダムの右岸上部ではコンソリデーショングラウチングが全く行われていなかった部分があったこと（図3.3.4参照），豊平峡ダムでは鳴子ダムと同様に1次コンソリを行わずに2次コンソリのみで対応したこと（図3.3.5参照）は注目に値し，今後のコンソリデーショングラウチングの合理化にあたっては参考にする必要のある事例であろう．

3.3.3 第2期に完成した主要な重力ダムの基礎グラウチングの概況

次にこの時期に完成した主要な重力ダムの河床部での止水カーテンの状況を概観してみよう．もちろんこの時期の完成した高さ50m以上の重力ダムは57ダムあり，表3.3.8に示したダムは13ダムに過ぎないのでこの時期の特徴をどの程度表しているかについては疑問があるが，工事資料が得やすいダムには限度があり，入手し得たダムの資料から考察を加えてみよう．

表3.3.8を概観してまず注目すべきことは，この表に示した重力ダムの中の1960年代に完成したダムは四十四田ダム以外のすべてのダムでは，河床部における止水カーテンの施工深さは$H/2$または$[H/3+C]$の経験公式により設定されており，1970年代に入っても半数近くのダムでは経験公

表 3.3.8 第 2 期に完成した主要な重力ダムの河床部での止水カーテンの概況

ダム名	ダム高/完成年	主カーテン	補助カーテンまたは 2 次コンソリ
田子倉ダム [24]	145.0 m/1959 年	上流端より 1 列はやや下流向き，監査廊より 3 列は上流向き，計 4 列．監査廊よりの 3 列はいずれも上流端よりの 1 列と先端で交差．孔間隔は原則として 3 m，部分的に内挿，河床部で 5~6 本深さ 100 m の長孔を施工，以外は河床部で深さ 50 m ≒ $H/3$ で施工．	主カーテンが 4 列なので，特に補助カーテンは施工されていない．
奥只見ダム [25]	157.0 m/1960 年	上流端より列間隔 1 m で 2 列，孔間隔 3 m 千鳥でやや下流向きに施工，深さ 50 m ≒ $H/3$.	監査廊よりやや上流向き 1 列，孔間隔 3 m で深さ 30 m ≒ $H/5$ で施工．
高柴ダム [26]	59.5 m/1961 年	主カーテンは監査廊より鉛直に 1 列で，孔間隔 2 m，深さ 30 m ≒ $H/2$ で施工．	上流端より下流向き 5°で 2 列，孔間隔 2 m，深さ 20 m で施工．
新猪谷ダム [27]	56.0 m/1964 年	上流端より下流向き 5°，1 列で孔間隔 2.5 m，深さ $H/2$ で施工．	なし．
蘭原ダム [28]	76.5 m/1965 年	監査廊より 1 列で孔間隔 1.5 m，深さは $H/3 + 10$ m，内挿法で施工．	上流端より孔間隔 3 m，深さ $H/3$.
菅沢ダム [29]	73.5 m/1967 年	監査廊より 10°上流向きに 1 列，孔間隔 3 m，深さ 30 m ≒ $0.4H$ で施工．その他上流端より 2 列，列間隔 1.5 m，孔間隔 3 m で深さ 25 m ≒ $0.34H$ を施工．	監査廊より 1 列鉛直に孔間隔 3 m，深さ 10 m で施工．
四十四田ダム [30]	41.0 m/1968 年	1.6 m の面間隔で 1 面内 4 次までの放射状のグラウチングで形成，1 次は下流向き 9°，2 次は上流向き 20°，3 次は上流向き 7°，4 次は鉛直，深さは風化岩がなくなって 3~5 m ($0.2H~H$).	止水目的の補助カーテンは施工せず．
下久保ダム [31]	129.0 m/1968 年	監査廊より列間隔 0.8 m で 2 列，孔間隔 2 m で千鳥，深さ 60 m ≒ $H/2$ で施工．	河床部および左岸側に上流側に孔配置・深さも主カーテンと同じ．
釜房ダム [32]	45.5 m/1970 年	上流端より列間隔 1 m 千鳥孔間隔 1.5 m，深さは湛水後の静水圧の 3 倍の加圧で 1 l/min/m の所まで施工，河床部左岸寄りで 54 m ≒ $1.2H$.	なし．
岩尾内ダム [33]	58.0 m/1970 年	1 次施工を監査廊より列間隔 1 m 千鳥 2 列，孔間隔 1.5 m，深さ 15 m で：2 次施工を 1 次の中間に孔間隔 1.5 m で深さ 25 m ≒ $0.43H$ で施工．	上流端より 10°下流向きに，孔間隔 1 m，深さ 15 m ≒ $0.2H$.
油木ダム [34]	54.6 m/1971 年	上流端より列間隔 1 m，孔間隔 3 m 千鳥で，深さ $H/3 + 15$ m で施工，上流側 1 列は鉛直に，下流側 1 列は 10°下流向き．	なし．
江川ダム [35]	79.2 m/1972 年	上流端より鉛直に列間隔 1.5 m で 2 列，孔間隔 3 m 千鳥，深さ 50 m ≒ $0.625H$ で施工．	なし．
石手川ダム [36]	87.0 m/1974 年	上流端より列間隔 0.5 m で 2 列千鳥，孔間隔 1.5 m，深さは河床部でパイロット孔 55 m ≒ $0.63H$，一般孔 45 m ≒ $H/2$.	監査廊より 1 列孔間隔 1.5 m 深さ 35 m ≒ $0.4H$ まで施工．

式により河床部での施工深さを設定している．

ここでアーチダムの場合と同様に，表 3.3.8 に示されたダムの中で河床部での止水カーテンの施工深さが経験公式よりも深くまで施工された事例について，簡単にその原因と地質状況を調べ得た範囲内で述べることにする．

まず四十四田ダムではルジオンテストは行われ，追加基準もルジオン値で示されているが，止水カーテンの施工深さは表 3.3.8 にも示されているように，『ダム高さの 20~100% の範囲内で，風化岩を貫き，良岩に 3~5 m 貫入する』ように施工深さが決められ，かなりの部分で経験公式より深くまで施工された[30]．このダムの基礎岩盤は二・三畳紀の輝緑凝灰岩・粘板岩・変輝緑岩からなり，

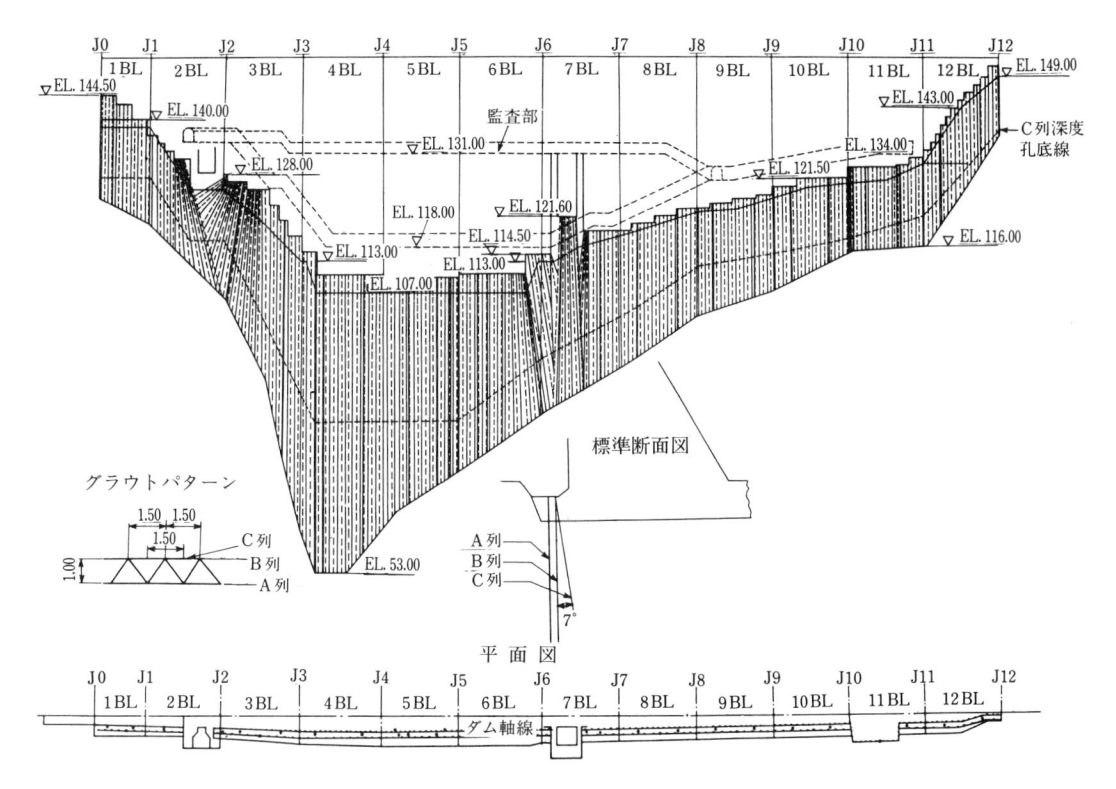

図 3.3.6 釜房ダムカーテングラウチング孔配置図（土木学会「施工実例集」より）

全般にもまれて地形も平坦で侵食速度も遅かったためか緩みや風化も一般のダムサイトよりは深くまで及んでいた．このために早い段階から基礎岩盤の強度に問題があるとして，Malpasset ダムの事故以降に重視された基礎岩盤の安定性に対する検討に対応して重力ダムとしては最初に本格的な原位置せん断試験が行われ，その強度不足を補うための特殊基礎処理が行われたダムであった．このダムで止水カーテンの施工深さを経験公式によらずに調査孔で風化がない岩盤に 3～4m 入るまでを施工深さとしたことは，風化した部分はすでに地表地下水が長年にわたって通っていた部分であることを考慮すると極めて適切な施工深さの設定であったと考えられる．

　一方釜房ダムでは止水カーテンの施工深さは全般に $2H/3$ 程度と深く，特に左岸寄り河床部の弱層部では $1.2H$ の深さまで施工されている（図 3.3.6 参照）．このダムでは表 3.3.8 にも示されているように『湛水後の静水圧の 3 倍の加圧で $1 l/m/min$ 以下の注水量の所まで』を施工深さとしている[32]．これはダム高さ 41 m の河床部で $H/2$ の深さの所では約 $20 kgf/cm^2$ の加圧で $1 l/m/min$ 以下の注水量となり，限界圧力 $20 kgf/cm^2$ 以上で 0.5 ルジオン以下の所までが施工深さとなり，このダムの基礎岩盤が中新世の火山性堆積層であったことを考慮するとこの設定規準が厳しすぎたと考えられる．

　石手川ダムではパイロット孔の施工深さは $[H/2+10m]$，一般孔は $H/2$ としており，パイロット孔でのルジオン値を見ると河床部ではほとんどが 1 ルジオン以下の岩盤まで施工されている．しかし両岸共下位標高の深部でパイロット孔の先端部の一部（この部分はいずれも花崗岩とホルンフェルスとの接触部付近でやや弱化した部分であったが）に 1～5 ルジオンの透水度の岩盤が施工対象外に残されている（図 3.3.7 参照）．これから石手川ダムでは止水カーテンの施工深さは 5 ルジオン以

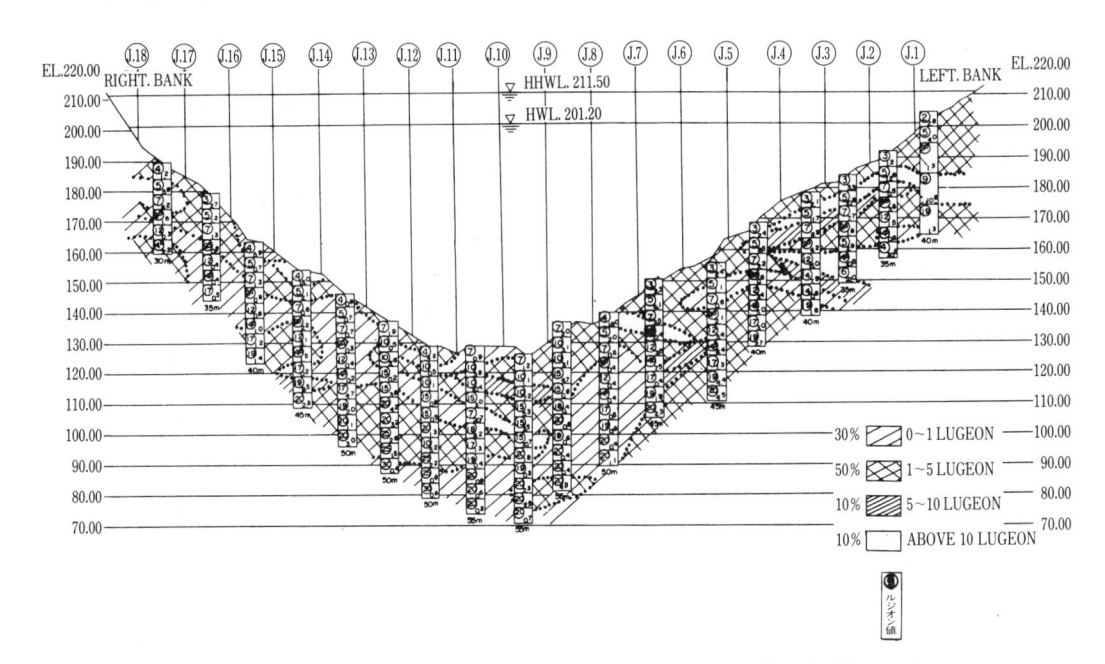

図 3.3.7 石手川ダムのパイロット孔のルジオンマップ（土木学会「施工実例集」より）

下の透水度の岩盤までを許容範囲として，パイロット孔を $[H/2+10\mathrm{m}]$ まで，一般孔を $H/2$ まで を施工範囲とし，施工範囲内では 1 ルジオン以下まで改良したようである．

　この事例は止水カーテンの施工深さをパイロット孔での深部の岩盤の透水度を 5 ルジオン以下に 緩和して経験公式との整合性を保った事例であり，ルジオン値による施工深さの設定基準を深部で 多少緩和しても安全に湛水し得た事例として注目すべきであろう．

　江川ダムでは経験公式に示される深さよりもやや深く $0.625H$ まで施工されている．このダムの パイロット孔でのルジオン値を見ると石手川ダムのそれとほぼ同じ状況であるが，河床部の 6 およ び 7 ブロックの境から 8 ブロックの深部に透水度が高い部分があり，これが止水カーテンの施工深 さを深くしたと考えられる．これを地質図と対比するとその付近には小規模な断層ないし弱層が存 在しており，この部分の限界圧力が低かったために透水度が高い部分と解釈され，経験公式よりも 深くまで施工されたと考えられる．

　このようにこの時期の初期に完成した重力ダムでも「施工実例集」にはほとんどのダムでルジオ ンテストが実施されたと記載されているが，1960 年代の初期にはルジオンテストは大規模なアーチ ダムの建設に際して先駆的に用いられ，ルジオン値がグラウチングの施工管理に用いられ始めた時 期である．したがってここでルジオンテストと記載されている試験の中には，特に 1960 年代に完 成した中小規模のダムでは何らかの形でボーリング孔内での透水試験ではあったが，現在見られる ルジオンテストとは異なった透水試験もあったと見るべきであろう．このことは前述した釜房ダム の施工深さの設定規準の『湛水後の静水圧の 3 倍の加圧で…』という記述からもルジオン値とは異 なった透水度の概念が一部のダムで用いられていたことを示している．

　また追加基準や施工深さの判定規準も示しているダムも見られるが，重力ダムでは 1970 年代に完 成したダムの一部以外はすべて止水カーテンの施工深さは経験公式の範囲にとどまっている．すな わち表 3.3.6 に示されている同時期のアーチダムでは 1960 年代前半から経験公式を上回った施工深

さのダムがある程度見られるのに対して，重力ダムでは1970年代に入ってごく一部のダムに見られるに過ぎない．このような状況からこの時期のこの種の止水処理での考え方（フランス・イタリアのアーチダムでの1960年頃での考え方に準拠した考え方）が1960年代にアーチダムの建設で一般的に適用されるようになり，1970年代に入ってから重力ダムにも波及していく姿が浮かび上がってくる．

ここでもう一つ注目しておきたいことは，止水カーテンの施工深さの設定を経験公式から離れてあるルジオン値以下の透水度の岩盤まで施工するとした場合に，施工深さが深くなった例は多いが，浅くなった例は極めて少ないということである．これは一つには次第に地質条件に恵まれない地点でのダム建設が増えたことも一因であったと考えられる．しかし当時として地質条件に比較的恵まれたと考えられていた黒部ダム・一ツ瀬ダム・川俣ダム・裾花ダムなどのアーチダムの一部ですでにこの傾向が現れているのに対して，これらのアーチダムのサイトに比べて地質条件に恵まれていないと考えられた重力ダムのサイトではこの時点ではこの種の問題は表面化していない．

逆に重力ダムではこの傾向はルジオン値による施工管理が現在に近い形に整備された以降で現れてきており，それ以前の経験公式で施工深さが設定されたダムで新しい地質年代の高溶結な火山岩類など特殊な地層からなるダムサイト以外では漏水上の問題がほとんど発生していなかったことは十分検討すべき問題点であろう．すなわち，経験公式と現在一般に行われている1〜2ルジオン程度の透水度の岩盤まで止水カーテンを施工するということとは，この時期までにダム建設の対象となった程度の岩盤においてもすでに等価ではなく，1960年代に完成した重力ダムに1〜2ルジオン程度の透水度の岩盤まで止水カーテンを施工するという考えを適用したならば，かなりのダムで施工深さがより深くなっていたと考えられる．

また石手川ダムや次節で述べる草木ダムのように，ルジオン値による施工深さの設定規準は一部の弱層部と考えられる部分ではあるが5ルジオン程度まで緩和しなければ経験公式と整合性が取れず，このように緩和しても充分安全に湛水し得たダムがかなり存在していたことはこの種の問題に貴重な示唆を与えている．

この問題は1972年の「施工指針」や1983年の「技術指針」でルジオンテストへの統一や改良目標値を設定して，経験公式から離脱する方向が取られてから特に顕在化した問題点として浮上してくることになるが，この点に関しては第3期以降での記述で詳しく述べることにする．

補助カーテンについては表3.3.8に記載されているダムのうち半数以上のダムで$[1/5〜1/3]H$の施工深さ（石手川ダムは$0.4H$であったが）で施工されているが，半数以下のダムでは止水目的の補助カーテンが施工されていないダムが見られる．

次にこの時期に完成した重力ダムにおけるコンソリデーショングラウチングの状況について考察してみよう．その施工概況は表3.3.9に示されている．

まず表3.3.9において注目すべきことは，表3.2.3に示したように筆者が調べた範囲では第1期に完成した重力ダムでダム敷全面にコンソリデーショングラウチングを施工したダムは見出せなかったが，表3.3.9に示した重力ダムは新猪谷ダムを除いてすべてダム敷全面に施工されるように急変していることである．

表3.3.9に示すダムのなかで最初に完成した田子倉ダムと奥只見ダムはダム高さ150m前後で当時の日本の最大規模の重力ダムであったので，小河内ダムでのコンソリデーショングラウチングを

表 3.3.9 第 2 期に完成した重力ダムでのコンソリデーショングラウチングの概況

ダム名	ダム高/完成年	コンソリデーショングラウチング
田子倉ダム [24]	145.0 m/1959 年	ダム敷全面に施工，地質状況に応じて 1.5～3 m 格子状の配置と孔間隔 3～6 m，列間隔 3～6 m 千鳥の 2 種類の孔配置で，深さは 10 m を標準として，カバーロックで施工，しかし全体の施工孔配置図ではかなり間引かれた部分が見られる（図 3.3.8）．
奥只見ダム [25]	157.0 m/1960 年	ダム敷全面に，堤軸方向に孔間隔 6 m，列間隔 3 m 千鳥に，深さ 10 m で，カバーロックで施工．
高柴ダム [26]	59.5 m/1961 年	当初はダム敷の上流側 1/3 と脆弱部に対してのみ施工する予定であったが，岩盤検査の際の指示によりダム敷全面に 5 m 格子で深さ 2～3 m，小規模な断層周辺には 2～3 m 格子で深さ 5～7 m で，原則としてカバーロックで，脆弱部ではカバーコンクリートで施工．
新猪谷ダム [27]	56.0 m/1964 年	コンソリデーショングラウチングの記載はなく，組織的なコンソリデーショングラウチングは施工されなかったようである．
薗原ダム [28]	76.5 m/1965 年	ダム敷全面に，河床部では堤軸方向に孔間隔 6 m，列間隔 3 m 千鳥で，両岸斜面部は孔間隔は標高差 3 m ごとに列間隔 3 m 千鳥で，カバーロックで施工（図 3.3.9）．
菅沢ダム [29]	73.5 m/1967 年	ダム基礎全面に，25 m^2 に 1 本を標準とし，深さは 5 m でカバーコンクリートで施工，しかし全体の施工孔配置図ではかなり間引かれた部分が見られる（図 3.3.10）．
四十四田ダム [30]	41.0 m/1968 年	1 次コンソリは上流面から堤軸の下流側 15 m まで堤軸に平行に孔間隔 4 m，列間隔 2 m 千鳥で，その下流側は 16～32 m^2 に 1 本の割合で深さ 5 m でカバーコンクリートで施工．2 次コンソリは特殊基礎処理として行った下流側ピラー周辺に施工．したがって 1 次コンソリは止水対策を，2 次コンソリは力学的改良を主目的として施工．
下久保ダム [31]	129.0 m/1968 年	ダム敷全面に，河床部の岩盤良好部は 6 m 格子，他は 3 m 格子で，深さは岩長 12 m でカバーロックで施工．
釜房ダム [32]	45.5 m/1970 年	ダム敷全面に，上下流方向に孔間隔 5 m，列間隔 2.5 m 千鳥で，深さは非越流部は 5 m，越流部は 10 m で原則としてはカバーロックで，一部はカバーコンクリートで施工．
岩尾内ダム [33]	58.0 m/1970 年	ダム敷全面を堤軸方向に孔間隔 5 m，列間隔 5 m 千鳥の均一な孔配置でカバーコンクリートで施工．
油木ダム [34]	54.6 m/1971 年	ダム敷全面に，堤軸方向に孔間隔 5 m，列間隔 2.5 m 千鳥で，深さは岩長 5 m で，カバーコンクリートで施工．
江川ダム [35]	79.2 m/1972 年	ダム敷全面に，岩盤良好部は 7.5 m 格子，他は 5 m 格子で，深さは岩長 5 m で，原則としてカバーロックで施工．
石手川ダム [36]	87.0 m/1974 年	ダム敷全面に，花崗岩部は堤軸方向に孔間隔 5 m，列間隔 2.5 m 千鳥で，ホルンフェルス部は 2.5 m 格子で深さは両者共硬岩部で 7 m，脆弱部で 15 m で，カバーコンクリートで施工．

さらに進めて全ダム敷でのコンソリデーショングラウチングを基本とする施工法に発展していったのは理解し得る．しかしなぜこの時期を境に急にダム高さ 50 m 前後の中小規模の重力ダムまで全ダム敷にコンソリデーショングラウチングが施工されるようになったかという点については，当時のダム技術を取り巻く状況を考慮しなければ理解し得ないことであろう．

特に図 3.3.8 によれば田子倉ダムでは岩盤が良好と思われる部分ではコンソリデーショングラウチングはかなり間引かれており，ダム敷全面に施工されたとは言い難い施工図が残されている．これと前後して完成した目屋ダム [37]（ダム高 58 m，1959 年完成）や大野ダム [38]（ダム高 61.4 m，1960 年完成）でも同様な施工図が残されている．このように脆弱部のみに施工されていた第 1 期の重力ダムからダム敷全面に 1 次コンソリが施工されるようになった第 2 期中期以降との遷移時期として，第 2 期の初期に基本的な孔配置はダム敷全面の施工をあらかじめ設定しておくが，節理・亀裂が少なくて良好な部分ではこれを間引くという孔配置で施工されたダムがいくつか見られる．

これは本節の最初に述べたように，この時期に入る直前に発生した Malpasset ダムの事故を契機

3.3 第2期に完成したダムの基礎グラウチングの特徴　77

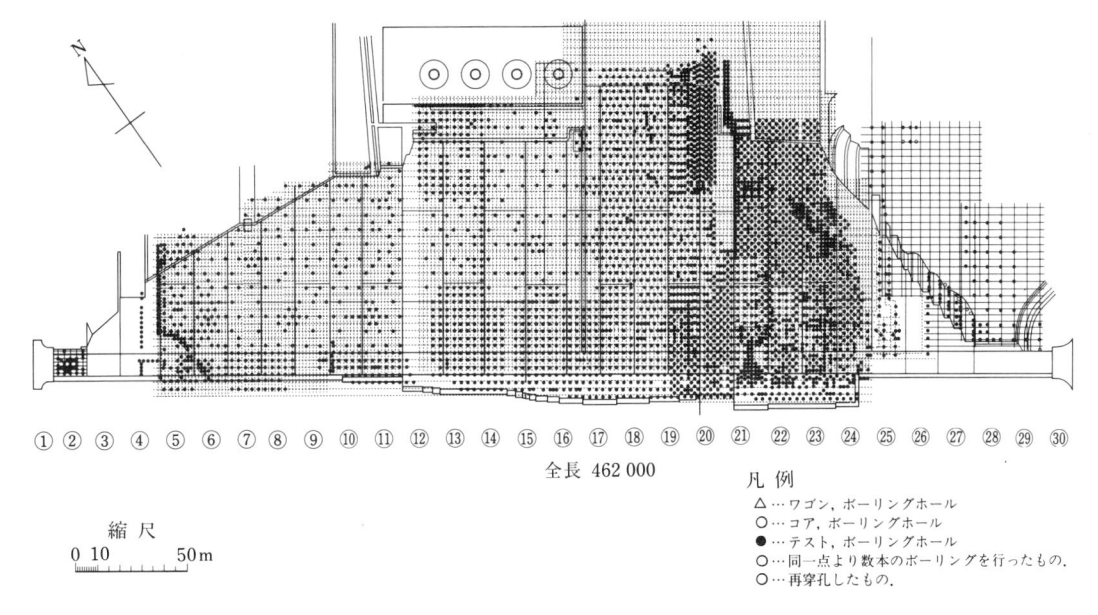

図 3.3.8 田子倉ダムコンソリデーショングラウチング施工図（「施工実例集」より）

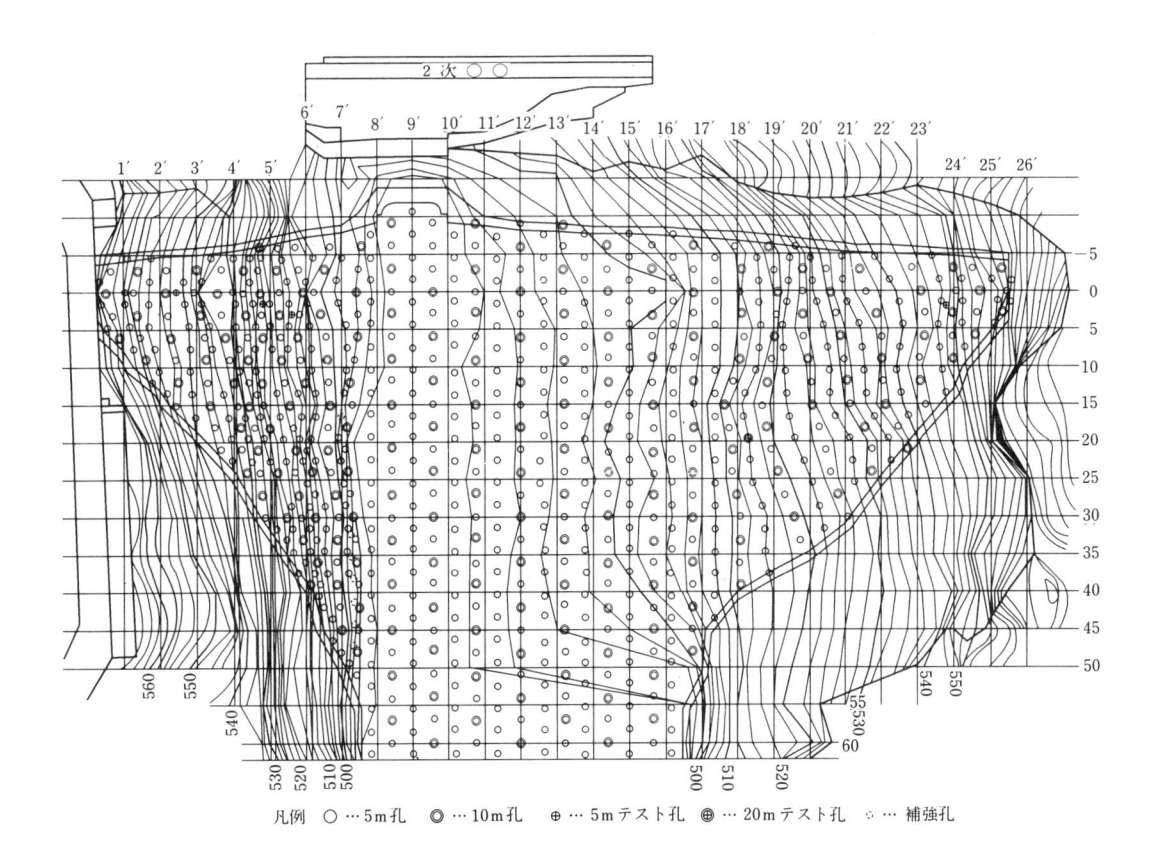

凡　例
△…ワゴン，ボーリングホール
○…コア，ボーリングホール
●…テスト，ボーリングホール
◎…同一点より数本のボーリングを行ったもの．
◯…再穿孔したもの．

全長 462 000

縮　尺
0 10   50m

凡例　○…5m孔　◎…10m孔　⊕…5mテスト孔　⊛…20mテスト孔　∘…補強孔

図 3.3.9 蘭原ダムコンソリデーショングラウチング施工図（「施工実例集」より）

にダムの基礎岩盤の安定性が大きく重要視されるようになったことが大きく関係していると考えられる．

すなわちこの時期には黒部ダムを始めとして，川俣ダム・湯田ダム・下筌ダムなど当時の眼で見ても岩盤の安定性に慎重な検討が必要と考えられるアーチダムの建設が進められており，Malpassetダムの事故を教訓とした新しい考えに基づいた検討に着手された．このようにこの時期はダムの基礎岩盤の力学的な面からの検討が大きく取り上げられ，岩盤力学という新しい分野もこれを契機として開拓されてこの面からの著しい進歩が見られた時期であり，アーチダムを始めとして基礎処理の設計思想が一新された時期であった．

本書の 2.2 節に述べた岩盤の力学的性質の概要やグラウチングよる改良効果などもそのほとんどはこの時期のアーチダムの建設の際に行われた研究の成果をまとめたものである．

またダムの調査・設計にあたり原位置岩盤試験を行って岩盤の変形性と強度を測定し，これに基づいた基礎岩盤の安定性の検討を行った後にダム本体の設計を行うという現在一般に行われている設計手法はこの時期にできあがったものである．

このようなアーチダムでのダム敷全面に対するコンソリデーショングラウチングに比べて，第1期の重力ダムで行われていた破砕部周辺のみ（五十里ダムや小河内ダムでは上流側にも止水目的のコンソリデーショングラウチングが施工されていたが）に施工されていたコンソリデーショングラウチングではいかにも不充分に見えたのであろうか，1965 年以降に完成した重力ダムになるとほとんどのダムでダム敷全面にコンソリデーショングラウチングを施工するようになった（図 3.3.9 参照）．

しかし 1960 年代中頃までは岩盤が良好であったためであろうか，新猪谷ダムのようにコンソリデーショングラウチングの記述がなくてコンソリデーショングラウチングがほとんど施工されていなかったと考えられるダムや，菅沢ダムのように排水孔より上流側に施工された止水目的のコンソリデーショングラウチング以外はかなり孔間隔の粗い施工しか実施されていないダム（図 3.3.10 参照）も見られる（岩盤状況にもよるが筆者にはむしろこの孔配置の方がダムの規模から見て合理的と考えられるが）．

このような変化は Malpasset ダムの事故を契機とした岩盤の安定性を重視した設計に移行した以降，次第に地質条件に恵まれない地点でのダム建設が増えたことと相まって，この時期の後半以降に完成した重力ダムで岩盤の強度不足を補うためにフィレットにより増厚したダムが増えてきたことを考慮すると，適切な対応策であったという考え方もあり得よう．

しかしアーチダムでアバットメントに発生する応力はかなりの部分で最大荷重時に 30～40 kgf/cm^2 以上に達しているのに対して，ダム高さ 50 m 前後の中小規模の重力ダムでは応力が最も高い最大断面の下流端付近で最大荷重時に 15 kgf/cm^2 程度以下の応力しか発生していない．また，ダム敷中央部では高々 5～10 kgf/cm^2 以下の応力しか作用していないことを考慮すると，この時期以降にアーチダムでのコンソリデーショングラウチングの考え方を全面的に導入し，一律に重力ダムもダム敷全面に施工されるようになったことはその変化の大きさに驚く次第である．さらに比較的地質条件に恵まれた地点での中小規模の重力ダムで果たして全面的なコンソリデーショングラウチングが必要であったかについて改めて原点に立った検討が必要ではないかと考えられる．

このコンソリデーショングラウチングの大きな変化点は表 3.3.9 の 3 番目に示した高柴ダムであろう．このダム工事誌によると，当初は第 1 期の五十里ダムと同様にダム敷の上流側 1/3 と脆弱部

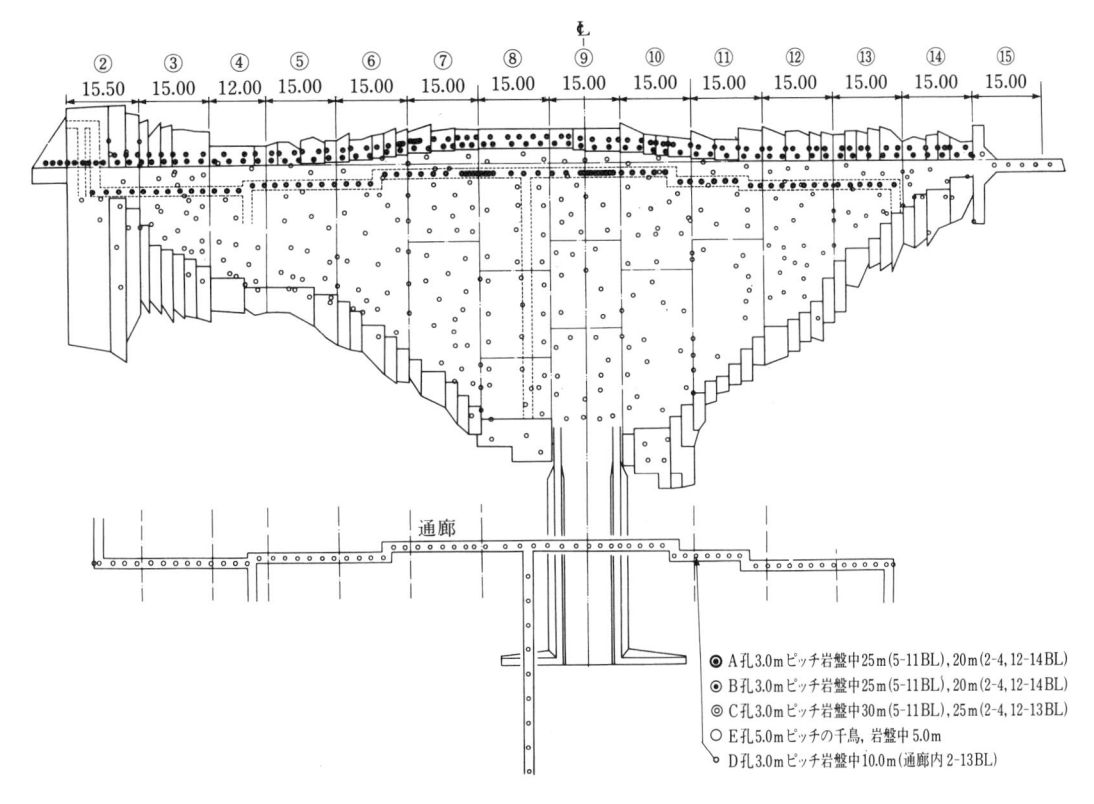

図 3.3.10 菅沢ダムコンソリデーショングラウチング施工図（「施工実例集」より）

⊙ A孔 3.0mピッチ岩盤中25m(5-11BL), 20m(2-4, 12-14BL)
◉ B孔 3.0mピッチ岩盤中25m(5-11BL), 20m(2-4, 12-14BL)
◎ C孔 3.0mピッチ岩盤中30m(5-11BL), 25m(2-4, 12-13BL)
○ E孔 5.0mピッチの千鳥, 岩盤中5.0m
・ D孔 3.0mピッチ岩盤中10.0m(通廊内2-13BL)

のみを対象にコンソリデーショングラウチングを施工する予定であったが，岩盤検査での指摘などによりダム敷全面の施工に移行していく状況が記述されている[26]．

このように上椎葉ダムの建設に際してアメリカのOCIからダム敷全面のコンソリデーションの施工の指導を受けた際に，岩盤の状況を直接眼で見てグラウチングが必要と考えられる部分に対して施工してその注入状況を確認しつつ施工するのが基本であるとされていた．しかし孔配置は個人的判断による相違をなくする必要からか，孔配置は次第に【岩盤状況に対応した不等間隔な孔配置】→【岩盤の状況に対応した数種類の孔配置】→【均一な孔配置に追加孔の施工】へと変化し，節理・亀裂が多い部分でのミルクの漏洩の著しさから【カバーロック】→【パイプを立て込み打設後注入】→【カバーコンクリート】へと変化していく姿が浮かび上がってくる．

このように第2期に完成したコンクリートダムのコンソリデーショングラウチングは，Malpassetダムの事故の反省や欧州からのグラウチング技術の導入とこの時期に相次いで完成した大規模なアーチダムの建設とを通して大きく変貌した．この間にアーチダムでは第1期での施工法をより体系的に整備する形で変化していったが，重力ダムでは力学的改良の面からは弱層部や節理・亀裂が多い部分にのみ施工されていたのが，作用応力が低い中小規模の重力ダムのダム敷全面に対しても画一的に施工されるようになった．これは岩盤の力学的な面からの基礎改良がアーチダムで大幅な進歩を見せて体系化されていったのに比べて，それ以前の重力ダムのコンソリデーショングラウチングの姿が極めて古くて不充分なものに見えたためであろうか．

しかし現在の眼で見直したときに，排水孔より上流側の止水目的のコンソリデーショングラウチ

ングは当然必要であるが，岩盤の力学的性質の改良を目的としたグラウチングは，作用応力から見ても中小規模の重力ダムまで現在見られるようなダム敷全面のコンソリデーションが必要であるかについて今一度見直す必要があると考えられる．

3.3.4 第2期に完成した主要なフィルダムの基礎グラウチングの概況

この時期に完成したフィルダムでの基礎グラウチングの施工概況を示すと表3.3.10および表3.3.11のようである．

なお補助カーテンについてはこの時期のフィルダムではまだ補助カーテンとブランケットグラウチングとは別の孔配置と孔深では施工されておらず，主カーテンを補強する形でのみ施工されている点では補助カーテンの性格を示している．しかし孔深が3~8mのものがほとんどである点からはブランケットグラウチングの性格が強く，そのいずれと見るべきかについては判断し難い．そこで取りあえず主カーテンと一緒に表3.3.10に記載しておいた．

表3.3.10を概観してまず注目すべきことは，牧尾ダムはアメリカの技術指導を直接受けたためか

表3.3.10 第2期に完成した主要なフィルダムの河床部での止水カーテンの概況

ダム名	ダム高/完成年	主カーテン	補助カーテンまたはブランケットグラウチング
牧尾ダム [39]	104.0 m/1960年	列間隔6m，2列，孔間隔3m：1次孔（6m間隔），深さ80m≒0.77H：2次孔は深さ60m≒0.58H，内挿法で施工．	湧水のある部分と岩盤不良部分に3m格子で施工．
御母衣ダム [40]	131.0 m/1961年	コア中央に2条のグラウトキャップを施工し，2列，孔間隔2.5mで深さ60m≒0.46Hで施工．	脆弱な岩盤部にブランケットグラウチングを施工．
九頭竜ダム [41]	128.0 m/1968年	河床部のみ2列，両側岩盤では1列，孔間隔2.5mでグラウトキャップより施工，上流・下流のカーテンの深さはそれぞれ60m≒0.47H，50m≒0.4H，改良目標値は1 Lu．	主カーテンの上下流2.5mに各1列，孔間隔5m，地質不良部では1~2列追加，深さ10~20mで施工．
大津岐ダム*[42]	52.0 m/1968年	監査廊より1列，河床部は止水面内で30°および45°傾斜して交差するように2列で施工，深さ斜方向に25m（鉛直に約18m≒$H/3$）孔間隔3m，ルジオンテスト実施，注入完了基準・追加基準はすべてセメント注入量で表示（図3.3.11）．	監査廊より上下流に15°傾き，主カーテンと同様岩盤面に30°・45°傾斜して交差するように，孔間隔3m，深さ3mで施工．
水窪ダム [43]	105.0 m/1969年	1列，孔間隔2.5m，深さ35m≒$H/3$，グラウトキャップより施工，改良達成値は2~3 Lu．	主カーテンの上下流2.5mに各1列，孔間隔2.5m，地質不良部では2~4列追加，深さ5m．
喜撰山ダム [44]	91.0 m/1970年	底設監査廊より1列，孔間隔6m，深さはパイロット孔（12m間隔）は60m≒0.66H，一般孔（6m間隔）は深さ20m≒0.22Hで施工，改良目標値5 Lu．	底設監査廊周辺に面間隔3mで面内5~4本放射状に深さ5mで施工，監査廊と岩盤のコンタクトグラウチングを兼ねて．
多々良木ダム*[45]	64.5 m/1974年	監査廊より1列，河床部で上流に10°~15°傾け，パイロット孔12m間隔，一般孔6m間隔，深さは当初計画では35m≒$H/2$としたが，最終的に河床部のパイロット孔は60m≒Hまで施工．改良目標値・仕上がり基準は記載なし	監査廊から面間隔3mで，止水カーテンの上下流に放射状に2本ずつ，長さ7~8mで施工．
新冠ダム [46]	102.8 m/1974年	1列，パイロット孔間隔16m，一般孔間隔2mとパイロット孔間隔12m，一般孔間隔1.5mの2種類の組合せで施工，施工深さはパイロット孔60m（≒0.6H），一般孔は50~20m，改良目標値は2 Lu超過確率15%を達成．	主カーテンからそれぞれ2m上下流に平行に孔間隔2~1.5mで深さ5mのブランケットグラウチングを施工．

* アスファルト表面遮水型フィルダム．

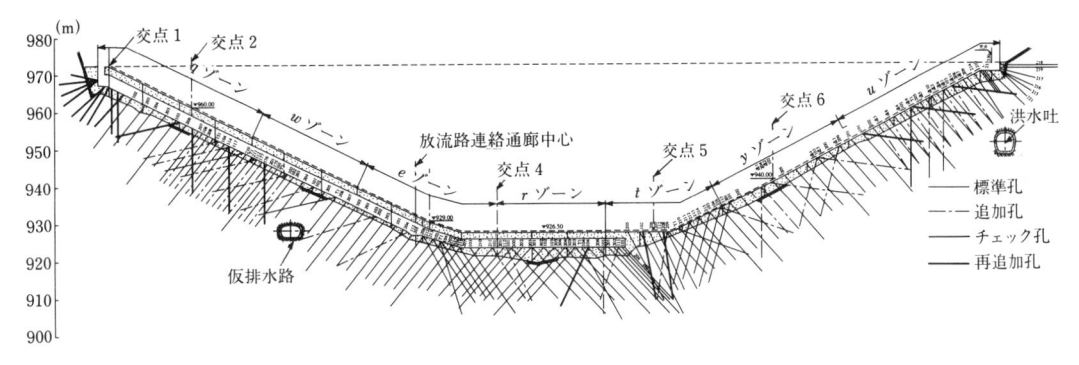

図 3.3.11 大津岐ダムのカーテングラウチング孔配置図（土木学会「施工実例集」より）

同時期のフィルダムに比べて止水カーテンの施工深さは深く，1960 年代に完成したダムの中ではこのダムだけが経験公式を上回る深さまで施工されている．一方，他の 1960 年代に完成したフィルダムの止水カーテンの施工深さは一般に他の型式のダムに比べて浅く，第 1 期の重力ダムのそれと対比し得る施工深さとなっている．

特にこの時期に初めて登場したアスファルト表面遮水型フィルダムは諸ダム型式の中で岩盤内に形成される水頭勾配が最も急なダム型式であり，その止水処理は注目されるところである．しかしその最初の大津岐ダムの止水カーテンは止水面内で交差する 2 方向の注入孔で施工されていることは（図 3.3.11 参照），いずれの方向の節理面に対しても効果的なグラウチングが施工し得るという点では注目すべき方法であるが，約 $H/3$ と施工深さが浅い点は第 1 期後半の重力ダムと同程度で興味ある点である．

これが 1970 年代に完成したフィルダムになると，第 2 期の後半から重力ダムで岩盤の透水度に着目して施工深さを設定したためにパイロット孔の施工深さが経験公式を上回るダムが現れてきたのと同様に，フィルダムでもこの傾向が現れてくる．すなわち 1970 年代に完成した喜撰山ダム・多々良木ダム・新冠ダムはいずれもルジオン値での諸規準が設定され（多々良木ダムの工事誌ではこれらの値を見出せなかったが），パイロット孔の施工深さは経験公式を上回っていたが，一般孔は経験公式の範囲にとどまっていた．

このように 1970 年代の前半に完成したフィルダムの止水カーテンの施工深さは同時期の重力ダムとほとんど変わらない状況である．これはこの時期のフィルダムは地質的条件からフィルダムが選定されたダムは少なく，大量機械化施工の経済的有利さからフィルダムが選定されたダムが多かったことと，1972 年の「施工指針」の制定以前に施工されていたダムが多かったのでほぼ同じような姿となったと考えられる．

ここで 1 つ注目しておきたいのは，工事誌に止水カーテンの孔配置や施工深さが数値的に示されていなかったので表 3.3.10 には記載しなかったが，1973 年に完成した下小鳥ダムでは止水カーテンの改良目標値は着目した部分を通る浸透流の水頭勾配に対応して緩和し得るはずであるとして Justin の公式に基づいて検討していることである．その結果止水カーテンの先端付近では 10 ルジオンまで緩和し得るとし，上部の岩盤での改良目標値を 10 ルジオンとしている[47]．この研究は経験公式と対比・関連付けながら土質材料の限界流速との関連で検討しており，節理面沿いの浸透流の限界水頭勾配を Justin の理論から論じ得るのか，非均一性が著しい節理を有する硬岩内の浸透流の問題

表 3.3.11 第 2 期に完成したフィルダムでのブランケットグラウチングの概況

ダム名	ダム高/完成年	ブランケットグラウチング
牧尾ダム [39]	104.0 m/1960 年	河床部はガスの噴出や湧水箇所に不規則に深さ 1～10 m で, 左右岸中腹部の岩盤不良部分には 3 m 格子で深さ 3～6 m で施工.
御母衣ダム [40]	131.0 m/1961 年	脆弱な岩盤である右岸寄りとグラウトキャップの付近に注入圧 2～3 kgf/cm^2 のブランケットグラウチングを施工.
九頭竜ダム [41]	128.0 m/1968 年	主カーテンの 2.5 m 上下流に平行に各々 1 列ずつ基準列として孔間隔 5 m, 深さ 10～20 m で施工, このほかに地質不良部では基準列の外側に 1～3 列追加し, 孔間隔 2.5～5 m, 深さ 10～20 m で施工, さらに表層処理グラウチングとして左右岸の亀裂が発達した部分に対しては主カーテンの上流側 6 列, 下流側 2 列孔間隔 1 m 格子, 深さ 1.8 m で追加施工, 基準列は補助カーテンの性質が強い.
水窪ダム [43]	105.0 m/1969 年	主カーテンの 2.5 m 上下流に平行に各 1 列, 孔間隔 2.5 m, 深さ 5 m で施工, このほかに地質不良部では基準列の外側に 2～4 列追加し, 孔間隔 2.5～6 m, 深さ 5 m で施工, さらに表層処理グラウチングとしてコア敷の開口亀裂に孔深 1 m のグラウチングを施工, 基準列は補助カーテンの性質が強い (図 3.3.12).
喜撰山ダム [44]	91.0 m/1970 年	底設監査廊が設けられ, 底設監査廊より上下流方向を含めて放射状に面内に 5～4 本, 孔深 5 m, 面間隔 3 m で, コンタクトグラウチング・コンソリデーショングラウチングを兼ねて施工 (図 3.3.13).
新冠ダム [46]	102.8 m/1974 年	主カーテンの上下流 2.5 m に各々 1 列, 孔間隔 1.5～2.5 m, 深さ 5 m で施工, その他コア敷のシーム・湧水箇所・断層部に対して 1.5×2 m 格子にグラウチングを施工.

をこの面からだけの検討で改良目標値を 10 ルジオンまで緩和し得るのかなどの問題点が残されている. しかし改良目標値や止水カーテンの施工深さがその部分を通る浸透流の水頭勾配により異なるという方向からの検討は注目すべきものであった.

この時期の補助カーテンまたはブランケットグラウチングについては現在の姿と比べると驚くほど施工された範囲も狭くて施工深さも浅い. 特に基礎岩盤内の水頭勾配が最も急なアスファルト表面遮水型フィルダムでこの程度の補助カーテンで充分であったことは注目すべきことである.

最後にこの時期に完成したフィルダムでのブランケットグラウチングの施工状況について考察してみよう. その概況を示せば表 3.3.11 のようである.

この時期に完成したフィルダムでの主カーテンの施工状況についてはすでに述べたが, ブランケットグラウチングの施工状況は主カーテンの施工状況と密接に関連するので参考のために簡単に述べよう. すなわち 1960 年代に完成した牧尾ダム・御母衣ダムから九頭竜ダム・水窪ダムまでは主カーテンはコア敷中央に設けられたグラウトキャップから施工され, 施工深さもほぼ経験式の範囲内であった. しかし 1970 年代に入ると喜撰山ダムや下小鳥ダムのようにコア敷中央に底設監査廊を設けてこれから主カーテンを施工するダムが現れてきている.

一方ブランケットグラウチングは 1960 年代前半に完成した牧尾ダムや御母衣ダムでは, 第 1 期の 1956 年以前に完成した重力ダムでのコンソリデーショングラウチングが湧水箇所や断層周辺部などの岩盤の湧水箇所や岩盤の不良部分のみに対して施工されていたのと同様に, 湧水箇所や岩盤の不良部分に対してのみ施工されていた. しかし現在一般に見られるコア敷全面のブランケットグラウチングは施工されておらず, さらに補助カーテンに相当するグラウチングは第 1 期に完成した重力ダムではすでに施工されていたにもかかわらず施工されていなかった.

これが 1960 年代後半に完成した九頭竜ダムと水窪ダムになると, 第 1 期の重力ダムではすでに一般化していた補助カーテン, すなわち水頭勾配が最も急な部分であるにもかかわらず, 主カーテン

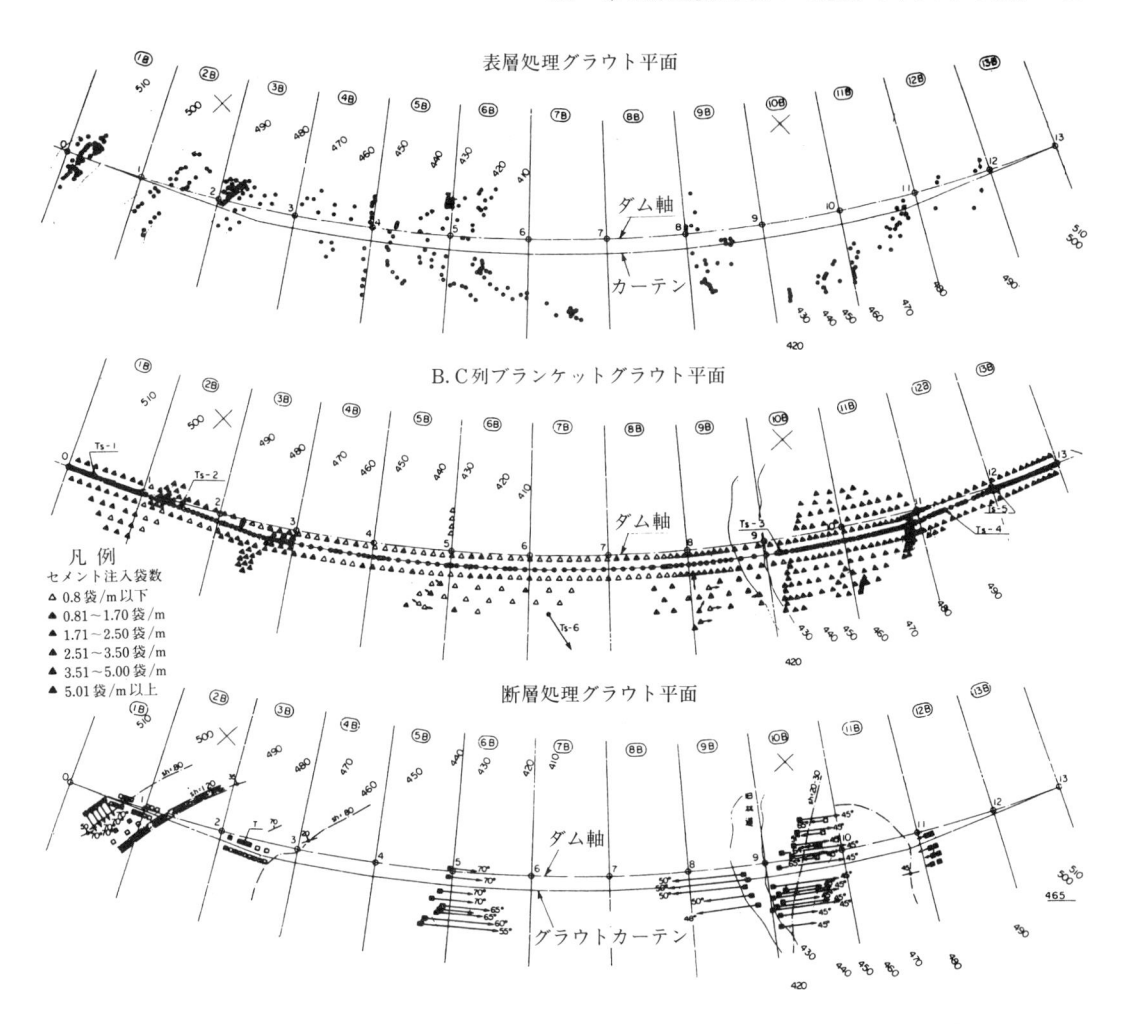

図 3.3.12 水窪ダムの表層処理・ブランケット・断層処理グラウチング平面図（土木学会「施工実例集」より）

の施工時に注入圧力を低く抑制せざるを得ないために，改良幅が狭くて改良度合が不充分な浅い部分の主カーテンを補強する目的の補助カーテンが施工されるようになった．すなわち水窪ダムでは主カーテンの上下流に各々1列で孔間隔2.5m，深さ5mの主カーテンの浅い部分を補強するグラウチングが施工され，このほかに地質不良部分には弱層部を補強するグラウチングが施工され，コア敷の緩んだ節理・亀裂が多い部分に現在一般に見られるブランケットグラウチングの原形と見られる表層処理グラウチングが孔深1mで施工されている（図3.3.12参照）．

一方九頭竜ダムでは補助カーテンが孔間隔5m，深さ10〜20mと補助カーテンとしての性格がよりはっきりした形のものが施工されており，地質不良部やコア敷表面の緩んだ節理・亀裂が多い部分に対しては水窪ダムと同様の弱層部補強のためのグラウチングと表層処理グラウチング（孔深1.8m）が施工されている．

さらに1970年代に完成した下小鳥ダム（ダム高119m，1973年完成，ブランケットグラウチングの孔配置などが工事誌などから見出せなかったので表3.3.11には記載しなかった）や喜撰山ダムになると底設監査廊が設けられるようになり，この底設監査廊から補助カーテンとコンタクトグラ

ウチングの目的も兼ねて面間隔3m，上下流方向の断面内に孔深5m程度で4～5本の放射線グラウチングを施工するダムが現れてきている（図3.3.13参照）．また新冠ダムでは水窪ダムとほぼ同類の主カーテンを補強する形のグラウチングが施工されている．

　このように1970年代に入って完成したダムでは，深さが5～20mとこの時点での重力ダムの補助カーテンに比べてやや浅いものもあるが，主カーテンの浅い部分を補強する補助カーテンに相当するものと，断層周辺部や脆弱部を補強するグラウチングが施工されるようになったが，九頭竜ダム・水窪ダムで見られた表層処理グラウチングに相当するグラウチングは他のダムではその記述を見出せなかった．

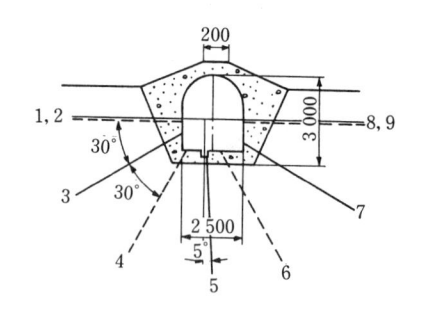

図3.3.13　喜撰山ダムの底設監査廊周辺グラウチング断面図（土木学会「施工実例集」より）

　以上述べた第2期に完成したフィルダムでのブランケットグラウチングと補助カーテンの姿を要約すると，本格的なフィルダムの建設はこの第2期の初期に始まったこともあって，1960年代前半に完成した牧尾ダムや御母衣ダムではブランケットグラウチングは第1期の重力ダムのコンソリデーショングラウチングと同様の姿であった．すなわち主カーテンの浅い部分の補強も基礎岩盤がコア部よりも透水度が高いことに対する止水面からの補強も考慮されておらず，緩みが著しい岩盤不良部と湧水部に対してのみ止水面からの補強を行っていたにすぎなかった．

　これが1960年代後半に完成した九頭竜ダムと水窪ダムになると，主カーテンの上下流に各々1列，深さは5～20mの補助カーテンが施工されるようになるとともに断層周辺部処理のグラウチングも組織だって行われるようになる．さらに岩盤表面に緩んだ節理・亀裂が存在する部分には表層処理グラウチングとして現在一般に見られるブランケットグラウチングの原形と見られるものが登場してくる．

　さらに1970年代に入り喜撰山ダムや下小鳥ダムで底設監査廊が設置されるようになると，監査廊周辺にコンタクトグラウチングを兼ねた放射線状のグラウチングを施工して補助カーテンやブランケットグラウチングの機能を持たせたグラウチングを施工したダムが現れるなど，次第に現在一般に行われているブランケットグラウチングの姿が形成されていく過程が浮かび上がってくる．しかし本格的なフィルダムの建設が1955年以降に開始されたこともあって，第2期の重力ダムのコンソリデーショングラウチングで見られたような岩盤不良部のみの施工からダム敷全面の施工へという劇的な変化は，この時期に完成したフィルダムのブランケットグラウチングではまだ現れず，第3期の岩屋ダム以降で現れてくることになる．

3.3.5　第2期に完成した主要なダムの基礎グラウチングの特徴の要約

　以上第2期（1959～1974年）に完成した主要なダムにおける基礎グラウチングの施工状況をアーチダム・重力ダム・フィルダムに分けて概観してきた．この時期のダムの建設概況と基礎グラウチングの特徴とを要約すると，

　　ⓐ　この時期は戦後の混乱から立ち直り，経済の高度成長時代へと大きく踏み出した時期であり，ダム建設数が飛躍的に増大して建設されるダム形式が最も多様化した時代である．その初期

には堤体積が削減されるアーチダムや中空重力ダムの全盛時代であったが，後半には大型機械を用いた大量施工によるフィルダムが多くなった．

ⓑ この時期の初期に Malpasset ダムの事故があり，ダムの設計の主眼点がダム本体の応力から基礎岩盤の安定性の確保へと大きく移行した．当時黒部ダムを初めとして大規模なアーチダムの建設が数多く進められており，アーチダムは止水面からも力学的な面からも基礎岩盤に厳しい条件が要求されるダム形式であったことから，ダムの基礎グラウチングの分野でもこの設計の着眼点の移行によりアーチダムの建設を通して止水面からも力学的な面からも大きな発展が見られた．このため当時の主要なダム関係の基礎岩盤に関する研究はアーチダムの基礎処理に集中したといっても過言ではないという状況となった．

ⓒ ⓑに述べた状況下で黒部ダムの建設にあたっては欧州，特にイタリア・フランスの基礎グラウチングの技術が導入され，それ以前は主としてアメリカの技術に準拠していた基礎グラウチングに大きな変化が現れた．

この新しい欧州の技術は並行して建設が進められていた他の大規模なアーチダムでも直ちに採用され，いくつかのアーチダムでの施工経験を通して体系化され，ルジオンテストによる基礎岩盤の透水度の把握とルジオン値による基礎グラウチングの施工管理へと大きく移行した．

ⓓ これが次いで重力ダムの基礎グラウチングに移行され，重力ダムの止水カーテンの施工深さは第 2 期の中頃までに完成したダムのほとんどは経験公式に準拠して施工深さを設定し，第 1 期の後期と比べて大きな変化は見られなかった．しかし後半になるといくつかのダムで経験公式の施工深さでは改良目標値の透水度の岩盤に達しないために経験公式を上回る深さまで止水カーテンを延長したダムが現れてきている．

ⓔ さらに重力ダムのコンソリデーショングラウチングには第 2 期の初期に大きな変化が現れた．すなわち第 1 期に完成した重力ダムではコンソリデーショングラウチングは一般に断層周辺部や緩みが多い部分に対してのみ部分的に施工され，一部のダム（小河内ダム・五十里ダム）で排水孔より上流側に止水目的のものが施工されていた．第 2 期に入るとごく初期に完成したダム以外はすべてダム敷全面に施工されるようになった．また第 2 期の初期に完成した田子倉ダムや奥只見ダムは高さ 150 m の大規模なダムで基本的にはダム敷全面での施工を計画したが，実施にあたっては良好な岩盤の部分ではかなり間引いて施工されていた．これが第 2 期の中期以降に完成した重力ダムでは高さ 50 m 程度の中小規模のダムでも，良好で強度的にも十分余裕があると考えられる岩盤の部分に対しても間引かれることなく全ダム敷に画一的な孔間隔で施工され，一部では追加孔も施工されるようになった．

ⓕ この時期のフィルダムはまだアーチダムで形成された新しい基礎グラウチングの考え方は持ち込まれていない．しかし初期に完成したダムから後期に完成したダムになるに従ってブランケットグラウチング・補助カーテンの現在の姿の原型が次第に形成されていく状況が浮かび上がってくる．

という形で要約することができる．さらにこれらを通して 1972 年の「施工指針」が作成されるべき状況ができつつあることが浮き出されてきている．

3.4 第3期に完成したダムの基礎グラウチングの特徴

3.4.1 第3期でのダム建設の概況と基礎グラウチングを取り巻く状況

第3期（1975～1985年）における日本の経済は1974年のエネルギー危機により大きな変動を受けたが，これを乗り越えて大きく発展して世界の主要工業国へと大きな発展を遂げた時代であり，この第3期と次の第4期の前半が20世紀における日本の最も経済的に世界に対して貢献度が高かった時代と見ることができる．

このために人件費は大幅に上昇し，相対的に材料費は低下して第2期から現れた大型施工機械を用いた大量施工が経済的に有利となり，人手間をかけて堤体積が少なくて複雑な形状のダムを建設することの有利さが失われ，アーチダム・中空重力ダムの建設が減少し，フィルダムが大幅に増加している．特にこの時期以降には中空重力ダムの建設はその姿を消すことになった（表3.4.1参照）．さらに重力ダムも従来の柱状ブロック工法から大量機械化施工に適したRCD工法への取組みが始められ，この時期の後半には島地川ダムと新中野ダムがこの新しい工法で建設され，次の第4期では大半の重力ダムがRCD工法で施工されるようになっていく．

ダム建設に対する需要の面から見た場合には，電力の分野では第2期の後半にすでに現れていた揚水式発電への移行がさらに顕著になり高落差の揚水発電へと特化する傾向が顕在化するとともに，水資源開発のためのダム建設が増加する傾向が強くなった．

このような社会情勢の変化から電力用のダム建設はこの時期の前半では季節的な電力の調整を目的とした大容量貯水池を持つ大型ダムの建設もある程度見られたが，後半になると山頂に近くて流域が極めて小さい貯水池を上池として揚水に必要な水量を確保できる中流域を貯水池とする下池と組み合わせた高落差揚水発電が多くなった．この高落差揚水発電では，上池はその流域が極端に小さくて洪水吐容量が小さいためにフィルダムの建設が特に有利となり，上池がフィルダムで下池がコンクリートダムでという組合せが多くなった．

これに対して水資源開発用のダムは可能な限り河川流量が多い所に建設するのが望ましく，大容量洪水吐が設置しやすい重力ダムが主流となっている．このような流れが重力ダムの大量機械化施工を可能とするRCD工法を開発する原動力となったが，一方では地質条件に恵まれない地点でのダム建設が数多く登場する原因ともなった．

表3.4.1には第3期に完成した中規模以上の各種ダム形式の建設数を，表3.4.2～3.4.4にはダム高さ70m以上の各形式のダム名・ダム高さ・完成年などを記載している．

このような情勢から表3.4.1に見られるようにこの時期にはフィルダムの建設が大幅に増加し，特に1970年代後半にはダム高さが高いダムの半数以上はフィルダムとして建設されるようになったが，1980年代前半になるとダム高さが高い重力ダムの建設が再び増加する傾向を示している．

表 3.4.1 第3期に完成したダム数

	全体	重力ダム	アーチダム	中空重力ダム	フィルダム
高さ 50m以上のダム	73	39	3	0	31
高さ 70m以上のダム	42	17	3	0	22
高さ 100m以上のダム	13	3	3	0	7

表 3.4.2 第 3 期に完成した高さ 70 m 以上のアーチダム（諸数値は「ダム年鑑」より）

	ダム名	工事発注機関	ダム高さ	着工年	完成年
1	真名川ダム	近畿地建	127.5 m	1967	1975
2	旭ダム	関西電力	86.1 m	1971	1978
3	川治ダム	関東地建	140.0 m	1968	1983

表 3.4.3 第 3 期に完成した高さ 70 m 以上の重力ダム（諸数値は「ダム年鑑」より）

	ダム名	工事発注機関	ダム高さ	着工年	完成年
1	草木ダム	水資源公団	140.0 m	1965	1976
2	胎内川ダム	新潟県	93.0 m	1967	1976
3	八戸ダム	島根県	72.0 m	1970	1976
4	早明浦ダム	水資源公団	106.0 m	1963	1977
5	刈谷田川ダム	新潟県	83.5 m	1968	1979
6	早出川ダム	新潟県	82.5 m	1967	1979
7	大石ダム	北陸地建	87.0 m	1968	1980
8	島地川ダム*	中国地建	89.0 m	1972	1981
9	小口川ダム	北陸電力	72.0 m	1977	1981
10	滝ダム	岩手県	70.0 m	1961	1982
11	東山ダム	福島県	70.0 m	1970	1983
12	一庫ダム	水資源公団	75.0 m	1968	1983
13	生見川ダム	山口県	90.0 m	1969	1984
14	熊野川ダム	富山県	89.0 m	1970	1984
15	新中野ダム*	北海道庁	74.9 m	1971	1984
16	大町ダム	北陸地建	107.0 m	1972	1985
17	出し平ダム	関西電力	76.7 m	1980	1985

＊ は RCD 工法により施工されたダム．

　この時期に完成したフィルダムの名前を見ると，電力系のフィルダムはコンクリートダムでも建設可能なサイトで，主として建設費の面からフィルダムとして建設されたと考えられるダムが多い．しかし建設省・水資源開発公団・地方公共団体により建設されたダムには岩盤の力学的性状の面からフィルダムとして建設されたと考えられるダムが多く見られる．

　一方ダムの基礎グラウチングの面から見たときに，この時期の特徴は 1972 年の「ダム基礎岩盤グラウチングの施工指針」（以下単に「施工指針」と記す）が土木学会岩盤力学委員会の手で作成され，これに基づいて施工されたダムが完成した以降の時期である．

　ここでまず個々のダムの施工状況の検討に入る前に，この「施工指針」がダムの基礎グラウチングのその後の施工状況に対して重要な意味を持っている点についてはすでに第 1 章で述べた．この時期のダムの基礎グラウチングの施工状況を考察するにあたってある程度重複するが要約して列記すると[48]，まず止水カーテンについては，

(1) 岩盤の透水試験をルジオンテストで，岩盤の透水度の表示をルジオン値で統一したこと．
(2) 岩盤の透水度の調査範囲を一般の岩盤で $H/2$ の深さまで，地質的に問題のある地層で H の深さまでとしたこと．
(3) グラウチングの施工管理をルジオン値と単位セメント注入量で行うことにしたこと．
(4) カーテングラウチングの改良目標値をコンクリートダムの場合はに全ステージの 85〜90% が 2 ルジオン以下，フィルダムの場合には同じく 5 ルジオン以下としたこと．

表 3.4.4　第3期に完成した高さ 70 m 以上のフィルダム（諸数値は「ダム年鑑」より）

	ダム名	工事発注機関	ダム高さ	着工年	完成年
1	大雪ダム	北海道開発局	86.5 m	1965	1975
2	油谷ダム	九州電力	82.0 m	1970	1975
3	明神ダム	中国電力	88.5 m	1971	1975
4	南原ダム	中国電力	85.5 m	1971	1975
5	岩屋ダム	中部電力	127.0 m	1966	1976
6	三保ダム	神奈川県	95.0 m	1969	1978
7	七倉ダム	東京電力	125.5 m	1969	1978
8	瀬戸ダム	関西電力	110.0 m	1971	1978
9	カッサダム	電源開発	90.0 m	1972	1978
10	二居ダム	電源開発	97.0 m	1972	1978
11	高瀬ダム	東京電力	176.0 m	1969	1979
12	手取川ダム	電源開発	153.0 m	1969	1979
13	寺内ダム	水資源公団	83.0 m	1970	1979
14	漆沢ダム	宮城県	80.0 m	1968	1980
15	玉原ダム	東京電力	116.0 m	1973	1981
16	稲村ダム	四国電力	88.0 m	1978	1982
17	四時ダム	福島県	83.5 m	1970	1983
18	高見ダム	北海道電力	120.0 m	1974	1983
19	十勝ダム	北海道開発局	84.3 m	1970	1984
20	七北田ダム	宮城県	74.0 m	1972	1984
21	有馬ダム	埼玉県	83.5 m	1969	1985
22	荒川ダム	山梨県	88.0 m	1973	1985

(5) 止水カーテンの施工深さ (d) に関しては経験公式

$$d = H/3 + C \text{ または } d = \alpha H \quad (\alpha = 0.5 \sim 1.0)$$

を示すとともに，カーテングラウチングの改良目標値と同程度の透水度の岩盤までの範囲を目標としている例が多いと記述していること．

などである．次いでコンソリデーショングラウチングについては，

(6) コンソリデーショングラウチングの効果は割れ目を充填することにあり，その目的は着岩面近くの岩盤の透水度と岩盤の変形性の改良にあることを明記したこと．

(7) コンソリデーショングラウチングの施工範囲・孔間隔・施工深さについては具体的な記述は示されていない．原則的にはコンソリデーショングラウチングは基礎岩盤の節理や亀裂が多い箇所に施工し，アーチダムでは岩盤への作用応力が大きいので一般に基礎面全域に施工するが，重力ダムではアバットメントの近傍などの作用応力が大きい部分や岩盤の均一性から見て問題となるような岩盤の悪い箇所に行うとしていること．しかし一方では最終孔間隔 2.5〜5 m の施工を推奨していること．

などであろう．またブランケットグラウチングについては，

(8) 具体的な記述はなく，コンソリデーショングラウチングに準ずるとしか示されていないこと．

以上が第 3 期のダム基礎グラウチングの施工状況を検討するにあたってこの時期のダムの基礎グラウチングに大きな影響を与えた「施工指針」での着目すべき点であるが，これらを念頭に置きながら各種ダム形式における基礎グラウチングの施工状況について検討を加えてみよう．

3.4.2 第3期に完成した主要なコンクリートダムの基礎グラウチングの概況

前項に述べたようにこの時期になると完成したアーチダム・中空重力ダムの数が激減してきているので，項を分けずにコンクリートダムとして一括して述べることにする．

この時期になると土木学会の「施工実例集」に記載されたダムは早明浦ダムなどごく少数になり，総括的に収録した文献がないので個々の事例を工事誌や竣工図などにより調べなければならなくなり，調査対象となるダム数はかなり限られてくる．したがって入手可能な工事誌・竣工図からこの時期の完成したコンクリートダムの基礎グラウチングの概況を表示すると表3.4.5～表3.4.8のようである．

まずアーチダムについて概観すると，この時期に完成したアーチダムは真名川ダム・旭ダム・川治ダムの3ダムのみであるが，工事誌などを入手し得たのは真名川ダム・川治ダムであったのでこれについて検討を加えてみよう（表3.4.5）．

真名川ダムは改良目標値を1ルジオンに設定していたために工事誌では河床部で80mの深さまで施工されたと記述されているが，竣工図集によるとパイロット孔は110m≒0.86H，一般孔は0.7Hと経験公式よりは全般に深くまで止水カーテンは施工されたようである．またパイロット孔でのルジオン値・単位セメント注入量では河床部の深部には高透水性な部分は存在していないが，右岸中腹の深部に高ルジオン値・高単位セメント注入量の部分が存在していた．しかしこの部分は孔間隔18mのパイロット孔のみ注入し，その後のチェック孔の調査結果では良好な結果が得られていた．

この部分は飛驒片麻岩にひん岩が貫入した部分であり，多分小規模な断層などの弱層が存在したためと考えられるが，孔間隔18mのパイロット孔での単位時間当たりの注入量を規制した高圧グラウチングのみで充分改良されたようである（図3.4.1参照）．

川治ダムになるとこの基礎岩盤は下位標高の基礎岩盤は中新世の凝灰角礫岩，上位標高は閃緑岩と通常の地層分布とは逆転した分布となっており，このような地質状態が関係したためか，河床部は比較的深部まで高ルジオン値の部分が存在したようである．このために経験公式よりもかなり深くまで止水カーテンが施工され，河床部での止水カーテンの施工深さはかなり深いものとなった．特に右岸深部に右岸斜面とほぼ平行にF-100が存在し，この部分が高ルジオン値・高単位セメント注入量を示したので河床部から右岸側にかけて全面的に止水カーテンの施工範囲を広げたようである．

このように真名川ダム・川治ダムとも当時施工中のコンクリートダムの中では最も地質条件に恵まれたサイトであったが，改良目標値を1ルジオンと設定してこれと同程度の透水度の基礎岩盤ま

表3.4.5 第3期に完成したアーチダムの河床部での止水カーテンの概況

ダム名	ダム高/完成年	主カーテン	補助カーテンまたは2次コンソリ
真名川ダム[49]	127.5m/1975年	上流側より列間隔1m，孔間隔3m，2列千鳥で施工，深さはパイロット孔は左岸寄り1孔のみ110m≒0.86H，他は90m≒0.7H，一般孔は80m≒0.63Hまで施工，改良目標値1Lu．	下流端より面間隔3m，鉛直：20°：40°上流向きに放射状に深さ25m．
川治ダム[50]	140.0m/1983年	列間隔0.7～1mで2列千鳥，孔間隔3mで施工，深さは当初計画では河床部で2H/3，最終的には左岸最下部でF-1・F-9のためと河床部では深くなり，パイロット孔H+10m，1・2次孔はHの深さで施工，他の部分は当初計画どおり，改良目標値はHの深さまで2Lu，H+10mまでは5Lu以下．	上下流端より面間隔3m，面内にそれぞれ10°・30°上下流に傾いた4本ずつ深さ20mまで施工．

(a) パイロット孔段階

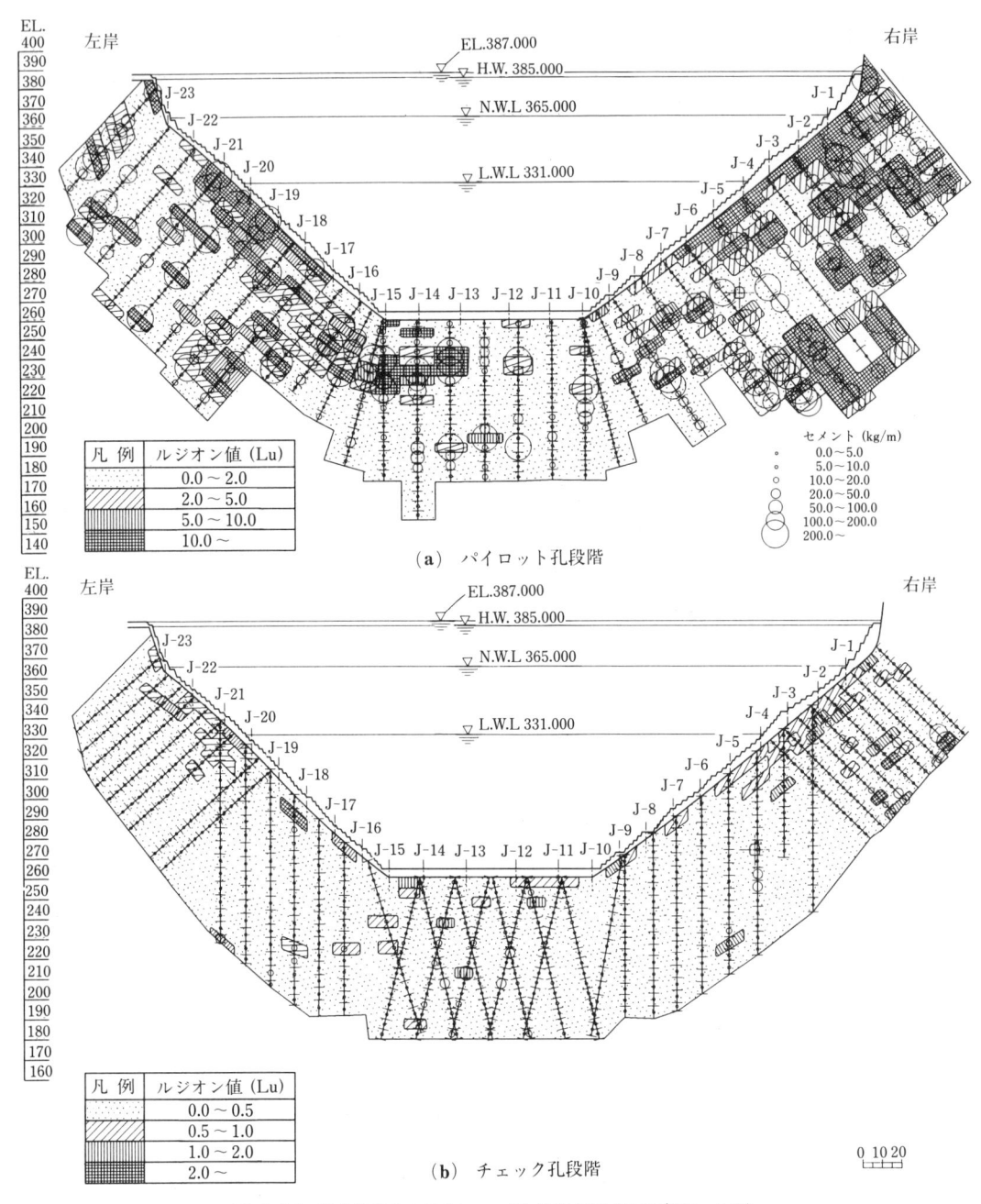

凡 例	ルジオン値 (Lu)
	0.0～2.0
	2.0～5.0
	5.0～10.0
	10.0～

セメント (kg/m)
- 0.0～5.0
- 5.0～10.0
- 10.0～20.0
- 20.0～50.0
- 50.0～100.0
- 100.0～200.0
- 200.0～

(b) チェック孔段階

凡 例	ルジオン値 (Lu)
	0.0～0.5
	0.5～1.0
	1.0～2.0
	2.0～

図 3.4.1 真名川ダムルジオンマップ（「真名川ダム工事誌」より）

で止水カーテンを施工することにしたために，止水カーテンの施工深さは経験公式よりもかなり深くなっている．

　次に重力ダムでの止水カーテンの河床部での施工状況について概観してみよう．この時期に完成した重力ダムの数は高さ 50 m 以上のダムで約 40，70 m 以上で 17 あり，表 3.4.6 で取り上げた 6 ダムでこの時期の重力ダムの一般的傾向を示しているかについては異論があると考えられる．しかし古・中生層や花崗岩類を含む変成岩などの通常の地層に建設されたダムで現時点で工事資料が入手

3.4 第3期に完成したダムの基礎グラウチングの特徴 91

表 3.4.6 第3期に完成した主要な重力ダムの河床部での止水カーテンの概況

ダム名	ダム高/完成年	主カーテン	補助カーテンまたは2次コンソリ
草木ダム[51]	140.0 m/1976年	監査廊より1列，孔間隔1.5 m，10°上流向きで深さ $H/3+C=55\,\mathrm{m}≒0.4H$（河床部）で施工．パイロット孔では施工範囲の先端で1〜5 Luの部分あり（図3.4.2），施工実績では施工後はすべて1 Lu以下．	上流端より2列，孔間隔2.5 m千鳥，深さ30 m，先端付近で主カーテンと交差．
早明浦ダム[52]	106.0 m/1977年	監査廊より列間隔0.5 m，2列孔間隔3 mの千鳥，上流向きに1:0.3の勾配で，深さは河床部で54 m≒$H/2$，左右岸の一部でセメント注入量が多い部分ではHまで延長，注入規準・追加基準は単位セメント注入量で提示．	上流端より下流向き傾斜，1列，孔間隔3 m，深さ $0.2H$．
大石ダム[53]	87.0 m/1980年	上流端より鉛直に1列，パイロット孔間隔7.5 m，深さは（一般孔の深さ）+20 m，一般孔の間隔1.875 m，深さは $H/3+C$ m，高透水部分は一般孔もパイロット孔の深さまで延長，改良目標値1 Lu．	主カーテン線より1.2 m上流側に平行に左岸および河床部は深さ20 mと30 mのものを交互に孔間隔1.875 m．
島地川ダム*[54]	89.0 m/1981年	上流端よりパイロット孔の間隔12 m，深さ75 m≒$0.85H$，その間にA孔を間隔3 m，深さ55 m≒$0.6H$で施工，その上流側0.6 mにB孔を平行に孔間隔3 m千鳥，深さ45 m≒$0.5H$で施工，改良目標値は1 Lu．	なし．
一庫ダム[55]	75.0 m/1983年	監査廊より鉛直に1列，パイロット孔間隔12 m，深さH，一般孔間隔1.5 m深さ$0.75H$（断層周辺などではより深く）まで施工．改良目標値はその部分の水頭勾配に対応して設定（図3.4.3），河床部深部は1 Lu，側方岩盤は3 Luと5 Luの部分に分けて設定．	上流端より下流向き30°で，孔間隔1.5 m，孔長25 m．1次コンソリはカバーロックで全面に，2次コンソリはカバーコンで監査廊より上流側に．
大町ダム[56]	107.0 m/1985年	監査廊から1列，パイロット孔間隔12 m・深さH，一般孔間隔1.5 m・深さ$H/2$を基本とし，高透水な部分や注入量の多い部分は施工深さの延長や内挿孔の施工，改良目標値は2 Lu以下としたが，弱層部では2〜4 Luの部分が残る．	上流端より面間隔1.5 m，面内下流向き15°・30°・45°に2〜3本，孔長20〜25 mで施工．

* RCD工法で施工された重力ダム．

し得て筆者が建設中に何らかの関係を持ったり説明を受けた機会があり，工事誌などからその地質状況などが推定し得るダムはごく限定されるので，その代表としてこの6ダムについて検討を加えることにする．

　前述したように「施工指針」では止水カーテンの施工深さは経験公式を主とした書き方になっていた．すなわち止水カーテンの先端部の岩盤の透水度については『改良目標値と同程度の透水度の岩盤までを目標としている例が多い』と緩い表現になっていたために，1970年代に完成したダムでは一般孔の施工深さは経験公式で設定し，施工された部分での改良目標値を1〜2ルジオンとしたダムが多く見られる．

　この傾向は草木ダムと早明浦ダムではっきりと見られ，ルジオンテストは行われてルジオンマップも描かれているがこれとは関係なく止水カーテンの施工深さは設定されており，止水カーテンは5ルジオン程度の所で打ち切られている場所もかなり見られる（図3.4.2参照）．またこの両ダムではパイロット孔は一般孔と同じ深さまでしか施工されていない．したがってこの両ダムでは止水カーテンの施工深さは経験公式で設定し，改良目標値は施工範囲内での改良目標値であって施工深さを決める要素ではなく，参考資料程度の位置付けであったとみられる．

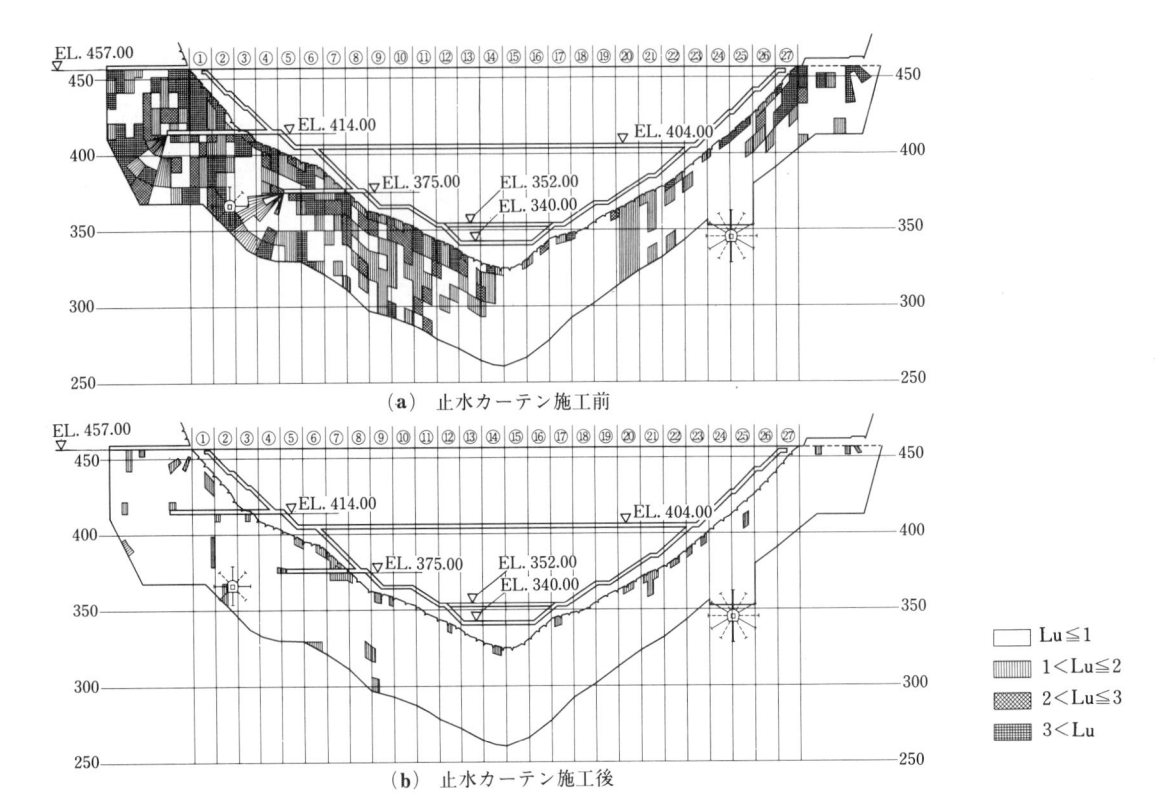

図 3.4.2 草木ダム止水カーテン施工前後のルジオン値（「草木ダム図集」より）

　これに対して1980年以降に完成した大石ダム以降のダムになると，パイロット孔は一般孔よりも深くまで削孔して岩盤の透水度を調査して一般孔の施工深さは極力経験公式の範囲内になるように努力するが，深部の高透水部に対しては一般孔の施工深さも延長して止水カーテンが改良目標値と同程度の透水度の岩盤まで施工するという方向が主流となってくる．すなわち草木ダム・早明浦ダムでは止水カーテンをその改良目標値と同程度の透水度の岩盤まで延長することは緩い精神的な規定であったのが，大石ダム以降になるとこの条件がより重視されるようになり，次第にパイロット孔・一般孔とも深くなっていく姿が浮かび上がってくる．特に大町ダムでは断層周辺部などでは深部でも高ルジオン値・高単位セメント注入量を示す部分が多く，止水面からの不安を取り除くとともに工事数量の増大を防ぐべくその対応に苦労した状況が工事誌にも示されており，各断層周辺部での注入状況と仕上がりルジオン値についてのかなり詳細な記載が残され，断層周辺部では5ルジオンまでは許容している．

　これに対して一庫ダムでは下小鳥ダムの検討と同類の観点に立って水頭勾配により改良目標値の値は異なるはずであるとして検討を行い，両側岩盤上部の水頭勾配が緩い部分の改良目標値をある程度緩和している．これは極めて興味ある検討であって，さらに踏み込んで河床部でも浸透路長が短い着岩面付近と浸透路長が長い深部とでは止水上必要な改良目標値は異なるはずであるという点まで検討を進めたならば，この時期に完成したダムの多くが経験公式を上回る深さまで止水カーテンを施工せざるを得ない状況にあったという問題に対して，明るい光を与えることができたのではないかと考えられる．

(a) 止水カーテン施工前

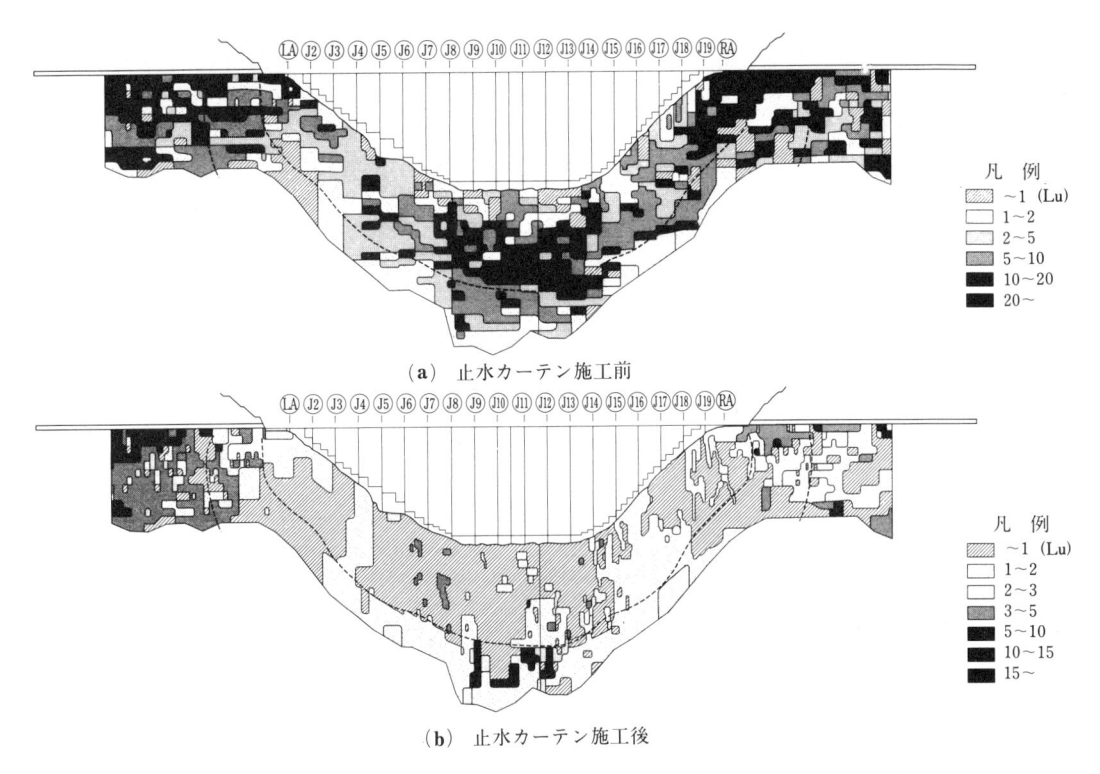

凡 例
~1 (Lu)
1~2
2~5
5~10
10~20
20~

(b) 止水カーテン施工後

凡 例
~1 (Lu)
1~2
2~3
3~5
5~10
10~15
15~

図 3.4.3 一庫ダムの止水カーテン施工前後のルジオン値（「一庫ダム図面集」より）

あるいは一気にそこまで進むことは時期尚早と考えて両岸上部での水深の浅い部分に対しての緩和に限定したとも解せられる．いずれにせよ次第に止水カーテンの施工深さが経験公式による決定から岩盤の透水度による決定へと移行するに従って，施工深さが増大する傾向を示している（図 3.4.3 参照）．このような状況のなかで下小鳥ダムから一庫ダムへの流れはこの増大を本来必要な施工深さにとどめる有力な検討方法を提示し得るもので注目すべき流れと考えられるが，個々のダムでの検討にとどまっていたのは惜しまれる次第である．

重力ダムで直面していた経験公式より深い部分で改良目標値以上のルジオン値を示す部分を施工するか否かの問題については，1970 年代は比較的緩く適用して 5 ルジオン程度までで打ち切ったりパイロット孔のみを施工した事例が多かった．しかし 1980 年代に完成したダムになると次第にこれをより厳密に適用する傾向が顕在化して経験公式との間で苦労したダムが多くなる．すなわちこの傾向はまずアーチダムではっきりとした形で現れ，真名川ダムでは深部での改良目標値以上のルジオン値の部分はパイロット孔のみで対応しているのに対して，川治ダムでは改良目標値以上の透水度の部分はすべて確実に改良する方向に変わってきている．これらの変化から時間経過とともに止水カーテンの施工深さを改良目標値と同程度の透水度の岩盤まで行うことが次第に厳密に適用されるようになり，止水カーテンの施工深さが深くなっていく姿が浮かび上がってくる．

次にこの時期に完成した主要なコンクリートダムのコンソリデーショングラウチングの施工状況を概観してみよう．

表 3.4.7 は第 3 期に完成したアーチダムでの，表 3.4.8 は同じ時期の主要な重力ダムでのコンソリデーショングラウチングの施工状況の概要が示されている．

表 3.4.7 第 3 期に完成したアーチダムのコンソリデーショングラウチングの概況

ダム名	ダム高/完成年	1次コンソリデーショングラウチング
真名川ダム [49]	127.5 m/1975 年	ダム敷および水叩全面に，ダム敷の通常の部分は 3 m 格子，石灰岩の部分は 2 m 格子，水叩部は 5 m 格子，深さは河床部で 20 m，両側斜面部で 10 m，水叩部で 5 m としてカバーロックで施工．
川治ダム [50]	140.0 m/1983 年	ダム敷全面に 3 m 格子で深さ 10 m を基本にカバーロックで施工，単位セメント注入量が 1 ステージ 150 kg/m，2 ステージで 200 kg/m を超えた孔には周辺に 4 孔追加施工．

表 3.4.8 第 3 期に完成した主要な重力ダムのコンソリデーショングラウチングの概況

ダム名	ダム高/完成年	コンソリデーショングラウチング
草木ダム [51]	140.0 m/1976 年	ダム敷全面に施工，A 型はダム軸に平行に孔間隔 12 m，列間隔 3 m 千鳥で深さ 10 m；B 型は孔間隔 6 m，列間隔 1.5 m 千鳥で深さ 10 m と 5 m の孔を交互に配置；C 型は B 型と同じ孔配置で深さ 15 m；D 型は孔間隔 4 m，列間隔 2 m 千鳥で深さ 12 m と 20 m とを交互に配置の 4 種類の孔配置を設定．上流側と排水孔の間は止水目的で D・B 型を，下流端付近は B 型，左岸上位標高部の脆弱部分は C 型を，ダム敷中央部で岩盤が良好な部分は A 型を配置，カバーロックで施工（図 3.4.4）．
早明浦ダム [52]	106.0 m/1977 年	ダム敷全面に施工，ダム軸に平行に孔間隔 10 m，列間隔 3 m 千鳥の孔配置を基本とし，通常の部分は一様に深さ 15 m で，河床部左岸寄りの脆弱部分では 1 列ごとに深さ 15 m の孔と 30 m の孔と交互に配置し，カバーロックで施工．
大石ダム [53]	87.0 m/1980 年	ダム敷全面に施工，河床部と左岸側は 3.75 m 格子，右岸側は 3 m（ダム軸に平行）に 3.75 m の格子で，深さはダム軸より上流側は止水目的で 10 m，下流側で 7 m で，岩盤が良好な部分はカバーロックで，節理・亀裂が多い部分は掘削後削孔してパイプを立て込み，コンクリート打設後に注入．
島地川ダム [54]	89.0 m/1981 年	ダム敷全面に施工，ダム軸に平行に孔間隔 5 m，列間隔 2.5 m 千鳥で，深さは 7.5 m カバーコンクリートで施工．
一庫ダム [55]	75.0 m/1983 年	ダム敷全面に施工，通常の 1 次コンソリを 1 次と 2 次に分け，1 次は 3.75×3.75 m 格子，深さ 8～12 m を基本としてカバーロックで施工，2 次は 1 次の孔を内挿する位置に深さ 4～12 m でカバーコンクリートで施工し，先に施工した高 Lu・高単位セメント注入量の断層周辺部ではさらに追加孔を施工．
大町ダム [56]	107.0 m/1985 年	通常の 1 次コンソリを 1 次と 2 次に分け，1 次は 4×4 m 格子を基本としてカバーロックでダム敷全面に施工，2 次は上流面付近では止水目的で，断層周辺部の高ルジオン・高単位セメント注入量の部分に対して補強を目的として 2×2 m 格子に先に施工した孔を内挿する位置に深さは 7 m を基本とし，断層周辺部は 12～17 m までカバーコンクリートで追加孔を施工，このほかに 2 次コンソリとしてダム本体の打設が進行し，継目グラウチング終了後にダム下流側よりダム敷下流側 1/2 の部分の断層周辺部に対して面間隔 3 m で放射状に追加施工．

これらの表からも明らかなように，アーチダムではコンソリデーショングラウチングの姿はほとんど変化しておらず，原則としてはカバーロックでの施工が貫かれている．また川治ダムでの追加基準となった単位セメント注入量の値が 1 ステージで 150 kg/m，2 ステージで 200 kg/m と意外に大きい値であったことは注目に値する．

一方この時期に完成した重力ダムでのコンソリデーショングラウチングの施工状況を見ると，第 2 期の後期に完成した中規模の岩尾内ダム・油木ダムや石手川ダムなどではカバーコンクリートで施工されている．このほか，この時期に完成したダム高さ 70 m 以上の重力ダムで表 3.4.8 には記載していないが，筆者が工事誌などで調べ得たダムでカバーコンクリートで施工されたダムとしては東山ダム（高さ 70 m，1983 年完成）・生見川ダム（高さ 90 m，1984 年完成）・熊野川ダム（高さ 89 m，1984 年完成）・新中野ダム（高さ 74.9 m，1984 年完成）などがあげられるが[57]，表 3.4.8 に示したこの時期の代表的な重力ダムでは島地川ダムを除きカバーロックでの施工が貫かれている．

このようにこの時期の代表的な重力ダムではコンソリデーショングラウチングは原則的にはカバーロックで施工されているが，断層周辺部ではミルクの漏洩に苦しんだ状況が記述されている．すなわち大石ダムでは弱層部はコンクリート打設前に削孔してパイプを立て込んで打設後注入しており，一庫ダムや大町ダムでは1次コンソリをさらに1次と2次に分けて1次をカバーロックで3.75～4m格子で施工し，2次をカバーコンクリートで1次の孔を内挿する形で施工している．さらに大町ダムでは堤体がある程度打ち上がってから断層周辺部に対して2次コンソリを追加施工するなどの重複した施工がされている．

カバーロックでのコンソリデーショングラウチングの施工は上椎葉ダムの工事誌にも述べられているように眼で見てグラウチングが必要な部分に施工し，注入効果を確認しながら施工し得る利点はある．しかし節理・亀裂が多い部分や断層周辺部などではミルクの漏洩に苦しみ，効果的なグラウチングの施工が困難になるという大きな問題点を持っており，一庫ダムや大町ダムでの断層周辺部でのコンソリデーショングラウチングの記述からこの問題点をいかに克服するかに多くの苦労が費やされていることが読み取れる．

しかし第1期に完成してUSBRの指導を受けた小河内ダムでは，断層周辺部や節理・亀裂が密集した部分のグラウチングはフィッシャーグラウチングという名称でコンソリデーショングラウチングとは別途に取り扱われている．すなわちこのような部分をVカットして掘り下げ，その部分にコンクリートを打設した後にコンクリートの上から岩盤とのコンタクトを含めてグラウチングの施工が行われたと記述されている．元来このような部分は周辺の硬岩部とは大きく変形性や強度が異なるのである程度掘り下げてコンクリートで補強するのが一般的であり，その補強コンクリートの上からグラウチングを施工すればミルクの漏洩もある程度抑制され，効果的なグラウチングの施工が可能となったと考えられる．

このような考えで施工されたのが小河内ダムでのフィッシャーグラウチングであり，本来断層周辺部や破砕部のような脆弱で緩みが多い部分はカバーロックの施工にこだわることなく補強コンクリート打設後にその上から施工すべきものであろう．

一方島地川ダムや新中野ダムは日本で最も早い時期にRCD工法で施工されたダムであるが，RCD工法で施工する場合はその施工法の利点を有効に生かすためには施工速度を早くする必要がある．このために特に着岩面近くでのコンクリート打設工程にコンソリデーショングラウチングの施工法が与える影響は大きいためにカバーコンクリートで施工された．この流れは第4期に完成した重力ダムの多くがRCD工法で施工されるようになり，以降ほとんどの重力ダムでのコンソリデーショングラウチングはカバーコンクリートで施工されるようになった．

また孔配置については2～5m格子を基本とし，高ルジオン値・高単位セメント注入量の部分に対して追加孔を施工するという形が一般的となってきているが，岩盤の状況により孔配置を変えてより合理的な姿を追求した事例がいくつか見られる．

特に草木ダムでは表3.4.8に示すように，コンソリデーショングラウチングの孔配置と施工深さを変えた4種類のパターンを設定して，その岩盤状況や止水面と力学的条件に対応して施工している．すなわち図3.4.4に示すように水頭勾配が急で入念な止水対策が必要となる部分・作用応力が大きい部分・岩盤が全般に緩んでいてある程度の深さまでコンソリデーショングラウチングが必要と考えられる部分・水頭勾配が急で緩みも比較的深くまで入っていると考えられる部分・水頭勾配

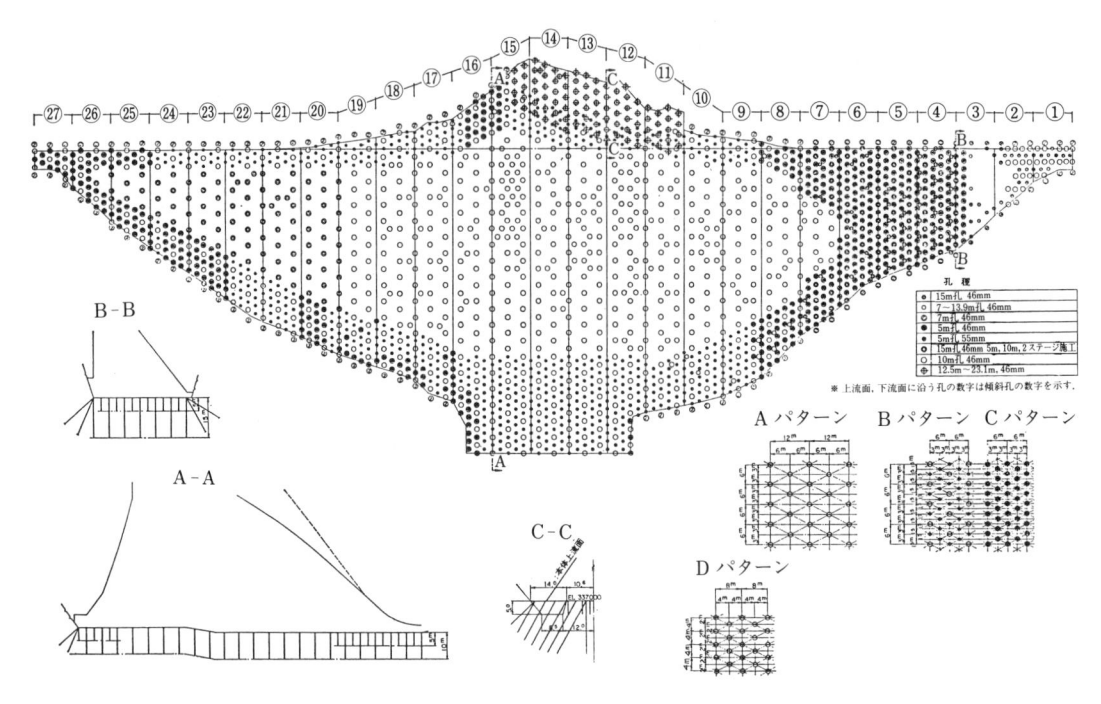

図 3.4.4 草木ダムコンソリデーショングラウチング孔配置図(「草木ダム工事誌」より)

は緩くて応力も小さい部分とに分けそれに対応した孔配置と孔深で施工している．

この配置は水頭勾配が急で止水面からの補強が必要な排水孔より上流側と作用応力が高い下流端付近は孔間隔が密で 10 m 孔と 5 m 孔とを交互に配置した B 型を，F-1〜F-4 が存在してその間に緩みが多かった左岸上部は孔間隔も密で 15 m 孔の C 型を，中央部の水頭勾配も緩くて作用応力も低い部分に対しては孔間隔が粗で施工深さも 10 m の A 型で施工するなど，コンソリデーショングラウチングによる改良目的と岩盤の状況に対応した施工となっている．

このダムのコンソリデーショングラウチングの施工図は第 1 期の小河内ダムの孔配置を全般にやや密にした形となっているが，その設計思想がはっきりと現れた注目すべき事例である．

3.4.3 第 3 期に完成した主要なフィルダムの基礎グラウチングの概況

まず第 3 期に完成した主要なフィルダムの止水カーテンの施工状況を概観してみよう．表 3.4.9 にはこの時期に完成した主要なフィルダムの止水カーテンの施工概況が表示されている．

表 3.4.9 を概観すると，玉原ダムなど揚水発電の上池を除いた場合での一般的傾向としてはパイロット孔の施工深さは河床部では経験公式の $H/2$ を上回る深さまで施工されているダムが多いが，一般孔の施工深さは $H/2$ の範囲内でとどまっているダムが多い．

この表を観察するにあたって留意する必要がある点は，1972 年の「施工指針」ではコンクリートダムの止水カーテンの改良目標値は 2 ルジオン超過確率 15% 以下，フィルダムのそれは 5 ルジオン超過確率 15% 以下に設定されていたことである．このために改良目標値，あるいは追加基準を高瀬ダムで 1 ルジオン以下，岩屋ダムで 2 ルジオン以下とコンクリートダムと同程度に設定された以外は手取川ダム・玉原ダム・四時ダム・十勝ダムで 3 ルジオン以下，三保ダム・漆沢ダムが 5 ルジオ

3.4 第3期に完成したダムの基礎グラウチングの特徴

表 3.4.9 第3期に完成した主要なフィルダムの河床部での止水カーテンの概況

ダム名	ダム高/完成年	主カーテン	補助カーテンまたはブランケット
大雪ダム[58]	86.0 m/1975 年	1次カーテンは底設監査廊よりパイロット孔 (孔間隔 20 m, 深さ 90 m ≒ H) と一般孔 (孔間隔 2.5 m, 深さ 35 m ≒ $0.4H$) とからなる前列と同じ孔間隔の後列を千鳥に配置, 2次カーテンは1次の2列の中間に孔間隔 2.5 m, 深さ 35 m で施工, 完了規準は単位セメント注入量で.	底設監査廊より面間隔 3 m で, 上下流にそれぞれ水平・30°・60° に計3本, 孔長 6〜3 m で施工.
岩屋ダム[59]	127.0 m/1975 年	コア中心のグラウトキャップから1列, 1次孔は孔間隔 12 m, 深さ $H/3$ または 2 Lu 以下の岩盤までの深い方, 2次孔は 6 m, 3次孔は 3 m の孔間隔で深さは $H/3$ または 20 m または 2 Lu 以下の岩盤までの深い方, 4次孔は 1.5 m の孔間隔で深さは 2 Lu 以下の岩盤までまたは 15 m, 改良目標値は 2 Lu 以下.	コア敷全面に 3 m 格子で深さ 8 m のブランケットグラウチングを施工, しかし補助カーテンに相当するグラウチングはなし.
三保ダム[60]	95.0 m/1978 年	河床部と右岸斜面には底設監査廊, 左岸斜面にはグラウトキャップを設け, これよりグラウトを施工, カーテンは1列, 1次孔は孔間隔 4 m, 深さ 50 m ≒ $0.53H$, 2次孔は1次孔を内挿し, 深さ 35 m ≒ $0.37H$, 改良目標値 5 Lu.	緩みが多い中位標高以上に上流側に1列, 孔間隔 3 m, 深さ 20〜30 m で施工, このほかにコア敷全面にブランケットグラウチングを施工.
高瀬ダム[61]	176.0 m/1979 年	岩盤内監査廊から1列, パイロット孔間隔 24 m, 深さ約 $0.9H$, 1〜4次孔は孔間隔 1.5 m, 深さ 0.5〜$0.6H$, 改良目標値 1 Lu.	ブランケットグラウチング以外の補助カーテンはなし.
手取川ダム[62]	153.0 m/1979 年	止水カーテンの孔配置は4種類, 河床部では主カーテンは1列, 孔間隔 2.5 m, 深さ 75 m ≒ $H/2$, 左岸下部の飛騨変成岩類の片麻岩と石灰岩が混在する部分は深さ 150 m ≒ H まで施工, 両側の緩みの多い部分は3列施工, 改良目標値は 3 Lu 非超過確率 90%.	主カーテンの上下流に深さ 25〜40 m の補助カーテンを施工.
漆沢ダム[63]	80.0 m/1980 年	底設監査廊より列間隔 1 m, 孔間隔 2 m 千鳥, パイロット孔は 5 Lu 以下の透水度の岩盤まで, 一般孔は 10 Lu 以下の透水度の岩盤まで施工, 施工部分は 5 Lu 以下まで改良. パイロット孔は一部で H の深さまで, 一般孔は大半が $H/2$ の深さまで. 一部で $0.7H$ の深さまで	底設監査廊より面間隔 3 m 上下流に放射状に3本ずつ, 孔長 7 m でコンタクトグラウチングを兼ねて施工.
玉原ダム[64]	116.0 m/1981 年	底設監査廊よりパイロット孔間隔 24 m, 一般孔間隔 1.5 m で, 当初計画はパイロット孔深さ 100 m ≒ $0.86H$, 一般孔深さ 50 m ≒ $0.43H$ であったが, 改良目標値に達せず一般孔まで $1.1H$ まで施工. 改良目標値は 2〜3 Lu 超過確率 15%.	断層部以外にブランケットグラウチング以外の補強グラウチングを施工した記述はない.
四時ダム[65]	83.5 m/1983 年	底設監査廊より河床部では1列, 孔間隔 3 m, 両岸上部の高透水性部では2列孔間隔 2 m 千鳥, 施工深さは当初計画では $H/3 + C$ であったが, 竣工図ではパイロット孔は 60 m ≒ $0.72H$, 一般孔で 40 m ≒ $H/2$, 追加基準は 3 Lu.	底設監査廊より面間隔 3 m, 放射状に4本孔長 2〜4 m で施工.
十勝ダム[66]	84.3 m/1984 年	底設監査廊より主カーテンは3列, 孔間隔 1.5 m 千鳥, 上流側列は上流向き 5° 中央列は上流向き 3°, 下流列は鉛直に施工, パイロット孔を 60〜110 m まで施工し, その結果から一般孔はほとんどが 30〜40 m ≒ $0.47H$ の範囲であったが, 一部で 60 m ≒ $0.71H$ まで施工, 改良目標値は 3 Lu.	ブランケットグラウチング以外の補助カーテンはなし.

ン以下と緩和した値を設定している.

また大雪ダムでは工事誌にはっきりとした記述は残されていないが, 止水カーテン, 特にパイロット孔の施工深さは H までとして止水カーテン先端部の岩盤の透水度は 5 ルジオン程度まで許容したようであるが, 一般孔は $0.4H$ の深さまで施工し, 施工した範囲内での改良目標値は 1 ルジオン以下としたようである. すなわち改良目標値は 1 ルジオンとしたが, 止水カーテンの施工深さについては改良目標値と同等の透水度までということにはこだわらなかったようである (図 3.4.5 参照).

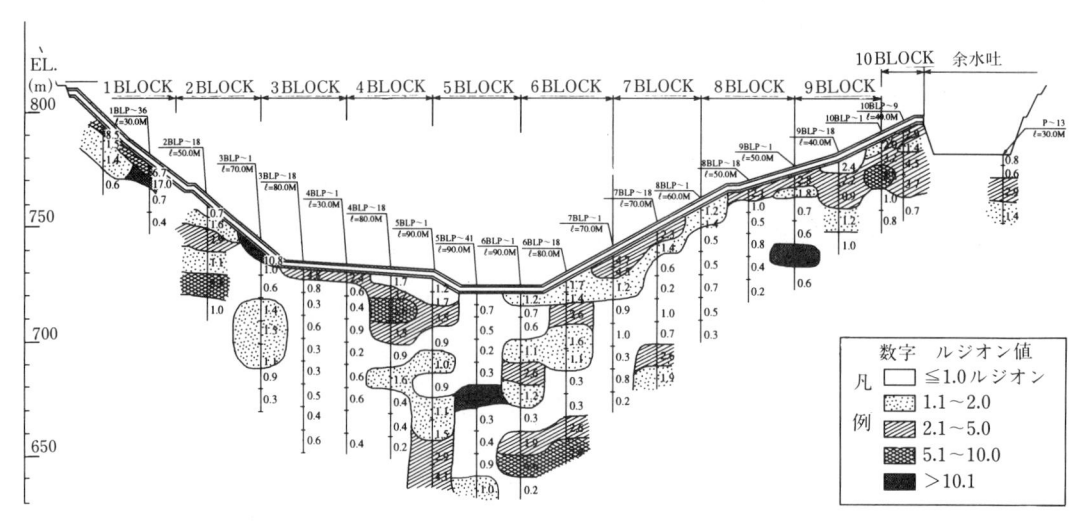

図 3.4.5 大雪ダムパイロット孔のルジオン値（「大雪ダム工事記録」より）

　これらのダムのうちコンクリートダムと同じ厳しい値を設定した岩屋ダムや高瀬ダムの河床部に関する限り，地質条件に恵まれていたためかこのような厳しい値を設定しても河床部ではパイロット孔を深くするにとどまり，一般孔の施工深さは経験公式の範囲で対応し得たようである．

　前述したように，玉原ダムは揚水発電の上池で周囲の地形に対して高い位置に建設されたために，周辺の地山より低い位置に建設される通常のダムサイトに比べて地形条件が大きく異なるので別途検討することにし，また手取川ダムの左岸下部の飛騨変成岩類の片麻岩と石灰質岩とが混在する部分で特に深くまで施工された部分については，石灰質な岩盤という特殊な地層のための処置であったとして除外して検討することにする．

　このように検討対象とするダムの基礎岩盤の条件を整理して考察すると，緩和された改良目標値や追加基準を設定したダムではそのほとんどが地質条件からコンクリートダムよりフィルダムの方が適しているとして建設されたダムであった．しかし河床部に関する限りパイロット孔は経験公式を上回った深さまで施工されているが，一般孔のほとんどが経験公式の範囲内にとどまっている．

　前項で指摘したように，この時期のコンクリートダムでは「施工指針」で止水カーテンの改良目標値を2ルジオン超過確率15%以下と設定し，施工深さを改良目標値と同程度の透水度の岩盤までとしている例が多いとしたことを受け，当初の止水カーテン先端部での岩盤の透水度に関する規定を緩い精神規定程度に解釈していた段階では止水カーテンの河床部での施工深さは経験公式の範囲内に収まっていた．しかし次第にこれを厳密に適用するようになるに従って経験公式で示す施工深さを上回るダムが増えてきているが，フィルダムでは改良目標値が5ルジオン超過確率15%以下に緩和されていたために，ほとんどのダムで一般孔の施工深さが経験公式の範囲内にとどまっていた．

　特にコンクリートダムで次第に止水カーテンの施工深さが増大してきた主な原因は地質条件が恵まれない地点での建設が増えたためと考えられていた．しかし表3.4.9の中には地層の力学的条件に恵まれないためにフィルダムが選定された地点（漆沢ダム・四時ダム・十勝ダムなど）で改良目標値を緩和したために経験公式を上回る一般孔の施工は必要なくなっている．このために地質条件に恵まれたと考えられて重力ダムとして同じ時期に完成した重力ダムに比べて浅い止水カーテンしか施工されていないにもかかわらず，充分安全に湛水し得たフィルダムがかなり存在したという事

実は注目すべきであろう.

この2ルジオン超過確率15%以下という数字は前節にも詳しく述べたように，1960年頃のフランス・イタリアでの高いアーチダムの建設の際に用いられていた考え方に基づいたものである．さらに「施工指針」の検討段階でも当時の大規模なアーチダムの建設に携わった人々を中心に地形・地質条件に極めて恵まれたサイトでの工事資料を検討した結果に基づいて設定された値である．したがってこの検討対象となった第2期の多くのアーチダムのサイトでは経験公式の範囲内で充分上記の改良目標値を満足し得たが，当時すでに建設されて湛水していた数多くの重力ダムでは実際の施工の際に適用された条件よりかなり厳しいものとなっていたようである．

このようにこの条件が次第に厳密に適用されるに従ってコンクリートダムの止水カーテンの施工深さは延長されていくが，フィルダムの施工深さは改良目標値が緩和されたために延長されず，経験公式の範囲にとどまっている姿が浮かび上がってくる.

また，玉原ダムは前述したように揚水発電の上池として周辺地形に対して極めて高い位置に建設されたので，通常の周辺地形よりも低い河谷に建設されるダムとは地形条件が大きく異なり，地形侵食による緩みが深部まで及んでおり，このために改良目標値を緩和しても止水カーテンの施工深さは大幅に延長されたようである．

一方前節で四十四田ダムでは地形が比較的平坦であるために経験公式で示す深さより深くまで風化が進行していたことを述べた．しかし一般に河床部は応力解放の影響のみを受けている場合が多いので，その部分の施工深さに関する限り表3.4.9で見ると地質条件はそれほど決定的な影響を与えてはいない．むしろ地形的な要因，すなわちその河谷の侵食速度や周辺地形との関係の方がより強い影響を与えていると見ることができる．

すでに述べたように比較的地質条件に恵まれない地点でも改良目標値や追加基準を3〜5ルジオン程度に緩めて安全に湛水し得たダムがかなりあったという事実は注目に値するが，本来深部での浸透流の状況はダム型式に関係ないはずである．むしろその部分を流れる浸透流の流速あるいは水頭勾配に強く関係していると考えられることを併せ考慮すると，止水カーテンの先端付近の岩盤の透水度とその付近の岩盤の改良目標値に関する限り3〜5ルジオン程度まで緩和し得ることを示した事例がかなりあったことは注目に値する．

最後にこの時期に完成した主要なフィルダムのブランケットグラウチングの施工状況について概観してみよう．表3.4.10にはこの時期に完成したフィルダムのブランケットグラウチングの施工状況の概要が表示されている．

1975年に完成した大雪ダムのブランケットグラウチングは第2期の後半に完成した喜撰山ダムや下小鳥ダムと同様に底設監査廊が設けられ，その底設監査廊の周辺のコンタクトグラウチングと補助カーテンを兼ねた形でのグラウチングが施工された．また1976年に完成した岩屋ダムでコア敷全面にブランケットグラウチングが施工されるようになった（図3.4.6参照）．

以降表3.4.10に見られるように岩屋ダム以後に完成したほとんどのフィルダムでコア敷全面にブランケットグラウチングが施工されるようになったが，この大きな変化がどのようなダム建設での経験と問題意識に基づいて生じたのかについては現在この時期の工事資料を調査しても明らかにすることはできない．恐らく当初からダム敷全面に施工されていたアーチダムのコンソリデーショングラウチングが，Malpassetダムの事故を通してのダム基礎岩盤の安全性を重視するという設計思

表 3.4.10 第 3 期に完成した主要なフィルダムでのブランケットグラウチングの概況

ダム名	ダム高/完成年	ブランケットグラウチング
大雪ダム[58]	86.5 m/1975 年	1 次と 2 次に分け, 1 次は底設監査廊より孔間隔 3 m で水平上下流に各 1 本, 下位標高部で孔長 4～5 m, 上位標高部で孔長 3 m で施工, 2 次は 1 次と同じ上下流方向の断面内に上下流斜め下方に各 2 本計 4 本を孔長 5 m で施工, 改良目標値は 5 Lu 超過確率 17%, 断層周辺部には孔間隔 1.5 m, 列間隔 1 m 千鳥の断層処理グラウチングを施工.
岩屋ダム[59]	127.0 m/1976 年	コア敷全面に施工, 孔配置は孔間隔 6 m, 列間隔 3 m 千鳥を規定孔とし, 5 Lu 以上の孔の周辺 4 孔を追加注入し, 高 Lu 値の部分で 3 m 格子に深さ 8 m で施工, その他河床部の破砕帯, 右岸上部の断層周辺部は脆弱部を掘り下げてコンクリートを打設し, その上から 2 m 格子, 岩盤内 10 m 間で施工, 補助カーテンは施工せず (図 3.4.6).
三保ダム[60]	95.0 m/1978 年	コア敷全面に施工, 孔間隔 3 m, 列間隔 3 m 千鳥で深さ 8 m, 追加基準は単位セメント注入量が 100 kg/m 以上として施工, このほか主カーテンより 2 ないし 4 m に 1 ないし 2 列で孔間隔 2～3 m, 深さ 20・15・10 m 平均 14.7 m の補助カーテンをブランケットと同じ追加基準で施工, 改良目標値に関する記述はない.
高瀬ダム[61]	176.0 m/1979 年	コア敷全面に施工, コア敷を主カーテンからの距離により 2 つに分け, 中央部幅 18 m は孔間隔 6 m, 列間隔 3 m を主カーテンの上下流に各 3 列, 深さ 12～6 m で改良目標値 2 Lu で施工, 外側のコア敷は 6 m 格子, 深さ 6 m, 改良目標値 10 Lu で施工, 弱層部には別途追加施工, 補助カーテンは施工せず.
手取川ダム[62]	153.0 m/1979 年	コア敷全面に施工, 孔間隔 5 m, 列間隔 2.5 m 千鳥を標準孔とし, 高ルジオン値の部分は 2.5 m 格子, さらに孔間隔は 2.5 m, 列間隔 1.25 m まで追加施工, 施工深さは当初は 5 m で計画したが, 緩みゾーンが深かったので 20 m で施工, 改良目標値は 10 Lu 非超過確率 70% とした. このほか右岸上部は全体に緩みが著しかったので, 別途地山補強グラウチングを, 左岸断層破砕帯周辺部には断層破砕帯処理グラウチングを施工, 補助カーテンは施工せず.
寺内ダム[67]	83.0 m/1979 年	コア敷全面に施工, ミルクの漏洩が著しいためにほぼ全面にモルタル吹付け施工し, コア敷を主カーテンからの距離により 2 つに分け, 中央部半分は 3 m 格子で, 外側の半分は 5 m 格子で, 深さ 5 m で施工 (図 3.4.7), このほか右岸上部の脆弱部に対しては全面的に孔間隔 1 m 格子, 深さ 2 m の追加孔を施工, 追加基準は単位セメント注入量が 100 kg/m 以上の孔が隣接した場合に追加孔を施工とした, 補助カーテンは施工せず.
漁川ダム[68]	45.5 m/1980 年	コア敷の中央部約 70% に対して施工, 主カーテンから上下流に各々 4.5・6・7.5 m に孔間隔 6 m 千鳥に 3 列, 深さは底設監査廊の底面と同じ深さの 4 m まで施工, このほかにコンタクトグラウチングとして 45° 斜め下方上下流に孔長 3～5 m とコアの含水比管理のための水抜き孔 (コア施工後はグラウチング) をコア敷全面に施工, これらのグラウチングの改良目標値・追加基準の記載なし, 補助カーテンは施工せず (図 3.4.8).
漆沢ダム[63]	80.0 m/1980 年	コア敷全面に施工, 1・2 次孔は内挿法で 3×3 m, 深さ 5 m で施工し, 単位セメント注入量が多い部分や亀裂が多い部分にはさらに内挿孔を施工, 改良目標値は 5 Lu, このほかにコンタクトグラウチングとして底設監査廊から上下流に水平および斜め下方に 2 本, 5～12 m の孔長で施工, 一種の補助カーテンとも見られる, さらに断層周辺部では断層処理グラウチングを施工, この改良目標値も 5 Lu 程度以下.
白川ダム[69]	67.0 m/1981 年	コア敷全面に施工, 河床部およびその付近の緩傾斜部は主カーテンの上流側に 3 列, 下流側に 2 列で孔間隔 3 m の鉛直孔によりカバーロックで主カーテン側の各 1 列は深さ 20 m≒H/4, 外側の孔は 15 m で補助カーテンを施工, その他コア敷全面を覆うように底設監査廊から水平・斜め下方の上下流方向に各 3 本放射状に施工, 急傾斜部は底設監査廊から面間隔 3 m で面内上下流に 5 本ずつ放射状にコンタクトグラウチングを兼ねて施工, 改良目標値は 7 Lu または単位セメント注入量 50 kg/m 以下.
玉原ダム[64]	116.0 m/1981 年	コア敷全面に施工, 孔間隔 5 m, 列間隔 2.5 m 千鳥で深さ 10 m を規定孔とし, 追加基準は 10 Lu 以上, 単位セメント注入量 100 kg/m 以上とし, 改良目標値 5 Lu として施工, このブランケットグラウチングの最も中央側の上下流 1 列は補助カーテンとして深さ 20 m まで施工.
四時ダム[65]	88.0 m/1983 年	コア敷全面に施工, ミルクの漏洩防止のために厚さ 7 cm のモルタル吹付けを行った後に 3 m 格子, 深さ 5 m で施工, 追加基準は 2 次孔での単位セメント注入量が 100 kg/m 以上, さらに底設監査廊から A 断面 (コア敷端 1 m 手前まで上下流方向の水平孔と上下流斜め下方 60° で孔長 5 m の斜孔からなる) と B 断面 (上下流斜め下方 30° 孔長 5 m の斜孔からなる) とを面間隔 1.5 m に配置して同じ追加基準でコンタクトグラウチングを兼ねて施工.

3.4 第3期に完成したダムの基礎グラウチングの特徴　101

表 3.4.10　第3期に完成した主要なフィルダムでのブランケットグラウチングの概況（つづき）

ダム名	ダム高/完成年	ブランケットグラウチング
十勝ダム[66]	84.3 m/1984年	コア敷全面に施工，コンタクトグラウチングを兼ねて面間隔2mで，上下流各水平に3m，45°斜め下方に5mの孔長で改良目標値5Lu，単位セメント注入量50 kg/mで施工，この外側に主カーテン線より上流側に8.5・11・11.75・12.5m，下流側に7.84・10.34・11.84mに孔間隔2mで深さ10m（上流側1列のみ）と7mで改良目標値を設定せずに施工，特に補助カーテンに相当するものには施工せず．
七北田ダム[70]	74.0 m/1984年	中新世中期の硬岩からなる湯本層の基盤に対してはコア・フィルター敷全面に施工，孔配置は3×3m，孔深はカーテン寄り1～2列は7.5～10m，それより外側は5mで施工，改良目標値は10Lu以内および単位セメント注入量が100 kg/m以下，その他底設監査廊より面間隔3m，上下流斜め下方に各々2本，孔長8～25mでコンタクトグラウチングを兼ねて施工．

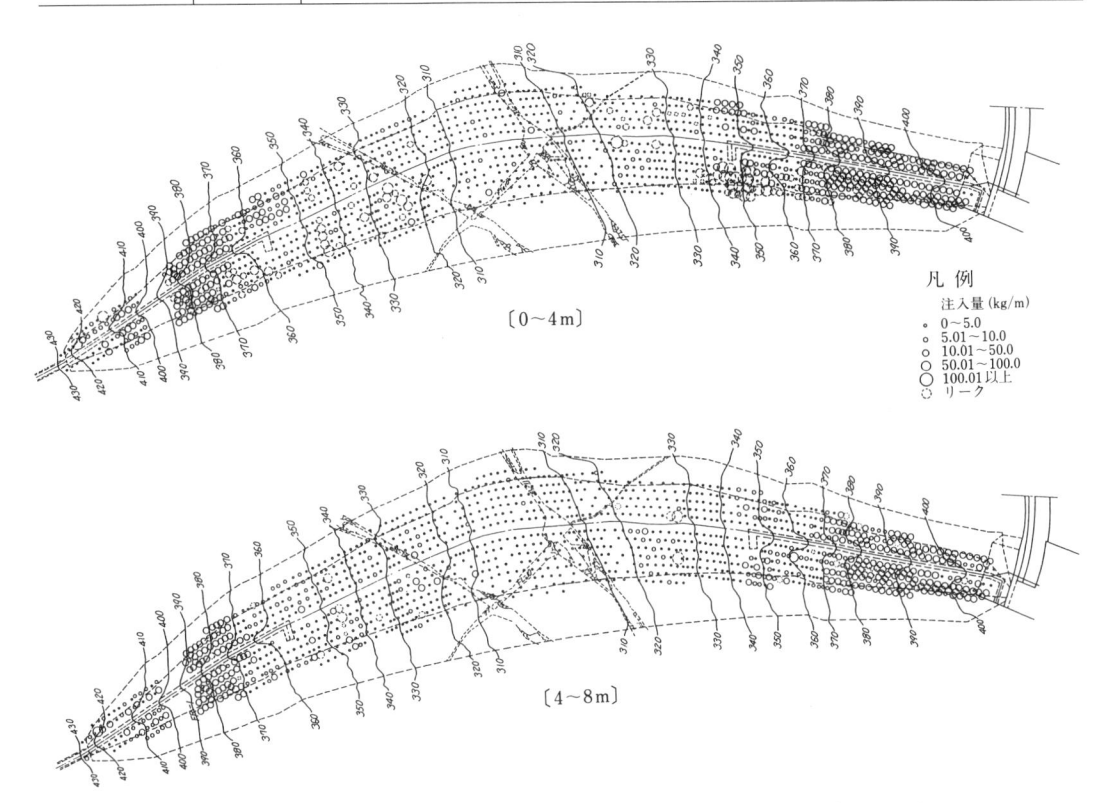

図 3.4.6　岩屋ダムのブランケットグラウチング注入実績図（「岩屋ダム工事誌」より）

想の変換に伴って重力ダムのコンソリデーショングラウチングをダム敷全面の施工へと変化させ，さらにその考え方が10～15年遅れてフィルダムのブランケットグラウチングに導入されたと推定される．

このフィルダムのコア敷全面のブランケットグラウチングの目的と効果については後で補助カーテンの目的と効果とともに考察を加えることにするが，1976年に完成した岩屋ダム以降ほとんどのダムでブランケットグラウチングはコア敷全面に施工されるようになり，フィルダムの基礎グラウチングは大きく変化することになった．

しかし1980年以前に完成したフィルダムでは三保ダムを除いてまだ現在一般に施工されているような本格的な補助カーテンは施工されておらず，漆沢ダムで底設監査廊からコンタクトグラウチ

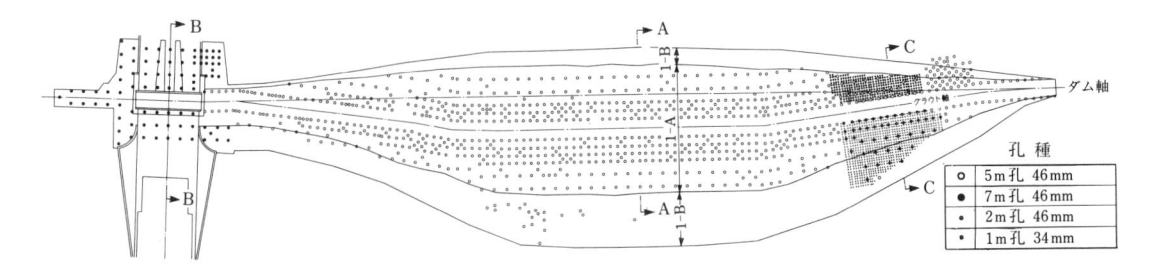

図 3.4.7 寺内ダムのブランケットグラウチング孔配置図（「寺内ダム図面集」より）

ングを兼ねて放射状に5〜12mの深さまでグラウチングを施工し，補助カーテンの効果を持たせたグラウチングが施工されたのが目立つのみである．このほか，高瀬ダムではコア敷の主カーテンから上下流にそれぞれ9m幅の部分を施工深さ6〜12m，改良目標値2ルジオンとし，それより外側のコア敷での施工深さは6m，改良目標値を10ルジオンと設定して主カーテンに近い部分をより深くより低い透水度に改良している．また寺内ダムではコア敷の主カーテンに近い半分の部分には深さ2mの内挿孔を施工する（図3.4.7）など，主カーテンに近いコア敷に対してブランケットグラウチングを補強した事例も見られる．

このようにフィルダムのコア敷で主カーテンに近い部分のブランケットグラウチングの孔間隔をより密に，施工深さをより深く施工するという考え方が高瀬ダムや寺内ダムで現れていることは注目に値する．すなわちこのようなコア敷中央部のグラウチングによる補強はその施工深さと施工範囲から見て，水頭勾配が急な上に注入圧力を抑制せざるを得ないために仕上がりが不充分な主カーテンの浅い部分を補強することを目的した補助カーテンとしては，施工深さが浅すぎる反面施工範囲が広すぎるので，補助カーテンを意図したものとしては効果的ではない．しかし現在ブランケットグラチングの効果が一般に考えられている【主カーテンの上流側コア敷内の岩盤】→【コア内】→【主カーテンの下流側コア敷内の岩盤】という浸透路の中で，特にコア内での路長が短い浸透路の形成を阻止するという意味では極めて合理的であり，このような姿が現れてきていることは注目すべきであろう．

またここで注目しておきたい事例は手取川ダムのブランケットグラウチングである．このダムの工事誌には表3.4.10にも記載されているように，当初ブランケットグラウチングは深さ5mで施工する計画であった．しかし左右岸特に右岸上部での緩みゾーンが深かったので施工深さを20mにして改良目標値は10ルジオン超過確率30%以下で施工し，さらに左岸中腹部の断層周辺部に対しては別途入念なグラウチングが施工されたとの記述が見出される．

元来フィルダムの基礎岩盤は作用する応力は低くてある程度の不均一な変形は許容されるので，力学的な面からの制約条件はコンクリートダムの場合に比べてかなり緩く，掘削深さもコンクリートダムよりも浅くてすむ場合はかなり多いと考えられる．

したがって節理性岩盤ではコンクリートダムの場合と比較してフィルダムではその力学的条件に準拠した掘削深さが止水上必要な掘削深さよりかなり浅い場合がしばしば生ずると考えられる．

このような条件のときはフィルダムの場合には掘削深さをフィルダムでの力学的条件を満たす深さにとどめ，止水条件を満たす深さまでブランケットグラウチングにより補うという設計法は十分検討に値する方法であろう．

手取川ダムのブランケットグラウチングが20mと深くなったのが，このような状況によるものか否かは工事誌には記述されていない．しかし改良目標値を10ルジオン超過確率30％以下とかなり緩和した値を設定したにもかかわらずこのように深いブランケットグラウチングが施工される結果となったことは，意図したか否かは別としてこのような状況により生じた結果であった可能性が高い．

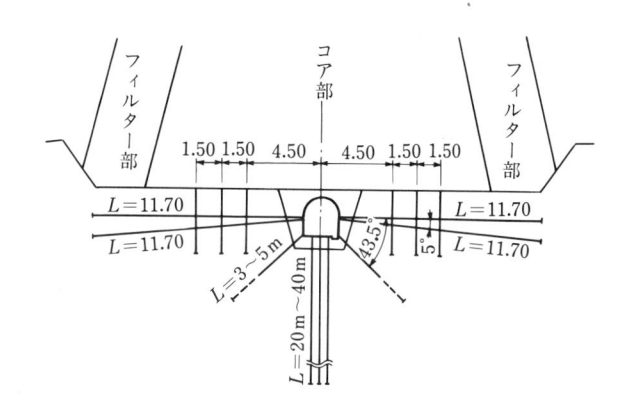

図3.4.8 漁川ダム河床部での基礎グラウチング孔配置図（「漁川ダム工事記録」より）

このように節理性岩盤で緩んだ部分が深い場合に（特に両側斜面部ではこのような状況はしばしば起こると考えられるが），掘削深さを浅くしてブランケットグラウチングを深くするという選択肢は充分あり得る方法であろう．

これに対して1980年代に完成したフィルダムになると，漁川ダム（図3.4.8参照）と十勝ダムとでは主カーテンの浅い部分の補強を目的とした補助カーテンがブランケットグラウチングと別の孔配置と孔深では施工されていない．しかしその他のダムになると主カーテンの上下流に1〜2列で$H/4$〜$H/6$の深さの補助カーテン（白川ダムの河床部や玉原ダム）や，底設監査廊からコンタクトグラウチングを兼ねた放射線グラウチングによる補助カーテン（白川ダムの両岸斜面部・四時ダム・七北田ダムなど）が施工されるようになってきている．

このように補助カーテンがはっきりとした形で施工されるようになってくると，ブランケットグラウチングはコア敷全面に画一的な孔間隔・孔深・改良目標値で施工されるようになり，高瀬ダムや寺内ダムで見られたようなコア敷中央の半分程度の部分のブランケットグラウチングと外側のそれとを孔間隔と孔深を変えて施工した事例は見られなくなってきている．

このように第3期に完成したフィルダムにおいて基礎グラウチングが大きく変貌し，現在一般に見られる補助カーテンとブランケットグラウチングとが次第に形成されていく状況が浮かび上がってくる．その中で高瀬ダムや寺内ダムに見られたようなコア敷全面のブランケットグラウチングの孔配置と孔深を主カーテンからの距離に対応して変化させる方法は設計論的に見て極めて興味深いものであるが，このような事例は補助カーテンが別途施工されるようになってからはその姿を消している．

3.4.4 第3期に完成した主要ダムの基礎グラウチングの特徴の要約

以上第3期（1975〜1985年）に完成した主要なダムの基礎グラウチングの施工状況をコンクリートダムとフィルダムに分けて概観してきた．この時期のダムの建設概況と基礎グラウチングの特徴を要約すると，

ⓐ この時期には日本の経済は高度成長時代から安定成長への移行の時期になり，ダム建設も人手間をかけても堤体積が少ないダムを指向した時期から，大型施工機械を用いた大量施工が有利となる時期へと大きく変換した．これに伴ってアーチダムや中空重力ダムの建設が激減して中空重力ダムの新規建設はその姿を消し，フィルダムの建設が急増するとともに重力ダ

ムも大量機械化施工に適した RCD 工法への取組みが始まった．

ⓑ ダムの止水処理の面から見ると，止水カーテンの施工深さの設定が初期には経験公式に準拠しているダムも見られたが，次第に岩盤のルジオン値に着目した施工深さの設定が多くなり，止水カーテンの施工深さが経験公式を上回るダムが多く見られるようになってきている．この傾向は最初にアーチダムで顕著に現れ，1975 年に完成した真名川ダムではパイロット孔が $(0.86 \sim 0.7)H$，一般孔が $0.63H$ の深さで施工されていた．さらに 1983 年に完成した川治ダムになると河床部でパイロット孔が $[H+10\,\mathrm{m}]$，1・2 次孔が $2H/3$ と施工深さは大幅に延長されてきている．

この傾向は重力ダムでもはっきりと現れており，1970 年代後半に完成した草木ダムや早明浦ダムでは止水カーテンの施工深さは経験公式により設定されていた．しかし 1980 年代前半に完成した重力ダムになると止水カーテンの施工深さを改良目標値と同等の透水度を示す岩盤まで延ばすダムが主流となり，多くのダムで経験公式を上回る深さまで施工されるように変化してきている．しかし経験公式も施工深さの大幅の増加に対する一つの歯止めと作用したのか，経験公式を上回る施工深さの孔数を減らす努力も払われており，多くのダムで経験公式を上回る施工をパイロット孔か 1 次孔までにとどめるなどかなりの工夫した状況が読み取れる施工図が多くなっている．

ⓒ これに対してフィルダムの止水カーテンの改良目標値を 5 ルジオン超過確率 15%（重力ダムのそれは 2 ルジオン超過確率 15%）と緩和されていたので，改良目標値と同程度の透水度の岩盤が経験公式に示す深さで現れることがほとんどで，岩盤の透水度に着目して施工深さを設定しても一般孔を経験公式で示す施工深さ以上に止水カーテンを延長した事例は現れなかった．このような状況からこの時期以降のコンクリートダムの施工深さが深くなったのは地質条件に恵まれない地点での建設が増えたためと説明されているが，地質条件に恵まれないためにフィルダムとして建設された地点で，緩和した改良目標値を用いたために止水カーテンの施工深さが逆に浅くなるという皮肉な結果がかなり見られるようになった．

ⓓ コンクリートダムのコンソリデーショングラウチングについては第 2 期の初期から重力ダムもダム敷全面に施工されるように大きな変化が現れたが，第 3 期のコンクリートダムのコンソリデーショングラウチングは目立った変化は現れていない．

カバーロックかあるいはカバーコンクリートによる施工かについてもこの時期のアーチダムや大規模な重力ダムでは掘削後に削孔してパイプを埋め込み，コンクリート打設後に注入するというカバーロックの変形型で施工された例が多かった．しかし中小規模の重力ダムではカバーコンクリートが主流となっていたようである．

ⓔ フィルダムのブランケットグラウチングについては第 2 期で起こった重力ダムのコンソリデーショングラウチングでの大きな変化に対応する変化がこの時期に起こっている．すなわち第 2 期に完成したフィルダムでは主カーテンの両側に 1～2 列の浅い補助カーテン的なグラウチングと断層周辺部に対してグラウチングが施工されるのみで，第 1 期での重力ダムのコンソリデーショングラウチングと類似したグラウチングしか施工されていなかった．また底設監査廊が設けられたフィルダムではその周辺に補助カーテンとコンタクトグラウチングを兼ねた上下流方向の断面内での放射線グラウチングが施工されていたが，コア敷全面を覆うグラウ

チングを施工した例は見られなかった．しかし第3期に入ると1976年に完成した岩屋ダムでコア敷全面にブランケットグラウチングが施工され，以降のフィルダムのほとんどでコア敷全面にブランケットグラウチングが施工さるようになった．またこの時期にはブランケットグラウチングと分けて補助カーテンを施工したダムは三保ダムのみであった．

また高瀬ダムと寺内ダムとではコア敷の止水カーテンに近い部分とフィルター敷に近い部分とでは孔間隔・孔深を変えて施工しており注目される例であるが，その後このような孔配置・孔深を用いた例は現れていない．

という形にまとめることができる．

3.5 第4期に完成したダムの基礎グラウチングの特徴

3.5.1 第4期でのダム建設の概況と基礎グラウチングを取り巻く状況

第4期（1986～1998年）における日本の経済は前半は華々しい好況を呈し，アメリカ・欧州と並んで世界経済を主導する働きをしたが，次第に実態を伴わない好景気となり，特に地価の高騰が著しくなった．しかし1990年代に入ると急激な不況に見舞われ，1997年頃からは金融不安に発展して昭和初年の不況に対比される厳しくて長期の不況となり，2000年になってもはっきりとした回復の兆しは見えてこない状態にある．

一方からは戦後長期にわたり社会基盤整備を行ってきた効果が次第に現れ，かつての極端な社会施設の不足がある程度緩和されてくると，その整備状況はまだ社会の発展に充分に対応し得ていない状態にあるが公共施設の負の面が強く指摘されるようになり，新たなダム建設を進めるためには多くの新しい問題を解決する必要が生じてきている．

ダムの建設目的の面から見ると，第3期以前に完成した高さ70m以上のダムの40％以上は発電専用のダムであったが，第4期にはこの規模の発電専用のダムは20％以下に減少し，水資源開発・洪水調節を主目的としたダムが大幅に増加してきている．

ダム型式という面から見ると，第3期にすでに顕在化していた堤体積が少ない型式のダム建設から汎用建設機械による大量施工への移行は，重力ダムでの拡張レアー工法やRCD工法の開発により重力ダムの施工法も大きく変化させた．これらの新工法による重力ダムの建設も経済的にも再び魅力あるものとなり，大規模な重力ダムでのこれらの新工法による施工が脚光を浴びて，その建設数が再び増加する方向に向かい始めたのがこの時期の一つの特徴と見ることができる．

表3.5.1にはこの時期に完成した各種ダム形式のダム高さ50m・70m・100m以上のダム数が，表3.5.2および表3.5.3にはそれぞれダム高さ70m以上のコンクリートダムとフィルダムのダム名・ダム高さ・完成年などが示されている．表3.5.1を表3.3.1や表3.4.1と比較すると，高さ50m以上のダム数が第2期が16年間で126，第3期が11年間で73に対して第4期が14年間で106と第4期ではダム建設が最も活発に行われた第2期に近い建設ダム数に回復してきている．

さらに表3.5.2からも明らかなようにこの時期に完成したダム高さ70m以上の重力ダムは次第にRCD工法などの新工法によるものが増加し，1992年以降に完成したダム高さ70m以上の重力ダムのほとんどは新工法により施工されていることである．

表 3.5.1 第4期（1986～1998）に完成したダム数

	全体	重力ダム	アーチダム	フィルダム	アースダム
高さ 50m 以上のダム	106	68	1	36	1
高さ 70m 以上のダム	58	38	1	19	0
高さ 100m 以上のダム	18	10	1	7	0

表 3.5.2 第4期に完成した高さ 70m 以上のコンクリートダム（諸数値は「ダム年鑑」より）

	ダム名	工事発注機関	ダム型式	ダム高さ	着工年	完成年
1	大渡ダム	四国地建	重力ダム	96.0 m	1966	1986
2	厳木ダム	九州地建	重力ダム	117.0 m	1970	1986
3	破間川ダム	新潟県	重力ダム	93.5 m	1973	1986
4	大川ダム*	北陸地建	重力ダム	75.0 m	1971	1987
5	阿多岐ダム	岐阜県	重力ダム	71.4 m	1973	1987
6	東の沢ダム	北海道電力	重力ダム	70.0 m	1982	1987
7	竜ヶ鼻ダム	福井県	重力ダム	79.5 m	1968	1988
8	浅瀬石川ダム	東北地建	重力ダム	91.0 m	1971	1988
9	呑吐ダム	近畿農政局	重力ダム	71.5 m	1968	1989
10	定山渓ダム	北海道開発局	重力ダム	117.5 m	1974	1989
11	弥栄ダム	中国地建	重力ダム	120.0 m	1971	1990
12	玉川ダム*	東北地建	重力ダム	100.0 m	1973	1990
13	朝日小川ダム*	富山県	重力ダム	84.0 m	1973	1990
14	入畑ダム	岩手県	重力ダム	80.0 m	1974	1990
15	東荒川ダム	栃木県	重力ダム	70.0 m	1974	1990
16	赤岩ダム	柏崎市	重力ダム	76.5 m	1981	1990
17	蓮ダム	中部地建	重力ダム	78.0 m	1971	1991
18	布目ダム***	水資源公団	重力ダム	72.0 m	1975	1991
19	今市ダム	東京電力	重力ダム	75.5 m	1978	1991
20	箕輪ダム	長野県	重力ダム	72.0 m	1974	1992
21	道平川ダム*	群馬県	重力ダム	70.0 m	1978	1992
22	境川ダム*	富山県	重力ダム	115.0 m	1973	1993
23	朝里ダム*	北海道庁	重力ダム	73.9 m	1979	1993
24	犬鳴ダム	福岡県	重力ダム	76.5 m	1970	1994
25	豊丘ダム	長野県	重力ダム	81.0 m	1978	1994
26	津川ダム*	岡山県	重力ダム	76.0 m	1975	1995
27	川浦ダム	中部電力	アーチダム	107.5 m	1976	1995
28	蛇尾川ダム*	東京電力	重力ダム	104.0 m	1980	1995
29	長谷ダム**	関西電力	重力ダム	102.0 m	1980	1995
30	小玉ダム*	福島県	重力ダム	102.2 m	1975	1996
31	吉田ダム*	香川県	重力ダム	74.5 m	1986	1996
32	日吉ダム*	水資源公団	重力ダム	70.4 m	1971	1997
33	八田原ダム*	中国地建	重力ダム	84.9 m	1973	1997
34	塩川ダム*	山梨県	重力ダム	79.0 m	1975	1997
35	浦山ダム*	水資源公団	重力ダム	156.0 m	1972	1998
36	比奈知ダム*	水資源公団	重力ダム	70.5 m	1972	1998
37	千屋ダム*	岡山県	重力ダム	97.5 m	1971	1998
38	札内川ダム*	北海道開発局	重力ダム	114.0 m	1981	1998
39	中筋川ダム	四国地建	重力ダム	73.1 m	1982	1998

* は RCD 工法により施工．** は拡張レアー工法により施工．
*** は一部 RCD 工法で，一部拡張レアー工法により施工．

表 3.5.3 第 4 期に完成した高さ 70 m 以上のフィルダム（諸数値は「ダム年鑑」より）

	ダム名	工事発注機関	ダム高さ	着工年	完成年
1	大柿ダム	東北農政局	84.5 m	1972	1986
2	土用ダム	中国電力	86.7 m	1978	1986
3	下湯ダム	青森県	70.0 m	1971	1988
4	阿木川ダム	水資源公団	101.5 m	1969	1990
5	寒河江ダム	東北地建	112.0 m	1972	1990
6	奈良俣ダム	水資源公団	158.0 m	1973	1990
7	日中ダム	東北農政局	101.0 m	1970	1991
8	末武川ダム	山口県	89.5 m	1972	1991
9	七ヶ宿ダム	東北地建	90.0 m	1973	1991
10	大内ダム	電源開発	102.0 m	1974	1991
11	栗山ダム	東京電力	97.5 m	1978	1991
12	大谷ダム	新潟県	75.5 m	1971	1993
13	新鶴子ダム	東北農政局	96.0 m	1972	1990
14	三国川ダム	北陸地建	119.5 m	1975	1993
15	二庄内ダム	東北農政局	86.0 m	1973	1995
16	上大須ダム	中部電力	98.0 m	1976	1995
17	八汐ダム*	東京電力	90.5 m	1980	1995
18	味噌川ダム	水資源公団	140.0 m	1973	1996
19	荒砥沢ダム	東北農政局	74.0 m	1974	1998

＊はアスファルト表面遮水型フィルダム．

　また先にも述べたように第3期ではダム高さ 70 m 以上ではフィルダムの方が多く，ダム高さ 100 m 以上ではフィルダムが重力ダムの2倍以上であったが，第4期ではダム高さ 70 m 以上で重力ダムがフィルダムのちょうど2倍，100 m 以上でも重力ダムが多いように大規模なダムでも重力ダムが大幅に増加してきている．このような変化はすでに述べたが要約すると，

⑦ 第3期での大規模なフィルダム建設を主導的に進めていた電力専用ダムの建設数が減少したこと．さらに第3期までの数多くの大規模なフィルダムの建設を通して河川流量の多い地点での建設は洪水吐の建設に多額の工費を要するなどの問題点があることが認識され，河川流量が多い地点では重力ダムが建設されることが多くなり，第3期では主としてフィルダムで建設していた電力専用ダムも揚水発電の上池はフィルダムで，下池は重力ダムでという組合せが定着してきたこと．

④ 重力ダムの施工法が RCD 工法などの汎用機械による大量施工法が開発され，建設費の面からも魅力が増したこと．

などがその要因となっていたと考えられる．

　またアーチダムは地形・地質条件に恵まれた地点では堤体積を大幅に低減し得るので依然として魅力のあるダム型式であるが，アーチダムの建設に適した地点の多くはすでに開発され，この時期（1998年以前）に完成したアーチダムは川浦ダム（1995年完成，$H = 107.5$ m）のみであった．その後現在（2002年初め）までに温井ダム（2001年完成，$H = 156$ m）と奥三面ダム（2001年完成，$H = 116$ m）が完成した．

　基礎グラウチングの面から見たときは，この時期の特徴は1983年の「ダム基礎岩盤グラウチングの技術指針」（以降単に「技術指針」と記す）が作成され，これに基づいて施工されたダムが完成し

た以降の時期である．この「技術指針」で特に注目すべき点はすでに第1章で詳しく論じたが，この時期に完成したダムの基礎グラウチングの特徴を検討するにあたって重複するが要約して列記すると[71]，

(1) 透水試験については第3期での固結度が低い地層での調査・施工の経験に基づいて限界圧力が低い地層では他の透水試験を併用するとしたなど，この種の地層での透水度の調査に対する配慮が加えられたこと．

(2) ルジオンテストの測定値に対して管内抵抗による損失水頭の補正方法を示したこと．

(3) ダム基礎岩盤の透水度の調査範囲を止水前の透水度が止水カーテンの改良目標値に達するまでとし，調査の初期段階では河床部では H の深さまで，左右岸では地下水位がサーチャージ水位に上昇する所までと規定したこと．

(4) 止水カーテンの改良目標値は「施工指針」での値をそのまま継承し，その施工深さについては所定の改良目標値に達しない範囲とはっきりと規定し，経験公式は条文・解説からはその姿を消して参考でわずかに触れられるにとどまるようになったこと．

(5) コンソリデーショングラウチングの改良目標値を『重力ダムでは5〜10ルジオン，アーチダムでは2〜5ルジオンを目標としている例が多い』と具体的な数値を示し，ダム敷全面の施工と良好な岩盤で1次孔（4〜5m間隔），2次孔（2〜2.5m間隔）の施工で改良目標値を達成できる例が多いと記述したこと．

(6) フィルダムのブランケットグラウチングについてはその主目的はコア材の流失防止とそのパイピングの抑制防止にあり，孔の配置は2.5〜3.0mあるいはそれ以下で実施されることが多いと記述し，かなり密な孔配置を標準として示したこと．

などが主な点である．

(1)で述べた固結度が低い地層での問題点は，鯖石川ダム・亀山ダム・漁川ダムなどの経験を通してその種の地層の透水度の調査方法での問題点が考慮されて「施工指針」作成以降での経験を考慮した改訂であるが，これらについては第4章の事例研究や第5章の各種地層別の考察において詳しく論ずることにする．

また(3)と(4)については第4章に述べる新しい地質年代の高溶結な火山岩類を含む地層での予想外の深部や離れた所からの著しい浸透流の問題に遭遇して，施工深さを経験公式に準拠して設定し得ない止水処理を経験した．これらの経験に対応するために第2期の後半から基礎岩盤のルジオン値に基づいて止水カーテンの施工深さを設定するダムが多くなった．特にアーチダムや重力ダムで止水カーテンの施工深さが深くなる傾向が現れたことなどを反映して，止水対策上特殊な対応が必要となる地層にもより確実に対応し得る方向を指向して経験公式を離れて岩盤のルジオン値に着目した調査・施工範囲の設定に軸足が移され，その結果として基礎岩盤の透水性の調査・施工の範囲が一段と拡げられるようになった．

(5)についてはコンソリデーショングラウチングの改良目標値も当時工事中のダムで設定されていた改良目標値が表示された．この「技術指針」以降はその中で厳しい方の値が改良目標値として適用されるようになり，孔間隔も良好な岩盤でも第3期以前に完成した大規模なアーチダムのコンソリデーショングラウチングと同程度かより密な孔間隔の施工が標準として示されるなど，この「技術指針」以降一段と厳しい施工法が示されるようになった．

さらに (6) についてはフィルダムのブランケットグラウチングは「施工指針」では具体的な記述は避けていた．しかしこの指針では第3期に完成した岩屋ダム以後の主要なフィルダムでコア敷全面に施工されるようになったのを受けて，中小規模のフィルダムまでコア敷全面の施工を規定するなど一段と厳しい方向が示されるようになった．

このような指針類の目的は各現場での独自の判断による見落としを防ぐことにあるので，より確実性が高い方向を指向するために工事費が増大する方向になりがちなことはやむを得ないと考えられる．また前節でも述べたように「施工指針」で止水カーテンの改良目標値と止水カーテンの先端付近の岩盤の透水度をほぼ一致させる例が多いと記述した以降，コンクリートダムの止水カーテンの施工深さが増大する方向がすでに現れていた．

これに対して「技術指針」では止水カーテンの施工深さをその改良目標値と同程度のルジオン値の岩盤までの施工をはっきりとした形で規定し，さらに重力ダムのコンソリデーショングラウチングとフィルダムのブランケットグラウチングに対してもすでに述べたように中小規模のダムまでダム敷やコア敷全面の施工を義務付け，孔配置も第3期以前に完成した大規模なアーチダムと同程度かそれ以上の丁寧な施工を提示した．

元来これらの問題に対してはそれ以前の工事経験やすでに完成した事例を分析してあるべき姿を検討するなど充分に掘り下げた議論が必要であったが，踏み込んだ検討を行わずに主としてより高い確実性と安全性の向上を指向した指針となっている．この「技術指針」の影響がその後のダムの基礎グラウチングにどのような影響を与えているかがこの時期の基礎グラウチングにとって最も注目すべき点であろう．

3.5.2 第4期に完成した主要なコンクリートダムの基礎グラウチングの概況

まずこの時期に完成したコンクリートダムの河床部での止水カーテンの施工状況について概観してみよう．この時期に完成したアーチダムは川浦ダムのみであるが，このダムは揚水発電の上池で周辺の地形に対して高い所に建設されて地形条件が通常のダムと大きく異なるので除外すると，この時期に完成した検討対象となるアーチダムはなく，主要な重力ダムの止水カーテンの施工状況について検討を加えることにする．この時期に完成した主要な重力ダムでの止水カーテンの施工概況は表3.5.4のようである．

前述したようにこの時期になると再び重力ダムの建設が増加してくるが，この時期に完成した重力ダムとして表3.5.4に示す8ダムをこの時期の主要な重力ダムとして止水カーテンの特徴を検討してみよう（浦山ダムは次章で詳しく述べるので除外する）．

表3.5.4を概観してまず気がつくことは，この時期の初期に完成した大渡ダムと浅瀬石川ダム（図3.5.1参照）は第3期の中頃以前に完成した重力ダムと同様に，止水カーテンの河床での施工深さは経験公式にかなり重点を置いて設定されている．これに対して，定山渓ダムと玉川ダムでは工事誌には経験公式は一度も登場せず，改良目標値より高ルジオン値の部分がなくなるまで施工深さを延長し，施工範囲内に改良目標値以上のルジオン値の部分が残らないように追加孔の施工が行われている（玉川ダムでは深部での追加基準を2～5ルジオンに緩和したと工事誌には記載されているが，河床部のF-C断層周辺部では最終的には2ルジオン超過確率15%以下を達成するために8～9次までの追加孔の施工が必要となった）．このためにこの両ダムではパイロット孔と一般孔の施工深さは

表 3.5.4 第 4 期に完成した主要な重力ダムの河床部での止水カーテンの概況

ダム名	ダム高/完成年	主カーテン	補助カーテン
大渡ダム[72]	96.0 m/1986 年	監査廊より 1 列, 上流向き 10°, 孔間隔 1 m, 施工深さはパイロット孔も一般孔も $H/3+20$ m (河床部で 50 m) で施工, 施工範囲内ではすべて 1 Lu 以下.	上流端より先端で主カーテンに交差するように上流向きに 1 列, 孔間隔 1 m, 深さは主カーテンの 2/3 の深さまで, 改良目標値は 1 Lu.
厳木ダム[73]	117.0 m/1986 年	当初は上流端より 1 列, 孔間隔 1 m で, 深さはパイロット孔は H の深さ, 一般は $H/2$ の深さで計画したが, 河床部右岸寄りの部分は小断層が錯綜し, 高ルジオン・高単位セメント注入量を示したので約 H の深さまで孔間隔が密な追加孔を施工, 改良目標値は 1 Lu.	主カーテンより 1 m 上流に平行に孔間隔 2 m, 深さ 15 m で 2 次コンソリ.
浅瀬石川ダム[74]	91.0 m/1988 年	上流端より列間隔 1.3 m 2 列, 孔間隔 2 m 千鳥, 施工深さはパイロット孔は 70 m, 一般は $H/3+C=40$ m として施工, 河床部右岸寄りに F-1 断層があったが, その周辺は特に高 Lu 値は示さず, 改良目標値は硬岩の沖浦層で 2 Lu, 未固結な青荷層で 5 Lu. 透水試験は深部も 1 kgf/cm² 刻みで実施.	主カーテンの上流側 2 m に平行に孔間隔 2 m, 深さは 15 m で補助カーテンを施工.
定山渓ダム[75]	117.0 m/1989 年	主カーテンは上流端より 2 列で列間隔 1.5 m, 孔間隔 3 m 千鳥で施工, 追加孔はその中央に施工深さは 110 m≒H まで, 河床部は断層や変質部が多く, 高 Lu 値・高単位セメント注入量を示し, 8 次孔 (孔間隔 0.1875 m) まで施工, 改良目標値 2 Lu 以下, 施工深さは経験公式を考慮せず.	主カーテンの下流側 0.75 m に孔間隔 0.375 m, 深さ 40 m で施工.
弥栄ダム[76]	120.0 m/1990 年	監査廊より 2 列, 列間隔 0.3 m, 孔間隔 1.875 m で千鳥で施工, 施工深さは当初 $H/3+C$ (一般部 $C=20$ m, 断層部 $C=40$ m) で計画, 実施は河床部右岸寄りで 150 m (≒1.25H), 河床部中央および左岸寄りで 90~80 m (≒0.7H) まで施工, 改良目標値は一般施工部で 2 Lu, 深部高透水処理部で 5 Lu.	上流端より 1 列, 下流向きに孔間隔 1.875 m, 深さ 55 m≒0.45H で施工.
玉川ダム*[77]	100.0 m/1990 年	上流端より 2 列で列間隔 1.5 m, 孔間隔 1.5 m 千鳥で施工, 施工深さは経験公式を参考にせず, 岩盤の透水度が改良目標値に達するまで施工し, 河床部では F-C 断層周辺部で 140 m=1.4H まで, 以外の部分は 70 m=0.7H の深さまで施工された, F-C 断層周辺部では 9 次孔まで追加施工, 改良目標値は 2 Lu, 40 m 以深は追加基準を 3~5 Lu に緩和.	F-C 断層周辺部に対してのみ主カーテンの上下流側にそれぞれ 1 m 離れて 1 列ずつ孔間隔 3.0 m, 深さ (不明) で施工.
蓮ダム[78]	78.0 m/1991 年	上流端より 1 列, P_1 孔間隔 24 m, 深さ 80 m≒H; P_2 孔間隔 12 m, 深さ 65 m=0.83H; A_1 孔間隔 6 m, 深さ 65 m=0.83H; A_2 孔間隔 3 m, 深さ 50 m=0.64H; A_3 孔間隔 1.5 m, 深さ 35 m≒0.45H で施工, 改良目標値は 2 Lu.	主カーテンの上流側に 1 列, 孔間隔 3 m, 深さ 15 m で施工, 改良目標値は 5 Lu.
小玉ダム*[79]	101.0 m/1995 年	上流端より一般部は孔間隔 1.5 m 1 列, 断層部はその下流側に孔間隔 1.5 m を 1 列追加, パイロット孔は孔間隔 12 m で河床部で深さ 70 m=0.7H, 一般孔は河床部で 50 m=0.5H を標準とし, 2 Lu の透水度の岩盤まで延長, 断層部では H まで施工, 改良目標値は 2 Lu.	主カーテンの上流側 1 m に 1 列, 孔間隔 3 m, 深さ 20 m で施工.

* RCD 工法で施工されたダム.

同一となり, さらにこの部分では H を上回る深さで孔間隔が 20 cm 以下になるまで追加孔が施工される結果となった (図 3.5.2 参照).

しかしこのような極端に密な孔間隔の追加孔が施工された定山渓ダムと玉川ダムの河床部の断層周辺部における止水カーテンのルジオン値の超過確率図 (図 3.5.3) を調べると, 改良目標値を 5 ル

3.5 第4期に完成したダムの基礎グラウチングの特徴

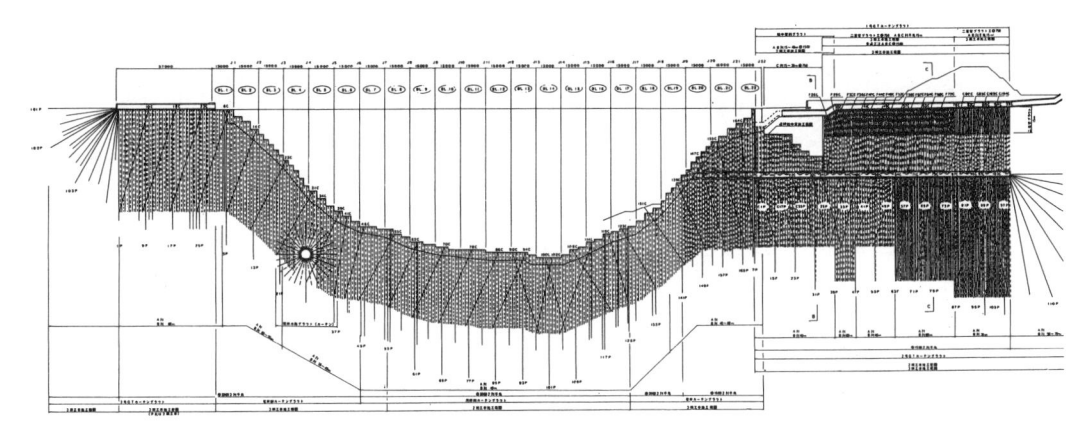

図 3.5.1 浅瀬石川ダムの止水カーテン施工図（「浅瀬石川ダム工事誌」より）

（a）カーテングラウチング正面図

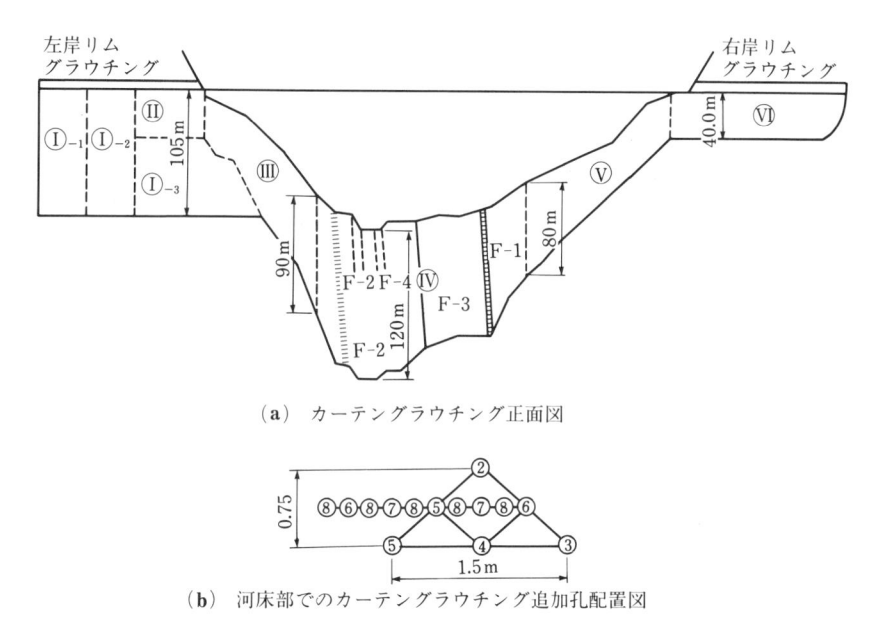

（b）河床部でのカーテングラウチング追加孔配置図

図 3.5.2 定山渓ダムカーテングラウチングの施工図（「定山渓ダム工事記録」より）

ジオン超過確率15%以下に緩和すると規定孔の3次孔の施工ですでに達成されている．これに対して改良目標値を2ルジオン超過確率15%以下に設定すると両ダムとも8〜9次孔までの追加孔の施工が必要となる状況が示されている（図 3.5.3 参照）．

なお両ダムとも追加孔のルジオン値の統計処理方法には問題があり[注6]，追加孔段階での統計処理した超過確率の値が大幅に大きくなっており，これも8〜9次孔までの極端な追加孔が必要と判断さ

[注6] この両ダムとも各々の施工段階でのルジオン値のみを対象にして統計処理を行っている．このため3次孔までの規定孔の段階で示されている値は施工部分に均等に配置された孔の全域での測定値を統計処理した結果である．しかし4次孔以降の追加孔の段階ではすべて追加基準により追加施工が必要とされた透水度が高い部分に対してのみ施工されているので，規定孔の施工段階とは母集団が異なり，透水度が低い部分を除外して透水度が高い部分のみを対象として処理された値である．このために追加孔段階に入ると透水度の統計処理した値は急に高い値を示すようになり，この結果に基づいて施工すると極端な追加孔の施工が強いられる結果となっている．この点については5.2.2項で詳しく論ずることにする．

(a) 定山渓ダム河床部 (B1.17〜28)

(b) 玉川ダムF-C断層周辺部

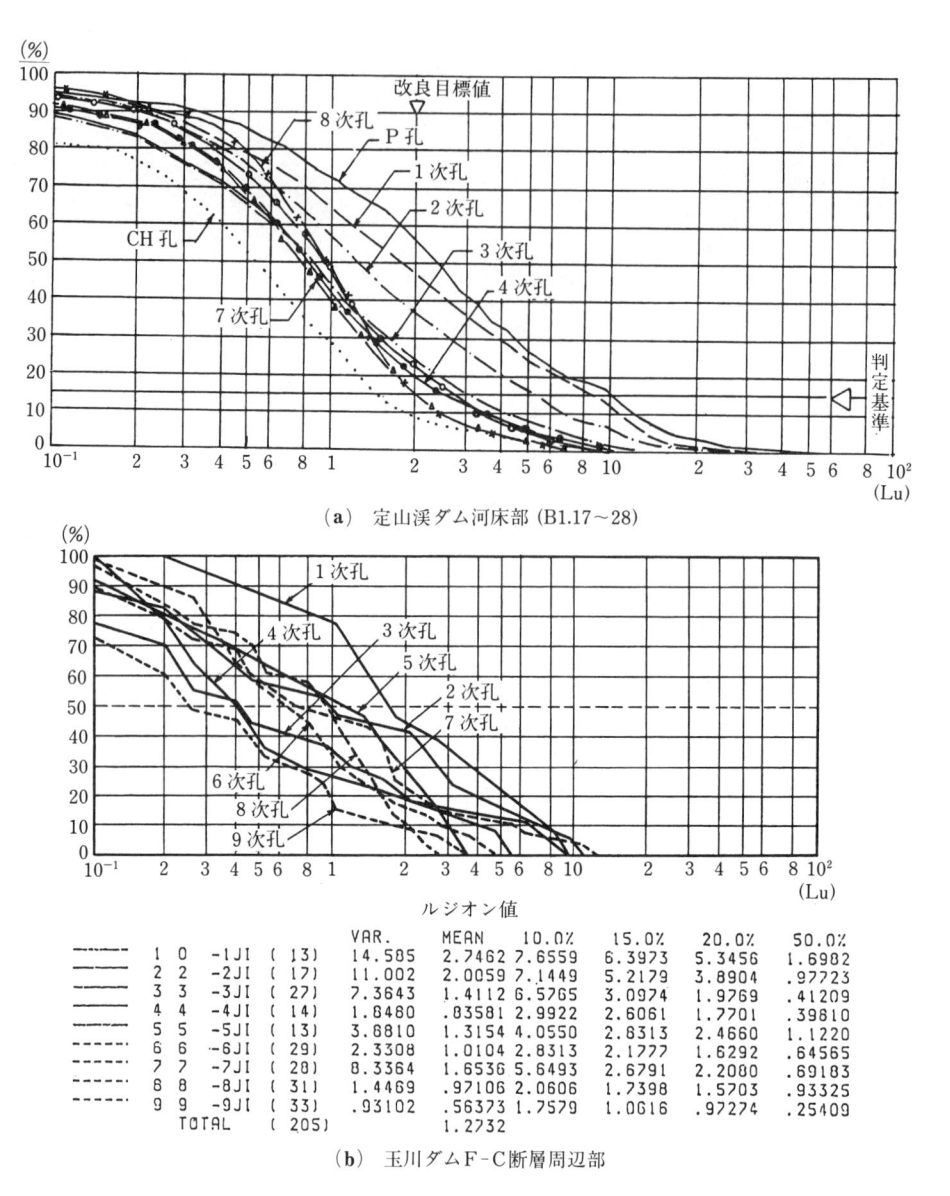

```
              VAR.    MEAN   10.0%   15.0%   20.0%   50.0%
─── 1 0 -1JI ( 13)  14.585  2.7462  7.6559  6.3973  5.3456  1.6982
─── 2 2 -2JI ( 17)  11.002  2.0059  7.1449  5.2179  3.8904  .97723
─── 3 3 -3JI ( 27)  7.3643  1.4112  6.5765  3.0974  1.9769  .41209
─── 4 4 -4JI ( 14)  1.8480  .83581  2.9922  2.6061  1.7701  .39810
─── 5 5 -5JI ( 13)  3.8810  1.3154  4.0550  2.8313  2.4660  1.1220
----  6 6 -6JI ( 29)  2.3308  1.0104  2.8313  2.1777  1.6292  .64565
      7 7 -7JI ( 28)  8.3364  1.6536  5.6493  2.6791  2.2080  .69183
----  8 8 -8JI ( 31)  1.4469  .97106  2.0606  1.7398  1.5703  .93325
----  9 9 -9JI ( 33)  .93102  .56373  1.7579  1.0616  .97274  .25409
          TOTAL ( 205)         1.2732
```

図 3.5.3 カーテングラウチンのルジオン値の超過確率図 (「定山渓ダム工事記録」および「玉川ダム工事誌」より)

れた一因であった．しかし深部での改良目標値を2ルジオンとするか5ルジオンとするかによっても極めて大きな相違があることを知ることができる．

3.5.1項の(4)でも簡単に触れたが，「技術指針」ではカーテングラウチングの改良目標値は条文で『……改良目標値は，岩盤性状を総合的に考慮して適切に設定する』[20]と記述され，コンクリートダムで1〜2ルジオン，フィルダムで2〜5ルジオンという数値は解説で述べられているに過ぎない．したがってこの条文からは岩盤の性状によっては違った改良目標値が取り得る表現となっている．しかし実際の工事ではこの解説で示された改良目標値の値は貯水池からの漏水に対する安全性確保の上で必要なルジオン値として受け取られ，この改良目標値は達成すべき値として各工事で施工されていたのが実態であろう．

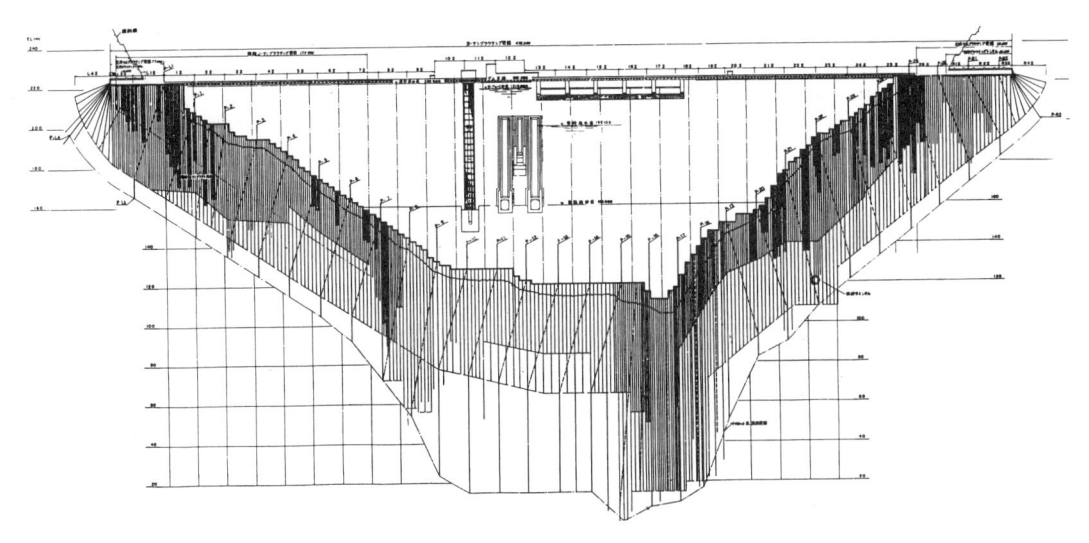

図 3.5.4 厳木ダムの止水カーテン施工図（「厳木ダム図集」より）

　さらに止水カーテンの施工深さも 3.5.1 項の (4) で述べたように，止水カーテンの施工範囲内には改良目標値より高い部分は残らないように規定して，経験公式は条文や解説にも記述されず参考として示されるにとどまるようになった．このために，「技術指針」では改良目標値と同程度のルジオン値の岩盤までの施工へと大きく軸足が移されることになった．

　これは前節で述べた第 3 期に完成した重力ダムの止水カーテンの河床部での施工深さの動向としてすでに現れていた流れであり，その流れを追認した形のものであったが，このような方向が「技術指針」ではっきり提示されたのを契機として大きな変化が現れた．すなわち，それ以前には経験公式が一つの歯止めとなって経験公式を上回る深さに対してはパイロット孔か 1 次孔のみの施工に限定しようとした努力が払われていた．しかし第 4 期になると 2 次孔・3 次孔まで経験公式を上回る深さの施工事例が目立つようになり，さらに断層周辺部ではあるが無制限に H 以上の深さまで，孔間隔は 20 cm 以下で投影面上では著しく重複した追加孔の施工が行われたダムがかなり見られるようになった．

　この状況はまず厳木ダムの河床部右岸寄りの部分で生じており（図 3.5.4 参照），その他定山渓ダムや玉川ダムでは経験公式を考慮せずにルジオン値のみに準拠して止水カーテンの施工深さを設定したために止水カーテンの施工深さは大幅に増大し，特に限界圧力が低いために高ルジオン値・高単位セメント注入量を示す断層周辺部などではこの問題が極端な形で現れている（図 3.5.4 参照）．

　このように厳木ダム・定山渓ダム・玉川ダムの断層周辺部での止水カーテンの施工は孔間隔が極端に密で施工深さが極めて深くまで施工されるに至っている．しかし経験公式を考慮せずに岩盤のルジオン値が規定された改良目標値に改良されるまでとするならばむしろ必然的な結果であって，これらのダムが最も「技術指針」に忠実に従った結果であると見ることもできる．

　第 3 期以前に完成したダムでも一ツ瀬ダム・川俣ダム・青蓮寺ダムや釜房ダムなどの断層周辺部では深い止水カーテンが施工されていた．しかしこれらのダムでは孔間隔 1〜1.5 m 程度で千鳥 2 列の主カーテンを施工し，改良目標値を達成し得ないときは外側に補助カーテンを施工して止水カーテンの厚さを増すことにより補う方法が採られていた．

これに対して第4期に完成したダムの断層周辺部での施工状況で特に目を引くことは，高ルジオン値の部分に内挿法による追加施工を行って施工範囲内に改良目標値に達しない部分が残らないようにすることを指向したために[注7]，極端に密な追加孔の施工を行っており，改良度合の低さを止水カーテンの厚さで補うという考えで施工された事例が見られなくなったことである（定山渓ダムでは9次孔まで施工しても改良目標値が達成できないので補助カーテンを施工したが）．

これが弥栄ダムになると経験公式もある程度考慮した形となり，通常の部分の一般孔は経験公式の施工深さよりかなり深くなっているが，これを抑制する方向の努力も払われている．またこのダムの断層の中で最も注目されていた河床部左岸寄りのF-9断層の周辺部は事前に深部での丁寧な透水度の調査が行われ，透水度が低いことが確認されていたのでこの部分の止水カーテンの施工は特に延長したり追加孔の施工はしなかった．これに対して河床部右岸寄りの中小断層は規模も小さくて比較的深い位置に存在しており，岩盤の力学的安定性の面からも特に問題はないと考えられていたので事前には詳細な調査は行われていなかった．しかし工事中の比較的粗い昇圧刻みでのルジオンテストと高い注入圧力でのグラウチングでは高ルジオン値・高単位セメント注入量を示したためであろうか，透水度が高い部分と見なされて $1.25H$ の深さまで追加孔が施工されている．

このことは工事中に通常行われている粗い昇圧刻みのルジオンテストやグラウチングでは，比較的透水度が低い部分でも限界圧力が低い断層・破砕帯などの弱層部は透水度が高い部分と誤認されやすく，限界圧力が低いが粒度構成が良くて締め固まった土質材料に近い性質の透水度が低い部分と，節理性岩盤での透水度が高い部分との見分けが困難であることを示している．

蓮ダムと小玉ダムになると再び第3期の後半の重力ダムでの施工状況と類似した形となり，パイロット孔は $(0.7 \sim 1)H$ の深さまで，一般孔は $H/2$ 程度の深さにとどめるように施工され，深部の改良目標値以上の透水度の部分の改良はパイロット孔かあるいは1〜2次孔までにとどめる方向で施工されている．しかし小玉ダムでは断層周辺部では H の深さまで追加孔が施工されている．

このように止水カーテンの施工深さを主としてルジオン値により決定するようになると，本来改良目標値は「技術指針」の条文に記されているように地層の性状により異なった値を設定すべきである．さらに止水カーテンの厚さやその部分での水頭勾配によっても異なるべきであるにもかかわらず画一的な値を設定したための問題が生じており，特に断層周辺部で厳しい問題が生じている（厳木ダム・定山渓ダム・玉川ダムなど）．

これに対して表3.5.4に示されたダムで断層周辺部で特に施工深さを深くしたり密な孔間隔の追加孔を施工せずにすんだ例としては，浅瀬石川ダムの河床部右岸寄りのF-1断層周辺部と弥栄ダムの河床部左岸寄りのF-9断層周辺部とがあげられる．弥栄ダムのF-9断層周辺部はすでに述べたように，事前にその部分の透水度の丁寧な調査によりその透水度が低いことを確認しており，浅瀬石川ダムの場合には施工管理として行われた透水試験が深部まで $1\,\mathrm{kgf/cm^2}$ 刻みで昇圧し，限界圧力の値と限界圧力以下での透水度を正確に把握できる方法で行われたことが工事誌に記述されている（表3.5.4参照）．

[注7] この点に関しては「技術指針」でも［3.5.5 孔の配置および深さ］の（解説）で『特に粘土を挟在する断層破砕帯では，限界圧力が低く改良効果が乏しいため，列数の増加による厚みのある難透水ゾーンを形成する必要がある．』（「技術指針」のp.57の中段）と記述しているが，内挿孔の追加施工により改良目標値まで改良することが原則と考えられていたためにこのような施工例が多くなっているのであろうか．

これに対して施工深さが深くて密な追加孔が施工された厳木ダム・定山渓ダム・玉川ダムの工事誌には深部での透水試験の昇圧刻みが記載されていなかったり，5 kgf/cm² 程度の粗い刻みで昇圧された水押テストの記述が残されているのみである．これらのダムではグラウチングの施工中に限界圧力の値と限界圧力以下での透水度を正確に測定し，それらの値に基づいて判断するという意図は少なかったようである．

これらのダムの断層周辺部の透水状況と浅瀬石川ダムの F-1 や弥栄ダムの F-9 の周辺部の透水状況と同様であったかについては比較して論ずるに足る資料はないが，工事誌に示された施工中に行われた透水試験などの記述からもこれらの相違をある程度説明できるように思われる．

断層周辺部は止水上最も懸念されるところであり，すでに述べたように第3期以前に完成したダムにもこの種の部分で止水カーテンを H またはそれ以上の深さまで施工した事例はかなりあったが，施工深さが H 以上で 20 cm 以下と極端に密な孔間隔で施工された事例はほとんど見られなかった．一方では施工深さを経験公式の範囲で打ち切っても断層周辺部で漏水上の問題が何ら生じなかった事例（石手川ダム・早明浦ダム・草木ダムなど）もかなり存在している．

このような断層周辺部での極端な施工事例が数多く見られるようになったことは，止水カーテンの施工を岩盤の性状にかかわらず一定の改良目標値を設定し，それと同程度の透水度の岩盤まで延長し，改良目標値に達するまで内挿法により追加孔を施工することを原則とした結果であると考えられる．本来，施工深さの設定規準が経験公式から岩盤の透水度に着目した方法へと移行するに際して，限界圧力が低いために粗い昇圧刻みのルジオンテストや通常のグラウチングでは高ルジオン値・高単位セメント注入量を示す断層周辺部などに対し，その特性に適合した対応策をより明確に提示すべきであったと考えられる．

次にこの時期に完成した重力ダムのコンソリデーショングラウチングの施工状況を概観してみよう．この時期に完成した主要な重力ダムでのコンソリデーショングラウチングの施工状況を要約すると表 3.5.5 のようである．

この表に示された重力ダムでは玉川ダムの斜面部の一部でカバーロックでの施工が行われた以外にはすべてカバーコンクリートで施工され，第3期には多くの大規模なダムではカバーロックで施工された．また，一庫ダムや大町ダムで断層周辺部でのカバーロックによる施工でミルクの漏洩に苦労した状況と比較すると大きな変化が見られる．これは第4期になるとダム本体の施工法が RCD 工法などの新しい施工法に変わり施工速度を速めることの必要性が高まったことと，「技術指針」でカバーロックでの施工の利点を強調せずにカバーコンクリートでの施工の容易さを示したことも関係していたと考えられる．

また「技術指針」でコンソリデーショングラウチングの孔配置を良好な岩盤で 2～2.5 m 格子で，高ルジオン値・高単位セメント注入量の部分には追加孔の施工を指示し，第3期以前に完成した大規模なアーチダムのそれと同程度かそれより密な孔配置を良好な岩盤での標準として提示したことから，全般に孔間隔が密で孔深が深くなり，かつての大規模なアーチダムのそれよりも孔間隔が密で孔深も深い形に統一された結果となっている．

表 3.5.5 第 4 期に完成した主要な重力ダムのコンソリデーショングラウチングの概況

ダム名	ダム高/完成年	コンソリデーショングラウチング
大渡ダム[72]	96.0 m/1986 年	ダム敷全面に施工，2×2m 格子で，深さは河床部で 7m，両側の斜面部で 15m を基本に，3〜4.5m コンクリート打設後にカバーコンクリートで施工．
厳木ダム[73]	117.0 m/1986 年	ダム敷全面に施工，中位標高以下では 3.75×3.75m 格子で深さ 10m，両岸上位標高は 2.5×2.5m 格子で深さ 15m で，原則としてカバーロックで施工，右岸上部はカバーコンクリートで施工．
浅瀬石川ダム[74]	91.0 m/1988 年	ダム敷全面に施工，中〜下位標高以下の岩盤が良好な部分では 5×5m 格子で深さ 10m，中〜上位標高以上の脆弱部では孔間隔 5m，列間隔 2.5m 千鳥で深さ 15m でカバーコンクリートで施工．
定山渓ダム[75]	117.0 m/1989 年	ダム敷全面に施工，孔配置は 5×5m 格子で，深さは河床部で 15m，アバット部は 10m を基本とし，断層周辺部は 30m まで，高 Lu 値・高単位セメント注入量の部分は追加施工，カバーコンクリートで施工．
弥栄ダム[76]	120.0 m/1990 年	ダム敷全面に施工，孔配置は 3 種類に分け，A 型は 4m 格子，B 型はダム軸に平行に孔間隔 8m，列間隔 4m 千鳥，C 型は孔間隔 4m，列間隔 2m 千鳥で，深さは 10m を基本とし，河床部は B 型，左岸下位標高部の F-9 断層周辺部と左岸上部は C 型，右岸上部と左岸中腹部は A 型で，カバーコンクリートで施工．
玉川ダム[77]	100.0 m/1990 年	ダム敷全面に施工，河床部は 2.7〜4m 格子で，深さ 10〜15m で厚さ 6m 以上のカバーコンクリートで施工，両岸斜面部は孔間隔 2.2〜4m 千鳥で，深さは 10〜15m で，状況によりカバーコンクリート・カバーロック・打設前に削孔してパイプを立て込み打設後注入の方法により施工．
蓮ダム[78]	78.0 m/1991 年	ダム敷全面に施工，岩盤が良好の部分で孔配置は 5m 格子，C_M 級以下の部分では 5m 格子の中央に内挿した孔配置を規定孔として深さ 7m で，厚さ 4.5m 以上のカバーコンクリートで施工．
小玉ダム[79]	101.0 m/1995 年	ダム敷全面に施工，岩盤が良好の部分で孔配置は 5m 格子で深さ 5m，断層周辺部では 5m 格子の中央に内挿した孔配置で深さ 10m を規定孔として，厚さ 3m 以上のカバーコンクリートで施工．

3.5.3 第 4 期に完成したフィルダムの基礎グラウチングの概況

まず第 4 期に完成したフィルダムにおける止水カーテンの施工状況について概観してみよう．この時期に完成した主要なフィルダムの止水カーテンの施工概況は表 3.5.6 に示されている．

表 3.5.6 を概観すると，第 3 期に完成したフィルダムの表 3.4.9 に示したダムのうちの半数以上ではその止水カーテンの施工にあたっては「施工指針」に基づいて改良目標値を緩和していた．しかし七ヶ宿ダムと三国川ダムは 1〜2 ルジオンと重力ダムと同等かそれより厳しい改良目標値を設定し，寒河江ダムと奈良俣ダムは両岸のリム部だけを 5 ルジオンに緩和し，下位標高の基礎岩盤部は 2 ルジオンとし，阿木川ダムが着岩面から 50m 以上の深部とリム部を 5 ルジオンに緩和するなどダムにより異なった対応をとっている．

この改良目標値に対する 3 通りの対応の仕方は興味ある考え方であり，阿木川ダムの本体からの距離に着目して改良目標値を緩和する考え方は浸透路長，すなわちその部分を流れる浸透流の水頭勾配に着目して緩和する考え方で，下小鳥ダムや一庫ダムでの考え方の延長線上にあり理論的には興味のある考え方である．

これに対して寒河江ダムと奈良俣ダムでの変質やマサ化の著しい部分のみの改良目標値を緩和する考え方は，「技術指針」の条文の『……改良目標値は，岩盤性状等を総合的に考慮して適切に設定する』[20]の趣旨に従った考え方で，「施工指針」でフィルダムの改良目標値を緩和した本来の趣旨はこの点にあったと考えられる．しかし改良が困難であるから緩和し得るという考え方にはダムの

表 3.5.6　第 4 期に完成した主要なフィルダムの河床部での止水カーテンの概況

ダム名	ダム高/完成年	主カーテン	補助カーテン
阿木川ダム[80]	101.5 m/1990 年	底設監査廊から列間隔 2 m, 孔間隔 2 m で 2 列千鳥で施工, 当初計画ではパイロット孔は深さ 100 m≒H, 一般孔 50 m≒$H/2$, 最終的には河床部右岸寄りで一般孔も H を上回る, 改良目標値は深さ 50 m までは 2 Lu, 以深は 5 Lu.	主カーテンの上下流側の各 3 列, 列間隔は各々 1 m・2 m・2 m, 深さは 10 Lu 線までとして各々 28 m・13 m・13 m, 改良目標値は 10 Lu.
寒河江ダム[81]	112.0 m/1990 年	底設監査廊から 2 列, 列間隔 1 m, 孔間隔 3 m の千鳥で施工, 深さはパイロット孔は最大 100 m≒H, 一般孔は 0.6H まで施工, 改良目標値はダム本体基礎で 2 Lu 以下, リム部で 5 Lu 以下.	主カーテンの上下流側に 2 列, 各々主カーテンより 3.5 m・5.5 m に深さ各々 40 m・30 m で施工, 改良目標値は 2 Lu.
奈良俣ダム[82]	158.0 m/1990 年	底設監査廊から 2 列, 列間隔 1 m, 孔間隔 3 m の千鳥で施工, 深さは経験公式に準拠してパイロット孔は 105 m≒0.66H, 一般孔は 80 m≒0.5H で施工, 改良目標値は風化が著しくない部分は 2 Lu, 著しい部分は 5 Lu.	主カーテン上下流側に 2 列, 主カーテンから 4.35 と 8.35 m に孔間隔 3 m, 深さ 40 m で施工.
七ヶ宿ダム[83]	90.0 m/1991 年	底設監査廊より 2 列, 列間隔 1 m 千鳥, 孔間隔 3 m で施工, P_1 孔は孔間隔 48 m, 深さ 85 m≒0.94H, P_2 孔は孔間隔 12 m, 深さ 75 m≒0.83H, 一般孔は孔間隔 3 m で深さ 65 m≒0.72H と全般に深い施工, 改良目標値は 1 Lu.	主カーテンの上下流に各 1 列, 一般孔の 1/2 (32.5 m) の深さまで孔間隔 3 m で施工, その他にブランケットの主カーテン寄り 2 列は列・孔間隔 3 m, 深さ 15 m.
三国川ダム[84]	119.5 m/1993 年	底設監査廊より 2 列, 列間隔 1 m 千鳥, 孔間隔 3 m で施工, P_1 孔は孔間隔 24 m, 深さ 110 m≒0.92H, P_2 孔は孔間隔 12 m, 深さ 100 m≒0.83H, 上流側の一般孔は 80 m≒0.67H, 下流側の一般孔は 60 m≒0.5H で施工, 改良目標値と施工深さの設定規準は 2 Lu.	主カーテン上下流側 3 列ずつ施工, 内列は主カーテンから 2 m 離れ孔間隔 3 m で 1 列, 深さ 30 m; 外列は内列から 1.5 m と 3.5 m に孔間隔 3 m, 深さ 15 m, 2 列施工.

安全性の確保という観点からは異論があり得る考え方である．すなわち，この種の地層が土質材料に近い性質を持ち，節理性岩盤に比べて空隙率が数十倍以上大きくて 5 ルジオン程度でも真の透水係数，あるいは発生する浸透流速の値は 2 ルジオン程度の節理性岩盤のそれと同程度かそれ以下であるから緩和し得るとした立場を明記すべきであったと考えられる．

また七ヶ宿ダムと三国川ダムは岩盤全体の改良目標値を 1～2 ルジオンと重力ダム並に設定しており，そのために三国川ダムでは約半分の孔数を占める下流側の一般孔は経験公式の範囲内に抑制したが，パイロット孔と上流側の一般孔は経験公式を上回る深さまで施工され，七ヶ宿ダムでは全般に他のダムより深くまで施工された．特に三国川ダムでは主カーテンの一般孔の施工深さを経験公式の範囲内に抑制すべくかなりの努力を払われたあとが見られるが，深部での改良目標値の設定が厳しかったために一般孔の半分程度の施工深さが経験公式を上回る結果となった（図 3.5.5 参照）．

このように第 3 期に完成したフィルダムではかなりのダムで，特に地質条件に恵まれなかったダムでも改良目標値を緩和し，このために施工深さが経験公式の範囲内にとどまったダムが多く見られた．しかし第 4 期に完成したフィルダムになると改良目標値を全く緩和しないか部分的に緩和したダムが主となり，地質状況は第 3 期に完成したフィルダムとはそれほど変わっていないと考えられるが，結果的に重力ダムほどではないが一般孔の施工深さが経験公式を上回るダムが多くなってきている．

一般的には各ダムのパイロット孔の施工深さは $(1～0.7)H$ となっているが，一般孔のそれは経験公式の範囲内に収めるように種々工夫されている．また阿木川ダムや七ヶ宿ダムなどでは重力ダム

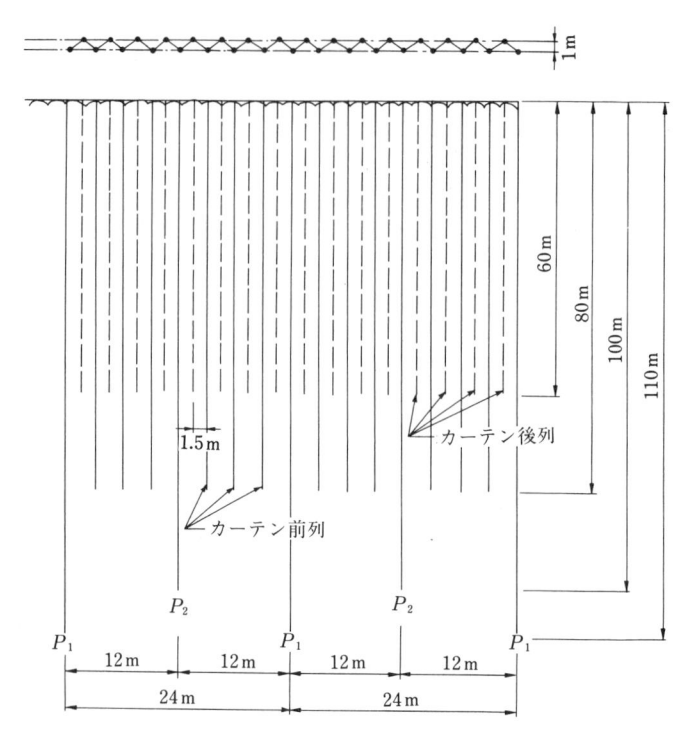

図 3.5.5 三国川ダム止水カーテン孔配置図（「三国川ダム工事誌」より）

の場合と同様に断層周辺部などの弱層部で H 以上の深さまで，孔間隔が密な追加孔が施工されている点も重力ダムと同様の問題点を提起している．

以上述べてきたように，この時期に完成したフィルダムはダム本体の基礎岩盤についてはコンクリートダムと同じ1～2ルジオンという厳しい改良目標値を設定したダムが増え，パイロット孔のみならず一般孔まで経験公式を上回るダムが増える傾向を示している．しかし重力ダムの定山渓ダムや玉川ダムに見られるような経験公式を一切考慮せずに，設定した改良目標値を施工範囲内のみならず施工範囲外にも残らないように徹底した施工を行ったダムは少なく，いずれのダムでも経験公式は施工深さが極端に広くなるのを防ぐ役割を果たしていたようである．

この改良目標値がフィルダムだけが緩和されるという考え方に対しては，同種の基礎岩盤を対象にした場合には工事担当者にとってはダムの安全性という面から不安を感じたのであろうか．コンクリートダムと同じ改良目標値を設定するダムが増え（七ヶ宿ダム・三国川ダム），改良目標値を緩和するにしても風化・変質が著しい部分（寒河江ダム・奈良俣ダム）や浸透路長が長くて水頭勾配が緩い深部（阿木川ダム）に限定しており，第3期に完成したフィルダムのように全面的に緩和したダムは見られなくなっている．

またこの時期に完成したフィルダムの止水処理で目立つのは補助カーテンの列数が増えて施工深さが大幅に深くなっていることである．この補助カーテンについては，日本の大規模なフィルダムでは最も初期に属する第2期に完成したダムではブランケットグラウチングとして主カーテンの上下流側に1～2列，深さ5～10 m（地質不良部では10～20 mにした例が見られるが）程度のごく小規模のものであった．

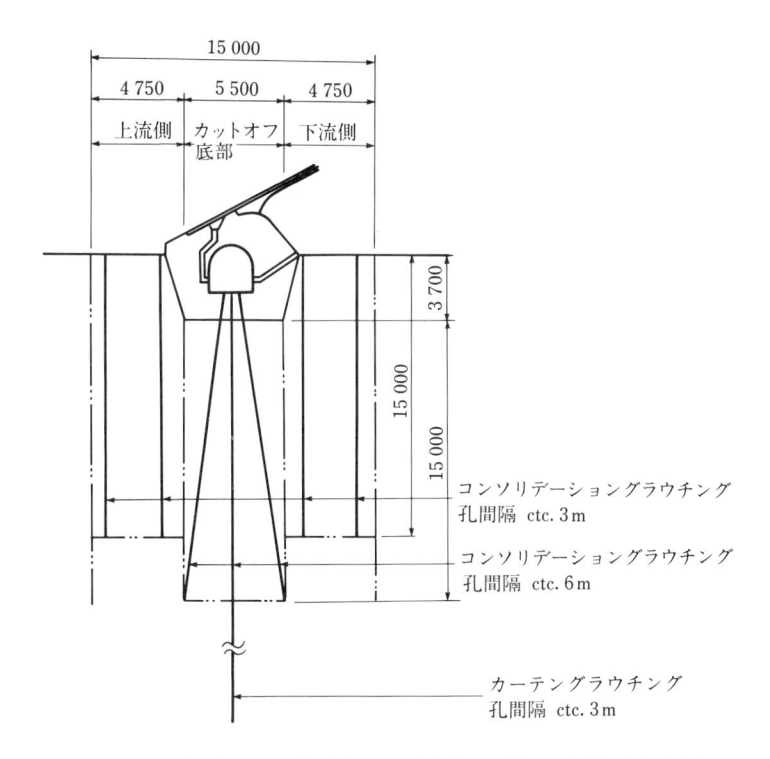

図 3.5.6 八汐ダムの主・補助カーテン孔配置図（川島・幸村・塚田より）

　これが第3期に完成した岩屋ダムでコア敷全面にブランケットグラウチングが施工されるようになると，以降ほとんどのフィルダムでコア敷全面にブランケットグラウチングが施工されるようになった．しかしこの時期のダムはブランケットグラウチングとは別に補助カーテンを施工したのは三保ダムのみで，それ以外のダムでは主カーテンに隣接した部分のブランケットグラウチングの施工深さはいずれも6～8mで，底設監査廊が設けられたダムでその周辺に3～8mの孔長の放射状のコンタクトグラウチングを兼ねた補助カーテンが施工されていたに過ぎなかった．

　これが第4期に完成したフィルダムになると補助カーテンは大幅に強化され，第4期の初期に完成したフィルダムでは主カーテンの上下流側にそれぞれ2列ずつ（寒河江ダム・奈良俣ダム）であった．しかし後半に完成したダム（七ヶ宿ダム・三国川ダム）になると上下流側に3列ずつとなり，施工深さも$H/3$～$H/4$程度と第3期以前の補助カーテンと比べると大幅に肥大化してきている．

　しかもこの時期のフィルダムでは，第3期以前に完成した大規模なアーチダムのコンソリデーショングラウチングに勝るとも劣らぬほど密な孔間隔と孔深のブランケットグラウチングが施工されている．これを同じ時期の重力ダムが同程度のコンソリデーショングラウチングしか施工していないにもかかわらず高々1列で$H/5$以下の補助カーテンのみが施工されていたのと比べると，各フィルダムとも補助カーテンとブランケットグラウチングの施工範囲と改良目標値に対して種々検討しているが，コンクリートダムや第3期以前のフィルダムのそれに比べて大幅に肥大化した姿が浮かび上がってくる．

　この点に関してはこの時期に完成した高さ90.5mのアスファルト表面遮水型フィルダムの八汐ダムでの主カーテン・補助カーテンの施工状況が参考になると考えられる．この型式のダムはダム本

表 3.5.7　第 4 期に完成した主要なフィルダムのブランケットグラウチングの概況

ダム名	ダム高/完成年	ブランケットグラウチング
阿木川ダム[80]	101.5 m/1990 年	コア敷全面とフィルター敷のコア寄り半分に対して施工，孔配置は施工深さ 13 m で 4 m 格子を 1～3 次孔とし，深さ 8 m で 2.8 m 格子を 4 次孔とし，深さ 3 m で 2 m 格子を 5 次孔として，5 次孔までを規定孔とし，8～13 m の深度では 3 次孔で，8～3 m の深度では 4 次孔で，改良目標値の 10 Lu と単位セメント注入量の 100 kg/m を上回った孔の周辺に追加施工，下位標高はカバーロックで施工，中位標高以上は節理・亀裂が多くて緩みも著しかったので，1 m 格子にスラッシュグラウチングを施工した後に施工，このほか主カーテンの中心線より上下流に 1.5 m の所に孔間隔 2 m，深さ 33 m および 3.5 m・5.5 m の所に孔間隔 2 m，深さ 13 m 2 列，計 3 列の補助カーテンをブランケットと同じ追加基準で施工.
寒河江ダム[81]	121.0 m/1990 年	コア敷全面に施工，孔間隔 4 m，列間隔 2 m 千鳥で，施工深さは河床部では 5 m，斜面部は 10 m，このうち主カーテン中心線から 2 m・4 m・6 m の上下流各 3 列は深さ 15 m で施工，このほか補助カーテンとして主カーテンから 3.5 m に深さ 40 m，同じく 5.5 m に深さ 30 m で孔間隔 4 m で施工，追加基準は 5 Lu および単位セメント注入量が 20 kg/m 以下，改良目標値も 5 Lu 以下.
奈良俣ダム[82]	158.0 m/1990 年	コア敷全面に施工，花崗岩の基礎岩盤を風化の度合により分類し，風化がない部分から軽度の風化部分は 4 m 格子で深さ 10 m，風化がかなり進行しているが節理が判別しうる部分は孔間隔 4 m，列間隔 2 m 千鳥で深さ 10 m を規定孔として施工，改良目標値は 10 Lu，風化がある程度進行している部分ではミルクの漏洩が著しいので先にスラッシュグラウチングを施工，補助カーテンは河床付近の堅硬な部分では施工せず，河床部断層周辺部では主カーテン中心線から 4.15 m 上下流に孔間隔 4 m，深さ 20 m 1 列，軽度な風化を受けている部分は主カーテン中心線から各々上下流に 4.15 m と 8.15 m に孔間隔 4 m，深さ 20 m 2 列とさらに 6.15 m に孔間隔 4 m，深さ 10 m で補助カーテンを施工.
七ヶ宿ダム[83]	90.0 m/1991 年	コア敷より 1 列外側まで施工，岩盤の種類により 5 種類に分け，①石英安山岩部は深さ 10 m で 3 m 格子，その格子の中に深さ 1.5 m 孔 4 本内挿，底設監査廊の上下流 2 列は孔間隔 3 m，列間隔 2 m で深さ 15 m，②弥太郎山安山岩部は孔間隔 6 m，列間隔 3 m 千鳥で深さ 8 m，底設監査廊の上下流 2 列は孔配置は①と同じで深さ 13 m，③弥太郎山凝灰岩部・変質安山岩部・赤井畑層凝灰岩部とは孔配置は①と同じで，深さが 5 m，底設監査廊の上下流 2 列は深さ 10 m，改良目標値は 5 Lu で施工，このほかに補助カーテンとして底設監査廊から主カーテンの上下流側に各々 1 列外側にやや傾けて孔間隔 3 m，深さは主カーテンの一般孔の深さの 1/2 (20～40 m) で施工.
三国川ダム[84]	119.5 m/1993 年	コア敷全面に 3 m 格子，深さ 7 m で改良目標値 5 Lu で施工，補助カーテンは主カーテンの中心線から上下流に 2 m の所にそれぞれ孔間隔 3 m，深さ 30 m で，4・5.5 m の所に孔間隔 1.5 m で深さ 15 m で改良目標値は設定せずに施工.
八汐ダム*[85]	90.5 m/1995 年	補助カーテンのみ施工，底設監査廊から主カーテンの上下流に孔間隔 6 m，鉛直よりそれぞれ 10° 上下流に 2 m の監査廊の底面より 15 m の深さまで各々 1 列，さらに岩盤表面から主カーテンから上下流に各々 3 m・7 m に孔間隔 3 m，深さ 15 m で 2 列，計 6 列，改良目標値は 5 Lu で施工（図 3.5.6）.
味噌川ダム[86]	140.0 m/1996 年	コア敷全面に施工，コア敷を地質状況により 4 種類に分け，①河床部および両岸下位標高部は孔間隔 3 m，列間隔 1.5 m，深さ 8 m で，②両岸中位標高までは 3 m 格子で深さ 8 m で，③右岸上部は②と同じ孔配置と深さに中央に深さ 4 m の孔を内挿し，④左岸上部は孔間隔 3 m，列間隔 1.5 m 千鳥で深さ 8 m で施工，改良目標値は 10 Lu，補助カーテンは主カーテンの上下流に各々 1 列，孔間隔 1.5 m，深さ 20 m で施工.

* アスファルト表面遮水型フィルダム

体の難透水部の幅が表面遮水壁とその裏側の狭い部分に限定されるので，止水カーテン前後の着岩部の水頭勾配は最も厳しく，浅い部分での主カーテンに対して最も補強が必要なダム型式である．八汐ダムでの主カーテンのパイロット孔や一般孔の配置や各々の施工深さなどを知ることができなかったので表 3.5.6 には記載せず，補助カーテンのみを表 3.5.7 に記載したが，図 3.5.6 に示すように補助カーテンとしては監査廊から主カーテンの上下流にそれぞれ外側に 10° 傾けて監査廊底面より 15 m の深さまで 1 列ずつと，主カーテンの上下流にそれぞれ 3 m と 7 m に掘削表面から孔間隔 3 m，深さ 15 m ≒ $H/6$ で 2 列ずつ，計 3 列ずつ施工されている[85]．

この八汐ダムの補助カーテンが無駄のない合理的なものであったか否かは別途検討すべき問題である．しかし通常のフィルダムでは補助カーテンの上下流のコア敷全面にブランケットグラウチングが施工されており，ダム本体での難透水ゾーンの幅も比較的広いことを考慮すれば，地質状況によっても異なるがゾーン型フィルダムでの補助カーテンは八汐ダムのそれよりはある程度低減した列数・孔深が本来の姿であろう．

　最後にこの時期に完成したフィルダムでのブランケットグラウチングの施工状況を概観してみよう．この時期に完成した主要なフィルダムでのブランケットグラウチングの施工状況の概略の姿は表3.5.7に示すようである．

　すなわち3.5.1項で指摘したように第3期の初期に完成した岩屋ダムでコア敷全面にブランケットグラウチングが施工された以降，ほとんどの大規模なフィルダムではコア敷全面のブランケットグラウチングが施工されるようになった．これに対応して，「技術指針」ではコア敷全面にブランケットグラウチングを施工し，重力ダムでのコンソリデーショングラウチングと同程度の良好な岩盤での2.5～3mの格子状の孔配置を標準とし，高ルジオン値・高単位セメント注入量の部分に追加孔を内挿する施工を提示した．このために第3期以前に完成した大規模なアーチダムのダム敷よりも孔間隔が密で孔深も深いグラウチングがフィルダムのコア敷全面に施工されるのが一般的となってきた．

　このようにこの時期に完成したフィルダムではブランケットグラウチングがコア敷全面に施工され，その施工状況は第3期以前に完成した大規模なアーチダムのコンソリデーショングラウチングと同程度かそれ以上の規模になった上に，補助カーテンが列数で重力ダムでの4～6倍，孔深で2倍以上と著しく肥大化した姿になっている．

　今後のフィルダム建設にあたってはこれらのダムでの基礎グラウチングの施工状況を単に最近の施工事例として参考にするのではなく，ブランケットグラウチング・補助カーテンの果たすべき役割とそれに対応した適切な施工範囲・孔配置・孔深などについて原点に立ち返って検討すべき時期にきていると考えられる．

3.5.4　第4期に完成した主要なダムの基礎グラウチングの特徴の要約

　以上第4期（1986年以降）に完成した主要なダムの基礎グラウチングの施工状況をコンクリートダムとフィルダムとに分けて概観してきた．この時期のダムの建設概況と基礎グラウチングの特徴を要約すると，

- ⓐ この時期には日本は世界有数の経済大国として円熟した経済状況にあったが，後半は大きな不況に見舞われ，2000年になっても確実な回復の兆しが見えない状態にある．このような社会情勢を受けてダム建設は堤体積が少ない形式のダム建設から汎用建設機械による大量施工へと大きく移行し，重力ダムの建設は拡張レアー工法やRCD工法へと移行した．このような技術的改善をうけて，重力ダムの建設数は再び増加してフィルダムの2倍近くとなり，アーチダムや中空重力ダムの建設数はさらに減少してきている．
- ⓑ 「技術指針」で止水カーテンの施工範囲を『所定の改良目標に達しない範囲…』と記述したことから，貯水池を浸透流から安全に護るためには改良目標値と同等なルジオン値の岩盤で覆う必要があるとの解釈が一般的となった．このために本来は各部分の真の浸透流速が目詰り

が促進される値，すなわち各々の部分での限界流速に対して充分余裕のある値以下に抑制されていれば貯水池からの浸透流量は低減傾向を示し，浸透流に対する安全性は充分確保されるはずである．しかし浸透路長が長くて水頭勾配が緩い深部や袖部も，また真の透水係数は低いが見掛けの透水係数が比較的高い値を示す粒度構成が良くて締まった土質材料に近い性質の地層も，すべて同一のルジオン値（見掛けの透水係数）まで低減させる必要があるとする考え方が支配的となってきた．

ⓒ ⓑに述べた動向と 3.5.1 項の (4) で述べたように経験公式が「技術指針」の解説にも記載されなくなったこととを受けて，重力ダムの止水カーテンの施工状況は第 3 期ではパイロット孔は $H/2$ 以上，H 以下まで施工して一般孔は経験公式の範囲内にとどめたダムが多かった．しかし第 4 期ではパイロット孔は H 以上，一般孔も 2 次孔あるいは規定孔すべてが経験公式以上の深さまで施工されたダム（定山渓ダム・弥栄ダム・玉川ダム・蓮ダムなど）がほとんどとなってきている．

ⓓ フィルダムの止水カーテンの施工状況については，第 3 期に完成したフィルダムでは 3.4.4 項のⓒに述べたように「施工指針」で止水カーテンの改良目標値を 2〜5 ルジオン超過確率 15%に緩和したのを受けて，改良目標値を 3〜5 ルジオンに緩和してそれと同等のルジオン値の岩盤まで施工したダムが多かった．これが第 4 期に完成した多くの大規模なフィルダムでは止水カーテンの改良目標値はコンクリートダムと同等に取るようになった．一方一部のダムでは着岩面より 50 m 以深の部分の改良目標値を 5 ルジオンに緩和したダム（阿木川ダム）や両リム部の変質・風化の著しい部分の改良目標値を緩和したダム（寒河江ダム・奈良俣ダム）が見られるようになった．このため改良目標値を部分的にも緩和しなかったフィルダムでは重力ダムと同様に一般孔の一部（三国川ダムと阿木川ダムの一部）またはそのすべてを経験公式より深くまで施工したダム（奈良俣ダムや七ヶ宿ダム）が見られるようになった．

ⓔ この時期の止水カーテンの施工で特に注目されるのは，断層周辺部での施工が極端に密な孔間隔（< 20 cm）で H を上回る深さまで施工されているダムが多く見られるようになったことである．このような断層周辺部での施工深さが深くて追加孔を施工した止水カーテンは一ツ瀬ダム・川俣ダム・青蓮寺ダム・釜房ダムなどの第 2 期に完成したダムでもすでに見られた．しかしこれらのダムでの断層周辺部の止水グラウチングは当該サイトで最も注目されていた断層周辺部に対して施工されたものであり，孔間隔は 1〜1.5 m で千鳥 2 列の主カーテンを含めて 3〜4 列程度の施工で，改良度合の不足は止水カーテンの厚さで補う方向の止水処理が主であった．

これに対してこの時期の止水カーテンの施工状況を見ると孔間隔が 20 cm 以下で施工深さが H 以上という極端な事例が多くなった．しかも当該ダムサイトで最も注目されていた断層やその周辺部ではなく，調査段階では見落とされていたり特に注目されていなかった小規模な断層の周辺部や弱層部でこのような極端な施工が行われた例（弥栄ダムの河床部右岸寄りや阿木川ダム河床部右岸寄り）が多く見られる．このような状況は高ルジオン値・高単位セメント注入量の部分の地質状況を充分調査したり，限界圧力以下での透水度を調査せずにただ通常のルジオンテストで改良目標値と同等なルジオン値を示す岩盤まで施工範囲を広げ，施工範囲内では通常のルジオンテストで改良目標値に改良されるまで，内挿法による追加孔の施

工のみで対応しようとした結果であると考えられる．

このような傾向はⓑに述べた考え方が強く影響していたと考えられる．

ⓕ 重力ダムのコンソリデーショングラウチングに関しては第4期では大規模なダムでもカバーコンクリートで施工されるようになった以外は，第3期ですでに中小規模の重力ダムでも第3期以前に完成した大規模なアーチダムと同程度かそれ以上の孔間隔・孔深で施工されていたので大きな変化は現れていない．

ⓖ フィルダムのブランケットグラウチングについては「技術指針」の規定を受けて主要なダムではコア敷全面に，第3期以前に完成した大規模なアーチダムと孔間隔・孔深とも同程度かそれ以上の施工がされるようになった．しかし一方では第3期の高瀬ダムや寺内ダムのように主カーテンに近い部分とその外側の部分とで孔間隔・孔深・改良目標値を変えたブランケットグラウチングを施工したダムはその姿を消している．

このようにアーチダムのダム敷に比べてはるかに緩い力学的条件下に置かれた上にかなり広いフィルダムのコア敷全面に，なぜ第3期以前に完成した大規模なアーチダムのコンソリデーショングラウチングと同程度のブランケットグラウチングが必要なのか疑問に感ぜられる．また第3期の初期までは大規模なフィルダムでも主カーテンの上下流に2列程度で深さが4〜10mと浅い補助カーテン的なものと，断層・破砕帯の周辺部などの弱層部にのみ施工されていたことを思い浮かべると，ブランケットグラウチングの目的とそれに適合した施工について原点に立ち返った検討が必要になっていると考えられる．

ⓗ フィルダムの補助カーテンについては，第3期に完成したフィルダムでは三保ダム以外ではコア敷全面に施工されたブランケットグラウチングとは別に施工した例は見られなかった．しかしこの時期に完成したダムではすべて別途施工され，第4期の前半に完成したダム（寒河江ダム・奈良俣ダム）では主カーテンの上下流に2列ずつ，$H/4$程度の深さで施工されていたが，後半に完成したダム（七ヶ宿ダム・三国川ダム）では主カーテンの上下流に3列ずつ$H/4 \sim H/3$の深さまで施工されるようになってきている．補助カーテンはすでに述べたように第3期に完成したフィルダムでは三保ダム以外ではブランケットグラウチングと別途施工されておらず，第4期の重力ダムでも1列で$H/5$程度の深さしか施工されていなかったことと比較すると，この時期のフィルダムの補助カーテンは大幅に肥大化した形となっている．

この点もブランケットグラウチングと同様にフィルダムの補助カーテンの果たすべき役割とそれに適合した姿を原点に立ち返って検討すべき時期にきていると考えられる．

という形にまとめることができる．

3.6 日本のダム基礎グラウチングの歴史的観点から見た問題点

以上前節まで戦後の約50年間を4つの時期に分けてその各々の時期における基礎グラウチングの変遷を歴史的に考察を加えてきた．

この考察を進めるにあたって，一般的な傾向を捉えるために意識的に特殊な止水対策が必要となる地層，すなわち石灰質な地層・新しい地質年代の高溶結な火山岩類を含む地層・固結度が低い地層（以下これらを総称して単に特殊な地層と記す）は避け，通常我々がダムサイトとして遭遇する

新第三紀中期以前の地層や花崗岩などを含む変成岩類など地殻の深部で続成硬化して最近の地質年代になって地表近くに現れ，地形侵食による緩みが生じて深部ほど低い透水度を示す地層（以下これらを総称して単に通常の地層と記す）での止水問題に対して検討を進めてきた．なおこれまでの検討で意識的に避けた特殊な地層での止水問題については次章の事例研究で個々の事例に着目して詳しく検討を加えることにする．

前節までに行ってきた検討の結果，通常の地層における基礎グラウチングに関する限り指針などの制定・改訂が極めて大きな影響を与えており，特に1972年の「施工指針」と1983年の「技術指針」はその後のダムの基礎グラウチングの施工状況に決定的な影響を与えていることが明らかになった．この50年余の間の変化を要約すると，

Ⓐ 指針類がこの50年余の間に主として各現場での独自の判断による見落としをなくしてより確実性が高い方向を指向して制定され，改訂されてきた．これを反映して，ダム基礎グラウチング全体が次第により安全性が高くて工事数量が増大する方向に変化してきており，より合理的・より経済的な方向を目指した改良は顕著ではない．

Ⓑ 止水カーテンについては，1960年代前半に黒部ダムの建設を契機にアメリカでの基礎グラウチングの施工法からイタリア・フランスの基礎グラウチングの考え方に準拠した施工法に大きく変換された以降，経験公式に基づいた施工深さの設定から，ルジオン値で止水カーテンの改良目標値を設定してその改良目標値と同等なルジオン値の岩盤まで施工するという方向に大きく変換された．

この変換は一度に行われたのではなくてダム形式によってかなり異なり，アーチダムでは第2期の比較的早い時期から新しい方式で施工されたダムが現れた．当時は地質条件に恵まれた上に侵食速度が速くて緩んだ部分が浅い部分に限定された地点に建設されたダムが多かったために，ごく一部のダム（裾花ダムなど）で経験公式以上の施工深さまで施工されたにとどまっていた．しかし第3期に入ると全面的に（真名川ダムと川治ダムのみを検討対象としていたが）止水カーテンの施工深さは経験公式を上回る深さまで施工されるようになった．

重力ダムでは第3期の前半に完成したダムまでは岩盤のルジオン値とは関係なく施工深さは経験公式に従って設定されたダムが多かった．しかし中期以降になると次第に岩盤のルジオン値に着目した施工深さの設定に軸足が移され，パイロット孔は $[H/2+C]$ または H の深さまで，一般孔は経験公式で示す $H/2$ まで施工されるのが主流となり，一部のダムでは一般孔も $0.75H$ まで（一庫ダム）施工されるようになった．これが第4期になると止水カーテンの施工深さは主として岩盤のルジオン値に着目して設定されるようになった．なお一部のダムでは経験公式が一般孔の施工深さの増大を抑制する歯止めとして働き，パイロット孔と1～2次孔までを改良目標値と同程度のルジオン値の岩盤まで，以後の規定孔を経験公式の範囲内にとどめる事例が見られた．しかし，全般的には，パイロット孔で $(1.25～0.7)H$，一般孔で $(0.7～0.5)H$ までと施工深さは一段と深くまで施工されるダムが多くなってきている．

一方フィルダムは「施工指針」で改良目標値を2～5ルジオン超過確率値85％以下と緩和したことを受けて，第3期ではかなりのダムで改良目標値を3～5ルジオンに緩和してそれと同程度のルジオンの岩盤までを施工深さとした．このためにパイロット孔は $H/2$ より深くまで施工されていたが，一般孔はほとんどのダムで経験公式を上回る深さまでは施工されていな

かった．しかし第4期になるとコンクリートダムと同程度の改良目標値を設定するダムが増え，改良目標値を2ルジオンに設定したダムでは一般孔も1〜2次孔は$0.7H$程度の深さまで施工されている．

ⓒ 元来止水カーテンの施工深さの経験公式はあくまでも一般的な方向を示すものであって，個々のダムサイトでの固有の状況に対応し得るものではない．

前項までの止水カーテンの施工深さの設定の経験公式から岩盤の透水度に着目した設定への移行に際しての問題点を検討するにあたって，もっぱら河床部での施工深さに焦点を絞って論を進めてきた．これは河床部での緩んだ部分の発達の原因が通常応力解放に限定されていて主として侵食速度などの地形的な要因に支配され，地質条件の影響は少ないために止水カーテンの考え方の変化が捉えやすいと考えられたからである．しかし両側の斜面部では緩んだ部分の発達の範囲は河谷の侵食速度のみならず斜面勾配・断層や破砕帯の有無・節理面の方向などの地質条件を含めたそのサイト特有の各種条件が大きく関係し，地形条件のほかに地質条件などによっても大きく異なってくる．このため両側の斜面部での施工深さを検討対象から外してもっぱら河床部での施工深さに着目して止水カーテンの施工深さ設定の考え方の変化に検討を加えてきた．

一方両側の斜面部やリム部の緩んだ部分の範囲はそれぞれの地点での固有の地質条件などの種々な要因の影響を受けているので，その部分の止水カーテンの施工深さの設定に際しては平均的な事例での経験に基づいた経験公式は使えないことになる．また特殊な地層，特に石灰質の地層・新しい地質年代の高溶結の火山岩類を含む火山性地層などでは，深部に空洞や開口した冷却節理が存在して高い透水度を示す部分が存在することがあるので，深部にこのような透水度が高い部分が存在していないことを前提とした経験公式は全く成り立たないことになる．これらの事情を考慮すれば，経験公式による施工深さの設定から岩盤の透水度に着目した設定への移行はあるべき方向への移行であったと考えられる．しかしこの移行を合理的に進めるためには改良目標値のより合理的な姿を追求し，単に1960年頃のイタリア・フランスのアルプス周辺での高いアーチダムでの考え方をそのまま用いるのではなく，我々がその後に積み重ねた数多くの経験や事例を分析し，節理性岩盤と土質材料に近い性質を持つ地層とを分け，さらに水頭勾配に対応して各々の部分に対しての改良目標値やそれに対応した止水カーテンの厚さなどについて検討して提示すべきであった．

以上通常の地層での数多くの工事経験や事例分析から止水カーテン先端付近の岩盤の透水度に関しては，

① 第3期に完成したフィルダム（大雪ダム・三保ダム・漆沢ダム・四時ダム・十勝ダムなど）や施工深さを経験公式により設定した重力ダム（石手川ダム・草木ダムなど）でのルジオンマップから，止水カーテン先端付近の岩盤のルジオン値が5ルジオン以下でも十分安全に湛水し得たダムはかなり存在していることが明らかになった．

② 今までの実績から通常の地層では揚水発電所の上池（玉原ダムなど）や地形が平坦で侵食速度がかなり遅かったような特殊な地形条件の地点（四十四田ダムなど）を除くと，今までに経験したダムの施工結果では，河床部での$H/2$程度の深部では止水上必要な岩盤の透水度を3〜5ルジオンとした場合と，施工深さを$H/2$とした経験公式とではほぼ

等価であったようである．

③ 通常の地層の深部での止水上必要な岩盤のルジオン値を2ルジオン以下とするか5ルジオン以下とするかによって，実際の施工にあたっては止水カーテンの施工深さや追加孔の必要性の有無にはかなりの相違が現れるようである．

これは3.4.4項のⓒに述べた第3期に完成したフィルダムで改良目標値を3～5ルジオンに緩和したダムでは，ほとんどのダムで経験公式の範囲内の施工で何ら問題が生ぜずに湛水し得ていた．これに対して同じ時期に完成して基礎岩盤の地質条件により恵まれていたと考えられていた重力ダムで一般孔の施工深さが経験公式を上回ったダムがかなりあったことからも言い得ることである．

また岩盤の状況によっても異なり，断層周辺部を含み極端な事例とも考えられるが，H以上の深度で8～9次孔までの追加孔の施工が行われた定山渓ダムや玉川ダムの河床部での止水カーテンのルジオン値超過確率図（図3.5.3）でも，注6)にも述べたようにこの統計処理には方法論的に問題があり，追加孔段階での統計処理した値がかなりの高ルジオン値に表示されている．このような方法論的な問題点も加わって改良目標値を5ルジオンに設定した場合には規定孔の3次孔までの施工で改良目標値を達成しているがこれを2ルジオンに設定した場合には8～9次孔までの追加孔の施工が必要となる結果が得られている．したがって深部での改良目標値を2ルジオン以下にするか5ルジオン以下にするかは止水カーテンの工事数量に極めて大きな影響を与えていると考えられ，この問題はダム建設の合理化の面から入念な検討が必要である（方法論的な誤りもこの相違を大幅に拡大しているが）．

④ 節理性岩盤は非均一性が著しく，今までの数多くの経験からは2ルジオン超過確率15%以下という値はその測定区間に開口節理が集中して大きな透水路となるような部分が残存していないことを保証する値であり，同5ルジオンはそのような部分が残存している可能性はかなり低いことを示す値であり，同10ルジオンはそのような部分が残存している可能性がある程度あることを示す値であった．このような経験からも止水カーテンの改良目標値の2ルジオン超過確率15%以下という値はこの種の岩盤の水頭勾配が急な浅い部分の止水カーテンに対しては妥当な値であると考えられる．しかし止水カーテンの$H/2$以上の深部になるとそのような透水度が高い浸透路が存在している可能性は低い上に，たとえあったとしてもその部分を通る浸透路長は長いので，その全長にわたって透水度が高い状態で上下流に連続している可能性は通常の地層では考えにくくなる．

以上を考慮すると，深部では緩和した改良目標値を設定しても差し支えないと考えられる．この点は①に述べた事例からも立証されている．

という形にまとめることができる．

ⓓ 止水カーテンの改良目標値を2ルジオン超過確率15%以下に設定し，その施工深さも改良目標値と同程度のルジオン値の岩盤までとした以降，断層周辺部などの弱層部での止水カーテンの施工深さが極めて深くて孔間隔が極端に密な施工事例が目立つようになってきている．このような傾向はこの種の部分では元来強度が低いために限界圧力が低く，通常のルジオンテストでは限界圧力以下での透水度の測定が困難である．このような状況にもかかわらず限界

圧力以下での丁寧な透水試験を行わずに，元々存在していなかった新たな浸透路を高い注入圧力で作った状態での透水度に着目して施工を進めた結果であると考えられる．

元来断層周辺部のように土質材料に近い性質を持つ地層では「技術指針」の［3.5.5 孔の配置および深さ］にもに述べられているように[87]，限界圧力が低くて急な水頭勾配に対する抵抗力が低いために列数の増加による厚みのある止水カーテンを形成する方が安全性が高い．さらにその空隙率が節理性岩盤に比べて数十～百倍程度と大きいために，ルジオン値のような見掛けの透水係数では数十～百倍程度の値でも真の透水係数は節理性岩盤と同程度の値で，同じ水頭勾配の下で同程度の浸透流速しか発生せず，節理性岩盤と同程度のルジオン値までは改良し得ない場合が多い．

このような特性から断層周辺部などの弱層部に節理性岩盤と同じ改良目標値を設定して内挿法によってのみ達成する必要はない．またあくまでもこのような改良目標値まで改良するように施工すると，第 4 期に完成したダムでよく見られたように $(1\sim1.4)H$ の施工深さで孔間隔も 20 cm 以下までという極端な施工を行う結果となると考えられる．

この問題を解決するためには断層周辺部のような土質材料に近い性質を持つ部分に対しては節理性岩盤とは別の透水試験方法と別の改良目標値を設定し，別の考え方に基づいて施工すべきであろう．

特にこのような限界圧力が低い部分では「技術指針」にも述べられているように急な水頭勾配に対する抵抗力が低い．このため狭い厚さで透水度が低い止水ゾーンを形成するとその部分には改良度合に対応した急な水頭勾配が形成され，その急な水頭勾配に対して抵抗力が低い止水カーテンが形成されることになる．一方改良度合は低くてもその改良度合の低さに対応した厚さが厚い止水ゾーンを形成し，止水ゾーン内の水頭勾配を緩く抑制するように施工すると，同じ止水効果が得られる上に抵抗力が低い水頭勾配に対して充分な安全性を持った止水ゾーンが形成されることに留意すべきである．

Ⓔ 重力ダムのコンソリデーショングラウチングについては第 1 期の中期までは断層周辺部など弱層部に対してのみ施工され，後期から小河内ダムなどの一部のダムで排水孔より上流側に止水目的のグラウチングが施工がされるようになった．

一方アーチダムでは力学的な面からも止水面からもより厳しい条件下にあったので当初からダム敷全面に施工されていた．また施工法もカバーロックを原則として，岩盤の状況に対応した不等間隔の孔配置の施工が多かった．第 2 期に入ると重力ダムもダム敷全面に施工されるようになり，次第に地質状況に対応した数種類の孔配置へ，さらには一定の孔配置に内挿法による追加孔の施工へと画一化した．さらに第 3 期以降では中小規模の重力ダムでもそれ以前に完成した大規模なアーチダムでのコンソリデーショングラウチングと同程度の孔配置を基本として，さらにこれに追加孔を施工するという肥大化した姿に変化してきている．

Ⓕ フィルダムのブランケットグラウチングについては，第 2 期までは主カーテンの周辺に補助カーテンの効果を期待したと考えられるが極めて浅いグラウチングが施工され，その他断層周辺部に施工されていたに過ぎなかった．しかし第 3 期の岩屋ダム以降コア敷全面に施工されるようになり，次第に孔間隔は密に，孔深はより深く施工されるようになり，第 4 期に完成した大規模なフィルダムでは第 2 期以後の中小規模の重力ダムと同様に大幅に肥大化した

姿になってきている．

Ⓖ 補助カーテンについては重力ダムでは第1期の中頃に完成したダムですでに施工され，その後大きな変化は起こっていない．フィルダムでは第2期では主カーテンの上下流側に1〜2列で深さ5m前後（九頭竜ダムでは10〜20m）の深さで施工されていたに過ぎない．また第3期で岩屋ダム以降コア敷全面のブランケットグラウチングが施工されるようになった以降も，第3期ではブランケットグラウチングと別の孔配置と孔深とで補助カーテンが施工されていたのは三保ダムのみであった．しかし第4期になるとすべての大規模なフィルダムで主カーテンの上下流に2〜3列ずつ，深さにして$H/3〜H/4$に達するような肥大化した姿に変化している．

という形にまとめることができる．

このうちⒺ・Ⓕ・Ⓖに述べた重力ダムのコンソリデーショングラウチング・フィルダムのブランケットグラウチングと補助カーテンについては，原点に立ち返ってその目的と果たすべき役割を明確にして，施工範囲・孔配置・孔深などについて合理的な姿を検討すべき時期にきていると考えられる．

このように日本の20世紀後半の50年余のダムの基礎グラウチングの変化を概観すると，絶えず肥大化の方向に向かって進んできた．その間に地形・地質条件に恵まれた地点から次第に地形・地質条件に恵まれない地点へとダム建設が進められてきたこともあって，その肥大化は地形・地質条件の面からもやむを得なかった面も一部にはある．しかし止水カーテンの施工範囲を拡大させたり，コンソリデーショングラウチングやブランケットグラウチングの工事数量を増大させる必要性を示す事例や工事資料もないまま，より高い安全性を求めて増大させていったことも否定できない．

またこのような変化が指針類が改訂されるたびに各現場での独自の判断による落ちこぼれを少なくし，より安全な施工を目指したためにやむを得なかった面があるにしても，貴重な経験を分析して検討を加えることにより合理化を目指すという点で充分でなかったことは否定できない．これらの点は今後十分な検討を加えてより合理化した姿への改善が必要と考えられる．

参考文献（3章）

1) 建設省東北地方建設局・北上川統合管理事務所；「田瀬ダム建設の記録」，pp.659〜661，昭和63年10月．
2) 関西電力株式会社；「丸山発電所工事誌，土木編」，pp.300〜361，昭和31年7月．
3) 鹿島建設五十里出張所；「五十里ダム工事誌」，pp.205〜213およびpp.374〜381，昭和34年11月．
4) 建設省近畿地方建設局十津川利水工事事務所；「猿谷ダム工事誌」，pp.92〜97，昭和36年3月．
5) 電源開発株式会社；「佐久間発電所竣功図集」，p.50．
6) 東京都水道局：「小河内ダム」，pp.79〜84，昭和35年6月．
7) 九州電力株式会社土木部；「上椎葉アーチダムの計画と施工」，pp.71〜73，昭和31年1月．
8) 関西電力株式会社；「殿山発電所工事誌　土木編」，pp.161〜192，昭和32年．
9) 建設省鳴子ダム工事事務所；「鳴子ダム工事誌」，p.498，1959年3月．
10) 富山県電気局；「室牧ダム及び発電所工事誌」，pp.267〜272，1963年4月．
11) 電源開発株式会社：「坂本アーチダム」，pp.156〜157，昭和38年2月，土木学会．
12) 土木学会岩盤力学委員会；「ダム基礎岩盤グラウチングの施工実例集」，pp.171〜174，昭和48年5月，土木学会．
13) 同上，pp.199〜202．
14) 電源開発株式会社；「池原発電所竣功図」，p.20，1965年3月．
15) 土木学会岩盤力学委員会；「ダム基礎岩盤グラウチングの施工実例集」，pp.206〜208，昭和48年5月，

参考文献　129

16) 同上, pp.194～197.
17) 同上, pp.186～187.
18) 中部地方建設局小渋ダム工事事務所;「小渋ダム工事誌」, pp.245～250, 昭和 44 年 4 月.
19) 土木学会岩盤力学委員会;「ダム基礎岩盤グラウチングの施工実例集」, pp.179～180, 昭和 48 年 5 月, 土木学会.
20) 同上, pp.253～257.
21) 同上, pp.267～271.
22) 同上, pp.240～243.
23) 同上, pp.233～236.
24) 同上, pp.3～6.
25) 鹿島建設奥只見出張所;「奥只見ダム工事誌」, pp.3-47～3-50, 昭和 35 年 11 月.
26) 福島県鮫川総合開発工事事務所;「高柴ダム工事報告書」, pp.154～160, 昭和 37 年 3 月.
27) 土木学会岩盤力学委員会;「ダム基礎岩盤グラウチングの施工実例集」, pp.86～87, 昭和 48 年 5 月, 土木学会.
28) 同上, pp.38～44.
29) 同上, pp.45～49.
　　および建設省菅沢ダム工事事務所;「菅沢ダム工事報告」, pp.198～208, 昭和 43 年 3 月.
30) 土木学会岩盤力学委員会;「ダム基礎岩盤グラウチングの施工実例集」, pp.103～109, 昭和 48 年 5 月, 土木学会.
31) 水資源開発公団下久保ダム建設所;「下久保ダム工事誌」, pp.186～194, 昭和 44 年 6 月.
32) 土木学会岩盤力学委員会;「ダム基礎岩盤グラウチングの施工実例集」, pp.120～125, 昭和 48 年 5 月, 土木学会.
33) 同上, pp.75～80.
34) 同上, pp.88～92.
35) 同上, pp.26～30.
36) 同上, pp.18～25.
37) 東北地方建設局目屋ダム工事事務所;「目屋ダム図集」, p.39.
38) 近畿地方建設局;「大野ダム建設工事の記録」, p.145.
39) 同上, pp.324～328.
40) 間組御母衣出張所;「御母衣ロックフィルダム工事誌」, p.41, 昭和 39 年 3 月.
41) 土木学会岩盤力学委員会;「ダム基礎岩盤グラウチングの施工実例集」, pp.309～316, 昭和 48 年 5 月, 土木学会.
42) 同上, pp.339～344.
43) 同上, pp.317～323.
44) 同上, pp.329～334.
45) 関西電力株式会社;「奥多々良木発電所工事誌」, pp.632～636, 1975 年.
46) 北海道電力株式会社;「新冠発電所工事誌」, pp.502～536, 昭和 50 年 2 月
47) 関西電力株式会社;「下小鳥発電所工事誌」, pp.530～537, 昭和 52 年 8 月.
48) 土木学会岩盤力学委員会;「ダム基礎岩盤グラウチングの施工指針」, p.9, pp.9～10, pp.56～57, pp.59～61, pp.71～73, pp.65～66.
49) 近畿地方建設局真名川ダム工事事務所;「真名川ダム工事誌」, pp.348～360, 昭和 54 年 7 月.
50) 関東地方建設局川治ダム工事事務所;「川治ダム工事誌」, pp.551～566, 昭和 59 年 3 月.
51) 水資源開発公団草木ダム建設所;「草木ダム工事誌」, pp.177～201, 昭和 53 年 3 月.
　　水資源開発公団草木ダム建設所;「草木ダム図面集」, pp.64～70, 昭和 52 年 3 月.
52) 土木学会;「ダム基礎岩盤グラウチングの施工実例集」, pp.13～17.
　　水資源開発公団早明浦ダム建設所;「早明浦ダム工事誌」, pp.317～342, 昭和 54 年 3 月.
53) 北陸地方建設局羽越工事事務所;「大石ダム工事誌」, pp.5-32～5-40, 昭和 55 年 3 月.
　　北陸地方建設局大石ダム工事事務所;「大石ダム（図集）」, pp.101～102, 昭和 54 年 3 月.
54) 中国地方建設局;「島地川ダム工事誌」, pp.346～378, 昭和 57 年 3 月.
55) 水資源開発公団一庫ダム建設所;「一庫ダム工事誌」, pp.295～329, 昭和 59 年 3 月.

水資源開発公団一庫ダム建設所；「一庫ダム図面集」, pp.60～65.
56) 北陸地方建設局大町ダム工事事務所；「大町ダム工事誌」, pp.447～474, 昭和61年3月.
57) 福島県；「東山ダム工事誌」, p.251, 昭和58年3月.
 山口県；「生身川総合開発事業資料集」, 前文のp.8, 昭和60年3月.
 富山県；「熊野川ダム工事誌」, p.282, 昭和60年3月.
 北海道；「新中野ダム工事誌」, p.291, 平成4年9月.
58) 北海道開発局；「大雪ダム工事記録」, pp.131～142, 昭和51年3月.
59) 水資源開発公団・中部電力株式会社；「岩屋ダム工事誌」, pp.323～324, pp.696～756, 昭和53年3月.
60) 神奈川県企業庁・鹿島建設株式会社；「三保ダム建設工事完成図」, pp.14～26, 昭和53年6月.
61) 東京電力株式会社；「高瀬川」, pp.578～603, 昭和56年10月.
62) 建設省, 石川県, 北陸電力株式会社, 電源開発株式会社；「手取川総合開発事業（手取川ダム）工事記録」, pp.206～220, 1982年4月.
 建設省, 石川県, 北陸電力株式会社, 電源開発株式会社；「手取川総合開発事業竣工図」, p.15, 1981年12月.
63) 宮城県土木部鳴瀬川総合開発建設事務所；「漆沢ダム工事誌」, pp.340～377, 昭和56年3月.
64) 東京電力株式会社；「玉原発電所建設工事報告」, pp.287～296, 昭和60年7月.
65) 福島県四時ダム建設事務所；「四時ダム工事誌」, pp.273～316, 昭和59年3月.
66) 北海道開発局帯広開発建設部；「十勝ダム工事誌」, pp.151～191, 昭和62年2月.
67) 水資源開発公団寺内ダム建設所；「寺内ダム図面集」, p.90, 昭和54年3月, および水資源開発公団寺内ダム建設所；「寺内ダム工事誌」, pp.351～354, 昭和54年3月.
68) 北海道開発局石狩川開発建設部；「漁川ダム工事記録」, pp.127～128 および p.139, 昭和56年3月.
69) 東北地方建設局白川ダム工事事務所；「白川ダム工事誌」, pp.479～481, 昭和56年11月.
70) 宮城県土木部仙台北部ダム建設事務所；「七北田ダム工事誌」, pp.343～358, 昭和60年3月.
71) 国土開発技術研究センター：「グラウチング技術指針」, pp.18～21, pp.14～15, pp.50～51, pp.40～45, pp.46～50, 昭和58年11月.
72) 四国地方建設局大渡ダム工事事務所：「大渡ダム工事誌」, pp.495～536, 昭和62年3月.
73) 九州地方建設局厳木ダム工事事務所：「厳木ダム工事誌」, pp.6-29～6-43, 昭和62年3月. および九州地方建設局厳木ダム工事事務所：「厳木ダム図集」, p.77 および pp.80～84, 昭和62年3月.
74) 東北地方建設局浅瀬石川ダム工事事務所：「浅瀬石川ダム工事誌」, pp.325～350, 平成元年3月. および東北地方建設局浅瀬石川ダム工事事務所：「浅瀬石川ダム図集」, pp.95～105, 平成元年3月.
75) 北海道開発局豊平川ダム統合管理所：「定山渓ダム工事記録」, pp.443～458, 平成4年3月.
76) 中国地方建設局弥栄ダム工事事務所：「弥栄ダム工事誌」, pp.461～503, 平成3年3月.
77) 東北地方建設局玉川ダム工事事務所：「玉川ダム工事誌」, pp.523～555, 平成3年3月.
78) 中部地方建設局蓮ダム工事事務所：「蓮ダム工事誌」, pp.405～440, 平成5年3月.
79) 福島県：「小玉ダム工事誌」, pp.287～299, 平成9年3月.
80) 水資源開発公団阿木川ダム建設所：「阿木川ダム工事誌」, pp.31～37 および pp.301～324, 平成3年3月.
81) 東北地方建設局寒河江ダム工事事務所：「寒河江ダム工事誌」, pp.444～472 および pp.656～674, 平成3年3月. および東北地方建設局寒河江ダム工事事務所：「寒河江ダム図集」, pp.119～123, 平成3年3月.
82) 水資源開発公団奈良俣ダム建設所：「奈良俣ダム工事誌」, pp.179～195 および pp.345～349, 平成3年3月. および水資源開発公団奈良俣ダム建設所：「奈良俣ダム図面集」, p.27, 平成3年3月.
83) 東北地方建設局七ヶ宿ダム工事事務所：「工事誌七ヶ宿ダム」, pp.84～85 および pp.375～394, 平成4年3月.
84) 北陸地方建設局三国川ダム工事事務所：「三国川ダム工事誌」, pp.375～383 および pp.598～624, 平成5年3月.
85) 川島文治, 幸村秀樹, 塚田智之：「表面遮水型ロックフィルダム・八汐ダムの設計・施工と挙動計測実績」, pp.76～88, 大ダム, No.166, 1999年1月.
86) 水資源開発公団味噌川ダム建設所；「味噌川ダム工事誌」, pp.3-81～3-83, pp.4-23～4-27, 平成8年11月.
87) 国土開発技術研究センター：「グラウチング技術指針」, p.57, 昭和58年11月.

第4章

グラウチングによる止水処理の事例研究

4.1 グラウチングによる止水処理の事例研究での問題点と着目点

　第3章においては戦後の50年余の間におけるダム基礎グラウチングの施工状況の変遷について考察を加えてきた．この際，問題を単純化するために，主として止水対策の対象となる部分が地形侵食により緩んだ部分に限られた地層，すなわち新第3紀中新世中期以前に生成されて地殻のかなり深い所で続成硬化し，最近の地質年代になって地表近くに現れた地層で，ある程度深い部分では低い透水度を示す通常の地層（以下単に通常の地層と記す）での施工状況の変遷を中心に工事誌などから調べ，その考え方の変化に対して考察を加えてきた．

　この際，特殊な止水対策が必要となる地層，すなわち溶食空洞を伴った石灰質な地層・新しい地質年代（鮮新世中期以降）の高溶結な火山岩類を含む地層・固結どの低い地層など（以下単に特殊な地層と記す）における施工事例は検討対象から外して考察を進めてきた．これは特殊な地層における基礎グラウチングは通常の地層でのそれとは大きく異なり，異なった観点からの止水対策や力学的性質の改良の検討が必要となり，特殊な地層での施工事例を含めて検討すると，通常の地層における基礎グラウチングの目的や効果に対する考え方の変化の検討に混乱が生ずる恐れがあったからであった．

　しかし我々がダム建設を進めるにあたって未経験な問題や困難な問題を提起するのはこれらの特殊な地層においてであり，特殊な地層での工事経験から多くの技術的に注目すべきことを習得してきた．

　本章では特殊な地層におけるグラウチングによる止水処理の施工事例を中心に通常の地層でも緩みが特に著しくて特殊な基礎グラウチングを行った事例など，注目すべきと考えられる事例の中で筆者が関係したり工事資料を入手し得たものについて検討を加えることにする．

　本章で述べる事例は問題別か地層別に述べる方が理解しやすいかとも考えられる．しかし実際のダムサイトでは例えば高溶結な火山岩に隣接して低溶結層や不整合面沿いに未固結な地層などが存在し，高溶結層特有の問題と固結度が低い地層の問題とが重複した形で提起される場合が多い．そこで，4.2～4.9節までは新しい地質年代の火山性地層と固結度の低い地層を中心に事例紹介を行い，4.10～4.11節で通常の地層で地形侵食による緩みが著しく，注目すべきグラウチングを施工した事例について検討を加えることにする．なお本章の事例研究から得られた事柄の地層別の考察と，しばしば遭遇するマサ化した花崗岩や断層での止水処理の簡単な事例紹介と考察は次章で述べることにする．

4.2 緑川ダムの更新世末期の火山性地層での止水処理

4.2.1 緑川ダムの概要

緑川ダムは1966年（昭和41年）4月に着工し，1971年（昭和46年）3月に完成したダムである．このダムは高さ76.5mの重力ダムの本ダムと右岸台地部の旧河床部に設けた高さ35mの補助ダムとから成っている．

本ダムサイトの地質は右岸中位標高以下から左岸側にかけては基盤をなす堅硬な花崗閃緑岩が露頭している．一方，右岸の上位標高から右岸側に広がる台地部は更新世末期の数回にわたる阿蘇の火山活動による火砕流堆積層（主として10〜12万年前の阿蘇の3回目の大噴火による堆積層［以下Aso-3と記す］と8〜9万年前の4回目の大噴火による堆積層［以下Aso-4と記す］）とその前後に降下火山灰層を堆積している．このうち，特にAso-4の火砕流堆積層は主として開口度が著しい柱状節理が発達した厚さ20〜30mの高溶結凝灰岩層から成り，極めて高い透水度を示していた．

このダムが建設された時点ではこの種の地層の技術的問題点は充分に把握されておらず，このダムの建設を通してこの種の地層の問題点が浮き彫りにされ，工事を進めながら追加調査を行い，その結果に基づいて対応策が検討され，施工されたダムである．

このダム以前にこの種の地層上にダム建設が行われた事例は少なく，筆者の知る限りでは大分県の芹川ダム（重力ダム，高さ52.2m，1956年完成）と宮崎県の岩瀬ダム（重力ダム，高さ55.5m，1967年完成）があげられる．このうち，芹川ダムでは満水位以下に存在する高溶結凝灰岩層の分布範囲が比較的狭く，その部分を全面的に止水カーテンを施工することにより湛水することができた．また岩瀬ダムは左岸上部に低溶結凝灰岩が広く存在していたが，この層は極めて透水度は低くてその部分の地下水面も満水面以上にあったので，特別な止水対策を行わずに完成させることができた．

しかし緑川ダムの場合には右岸側台地部の満水位以下の標高に開口度が著しい柱状節理が発達した高溶結凝灰岩層が広く分布し，どの範囲までを止水処理の対象とすべきかの検討を行い，最終的には湛水と並行しながら追加止水工事を行うという困難な問題を克服して完成したダムである．

このダムの建設を通して得られた経験は，その後の更新世末期の火山活動により堆積した火砕流堆積地層上でのダム建設に際して有効に生かされ，その後の同類の地層が存在した漁川ダムや下湯ダムの建設に際しての極めて貴重な参考事例となった．

このダムは後述するように，建設の終了前の段階で更新世末期の火砕流堆積層の止水対策を基本的に見直してこの種の地層に対して再調査を行い，大幅な追加止水対策を行いつつ湛水したダムである．このため工事の進捗と止水対策の見直しとの時間的な関係はこのダムでの止水対策を理解する上で必要と考えられるのでそのおおよその経緯を示すと，

  1966年（昭和41年） 4月   工事着手，
  1967年（昭和42年）12月   掘削開始，
  1969年（昭和44年） 1月   本ダムのコンクリート打設開始，
  1970年（昭和45年）10月6日 湛水開始，
  1970年（昭和45年）12月3日 本体工事終了，
  1971年（昭和46年） 3月5日 貯水位が常時満水位に達し，

である．また止水処理関係の工事の経緯は，

1965年（昭和40年）	阿蘇火砕流堆積層および旧河床砂礫層に対する数次にわたるグラウチングテスト，
1968年（昭和43年）12月	当初計画のボーリング・グラウチング工事開始，
1969年（昭和44年）10月	右岸台地部の追加地質調査開始，
1970年（昭和45年）1月より	右岸台地部の電気検層・地下水位調査実施，
1970年（昭和45年）3月	当初計画の止水グラウチング工事終了，
1970年（昭和45年）7月より	右岸台地部の多孔式地下水流速測定実施，
1970年（昭和45年）8月～9月	右岸台地部の追加止水グラウチング工事案作成，
1970年（昭和45年）10月初旬より	右岸台地部の追加止水グラウチング工事開始，
1971年（昭和46年）3月初旬	追加グラウチング工事終了，

である．

4.2.2 緑川ダムの地質の概況

緑川ダムのダムサイトは九州北・中部に広く分布する領家花崗岩類の南縁近くにあり，ダム本体が乗る本川の左右岸にはこの花崗閃緑岩が露頭していた．一方，本川の右岸側には補助ダムを建設した旧河床部を隔てて広い台地が存在し，その旧河床部と広い台地部は阿蘇の火山活動による火砕流堆積層や降下堆積層などに厚く広く覆われていた．この火山性堆積層はAso-3・Aso-4とその間の火山活動による降下火山灰層（Qr_2）から成り，Aso-3の低溶結凝灰岩層（Wtl）はかなり透水度は低いが，Aso-4の高溶結凝灰岩層（Wth）は開口した柱状節理の発達が著しく，極めて高い透水度を示していた[1]．

図4.2.1はダム本体および右岸側の台地部の平面図を示しており，図4.2.2は右岸台地部の基盤岩の花崗閃緑岩の上面の等高線・追加調査でのボーリングの位置および追加調査での測線の位置を示しており，図4.2.3は図4.2.2のA～W-20測線，A～W-17測線での地質断面図を示している．

図4.2.2および図4.2.3から明らかなように，最下部の基盤は花崗閃緑岩から成るが調査孔W-13の周辺で基盤岩が島状に隆起しており，その両側（南側，北側）とも比較的平坦な花崗閃緑岩の基盤が広く分布し，その上に部分的に薄い旧河床砂礫層を介して阿蘇の火山活動による堆積層が広く覆っている．

この島状の隆起部（以後これを閃緑岩ドームと呼ぶ）の南側（本ダム・補助ダム側）と北側（右岸袖部とその奥側）とでは基盤上の阿蘇噴出物の堆積状況はかなり異なっていた．すなわち，北側では河床砂礫層の上に30～40mの厚さでWtl層が堆積し，その上に北側で厚く，南側の閃緑岩ドーム付近で消滅するQr_2層が，その上にWth層が20～30mの厚さで分布し，さらにその上にWtl層が薄く分布している．

一方，閃緑岩ドームの南側では旧河床堆積層および風化閃緑岩の上に薄いWtl層を介して厚さ20～30mのWth層が堆積し，その上にWtl層が薄く分布している．この分布状況の特徴はWth層は閃緑岩ドームの北側と南側とも10～30mの厚さで広く分布しているが，閃緑岩ドームの北側ではその下に30～40mの厚さのWtl層と0～20mの厚さのQr_2層が広く分布しているのに対し，閃緑岩ドームの南側ではWtl層はほとんど存在せず，Qr_2層は全く存在していないことである．

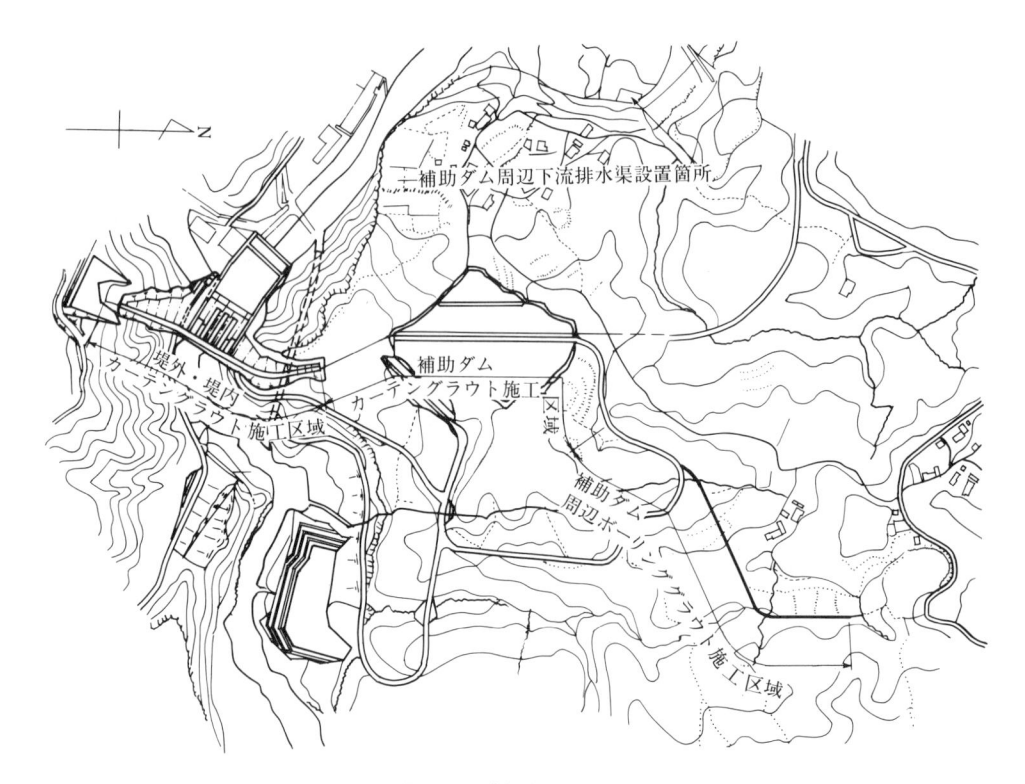

図 4.2.1 緑川ダム平面図

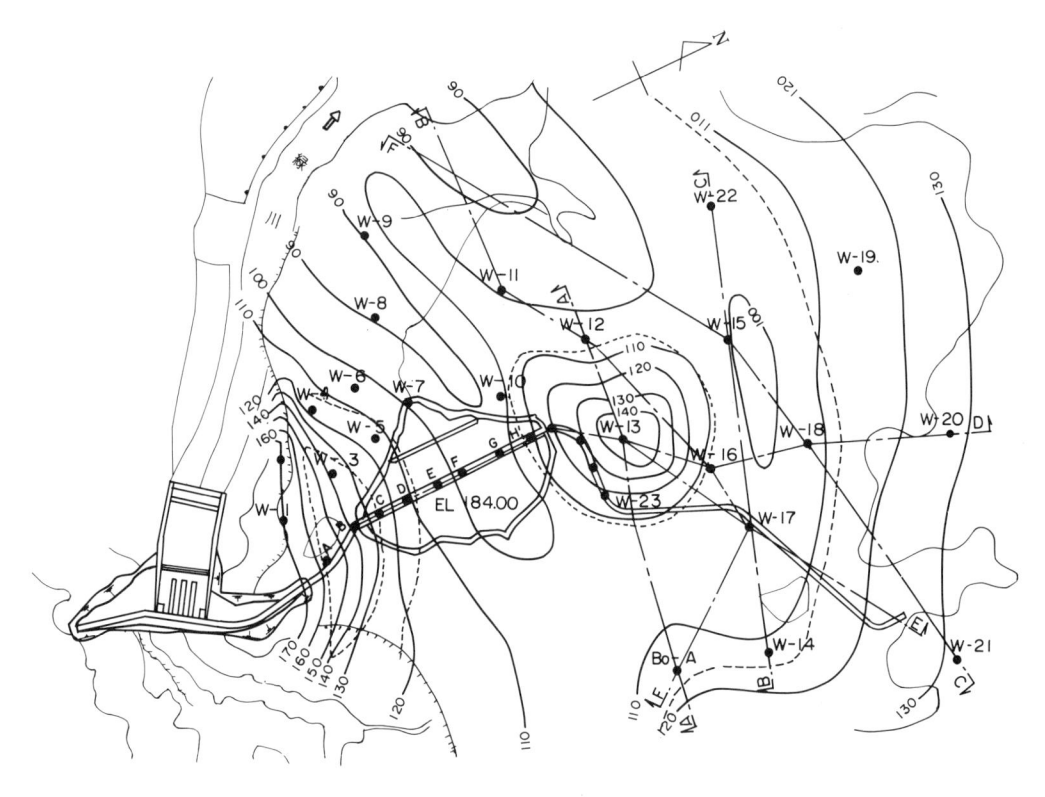

図 4.2.2 緑川ダム右岸台地部の基盤（閃緑花崗岩）等高線図と追加ボーリング配置図

(a) A～W20 測線

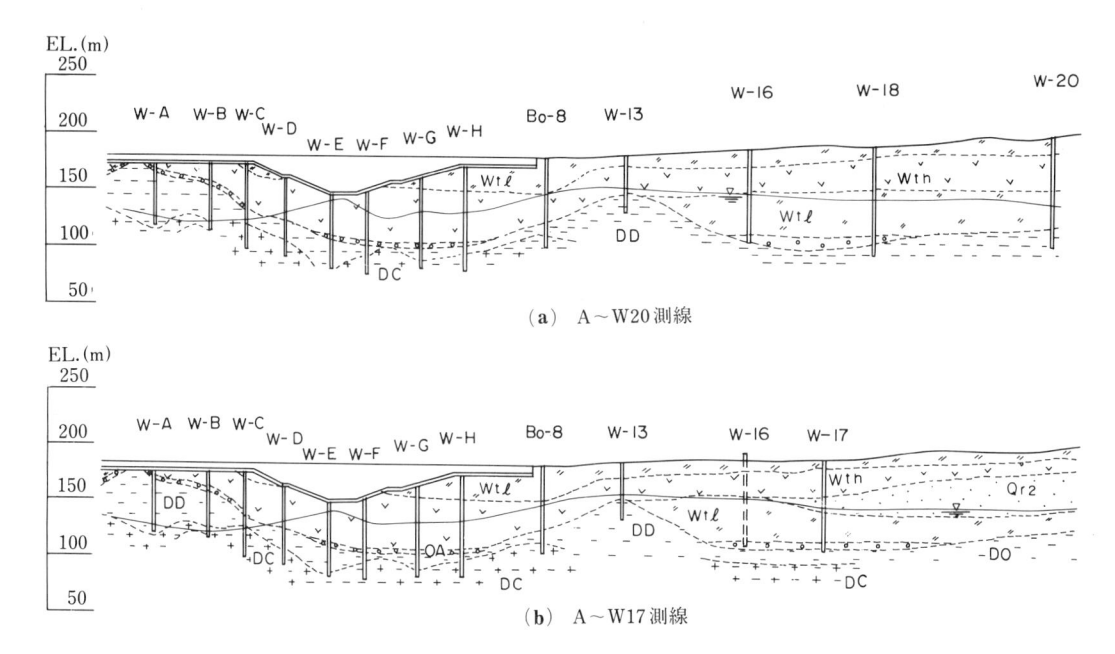

(b) A～W17 測線

図 **4.2.3** A～W-20 測線および A～W-17 測線沿いの地質断面図

地質関係の文献によると緑川ダムサイトの北側一帯には Aso-3 および Aso-4 の火砕流が堆積したとされており，Aso-3 が中・低溶結凝灰岩を堆積し，Aso-4 は主として高溶結凝灰岩を堆積したとされている[2]．

これから図 4.2.3 の閃緑岩ドームの北側低部に堆積している Wtl 層は Aso-3 の火砕流堆積層であり，閃緑岩ドームの南側の閃緑岩上面から閃緑岩ドームの北側の Wtl 層および Qr_2 層の上へと連続して堆積している Wth 層（その上下には下位の層や大気に触れ冷やされたため薄い低溶結部を伴っているが）は Aso-4 の火砕流堆積層と見られる．また閃緑岩ドームの北東側で Aso-3 と Aso-4 の溶結凝灰岩層の間に存在する Qr_2 層は，主として Aso-3 と Aso-4 の火砕流発生の間の 2～4 万年の間に堆積した阿蘇の火山性降下物堆積層と見られる．

以上のような地質状況から，右岸台地部での止水処理として特に注目すべき点は，

(1) 閃緑岩ドームの北側と南側の旧河床部に存在する河床砂礫層の透水度と止水対策．
(2) Aso-3 全体と Aso-4 の上下に薄く存在する Wtl 層の透水度と止水対策．
(3) 閃緑岩ドームの北側で Aso-3 と Aso-4 の間に存在する Qr_2 層の透水度と耐水頭勾配性（水頭勾配によるパイピングなどの損傷に対する抵抗力，以下同じ）およびそれに対する対応策．
(4) Aso-4 の Wth 層の透水度と止水対策．
(5) 風化花崗閃緑岩の透水度と止水対策．

の 5 点に要約されることになる．

これらの点については当初から問題点として検討され，工事の初期段階において当時としては初めての本格的な一連のグラウチングテストが行われ[3]，Wth 層はグラウチング前のルジオン値はかなり高いがグラウチングによる改良効果は著しい．一方 Wtl 層・旧河床堆積層・風化閃緑花崗岩・Qr_2 層などは改良効果はあまり良くないが，5 ルジオン程度までの改良は可能であるとの結果が得

られ，補助ダムの右岸アバットメントより約 180 m 北東側の所まで止水カーテンを施工するということで当初計画は立てられた（図 4.2.1）．

この当初計画の施工範囲を決めた根拠については現時点で資料を調べてもはっきりしない．恐らくはこれ以上の延長は工費的に見ても大変であるし，ここまで止水カーテンを施工すればその浸透路長から見て許容されると考えたものと推察される[注8]．

4.2.3 緑川ダムの右岸台地部の追加調査と追加止水工事

4.2.1 項に示したように，このダムではダム工事がかなり進行した段階から右岸台地部の地質状況とその透水度についての追加調査が開始され，その結果に基づいて当初案は根本的に見直され，湛水と並行して右岸台地部での止水カーテンの大幅な追加工事が行われた．

当初から阿蘇の火砕流堆積層の止水にはより慎重な検討が必要であるとの指摘は一部の関係者からあったが，これ以前の事例では当初案以上に止水線を延長した事例は少なく，かなりの工事費が必要となることを考慮して当初案は作成されたようである．しかし工事の進捗に伴ってこの種の地層，特に Wth 層の透水度には極めて厳しいものがあるという認識が高まり，特に，

⑦ 補助ダムの基礎の止水カーテンを施工した際，Wth 層内の開口節理を通してのものと推定されたが，約 500 m 下流までセメントミルクが流出したこと．

④ Wth 層の露頭でかなりの開口した柱状節理が見られた．さらに補助ダムの基礎の Wth 層の中に旧発電用水路があり，これを閉塞するためにライニングを取り外したところ，この層の内部にも幅 10 cm 以上に及ぶ開口した節理が数多く発見され，このような状況では浸透路長を延ばすことによって浸透流量を低減させることはできないと考えられたこと．

などにより，右岸台地部の止水対策は抜本的に見直す必要があるという認識が強くなった．このような情勢から当初計画の止水工事が終了するおおよそ半年前から当初の止水計画では止水カーテンの施工範囲に含まれていなかった閃緑岩ドームの北側の台地部の広い範囲にわたって地質調査を行った．すなわちその部分の地層の分布状態について入念に調べるとともに電気検層・地下水位測定・浸透流速測定などを行い，これら各層内の地下水流の状況について綿密な追加調査が行われた[4]．

これらの追加調査から，

ⓐ 図 4.2.2 に示すような右岸台地部の基盤の花崗閃緑岩の標高分布が明らかとなり，

ⓑ 図 4.2.3 (a), (b) に示すような閃緑花崗岩を覆う阿蘇火砕流堆積層などの成層関係とその分布状況が明らかとなり，

ⓒ 地下水面は Aso-4 の Wth 層の下面とほぼ一致し，

[注8] 以下に述べる記述は筆者の記憶にあった検討で，今回現存する資料や当時の工事関係者にその資料の存在を確かめたが確認できなかったが，この種の地層内の浸透流の特徴を示す例となると考えられるので，参考までに当時の記憶をさかのぼりつつ止水カーテンの外側を迂回する漏水量の推定計算を示すことにする（あるいは記憶違いの可能性もあるが）．すなわち，当初計画の止水カーテンの外側より約 500 m 幅で漏水が生じた場合の漏水量の推定を行った．この部分では満水面下の阿蘇火砕流堆積層・旧河床砂礫層・風化閃緑岩の厚さは約 60 m である．これらの層の透水係数は地質調査およびグラウチングテストから得られたルジオン値は 20〜30 ルジオンであるから，換算して 3×10^{-4} cm/s と仮定した．浸透路長は約 700〜800 m であり，水頭勾配は約 1/10 と考えられた．上流側の流入部の水深は約 60 m であるが，浸潤面が形成された後の浸透流の水深は下流ほど浅くなり，平均 30 m と仮定すると，

$$Q = 500 \text{m} \times (1/10) \times 3 \times 10^{-4} \text{cm/s} \times 30 \text{m} = 4.5 \, l/\text{s} = 270 \, l/\text{min}$$

となり，この広い範囲での漏水量としては特に問題となる量ではないという計算結果となった．これは開口度合の著しい節理性岩盤の漏水量がルジオン値から換算した透水係数を用いた浸透流解析の結果が，実際と著しく異なる例として筆者の頭に強く印象付けられていたので，不正確ではあるがあえて記述した次第である．

ⓓ 高溶結凝灰岩層内の地下水流速は極めて速く，1/10～1/20以下のかなり緩い水頭勾配でも1～2 cm/s程度のnon Darcy流と考えざるを得ない流速で流れており，

ⓔ いずれも下流のポンプ小屋付近（図4.2.1の排水渠設置箇所）で地表に流出している，

などが明らかになった．

以上からWth層以外の層ではDarcyの法則に基づいて浸透路長を長く取ることによる漏水量の低減を期待することは許されるが，Wth層内では浸透流はnon Darcy流となっているためにこのような考え方は適用できず，満水位以下に存在するこの種の層に対しては止水カーテンの施工は不可欠であると考えられるに至った．

なおこの時点でWth層の真の透水係数を流速測定結果から求め，面的な空隙率を2%と仮定して見掛けの透水係数を推定すると$k' = 3 \sim 4 \times 10^{-1}$ cm/sとなり，この値は当時の常識からすると桁外れに大きい値であった．一方このWth層内で測定されたルジオン値は20ルジオン以上（損失水頭の補正を行っていない値で，補正を行えば50ルジオン以上）で，これから換算された見掛けの透水係数は$2 \sim 3 \times 10^{-4}$ cm/s（補正を行えば$5 \sim 8 \times 10^{-4}$ cm/s）となり，両者の間には10^{-3}程度の相違があった．そこで測定された流速から求めた見掛けの透水係数（$k' = 1 \times 10^{-1}$ cm/s）と，念のためこの値をルジオン値から換算した値にやや近づけて1/10した透水係数（$k' = 1 \times 10^{-2}$ cm/s）の二種の値を用い，他の低固結層のそれを$k' = 1 \times 10^{-4}$ cm/sと仮定して簡単なモデルで流路幅450 mに対し漏水量を概算し，それぞれ約$50 \text{ m}^3/\text{min}$，$5 \text{ m}^3/\text{min}$という漏水量が計算された[注9]．

以上の追加調査の結果は1970年8月末に整理され，その結果少なくとも満水位以下に存在するWth層に対しては入念な止水カーテンを施工することが不可欠であるという結論に達した[8]．これら一連の調査結果によるとWth層は北側よりも北東側で高い標高に分布しており，図4.2.2のW-17とW-21の中間点付近より北東側では満水位標高以下にはWth層は存在しないことが明らかになったので，満水位以下に存在するWth層のみを対象に追加カーテンを施工することに決定した[4]．この追加カーテンの止水面の水平延長は約470 mに達することになった．

このダムの工事計画では1970年10月6日湛水を開始し，1971年3月初旬には満水位まで上昇させて3月末に竣功式を行うことはすでに決まっており，これを変更することは諸般の状況から困難な情勢下にあった．このため追加止水工事は孔間隔2 mで1列の止水カーテン施工することにし，16 m間隔の1次孔の施工を10月中旬から，8 m間隔の2次孔の施工を11月下旬から，12月初旬からは4 m間隔の3次孔の施工を，1971年1月より2 m間隔の4次孔の施工を開始し，満水位に達する1971年3月初旬には全止水グラウチングを終了させるという工程で追加カーテンの施工が着手された．この間のグラウチングの進捗状況・貯水位・漏水量の変化は図4.2.4に示すとおりである．これらの漏水は追加調査の際に地下水流出が観測された地点のみに集中して現れ，ここに排

[注9] 追加調査で行われた浸透流速測定結果では前述したようにWth層の中では水頭勾配が約1/10で1.5～2.0 cm/sの流速が観測されていた．これから真の透水係数を求めると$k = 15 \sim 20$ cm/sとなり，面的な空隙率を2%と仮定して見掛けの透水係数を求めると$k' = 3 \sim 4 \times 10^{-1}$ cm/sとなる．この数値は異常に大きかったのでやや小さい値を検討に用いた．なお湛水後実際に生じた漏水状況について述べると，ポンプ小屋付近に設けられた三角堰による漏水量測定結果によると初期湛水時の漏水量$3 \text{ m}^3/\text{min}$，現在最大$1.5 \text{ m}^3/\text{min}$強であることは，湛水を行いながら満水位以下のWth層に対し，止水カーテンを施工したことを考慮すると，Wth層の透水係数を1×10^{-1} cm/sと仮定した計算は実際に生じた現象に近いものであり，当ダムのWth層内の浸透流量に関しては浸透流速から換算した結果は実際に近い値を示していたが，ルジオン値から換算して計算した結果は実態からは大きく離れたものであったということができる．

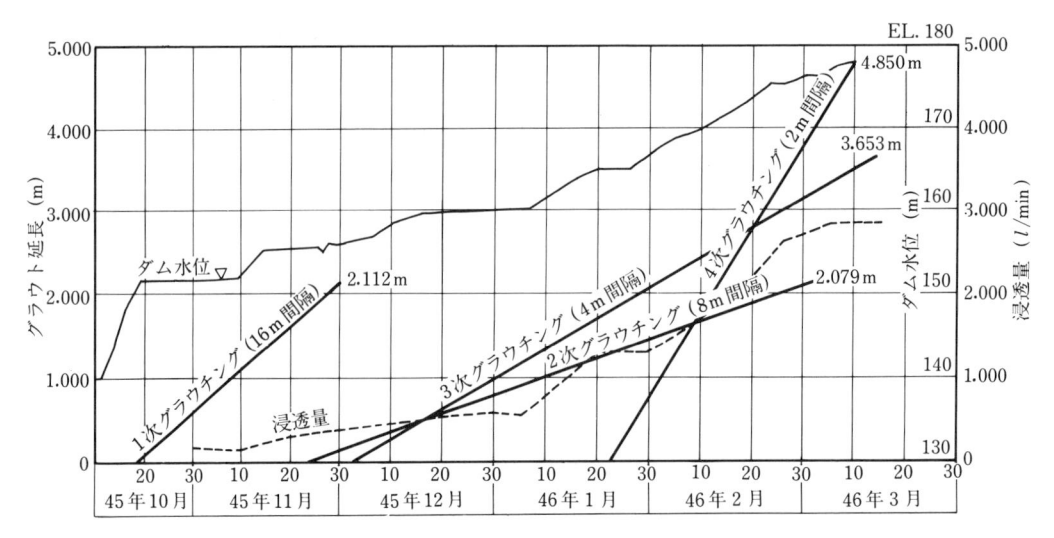

図 4.2.4 貯水位–漏水量–追加グラウチング進捗状況相関図(「緑川ダム所報 No.4」より)

水渠を設けて漏水量を測定したのでその量もかなりの精度で測定することができた．

漏水量は図 4.2.4 からも明らかなように貯水位が EL.160 m を越える頃から急増している．これは図 4.2.3 (b) にも示されているように追加カーテンが行われた部分（図 4.2.2 の W-17 から東北東の方向）の Wth 層は EL.160 m 以上に分布しており，貯水位がこの標高を越えた 1971 年 1 月初旬では，8 m 間隔の 2 次孔の施工と 4 m 間隔の 3 次孔の施工はまだ 1/3 程度の進捗状況にあり，止水効果が不充分な状況下にあったためと考えられる．その後漏水量は 2 月中旬までは増加し続けたが，3 月初旬以降は貯水位が上昇しても漏水量はほとんど増加しなくなっている．これは 2 月中旬になると 2 次孔の施工はほぼ終了し，3 次孔の施工および 2 m 間隔の 4 次孔の施工も最終段階に達して追加止水工事の効果も現れたためと考えられる．

このダムでは初期湛水時には満水位で 3 m^3/min 弱の漏水量が観測された．しかし，22 年経過した 1993 年に行われた総合点検のときの調査結果[5]によると，1975 年以降 EL.175 m 以上の貯水位での測定値が少ないために正確な比較はできないが，最大で 1.5 m^3/min 程度にとどまっており，少なくともこの 20 年余の間に浸透路に目詰りを生じて湛水初期と比較して約半分程度に減少してきている．

これらの測定結果を観察すると，この追加調査とその結果に基づいた解釈はこのダムの右岸袖部の地層の特徴を明確に捉え，湛水後に起り得る現象を的確に予測したものであった．さらに追加工事は厳しい時間的制約と貯水位の上昇という困難な条件下に立派に所期の目的を果たし，もし追加工事が行われなければ数十 m^3/min に及ぶ漏水が生ずる可能性があったのを未然に防ぎ，その後の浸透路の目詰りにより漏水量が減少して，時間経過とともにダムの止水面での安全性が増していく状態にすることができた．

4.2.4 緑川ダムの止水上の問題点の要約

以上述べた経緯をたどりながら，緑川ダムは右岸側に更新世末期の火砕流堆積層が広く分布する地域であり，工事半ばを過ぎた時点からこれらの地層に対する入念な追加調査を行い，これに基づいた追加止水工事を湛水と並行して行うという困難を乗り越え，当初の工期内に安全なダムを完成することができた．

このダムの建設を通して更新世末期の陸成火山岩地帯でのダム建設に伴う止水面での困難な問題の一端に遭遇し，この種の地層の止水対策のあり方について貴重な経験と知識を得た．この種の更新世末期の火山岩類の止水上の問題点を要約すると，

① 更新世末期の火山岩活動により生成された地層の多くは陸成火山の噴出物の堆積により生成されているため，堆積以前の地形は尾根や沢などがあり，その上に不規則な形で堆積しており，堆積後も直ちに侵食作用を受け，各層の分布が複雑である．

② 生成されてからの年月が短く上載荷重も小さいことから，低溶結層は固結度は低いが透水度は低いことが多いが，降下堆積層は比較的透水度が高い場合が多く，特に降下軽石質またはスコリヤ質火山灰層では耐水頭勾配性が低い層が多い．一方高温で堆積した層，すなわち火山岩および高溶結凝灰岩層は冷却して固結した際に開口度が著しい冷却節理が発達し[注10]，生成後の年月が短くて上載荷重が小さいときは生成時と変わらない開口節理が残存しており，この中を極めて速い流速で浸透流が流れ，non Darcy 流となっている場合も多い．特に緑川ダムの高溶結凝灰岩層の中には10 cm 以上に及ぶ柱状の開口節理が観察されたといわれている．一般に高溶結凝灰岩層は不整合面沿いの未固結の地層やそれらに接した低溶結凝灰岩層などの固結度が低くて変形性が大きい層の上に乗っている場合が多い．このため，堆積後の河谷の侵食により侵食斜面に近い部分の柱状体は川側に傾き，節理面の上部はさらに大きく開口し，時にはその開口幅が 20～30 cm に達する場合もしばしばである（注10) 参照).

③ これらの高溶結層は極めて透水度が高くてルジオン値から換算した見掛けの透水係数を用いた浸透流解析は実態と著しく異なった結果しか得られず，浸透流も non Darcy 流になっているために浸透路長を長くすることによる止水効果を期待することはできない．

④ この種の開口度の著しい節理を伴ったごく新しい地質年代の高溶結の火山岩類は，③に述べたような透水特性を持っている．このため，この種の地層が満水位以下の標高で貯水池からダムの下流側に連続した状態で存在するときは，かなりの深部や側方でも必ずグラウチングなどの止水処理によりその層沿いの浸透路を遮断する必要がある．

⑤ 浸透流速の測定値から求めた真の透水係数を用いた漏水量の予測値は，用いたモデルが極めて単純化したものであったので1桁目の精度にも問題はあったが，オーダー的には実態に近い値を示していておおよその推定には用い得るものであった．このことは地下水流速測定の結果と面的な空隙率の数%以下という仮定から求めた見掛けの透水係数の値はこの種の地層

[注10] 単純な熱収縮の計算によれば流出時の溶岩の温度は約 1000°C，高温火砕流の温度は約 500°C 以上といわれているが，常温における岩石の熱膨張係数はおおよそ 1×10^{-5} であり，高温下ではそれよりかなり大きい値を示すといわれているから，500°C の温度降下で少なくとも $1000 \text{ mm} \times 500°C \times 10^{-5} = 5 \text{ mm}$ からそれ以上の収縮が 1 m の岩体で生じ，1 m ごとに 5～10 mm 程度の開口亀裂が生ずる可能性がある．特に高溶結の凝灰岩の場合には一般にその中央部では鉛直な柱状節理が発達し，その下の不整合面には未固結層，その上には低溶結層が存在し，これらの弱層部が柱状体に対して一種のヒンジとして働くので，この高溶結層を河谷が侵食すると，残った高溶結の柱状体は大きく川側に傾き，川岸に近い部分の上部は 20～30 cm も開口することはしばしばである．

内の浸透流のおおよその実態を捉えており，ルジオン値から求めた透水係数の値はこの種の地層では実態から大きくかけ離れていることを示していた．

⑥ 高溶結層は多くの開口度の著しい節理が発達して透水度は極めて高いが，グラウチングによる止水効果も顕著である．しかしその反面止水カーテンの前後で極めて急な水頭勾配が形成されるので，この種の層に接して未固結層や軽石質火山灰層などが存在する場合には，これらの層での耐水頭勾配性に対する配慮が必要になる．

と要約することができる．

この緑川ダムでの経験を通して，

Ⓐ 更新世後期以降の火山活動地域における止水対策の難しさを知らされ，その問題点として次の3点について特に留意する必要があることを認識した．すなわち，
  i) 高溶結層の節理の開口度の著しさと高透水性の著しさ，
  ii) 各層の固結度の相違の著しさと分布の複雑さ，
  iii) 基盤岩（少なくとも更新世初期以前の砕屑性堆積層や鮮新世初期以前の地層）が満水位以上の標高に上がるまでの透水度の調査と止水対策の検討．

Ⓑ 節理性岩盤の場合に損失水頭の補正を行わない場合の20ルジオン（緑川ダムの時点では補正を行っていなかったので10ルジオン）以上の地層の透水度はかなり高い．特に50ルジオン（補正を行っていない場合の20ルジオン）以上の層の場合には，その層内の浸透流はnon Darcy流となってかなり速い流速で流れる可能性が高い．したがって，このような高ルジオン値を示す部分の連続性を調べ，このような部分が満水位以下の標高で貯水池からダムの下流側に連続すると考えられる場合には，止水グラウチングを施工するなどにより浸透路を必ず遮断する必要がある．

Ⓒ 新しい地質年代の火山活動により堆積した地層上にダムを建設する場合には，高溶結凝灰岩層などの開口度の著しい地層が存在する可能性が高い．このため，止水処理を検討するにあたっては経験公式や通常の地層での経験や事例は参考にせず，あくまでも地質調査で捉えた各地層の分布と透水特性に着目して検討すべきである．

Ⓓ Ⓑで述べたような高ルジオン値を示す節理性岩盤はルジオン値から換算した透水係数を用いた浸透流解析ではかなり実態と異なった結果が得られることが多い．すなわち緑川ダムの開口した柱状節理が発達した高溶結凝灰岩層では実際の見掛けの透水係数とルジオン値から求めた見掛けの透水係数との間には10^3程度の相違があり，湛水後に観測された漏水量などの諸現象は流速から求めた見掛けの透水係数から推定したものに近かった．

という着目点を習得することができた．

4.3 松原・下筌ダムの鮮新世後期の火山性地層での止水処理

4.3.1 松原・下筌ダムの概要

松原・下筌ダムは筑後川総合開発事業の一環として1958年に着手され，約15年の歳月をかけて完成したダムである．松原ダムは高さ83mの重力ダム，下筌ダムは高さ98mのアーチダムで，両ダムが一体となって筑後川の洪水調節を行い，併せて発電を行うものとして建設された．

下筌ダムの右岸は蜂の巣城として有名になったダム建設反対運動の拠点となり（蜂の巣城の所有者の住居は下流側にある松原ダムの湛水域にあり，この用地問題を解決するために約15年余の年月がかかった），その用地問題の解決に多くの労力と時間とを要したダムであったが，その基礎岩盤が比較的新しい鮮新世末期の火山活動による陸成の火山性地層から成っていたので，止水面でもそれ以前には経験していなかった多くの困難な問題に遭遇し，これらを克服して完成したダムである．

松原・下筌ダムの建設のおおよその経緯を示すと次のとおりである．

1960年（昭和35年）	4月	工事事務所発足，
1965年（昭和40年）	5月	下筌ダム本体工事着手，
1966年（昭和41年）	3月	松原ダム本体工事着手，
1967年（昭和42年）	1月28日	下筌ダム本体打設開始，
1967年（昭和42年）	9月1日	松原ダム本体打設開始，
1969年（昭和44年）	3月1日	下筌ダム第1次湛水を開始，貯水位が計画最低水位（EL.292 m）に達した時点で津江水路（旧発電用水路）などにかなりの漏水が発生，応急対策を実施，
1969年（昭和44年）	8月31日	下筌ダム本体工事終了，
1969年（昭和44年）	11月1日	下筌ダム第2次湛水開始，貯水位が計画最低水位を超えた時点から主として右岸の奥を通して水叩部へかなりの漏水が発生，一連の浸透流の調査に着手，
1970年（昭和45年）	3月31日	松原ダム本体工事終了，
1970年（昭和45年）	12月初旬	下筌ダム追加止水工事に着手，
1970年（昭和45年）	12月11日	松原ダム第1次湛水を開始，貯水位がある程度上昇した時点から大山水路（旧発電用水路）などに漏水が発生，
1971年（昭和46年）	7月15日	松原ダム第2次湛水を開始，
1971年（昭和46年）	11月11日	下筌ダム第3次湛水を開始，
1972年（昭和47年）	1月9日	松原ダム第3次湛水を開始，
1972年（昭和47年）	3月末	下筌ダム追加止水工事終了，
1972年（昭和47年）	6月10日	下筌・松原ダムとも第3次湛水終了，
1976年（昭和51年）	8月	下筌・松原ダム第4次浸透流速測定実施．

以上からも明らかなようにこのダムの建設にあたっては用地問題が難航し，下筌ダムの右岸の蜂の巣城は土地収用法に基づく代執行により1964年秋より立ち入り可能となり，下筌ダム・松原ダムとも本体工事を進めることができるようになったが，松原ダムの湛水域内の用地問題の解決は最終的には1972年3月初旬までかかった．

このダムの建設計画では両ダムが一体となって操作してその効果が発揮されるように計画されていたので，下筌ダムは第1次の湛水を開始してからおおよそ3年，ダム本体が完成してからおおよそ2年半の間は正規の運用に入れなかった．このために止水上かなり複雑で困難な問題に直面したが，その間に3回にわたる試験湛水とトレーサーによる浸透流速の測定など一連の調査を行い，その結果に基づく対応策が検討され，実施された．また松原ダムはダムの本体工事が完了した後もおおよそ1年3か月の間，前述した湛水域の用地問題の一部が解決しなかったので，満水面よりは約30 m

低い水位までの2次にわたる試験湛水を行い，全用地問題が解決した後の1972年3月以降に満水位に達し，下筌ダムと同様に一連の浸透流調査を行い，その対応策を検討し，実施して完成した．

この両ダムの基礎岩盤の状況については次項で述べるが，鮮新世末期の陸成火山活動により生成された地層から成り，通常の基礎岩盤では考えられない深部や側方の奥の部分からの浸透流問題に遭遇し，試行錯誤を経て完成したダムである．

しかし前述したように本体工事が完成した以降，用地問題のために正規の運用に入るまでの間にかなりの時間的余裕があったので，浸透流量が多い段階や補強グラウチングが効果を発揮して明らかに目詰りが進行し始めた段階などの数次にわたる浸透流速の測定など，通常のダムでは行われた例が少ない一連の調査が行われた．このため，新しい地質年代の火山性地層での浸透流の問題とともに，実際のダムの基礎岩盤でどの程度の流速から目詰りが進行するかという点などで貴重な資料を提供しているダムである．

この松原・下筌ダムのなかで下筌ダムはアーチダムであり，筆者はその堤体設計と基礎岩盤の力学的安定性に対する検討とその対応策について担当していた．このため，このダムの浸透流問題に多少関係し，その経緯もある程度記述し得るので，下筌ダムの湛水時に生じた問題点を中心にその経緯を述べ，両ダムの建設で得られた止水対策上注目すべき点について検討を加えることにする．

4.3.2 松原・下筌ダムの地質の概況

筑後川上流の杖立川とその左支川の津江川との合流点付近は鮮新世以降，特に鮮新世末期から更新世にかけて火山活動が著しく，幾重にも火山性地層が堆積した地域である．

松原・下筌ダムが建設された時点ではまだ現在のような各地層の年代測定の手法も確立していなかったし，各層の分類や生成過程に関する研究も進んでいなかったために，両ダムの基礎岩盤はこの付近では最も古いと考えられていた中新世の火山岩類であるとされていた．さらに，地表踏査・ボーリング調査などの結果も比較的堅硬な岩盤が連続していたのでこの両ダムサイトが選定され，さらに詳細な地質調査が実施された．

しかしその後地層の年代測定方法も大幅に進歩し，筑後川流域の火山岩類に対してもその分類・成層関係・各地層の年代測定などの研究が数多く発表された結果，松原・下筌ダムの基礎岩盤はいずれも釈迦岳火山岩類の一部で鮮新世末期（約2400000年前）の火山岩類であるというのが現在の定説[6]となっている．

すでに述べたように，松原・下筌ダムの調査・工事の時点ではこれらのダムの基礎岩盤は中新世中期の火山岩類と考えられていたので，層位学的深度（過去に乗ったと推定される上載地層の最大厚さ）も3000m程度の地層と考えられた．しかし，室牧ダムなどで中新世中期の火山岩類上でのダム建設は充分経験済みとの判断があったが，実際にはかなり新しい地質年代の火山岩類で層位学的深度も数百m以下とかなり浅かったために充分締め固められず，開口節理が深部まで残存し，湛水初期に予想を超えた漏水問題に遭遇することになるが，止水カーテンを延長するなどの追加工事を行い，無事完成することができた．

前述したように下筌ダムの浸透流問題を中心に述べると，下筌ダムの基礎岩盤は下筌溶岩と小竹溶岩という二種類の安山岩（いずれも釈迦岳火山岩類の一部）から成り，ダムサイトの両岸および河床部は堅硬な下筌溶岩が露頭していた．また左岸および河床部は約100mほど下流付近から小竹

溶岩となっており，ボーリングや横坑調査によれば左右岸とも奥の部分は小竹溶岩で，ちょうど現ダムの位置を中心として小竹溶岩の中に下筌溶岩がネックとして貫入した形となり，両溶岩の接触部付近には幅 5～10 m の変質・破砕帯が数本存在していた．下筌溶岩はかなり堅硬で岩質においてはそれまでに経験した 100 m 級のアーチダムの基礎岩盤としては何ら遜色のないものであったが，節理はかなり発達していた．小竹溶岩は下筌溶岩に比較してやや軟質であったが，アーチダムを支える基礎の深部の岩盤としては問題ないと考えられたが，前述した両溶岩の接触部およびそれに平行した変質・破砕帯の存在がこのダムの基礎岩盤の安定上重要な問題として着目され，設計・施工の面から入念に検討が行われた．

このダムの問題として特筆すべきことは，前述したようにダムサイト右岸側は蜂の巣城で有名になった用地上の問題が起こり，1964 年秋までは右岸側に対しては全く立入り調査ができず，地表踏査やボーリング・横坑調査なども不可能で，その後も 2～3 年は厳しい制約の下で調査・設計の検討が行われたということである．

このため左岸については入念な調査・設計・検討が行われ，さらに大規模な原位置試験や基礎処理試験なども行われ，入念な計画に基づいて施工を行うことができた．しかし，右岸については複雑な地質状況にもかかわらず極めて乏しい調査資料に基づいて工事に着手され，工事中に得られた資料により当初計画を修正しつつ工事を実施するという状況になった．このため後述するように初期湛水時に予想外の漏水が発生し，その際の種々な調査結果によると調査段階で検討が入念に行われていた左岸の深部や河床の深部を迂回した漏水も多少はあったが，大半は調査が不充分であった右岸を通しての漏水であったということもこのダムの置かれていた特殊な問題が大きく影響していたことは否定し得ないようである．

しかし，このダムと松原ダムの初期湛水の際に遭遇した浸透流は緑川ダムの阿蘇の高溶結凝灰岩層における浸透流ほど流速の速いものではなかったが，それまでに経験していた中新世以前の火山性地層や通常の地層では考えられない浸透流の問題に遭遇した．またこれらを通して，鮮新世末期という比較的新しい地質年代の火山性地層での浸透流問題についての貴重な経験とそれに対応した止水処理の考え方を生み出す結果となった．

下筌ダムの地質水平断面図・地質横断図を示せば図 4.3.1 および図 4.3.2 のようである．

これらの図には A～D ゾーンの岩級区分が示されているが，現在の 100 m 級のアーチダムで適用されている岩級区分とおおよその対比を示すと，A ゾーンは B～C_H 級；B ゾーンは C_H 級；C ゾーンは C_M～C_L 級；D ゾーンは C_L～D 級に相当するものである．

これらの図からも明らかなように左右岸・河床共に極めて堅硬な下筌溶岩が露頭していたが，左右岸とも深部はやや軟質な小竹溶岩となっており，両溶岩の接触部は変質・破砕帯となり，その部分では開口した節理も多く，その中に多量の粘土が流入していた．さらに下筌溶岩が貫入・噴出した際にできたと考えられる上記の変質・破砕帯と平行した破砕帯が数本存在した．また地形的にはダムサイトの下流側約 100 m の所から左岸は後退し，右岸も約 100 m 下流に切り込んだ沢があり，アーチダムのサイトとしては左右岸とも下流側のショールダーの厚みに欠ける懸念があった．

これらの問題を解決するためにダムの位置を可能な限り上流に移し，当時としては設計可能な限り中心角を小さくしてアーチ推力を山側に向けることにより，これらの破砕帯沿いに作用するせん断力ができるだけ小さくなるように設計を進めた．さらにこれらの弱層部を置換コンクリートによ

144   第 4 章 グラウチングによる止水処理の事例研究

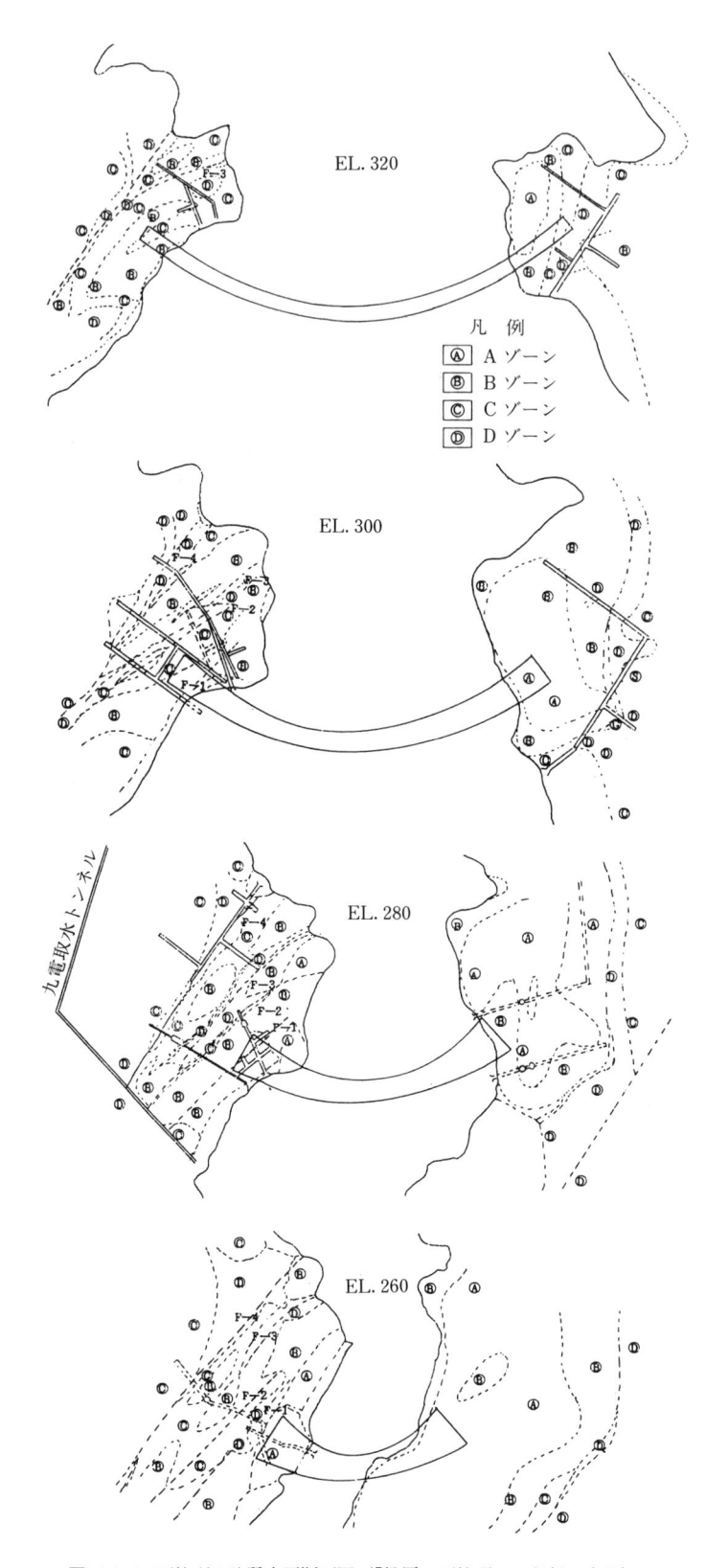

凡 例
Ⓐ A ゾーン
Ⓑ B ゾーン
Ⓒ C ゾーン
Ⓓ D ゾーン

図 4.3.1 下筌ダム地質水平断面図（「松原・下筌ダムの記録」より）

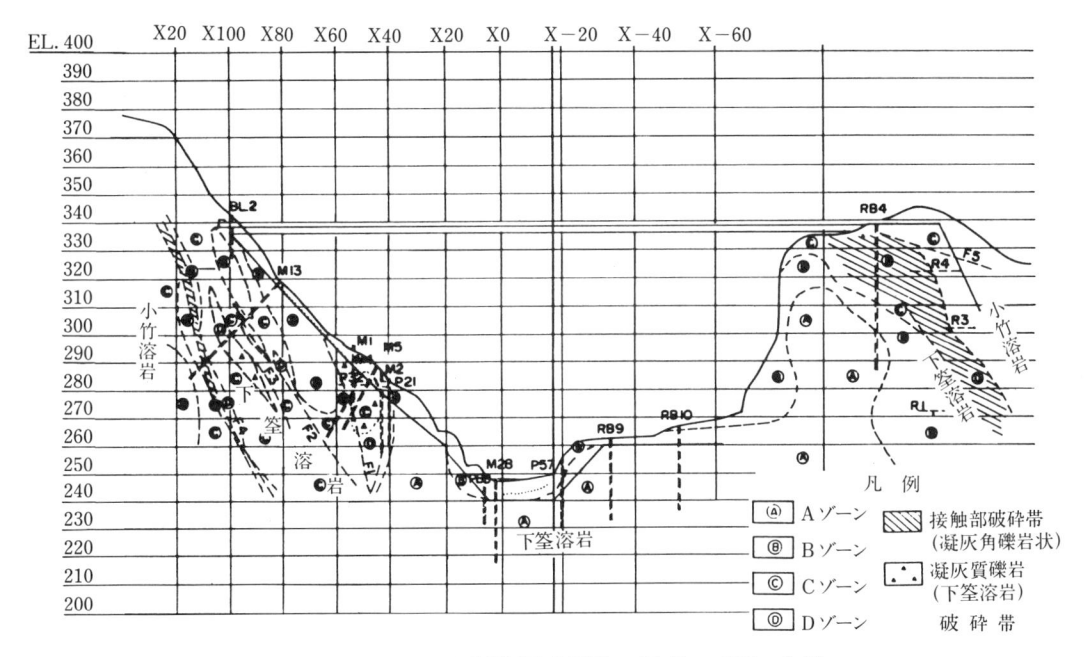

図 4.3.2 下筌ダムの地質横断図(「松原・下筌ダムの記録」より)

り補強することは周囲の岩盤を痛めるなどの副作用もあり，工費も増大するのでコンクリート置換は行わず，左岸側の破砕帯に対しては入念な特殊コンソリデーショングラウチングを行うことにより補強することにした．

　この下筌ダムの左岸で行った特殊コンソリデーショングラウチングは，左岸の破砕帯に対して工事費を含めて最適の基礎処理方法であったかについては検討の余地が残されている．しかし，左岸の奥の部分の透水度はかなり高かったにもかかわらず（図 4.3.5 (a) 参照），後述するこのダムの第1～3次試験湛水時に生じた漏水問題では，左岸側からの漏水はごく高い貯水位のときに左岸側の堤外仮排水路への漏水の増加が目立ったのみであった．これらの状況を考慮すると，当初から予測したものではなかったが，基礎岩盤の力学的対策と止水対策と併せ考えた場合には岩盤の性状に適合した基礎処理であったと考えられる．

　このように左岸基礎岩盤の安定性の問題に対しては，用地上の問題から右岸側の立入調査ができなかった5～6年の間に入念な地質調査・設計検討・原位置岩盤試験・グラウチングによる岩盤の力学的性質の改良試験などが行われ，工事開始に備えて入念な準備体勢が整えられていた．一方右岸は場合によっては左岸よりも地質的には条件が悪い可能性があるとの認識は当初からあった．しかし，立入り調査が可能となるとほぼ軌を一にして工事に着手せざるを得なくなり，右岸の地質状況の把握とそれに対する対応策の検討は工事の進捗に比べて後手に回らざるを得ない状況になった．

　また前述したように当時小竹・下筌溶岩共中新世の火山岩類で，かなりの層位学的深度もあり充分締め固められた地層と考えられ，現在のように鮮新世末期（約240万年前）の火山岩類で，層位学的深度も浅くてあまり締め固められていない地層とは考えられていなかった．このために室牧ダムや当時ほぼ並行して工事が進められていた裾花ダムなどに現れる中新世のいわゆるグリーンタフ造山運動期の火山岩類と同程度の透水度を示すものと考えていたので，止水カーテンも経験公式で

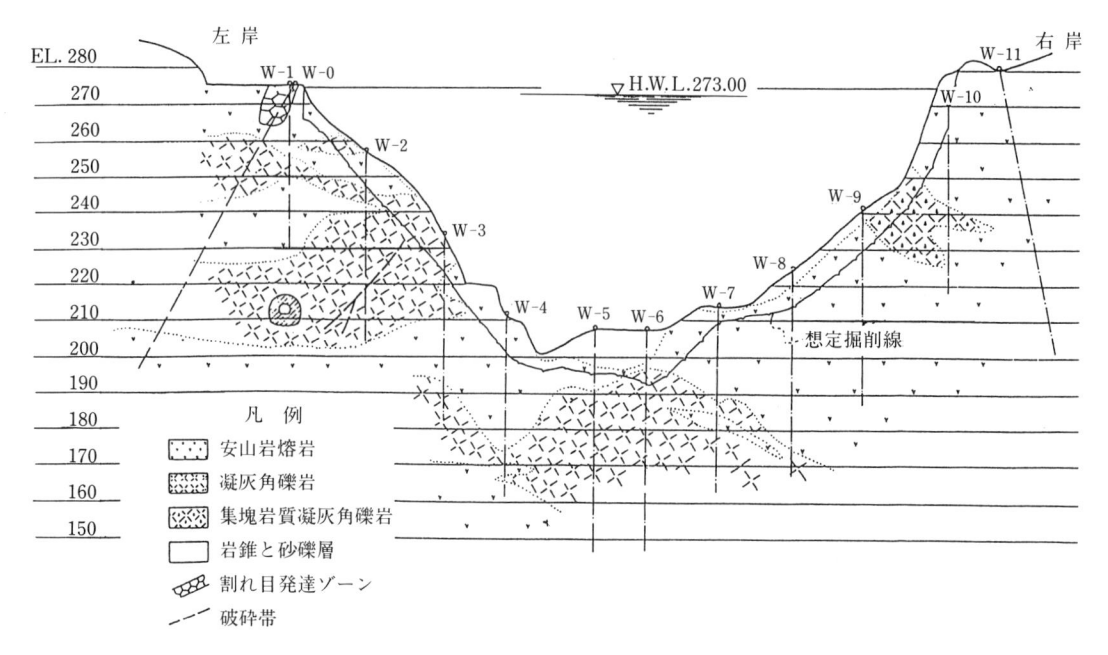

図 4.3.3 松原ダム地質横断図（「松原・下筌ダムの記録」より）

示されるよりもある程度深い範囲まで施工すれば充分であろうとの認識に立ち，当初の止水処理は計画された．しかし初期湛水時に予想外の漏水が生じ，止水の面からは当初想定していたよりはるかに厳しい状況下にあることが判明し，それに対応した一連の調査を行って追加止水工事を検討し，実施することになった．

一方松原ダムの地質状況について簡単に述べると，下筌ダムと同類の釈迦岳火山岩類の安山岩・安山岩質凝灰角礫岩・集塊岩質凝灰角礫岩とから成り，80m級の重力ダムの基礎岩盤としては力学的には何ら問題のない基礎岩盤であった（図 4.3.3 参照）．

このような基礎岩盤の状況から，ダムの基礎岩盤については松原ダムとしては特に取り上げて検討を加える問題はないと考えられ，両ダムの調査・設計の段階では下筌ダムがアーチダムであることと，その右岸側が蜂の巣城として立ち入り調査ができないこともあって，もっぱら下筌ダムの左岸の力学的安定性の検討に調査・設計の重点が置かれていた．

両ダムの止水カーテン沿いのルジオンマップを示すと図 4.3.4 のようである．これらの図からも明らかなように両ダムともかなりの深部で高ルジオン値を示す部分が残っており，下筌ダムで左岸の奥で 10〜20 ルジオンの部分が，松原ダムで左右岸とも深部に 10〜30 ルジオンという高ルジオン値の部分がルジオンマップに描かれた部分の外側まで広がっていたことが示されている．しかもこの時点でのルジオン値は損失水頭の補正は行われていなかったので，10〜30 ルジオン以上の高ルジオン値の部分では試験時の送水量が大きく，損失水頭により補正される量が大きくなり，現在の補正されたルジオン値で示すと 2 倍以上の値であったと見るべきであろう．

このような見方に基づいてほぼ同時期に施工されていた石手川ダムや草木ダムなど，当時の重力ダムの通常の地層における平均的な地質状況と考えられていたダムサイトでのルジオンマップ［図 3.3.7 や図 3.4.2 (a)］と図 4.3.4 とを比較すると，松原・下筌ダムの基礎岩盤の深部でのルジオン

(a) 下筌ダム

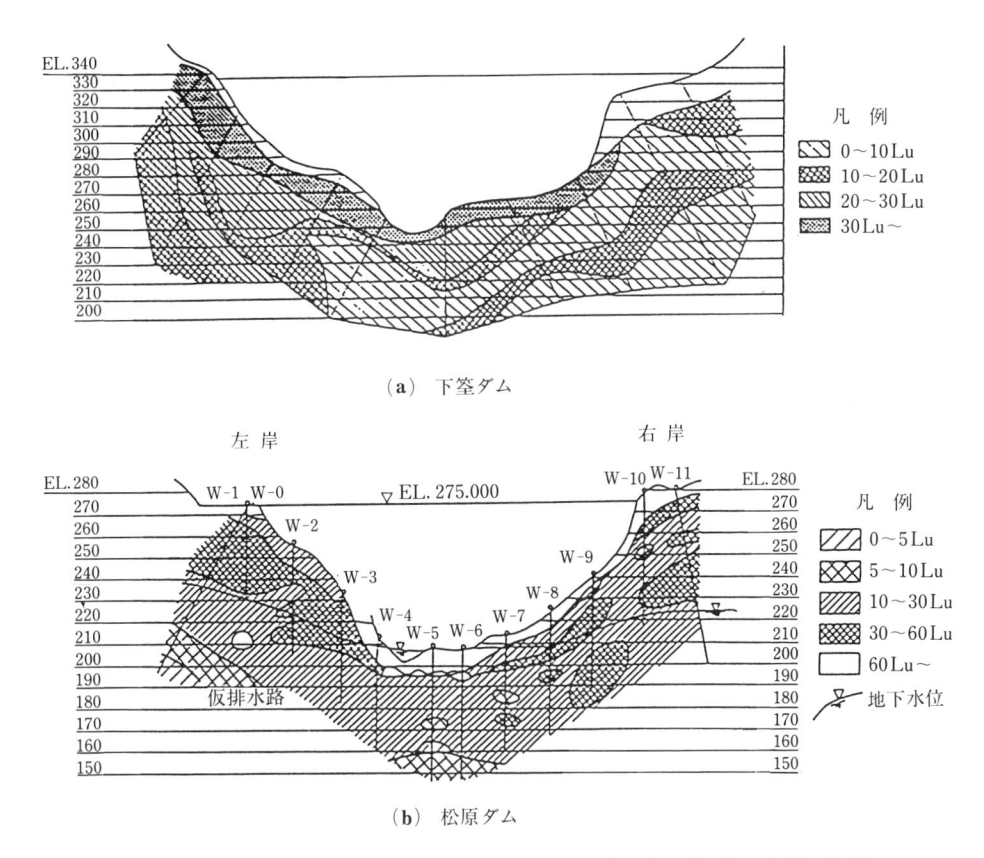

凡 例
0～10Lu
10～20Lu
20～30Lu
30Lu～

(b) 松原ダム

凡 例
0～5Lu
5～10Lu
10～30Lu
30～60Lu
60Lu～
地下水位

図 4.3.4 松原・下筌ダムの施工前のルジオンマップ（「松原・下筌ダムの記録」より）

値が異常に高く，通常の地層と鮮新世末期の火山性地層との深部での透水度の相違の著しさが浮き彫りになってくる．

図 4.3.4 に示す深部に透水度が著しく高い部分の存在が新しい地質年代に生成された火山性地層の透水特性をはっきりとした形で示したものと言い得よう．

4.3.3 松原・下筌ダムの当初の止水対策

下筌ダムの基礎岩盤は前述したように，調査段階からかなり深部まで高い透水度を示していることが判明していたので，当時一般に行われていたダムの止水カーテンよりも広い止水グラウチングの計画が立てられた．

すなわち左岸止水カーテンについては，まず下筌溶岩と小竹溶岩との接触部およびこれに平行して数本存在した破砕帯はこのダムの基礎岩盤の安定性における主要な問題点として検討され，この部分には徹底した特殊コンソリデーショングラウチングを実施するとともに，揚圧力を低減すべく一連の排水孔群が設けられていた．これらの排水孔への漏水量の増大とパイピングを防ぐために，止水カーテンをなるべく上流に設けることにした．すなわち左岸側ではダムの上流側に幅約 25 m のコンクリートブランケット壁を設け，その上流端から止水カーテンを施工し，特殊コンソリデーショングラウチングを行った部分に設けた排水孔群からの止水カーテンの位置が少なくとも 20 m 以

上上流側になるようにした．また，止水カーテンは山側には地表より 70～30 m 奥まで延長し，接触部や破砕帯については上流側からの直接の浸透流路は河床標高以下のかなりの深さまで遮断するように計画された．

　右岸側の止水カーテンの当初計画も左岸と同様な考え方に立ち，上部鞍部の両溶岩の接触部は地質境界で岩級区分でも D 級とされた上に浸透路長も短いことから，上部の重力アバットメントに接続して上流側に幅約 30 m のコンクリートブランケット壁を設け，その先端から止水カーテンを施工し，深部の 5 ルジオン以下の岩盤に達するまで延長することにした[7]．河床部は比較的良好な下筌溶岩から成るので深さ 50 m（≒$H/2$）の止水カーテンを施工することにした．グラウチングの改良目標は平均 1 ルジオン，あるいは 2 ルジオン超過確率 15% として施工された[注11]．

　なおこのように施工しても左岸側の深部には図 4.3.4 (a) によれば止水カーテンが施工されない 10～20 ルジオンの高い透水度を示す部分が残される．しかし，その下流でダムの安全性確保の上で注目すべきと考えられた部分に存在する弱層部に対しては，徹底した特殊コンソリデーショングラウチングが行われた上に排水孔による揚圧力の低減が図られているので，弱層部への短い浸透路を遮断すれば岩盤の安定性は十分確保されるという考えに立ち，当初計画は立てられた．

　以上述べたように止水カーテンも設計段階で着目されていた接触部や破砕帯などの弱層部に対しては，浸透流の面からも揚圧力の面からも充分安全性が保たれるように保護することを主眼として計画されたが，それ以外の部分では止水カーテンの施工範囲は経験公式に準拠して設定された．しかし現時点から見ると岩盤の力学的安定性の面から注目すべきと考えられた弱層部の安全性の確保にのみ重点を置き，それ以外の節理が発達した硬岩部の浸透流対策は疎かになり，止水カーテンより奥側の岩盤の透水度については充分な配慮が払われていなかった面は否定し得ない（図 4.3.4 (a) 参照）．当時としては，この程度深部まで止水カーテンを施工すれば，その奥の岩盤の透水度が多少高くても透水路長の延長により漏水量は充分低減し得ると考えていた．

　初期湛水時の漏水状況については後で述べるが，左岸の止水カーテンより深部の透水度が高い部分を通じての漏水は左岸の両溶岩の接触部や破砕部などに対して実施された特殊コンソリデーショングラウチングが効果的に働いて，この部分に設けた排水孔や下流側への漏水はわずかしか観測されなかった．しかし，貯水位が EL.320 m 以上に達したときに 200 l/min 以上の漏水が堤外仮排水路の下流部に生じた．これに対して右岸側では止水カーテンより奥の未調査の部分に透水度が高い部分が存在して止水カーテンを迂回したかなりの漏水が生じた．

　通常の地層では 5 ルジオン以下の透水度が低い部分の奥に，このような漏水問題を引き起こす可能性のある透水度が著しく高い部分が存在することは一般的には考えられず，改めて新しい地質年代の火山岩類上のダム建設の難しさを痛感させられた次第である．

　なおこのダムと並行して建設された松原ダムも同種の火山性地層上に建設されたダムで，止水カーテン施工前のルジオンマップは図 4.3.4 (b) に示すように深部にかなり高い透水度を示す部分が存在していた．この図に示されるように，このダムの基礎岩盤も通常のダムよりも深部の岩盤の透水度はかなり高いことは当初案を検討した段階ですでに把握されていた．しかしこの段階では経験公

[注11) 松原・下筌ダム以前のダムでは基礎グラウチングのルジオン値や単位セメント注入量の施工実績は平均値で表されていたが，両ダムでこれらの値を統計的に処理して各数値での超過確率で示す方法が取り入れられ，以降改良目標値なども平均 1 ルジオンという表現から 2 ルジオン超過確率 15% と表示されるようになった．

式の $[H/3+C]$ はこのような状態の岩盤も含めた経験公式であると理解して，C の値を大きく取れば充分対応し得るとの考えから，C の値を通常より大きくとることにより止水カーテンの当初計画の施工範囲は設定された[8]．

以上のような考えに基づいて当初計画は立てられたので，河床部および左岸の奥では比較的透水度が低い岩盤までの止水カーテンが計画されたが，両岸上部および右岸深部では比較的透水度が低い部分までを施工範囲とはされていなかった．このダムも次項で述べるように初期湛水時にかなりの漏水が生じ，下筌ダムと同様に浸透流速の測定など種々調査を行い，止水カーテンを延長することにより漏水量を低減して完成した．

4.3.4 松原・下筌ダムの初期湛水時に生じた浸透流問題とその対策

次に下筌ダムの初期湛水時における漏水問題について簡単に述べよう．このダムは1969年3月より第1次試験湛水を開始したが，この第1次試験湛水時から比較的目立った漏水が数か所で生じた．しかし4.3.1項で述べたようにこのダムは用地問題が完全に解決するまでに時間的な余裕があったので，同年11月より第2次試験湛水，1971年11月より第3次試験湛水を行い，その間に一連の浸透流の調査を行ってその対策の検討を行った．その漏水の主なものは，

　i) 津江川水路への漏水，
　ii) 水叩部への漏水，
　iii) 右岸の岩盤内監査廊の先端付近に生じた高圧滞水帯の発生，
　iv) 左岸側の堤外仮排水路下流部への高貯水位時の漏水，

であった．

このうちi) の津江川水路への漏水はその閉塞部と水路周辺の岩盤からの漏水であったので，第1次試験湛水（この際の最高貯水位は計画最低水位のEL.292m）後直ちにその閉塞部周辺およびその下流側を補強し，以降この部分の漏水量は激減した．

津江川水路の追加止水工事終了後，第2次試験湛水（この際の最高貯水位はEL.318.5m [計画最高水位はEL.336m]）を行った．この時点で水叩にかなり湧水が発生し，各々の貯水位での水叩部への漏水量はEL.292mで$1.265\,\mathrm{m^3/min}$，EL.318.5mで$1.67\,\mathrm{m^3/min}$とかなりの量となり，その各々の時点で測定された全漏水量の90～80%を占めていた．これと同時に右岸EL.272mのトンネルR-1の先端に設けられた圧力測定孔RP-14・15・16の揚圧力が大幅に上昇し（高圧滞水帯），開口すると（これらの孔は圧力測定を目的としていたので，常時はコックを閉めていた）$0.5\,\mathrm{m^3/min}$以上の湧水が生ずる状況となった．

松原ダムの洪水時満水位が下筌ダムの水叩部の標高より約25m高いために，下筌ダムの水叩部は洪水時に水深約25mの水圧が作用し，松原ダムの貯水位が急降下した場合は大きな残留揚圧力が作用する可能性があるという特殊な条件下にあった．また水叩部の基礎岩盤は下筌溶岩から成り，堅硬で亀裂間隔は15～50cmで，$B\sim C_H$ 級の良好な岩盤から成っていた．

その水叩部は湛水開始以前には副ダムの上流約10mの所に副ダムに平行なクラックが観察された程度であったが，湛水を開始したところ貯水位が上昇するに従って数多くのクラックが発生し，かなりの湧水を見るに至った．そこで水叩部全面に排水孔を設けるとともに水叩部の湧水量を測定した．その結果先に示した漏水量が観測された．

(a) 平面図

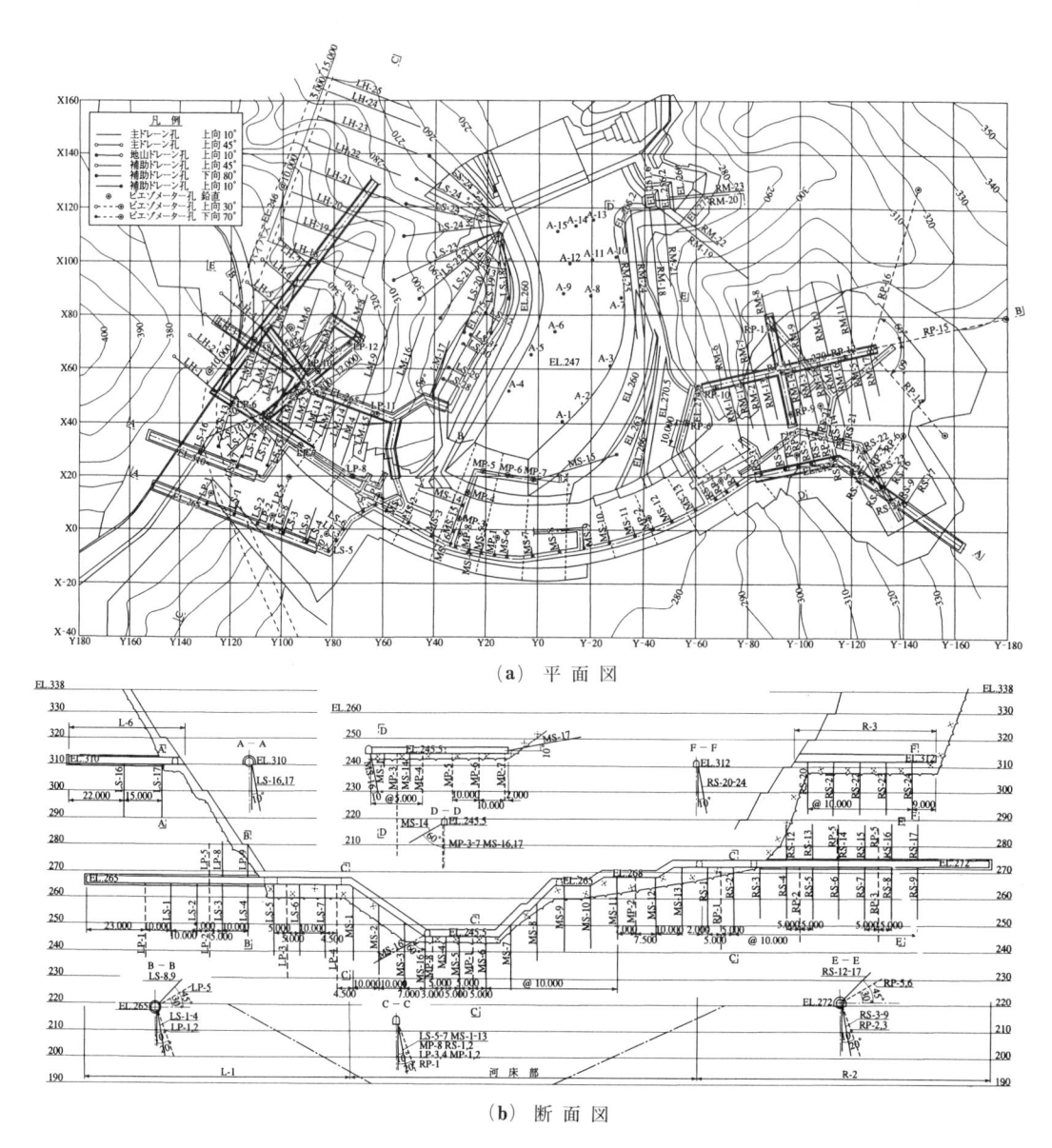

(b) 断面図

図 4.3.5 下筌ダム排水孔・揚圧力測定孔（浸透流速測定時の投入孔・検出孔）配置図（「松原・下筌ダムの記録」より）

　また左岸側に設けた堤外仮排水路の閉塞部の下流側では貯水位が EL.310 m 以下のときは漏水はほとんど見られなかったが，貯水位が EL.318 m に達した頃から急増した．左岸側は特殊コンソリデーショングラウチングが広範囲に行われ，初期湛水時には全般に漏水量や揚圧力の増加はわずかであったが，このような現象が現れたのは EL.300 m 以上の深部に下流側につながる透水度の高い部分が残されていることを示していた．

　これらの漏水は左岸の奥から堤外仮排水路の閉塞部の下流側への漏水以外はいずれも満水位より約 20 m 低い貯水位以下で生じていたので，直ちに一連の浸透流調査を行った．

　表 4.3.1 は浸透流速の測定結果を示している．なお表 4.3.1 に示された投入孔・検出孔の位置は図 4.3.5 に，第 1・4 次調査における測定対象となった推定浸透流線図は図 4.3.6 に示されている．

表 4.3.1 下筌ダムの浸透流速測定結果*

調査次数	調査場所	投入孔	検出孔	注入圧 (kgf/cm^2)	浸透流速 (10^{-2} cm/s) 初期	浸透流速 (10^{-2} cm/s) ピーク
第1次調査	河床	MP-3	MP-4	3.5		1.9
			MP-6			2.2
			MS-3			0.2
			A-1			1.1
			A-6			1.4
		MP-8	MP-3	3.5	30.5	6.1
			MP-6		6.7	3.9
			MS-3		16.4	4.4
			MS-16		3.0	1.4
	右岸	RP-14	GW-7	0.5		5.5
			RP-16			13.9
			RP-12			1.9
			RP-9			0.6
			RM-5			0.8
			RM-20			1.4
第4次調査	右岸	EXIIe	RP-114	3.5〜4.0	0.8	0.28
			RM-5		0.8	0.55
			GW-5		0.6	0.28
		GW-1	RM-20	自然流入	13.3	2.5
		GW-2	無		—	—
		RP-9	RP-12	2.3	3.3	1.7
		RP-13	RP-12	2.3	—	—
	河床	MP-3	MP-4	1.2〜2.5	6.9	1.7
			MP-5		1.1	0.28

* この表の値は「松原・下筌ダムの記録」の表の値を m/hr から cm/s に換算したものである.

　この調査は蜂の巣城の関係から調査が不足していると考えられていた右岸側の地質構造の見直しから始まって，地下水位調査・浸透流速測定などから成り，これらの一連の調査から漏水の原因となっている浸透流の実態がかなり明らかになった．

　なおこの表に示された第4次調査は追加止水工事が終了して第3次の試験湛水が終了した後の約4年以上経過した時点で行われたもので，この段階では下筌ダムの漏水ははっきりとした低減傾向を示し，明らかに目詰まりが進行している状態での測定値である．

　1970年の初めから翌年の2月にかけて行われた1〜3次調査の結果を要約すると，

(1) 左岸側は地質状況が充分に把握されていた上にそれに対応した大規模な特殊コンソリデーショングラウチングを行ったために目立った浸透流はほとんど捉えられず，流速測定ではトレーサーが全く検出されなかった．したがって EL.318 m 以上の貯水位で生じた仮排水路への漏水は既グラウチングゾーンの外側を迂回した浸透流と考えられる．

(2) 河床部では止水カーテンの直下流側に配置した観測孔相互の間では比較的速い浸透流速が観測され（MP-8→MP-3・MP-6・MS-3 などへの浸透流），投入剤の最初の検出では 30×10^{-2} cm/s，検出ピークで $6〜4 \times 10^{-2}$ cm/s 前後という値も観測されている．しかし明らかに河床部の止水カーテン近辺から水叩部までの比較的長い浸透路（MP-3 → A-1, A-6 など）では

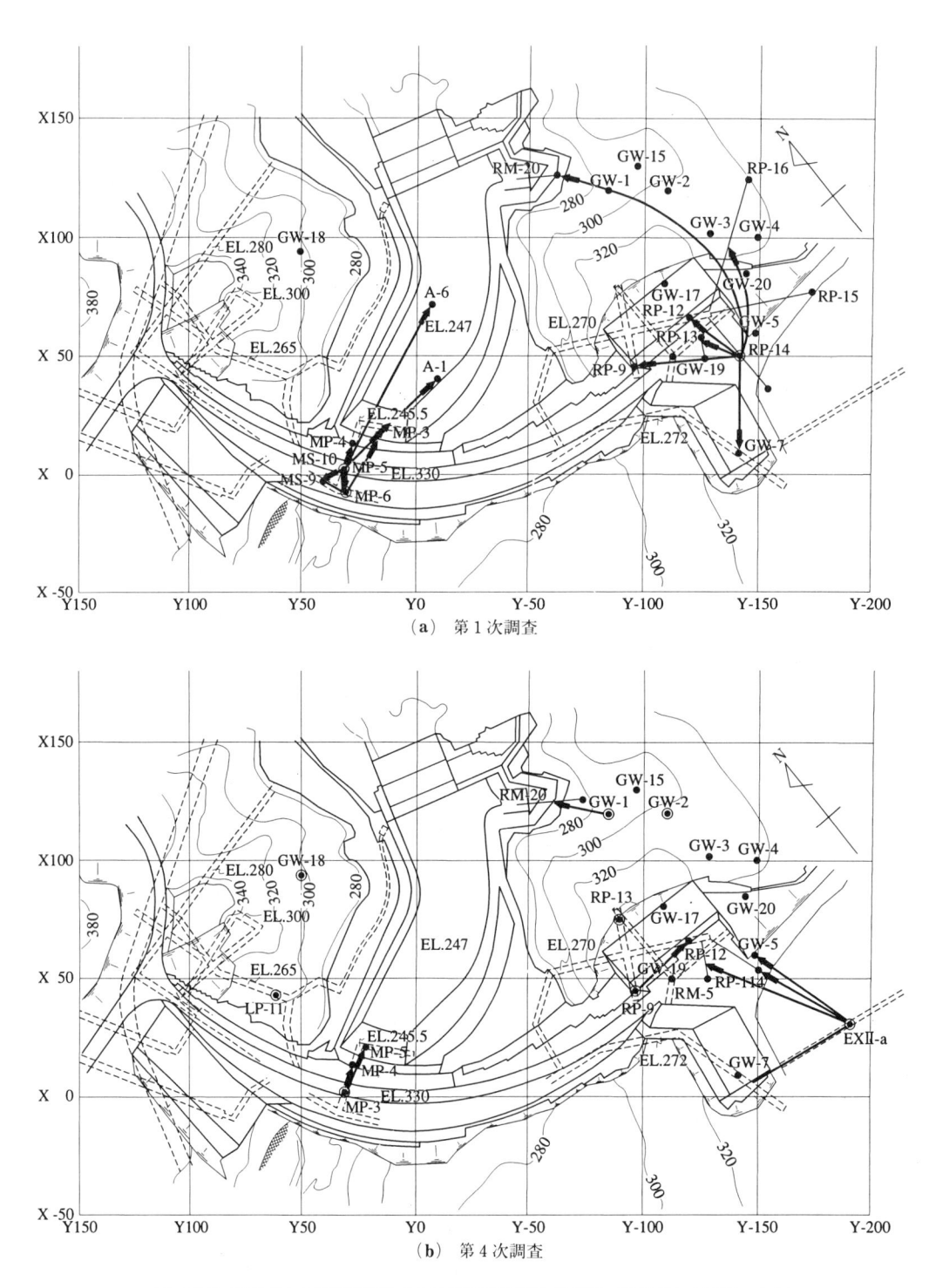

152　第4章　グラウチングによる止水処理の事例研究

(a) 第1次調査

(b) 第4次調査

図 4.3.6　下筌ダムの浸透流調査での推定浸透流線図（「松原・下筌ダムの記録」より）

1.4×10^{-2} cm/s 以下の流速となっている．

(3) 右岸地山のトンネル R-1 の先端の PR-14〜16 付近に高圧滞水帯が存在し，その高圧滞水帯間では圧力測定孔のコックを開いて排水した場合には 14×10^{-2} cm/s という速い流速が生じた (RP-14 → RP-16)．しかし，これらの孔を開口しなければほとんど流動せずに滞留し，この高圧滞水帯から川側にある下筌溶岩を通って水叩部に向かって比較的遅い流速で流れ，その流速は止水カーテンの付近で (RP-14 → GW-7) 0.55×10^{-2} cm/s，下流の沢の付近で (RP-14 → RP-20) 1.4×10^{-2} cm/s となっている．

右岸の当初計画の止水カーテンは前項にも述べたように5ルジオン以下の比較的ルジオン値の低い部分まで施工した（一部には5ルジオン以上の部分が残されたが）．しかし，この施工部分より奥に存在した透水度が高い部分が止水カーテンを迂回して高圧滞水帯や水叩部分につながっており，これが高圧滞水帯を発生させ，水叩部の大きな漏水の原因となったようである．

(4) 水叩部の湧水量を以上の測定結果から流量配分するとおおよそ次のように推定される．すなわち，右岸地山経由：52％，左岸地山経由：8％，河床経由：21％，不明：19％．

以上の調査結果に基づき検討され，次のような追加施工案がまとめられた．すなわち，

㋐ 主たる漏水経路は右岸地山であり，右岸のトンネル R-1 の奥には高圧滞水帯が存在したので，右岸側止水カーテンを大幅に延長して右岸深部の漏水経路の遮断するとともに，右岸地山内の地下水位を低下させて揚圧力の低減を図ること（図 4.3.7 参照）．

㋑ 河床部については全般に止水カーテンの上下流間の流速は遅いので，特に止水カーテンの延長は行わないことにしたが，右岸寄りの深部には図 4.3.4 (a) にも示されるように透水度が高い部分が存在するので，その部分は右岸の追加止水工と連続して，下部カーテンを延長すること（図 4.3.8 参照）．

㋒ 左岸は全般に漏水は少なく，止水カーテンや特殊コンソリデーショングラウチングが止水効果を発揮しているが，貯水位が EL.310 m 以上で堤外仮排水路への漏水が急増したために，左岸上部の深部に対し追加止水工事を行うこと（図 4.3.8 参照）．

以上の追加施工案に基づいて 1970 年 12 月より 1972 年 3 月にかけて追加止水処理が実施された．以後各漏水量は大幅に減少し，最高水位時で約 2 m^3/min の湧水が見られた水叩部も漏水はほとんど観測されなくなり，他の部分の漏水量も経時的にはっきりとした減少傾向を示すようになった[9]．

また右岸のトンネル R-1 の奥の高圧滞水帯の圧力はこの追加工事によっては目立った圧力の低下は現れなかったが，1997 年に行われた総合点検のときの調査結果によると当初の圧力の約 1/4 以下に低下し，この部分も経年的により安全な方向に向かっていることが確認されている[10]．

なお最終確認のため追加止水工事が終了して 4 回の満水位を経た後の 1976 年 8 月に再び浸透流速の測定を行った．その結果は測定を行った浸透経路の半数がトレーサーを検出し得ないほどの微量な浸透流となり，右岸側の GW-1 → RM-20 や RP-9 → RP-12 と河床部の MP-3 → MP-4 や MP-5 と右岸の RP-9 → RP-12 のみがかなり速い流速が測定されていたが，他はいずれもピーク時の流速で 0.55×10^{-2} cm/s と小さい値になっていた（表 4.3.1 参照）．

なお右岸 EXIIe → RP-114・RM-5・GW-5 への流れは止水カーテンの下流側でグラウチングの未施工部分を主な浸透路とした部分での浸透流速の測定結果である．

一方 MP-3 → MP-4・MP-5 や RP-9 → RP-12 での測定値はダム直下のコンソリデーショングラウチングの施工区間のみを浸透路とした浸透流の流速の値で水叩部への漏水がほとんどなくなった第4次調査時点で，グラウチングの施工区間では目詰りが進行している状態でもかなりの流速が生じていたことを示している．

また GW-1 → RM-20 は水叩の先端付近の流速であり，必ずしも貯水池から下流側への全体的な浸透流ではなく，部分的に in tact な状態でこのような速い流速が生じ得る部分があったことを示しているに過ぎないと考えられる．

すなわち表 4.3.1 に示す測定値の中で貯水池からダムの下流側への浸透流として注目する必要がある測定値は，第1次調査における右岸側の RP-14 → GW-7・RP-12・RP-9・RM-5・RM-20 や（RP-14 → RP-16 は高圧滞水帯内であったので別の意味を持っていたが），河床部での MP-3 → A-1 や A-6 への浸透流である．第4次調査では一部にかなり速い浸透流速が捉えられているがいずれもグラウチングの施工区間内の浸透路沿いであったことである[注12]．

また松原ダムでも第1～3次試験湛水時に旧発電用水路の大山水路に漏水が生じたが，閉塞部周辺とその下流側のライニングを補強することによりこの水路からの漏水を抑制した．次いで第1・2次試験湛水の際

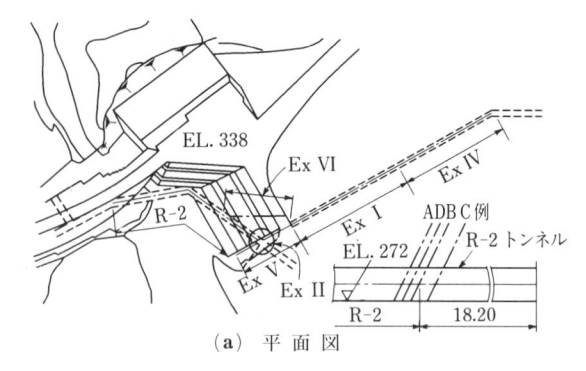

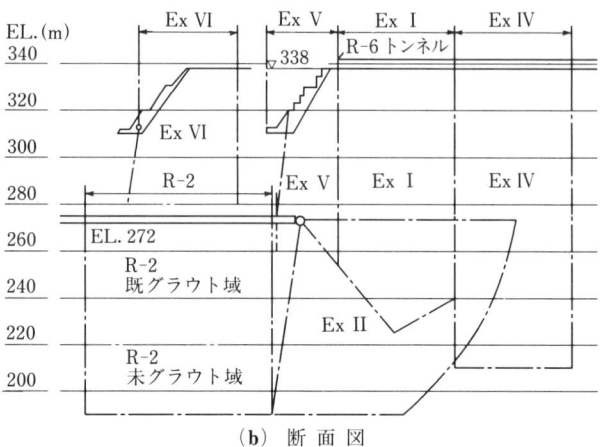

図 4.3.7 下筌ダム左岸追加止水カーテン（「松原・下筌ダムの記録」より）

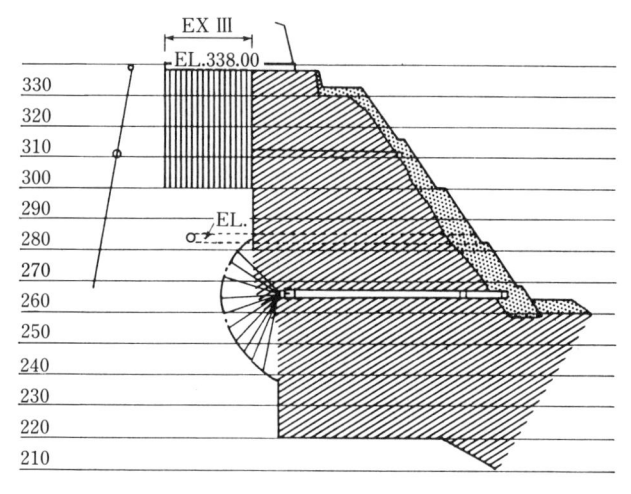

図 4.3.8 下筌ダム右岸追加止水カーテン（「松原・下筌ダムの記録」より）

[注12] RP-9・RP-12・RP-13・MP-3・MP-4・MP-5 の観測孔はいずれも平面的にはコンソリデーショングラウチングの施工部分であり，1次コンソリは深さ5mまで，2次コンソリは深さ 20～30m まで施工され，これらの観測孔は着岩面から 10～12m の深さまで削孔されたと工事誌に記載されている[7]．したがってこれらの観測孔間の浸透路はコンソリデーショングラウチングの施工部分内にあったと見られる．

には発見されなかったが，第3次試験湛水以降右岸中腹の下流側からかなりの漏水が生じ，最高貯水位で約 $4.5\,\mathrm{m^3/min}$ に達する量となった．このため下筌ダムの場合と同様に一連の浸透流調査を行ったが，このダムの場合にははっきりとした浸透流路は捉えることはできなかった．このため，追加止水工事として両岸の天端標高に設けられていたグラウチングトンネルを各々約 $200\,\mathrm{m}$ 延長して止水カーテンの施工範囲を広げたが，顕著な効果は現れなかった[11]．

この右岸中腹部の漏水はその後 25 年余の間ほとんど経時的な変化は見られず，貯水位に連動した増減を繰り返しながら，満水位時で約 $3.5\sim4\,\mathrm{m^3/min}$ の値を示している[12]．すなわちその浸透路は目立った目詰りは進行していないが流路の拡大も生じておらず，安定した状態にある．すなわち松原ダムの場合には追加止水対策は下筌ダムの場合ほど顕著な効果は現れず，その後も目詰りによる減少も見られないが，漏水量がやや多い状態で安定した状態で推移している．

このダムの場合にも浸透流調査の段階でトレーサーによる浸透流速測定が行われている．測定された浸透流速は追加止水工事施工前の段階でトレーサーを感知した初期の値で $18.3\sim4\times10^{-2}\,\mathrm{cm/s}$，ピークのときの値で $15\sim3\times10^{-2}\,\mathrm{cm/s}$ の範囲であった．一方，追加止水工事施工後ではトレーサーを感知した初期の値で $5.6\sim0.17\times10^{-2}\,\mathrm{cm/s}$，ピークのときの値で $4.3\sim0.17\times10^{-2}\,\mathrm{cm/s}$ であった[13]．

表 4.3.1 に示した下筌ダムでの浸透流速と比較すると下筌ダムでの追加工事施工後の測定ではかなりの浸透流路でトレーサーが感知し得なかったことも併せ考慮すると，追加工事施工後の浸透流速は全般的に松原ダムの方が速かったようである．

4.3.5 松原・下筌ダムの止水上の問題点とそれに対する考察

以上述べたように，松原・下筌ダムの建設において新しい地質年代の火山性地層の止水上極めて厳しい問題に直面し，追加施工を行うことによりこれらの問題を克服して完成することができた．これらの問題を現在の目で検討を加えると，

Ⓐ 松原・下筌ダム共その基礎岩盤は建設当時は中新世の火山性地層と考えられていた．すなわち，中新世の火山性地層上に建設された室牧ダムや裾花ダムと同様，$3\,000\,\mathrm{m}$ 程度の層位学的深度があり充分締め固められた地層で，ある程度深い部分では充分透水度は低いと想定し，止水カーテンの施工深さも経験公式が適用し得る地層であると考えていた．

しかし最近の研究によれば鮮新世末期の陸成火山活動により生成された地層で，層位学的深度も高々数百 m 以下のかなり浅い地層とされている．このために節理が発達した硬岩部には開口した節理が生成後あまり閉ざされない状態のままで深部や両岸の奥の部分にも残存し，止水上予想外の困難な問題に直面することになった．

これらの事実は土木地質やダム工学的な知識だけでなく，その地層の生成年代や層位学的深度などその基礎岩盤の地史に関する知識が正確に捉えられていない場合には，地層の透水特性の的確な把握とダム完成後に起こり得る問題点の予測が不正確になり，適切な止水処理の検討が困難になることを示している．

この意味ではダムサイトでの土木的な検討に入る前に，その基礎岩盤の生成年代や層位学的深度など当該サイトでの基礎地質学的な正確な研究成果は不可欠であることを示している．

Ⓑ すでに述べ図 4.3.4 にも示されているように，松原・下筌ダムの基礎岩盤は深部にも透水度が

極めて高い部分が存在し，当時建設が進められていた他のダムの基礎岩盤の透水度（例えば石手川ダム［図 3.3.7］や草木ダム［図 3.4.2 (a)］）と比較しても深部での透水度は著しく高かった．これは松原・下筌ダムの基礎岩盤とも鮮新世末期の陸成火山活動により生成された地層で，層位学的深度が浅くて生成時に生じた開口した冷却節理などがあまり閉ざされずに残存したためと考えられる．

このダムの建設時点においてはすでにルジオンテストにより岩盤の透水度を測定し，ルジオンマップとして表すことは行われていた．また止水カーテンの施工に際しては改良目標値を設定して施工することも行われていた．しかし止水カーテンの施工範囲をルジオン値と関連づけて設定することはまだ一般化していなかった．そのために現在の目で見ると図 4.3.4 に見られるように，下筌ダムの左岸や松原ダムの左右岸ではルジオンマップが 10～30 ルジオンの値の部分で打ち切られるなど奇異に感ずる図が示されている．

一方では下筌ダムの右岸の奥のように 5 ルジオン以下の比較的透水度が低い部分まで当初の止水カーテンを施工したにもかかわらず，その奥に右岸アバットメントの高圧滞水帯や水叩部につながる透水度が高い浸透路が存在したためにかなりの漏水が生じた．しかしこのような問題は現在新たに着手したとしてもこの両ダムのように成層関係が複雑な場合には，止水計画を立てる段階で的確な予測を立てるためにはかなり入念な調査が必要となろう．

現在一般に行われている岩盤の透水度の調査範囲や止水カーテンの施工範囲を H の深さまでか，止水カーテンの改良目標値の透水度の岩盤までとした規定は主としてこの両ダムの経験から導き出されたものであった．

しかし両ダムの基礎岩盤のように袖部の奥や深部に極めて透水度が高い地層が存在するのは，両ダムの基礎岩盤のルジオンマップと石手川ダムや草木ダムのルジオンマップとの相違からも明らかなように，新しい地質年代に生成されて層位学的深度が浅い火山性地層などの特殊な地層での特有な特徴であって，通常の地層では見られない特殊な状況である．

したがってこの両ダムの基礎岩盤のように新しい地質年代に生成されて層位学的深度が浅い地層や溶食空洞を伴った石灰質の地層など特殊な地層での固有の問題であって，通常の地層では特殊な場合を除いてこのような問題が生ずる可能性は少ない問題である．

しかしこの両ダムの基礎岩盤のような地層の場合には深部にもかなりの透水度が高い部分が存在し，そのような部分が上下流につながっている場合には予想外の漏水が生ずる可能性がある．したがって，通常の地層よりもはるかに広い範囲の地層分布と透水度の分布を調査する必要があり，それに対応した止水対策を行う必要が生ずることになる．

ⓒ このダムの湛水後の浸透流調査での特に注目すべき点は，漏水が著しい時点と追加工事が効果を発揮して目詰りが進行し始めた時点とにおいて浸透流の測定が行われていることである．これらの測定値のうち特に注目すべきことは下筌ダムでは，

① 第 1 次調査において止水カーテンの直下流に配置された排水孔および揚圧力測定孔間では初期検出時の流速で $30～7 \times 10^{-2}$ cm/s，ピーク時で $6～4 \times 10^{-2}$ cm/s という極めて速い流速が測定された．

② 試験湛水が終了した 2 年後に行われた第 4 次調査の結果は，試験湛水時には想像し得なかったほど水叩部は乾き上がり，この部分での漏水量はほとんど観測されなくなって低

減傾向をはっきりと示した時点での測定結果であった．

この時点では半数以上の検出孔でトレーサーは検出されなくなったが少数の検出孔では検出された．このうち堤体直下でコンソリデーショングラウチングの施工区間のみを浸透路とした流路では初期検出時で 67×10^{-3} cm/s，ピーク時で 17×10^{-3} cm/s という浸透流速も観測され，それ以外ではいずれも 5×10^{-3} cm/s 以下の流速しか測定されていなかった．全般的には第1〜3次調査時に比べると大幅に浸透流速は遅くなっている．しかしこれらの流速も我々の常識からは異常に速い値である．

一方右岸側の EXIIe から RP-114・RM-5・GW-5 への浸透路のように浸透路長が長くてその大半がグラウチングの非施工区間から成っている浸透路（図 4.3.6 参照）での流速は比較的遅く，初期検出時で 8×10^{-3} cm/s 以下，ピーク時で 5.5×10^{-3} cm/s であった．このように浸透路のかなりの部分がグラウチングの非施工区間のときは，その部分には開口した節理が残存して流速が遅くなるために，浸透路全体の平均の流速が遅くなるためと考えられ，極めて興味ある点である．

これらの測定結果からこのダムで行われた追加止水工事により貯水池から水叩部への顕著な浸透流が大幅に低減されたことを水叩部での湧水量からのみでなく，浸透流速の面からも捉えることができたが，第4次調査で測定された流速の中には我々の常識を越えた速い浸透流速も存在していた．しかしその後追加止水工事は行われていないが，これらの速い浸透流速を観測した検出孔での湧水量は以降はっきりとした経時的な低減傾向を示していた．これらの測定から我々は目詰りが進行している状態での浸透流の実態の一端に触れることができた．

③ 松原ダムでも追加止水工事施工前と施工後とで浸透流速の測定を行っているが，このダムの場合には比較的長い上下流間の浸透路での流速測定が主として行われており，長い浸透流路同士で比較すると追加止水工事施工の前後とも測定された浸透流速は全般に下筌ダムの流速に比べて高い値を示している．

特に追加止水工事施工後の流速は貯水池から右岸下流中腹部に向かっての長い浸透路での流速は初期検出時の値で $18.3 \sim 4 \times 10^{-2}$ cm/s，ピークのときの値で $4.3 \sim 0.17 \times 10^{-2}$ cm/s とかなり高い値を示していた．

しかし詳細に工事誌に示された浸透路と流速の関係を調べると上流側のある範囲の投入孔からの流速が速く，他の部分の投入孔からの浸透流速はいずれも 1×10^{-2} cm/s 以下の浸透流速しか示していないことを考慮すると，高い流速を示した部分の近くに主たる浸透路があったと考えるべきであろう．

この測定の対象となった松原ダムの右岸中腹部の漏水は追加工事も効果的には作用せず，結果的には主たる浸透路は発見されずに今日に至っている．その後貯水位に連動した増減を繰り返してその後の25年余の間ほぼ同様な状況が続いており，追加施工した部分以外に主たる浸透路が残されている可能性があると考えるべきであろう（止水カーテンは両岸アバットメントから約300m奥に伸びており，その外側を通った浸透路は考えにくいので，高い浸透流速を示した投入孔付近の止水カーテンの下側を回った浸透路が主たる浸透路であった可能性があるが）．しかしここに示された高い値の浸透流速が主たる

浸透路の流速ではなく，主たる浸透路沿いにはより速い浸透流速が生じていた可能性もあるが，これらの値の中で高い方の測定値は目詰りが進行していない状態での流速と見るべきであろう．

しかし松原ダムの右岸中腹での漏水は増加もしていないことを考えると，この漏水の主たる浸透路ではこの程度の流速により洗い流されるものもなく，目詰りも生ぜずに25年余を経過しており，安定した状態にあると見るべきであろう．

以上は松原・下筌ダムの試験湛水時に生じた漏水問題に対処するために行われた浸透流速の測定により得られた結果の概要とそれに対する考察であるが，目詰りが進行している状態で測定が行われた事例はほとんどないので立ち入って述べた次第である．

その結果は下筌ダムでは目詰りが進行し始めた状態のグラウチング施工区間内での浸透流速は初期検出時で 6.7×10^{-2} cm/s，ピーク時で 1.7×10^{-2} cm/s という常識をはるかに越えた流速であった．一見これらの流速は例外的で局部的に生じていた流速とも考えられるが，このような速い流速が観測された浸透路はダムのフーチング内に設けられた観測孔間に限られていてコンソリデーショングラウチングの施工部分にあったことと，5×10^{-2} cm/s 以下の流速が測定された浸透路はいずれもその経路の大半が非グラウチング施工区間にあったことは注目すべきであろう．すなわち河床部の (MP-3) → (MP-4)・(MP-5) の浸透流速での初期検出時の 6.7×10^{-2} cm/s，ピーク時の流速の 1.7×10^{-2} cm/s は【貯水池】→【止水カーテン】→【コンソリデーショングラウチング施工区間】という浸透路の中で，残された空隙を通ったグラウチング施工部分のみでの流速である．一方，5×10^{-3} cm/s 以下の流速はグラウチングが施工されていなかったために開口節理面が残存して空隙率が高く，水頭勾配も緩い部分での遅い浸透流速を含めた平均流速であったと考えられる．

第1〜3次測定では河床部でも止水カーテンを迂回した浸透流も捉えられていたが，第4次測定ではグラウチング施工部のみの浸透流と流速がはっきり異なることからも止水カーテンを迂回した浸透流は捉えられなくなった考えられる．

なおこの点については第6章で簡易計算結果と対比しつつ詳しく論ずることにする．

ⓓ 前節で述べた緑川ダムで止水上特に注目すべき高い透水度を示したのは Aso-4 の高溶結凝灰岩層のみであった．この層の層位学的深度は高々 20〜30 m で，生成時と同じ状態に置かれ，その後の地形侵食により斜面近くではさらに大きく開口されているのでその透水度は極めて高いものであり，その層の中では 10 cm 程度の開口節理は至る所に存在し，真の透水係数（このような non Darcy 流が生ずると考えられる層内では流速と水頭勾配から求めた透水係数は物理的な意味を持たないが）で $10 \sim 10^2$ cm/s 程度の値を持つ部分が多かった．しかし止水対策としてはこの層の分布を追跡し，満水面以下の標高で貯水池に接してダムより下流側につながるこの層に対して止水対策を講じればよく，これ以外の地層では浸透路長を延ばすことによる浸透流量の低減もはかれるので，通常の止水対策で対応し得るものであった．

これに対して松原・下筌ダムの基礎岩盤の釈迦岳溶岩類は約 240 万年前の火山活動により生成された地層で層位学的深度は数百 m 程度であったと考えられている．このため，生成時よりはある程度締め固められ，最も高い透水度を示す部分でも真の透水係数は 10^{-1} cm/s 程度，見掛けの透水係数にして 10^{-3} cm/s 程度の透水度の岩盤で，更新世末期の高溶結凝灰岩層内

ほどの開口度の著しい節理はなく，透水度も高溶結凝灰岩層内ほどの極端な透水度は示していなかった．しかし，恐らく数回に及ぶ火山活動により複雑に堆積・侵食を繰り返しながら生成された地層であるので止水上注目すべき部分が絞れず，また各々の地層の分布が複雑で入り乱れて合理的な止水対策が極めて立てにくい地層であった．

以上述べてきたように，この両ダムの建設にあたっては止水面では幾多の困難な問題に遭遇し，これを契機としてその後に通常の地層に建設されるダムでも，止水カーテンの改良目標値と同程度の透水度の地層まで調査・施工の範囲を広げるという考え方が強く現れてくる一因となった．

しかし緑川ダムや松原・下筌ダムで遭遇した困難な止水問題はあくまでも新しい地質年代の火山活動により生成された地層での特有の問題であって，通常の地層ではごく特殊な場合以外には生じない問題である．

したがって前章で主として焦点を当てた通常の地層上に建設されるダムの場合には，よほど特殊な場合以外は緑川ダムや松原・下筌ダムで遭遇した止水問題に対処し得るような止水計画を検討する必要はないと考えられる．

しかし新しい地質年代の火山活動により生成された地層上にダムを建設する場合には同様な止水上の問題が生ずる可能性が高く，特に鮮新世末期から更新世初期にかけて生成された火山性地層上にダムを建設する場合には松原・下筌ダムの建設で遭遇したと同類の問題に遭遇する可能性が高いと考えて臨むべきであろう．

4.4 鯖石川ダムの鮮新世末期の砂岩層での止水処理

4.4.1 鯖石川ダムの概要と地質概況

鯖石川ダムは1969年（昭和44年）4月に着工し，1973年（昭和48年）10月に完成したダムである．このダムは高さ37mの重力ダムの本ダムと高さ22mのフィルタイプの補助ダムとから成っている．鯖石川のダムサイトの地質は鮮新世後期から更新世初期に堆積した魚沼層の最下部でおおよそ240万年前に堆積したとされている．この地層の層位学的深度は1000～1500mとされ，泥岩と砂岩の互層から成り，泥岩はやや固結して節理も発達しているが，砂岩は固結度がかなり低くて節理もほとんど発達しておらず，未固結層に近い状態であった．

中新世後期以降の固結度の低い堆積層上のダム建設は当初はフィルダムが多かったが，岩盤力学の発達によりこの種の地層に対する原位置試験方法が確立し，この種の地層の岩盤強度がある程度の精度をもって把握できるようになると，かなり大きなフィレットを必要とするが重力ダムも建設されるようになってきた．その初期の例が富山県の和田川ダム（重力ダム，高さ21.0m，1967年完成）と千葉県の豊英ダム（重力ダム，高さ38m，1969年完成）などであろう．これらのダムの基礎岩盤はいずれも中新世後期から鮮新世初期にかけての泥岩を主体とし，弱いながらある程度固結していたので，岩盤強度を原位置試験により測定し，それに基づいて設計を行うという手順で建設が進められた．

これらのダムの基礎となった地層は止水問題についてはある程度節理が発達してこれらの節理をグラウチングにより充填すれば透水度の改良は充分達成し得たので，岩盤強度が低いため限界圧力が低いことを念頭に入れて入念なグラウチングを行うことにより対応してきた．

これに対して鯖石川ダムの基礎岩盤は鮮新世末期の約240万年前の堆積層で層位学的深度も1000～1500 m と比較的浅く，主として泥岩と砂岩の互層から成り，全般に固結度は低い地層であった．さらにこの砂岩層は粒度分布が粗いために透水度が比較的高い上に固結度は極めて低く，節理もほとんどないためにグラウチングによる透水度の改良も見込み難いなど，止水面でも新たな問題を提起した地層であった．

この種の固結度が低い砂岩層の止水問題はその後亀山ダム（重力ダム，高さ 34.5 m，1980 年完成），高滝ダム（重力ダム，高さ 24.5 m，1990 年完成）や美利河ダム（4.9 節参照）などで直面し，対応策が検討されていくことになる．そこで本節ではまずこの種の問題に最初に遭遇した事例として鯖石川ダムについて述べることにする．

一般に古・中生代の堆積岩の場合は砂岩の方が泥岩・粘板岩・頁岩より硬いが，中新世後期以降の新しい地層では逆に泥岩の方が続成硬化の進行が早いために強度が高くて節理の発達も早く，砂岩は続成硬化の進行が遅いために強度が低くて節理の発達も遅い．

これは砂岩は一般に浅海性で流速が速い所で沈降して堆積するために主として粒径が粗い砂が堆積し，沈降速度の遅い化学的に不安定な粘土鉱物や凝集コロイドなど後でセメンティングマテリアルに変化しやすい物質が一緒に堆積しない．このため，堆積後上載地層が堆積して酸素の供給が断たれたり，温度条件が変化するなどの環境条件が変わっても，締固めは進行するがセメンティングマテリアルの固化は進行しにくくなっているからであると考えられている．しかし長い年月の経過（1千万年以上）と上載地層の増大（数千 m 以上）などにより，上下の他の地層からや何らかの地質的要因による外部からのセメンティングマテリアルが供給されたり，温度などの環境条件が大きく変化した中新世中期頃以前の砂岩では続成硬化が充分進行し，節理も発達した地層になる．

これに対して泥岩は堆積時に不安定鉱物などセメンティングマテリアルに変化しやすい物質を一緒に堆積しているので続成硬化が早く現れ，更新世初期に堆積した地層でもすでにある程度固結し，節理が発達している場合もしばしば見られる．

したがって中新世初期以前の堆積層では砂岩の方が構成粒子が硬いために，続成硬化が充分進んだ段階になると泥岩より硬くなるのが一般であるが，中新世後期以後の堆積層では泥岩の方が砂岩より続成硬化の進行が速くてある程度固結している場合が多い．泥岩と砂岩の固結度の大小関係は堆積時およびその後の環境により異なり一概には言い得ないが，一般的には鮮新世初期から中新世中期の間を境にして逆転している．

以上説明したようなことから，鯖石川のダムサイトの基礎岩盤は鮮新世末の堆積層であるために泥岩層はある程度の固結度を示して節理も発達していたが，砂岩層は未固結に近い状態にあり，節理もほとんど存在していなかった．

図 4.4.1 は鯖石川ダムサイトの地質横断図を示しており，図 4.4.2 は本体掘削面地質図を示している．これらの図から明らかなように地層の走向はダム軸とほぼ平行で下流落ち約20°の単斜構造となっている．以上のような地質状況から，ダムの最大断面は可能な限り固結度の高い泥岩層に乗るようにし，特に最大応力が生ずるダムの下流端付近は主として泥岩層上に乗せるようにダム軸の選定が行われた[14]）（図 4.4.1～図 4.4.2 参照）．

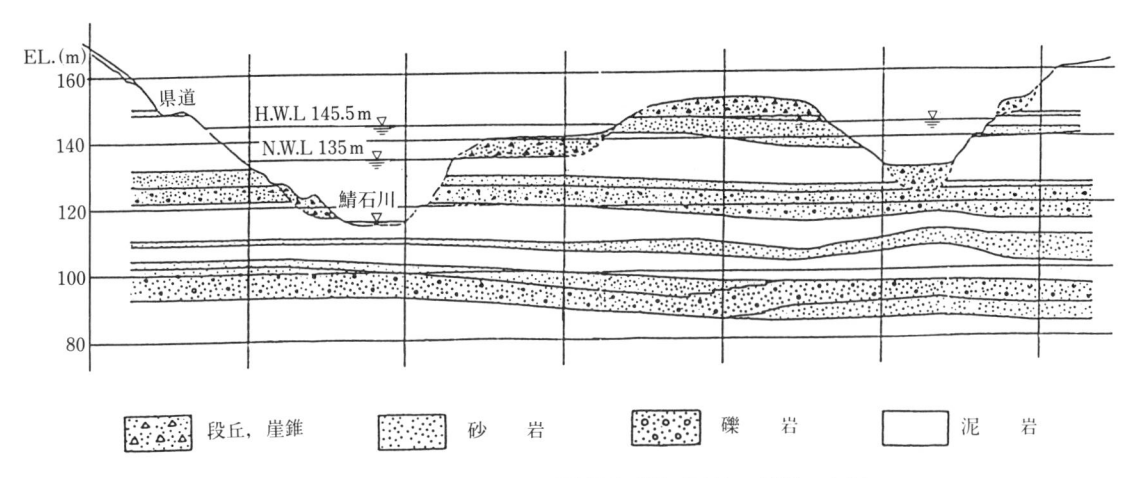

図 4.4.1 鯖石川ダムサイトの地質横断図（「鯖石川ダム工事誌」より）

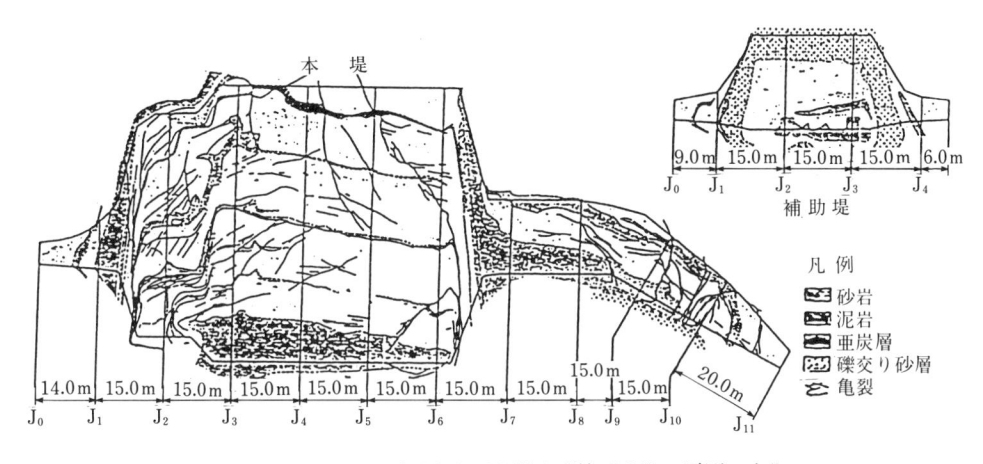

図 4.4.2 鯖石川ダム本体掘削面地質図（「鯖石川ダム工事誌」より）

4.4.2 鯖石川ダムの砂岩層における止水上の問題点

このダムの調査および工事が進められた時期には1972年の「施工指針」が作成され，制定された時期とほぼ一致しているが，この指針は1.3節にも述べたように主として堅硬な岩盤での施工資料に基づいて作成されていた．したがって鯖石川ダムではこの指針が固結度が低い地層に対してどこまで適用可能であるのか，どのような修正が必要になるかという点を念頭においた検討が行われた．上記指針に『最近の傾向として固結度の低い第三紀層の軟岩を基礎とするダムが増加し，このような軟岩基礎の透水性や力学的性質をセメントグラウトで改良し得るものか否かが問題となっている』と書かれている[15]．この記述は鯖石川ダムなどでの一連の調査・試験・施工結果やその後に続くこの種の地層でのグラウチングによる止水処理を念頭に置いたものであった．

この時点での固結度が低い地層の止水面で意識されていた問題点を要約すれば，

(1) 透水度の把握と限界圧力が低いことに対する対応策，
(2) 止水上必要な改良目標値と改良可能値，
(3) グラウチングの効果，

(4) 注入圧力の選定,

の4点があげられる．

　前項に述べたように比較的新しい地質年代に堆積した粒度構成が粗い砂岩層は空隙が多くて比較的高い透水度を示し，さらに続成硬化の進行も遅くて節理が発達していないのが一般である．

　したがってまず (1) の固結度が低い砂岩層の透水度を的確に把握することと，(2) のその透水度がダムの基礎岩盤としてどの程度まで改良する必要があり，また改良可能であるかが問題となる．特に上記の「施工指針」で透水試験をルジオンテストに統一し，透水度の表示もルジオン値に統一したので，以降この種の地層での限界圧力の値と限界圧力以下での透水度の測定方法が大きな問題として登場してくることになった．

　次に (3) のグラウチングによる改良がどの程度可能であるかが問題となるが，このように節理が発達していないで空隙率が高いために透水度が高い地層のグラウチングによる透水度の改良は，構成粒子間にセメントミルクを浸入させて改良する以外にないが，この種の砂岩層に対してどの程度までの改良が可能であるかが大きな問題点であった．

　このダムの建設に着手される以前からこの種の地層の改良度合については種々検討されていたようであるが，筆者が知る事例としては岩瀬ダムの右岸上部に存在した低溶結凝灰岩層に対する検討があげられる．しかしこの地層は 4.2.1 項で簡単に述べたように極めて透水度が低く，この層内の地下水面が貯水池の満水面より高かったので特に止水処理は行わずに湛水することができた．しかし，調査段階では薬液注入を含めたグラウチングテストを行い，注入後その部分を掘削して注入状況を観察したところ，アクリルアミドのような薬液でも脈状に入るのみで，構成粒子間にはほとんど入っていないことが判明していた[16]．

　このような結果は対象とした地層の透水度が極めて低かったためでもあるが，一般的に見て構成粒子間に注入材を注入してその透水度を改良することは極めて困難で，このダムサイトの砂岩層のような空隙率が比較的高く，透水度が高くて固結度が低い地層に対しても果たしてどの程度までの改良が可能であるかが大きな問題点であった．

　(4) の問題点は (1)〜(3) の問題点を踏まえた施工上の問題であるが，特にこの問題は (1) の限界圧力とも関連しており，地層を傷めずに効果的な改良を行うにはどのような注入圧で施工するのが良いかについても検討された．

4.4.3　鯖石川ダムにおける透水試験とグラウチングテスト

　すでに述べたように鯖石川ダムの基礎岩盤は鮮新世末の固結度が低い泥岩層を主体とし，さらに固結度が低い砂岩層をその間に挟んだ堆積層から成っていた．このため，コンクリートダムの基礎岩盤として強度の点からも問題が提起されたが，入念な原位置岩盤試験を行って岩盤の強度を把握してそれに対応した堤体設計を行うとともに，より続成硬化の進んだ泥岩層に主要部分が乗るようにダムの位置を選定することにより解決した．

　前述したように泥岩の固結度は低くてハンマーの尖端が 0.5〜1 cm 程度は突き刺さり，ナイフで削り取られる程度であったが，止水面から見た場合には密に締め固められて節理は発達していた．したがってグラウチングにより節理面沿いにミルクを注入すれば透水度を改良することは可能であり，岩石自体を通しての浸透流が生ずる可能性はほとんどないと考えられた．これに対して砂岩は

表 4.4.1 鯖石川ダムサイト泥岩（砂質）の物理試験結果（「鯖石川ダム工事誌」より）

密度 (t/m³)		有効間隙率 (%)	圧縮強度 (kgf/cm²)		引張強度 (kgf/cm²)		静弾性係数 (10^3 kgf/cm²)		弾性波速度 (km/s)			
									P波		S波	
乾燥	湿潤		乾燥	湿潤	乾燥	湿潤	乾燥	湿潤	乾燥	湿潤	乾燥	湿潤
1.5	1.97	40.8	96.7	24.6	8.6	7.6	23.5	4.65	1.68	2.12	0.99	1.05

空隙率が高くて固結度が低く，特に礫まじりの砂岩層は空隙率はかなり高くて節理も全く発達していないので，これらの層の透水度を改良するには構成粒子間にミルクを入り込ませる以外にないが，当時の技術としてこれが可能か否かが大きな問題点となった．すなわちこれらの低固結砂岩層が intact な状態においてどの程度の透水度を持っているのか，どの程度までグラウチングによる改良が期待し得るのか，セメントミルクの注入による改良のみで充分なのかがその主な問題点であった．

そこで，まず本ダムサイトの泥岩などのおおよその物理的性質を調べるために採取されたボーリングコアに対して一連の物理試験が行われた（表 4.4.1 参照）．しかしこの種の地層の透水度は後述する［4.7 節の大門ダム］や［4.9 節の美利河ダム］ではっきりと示されるように，元来土質材料と同様にその構成粒子の粒度分布と極めて高い相関性を示しているが，このダムの建設時点ではこの点に対する充分な認識がなく，この砂岩層の構成粒子の粒度分布は測定されていない．

原位置透水試験は初期の調査段階においてはもっぱらボーリング孔を用い，シングルパッカー法により低圧（限界圧力以下）で行われ，測定値も見掛けの透水係数で表示されていた．すでに述べたようにこのダムの調査・試験は主として 1969 年以前に行われ，1972 年の「施工指針」に基づいた試験は行われていなかったので，透水試験で加えた圧力もルジオンテストで規定した $10\,\mathrm{kgf/cm^2}$ まで昇圧することを基本として実施されたが，限界圧力以下の透水度をよく把握していた．

初期の原位置透水試験から得られた見掛けの透水係数の値を示すとおおよそ，

 砂岩層 $7.6 \times 10^{-4} \sim 2.3 \times 10^{-5}$ cm/s,
 泥岩層 $7.6 \times 10^{-4} \sim 8.5 \times 10^{-5}$ cm/s,
 泥岩，砂岩互層部 $4.8 \times 10^{-4} \sim 3.2 \times 10^{-5}$ cm/s,

で，in tact な状態における見掛けの透水係数の値が各層とも大体同程度の値を示していた．

しかし上記の方法はボーリングの孔壁に泥壁ができたり，孔壁を痛めたりする可能性があり，またパッカーの周辺からの漏洩が生じやすいなどの欠点がある．また固結度が低い砂岩層内の浸透流は主として粒子間を流れているのに対して泥岩層内の浸透流は主として節理面を流れており，浸透流の性質も異なると考えられたので，これらの点を明らかにするためにさらに種々の室内試験と原位置試験を行った．

これらの試験結果は試験方法による相違は小さく，供試体・試験箇所による相違の方が大きく，岩種別に要約すると見掛けの透水係数の値は，

 中粒〜粗粒の砂岩 $8 \sim 4 \times 10^{-4}$ cm/s,
 細粒〜中粒の砂岩 $6 \sim 3 \times 10^{-4}$ cm/s,
 泥岩 $4 \sim 1 \times 10^{-5}$ cm/s,

であった．

しかし 1970 年頃より 1972 年の「施工指針」の作成作業も進み，この種の軟岩の透水度もルジオン値で表示されるようになった．また当時この種の地層の止水処理については多くの未知の問題が

残されていたので，1971年にダム本体基礎の止水工事に先立って本ダムと補助ダムの間にある中央台地部でグラウチングテストを兼ねて止水カーテンの一部を先行して施工し，注入方法・注入圧力の規制方法・注入材料などについて検討されたが，この段階から透水試験はルジオンテストに切り替えられ，グラウチング効果の判定もルジオン値が用いられ，改良目標値も2ルジオン以下に設定された．

まず中央台地部の本ダム寄りの10 m区間を第1次テスト区間とし，注入孔の配置は1 m間隔の2列の千鳥とし，1次孔は4 m間隔，2次孔は2 m間隔，3次孔は1 m間隔の内挿法で行われた．深さ方向には5ステージのステージグラウチングとし，1〜4ステージまでは5 m，5ステージは10 mのステージ長で計30 mの深さで行われた．注入材料はコロイドセメントが用いられた．この一次試験の結果として，

ⓐ パッカーが不確実で何らかの改良が必要である．
ⓑ 注入量は全般にかなり少ない．
ⓒ 泥岩層はかなり改良されて約60%が改良目標値に達したが，砂岩層での注入効果は低く，改良目標値に達したのは15%以下で，5〜10ルジオンの部分もかなり残されていた．

との結論が得られた．

以上の結果を踏まえて第2次グラウチングテストが行われた．このテストでは孔間隔・注入順序・ステージ長は第1次テストと同様であるが，パッカーの掛け方は新しい2種類の方法が試みられた．また注入圧力の規制方法として岩盤変位計を設置し，岩盤に有害な変位（0.2 mm以上の）が生じないように圧力を規制する方法を導入して行われた．

その結果，岩盤上に打設したコンクリートにパッカーをかけステージグラウチングを行う方法はいくつかの問題点があるが，この程度の地層と規模では比較的容易に施工が進められることが判明し，本工事はこの方法で進めることにした．

これらの試験結果では前述したように泥岩層の透水度は改善されたが，砂岩層の改良効果は思わしくなく，改良目標値に達しない部分が残されたので，その対策として1 m間隔の千鳥の止水カーテンのさらに内挿グラウチングとしてベントナイト・アクリルアマイド・ポリウレタン等の薬液注入も試みられた．

以上の試験結果から以後の止水カーテンの孔配置は試験に用いられたものをそのまま用いて施工し，岩盤変位を0.2 mm以下に抑制するように圧力を規制した．注入材料としてはコロイドセメント（ベントナイト5%混入）を用い，さらに浅い部分および砂岩層の改良効果は不充分と考えられたので2列のカーテンの中央に1 m間隔でのポリウレタンによる薬液注入を行い補強した．

鯖石川ダムは以上のような検討を経て止水カーテンが施工され，1973年10月には止水工事も終了して湛水を開始した．チェック孔によるルジオンマップを示せば図4.4.3のようであり，改良目標値の2ルジオン以下になったのは約40%で多くは2〜5ルジオンとなり，部分的には5〜10ルジオンの所も残された．全般的に見ると泥岩層は良く改良されたが砂岩層の改良は思わしくなく，最終的には薬液注入により補われた形となった[17]．

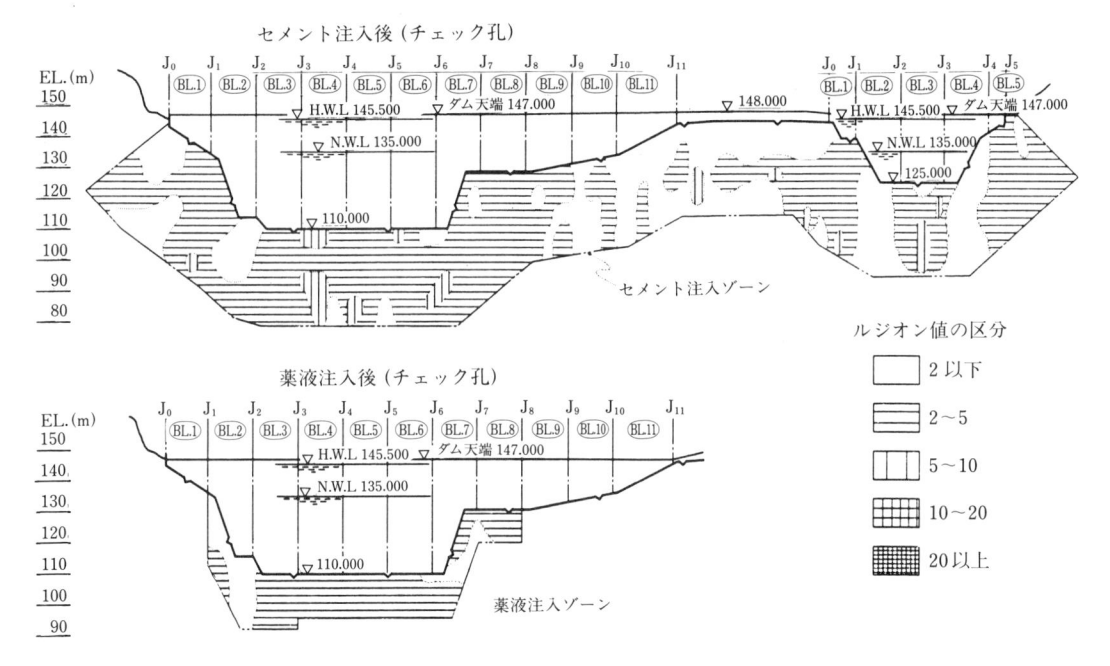

図 4.4.3 鯖石川ダムの止水カーテン施工後のルジオンマップ (「鯖石川ダム工事誌」より)

4.4.4 施工結果と湛水後の状況

すでに述べたように泥岩層には節理が発達し, 節理面沿いにミルクを注入することにより透水度は改良された. しかし, 砂岩層は未固結に近くて節理がほとんどなかったのでその透水度を改良するためには構成粒子の間にミルクが入り込む必要があり, in tact な状態で充分締め固められていて, 空隙が比較的細かくて見掛けの透水係数が 10^{-4} cm/s 程度の部分では改良が極めて困難であったことを示していた. このため, このダムでは薬液注入を併用することにより補われた (後述するように薬液注入剤は完成後に排水孔から一部流出しており, その効果については問題があると考えられるが).

最後に湛水後現在に至るまでの状況について述べよう. 試験湛水時およびその後数年間については堤内の排水孔以外はダムの下流側からの漏水はほとんど観測されず, 懸念された固結度が低い砂岩層を通しての漏水に関しては注目すべき現象は生じなかった.

なお 1996 年 (平成 8 年) に完成後 23 年を経過した時点での鯖石川ダムの総合点検が行われ, 筆者もその一員として参加する機会を得た. その結果によると[18] このダムの揚圧力は全般に高く, 特に固結が低い砂岩層内の揚圧力が高く, 排水孔を開いたときに漏水量が多くて開口後もほとんど低減しなかったので, パイピング現象が起こることを恐れて完成後総合点検の時点まで全排水孔を閉じた状態で管理されていた.

総合点検に際してこれらの排水孔を開いたときの漏水量の低減状態などを観察して地質図と対比したところ, 明らかに泥岩層に削孔した排水孔は通常の節理性岩盤の場合と同様に開口後直ちに漏水量は急減したが, 明らかに砂岩層に削孔したと考えられる排水孔は開口後も漏水量は多い上に経時的にもほとんど減少しなかった.

また砂岩層に削孔したと考えられる排水孔からは薬液注入剤と見られる寒天状の物質が採集されていた．このような現象は建設中の調査・試験結果や施工中に得られた諸資料からある程度予想し得たことであるが，節理の発達した泥岩層と固結度が低くて節理が発達していない砂岩層との間に浸透流の挙動にこれほどまでの相違が現れたことは注目すべきであろう．

これらの事実は入念な施工により泥岩層内のグラウチングゾーンは未処理の部分に比べてかなり透水度は改良され，止水カーテンの下流側の揚圧力は排水孔を設けることによりそれほどの漏水を伴わずに揚圧力を低減し得た．しかし砂岩層内ではグラウチングによる改良度合は低くてその透水度は未処理部分と大差ない状況にあったので，砂岩層内の排水孔を開口した場合には漏水量は多い上に低減傾向を示さず，排水孔周辺に急な水頭勾配を形成したままの状態で放置するとパイピング現象を生ずる恐れがあり，排水孔による揚圧力の低減を図りにくい状況にあることを示していた．

以上の現象から泥岩層のグラウチングゾーンでは注入されたセメントミルクは節理面沿いに入り込んで固化し，透水度が低くなるとともにある程度の水頭勾配に耐え得る状態になったと考えられる．これに対して砂岩層内ではセメントミルクが脈状に入った部分以外は構成粒子間に進入したミルクは極めて少なく，入ったミルクも濃度が薄くて（W/Cが大きく）固結した後の強度も低く，耐水頭勾配性も低かったと考えられる．またグラウチングによる改良が不十分と考えられた部分に対しては薬液注入で補強したが，ここで用いられた薬液注入剤の一部は排水孔から流出し，長期的には止水効果の向上には役立っていなかったことを示していた．

このような状況から当ダムでは固結度が低い砂岩層に設けた排水孔は以降も閉じたままにして泥岩層に排水孔を増設して開口した状態で管理し，砂岩層内の揚圧力は泥岩層を介して低減し，砂岩層内には緩い水頭勾配しか作用させないようにしながら全体として所定の揚圧力を上回らないようにすることにした．

工事中の諸資料や湛水後の長年月にわたる観測結果から，鯖石川ダムの固結度が低い砂岩層はかなり入念なグラウチングを行っても透水度の改良度合は低く（$5\sim10\times10^{-5}$ cm/s程度），注入されたセメントミルクも粒子間にはわずかしか入り込まず，入り込んだミルクは濃度が薄いために固結度が低い（W/Cが大きいため）．このために，透水度はやや改善したが耐水頭勾配性はほとんど改良されない場合が多かったと考えられる．さらに透水度の改良度合が低いために揚圧力も止水処理が行われていない場合に近い状態であったようである．

すなわちこの種の地層を基礎とする場合には揚圧力は通常の場合よりも高くなることを想定して設計する必要がある．さらに耐水頭勾配性が低いのでこの種の地層に直接排水孔を設けて急な水頭勾配が形成することは避け，高い揚圧力の下で安定性が保たれるように設計するか，本ダムで行ったように耐水頭勾配性がより高い地層（当ダムでは泥岩層）に排水孔を設けて間接的に揚圧力の低減を図るべきであると考えられる．

これらの鯖石川ダムの完成後の砂岩層内の浸透流の挙動は固結度が低くて節理が発達していない地層内の浸透流の特性を示すものとして注目すべきものであると考えられる．

4.5 漁川ダムの更新世末期の火砕流堆積層での止水処理

4.5.1 漁川ダムの概要と地質概況

漁川ダムは 1974 年（昭和 49 年）4 月に着工し，1980 年（昭和 55 年）11 月に完成した高さ 45.5 m のロックフィルダムである．

このダムサイト周辺は約 3 万年前の支笏カルデラ形成時の火山活動により噴出した火砕流などが 100〜150 m の厚さで東南東に緩い下り勾配で平坦に広く堆積しており [19]，漁川はその堆積層に侵食谷を形成して流れ，漁川ダムはこの侵食谷にこの火山性堆積層を基礎として建設された．

漁川ダム以前に完成した更新世末期の軽石質凝灰岩層と火砕流堆積層上に建設されたダムとしては，4.2 節に述べた緑川ダムや岩瀬ダムおよび湯川ダムでは上位標高の基礎の一部がこの種の地層となっていた．これに対して，漁川ダムではダムサイトの基礎全部がこの種の地層で構成されていた．特に河床部を形成する軽石質凝灰岩層は固結度が低く，その透水度のみならず耐水頭勾配性についても調査段階から問題視する意見が出され，着工以前の段階でダム建設の可能性について数年をかけて検討されたダムである．

緑川ダムでは 4.2 節で述べたように浸透路長が短い補助ダムの基礎付近では，不整面沿いの未固結層や低溶結火砕流堆積層に対しては止水カーテンの中で緩い水頭勾配が形成されるように 4 列のグラウチングを行った．一方，浸透路長が長い右岸袖部では高溶結層に対してのみ止水対策を行い，低溶結層に対しては何ら止水処理・耐水頭勾配性対策を行わなかった．

また岩瀬ダムや湯川ダムでは低溶結火砕流堆積層にはダム天端標高に近い部分のみでダム本体を取り付け，低溶結層内には緩い水頭勾配のみが作用するようにして本格的な止水対策を行わずに湛水した．

これに対して漁川ダムではこの種の固結度が低い軽石質凝灰岩層と火砕流堆積層がダム本体の主要部分が全面的に直接乗る基礎地盤となっていた．さらに上部には開口節理が多く存在して non Darcy の浸透流が発生すると考えられる高溶結凝灰岩層が堆積し，常時満水位以上であるが高溶結層の止水問題にも取り組まなければならないダムでもあった．

また前節に述べたように鯖石川ダムでは基礎の一部に節理がなくて未固結に近い砂岩層が存在し，グラウチングによる改良効果が低くて改良値が見掛けの透水係数で 10^{-4} cm/s 以下にすることが困難な地層の止水処理の問題に遭遇した．しかし，漁川ダムの下位標高では全面的にこの種の地層を基礎とし，この種の地層の止水問題に正面から取り組まざるを得なくなったダムでもある．この意味では緑川ダム・鯖石川ダムで積み残した問題点を正面から取り組み，解決策を検討したダムである．

漁川ダムはダム高 45.5 m・堤頂長 270 m・堤体積 647 000 m^3 の中央心壁型ロックフィルダムである．漁川ダムの基礎地盤は当時としては未経験の多くの問題点を持っていたため，1965 年より 9 年間の歳月をかけ，地質調査や基礎地盤の透水度・耐水頭勾配性などについての入念な調査・試験，さらにはグラウチングテストなどを行い，種々検討が行われた後に 1974 年（昭和 49 年）4 月に着工して 1980 年（昭和 55 年）6 月に完成した．

次に漁川ダム周辺の地質状況について述べると，漁川は支笏湖北方の漁岳に源を発し，ほぼ東南東に流れているが，ダムサイト周辺は基盤を鮮新世に堆積した先野幌層とし，その上に厚さ約 5 m の古期段丘堆積層を介しておおよそ 100〜150 m の厚さで支笏火砕流堆積層が広く堆積している．

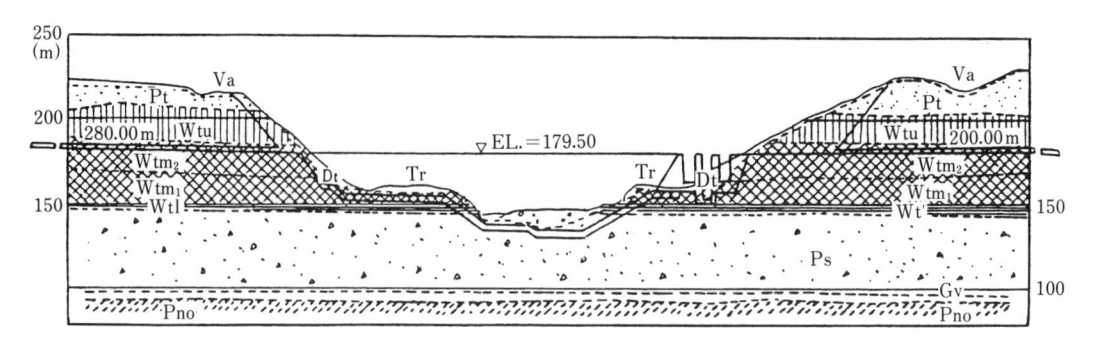

図 4.5.1 漁川ダムのダム軸地質断面図(「漁川ダム工事記録」より)

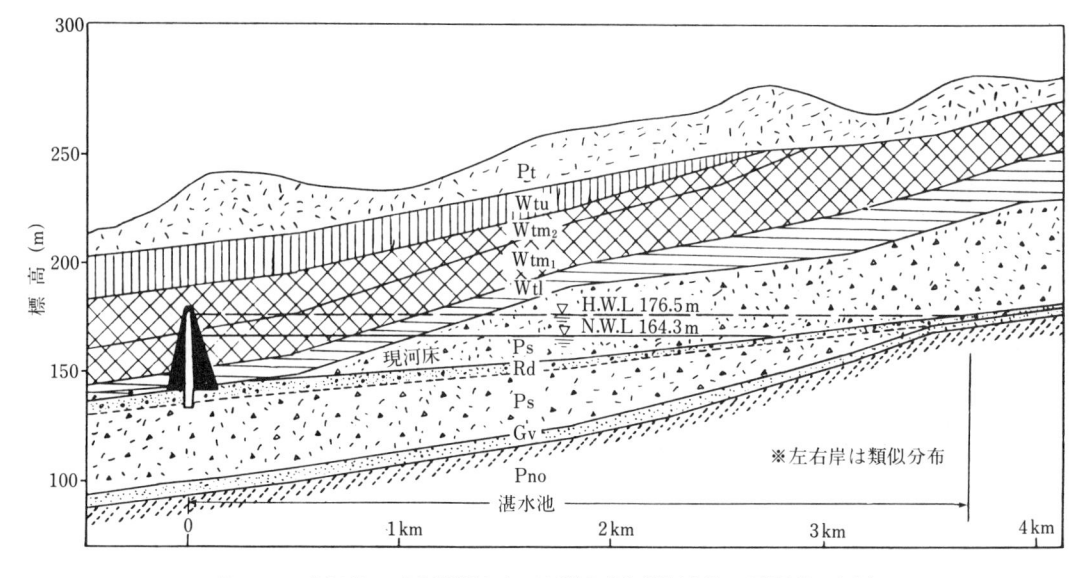

図 4.5.2 漁川ダムの河川縦断方向の地質断面図(「漁川ダム工事記録」より)

　これらの地層は河川横断方向にはほぼ水平に河川縦断方向にはほぼ 1/50 の勾配で東南東に下り勾配で広く堆積し,比較的平坦な地形となっている.この中を漁川はこれら火砕流堆積層の中に侵食谷を形成しながら東南東に流下している.

　支笏火砕流堆積層はすでに述べたように約 3 万年前に支笏カルデラ形成時の火山活動の噴出物が堆積したもので,下から軽石質凝灰岩層(Ps,低固結,厚さ約 40 m)・低位溶結凝灰岩層(Wtl,低溶結,厚さ約 5 m)・中位溶結凝灰岩 1 層(Wtm_1,高溶結,厚さ約 15 m)・中位溶結凝灰岩 2 層(Wtm_2,極高溶結,厚さ約 20 m)・高位溶結凝灰岩層(Wtu,極低溶結,厚さ約 20 m)・軽石質凝灰岩層(Pt,未固結,厚さ 30〜40 m)の順に堆積している[注13].図 4.5.1 には河川横断面での,図 4.5.2 には河川縦断面でのこれらの成層関係を模式的に示しており,表 4.5.1 には各層の性状・物理的性質などを一覧表の形で示している.

[注13] 表 4.5.1 では Wtm_1 を高溶結,Wtm_2 を極高溶結としているが,細部の記述を見ると Wtm_1 は硬質で板状節理を主とし,地下水面はほぼこの層の上面近くにあり,Wtm_2 は硬質で柱状節理を主としていると記述されている.したがって緑川ダムや後で述べる下湯ダムの分類と対比して Wtm_2 を柱状節理が発達した高溶結層とし,Wtm_1 を板状ないし塊状の節理が発達した低溶結層から高溶結層への漸移部と解釈した.下湯ダムではこの部分(Wtm_1)の透水度は比較的低かった.

4.5 漁川ダムの更新世末期の火砕流堆積層での止水処理

表 4.5.1 ダムサイト地質一覧表(「漁川ダム工事記録」より)

地質年代		地層名	記号	構成物(岩相)	固結度	比重	節理方向	節理 頻度、開口度	透水性 ルジオン値(Lu)透水係数(cm/s)	限界圧力(kgf/cm²)	弾性波速度 地山(km/s)	弾性波速度 テストピース(km/s)	一軸圧縮強度(kgf/cm²)	層厚(m)
完新世		現河床堆積層	Rd	硬砂	未固結	—	—	—	—	—	0.3~0.5	—		5~8
完新世		崖錐堆積層	Dt	岩片・軽石粘土	未固結	—	—	—	—	—	0.3~0.5	—		2~10
完新世		新期火山灰層	Va	ローム・降下軽石・火山灰・火山砂	未固結	—	—	—	—	—	0.3~0.5	—		3~4
第四紀	更新世	段丘堆積層	Tr	二次堆積・ローム・硬砂	未固結	—	—	—	—	—	0.3~0.5	—		2~5
第四紀	更新世	豊平浮石層	Pt	軽石凝灰岩(非溶結)	低固結	1.30	節理なし	—	—	—	0.6~1.2	—		30~40
第四紀	更新世 支笏火山噴出物 溶結凝灰岩		Wtu	極低溶結凝灰岩	軟質岩	1.66~1.82	柱状	やや発達、開口大	Lu:30+	10+	1.2	—	30~200	17~20
第四紀	更新世 支笏火山噴出物 溶結凝灰岩		Wtm₂	極高溶結凝灰岩	硬質岩	2.15~2.31	板状 柱状	なし 発達、開口大	Lu:20+ k:5×10⁻⁴±	10+	3.0~3.3	3.0~4.0	1000~2000	20±
第四紀	更新世 支笏火山噴出物 溶結凝灰岩		Wtm₁	高溶結凝灰岩	やや硬質岩	1.90~2.22	柱状 板状	ややすくない、開口小 発達、開口ややや大	Lu:5~20 k:15×10⁻⁴	10+	3.0~3.3	2.3~3.3	500~1500	15±
第四紀	更新世 支笏火山噴出物 溶結凝灰岩		Wtl	低溶結凝灰岩	やや軟質岩	1.50~1.90	柱状 板状	少ない、開口小 少ない、開口小	Lu:5~10 k:1.5×10⁻⁶	10+	3.0 以下	1.2~2.2	200~500	5~8
第四紀	更新世	鳥松浮石層	Ps	軽石凝灰岩(極低溶結)	軟質岩	1.40~1.68	柱状 板状	ごくまれにあり なし	Lu:10~30 k:10⁻⁴~10⁻³	5~10	1.7~1.9	2.0 以下	150 以下	40±
第四紀	更新世	古期段丘堆積層	Gv	砂礫	未固結	—	—	—	Lu:20+	5—	—	—	—	—
新第三紀		先野幌層	Pno	砂岩・泥岩	軟質岩	—	—	—	—	—	—	—	—	—

このダムサイトの河床部を形成している軽石質凝灰岩層（Ps層）は数回にわたる噴出により堆積した地層と見られるが，巨視的には全体がほぼ均一と見なし得る地層で固結度の低い凝灰岩から成り，大部分は節理が存在しない地層となっていた．しかしその上部はやや溶結して鉛直な節理が存在し（10m程度の間隔で），河床面に近い露頭では節理面沿いに地下水の流出によるものか，直径数cmのコーン型の孔が所々に観察された．

このPs層は最大粒径20mmの礫を含み，砂分が約75%，シルト分が約25%の低溶結層で透水度も比較的高く（ルジオン値で30～10ルジオン，見掛けの透水係数は10^{-4}cm/s前後で鯖石川ダムの砂岩層と同程度），層内の構成粒子間を流れる浸透水もかなりあり，含水比も35%と高く，圧縮強度も上部のやや溶結した部分でも150 kgf/cm^{2}と比較的軟質であった．

一方このPs層の上の低溶結なWtl層の上には前述したように溶結したWtm$_1$層とWtm$_2$層が存在し，これらの地層の岩石は堅いが開口した板状および柱状節理を持っていた．特にWtm$_2$層は緑川ダムの高溶結凝灰岩層と同類の開口した柱状節理を持ち，その中を地下水流がnon Darcy流となって速い流速で流れている地層である．Wtm$_1$層とWtm$_2$層内の地下水位はWtm$_1$層の上面近くにあり，河川とほぼ平行した方向に約1/50の勾配で流れ，地下水の流速測定によると右岸側で約1.7 cm/s，左岸側で約0.8 cm/sの流速で流れていた[20]．

このためWtm$_2$層については緑川ダムの高溶結凝灰岩層と同じ問題が生じ，満水位以下に存在するWtm$_2$層については入念な止水処理を行わなければ大量の漏水が生ずる可能性があると考えられた．

以上の2つの問題点はダム建設の可否やダムの規模を決める重要な問題点として調査に着手した時点から指摘されていたが，特に河床部を形成するPs層の耐水頭勾配性については，前述した鉛直な節理面に存在する小さなコーン型の孔の成因とも関連して予備調査段階から特に慎重に検討が行われた．

このPs層の耐水頭勾配性については，後述する河床部での深さ20mの竪坑の掘削とこれに対する解析的検討により湛水後に生ずる水頭勾配にも充分耐え得るとの見通しが得られたので，このダムは実施計画調査・建設へと進み出すことになった．特に，この耐水頭勾配性についてのより詳細な検討と，固結度が低いPs層やWtl層の止水処理と節理の開口が著しいWtm$_1$層やWtm$_2$層の止水処理へと調査・設計が進められてゆくことになった．

また前述したようにWtm$_1$層やWtm$_2$層の止水問題，特にWtm$_2$層内の地下水流はnon Darcy流となっていることから，ダム高さに関係する問題となる．すなわちダム軸（河川横断）方向には各地層がほぼ水平に堆積しているので，ダム高さを地質状況に合わせる以外にないと考えられた．まず常時満水位をダム建設前のWtm$_1$層やWtm$_2$層内の地下水面に合わせ，洪水時満水位の時は貯水池から下流への浸透経路の水頭勾配がダム建設前のこれらの地層内で形成されている地下水面勾配に一致するまで止水カーテンを延長することにした．

4.5.2 河床部の軽石質凝灰岩層（Ps層）の耐水頭勾配性と透水度の調査

前述したように当ダムサイトの河床部を形成するPs層は固結度が低く，河床面より上の部分で数m程度の間隔で鉛直な節理が存在し，節理面沿いに地下水の流出により侵食されたと見られる小さなコーン型の孔が所々に存在していた．このために湛水後にこの地層の耐水頭勾配性に対して関係

者の一部から強い懸念が表明され，初期の調査段階では最も重要な問題点として慎重に検討された．

この問題点に対して最初に明るい見通しを与えたのは1968年にダム軸より上流170mの河床部での直径3m，深さ20mの竪坑の掘削である．この竪坑は湧水量が多かったので掘削後常時は満水状況に置かれたが，年に20回以上調査のために排水した．その際坑壁付近にかなりの水頭勾配が生じたが，坑壁には全く損傷が生ぜずに自立していて，少なくとも揚水時に生ずる水頭勾配に充分耐えることが判明した．そこで竪坑を用いた種々の検討が行われ，竪坑側壁に現れた成層関係の調査や種々の水位のときの湧水量の測定などを行い，Ps層の各部の見掛けの透水係数や竪坑を排水したときに竪坑側壁面で生ずる浸透流速などを解析的に求め，ダム建設後の満水位時に生ずると考えられるPs層内の浸透流速との比較などを行った．

その結果Ps層内も細かに見ればその構成状況は深さにより多少変化し（図4.5.3参照），透水性状にも多少の相違はあるが巨視的には均一に近く，見掛けの透水係数は揚水時と水位回復時とで多少異なる結果となった．しかし，おおよそ$1.2 \sim 2.3 \times 10^{-4}$ cm/sの値が得られ，竪坑の壁面近くではダム完成後満水時にPs層内で生ずると考えられる最大流速の約1.5倍の流速が生じていることが明らかとなった[注14]．

これから継続時間やPs層内の性質のばらつきなどに対してどの程度の安全率を見込むべきかなどの問題点は残されていたが，Ps層の耐水頭勾配性についてかなり明るい見通しが得られるようになった．

以上の検討を経てPs層の耐水頭勾配性に対する懸念は和らぎ，漁川ダムは実施計画調査・建設へと進んでいくことになるが，竪坑壁面での流速がダムの満水時の最大流速の約1.5倍であるので，より厳しい水頭勾配の下でもPs層が充分耐え得ることを確認するために室内高圧透水試験と原位置ハイドロフラクチャー試験が実施された．

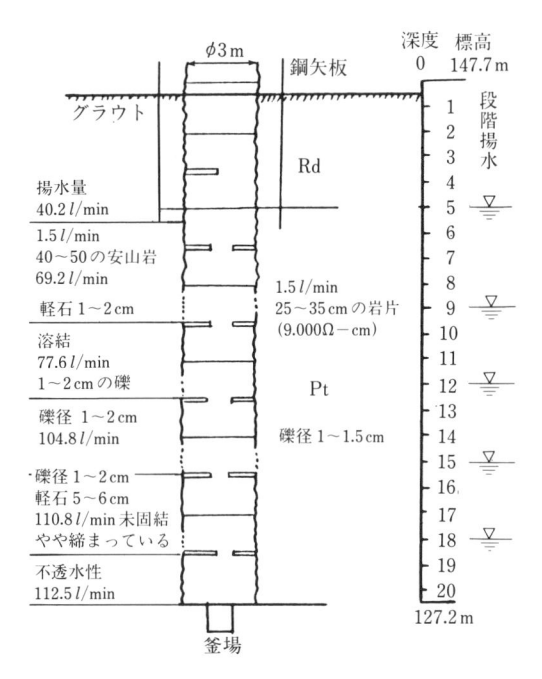

図4.5.3 竪坑における揚水試験（「漁川ダム工事記録」より）

室内高圧透水試験により求められた限界流速（浸透流量が急増する流速）は供試体の厚さにより異なり，試験後の供試体にはパイピングホールは観測されず，引張によると見られる亀裂が数多く観察されるなど，浸透流量の急増がパイピングによるものとは考えにくい状況であった．また，このときの流速はダムの満水時にPs層内に生ずると予想される最大浸透流速の100～200倍であった．

また原位置ハイドロフラクチャー試験としては横坑から4m離れて平行にボーリング孔を掘り，その先端から5mの手前の所に長さ1mのパッカーを介して加圧し，横坑の側壁とボーリング孔の

[注14] この竪坑の浸透流解析は定常状態で解析しており，プログラムの関係から坑壁面での水頭勾配は低めの値が算出されていた．さらに水位降下時では周辺の地下水位が定常状態よりも高いので，壁面での水頭勾配は解析で求められた値より大きく，揚水時の壁面での流速は少なくとも満水時の最大流速の2倍以上であったと考えられる．

間でハイドロフラクチャー試験を行った.

その結果 $11\,\mathrm{kgf/cm^2}$ まで加圧したときにパッカー周辺の地盤が破壊して全送水がボーリング孔口へ溢流した. その間横坑側壁からほぼ均一な滲出は見られたが, 局部的な滲出あるいは湧出はみられなかった. なおボーリング孔と横坑の間には間隙水圧計 3 本を埋設して測定したがその測定値は浸透流解析結果とほぼ一致し, 最大圧力 $11.0\,\mathrm{kgf/cm^2}$ のときに横坑側壁から $50\,\mathrm{cm}$ の距離に埋設した間隔水圧計の測定値と横坑側壁間の水頭勾配は $7/1 \sim 5/1$ で, 満水時に Ps 層内に生ずる最大水頭勾配の約 10 倍であり, 破壊が生じたパッカー周辺の水頭勾配は約 $110/1$ で, 満水時の最大水頭勾配の $200 \sim 150$ 倍となっていた.

このハイドロフラクチャーテストは試験としては必ずしも成功したものとは言い得ないが, これら一連の試験を通して Ps 層はダムの満水時に生ずる最大水頭勾配に対して充分安全であることが確認され, これらの検討を経て漁川ダムの基礎岩盤の主要な問題点は構成する各層の透水度の把握とその止水対策へと移行していくことになった.

この中で高溶結凝灰岩層 ($Wtm_1 \cdot Wtm_2$) についてはすでに述べたように 4.2 節の緑川ダムの事例を参考にして, 高溶結層内では地下水流は non Darcy 流になる可能性が高いとの前提に立ち, 建設以前の地下水位に着目してダム高さと止水処理の基本的方向が決められ, 効果的な止水処理をどのように実施していくかが以後の検討課題となった.

透水度については初期の調査段階からルジオンテストによるルジオン値の測定が数多く行われ, 限界圧力以下でのルジオン値は $10 \sim 30$ ルジオンという値が得られていた. しかし限界圧力が低いために $P \sim Q$ 曲線も種々の形のものが測定され, 必ずしも精度の良いものとは言えない状況にあった.

一方今までに述べた Ps 層の耐水頭勾配性に対する検討過程で, 竪坑の揚水時および水位回復時の透水試験や室内高圧透水試験・原位置ハイドロフラクチャー試験において見掛けの透水係数が求められたが, これらはいずれも $1 \sim 4 \times 10^{-4}\,\mathrm{cm/s}$ 程度の値で, ルジオン値から換算した値と大差ない値であった. 特に竪坑の揚水時および水位回復時に求めた値は極めて大規模な土質試験的な方法により求めた値と見ることができ, 地層内のばらつきも補った平均的な値としては信頼性の高いものと見ることができる. これらを考慮してルジオンマップの形に示したものおよび岩盤分類に対して見掛けの透水係数で表示したものは図 4.5.4 に示されている.

漁川ダムのダム基礎岩盤の各層で行われたルジオンテストで得られた限界圧力以下でのルジオン値・限界圧力・ルジオン値から換算された見掛けの透水係数は表 4.5.2 に示されている. なお表 4.5.2 の $Wtm_1 \cdot Wtm_2$ 層はいずれも高ないし極高溶結凝灰岩から成り, 岩石の強度も充分あるにもかかわらず限界圧力が $2.54 \sim 4.84\,\mathrm{kgf/cm^2}$ と極めて低い値が示されているのは理解し難いところである. 恐らく大きな開口節理を試験区間に含んだために流失流量が多くなって規定圧力の $10\,\mathrm{kgf/cm^2}$ までの昇圧が不可能となり, ここに示す限界圧力はポンプ能力から昇圧可能であった圧力の値を示したものであろう. それ以外の地層はいずれも固結度が低い地層なので, パッカー周辺の地層に損傷が生じたり地層に新たな浸透路が形成されたときの圧力で, 通常用いられている意味の限界圧力を示していると考えられる.

(a) ルジオンマップ

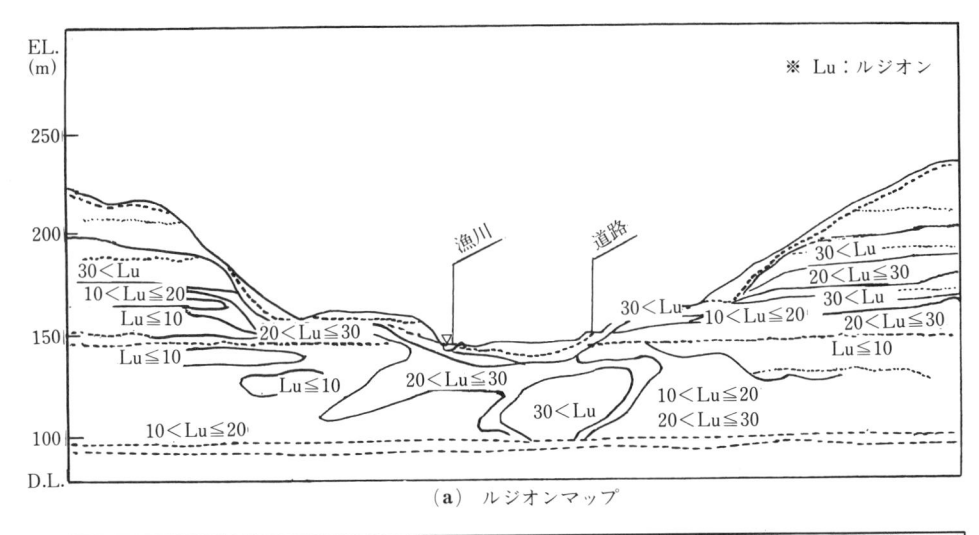

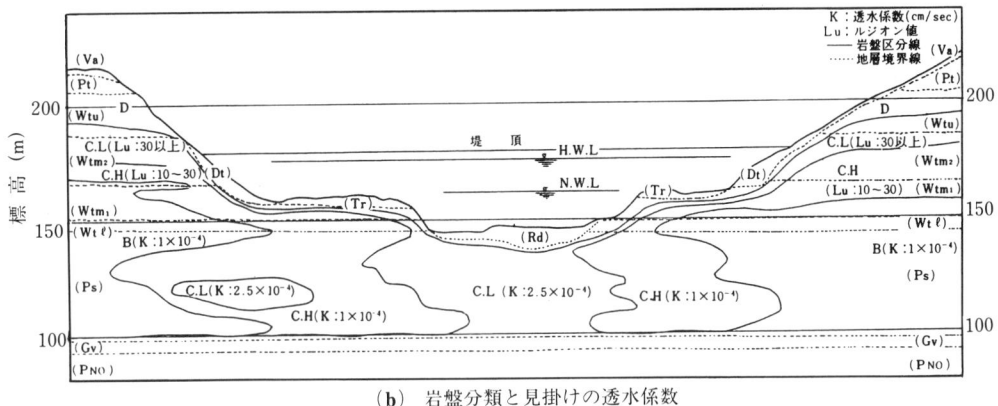

(b) 岩盤分類と見掛けの透水係数

図 4.5.4 漁川ダムサイトの透水度マップ(「漁川ダム工事記録」より)

表 4.5.2 漁川ダム基礎岩盤の層別透水特性(「漁川ダム工事記録」より)

層名	ルジオン値(限界圧力以下)			限界圧力			換算した見掛けの透水係数 (10^{-4} cm/s)
	個数	平均値 (Lu)	標準偏差	個数	平均値 (kgf/cm²)	標準偏差	
Wtm$_2$ 層	56	90.8	78.7	42	2.54	1.46	12.1
Wtm$_1$ 層	49	15.2	19.9	28	4.84	2.11	2.03
Wtl 層	31	14.3	17.0	22	4.75	2.29	1.91
Ps 層上部	31	18.3	13.7	14	4.14	1.81	2.44
Ps 層中部	27	23.9	10.5	14	3.80	1.55	3.20
Ps 層下部	18	25.2	14.1	7	3.43	1.18	3.37
古期段丘層	11	31.3	17.7	7	4.30	0.44	4.18

4.5.3 漁川ダムの低固結軽石質凝灰岩および低溶結凝灰岩における止水処理

前項に述べたように漁川ダムの河床部を構成するPs層は竪坑の側壁も数十回に及ぶ排水によっても全く損傷が生ぜず,一軸圧縮強度も100～150 kgf/cm²の値を示し,ルジオンテストでの限界圧力も3.5 kgf/cm²以上であるなど弱いながらある程度固結していた.この地層内の浸透流は節理面沿いではなくて地層内の構成粒子間を通る浸透流(竪坑内の湧水もほとんどがこの種の浸透流であった)が多く,ルジオン値で10～30ルジオン,見掛けの透水係数で1～3×10^{-4} cm/sと比較的

高い透水度を示していた．

　この種の節理がなくてかなり締め固められた固結度の低い地層の止水問題は漁川ダム以前にすでにいくつかのダムで遭遇し，岩瀬ダムの低溶結凝灰岩や緑川ダムの古期河床砂礫層・低溶結凝灰岩については簡単に触れ，鯖石川ダムでは前節で立ち入って述べた．

　しかしこれらのダムでの工事実績から節理がほとんど存在せず，充分締固まってはいるが粒度構成が比較的粗くて空隙率が高く，固結度が低い地層（in tact な状態での見掛けの透水係数が $1\sim 5\times 10^{-4}$ cm/s 以下）ではコロイドセメントやベントナイトなどを用いても，その層の構成粒子間に注入剤が入り込んでその透水度を改良することが困難であるという事実も浮び上がりつつあった．すなわち節理性岩盤の場合にはグラウチングによる改良可能値は1ルジオン以下である．しかし節理がない固結度が低い地層ではグラウチングによる透水度の大幅な改善は期待し難く，所々に存在する節理や緩んだ部分の改良にとどまり，見掛けの透水係数で $1\sim 5\times 10^{-4}$ cm/s 以下，ルジオン値で10ルジオン以下に改良することが困難な地層が多いという事実も明らかになりつつあった．

　前節までにも述べたように漁川ダム以前に建設されたダムではこの種の地層が部分的に存在する場合のみであった．このためにこの種の地層では浸透路長が長くて止水面からの条件が厳しくない所にダムの位置を選定して止水上の問題点を緩和するようにし，この種の地層の止水処理については最大限努力はするが，指針で示す目標値まで改良されない部分が残っても不問に付したというのが実状であった．

　これに対し 4.5.1 項に述べたように漁川ダムの河床部はすべて Ps 層で構成され，その走向・傾斜は河床面にほぼ平行で約 40 m の厚さを持っていたので，この地層において全面的に止水対策を立てなければならないことになった．このため漁川ダムは固結度が低くて節理がなく，透水度が比較的高い地層での止水対策はいかにあるべきか，改良目標値はどのような値にすべきかを正面から取り組む最初のダムとなった．

　すなわち1973年には溶結凝灰岩層（Wtl・Wtm_1・Wtm_2）を対象に，1974年には河床部の Ps 層を対象にグラウチングテストが行われた．特に Ps 層を対象とした1974年の試験においてはベントナイト・セメントを用いたグラウチングにより透水度がどの程度まで改良されるかを主目的として行われた．

　これらの一連の試験から高溶結凝灰岩の Wtm_1 層や Wtm_2 層ではグラウチングは極めて効果的であることが判明した．一方地下水面下の Wtm_1 層内ではかなりの流速の浸透流が生じており，特に Wtm_2 層内では non Darcy 流となっているので両岸上部の止水カーテンは極めて重要であるが，以上の試験結果から効果的な止水処理は可能であることが明らかになった．

　これに対して Ps 層ではその上部では粗い間隔（約 10 m）で節理が存在し，その周辺部や局部的に緩んだ部分などに透水度の高い部分があり，それらの部分が改良されることによる透水度の改良と限界圧力の上昇がみられるが，1 m 間隔でグラウチングを行っても10ルジオン以下に改良することは極めて困難であることが判明した．

　以上から上部の Wtm_1 層や Wtm_2 層については指針に示されている改良目標値を達成するグラウチングを行うことは可能であり，この部分の止水カーテンはダム建設前にこれらの地層を流れていた地下水流の性質から見ても極めて重要である．しかし下位地高にある Ps 層や Wtl 層，特に河床部を構成する Ps 層に対しては指針に示された改良目標値を達成するようなグラウチングは極め

て困難であることも明らかとなった．

そこで浸透流を低減すべくダムのコア部より上流側のPs層上に土質ブランケットを設けることも浸透流解析を用いて検討され，適当な厚さのブランケットを設ければ浸透流量も20～30%低減し得ることも判明した．しかしPs層の下の河床面下約30mに被圧地下水があり透水度が高い古期段丘堆積層が広く広がっており，この被圧層のためにPs層内の地下水は全体に被圧されてPs層の上面には浸透水が滲み出ている状況であり，その上に薄層のブランケットを施工することは困難であると考えられた．

一方前述したようにPs層の耐水頭勾配性に対して当初から種々検討が行われ，この問題に対し充分安全であるとの結論が得られていたので，経年的に浸透流が増大していく可能性はないと考えられていた．したがって浸透流量がどの程度になるかについて浸透流解析により推定を行った．その解析で仮定した各部分の見掛けの透水係数の値は図4.5.5に示すとおりである．

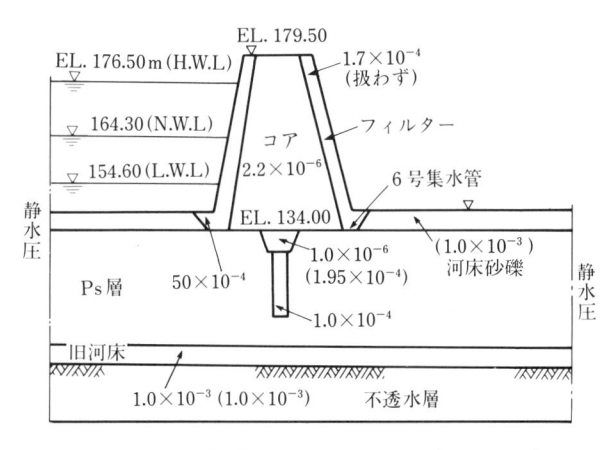

図 4.5.5 浸透流解析モデル（「漁川ダム工事記録」より）

その結果全漏水量は458 l/minと推定された．この量は高さ45.5mのフィルダムとしてはやや多いが常識的な範囲内であると考えられたので，底設監査廊を設けてこれから孔間隔0.75mで深さ20mの止水カーテンを施工することにした（図4.5.6 (b) 参照）．ここで注目すべきことは漁川ダムでは指針に定める改良目標値が達成されないことを事前にはっきりと認識し，種々の検討により耐水頭勾配性について充分安全であり，推定した漏水量も常識的な範囲内であることを検討した上で止水設計を行っていることである．

ダム基礎岩盤内の浸透流に対しては1963年に浸透流理論に基づく大長の研究以降，緑川ダム・下筌ダムなどで開口した節理を有する透水度が高い岩盤ではルジオン値から換算した見掛けの透水係数を用いた解析で推定された漏水量よりはるかに多い漏水が生じた事例に遭遇した．このためにこの種の解析は実際に生じている現象を表現していないとの考えから，漏水量の推定に浸透流解析を用いることを避けるのが一般的傾向であった．

しかし漁川ダムではPs層のような節理がない地層の構成粒子間を流れる浸透流では浸透流解析は適用し得るとの観点に立ち，竪坑での透水試験や原位置ハイドロフラクチャー試験などで浸透流解析結果と対比し，Ps層内に生じている現象を浸透流解析が的確に捉えていることを確認した．その上でこれらの試験結果からダム建設後に生ずる流速は限界流速よりもかなり遅くて耐水頭勾配性についても充分余裕があり，漏水量も常識的な範囲内にとどまると判断されたのでこれらの結果に基づいて止水処理計画が立てられた．

このように浸透流解析が利用し得るようになったのは有限要素法の開発などにより，解析的手法がそれ以前に比べて容易に用い得るようになったことも背景にある．このダムでは建設の初期段階から経験工学的な進め方から脱却して，浸透流解析がこの種の地層に対して有効な方法であること

を原位置試験などから確認した．その上でこの種の手法により指針に示す改良目標値に達しなくても充分安全であることを立証し，止水設計を進めていく取組み方は注目すべきものであり，新しい道を開いた設計手法であったと見ることができる．

この意味で漁川ダム止水設計例は初期に行われた耐水頭勾配性の調査・試験と組み合わせて考えると，新しい合理的な方向を切り開いた貴重な事例と見ることができる．

4.5.4 止水処理の施工と湛水後の状況

前項に述べたような検討経緯を経て漁川ダムの止水処理計画が立てられて施工された．まずコア中央の基礎に設けられた底設監査廊（深さ4m）の中心線から上下流側に各々4.5m・6.0m・7.5mの3列に6.0m間隔で千鳥に深さ4.0mのブランケットグラウチングを施工した（図4.5.6 (a) 参照）．

またPs層やWtl層の止水カーテンは図4.5.6 (b) に示すように孔間隔0.75m，深さ20mで施工した．グラウチングにおけるパッカーのかけ方はグラウチングテストの段階では拡孔法を用いたが，施工が複雑なために[注15]止水カーテンの施工では監査廊のコンクリート底盤にパッカーをかけてステージグラウチングが行われた．

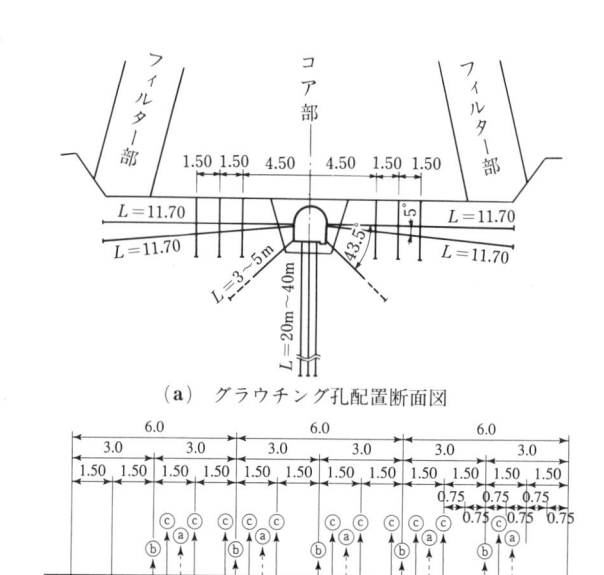

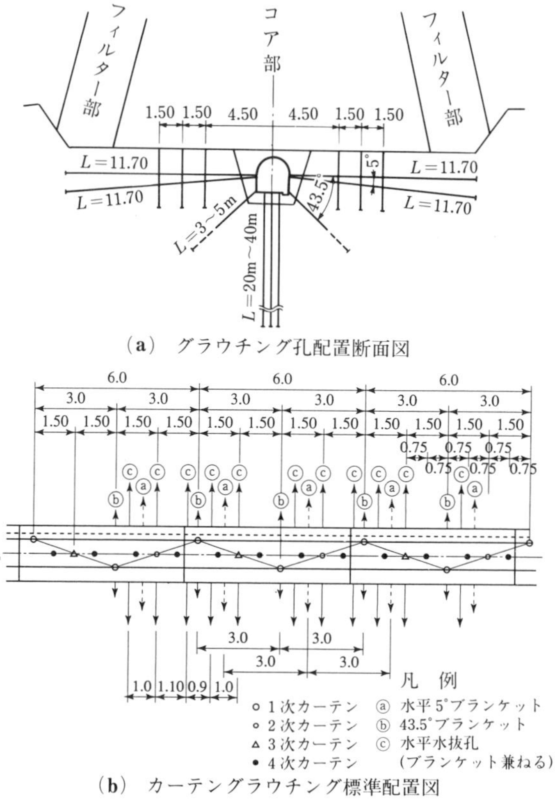

なお河床部のPs層はその下にある古期段丘堆積層に被圧地下水が存在しているために全体に被圧されて，その上面には湧水が滲出しており，コアの施工（施工中の含水比管理）が困難な状況にあった．このためにPs層の被圧水を排除するために図4.5.6 (a) に示すように底設監査廊から1m間隔に上下流に長さ11.7mの水平ボーリングを行い排水した．なおこれらの水平排水孔はコア盛立が進んだ時点でコロイドセメントを用いて注入圧2kgf/cm²で注入し，ブランケットグラウチングの補強を行った．

Wtm_1層やWtm_2層の止水カーテンの施工について簡単に触れると，この部分の止水カーテンは0.75m間隔3列で斜めの注入孔により施工されている．施工実績としては全般に1次グラウチング

(a) グラウチング孔配置断面図

(b) カーテングラウチング標準配置図

凡例
- ○ 1次カーテン   ⓐ 水平5°ブランケット
- ○ 2次カーテン   ⓑ 43.5°ブランケット
- △ 3次カーテン   ⓒ 水平水抜孔
- ● 4次カーテン   　（ブランケット兼ねる）

図4.5.6 漁川ダムの止水グラウチング標準配置図
（「漁川ダム工事記録」より）

[注15] Ps層の上部はやや溶結し，下部はほとんど溶結していなかったので，限界圧力はPs層内では深さに無関係にほぼ一定の値を示していた．このため限界圧力以下での注入を原則とすると，拡孔法の利点は生かされなくなり，このダムのステージグラウチングでは拡孔法は採用されなかった．

でセメント注入量が特に多かった，また Wtm$_2$（柱状節理が発達した部分）で両岸斜面の近くで節理が大きく開口した部分と考えられるが，工事誌には 1 次グラウチングでセメント注入量が特に多く，1：1 の配合のミルクで圧力が上昇せずに 1：0.5 の配合まで用いたものもあり，1 回の注入ではセメント量が 2t になっても圧力が上昇しないために一時注入を中断し，再注入を行った場合があったと記述されている[21]．

止水カーテンの施工による改良度を各層別に示したのが図 4.5.7 である．これからグラウチングによる改良度を整理すると，

① Wtm$_1$ 層や Wtm$_2$ 層のように溶結度が高い堅岩から成り，節理が発達して開口度が著しい地層（特に Wtm$_2$ 層では柱状の開口節理の発達が著しい）では，グラウチング前には 40 ルジオン以上の部分がある反面，開口節理に当たらない部分では透水度は極めて低い．この種の地層でのルジオン値の改良は開口節理の充填により極めて効果的に行われ，最終的には指針に定める改良目標値を充分達成することができた．しかし両岸斜面近くの開口の著しい部分では通常の濃度での注入では圧力が上昇せずに無制限にミルクが注入される場合があり，より濃い濃度のグラウチングを行ったり，注入を一時中断するなどの処置が必要になった．

② Wtl 層や Ps 層など節理がほとんどなく固結度の低い地層では 1・2 次孔に比べてチェック孔のルジオン値は明らかに小さくなっているが，その改良度合は低く，10 ルジオン程度にしか改良されていない．しかし潜在した節理や緩んだ部分などの局部的に透水度が高い部分は確実に改良されており，河床部などダム本体に近接し，浸透路長の比較的短い部分の止水カーテン施工部では大体 5〜10 ルジオンに改良された．

とまとめることができる．

最後に湛水後の状況について述べることにする．前述したように漁川ダムは 1979 年 8 月にダム本体関係の工事が終了して同年 11 月より湛水を開始した．

漁川ダムのコアおよび基礎岩盤を通しての浸透流量は下流側フィルター敷とその下流側ロック部の着岩部を 6 つに分割して集水し，測定されている．その分割した部分と集水経路は図 4.5.8 に示すようである．また湛水初期の 1979 年 11 月より 1981 年 1 月末までの各経路で測定された漏水量と貯水位・日降雨量は図 4.5.9 に示されている．

図 4.5.9 によると両岸上部標高でのフィルター敷への漏水は少なく，河床部フィルター敷への漏水は貯水

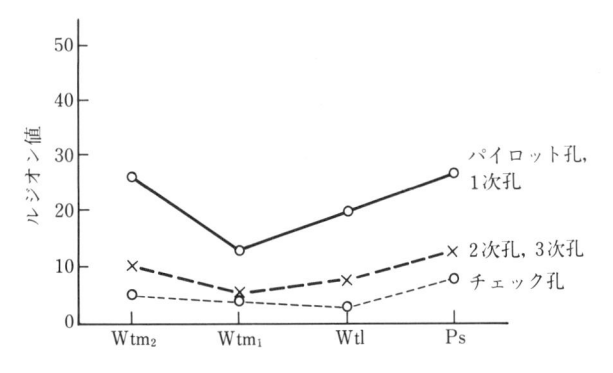

図 4.5.7 各層別ルジオン値の改良度合（「漁川ダム工事記録」より）

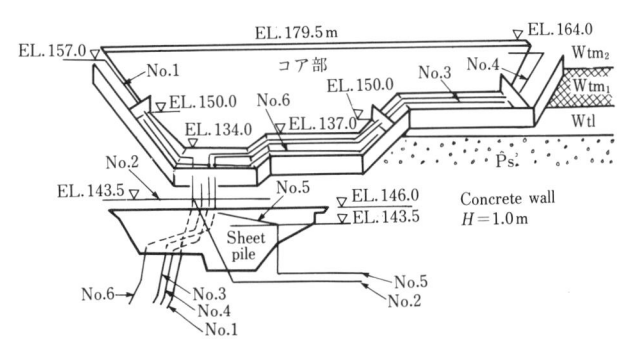

図 4.5.8 浸透流量測定系統図（「漁川ダム工事記録」より）

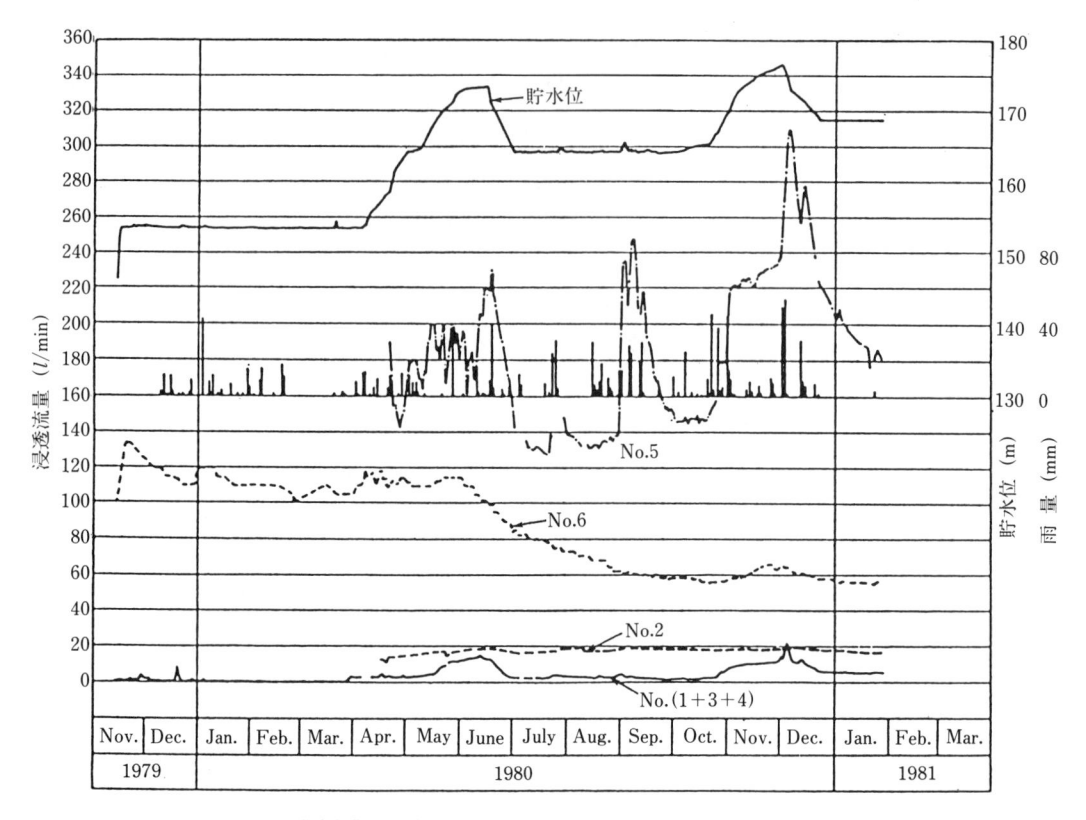

図 4.5.9 湛水初期の貯水位・漏水量・日降雨量図(「漁川ダム工事記録」より)

位に関係なく減少している．ロック敷で集水された No.5 の漏水量は明らかに降雨の影響を受けているが最も多く，洪水時満水位時に $310\,l/\mathrm{min}$（降雨の影響を除去した推定値で $260\,l/\mathrm{min}$）で，そのときの測定された全漏水量は $420\,l/\mathrm{min}$（降雨の影響を除去した推定値で $370\,l/\mathrm{min}$）であった．

この量は止水計画を立てる際に浸透流解析により推定した量より 10～20% 少ない量で，この測定された漏水量はダムからの全漏水量であるとは言えないにしても，可能な限り集水したものであり，この測定値が推定値に極めて近い値を示したことは注目に値する．以上漁川ダム建設を通して，

Ⓐ 当ダムサイトの軽石質凝灰岩層のような固結度が低くて浸透流が構成粒子間を主として流れている地層では浸透流解析による漏水量の予測は有効であることを立証した．

Ⓑ このような地層では見掛けの透水係数で $10^{-4}\,\mathrm{cm/s}$，ルジオン値で 10 ルジオン以下であれば高さ 50 m 以下のフィルダムではあるが充分安全に湛水し得た実例となった．

などの貴重な経験を得ることができた．

これらの事実は極めて注目すべきことであり，当ダムで採用された竪坑の揚水・水位回復時の試験結果やハイドロフラクチャーテストでの地層内の圧力分布が浸透流解析結果とよく一致し，浸透流解析がこの種の地層に対しては充分用い得ることを立証した．またこのダムで実施された節理がなくて固結度が低い地層に対する改良目標値や止水カーテンの範囲を検討した手法はその後のこの種の地層の止水処理での注目すべき事例となった．

4.6 御所ダムの泥流堆積層の透水度の調査

4.6.1 御所ダムの概要と地質概況

　前々節および前節において固結度が低くて節理が存在せず,限界圧力が $3\sim4\,\mathrm{kgf/cm^2}$ 程度で浸透流が主としてその構成粒子間を流れる地層での止水処理について,鯖石川ダムや漁川ダムの調査・施工および完成後の資料を紹介して検討を行った.また漁川ダムではいくつかの試行錯誤を経てこの種の地層に対して耐水頭勾配性・透水度の室内試験や原位置試験を行い,ダム完成後に生ずる水頭勾配にも充分耐え得ることを確認するとともに,浸透流解析がかなりの精度で適用し得ることを立証し,浸透流解析に基づいて止水設計を行ったことを述べた.

　この両ダムでの止水対策を検討する上で問題となった固結度が低い砂岩層や軽石質凝灰岩層はいずれも限界圧力は $3\,\mathrm{kgf/cm^2}$ 以上で,ルジオン値から換算した見掛けの透水係数と他の土質試験的な方法で得られた値とではほぼ同程度の値を示していた.したがって両ダムで問題となった地層のように限界圧力が $3\,\mathrm{kgf/cm^2}$ 以上の地層では入念なルジオンテストを行えば,かなりの精度でその透水度を把握し得ることも明らかとなった.

　しかし限界圧力が $3\,\mathrm{kgf/cm^2}$ 以下のさらに固結度が低い地層では,ルジオン値から換算した見掛けの透水係数の値と他の土質試験的な方法により得られた値が類似した値を示すのか否か,またこのような地層の透水度を正確に把握する上でどのような注意が必要かについては,この種の地層の透水度の調査にあたっては極めて重要な事柄である.

　本節では基礎グラウチングとは直接関係がないが,御所ダムの左岸側に広く分布した泥流堆積層で行われた種々の透水試験ではこの種の問題に対して極めて興味深い結果が得られているので節を改めて紹介することにする.

　御所ダムは1941年(昭和16年)に立案され,1947年のカスリン台風・1948年のアイオン台風の被害により改訂された北上川治水計画の一環として組み込まれた北上川5大ダムの最後のダムとして1967年に着手され,1982年に完成したダム高さ $52.5\,\mathrm{m}$ の重力ダムとフィルダムの複合型のダムである.流域 $635\,\mathrm{km^2}$・総貯水容量 $65\,000\,000\,\mathrm{m^3}$ とダム高さに比べて流域・貯水容量とも大きく,貯水効率の良い多目的ダムである.

　次にこのダムサイトの地質の概況を述べよう.図4.6.1はダム軸沿いの地質断面図を示しているが,この図に示されるように右岸から現河床中央部にかけては新第三紀中新世中期の飯岡層に属する安山岩質集塊岩(Ag)が分布して右岸で露頭し,河床部で現河床砂礫に覆われていた.現河床中央部から左岸にかけては更新世後半の泥流堆積層(Mf)に広く覆われ,河床部では現河床砂礫層がこれを覆っていた.また左岸のダム天端標高より高い位置にある台地は中位段丘堆積層を介して完新世のローム層に覆われていた.

　河床部中央から左岸にかけてのMf層の下の基盤は下から下猿田層(中新世後期)に属する凝灰質頁岩層(Ts_1),男助層(中新世後期)に属する凝灰質頁岩層(Ts_2),その上に外井層(中新世末より鮮新世)に属する角礫凝灰岩層(Tb)の順に堆積し,これら Ts_1・Ts_2・Tb層は河床中央部でほぼ垂直に近い面で Ag 層に不整合に接している.また Tb 層と Mf 層との間には所々に不連続に(ダム軸方向に不連続であるが,上下流方向にはある程度連続している可能性があると考えられた)旧河床砂礫が存在していた.Tb層はまだ充分固結していないいわゆる軟岩である[22].

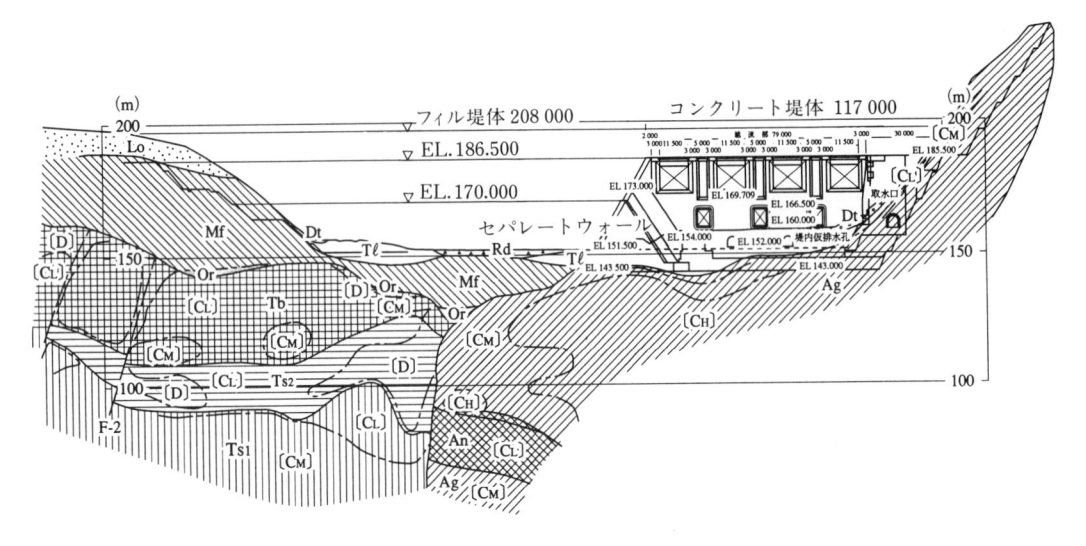

180   第4章 グラウチングによる止水処理の事例研究

図 4.6.1 御所ダムダム軸沿いの地質断面図(「御所ダム工事誌」より)

また河床部中央から左岸側にかけて広く分布するMf層は泥質分が多く,よく締め固められて透水度は低いが未固結である.この地層の堆積した年代については工事誌[22],地質の文献[23]などを調べても明確な記述は見出せなかった.当時の地質調査担当者に問い合せたところ,下部更新統の古北上川・雫石川堆積層の一部と見ていたとのことである.しかしもし100万年以上前に堆積した層であれば,泥質分の多いこの種の層は続成硬化がある程度進行し始めていて一部には節理も発達し,後で述べる限界圧力もより高い地層になっていた可能性が高い.前述したように左岸台地部では中位段丘堆積層を介して完新世のローム層が分布していることから,このMf層は10～30万年前に堆積したものと考えられる.

このような地質構成であったので,このMf層にダム本体を取り付けることが不可避となり,50～60mの高さの重力ダムの基礎として充分な強度を持つAg層上には重力ダムを建設してこの部分に放流設備を設け,Mf層あるいはその下のTb層(軟岩)上にフィルダムを建設することが当初から計画され,調査・設計が進められた.

4.6.2 御所ダムの泥流堆積層における透水試験

前項に述べたような地質状況から御所ダムは河床部中央から左岸にかけてフィルダムとし,泥流堆積層(Mf)に堤体を取り付けざるを得ないことになった.河床部左岸側のMf層の厚さは場所によりかなり異なり,最大で20m程度,平均で10～15m程度であるので(図4.6.1参照),掘削することによりコア部のみを下のTb層に着岩させることはできても,ロック部までTb層に着岩させることは工学的に見て考えられなかった.また左岸側台地ではかなりの深部までTb層はダム天端標高より40m近く低い標高にとどまっているので,左岸側斜面部ではMf層にダム本体を取り付けてMf層でダム本体を支持し,さらにこの地層で止水対策を講ぜざるを得ない状況にあった.このためこのMf層に対しては,

(1) 高さ52.5mのフィルダムの基礎として充分な支持力があるか,
(2) 長期的な堤体からの荷重を受け,設計上どの程度の変形を見込めばよいか,

(3) 透水度はどの程度か，また止水対策が必要とすればどのような方法か，
が問題点となった．

このうち (1)・(2) については不攪乱試料による室内試験・原位置における支持力試験・変形試験（長期載荷を含む）やせん断試験が行われ，それらの結果に基づいて設計が進められた[注16]．

また (3) については止水設計上最も重要な問題となるので，御所ダムの調査の初期段階から注目されてルジオンテストなども数多く行われた．しかし限界圧力が極めて低いため良好な結果が得られず，無理して低い圧力下での $P{\sim}Q$ 曲線からルジオン値を求めても 10 ルジオン以上の値が多く，比較的高いルジオン値が得られていた．一方この地層は切取斜面や横坑内で観察した限りでは風化した巨礫も含んでおり均一とは言い難いが，基質部分は泥質分を多く含み充分締め固められており，かなり透水度が低いと見られていた．この点を明らかにするために 1973〜1974 年に一連の透水試験が行われた．

この試験結果は「御所ダム工事誌」には具体的に記述されておらず，その結果のみが基盤の透水度の一覧表の中に火山泥流堆積層として礫質土で半固結で透水度が低い部分での見掛けの透水係数が 10^{-6} cm/s，団魂状の火山砂で比較的透水度が高い部分での値が 10^{-4} cm/s と記載されている[24]．

しかし北上川ダム統合管理事務所より「御所ダム泥流堆積層現地透水試験報告書」[25]を入手してその詳細を知ることができた．この試験結果は限界圧力が $2\,\mathrm{kgf/cm^2}$ 以下の未固結層の透水度の調査に対し貴重な示唆を与えているのでこれについてその概要を紹介することにする．

この試験は Mf 層を対象に横坑内および道路脇で行われた竪孔での定水位透水試験・ボーリング孔での定圧送水法と定量送水法による見掛けの透水係数と限界圧力との測定と，同じボーリング孔を用いた水位回復法による見掛けの透水係数の測定とである．

まず竪孔での定水位透水試験について述べる．この種の固結度の低い地層の見掛けの透水係数は一般に土質試験で行われている方法の方が実際の透水度を把握しやすいとの考えから，ダムサイト左岸の Mf 層に掘削された横坑内に竪孔を掘り，定水位法により透水試験を行った．すなわち図 4.6.2 に示すように横坑内を一部拡幅してその部分に 540 cm ×

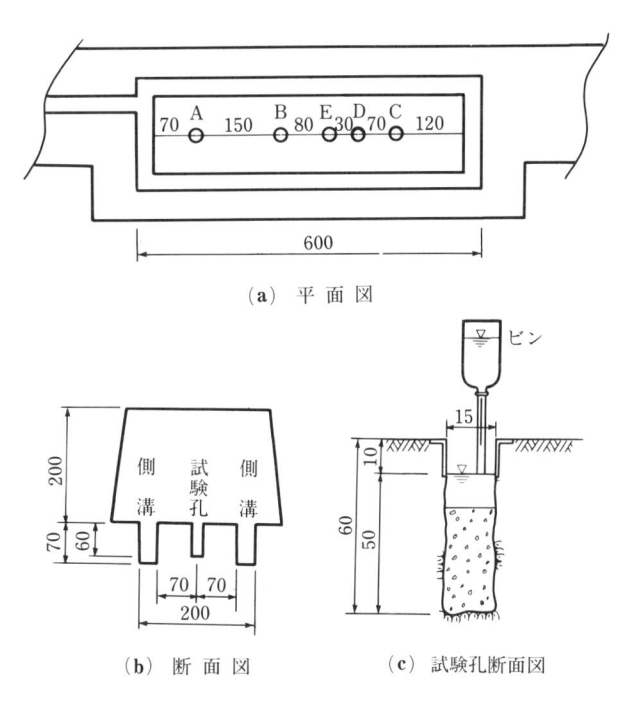

図 4.6.2 横坑内透水試験の模式図
(a) 平面図
(b) 断面図
(c) 試験孔断面図

[注16] 現時点での結論的な見方からすれば，この泥流堆積層は河川の侵食を受ける前には図 4.6.1 からも明らかなようにダム高よりかなり高い 80 m 以上の上載地層が乗り，長年月かけた圧密沈下が生じており，充分締め固められていたので，設計上問題とならないような試験結果が得られることは充分予測し得ることである．

表 4.6.1 御所ダム泥流堆積層での透水試験結果

試験の種類		限界圧力 (kgf/cm^2)	透水係数 (cm/s)	
			範囲	平均値
竪孔による透水試験	横坑内（基質部分が多く難透水）	—	$40\sim1.4\times10^{-7}$	2×10^{-6}
	道路脇（礫分が多く比較的高透水）	—	$6\sim3.6\times10^{-4}$	4.3×10^{-4}
ボーリングによる試験	定量送水	$1.0\sim2.1$	$88\sim0.02\times10^{-5}$	6×10^{-5}
	水位回復	—	$17\sim0.6\times10^{-7}$	7×10^{-7}

140 cm の矩形部分を深さ 70 cm の溝で囲い，この矩形部の中心線上に直径 15 cm, 深さ 60 cm の竪孔を 5 孔掘り，定水位法により透水試験を行った．その結果は表 4.6.1 に示すようで，その中の 4 孔の見掛けの透水係数は $1\sim4\times10^{-6}$ cm/s, 1 孔は 1.4×10^{-7} cm/s であった（10^{-7} cm/s の値を示した竪孔での測定値を除外した平均値は 2.0×10^{-6} cm/s）．

前述したようにこの泥流堆積層は部分的には礫が多い部分や風化した巨礫がある部分などがありかなり不均一で，横坑内での試験箇所は基質部が多くて比較的透水度が低い部分であったので，左岸台地部斜面の道路脇の礫分の多い地点でも同様の試験を 4 つの竪孔で行った．その結果も表 4.6.1 に示されている．

しかし巨視的に見ると礫が透水度が低い基質で覆われた部分が大半を占め，礫分が多く透水度がやや高いと見られる部分は連続しては存在せず，全体としてはかなり透水度が低かった．

これらの透水試験の結果はそれ以前に行われたルジオン値から換算された見掛けの透水係数の値と大きく異なり，1/100 程度の値となっているのでさらにボーリング孔を用いて入念なテストを行い，限界圧力と見掛けの透水係数の測定を行った．

ボーリング孔での試験は深度 13 m の所（地下水面下 6.0 m）から 3 m 区間ごとにシングルパッカー法により行われた．すなわち各試験区間より上側 1 m（第 1 ステージ 13.0 m〜16.0 m の上側は 0〜13 m 区間）は拡孔した後にセメンティングを行い，その部分にパッカーをかけて加圧した．その結果得られた限界圧力は $1.0\sim2.1$ kgf/cm^2 の範囲で，限界圧力以下での見掛けの透水係数は $8.8\times10^{-4}\sim2.0\times10^{-7}$ cm/s の範囲で平均 6×10^{-5} cm/s であった．

このボーリング孔による透水試験から得られた値は横坑内で行われた竪孔による透水試験で得られた値の十ないし数十倍の値であり，その相違が著しいので加圧透水試験を行ったボーリング孔を用いて孔内の水位を下げた後の水位回復から見掛けの透水係数を求めた．その結果は表 4.6.1 に示すように $1.7\times10^{-6}\sim5.6\times10^{-8}$ cm/s で，平均で 7×10^{-7} cm/s と極めて低い値が得られた．しかしこれらのボーリング孔は前に行われた加圧透水試験の段階で，孔深 0〜13 m, 15〜16 m, 18〜19 m……（地下水位は孔深 7.0 m）に孔壁にセメント壁が作られている状態で行われた．このため水位回復の際に地下水が湧出する孔壁面積は半分以下になっており，実際の見掛けの透水係数の値は表 4.6.1 に示された値の 2 倍以上と見るべきであろう．とすればボーリング孔での水位回復法から得られた値は横坑内の竪坑での試験結果に近い値であったと見ることができる．

以上の試験結果において特に注目すべきことは，鯖石川ダムの砂岩層や漁川ダムの軽石質凝灰岩層と比べると，限界圧力は $1\sim2$ kgf/cm^2 とおおよそ半分以下で極めて低いことと，鯖石川ダムや漁川ダムの固結度が低い地層ではルジオン値から換算された見掛けの透水係数の値と他の土質試験的な手法から求めた値とは大差なく，1 桁目の値で 1〜3 程度の相違はあっても十倍とか数十倍という

冪の値での相違は現れなかった．これに対し御所ダムの泥流堆積層ではボーリング孔での加圧透水試験から得た値はすでに述べたように極めて入念に行われたにもかかわらず，土質試験的手法（竪孔での定水位法やボーリング孔での水位回復法）により求めた値と冪の値で 1～2 の相違が現れていた．

この点に関してはこれらの透水試験の報告書の試験結果に対する考察の最後で，定水位法や水位回復法の結果の方が真の値に近いものとした上で，『加圧試験と静水圧試験とにこのような差が出ることは……（中略）……このようなごく低圧の試験では現在あるポンプ器具では完全にポンプの脈動を規制することは困難で，瞬間的な圧力上昇を人為的に調節するのは難しい問題であり，完全な静水圧で試験を行い，比較すれば同じ加圧試験でも興味ある結果が得られよう』と述べている[26]．

4.6.3 御所ダム泥流堆積層における透水試験結果に対する考察

前項で詳しく述べたように御所ダムの河床部中央から左岸側台地にかけて広く厚く分布する泥流堆積層の透水度はこのダムの止水設計上極めて重要であるので，一連の入念な透水試験が行われ，その結果この層の見掛けの透水係数が 10^{-6} cm/s 程度と極めて透水度が低いことが明らかとなった．

この泥流堆積層の基質部はかなり泥質分が多くて混入した礫などを覆いつくして充分締め固まっているならば，この程度の見掛けの透水係数の値は充分予想し得るはずである．当時筆者は経験不足のため，それ以前に行われたルジオンテストから得られた値とあまりにも大きな差があることに驚くとともに改めて横坑内や切取面を入念に観察し，この程度まで泥質分が多くて締め固められていれば，この層の上に乗るフィルダムのコア部より透水度は低いであろうと考え，これらの試験結果の妥当性を再認識した次第である．

さらにもしフィルダムのコア部に対してルジオンテストを行ったならば，限界圧力が極めて低いために次節で述べる韮崎岩屑流堆積層でのグラウチング施工時の後半で行われたように，静水頭で加圧するなどの極めて丁寧なルジオンテストを行わない限り恐らく 10 ルジオン前後，見掛けの透水係数で 10^{-4} cm/s 程度の値しか得られないことが予想される．このようにこれらの試験結果から限界圧力が低い未固結層にルジオンテストを適用する際の問題点が浮き彫りにされた形となった．

前々節および前節に述べたように鯖石川ダムの砂岩層や漁川ダムの軽石質凝灰岩層はいずれも限界圧力は 3.5 kgf/cm^2 程度であり，ルジオン値から換算された見掛けの透水係数と他の試験方法により得られた値と大差なかった．しかし御所ダムの泥流堆積層では限界圧力は 1～2 kgf/cm^2 と極めて小さく，ルジオン値から換算された見掛けの透水係数の値は他の試験方法から得られた値の十ないし数十倍と冪の値で 1～2 の相違が生じた．

これは前述したように限界圧力が極めて低いために低い加圧下でもポンプの脈動により一時的に限界圧力を超え，限界圧力以下での測定が充分な精度で行えなかったためであろう．

1984 年の「ルジオンテスト技術指針」ではこの点に留意し[27]，ピストンポンプに蓄圧器を取り付けたりスクリューポンプを用いることを提言している．その資料を見ると蓄圧器を用いても 0.5 kgf/cm^3 程度の脈動が現れているが，スクリューポンプを用いたときは脈動はかなり低く抑制されている．また送水量が多いと損失水頭により加圧部の圧力低下が生じて測定値が不正確になる（損失水頭の影響が大きくなり，加圧部の圧力を正確に把握しにくくなる）などの問題が生ずるので，

限界圧力が 1～2 kgf/cm² 程度の地層では静水頭かスクリューポンプにより加圧し，加圧部の圧力を直接測定するなどの丁寧な試験を行わない限り正確な透水度の測定値は得られないと考えられる．

また鯖石川ダムの砂岩層や漁川ダムの軽石質凝灰岩層はその構成粒子は砂分が多く，弱い続成硬化や溶結があったと考えれば $1～5 \times 10^{-4}$ cm/s の見掛けの透水係数の値は理解しやすい値である．一方御所ダムの泥流堆積層の基質部分は泥質分が多く，充分締め固められれば 10^{-6} cm/s 程度の見掛けの透水係数は充分あり得る値である．

以上からこれらの固結度が低い地層の透水度は主として構成粒子の粒度分布・締固めの度合と続成硬化や溶結度などに支配されているから，各種の試験を行う前に構成粒子の粒度分布・空隙率や密度などを測定し，土質力学的に未固結状態での性質を推定しておくことは極めて有益ではないかと考えられる．

このように固結度が低くて限界圧力が 3 kgf/cm² 以下の地層では，節理性岩盤で一般に行われているルジオンテストでは限界圧力以下での透水度を正確に測定することはかなり困難である．これを正確に測定するためには通常のピストンポンプで加圧するとポンプの脈動により地層に損傷が生じて測定結果が不正確になるので，静水頭かスクリューポンプにより加圧して測定する必要が生じてくる．

この問題は前章の第 4 期のダムにおいて断層などの弱層部周辺で深くて孔間隔が極端に密なグラウチングの施工事例が増えてきているが，固結度が低くて限界圧力が低い地層でのボーリング孔による透水試験の問題点を如実に示した事例であるので，グラウチングとは直接関係がないがあえて紹介した次第である．

4.7 大門ダムの更新世後期の岩屑流堆積層での止水対策

4.7.1 大門ダムの概要

大門ダムは富士川水系塩川の右支川須玉川上流大門川に建設された高さ 65.5 m の重力ダムである．このダムの実施計画調査は 1968 年に着手され，9 年間にわたる調査の後に 1977 年に建設に着手し，1987 年 3 月末に完成した．

現在のダムサイトである弘法坂サイトより下流にはダムを建設し得るような地形はなく，これより上流では一時ダムサイトとして検討された浅川サイトを含めて右岸側は第四紀中期以降の未固結な岩屑流堆積層に広く覆われている．このためこの地層にダムを直接取り付けることが可能であるか，またこの地層の止水対策はどのようにしたらよいかがこのダムの建設にあたっての大きな問題点となった．以上のような状況から 1972 年 10 月に技術検討委員会を設けて入念な検討を行うことになった．

特に 1974 年 3 月に上流の浅川サイトの右岸の横坑 T–5 の掘削中に，横坑側壁のスコリヤ質黒色火山砂状の部分が崩壊してかなりの湧水とともに流出し，その上下流約 70 m と山側約 40 m の範囲にわたって地下水位が大幅に低下した．

このような現象の発生はこれ以前のダムサイトの固結度が低い地層の調査でも経験はなく，以後のこの地層の止水・耐水頭勾配性に対する対応策は一段と慎重に検討された．すなわち流出現象が生じた黒色火山砂状の部分の分布やその連続性の調査・この部分に注水することによる地下水位の

変化状況の調査・透水度の測定やグラウチング試験なども試みられたが，はっきりとした分布状況・その性状やグラウチングによる改良の見通しは得られなかった．

そこでこの岩屑流堆積層に直接ダムを取り付けてこの地層に急な水頭勾配を作用させることを断念し，ダムサイトを下流の弘法坂サイトに移し，ダムは重力ダムとしてダム本体をすべて基盤の四万十層（中生代白亜紀）に取り付けることにした．さらに右岸側の岩屑流堆積層の止水は右岸ダム天端アバットメントより湛水線沿いに上流約540 m付近の基盤岩が再び満水位標高近くに上昇している地点まで全面的にアスファルト遮水壁を施工し，地下水位が充分満水位より高くて浸透路長が500 mを越える所まで遮水壁により完全に遮水することにした．

なおアスファルト遮水壁上流端付近では基盤岩の上面の標高は地表面近くでは満水位近くまで上昇しているが，奥の方に向かって低くなっている．このためにこの岩屑流堆積層の透水度が高い場合には，より上流側の岩屑流堆積層から浸入した浸透水が基盤岩の上面の標高が低い奥の部分を迂回してアスファルト遮水壁の裏側に回り，貯水位が低下したときに高い背面圧を作用させる可能性があることが懸念された．これに対する対策としてアスファルト遮水壁の末端から約80 m奥まで止水グラウチングを施工した．

この岩屑流堆積層は更新世中～後期の未固結な地層であるが，そのグラウチングの施工結果は極めて興味深いものであるので，この点に焦点を絞って紹介することにする．

4.7.2 大門ダムサイトの地質概況

前述したように大門ダムは富士川水系塩川の右支川須玉川上流大門川に建設されたダムで，現在のダムサイトより下流側ではダムを建設し得るような地形はない．これより上流では右岸側は未固結な岩屑流堆積層に広く厚く覆われ，現ダムサイトより湛水線沿いに約100 m上流までは基盤岩の露頭が見られるが，それより上流側は湛水線沿いに約540 m上流にある尾根の部分でのみダムの天端標高近く（約EL.900 m）まで基盤岩が上昇している．それより上流では右岸側では基盤岩は低い標高にしか現れず，上流の尾根より上流側では左岸側までその一部が岩屑流堆積層に覆われているような状況になっている（図4.7.1参照）．

このサイトの基盤岩は中生代白亜紀四万十統保川累層で主として砂岩と粘板岩とからなり，ダム高さ65.5 mの重力ダムの基礎岩盤としては何ら問題のない岩盤であった．またこのサイトの未固結層は大別して次の3つの層から成るとされている．すなわち下位から，

 i) 韮崎岩屑流堆積層（更新世中期），
 ii) 弘法坂礫層（更新世後期），
 iii) 崖錐堆積層（完新世），

からなり，EL.920 m以下は地表近く以外はほぼ韮崎岩屑流堆積層となっており，ダム建設上問題となる未固結層はこの韮崎岩屑流堆積層であった．

地質関係の文献によると[28]，この地層は八ヶ岳南麓から甲府盆地にかけて広く分布する更新世中期の地層とされ，八ヶ岳の南東側では八ヶ岳の火山活動による噴出物や泥流を主とした堆積層で，釜無川沿いの糸魚川−静岡構造線付近では粘板岩・ホルンフェルス・花崗岩などの外来礫を含む砕屑性堆積層となる更新世中期に堆積した陸成の堆積層の総称のようである．このダムサイトは八ヶ岳のすぐ東側であるので，この層は主として八ヶ岳の火山活動による火砕流や泥流などの大量な流下

物による堆積層となっていた．

　このダムの地質調査報告書[29]では（このダムの工事誌には詳細な地質調査の記載はなく，技術検討委員会に提出された報告書に詳しい記載が残されているが），現ダムサイトの EL.905～920 m 付近以下（ダム天端標高は EL.905.5 m，洪水時満水位は EL.904.1 m）の自破砕状・黒色火山砂状・その他火山砕屑物を含む火砕流堆積層や泥流堆積層を韮崎岩屑流堆積層にし，現ダムサイトの弘法坂サイトでは EL.905～920 m 以上に，上流の浅川サイトで EL.975 m 付近にある不整合面（その上に約 3 m の腐植土混じりの粘土層があり，その上に砂層・砂礫層・角礫または円礫層がほぼ水平に堆積していた）より上位に存在する地層を弘法坂礫層としている．

　すでに述べたように上流の浅川サイトでは横坑内の黒色火山砂状の部分が大量の湧水とともに側壁が崩壊して流出し，周辺の地下水位が大幅に低下するという現象が発生した．このような現象はそれ以前のダムの地質調査では見られなかった現象であり，ダムを建設して貯水する上で大きな問題点となると考えられたので，これらの黒色火山砂状の部分の分布と成因を調査するとともに，その透水度・耐水頭勾配性やグラウチングによる改良の可能性などについても種々検討が行われた．

　流出現象が発生した T-5 付近の詳細な地質調査によると，黒色火山砂状の部分は降下性の堆積層ではなく，自破砕状部分の周辺に不規則に分布していることから，自破砕状の部分（比較的高い温度で流下し固結する途中で移動したために，マッシブな岩体にならずに種々の大きさの岩片や同質な細粒分の集合体になった部分）の周辺に生成され，黒色から茶褐色を呈して連続性はないことが判明した．なお自破砕状の部分はかなり透水度は高いが，黒色火山砂状の部分は粒度が比較的揃って締固まり度合が低く，固結度は低いが透水度はそれほど高くない場合が多いことが明らかになった．

　これから浅川サイトの右岸の横坑 T-5 内で発生した流出現象は横坑掘削により横坑の先端付近の地下水に急な水頭勾配が形成され，ある段階までは透水度が高い自破砕状の部分内に滞留した地下水を周辺の黒色火山砂状の部分がとどめていた．しかしその固結度が低いために横坑の掘削により生じた急な水頭勾配に耐えられなくなって崩壊し，自破砕状の部分に滞留していた水とともに流出したものと解釈された．また流出現象が発生した自破砕状および黒色火山砂状の部分は当ダムサイト周辺の韮崎岩屑流堆積層内全般に不規則に存在し，その分布位置を確定することは難しく，ダムサイト周辺ではこの種の部分を完全に避けた場所を選定することは困難であると判断された．

　このために前述したように韮崎岩屑流堆積層にダムを直接取り付けることは避け，両岸とも基盤岩（四万十層）にダム本体を取り付け得る弘法坂サイトにダムを建設することにし（図 4.7.1 参照），右岸上流側の韮崎岩屑流堆積層が直接貯水池に触れる部分でダムの下流側までの浸透路長が比較的短い部分に対してはアスファルト遮水壁を設けることにより止水することにした．

　また浅川サイトでは横坑調査によりその一部に流出現象が生じたので，ダムが取り付けられた弘法坂のサイトでの韮崎岩屑流堆積層の調査は横坑掘削により周辺地山を緩めたり，流出現象が生じたりしないようにするために，主としてボーリング調査と地表踏査とにより行った．その調査結果として韮崎岩屑流堆積層は，次に示す特徴をもっていることが明らかとなった．すなわち

① 基盤岩との不整合面に沿って厚さ 10～30 m の泥流部分があり，この部分は埋木を含み，透水度は比較的低い（図 4.7.2 参照）．

② それより上の部分は自破砕状や黒色火山砂状の部分などを含む火山砕屑物が不規則に存在し（なお自破砕状や黒色火山砂状の部分は弘法坂サイトの調査孔や上流側遮水壁を施工する際の

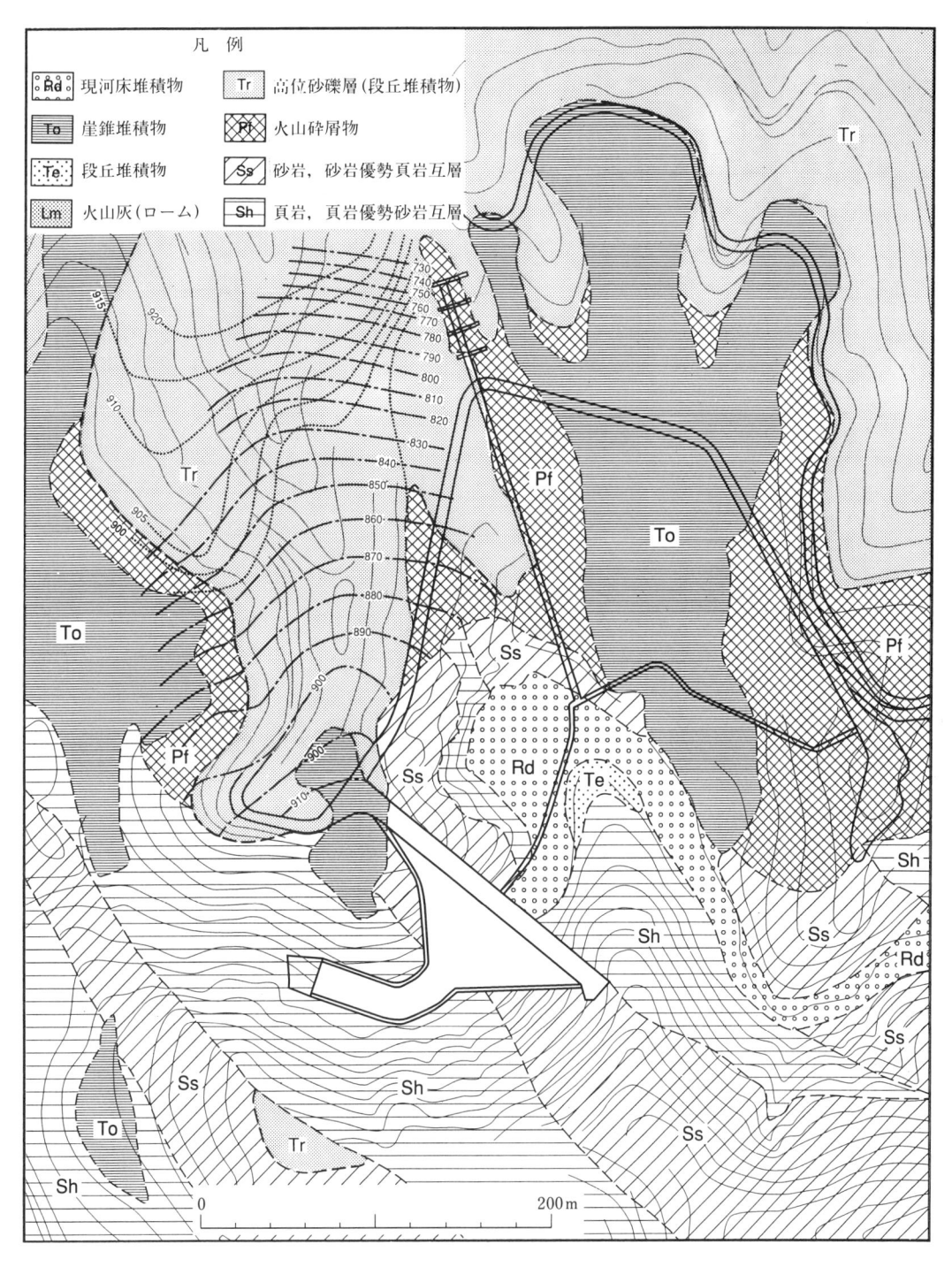

4.7 大門ダムの更新世後期の岩屑流堆積層での止水対策

凡例
- Rd 現河床堆積物
- To 崖錐堆積物
- Te 段丘堆積物
- Lm 火山灰(ローム)
- Tr 高位砂礫層(段丘堆積物)
- Pf 火山砕屑物
- Ss 砂岩,砂岩優勢頁岩互層
- Sh 頁岩,頁岩優勢砂岩互層

図 4.7.1 大門ダムの周辺の地形地質図(「大門ダム地質総合解析報告書」より)

掘削面でもいくつか不連続に存在しているのが見られた),かなりの部分は泥流堆積層であった.なお自破砕状の部分は他の部分に比較して透水度が高い.

③ 韮崎岩屑流堆積層内はこれらの地層が入り乱れて堆積しており,その成層関係や分布を詳細

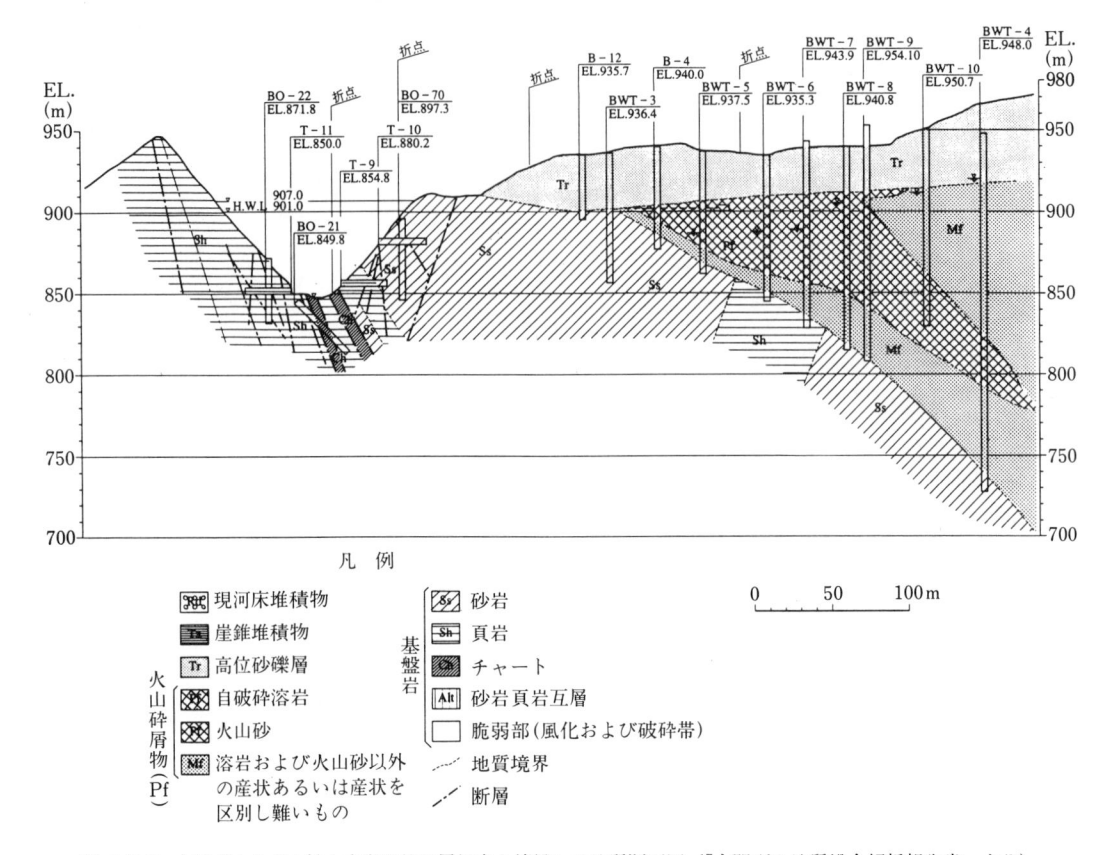

図 4.7.2 大門ダムのダム軸と右岸取付け尾根中心線沿いの地質断面図（「大門ダム地質総合解析報告書」より）

に明らかにすることは困難である．

④ 韮崎岩屑流堆積層内の地下水位は比較的高く，地下水面が満水位より低くなっているのは弘法坂サイト（現ダムサイト）の右岸取付部近辺のみである．この部分では図 4.7.1 および図 4.7.2 に見られるように基盤岩の上面はダムアバットメントではダムの天端標高より約 5 m 高い EL.510 m まで上昇しており，それから山側に向かって降下してその上に韮崎岩屑流堆積層が覆っている．この付近は上下流方向の地山の厚さも薄く，不整合面直下の基盤岩上部の半風化ゾーンの透水度が高いためであるとも考えられるが，地下水位は満水位よりも 10～20 m 低くなっていた（図 4.7.2 参照）．

以上から韮崎岩屑流堆積層は部分的には自破砕状や黒色火山砂状の部分のように透水度が高かったり固結度が低い部分などがあり，急な水頭勾配が作用すると流出現象を呈する部分も存在する．しかしこのような部分は局部的に存在するのみで不規則で連続性はなく，他の部分はかなり透水度は低く，巨視的に見ると地下水面は高くて全体に比較的透水度は低い地層と考えられた．また不整合面沿い，特にその下側の基盤岩の上部は透水度が高いが，浸透路長が 150～200 m 以上で浸透路長が充分ある所では地下水面は満水位より高くなっていた．以上から韮崎岩屑流堆積層については，地下水面が低くて浸透路長が比較的短い部分に対して遮水壁等により止水対策を行えば充分対応し得るという見通しを得た．

4.7.3 大門ダムの右岸の第四紀堆積層に対する止水対策

 以上が大門ダムサイトの特に止水対策上問題となる韮崎岩屑流堆積層に重点を置いた地質調査結果の概要である．

 次にこの韮崎岩屑流堆積層の物理的性質などの調査・試験結果について簡単に述べることにする．前述した黒色火山砂状の部分で発生した流出現象はそれまでのダムの調査では経験のなかった現象であったので，その成因と分布について入念な調査が行われるとともに，その物理的性質とグラウチングによる改良の可能性などについても種々試験が行われた．その結果[30]によると黒色火山砂状の部分を含めて全般的に粒度分布は0.074 mm以下の微粒分が15～25％前後とかなり多く，均等係数も大きくて良好な粒度分布を示していた．このために現場単位体積重量試験などの測定結果では湿潤密度は$2.275 \sim 2.137 \, \mathrm{t/m^3}$で平均$2.185 \, \mathrm{t/m^3}$，乾燥密度は$2.019 \sim 1.869 \, \mathrm{t/m^3}$で平均$1.920 \, \mathrm{t/m^3}$，含水比は平均13.8％であった．土質試験的な方法による透水試験の結果も見掛けの透水係数の値が$3.5 \sim 0.6 \times 10^{-5} \, \mathrm{cm/s}$とかなり低い値を示し，これらの諸試験の結果は粒度分布・現場密度・見掛けの透水係数などの諸測定値が通常のフィルダムのコア部と同程度の良好な値を示しており，かなり透水度は低いことを示していた．

 これらの試験は前述した流出現象が発生した黒色火山砂の部分と泥質分の多い部分とを対象として行ったが，微粒分が少ない部分で0.074 mm以下が15％前後，泥質分の多い部分で20～25％で，見掛けの透水係数の値も両者の間である程度の相違が見られた．このように自破砕状の部分とその周辺部以外の所での粒度分布・現場密度・見掛けの透水係数の値はいずれも良好な値を示した．また自破砕状およびその周辺の黒色火山砂状の部分は韮崎岩屑流堆積層内には所々に不規則に存在しており，これらの試験結果から直ちにこの地層は全体的に透水度が低いと見なすのは危険である．しかし透水度が高い部分は連続していないので，部分的には透水度が高くて急な水頭勾配を与えれば流出現象を生ずる所はあるが，巨視的には透水度が低い地層になっていると考えられた．

 このことは韮崎岩屑流堆積層に対しては浸透路長が短くて急な水頭勾配を形成するような止水対策を行えば，部分的に水頭勾配による損傷が生ずる可能性はあるが，浸透路長が長くて水頭勾配が緩くなるような止水対策を講ずれば十分対応し得ると考えられた．

 また浅川サイトで行われたグラウチングテストの結果によると，試験箇所や回数が少ない上に丁寧な透水試験を行わなかったので，この時点では暗い見通ししか得られなかった．すなわちセメント注入量は限界圧力に強く支配されており，必ずしも流出現象が発生した自破砕部およびその周辺によく入るという結果にはならず，韮崎岩屑流堆積層に対してはグラウチングによる透水度の改良はあまり期待できないという結論になった（後述する実際の施工ではこの結論とは逆の結果が得られた）．

 弘法坂ダムサイトではダム本体は基盤岩に着岩されるのでその部分の止水は問題ないが，それより右岸側上流では韮崎岩屑流堆積層との不整合面は急傾斜で降下し，ダム軸より河床標高等高線沿いに約100 m上流の船窪沢合流点付近では河床標高近くまで降りてきている．さらにダムの右岸アバットメントは船窪沢にほぼ平行な下流側の尾根の先端に取り付けられて上下流方向の厚みも薄くなっているので，少なくとも船窪沢より上流までは韮崎岩屑流堆積層に対して何らかの止水対策が必要であると考えられた．

この部分の斜面の勾配は急なので土質遮水壁は考えられず，まず船窪沢までのアスファルト遮水壁が検討された．しかしアスファルト遮水壁は極めて遮水性が高いため，その前後で極めて急な水頭勾配が形成されることになる．この遮水壁が基盤岩に着岩されている場合にはその急な水頭勾配に耐え得るようなグラウチングによる止水が可能である．しかし韮崎岩屑流堆積層に取り付けられている場合には効果的なグラウチングが期待できないと考えられたので，貯水位が急低下したときに背面に大きな間隙水圧が働く可能性があり，遮水壁の安定性に問題があると考えられた．

4.7.1項にも述べたように，船窪沢の上流（満水位の等高線沿いにダムアバットメントから約540m上流）に基盤岩が満水位近くまで上昇している所があったので，遮水壁をその地点まで延ばし，遮水壁の基礎はすべて基盤岩に取り付けてグラウチングによる止水処理を行うことにした．その止水壁の配置は図4.7.1に示されている．

4.7.4 大門ダムの韮崎岩屑流堆積層におけるグラウチングの施工結果

大門ダムはこれまでに述べてきたように，ダム本体は基盤岩の四万十層に全部取り付け，更新世中期の韮崎岩屑流堆積層が厚く広く貯水池内に現れる右岸側に対しては湛水線沿いに約540m上流付近で基盤岩が満水位標高近くまで上昇している地点まで，その基礎を基盤岩に着岩させたアスファルト遮水壁を施工した．さらにこの遮水壁の基礎および端末部には水位降下時の遮水壁背面への間隙水圧を低減するとともに，韮崎岩屑流堆積層への浸透流を低減するために止水カーテンが施工された．これらについて工事誌の記述[31]を紹介して検討を加えることにする．すなわち遮水壁の基礎沿いにはダム本体の基礎と同等の深さと改良目標値の止水カーテンを施工した．さらに遮水壁の端末では山側に向かって基盤岩が降下しているので，その部分を通して遮水壁背面に揚圧力が作用するのを防ぐために山側に約80mの長さのトンネルを掘削し，それから韮崎岩屑流堆積層とその下の基盤岩の上部の高ルジオン値の部分を補う止水カーテンを施工した．

止水壁基礎の止水カーテンの各種パターンの配置と範囲は図4.7.3に示すとおりである．ここにパターンⅠは孔間隔が1.25mで1列のグラウチングであり，パターンⅡは孔間隔1.50mのグラウチングを列間隔1.50mで2列並列に配置したもので，パターンⅢは孔間隔1.50mのグラウチングを列間隔0.75mで3列千鳥に配置したものである．

図4.7.4（a）に見られるようにパターンⅠは着岩部から注入前のルジオン値が2以下の部分に適用されたパターンで，パターンⅡはその他の基盤岩に着岩した部分に適用されたパターンであり，パターンⅢは韮崎岩屑流堆積層に適用されたパターンである．

当初は韮崎岩屑流堆積層に対してはグラウチングが効果的でないと考えられていたので，図4.7.3に示されたように改良目標値も10ルジオン以下に設定していた．しかしグラウチングの施工に先立ってグラウチングテストが行われて検討された結果，パターンⅢがこの地層に効果的なパターンであるとして採用された．なお遮水壁基礎で施工された止水カーテンの施工前後のルジオンマップは図4.7.4に示されている．

このダムの施工以前の事例では鯖石川ダム・漁川ダムなどの事例研究の際に述べたように，生成年代が新しく節理がほとんどなくて固結度が低い地層ではグラウチングによる透水度の改良は思わしくなく，5～10ルジオン以下に改良することは極めて困難であると考えられていた．この点を考慮して韮崎岩屑流堆積層の施工前でのグラウチングによる改良目標値は10ルジオンに設定されてい

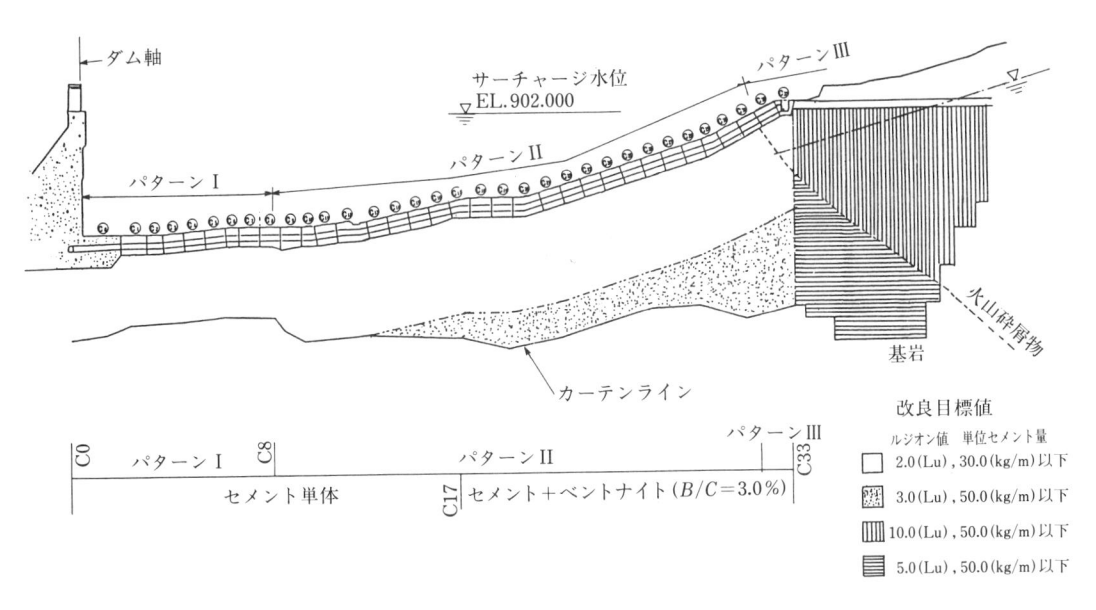

図 4.7.3 遮水壁基礎部とリム部の止水カーテンのパターンと改良目標値（「大門ダム」より）

た．しかし図 4.7.4 (b) に示された注入後のルジオン値は基盤岩・韮崎岩屑流堆積層とも 2 ルジオン以下に改良されている．

さらに注入前の韮崎岩屑流堆積層内のルジオン値は図 4.7.4 (a) にみられるように地表から 50～60 m 以上の深部では 2 ルジオン以下になっていた．またそれより浅い所では部分的に 10 または 20 ルジオン以上の所が塊状に存在しており，以外は地表線にほぼ平行なルジオンマップが描かれ，地表から 20 m までの部分は 20 ルジオン以上，20～50 m の部分で 5～10 ルジオン，50 m 以深で 2 ルジオン以下の分布図が示されている．

一方すでに述べたように浅川サイトの横坑内で行われた原位置透水試験結果によると，韮崎岩屑流堆積層の自破砕状およびその周辺の黒色火山砂状以外の一般的な部分での見掛けの透水係数は 10^{-5} cm/s 前後で，ルジオン値に換算して多くは 2～3 ルジオン以下であった．また自破砕状および黒色火山砂状の部分はこれよりある程度透水度が高いと考えられていた．これらの状況を考慮して図 4.7.4 (a) を観察すると，施工前に地表から 30～40 m までの浅い部分のルジオン値が高いのは，上載荷重が少なくて限界圧力が低いためであると考えられる．すなわち施工の初期段階で行われていた通常のルジオンテストでは低い圧力下での透水度の把握が困難であったので浅い部分では限界圧力以上での高いルジオン値が得られ，深部では上載荷重が大きくなり限界圧力が高くなったために限界圧力以下での透水度の測定が容易になり，実態に近いルジオン値が測定されていたと解釈される．またグラウチングトンネルより 15～60 m 下の深部にあった塊状の高ルジオン値の部分は自破砕状およびその周辺の黒色火山砂状の部分の透水度が高い部分であったとも考えられる．

これに対して施工の後半の段階から 3.0 kgf/cm^2 までは静水頭により 0.5 kgf/cm^2 刻みで昇圧して測定し，3.0 kgf/cm^2 以上ではポンプにより 1 kgf/cm^2 刻みで昇圧して測定するという方法[32]に切り替えられた．このために，限界圧力以下での透水度が正確に測定されるようになり，全般的にチェック孔の段階では実態に近い低いルジオン値が測定されるようになった．

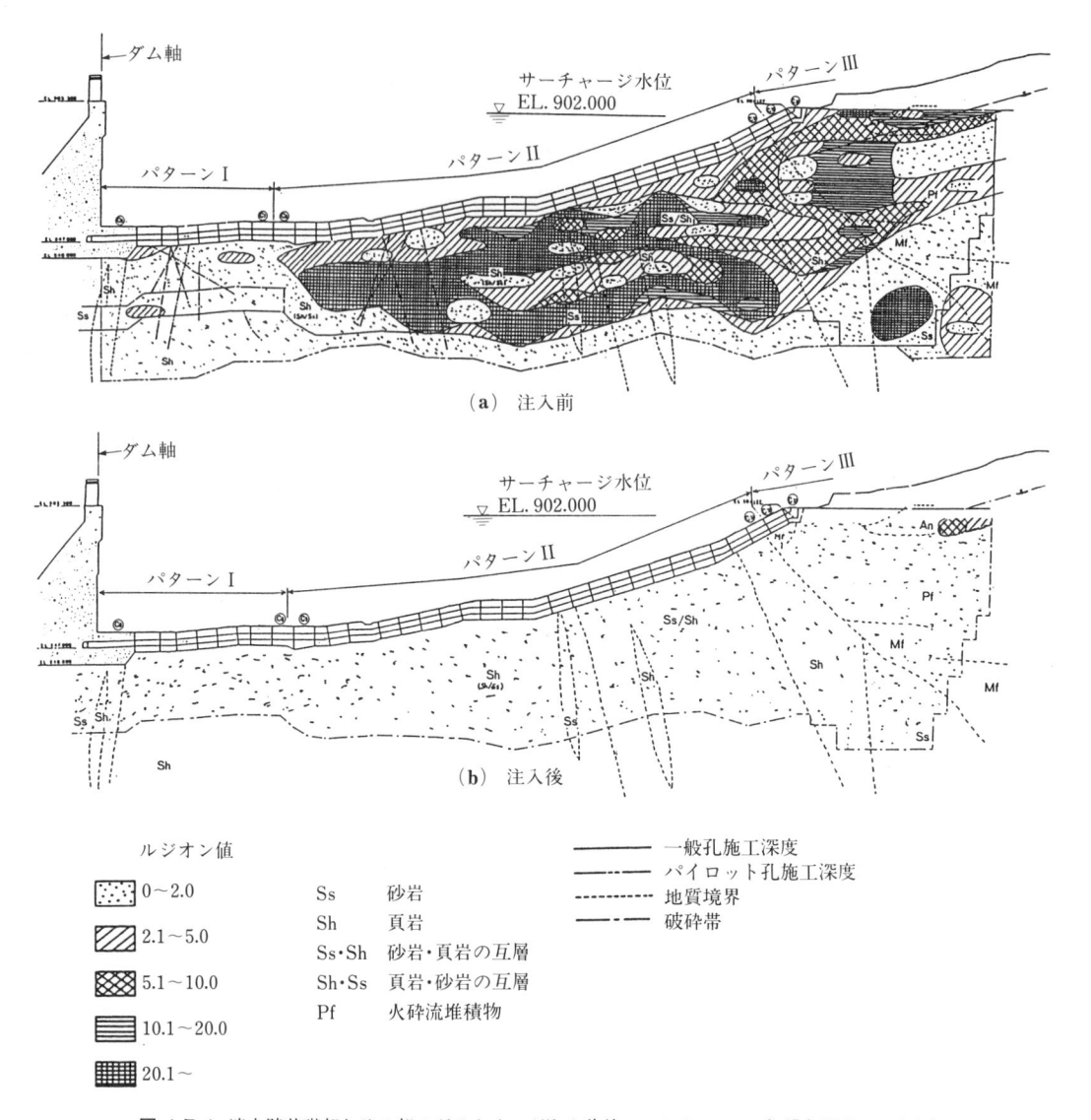

192   第4章 グラウチングによる止水処理の事例研究

図 4.7.4 遮水壁基礎部とリム部のグラウチング注入前後のルジオンマップ(「大門ダム」より)

以上のように解釈すると，図 4.7.4 の韮崎岩屑流堆積層の注入前後のルジオンマップはある程度理解可能となるが，次に何故にそれ以前の鯖石川ダム・漁川ダムなどの事例と異なってすべて 2 ルジオン以下に改良し得たのかについて考察する必要がある．

これについては鯖石川ダムサイトの砂岩層や漁川ダムサイトの軽石質凝灰岩層の場合にはその粒度構成は砂分が大半を占め，室内透水試験や原位置透水試験でも見掛けの透水係数が $1 \sim 5 \times 10^{-4}$ cm/s 程度の値を示していた．これに対して韮崎岩屑流堆積層の場合には前述したように，自破砕状およびその周辺部以外は主として泥流堆積層からなり，微粒分がかなり多く，原位置透水試験でも見掛けの透水係数が 10^{-5} cm/s 前後の値を示していたことが大きく関係していたと考えられる．

なお図 4.7.4 (a) で基盤岩との不整合面よりやや上の部分で深さ $30 \sim 70$ m の間で幅約 40 m ほどの $10 \sim 20$ ルジオンの透水度が高い部分が示されている．これは自破砕状およびその周辺の黒色火山砂状の透水度が高い部分であったと考えると，この部分は空隙率が高くてグラウチングによる改良

も効果的であった可能性は高く（調査段階での試験では効果的ではないとの結論を出していたが），パターンIIIのグラウチング[注17]により2ルジオン以下にまで改良されたということは充分あり得ると考えられる．

以上から遮水壁のリム部で行われた韮崎岩屑流堆積層内で行われたパターンIIIによるグラウチングの結果により，設計段階で想定されていたよりもはるかに効果的な止水カーテンが施工された．ここでこの部分でどの程度の急な水頭勾配にも耐え得るかについては検討の余地は残されているが，ルジオン値から見る限り節理性岩盤における止水カーテンと遜色ないものが施工されたことになった．以上の考察から当ダムのグラウチングの結果と鯖石川ダムと漁川ダムの固結度が低い地層におけるグラウチングの結果を対比することにより，

- ⓐ 韮崎岩屑流堆積層内の自破砕状やその周辺の黒色火山砂状の部分のように構成粒子間に粗い空隙が多く，その間にミルクが入りやすいときはその部分の透水度をある程度改良することは可能であろう．しかしこの地層の上記以外の部分や鯖石川ダムや漁川ダムの固結度が低い地層のように，充分締め固められて細かな空隙しか存在していない地層では構成粒子間にミルクが入り込み透水度を改良することは困難である．
- ⓑ しかし入念なグラウチングを行うことにより緩んだ部分を締め固め，その部分の限界圧力をある程度上昇させることは可能である．
- ⓒ 韮崎岩屑流堆積層の止水グラウチングの後半で行われたような丁寧なルジオンテストを行えば，限界圧力がかなり低い未固結層でも限界圧力以下での透水度を正確に捉えることが可能である．

という結論が導き出されてくる．

このような結論に対しては鯖石川ダム・漁川ダム以降のグラウチング技術の進歩（注入圧力の調整などの面での）があり，あるいは異論があるかもしれないが，

- ① 鯖石川ダム・漁川ダムの固結度が低い地層においても緩んだ部分や節理が存在したために室内や原位置透水試験で得られた値より高い透水度を示した部分では，グラウチングにより緩んだ部分を締め固めたり，節理面を充填することにより原位置透水試験で得られた値程度までの改良は可能であったこと，
- ② 当ダムサイトの場合には50 m以上の深部ではグラウチング施工前の時点でほとんど2ルジオン以下の値が得られてしたこと，
- ③ 韮崎岩屑流堆積層での原位置透水試験結果はいずれも10^{-5} cm/s前後で，ルジオン値に換算して2ルジオン以下であったこと，

を考慮すれば理解しやすい結論であると言い得る．

韮崎岩屑流堆積層のような未固結層に対するグラウチングの結果については極めて興味深いものがあり，今後もこの種の事例に対しては注目して検討を加え，調査・設計段階においてグラウチングによりどの程度の透水度の改良が見込み得るかについて研究しておく必要があると考えられる．なおこの問題については4.9節で述べる美利河ダムで未固結層での透水度とその改良度合について組

注17) 施工担当者に問い合わせたところ，パターンIIIの最終の7次孔でも2ルジオン以下にならなかったステージはいくつかあったが，さらに追加孔によるグラウチングを行った結果，ほぼ全区間で2ルジオン以下となったとのことであった．なお追加孔の段階での中央列の孔間隔は0.75 cmであった．

織的な検討が行われ，興味ある結果が示されており，大門ダムの結果と合わせて考察すると一般論的な結論が引き出し得ると考えられる．この点については4.9節で詳しく論ずることにする．

大門ダムにおいては以上述べてきたように韮崎岩屑流堆積層が厚く堆積する右岸上流側に対しては，湛水線沿いに約540 m上流の基盤岩が満水位標高近くまで上昇している所までアスファルト遮水壁を施工し，遮水壁の基礎は端末部を除いてすべて基盤岩に着岩させ，遮水壁の基礎にはダム本体の基礎と同等の止水カーテンを施工した．このように韮崎岩屑流堆積層の止水に対しては慎重で安全性の高い設計・施工が行われたので，このダムは湛水後も注目すべき漏水はほとんどなく今日に至っている．

4.7.5 大門ダムの韮崎岩屑流堆積層の止水処理結果に対する考察

前項までに述べてきたように大門ダムは貯水池の右岸側斜面のほぼ全域が未固結な更新世中期の韮崎岩屑流堆積層に厚く，広く覆われていた．特に調査段階で上流の浅川サイトで掘削した横坑T-5の先端部において黒色火山砂状の部分が崩壊するとともに，大量の水が湧出して周囲の地下水位を降下させるという現象が発生した．このような現象がダムの基礎岩盤で発生したことはそれ以前に例はなく，慎重に調査された結果この現象は自破砕状およびその周辺の黒色火山砂状の部分で生じたもので，他の部分ではこのような現象は生ずる可能性はない．さらにこのような現象が発生する可能性がある自破砕状および黒色火山砂状の部分は連続していないが不規則に存在しており，その位置および分布を正確に予測することは困難であることが判明した．

幸いに下流の弘法坂サイトではダム本体はすべて基盤岩（中生代白亜紀）に取り付けることが可能であり，湛水線沿いに約540 m上流の基盤岩が満水位近くまで上昇している地点までアスファルト遮水壁を施工し，遮水壁の基礎にはダム本体と同等程度の止水カーテンを施工することにより極めて安全性の高いダムを建設することができた．

調査段階での検討結果では，流出現象が発生する可能性がある自破砕状および黒色火山砂状の部分の位置やその分布を正確に把握することは困難であると考えられた．さらにグラウチングによるこれらの部分の透水度の改良は期待し得ないと考えられた．このためにこのようなダム本体の上流面の表面積の数倍に及ぶ広い表面積の遮水壁を設け，その基礎沿いに長い止水カーテンを施工することになった．しかし実際の施工では入念なグラウチングと極めて丁寧なルジオンテストを後半段階で実施したので，韮崎岩屑流堆積層内でも限界圧力以下での透水度がほとんど2ルジオン以下に改良されたことを確認することができた．

特に前々節や前節で紹介した固結度が低い鯖石川ダムの砂岩層や漁川ダムの軽石質凝灰岩層では5～10ルジオン以下に改良することが極めて困難であったが，このダムの未固結な韮崎岩屑流堆積層では丁寧なグラウチングと透水試験により通常の節理性岩盤での改良目標値である2ルジオンまで改良されたことを確認することができた．

このように鯖石川ダムの砂岩層や漁川ダムの軽石質凝灰岩層では5～10ルジオン以下まで改良することが困難であったのが，なぜ韮崎岩屑流堆積層において2ルジオンまでの改良が確認し得たのかについて要約すると，前項ですでに述べたように，

Ⓐ 対象とした地層の性状，特に未固結に近い地層の場合には構成粒子の粒度分布と締固度合とin tactな状態における透水度．

Ⓑ 未固結に近い地層の場合には限界圧力が低いのでどのような透水試験，特にどのような加圧方法により，どの程度の昇圧刻みで測定された透水度か.

が大きな着目点となると考えられる.

　まずⒶについて述べると，鯖石川ダムの砂岩層や漁川ダムの軽石質凝灰岩層とこのダムの韮崎岩屑流堆積層とはその構成粒子の粒度分布が大きく異なっていた．すなわち鯖石川ダムの砂岩層や漁川ダムの軽石質凝灰岩層では構成粒子の粒度分布の測定を行っていなかったので数値として示すことはできないが，砂質分を主として微粒分が少ないために空隙率が高く，岩石の室内透水試験や土質試験的な透水試験の結果も見掛けの透水係数として 10^{-4} cm/s 程度と比較的高い透水度を示していた．

　これに対して韮崎岩屑流堆積層は部分的に自破砕状の部分や黒色火山砂状の部分があり，その部分は透水度は高かった．しかしこの層の大半を占める泥流部は微粒分が 20～25％ 以上と多く，空隙率が低くて透水度は極めて低く，黒色火山砂状の部分と泥流堆積部とで行われた原位置透水試験結果も見掛けの透水係数で $3.5 \sim 0.6 \times 10^{-5}$ cm/s とかなり低い値を示していた．

　このことは韮崎岩屑流堆積層ではグラウチングにより自破砕状の部分や黒色火山砂状の部分では，構成粒子間にミルクが入り込めばその透水度をある程度改良することができ，それ以外の泥質分が多い部分は元々透水度はかなり低いので緩んだ部分をグラウチングにより締め固めればかなり透水度は低くなり，全体としてグラウチングにより透水度がかなり改良された姿が得られた．

　次にⒷについて述べると，すでに述べたように韮崎岩屑流堆積層の部分に対するグラウチングの施工の後半段階で 3 kgf/cm^2 までは静水頭で 0.5 kgf/cm^2 刻みで加圧して測定するという極めて丁寧な透水試験に切り替えており[32]，このような丁寧な透水試験を実施することによりこのような未固結層でも限界圧力以下での透水度が正確に測定することができたと解釈される．

　このダムの施工結果から，現時点で考えるとこのダムサイトではアスファルト遮水壁を施工せずに，韮崎岩屑流堆積層の部分で行ったような入念なグラウチングと透水試験による施工管理を行えば，カーテングラウチングを右岸アバットメントから 100～200 m 奥まで施工することにより充分安全な止水処理を行うことができたと考えられる．

　しかしこれはあくまでも結果論であって，当時の経験と知識の下では実施された案しか確信を持ってダム建設には取り組めなかったと考えられるが，このダム建設から得られた貴重な経験を合理的に分析し，今後のダム建設に有効に生かしていくことが重要であると考えられる．

　最後のこのダムサイトの韮崎岩屑流堆積層内の自破砕状および黒色火山砂状の部分の分布の追跡が正確に行い得なかった点について述べておこう.

　緑川ダムや漁川ダムの火砕流堆積層においては各々の噴出時の堆積層がはっきり分けて捉えることができたが，このダムの韮崎岩屑流堆積層の場合には自破砕状や黒色火山砂状の部分と泥流部分との分布をはっきりと捉えることが極めて困難であった．これは緑川ダムや漁川ダムの火砕流堆積層は明らかに大きなカルデラの形成を伴った極めて大規模な噴出時の堆積層であるのに対して，韮崎岩屑流堆積層の場合には成層火山における比較的小規模の噴出がおびただしい回数の繰返しの形で起こり，複雑で不規則に堆積した地層であったためであると考えられる．

　元来は止水対策や力学的対策を検討する場合には問題となる地層の規模や分布状況を正確に調べた上で適切な対応策の検討が可能となるが，韮崎岩屑流堆積層のように成層火山の活動により一回

一回の流下・堆積量はそれほど多くないが，数多くの堆積の繰返しにより生成された地層の場合には個々の層の分布や成層関係は入り乱れており，それらの追跡をあまり厳密に行うことを意図するとかえって混乱が生じ，むしろその性状にばらつきが多い地層として巨視的に捉えてその対応策を検討した方が良い場合が多いと考えられる．

4.8 下湯ダムの更新世後期の火砕流堆積層での止水対策

4.8.1 下湯ダムの概要

　下湯ダムは八甲田山を源として青森市内を貫流する堤川に建設された治水と都市用水とを主目的とした多目的ダムで，1978年（昭和53年）に本体工事に着手し，1988年9月に完成した高さ70mのロックフィルダムである．このダムサイトの基盤岩は新第三紀層より成るが，堤川本川右岸側およびダムサイト直上流で堤川本川と合流する右支川の寒水沢川両岸は川沿いに長く八甲田の火砕流[注18]の高溶結凝灰岩により覆われており，緑川ダム・漁川ダムを参考にして更新世後期の高溶結凝灰岩層での止水対策に取り組まれたダムである．

　このダムは1971年（昭和46年）度に実施計画調査に着手して1974年（昭和49年）度より建設に着手したが，その間現在のダムサイトである堤川本川と寒水沢川との合流点付近を中心に調査が進められた．その実施計画調査の段階から，ダムサイトでは右岸側のアバットメントと上流の寒水沢川の両岸は八甲田の火砕流堆積層などの更新世後期の火山性地層に広く覆われており，その止水問題はダム建設にとって極めて重要な問題点になることが強く認識され[注19]，技術検討委員会を設けて入念な検討が行われた．

　このように下湯ダムの建設にあたっては更新世後期の火砕流堆積層上にダムを建設することになったが，その止水面での問題点を事前に把握し，同種の基礎岩盤で止水処理を行った緑川ダム・漁川

[注18] この八甲田の火砕流は「下湯ダム工事誌」[33]ではおおよそ27000年前に噴出したものとしている．一方「日本の地質2，東北地方」[34]では八甲田の火山活動を3期に分け，最後の第3期のもので100〜30万年前としている．地質調査結果によると寒水沢川に高溶結凝灰岩が堆積した以降侵食谷が開削され，その谷底に河床砂礫層（Gd_3）が堆積した後に安山岩溶岩が流下・堆積し，さらに安山岩溶岩を侵食した谷に河床砂礫層（Gd_4）が堆積し，その上に約1万年前の十和田の火山噴出物の堆積があったことが判明している．このような地層の堆積・侵食状態を考えると，八甲田の火砕流の高溶結凝灰岩（Wt_2）層は約30万年以上前に堆積したものと考えるのが妥当であろう．

[注19] 特にこのダムの止水処理に大きな問題を投げかけたのは，緑川ダム・漁川ダムで遭遇した更新世後期の開口度が著しい柱状節理が発達した高溶結凝灰岩層にダムを直接取り付け，その中でnon Darcy流となる極めて速い流速の地下水流が生ずる可能性が高いと考えられたためであるが，さらに
① 1973年（昭和48年）秋に行われた寒水沢川沿いの地下水流調査において，上流にある旧発電所取水堰下流の滝壺に投入されたトレーサーが副ダム右岸アバットメントの上流側で露頭している高溶結凝灰岩の下部を覆った崖錐の上面にあった泉で検出され，その流速がおおよそ1cm/s前後であったこと，
② この崖錐上面には数箇所の泉があり，そのいずれかで崖錐の上面を掘り下げると湧水量が増えて他の泉が枯れ，高溶結凝灰岩の中が崖錐で堰き上げられた貯水池のような状況になっていたこと，
が判明したことによる．なおこのときの地下水流速測定については測定が行われたことは確認できたが，その資料は発見できなかった．またこの種の測定は1976年（昭和51年）以降数回にわたり行われ，第1回の技術検討委員会では0.5〜0.7cm/s流速が測定されたと報告されているが，第4回の技術検討委員会では検出されなかったと報告されている．さらに調査段階における地下水流速測定結果を入念に検討したところ，晴天が続いた後に降雨があった直後などの地下水の供給が少なく，河川流出水量の多いときには寒水沢取水堰付近で投入されたトレーサーは崖錐上面の四角堰で検出され，降雨が続いた後の晴天日で地下水の供給が多く河川流出水量が少ないときは，同じ場所で投入されたトレーサーは四角堰で検出されず，地下水の供給と河川流出水量の微妙な関係で検出されたりされなかったりしている．一般的には河川水は地下水から供給を受けて下流に行くに従って増えており，河川水が地下水へと浸透することは基礎岩盤内の地下水位が河川水位よりも低く，かなり透水度が高いときに限定され，地下水位に比べて河川水位が上昇したときに河川水が地下水に流入し，トレーサーによりその流速が測定し得たということは基礎岩盤の川に平行な方向の透水度は極めて高かったことを示している．

ダムの経験を参考にしつつ，万全を期してその止水処理を行った．しかしこのダムの試験湛水時には貯水位が柱状節理が発達した高溶結凝灰岩の露頭に触れる標高に達した時点から漏水量が急増し，サーチャージ水位で約 2 000 l/min の予想以上の漏水が生じた．この漏水量は予想以上であったが，試験湛水時の測定では貯水位の上昇時と降下時の漏水量は同一貯水位ではほぼ等しく（図 4.8.8 参照），以後も経年的に減少傾向を示しているので，浸透経路はわずかではあるが目詰りが進行して拡がってはおらず，ダムの安全性には問題ないと考えられた．しかしそれ以前に緑川ダムや漁川ダムなどで同類の地層の止水処理を経験しながら何故に予想以上の漏水が生じたかを明らかにし，今後の同種の基礎岩盤の止水処理に有益な教訓を得るために，下湯ダムの調査・設計・施工時と湛水時の資料を分析して検討を加えることにする．

下湯ダムは高さ 70.0 m・堤頂長 783.5 m・堤体積 3 732 000 m^3 の中央心壁型ロックフィルダムの本ダムと傾斜心壁型ロックフィルダムの副ダムとから成っている．

前述したようにこのダムサイト周辺には更新世後期の八甲田の火山活動により噴出した火砕流堆積層および溶岩などが広く細長く堆積しており，これらの地層の分布や透水度の調査とその止水対策については入念な調査・検討が行われ，それに基づいて施工が行われたダムである．

4.8.2 下湯ダムの地質概況

下湯ダム周辺の地質状況について述べると，ダムサイトの基礎岩盤は副ダムの右岸アバットメント以外は新第三紀中新世後期の和田川層の凝灰角礫岩と頁岩を主とした地層から成り，ダムのアバットメントには直接現れないが本川の河床部と左岸上部には三ツ森層（鮮新世）の凝灰角礫岩や安山岩等が堆積している．一方副ダムの右岸アバットメントおよびダムサイト直上流で合流する右支川の寒水沢川の左右岸から堤川の本川上流の右岸上部（合流点付近では本川右岸および寒水沢川左岸は新第三紀層）にかけてとダムサイト下流では左右岸とも，更新世後期の八甲田の火山性堆積層で広く覆われ，さらにその上を約 1 万年前の十和田の火山噴出物が広く覆っている．

八甲田の火山活動は地質関係の文献[34]によると大規模な噴出は前後 3 回とされており，ダムサイト近辺でも 2 層の火砕流堆積層と 1 層の安山岩溶岩の堆積が見られる．またこれらの八甲田の火山性堆積層の間の不整合面沿いには河床砂礫層があり，ダムサイト周辺でも 4 次にわたる河床砂礫層が見出されている．

副ダムの右岸アバットメント以外の基礎岩盤，すなわち副ダムの河床部・左岸側および本ダムの河床部・左右岸を形成する基礎岩盤は前述したように中新世後期の和田川層に属する角礫凝灰岩類から成り，これらの地層は密に締め固められていて透水度は低くて止水面からは全く問題のない地層である．しかしその一部には固結度が低くて 70 m 級の重力ダムの基礎としては強度の面で充分ではないと考えられる地層も存在した．このためロックフィルダムが計画され，中央台地に洪水吐を設置し，中央台地の左側に中央心壁型の本ダムを右側に傾斜心壁型の副ダムを建設することにした．

一方更新世後期の八甲田の火山活動により堆積した火砕流堆積層や河床砂礫層などは透水度の面から大きな問題が生ずることが予想された．特に高溶結凝灰岩（Wt_1）層については 4.2 節の緑川ダムや 4.5 節の漁川ダムの事例研究の際に述べたように，それ以前の事例ではこの種の地層内では緩い水頭勾配でも non Darcy の極めて速い流速の浸透流が発生しており，満水位以下に存在するこの種の地層に対して入念な止水カーテンを施工しない限り大量の漏水が発生する可能性が高いこと

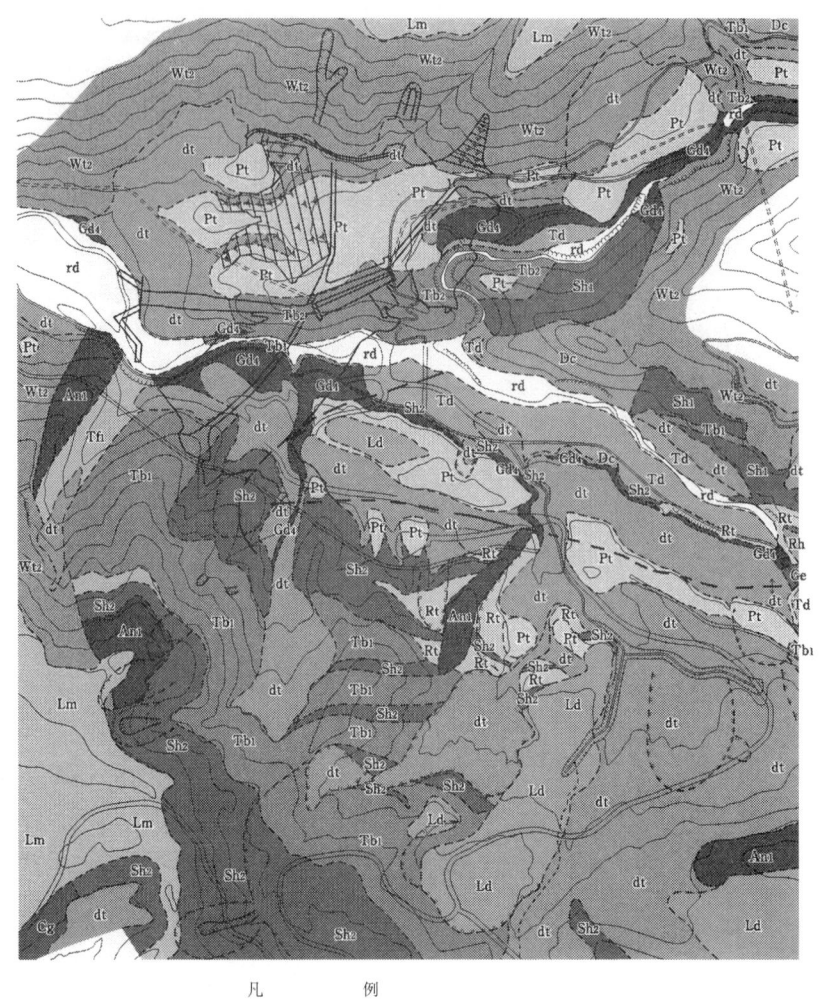

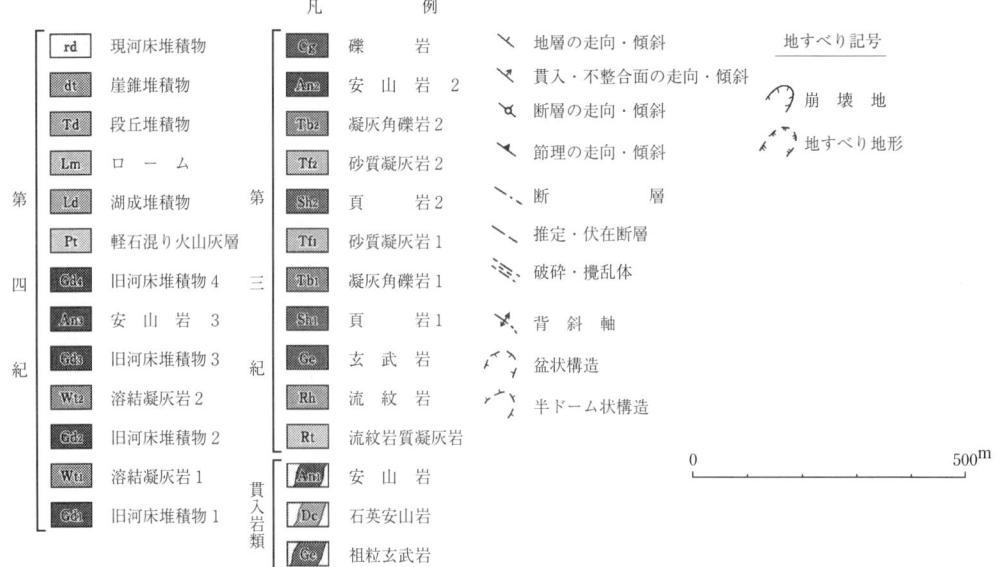

198 第4章 グラウチングによる止水処理の事例研究

凡 例

第四紀
- rd 現河床堆積物
- dt 崖錐堆積物
- Td 段丘堆積物
- Lm ローム
- Ld 湖成堆積物
- Pt 軽石混り火山灰層
- Gd4 旧河床堆積物4
- An3 安山岩3
- Gd3 旧河床堆積物3
- Wt2 溶結凝灰岩2
- Gd2 旧河床堆積物2
- Wt1 溶結凝灰岩1
- Gd1 旧河床堆積物1

第三紀
- Cg 礫岩
- An2 安山岩2
- Tb2 凝灰角礫岩2
- Tf2 砂質凝灰岩2
- Sh2 頁岩2
- Tf1 砂質凝灰岩1
- Tb1 凝灰角礫岩1
- Sh1 頁岩1
- Ge 玄武岩
- Rh 流紋岩
- Rt 流紋岩質凝灰岩

貫入岩類
- An1 安山岩
- Dc 石英安山岩
- Ge 粗粒玄武岩

- 地層の走向・傾斜
- 貫入・不整合面の走向・傾斜
- 断層の走向・傾斜
- 節理の走向・傾斜
- 断層
- 推定・伏在断層
- 破砕・攪乱体
- 背斜軸
- 盆状構造
- 半ドーム状構造

地すべり記号
- 崩壊地
- 地すべり地形

0　　　　500m

図 4.8.1　下湯ダム周辺地質図（「下湯ダム工事誌」より，口絵参照）

(a) 地質断面図

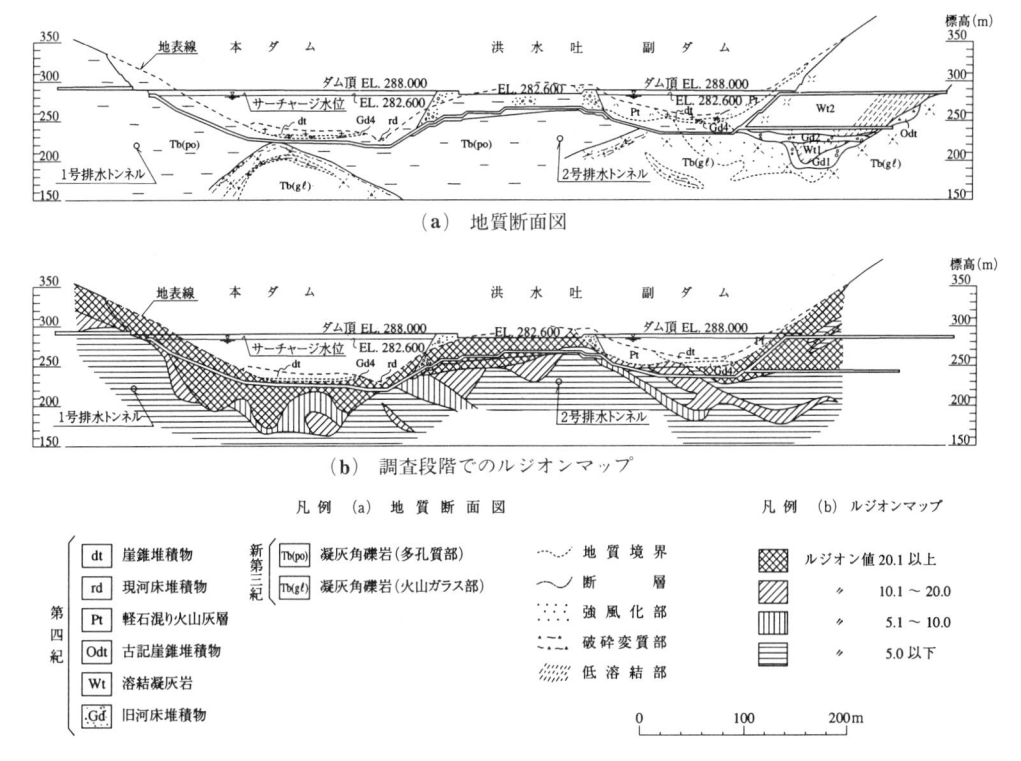

(b) 調査段階でのルジオンマップ

凡例 (a) 地質断面図

第四紀
- dt　崖錐堆積物
- rd　現河床堆積物
- Pt　軽石混り火山灰層
- Odt　古記崖錐堆積物
- Wt　溶結凝灰岩
- Gd　旧河床堆積物

新第三紀
- Tb(po)　凝灰角礫岩（多孔質部）
- Tb(gℓ)　凝灰角礫岩（火山ガラス部）

- 地質境界
- 断層
- 強風化部
- 破砕変質部
- 低溶結部

凡例 (b) ルジオンマップ
- ルジオン値 20.1 以上
- 〃　10.1〜20.0
- 〃　5.1〜10.0
- 〃　5.0 以下

図 4.8.2　下湯ダムの地質断面図とルジオンマップ（「下湯ダム工事誌」より）

が予想された．このため初期調査段階からダムサイトの上下流のかなり広い範囲にわたり高溶結凝灰岩層の分布が調査された．

その結果ダムサイトの下流では河床部・左右岸とも高溶結凝灰岩層に覆われ，所定の流域と貯水容量を確保する範囲内では現ダムサイト近辺のみが高溶結凝灰岩層の分布が副ダムの右岸アバットメントに限定され，止水対策が必要な範囲が最も狭いことが判明し，現ダムサイトに位置を設定して以後の調査・検討が進められることになった．

これらの地質調査結果はダムサイト周辺地質平面図は図 4.8.1 に，ダム軸沿いの地質断面図は図 4.8.2 (a) に示されている．

ここで最も新しい完新世に堆積した崖錐堆積物 (dt)・現河床堆積層 (Gd_4)・十和田の火山活動による軽石質火山灰層 (Pt) は全く未固結で，上載地層もほとんどなくて締め固められていないのでダムの基礎では全面的に除去することにした．当ダムサイトの止水上特に問題になったのは更新世後期に堆積した八甲田の火砕流堆積層の溶結凝灰岩 (Wt_1・Wt_2) 層であるが，そのうち Wt_1 層は低溶結部を主体として透水度は低く，分布範囲も限られているので特に問題視されなかった．一方 Wt_2 層は下の不整合面近くには低溶結の Wt_2l 層（Wt_2 層の中で不整合面に近い低溶結部）を伴っているが柱状節理が発達した高溶結部を主体とし，透水度も極めて高い上にその分布範囲も広範囲にわたっているので，その分布範囲を正確に把握してその透水特性に適合した止水対策を検討することが当ダムの調査・設計段階での最も重要な事項となった．

この柱状節理を伴った更新世後期の高溶結凝灰岩 (Wt_2) 層の著しい透水度については，注 19) でも述べたように実施計画調査の段階から指摘され，地下水流速の測定なども繰り返し行われてい

た．また同種の基礎岩盤としては 4.2 節と 4.5 節で述べたようにすでに緑川ダムや漁川ダムでその止水対策に取り組まれており，その異常な透水度の高さとその止水対策として参考にすべき工事資料も提示されていた．

このため当ダムの止水対策は更新世後期の地層に焦点が絞られ，特に開口節理が著しい高溶結凝灰岩（Wt_2）層の止水対策と，その前後に堆積した固結度が低くて耐水頭勾配性が低く，グラウチングによる改良があまり期待できない河床砂礫層（$Gd_1 \cdot Gd_2$）[Gd_2 は寒水沢上流のみに見られ，ダムサイトには存在していない] や低溶結凝灰岩（$Wt_1 \cdot Wt_2l$）層の分布の調査とそれらに対する止水対策と耐水頭勾配性の強化策が入念に検討されることになった．

4.8.3 下湯ダムの止水処理

4.2 節と 4.5 節で詳述したように，更新世中期以降に堆積した開口度が著しい柱状節理を持つ高溶結凝灰岩層の止水面から見た留意点を要約すると次のとおりである．すなわち，

(1) この種の地層内に発達している開口した柱状節理沿いにはダム建設以前でも 1/10〜1/50 程度の地下水面勾配で 1 cm/s 程度の極めて速い流速で地下水が流れ，明らかに non Darcy 流となっていること．

(2) したがって止水対策としては浸透路長を長くすることによる止水効果を期待することは許されず，満水位以下で貯水池内に露頭し，かつ下流側に連続するこの種の地層内の開口節理沿いの浸透路はすべて遮断する必要があること．

(3) グラウチングによる止水が極めて効果的であること．

(4) 以上の特徴から上記の層に対して止水カーテンを施工するとその上下流間に極めて急な水頭勾配が形成される可能性がある．この場合に高溶結凝灰岩層は固結度も高くてその層の中に形成される止水カーテンも強固なものになるので問題ないが，その周辺の固結度が低い地層（例えば河床砂礫層・低固結凝灰岩層や基盤岩の風化部など）では特に急な水頭勾配が作用するので，それらの層の耐水頭勾配性に対して配慮する必要があること．

などである．

下湯ダムではすでに述べたように調査階段において副ダム右岸アバットメントに高溶結凝灰岩層が存在し，その中の地下水流は注 19) に述べたように (1) に示すとほぼ同様な状況にあることが判明していた．また地質調査により高溶結凝灰岩を含めて各地層の分布も図 4.8.1 と図 4.8.2 (a) に示すような形であることが明らかになった．これらの調査結果に基づいてこれらの地層の止水対策としては副ダムの右岸側に EL.240 m と EL.282 m にそれぞれ長さ 196 m と 202 m のグラウチングトンネルを設け，これから止水カーテンを施工して更新世後期の $Wt_1 \cdot Wt_2 \cdot Gd_1 \cdot Gd_2$ 層などに対して入念な止水処理を行うことにした．

なお下湯ダムの調査段階で得られたルジオンマップは図 4.8.2 (b) に示されている．

このグラウチングトンネルから施工される主カーテンは高圧グラウチングによる施工が可能であるとの考えから，鉛直の注入孔で孔間隔 1.5 m の千鳥 2 列で施工され，チェック孔は斜めの注入孔で施工された．なお高溶結凝灰岩層の地表近くは柱状節理の開口度が著しいので，この部分の図 4.8.3 の斜めの破線で示される部分には主カーテンの施工に先行して斜め（地表面に直交する方向）に 6.0 m 孔間隔でモルタルグラウチングを行い，荒止めを行った後に主カーテンの施工を行った．

図 4.8.3 副ダム右岸のリムグラウチング詳細図（「下湯ダム工事誌」より）

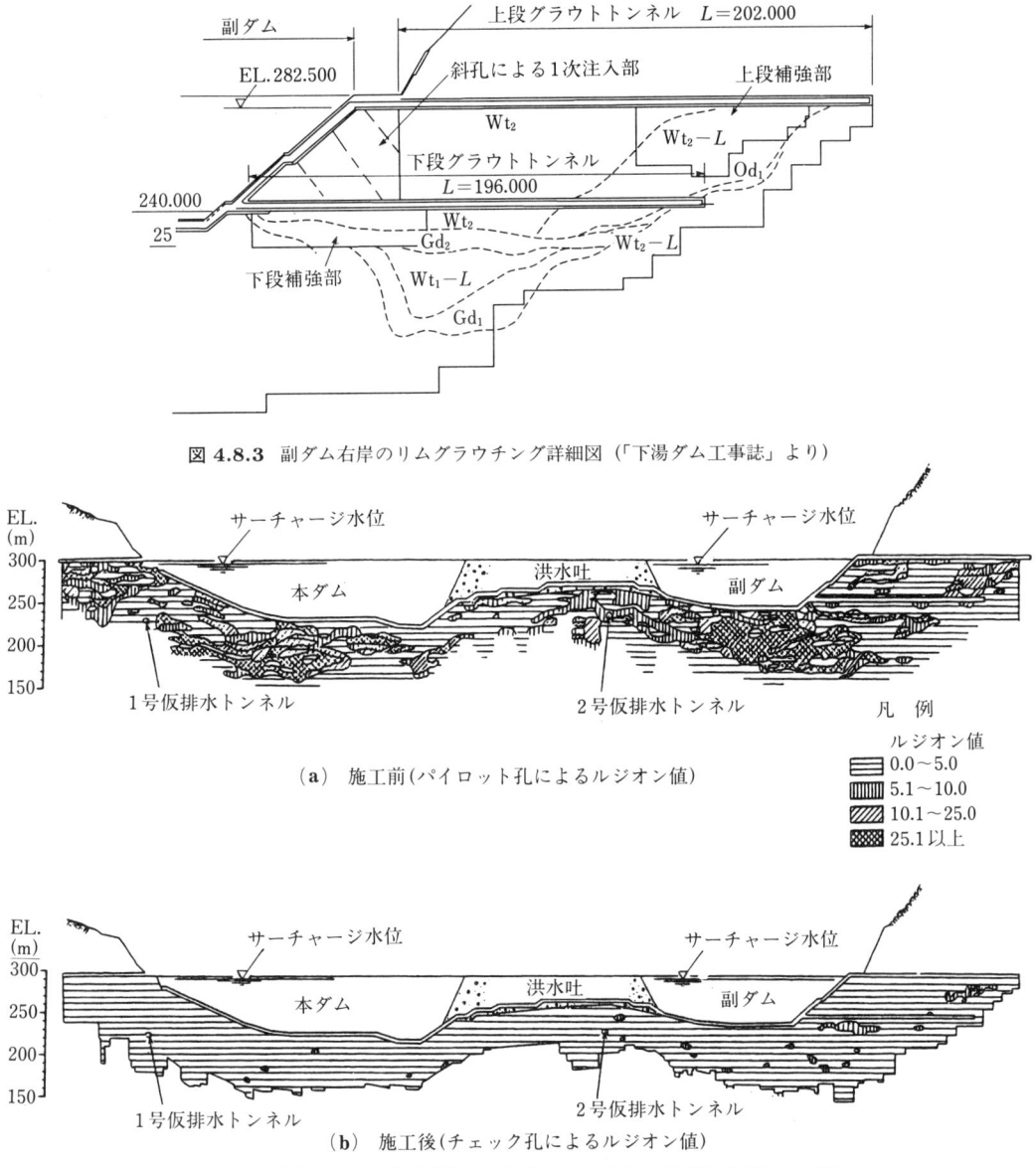

図 4.8.4 止水カーテン施工前後のルジオンマップ（「下湯ダム工事誌」より）

(a) 施工前（パイロット孔によるルジオン値）
(b) 施工後（チェック孔によるルジオン値）

凡例　ルジオン値
0.0～5.0
5.1～10.0
10.1～25.0
25.1 以上

　図 4.8.4 には止水カーテン施工前後のルジオンマップが示されている．なお図 4.8.4 (a) のパイロット孔のルジオンマップは図 4.8.2 (b) に示された調査時点でのルジオンマップと Wt_2 層のルジオン値が大きく異なるが，これはこのダムで行われた止水カーテンの施工の問題点と密接に関係していると考えられるので考察を加えることにする．

　図 4.8.4 (a) に示されたパイロット孔の施工段階での高いルジオン値の部分は柱状節理の発達した Wt_2 層ではなく，主として固結度が低い $Wt_2l \cdot Wt_1 \cdot Gd_1 \cdot Gd_2$ 層になっている．このことはこの部分のグラウチングが開口度が著しい柱状節理と交差しにくい鉛直の注入孔で高圧グラウチングにより施工されたので，限界圧力が低い地層に対して限界圧力以下での透水度を正確に捉えることを特に意図せずにルジオンテストが行われたと解釈される．このように考えると限界圧力以上で

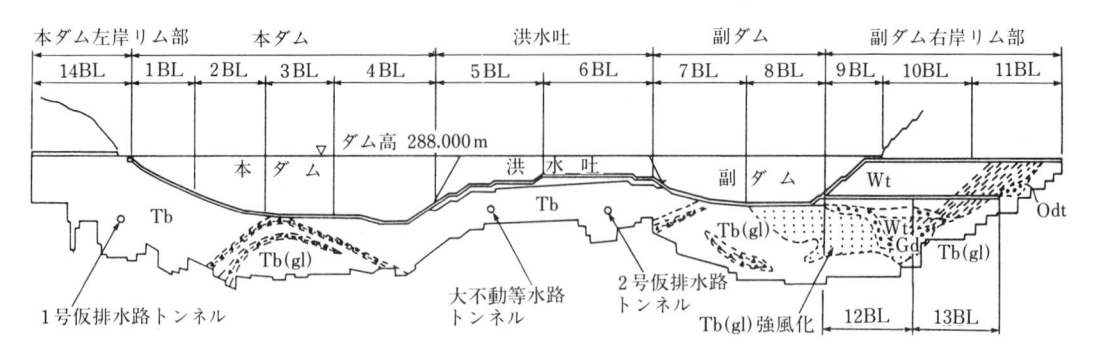

図 4.8.5 止水カーテンのブロック割り図（「下湯ダム工事誌」より）

表 4.8.1 1次孔および全孔でのルジオン値とセメント注入量（「下湯ダム工事誌」より）

ブロック	場所	1次孔				全孔				地層
		ルジオン値 Lu	単位セメント注入量 C (kg/m)	$\dfrac{C}{Lu}$	孔間隔 (m)	ルジオン値 Lu	単位セメント注入量 C (kg/m)	$\dfrac{C}{Lu}$	孔間隔 (m)	
1	本ダム	8.0	235.5	29.4	0.80	1.9	62.0	32.6	0.80	Tb, Tb (gl)
2	本ダム	10.9	150.8	13.8	0.50	3.4	43.4	12.8	0.50	Tb, Tb (gl)
3	本ダム	16.4	100.9	6.2	0.60	5.0	36.9	7.4	0.60	Tb (gl), Tb
4	本ダム	5.5	54.5	9.9	0.77	2.1	20.8	9.9	0.77	Tb, Tb (gl)
5	洪水吐	2.5	175.3	70.1	1.17	1.2	49.4	41.2	1.17	Tb
6	洪水吐	5.6	98.9	17.7	0.91	3.4	37.5	11.0	0.91	Tb
7	副ダム	20.9	59.1	2.8	0.36	7.7	37.3	4.8	0.36	Tb (gl) 一部破砕変質
8	副ダム	26.8	67.5	2.5	0.27	8.5	35.4	4.2	0.27	Tb (gl) 強風化
9	副ダム	8.5	98.3	11.6	1.00	3.4	45.6	13.4	1.00	Wt_2
10	上段リム	6.5	135.1	20.8	0.91	3.2	73.8	23.1	0.91	Wt_2
11	上段リム	9.7	311.8	32.1	0.65	5.4	71.9	13.3	0.65	Tb, Wt_2l, Wt_1
12	下段リム	12.4	64.6	5.2	0.59	6.0	38.3	6.4	0.59	Tb (gl)
13	下段リム	4.1	66.1	16.1	0.82	4.2	33.9	8.1	0.82	Tb (gl), Od, Wt_2l, Wt_1
14	本ダムリム	8.2	183.9	22.4	1.06	2.8	67.0	23.9	1.06	Tb
38	上段補強	10.4	16.3	1.6	0.37	10.0	16.9	1.7	0.37	Wt_2l, Wt_1（目標 10 Lu）
39	下段補強	13.8	42.1	3.1	0.24	10.3	36.2	3.5	0.24	Gb, Wt_1（目標 10 Lu）
	平均	11.1	112.3	10.1	0.59	5.3	42.5	8.0	0.59	

の透水度を測定していたと解釈すると，柱状節理が発達したWt₂層でのルジオン値が低い値を示し，固結度が低いWt_2l・Wt_1・Gd_1・Gd_2層でのルジオン値が限界圧力以上での高い値を示す結果となったことは理解しやすいことである．

以上から図 4.8.4 (a) に示されたルジオンマップは開口した柱状節理が発達した地層を著しく高いルジオン値の部分と表現せずに，限界圧力が低い層を著しく高いルジオン値の部分と表現している．このことは後述する柱状節理が発達したWt_2層でのこのダムのグラウチング施工上の問題点と強く関連した問題点である．

なお止水カーテンの施工実績について概略述べると，図 4.8.5 には下湯ダムの止水カーテンの施工ブロックが示されており，表 4.8.1 には1次孔（ルジオン値は注入前の値）と全孔（ルジオン値はチェック孔の値）のルジオン値と単位セメント注入量がブロック別に示されている．

この表を観察すると，図4.8.3に示されているように先行して斜めの注入孔によりモルタル注入が行われた9ブロックでは，工事中の写真ではこの部分の掘削面に上下流方向には10～30 cmに及ぶ開口節理が，ダム軸方向には1～2 cmの開口節理が存在していたことが示されている．しかしすでに1次孔の段階でその開口度が著しい柱状節理から予想されるよりもルジオン値・単位セメント注入量ともかなり低い値を示しており，全孔平均で見たときも高溶結のWt_2層を主体とした10ブロックや低溶結のWt_2l層を主体とした11ブロックと比較して，ルジオン値・単位セメント注入量とも低い値を示している．このように先行して行われた斜めの注入孔によるモルタル注入は孔間隔が6 mであったにもかかわらず極めて効果的であったことがこの表からも読み取れる．

　一方柱状節理が発達したWt_2層の高溶結部を主とした10ブロックでは全孔平均の単位セメント注入量は他のブロックより高い．しかし1次孔段階では低溶結部Wt_2l層を主体とした11ブロックの半分程度で，次項に述べる調査・施工中のWt_2層内の地下水面の形状や湧水状況から推定されるルジオン値や単位セメント注入量よりかなり低い値となっている．

　一方$Tb \cdot Wt_2l$層およびWt_2からWt_2lへの漸移部を主体とした11ブロックでは1次孔段階のセメント注入量は10ブロックの2倍以上の値を示し，全孔平均でも同程度の値となっている．これは$Tb \cdot Wt_2l$層の限界圧力が低いためとも解釈し得る．しかし後述するように低溶結部に隣接したWt_2からWt_2lへの漸移部には柱状節理とは異なった方向の節理が発達しており，止水カーテンの施工が鉛直な注入孔により行われていた．これらを考慮すると柱状節理が主体の10ブロックよりも漸移部の方が鉛直な注入孔が節理に交差する頻度が高くて効率よく注入され，11ブロックの方が注入量が多くなったという解釈も成り立つ．

　このようにこのダムの止水カーテンの施工実績ではWt_2層は開口度が著しい柱状節理が発達しているにもかかわらず，ルジオン値・単位セメント注入量とも固結度が低い地層（$Wt_1 \cdot Wt_2l \cdot Gd_1 \cdot Gd_2$）ほどの高い値を示していないことは，このダムで施工されたグラウチングの特徴を示すものとして注目すべきであろう．

　以上が下湯ダムの止水カーテン施工実績の概要であるが，湛水時の状況の説明に入る前に当ダムでは湛水の前後でのWt_2層内の地下水形状の調査が行われており，これらは柱状節理が発達した高溶結凝灰岩層の透水特性を知る上で有益であると考えられるので，項を改めて説明することにする．

4.8.4　下湯ダムの高溶結凝灰岩層内における地下水面形状の特徴

　下湯ダムの副ダム右岸側を中心に寒水沢川の左右岸および本流下流側の左右岸に広く分布している高溶結凝灰岩（Wt_2）層は開口度が著しい柱状節理が発達し，ダム建設以前からその中を地下水流が極めて速い流速で流れていることが判明していた．また注19)でも述べたように副ダム右岸アバットメントの直上流から約300 m上流にかけてはEL.260～265 mを上面とする崖錐がWt_2層の露頭の下部を覆い，その内部は崖錐で堰止められた貯水池のような状況となっていた．さらに，この部分からの湧水量は季節的な変動があり，4月下旬の融雪期が最も多くてダム建設前には年間を通じておおよそ1700～2000 l/minであった．

　このWt_2層内の地下水は工事の進捗に伴って湧出箇所や湧出量が変化し，各々の工事段階で大量の湧水として処理され，その各工事段階での状況は記録として残されており，Wt_2層の透水度の著しさを知る上では興味深いものがある．しかしここではWt_2層内のグラウチングによる止水処理に

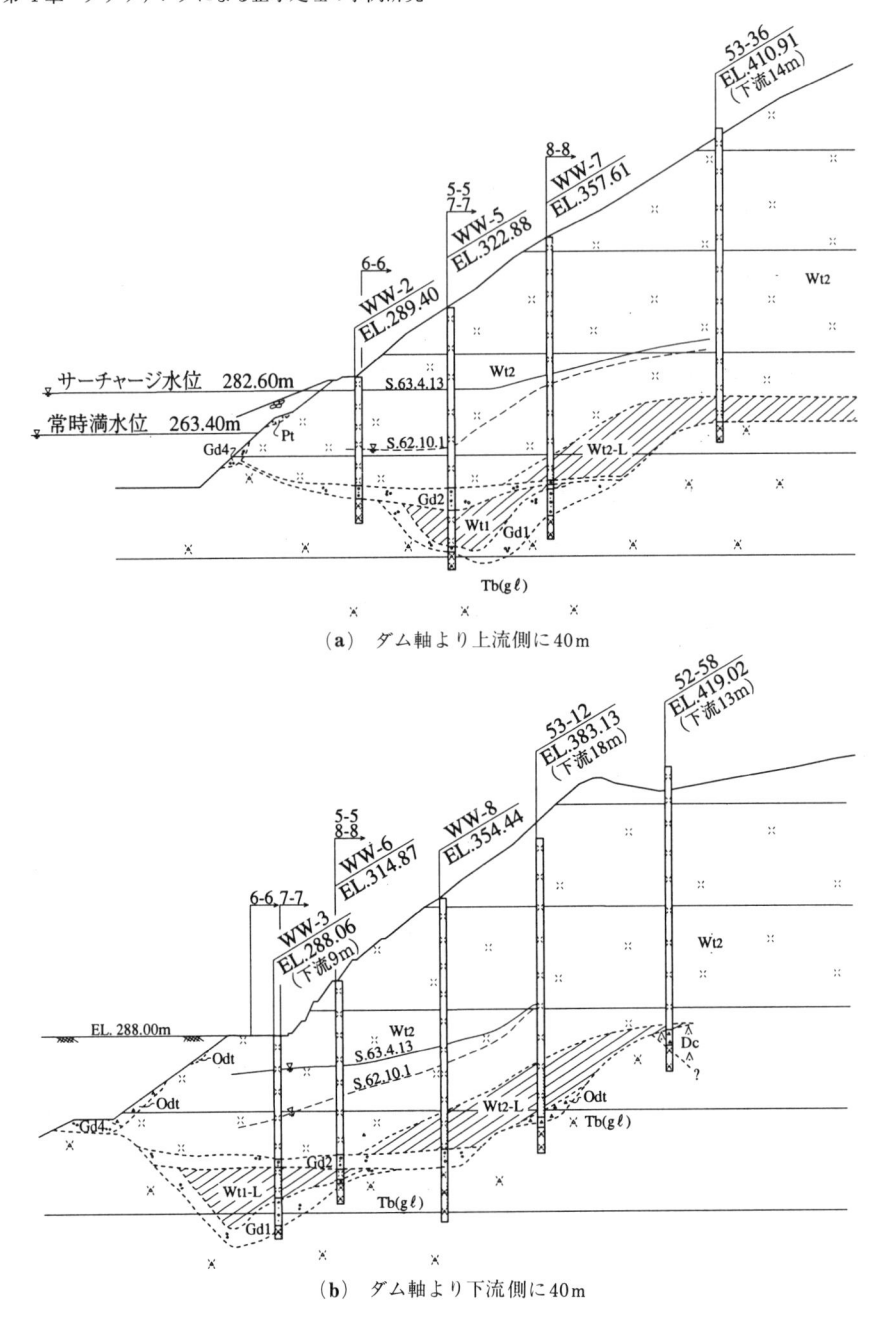

204　第4章　グラウチングによる止水処理の事例研究

(a) ダム軸より上流側に40m

(b) ダム軸より下流側に40m

図 4.8.6　副ダム右岸岩盤の湛水前後の地下水位（「下湯ダム工事誌」より）

焦点を絞って進めるために，柱状節理の開口度の方向による相違と透水度の異方性，および柱状節理の部分と塊状あるいは板状の節理の部分との透水度の相違を示す興味ある資料が湛水前後の地下水位の測定から得られているので，この点について説明を加えることにする．

図 4.8.6 にはダム軸の上流側 40m と下流側 40m のダム軸に平行な断面の地質図に湛水開始前の 1987 年（昭和 62 年）10 月 1 日と貯水位がサーチャージ水位にあった 1988 年（昭和 63 年）4 月 13 日に測定された地下水面の形状が示されている．

図 4.8.6 に見られるようにダム軸より 40 m 上流側では右岸アバットメントより約 100 m 山側までは地下水面はほぼ水平であるが，それより山側では急に山側に向かって上昇しており，Wt_2 層の高溶結部分と低溶結部（Wt_2l）との漸移部分，あるいは第三紀層との不整合面にほぼ平行に近い勾配で上昇している．またダム軸より下流側は上流側ほど顕著ではないが右岸アバットメントより約 100 m 山側までは地下水面勾配は極めて緩いが，それより奥の Wt_2l の部分より 60～70 m 川側の付近から地下水面勾配は急になり，さらにその山側では上流側と同様に Wt_2l の部分の上面に平行に近い地下水面を形成している．

これらの事実は右岸アバットメントの Wt_2 層はアバットメントから約 100 m までの間は透水度が極めて高く，ダム軸より下流では川側に向かって極めて緩い勾配の地下水面を形成しているが，ダム軸より上流では貯水位と同標高の水平な地下水面を形成し，山側から地下水が供給されているにもかかわらず，地下水面勾配が生じないほど透水度が高いことを示している．

また上段および下段のグラウチングトンネル掘削時の地質展開図によると，Wt_2l 層の上面からそれぞれダム軸沿いに水平川側に約 30 m および 60 m の間は柱状節理はなく，塊状の高溶結凝灰岩と記載されており，前述した地下水面形状からこの部分の透水度はかなり低いと推定される．これらの事実はこの種の地層の節理面の方向と透水度とは密接な関係があることを示している．

またダム軸の上下流で地下水面形状が大きく異なり，特に地下水面勾配が極めて緩く，透水度が高いと見られる右岸アバットメントから 100 m 程度山側までの間で，止水カーテンの上下流で地下水面に大きな標高差が現れていることはこの部分の止水カーテンが極めて有効に機能していることを示している．

4.8.5　下湯ダムの試験湛水時の状況

下湯ダムは 1987 年 9 月に諸工事が終了し，10 月より湛水を開始した．図 4.8.7 には湛水開始後の貯水位やフィルター敷の各区間別の漏水量の変化・日雨量などが示されており，図 4.8.8 には各部分の漏水量および WL-5 と WL-6 の合計の漏水量と貯水位との関係が示されている．

ここに Wt_2 層に接する副ダム右岸アバットメントの漏水は WL-6 に，副ダムの底部の漏水は WL-5 に集水されている．またこれらの図では 2 月 10 日以降 WL-6 に比べて WL-5 の漏水量の増加が著しいが，これは WL-6 の漏水が 600 l/min を越えた頃からフィルター敷に設けた WL-5 と WL-6 とを区切る堰を WL-6 の漏水が越流して WL-5 に流入したためと考えられる．このために以降 5 月下旬までの漏水量の測定値は WL-5 と WL-6 の個々の値は意味を持たず，両者の合計が意味を持っていると考えられる．

これらの図から明らかなように，貯水位が EL.260 m を越えた頃から副ダム右岸アバットメントの漏水を集めた WL-6 を中心に漏水量は急増し始め，サーチャージ水位に達した時点では WL-5 と WL-6 の合計漏水量は約 2 000 l/min に達した．

特に貯水位が EL.260 m を越えた頃から漏水量が急増し始めているが，この標高は副ダム右岸側の上流で Wt_2 層の露頭に直接貯水が接し始める標高であり，その地質状況から主な漏水は副ダム右岸アバットメントに存在する Wt_2 層を通して生じていると考えられた．そこで Wt_2 層内とその周辺の地下水位観測孔により貯水位に対応した地下水面形状を測定し，さらに 1988 年 1 月中旬（貯水位は約 EL.265 m）には浸透流速の測定も行った．

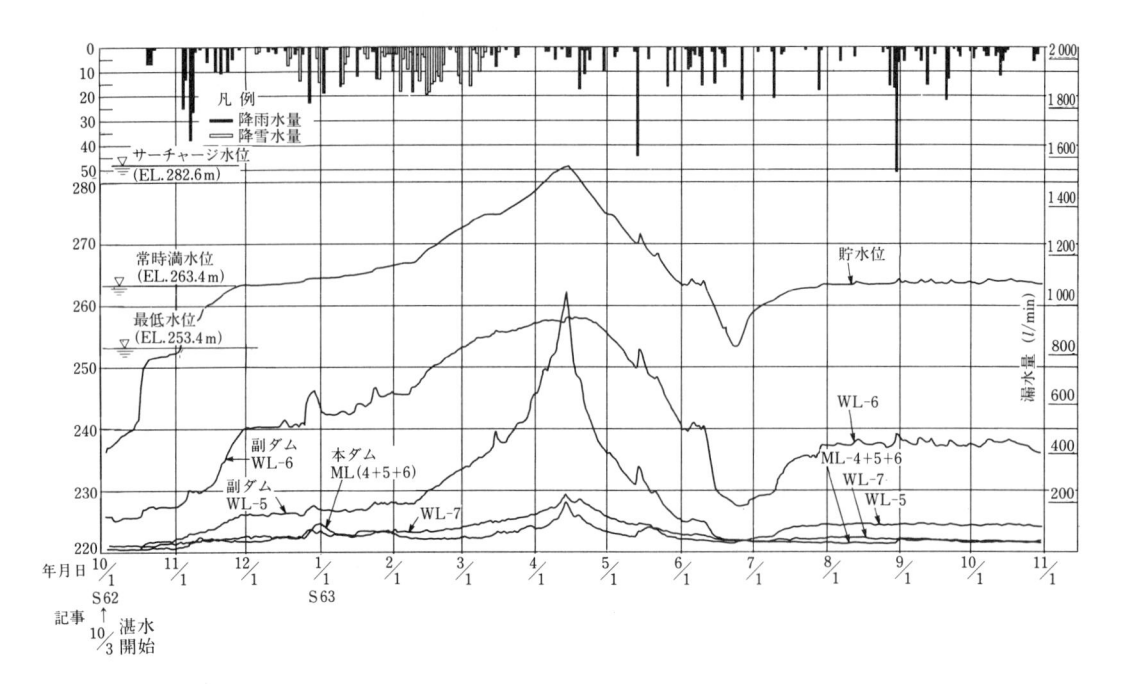

図 4.8.7 漏水量履歴図［本体ダム・副ダム］（「下湯ダム工事誌」より）

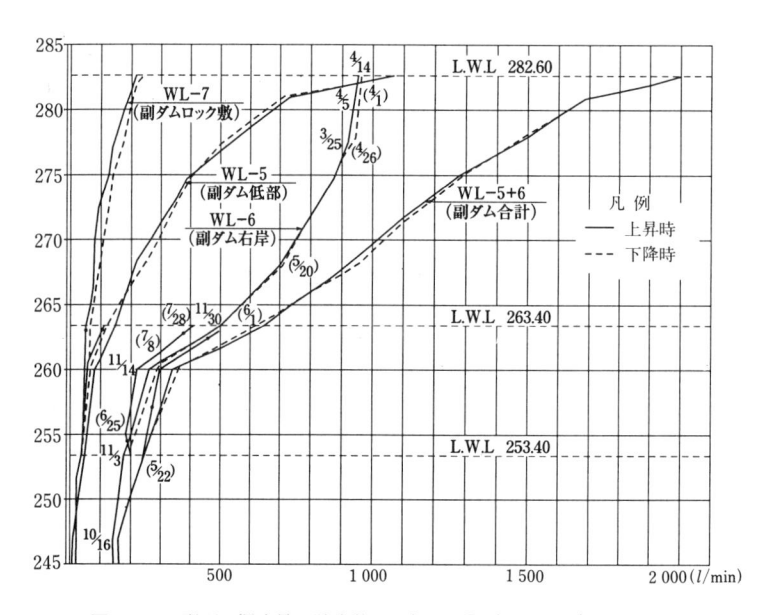

図 4.8.8 副ダム漏水量・貯水位との相関（「下湯ダム工事誌」より）

次に湛水中に行われた浸透流速測定結果について簡単に述べることにする．図 4.8.9 は副ダム右岸アバットメント付近の地下水位観測孔・上段グラウチングトンネル・トレーサー投入孔などの配置図を示している．すなわち上段グラウチングトンネルから斜め川側向き 45° で斜め上流向き 30° に投入孔 2 本を削孔し，これからトレーサーを投入して各漏水集水装置で検出を行った．その結果は副ダムの右岸アバットメントと底部のフィルター敷の漏水集水装置の WL-6・WL-5 にははっきりとトレーサーが約 30 時間後に，さらに副ダムの右岸アバットメントと底部のロック敷の漏水集水装置である

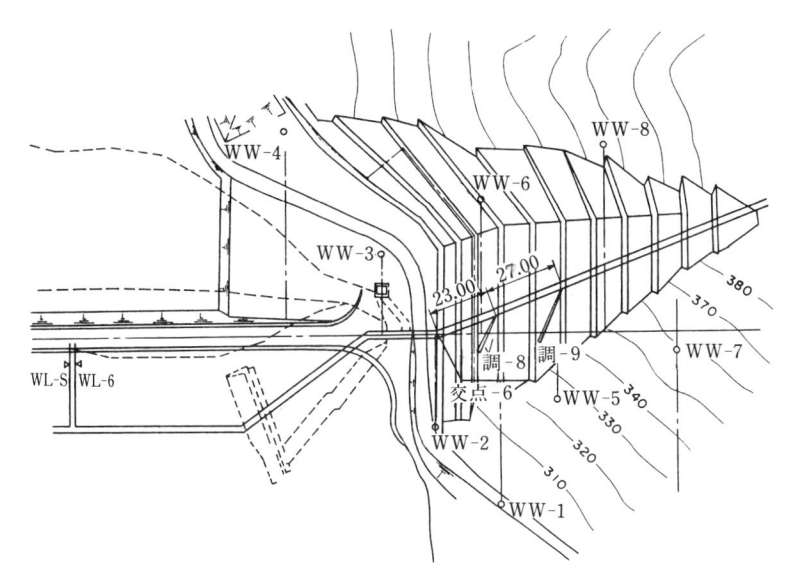

図 4.8.9 副ダム右岸アバットメント付近の投入孔，漏水集水装置配置図

WL-7 にはわずかであるが同じく約 30 時間後検出され，流速にして $100\,\mathrm{m}/30\,\mathrm{hr} \fallingdotseq 9 \times 10^{-2}\,\mathrm{cm/s}$ の流速が測定されている．

これらの事実は投入孔直下流付近の止水カーテンには完全にミルクで充填されていない節理が残っていることを示している．これはブロック 10 の止水カーテンの施工は高圧グラウチングにより開口節理を充填し得るとの考えから 1.5 m 間隔 2 列千鳥で鉛直の注入孔により行われ，開口した柱状節理に対して交差しにくい鉛直の注入孔で施工されたことが原因となっていると考えられる．また下流側 WL-6 との間で測定された流速は下筌ダムの目詰りの進行が確認された段階の流速測定で得られた値の $0.5 \times 10^{-2}\,\mathrm{cm/s}$，松原ダムの最終段階で得られた値（目詰りの進行は確認されていない段階）の $4 \times 10^{-2}\,\mathrm{cm/s}$ よりはかなり速い値である．

以上が当ダムの試験湛水中に行われた副ダム右岸の Wt_2 層内での浸透流速の測定結果の概要である．

このダムは前述したように貯水位が EL.260 m を越えた時点から，副ダム右岸のフィルター敷の漏水を集水する WL-6 を中心に漏水量が増加し（途中からその一部が WL-5 に越流し，WL-5 で集水された量も増加したが），サーチャージ水位に達した時点で WL-6 と WL-5 の合計の漏水量が約 $2\,000\,l/\mathrm{min}$ に達した．1988 年 4 月中旬より貯水位を低下させて 6 月下旬に最低水位まで下げた後に 7 月中旬以降は常時満水位に保ち，試験湛水は終了した．

このダムは前項にも述べたように，着工前・工事中に副ダム右岸アバットメント付近の高溶結凝灰岩の部分でおおよそ $1\,700 \sim 2\,000\,l/\mathrm{min}$ の湧水があり，4 月下旬の融雪期にその量は最も多かった．また貯水位の降下時は湧水量が最も多かった 4 月下旬であったが，貯水位上昇時とほとんど同じ漏水量で貯水を降下させることができた（図 4.8.8 参照）．このように当ダムでは EL.260 m（常時満水位は EL.263.4 m）以上の貯水位での漏水は予想よりは多かったが，この試験湛水を通じて経時的な漏水量の増加は全く見られず，浸透経路の拡大は生じていないことが明らかになった．これから以後は目詰りにより漏水量は減少することはあっても増大することはないと判断され，当ダムは漏水量

は多いが漏水に対して充分安全性は確保されたとの見通しを得た．なおその後現在までに経験した高貯水位での漏水量は1990年11月4日の出水で貯水位はEL.270 mに達し，WL-6で688 l/min・WL-5で251 l/min・計939 l/min（試験湛水中の同じ貯水位では計1020 l/min），1994年6月3日の出水で貯水位はEL.265.4 mに達し，WL-6で325 l/min・WL-5で72 l/min・計397 l/min（試験湛水中の同じ貯水位では計650 l/min）が測定された．これらの観測値からもこのダムの漏水量は明らかに経年的に減少しており，このダムの浸透流に対する安全性が確保されていることが裏付けられている．

以上の結果を得て種々検討を行った結果，

㋐ 高溶結凝灰岩では緑川ダム・漁川ダムなどの工事経験から効果的な止水グラウチングが可能であり，岩石はよく固結している上に節理に注入されたセメントミルクもよく固結しており，この部分の漏水量は多いが経年的に目詰まりが進行することはあっても浸透路が拡大する可能性はない［緑川ダムの漏水量も4.2.3項に述べたように経年的に減少傾向にあることも参考にして］と考えられたこと．

㋑ 高溶結凝灰岩（Wt_2）層は透水度が高くて効果的な止水カーテンが形成されるために，隣接する河床砂礫層（Gd_1・Gd_2）や低溶結凝灰岩層（Wt_1・Wt_2l）内に通常の場合よりも止水カーテンの上下流で急な水頭勾配が形成されること．

㋒ Gd_1・Gd_2・Wt_1・Wt_2lなど固結度の低い層はグラウチングによる透水度の改良は少なく，耐水頭勾配性も低いと考えられること．

の3点から，将来の安全性に対し万全を期するために，Wt_2層に隣接する河床砂礫層（Gd_1・Gd_2）と低溶結凝灰岩層（Wt_1・Wt_2l）に対して補強グラウチングを行い，これらの層内の止水カーテンの厚さを増大し，これらの地層内の水頭勾配を小さくするように追加止水処理を行った．しかし補強グラウチング施工の前後では常時満水位での漏水量にはっきりした低減効果は現れなかった．

4.8.6 高溶結凝灰岩層の透水特性と下湯ダムの止水処理の問題点

下湯ダムの工事以前に更新世末期の高溶結凝灰岩層の止水問題はすでに緑川ダムや漁川ダムなどで経験し，その透水度は著しく高くて地下水流は極めて速い流速のnon Darcy流となり，満水位以下で貯水池に接するこれらの地層に対しては全面的に止水処理を行う必要があり，この種の地層に対してはグラウチングによる遮水が極めて効果的であることはよく認識されていた．

このため当ダムサイト周辺に八甲田の火砕流堆積層が分布していることが判明した時点から，高溶結凝灰岩層の分布が最も狭い地点にダムサイトを選定して止水カーテンの面積が最も少なくなるようにその位置を選定した．さらにこの層内の浸透流の特性を把握すべく工事着手前・工事中・湛水時におけるこの層内の地下水面形状・地下水流速について数次にわたり測定して入念な検討を行い，それに基づいて止水処理を行った．

緑川ダムにおいては工事中の資料からこれらの地層が著しく透水度が高いことを知り，追加調査に基づいて湛水と並行して追加止水工事を行ったがかなりの漏水が生じた．

一方，下湯ダムにおいては事前にこの種の岩盤の止水上の問題点を把握してそれに対する調査検討を行っていたので，少なくともサーチャージ水位での漏水量は数百 l/min以下に抑制することを目指していた．しかし試験湛水時にサーチャージ水位で副ダムの右岸と河床部とで約2000 l/min

に達する漏水が生じたことは，今一度この種の地層の止水処理に対して再検討する必要があることを示している．

当初筆者は鮮新世後期以降，特に更新世後期以降の火山岩類においては流下・堆積時に冷却節理が発達し，その後小さな上載荷重しか受けていないので生成時とあまり変わらない状態に置かれていると考え，新しい年代に流下した地層ほど，また堆積時の温度が高いほど冷却節理の開口度は著しいと考えていた．

しかし 1 cm/s 前後という極めて速い浸透流速が測定された例は緑川ダム・漁川ダム・下湯ダムの例からもそのほとんどが柱状節理が発達した高溶結凝灰岩層においてであり，それ以上の高温で流下した安山岩などの溶岩類の中では比較的少ない．また前々項や前項でも詳論したように，下湯ダムでは高溶結部ではあるが不整合面に接した低溶結部に近くて節理が塊状または板状に発達した高溶結部では比較的急な地下水面勾配が形成され，かなり透水度が低いことを示していた．さらに漁川ダムでは下部の低溶結凝灰岩層に接する板状節理が発達した高溶結凝灰岩（Wtm_1）層の上面近くに地下水面が保たれ，その上の柱状節理が発達した高溶結凝灰岩層内とは明らかに地下水流の性状は異なっていた．

また前述したように，下湯ダムの工事中の写真では高溶結凝灰岩層の掘削面では川に平行な方向に大きく開口した柱状節理がかなり存在していたが，川に直交する方向にはこのように著しい開口節理はほとんど見られなかったことが示されている．

このように大きく開口した節理は生成時の冷却収縮によって生じたと考えるのは無理があり，高溶結凝灰岩が堆積した後に地形侵食などにより柱状節理の急峻な崖が形成され，その後柱状の岩体が川側に傾斜したために生じたと考えるべきであろう．

以上から新しい火山岩類の冷却節理による高い透水度は単に冷却時の温度降下量・生成年代・上載地層の大小だけによるのではなく，冷却節理の性状（柱状節理か板状節理や塊状かなど）やその方向により大きく異なり，水平に近い節理面は岩体の自重により閉ざされるのに対し，鉛直に近い節理面は生成時の開口幅のままで置かれることになる．

さらにその後の地形侵食により斜面に近い川に平行で鉛直な節理面は前述した経緯を経て大きく開口することになる．この際この高溶結部の下には一般に板状ないし塊状節理が発達した部分を介して低溶結部や不整合面沿いの未固結な部分があり，これらが鉛直な柱状体に対して一種のヒンジとして働くので柱状体は川側に傾きやすくなり，時には 10～30 cm に達する開口となることになる．したがって新しい火山岩類のなかでも透水度が著しく高くて non Darcy の極めて速い流速の地下水流が生じやすかったのは柱状節理を持った高溶結凝灰岩層であった．

しかしこの種の地層の節理の開口幅は地形侵食による緩みを生じない限り 1～2 cm 程度の開口にとどまり，地下水流は non Darcy となる可能性は高いが，下湯ダムの掘削面で見られたような 10～30 cm に達する開口節理が存在するということはないと考えられる．

このように見ると更新世後期以降に生成された火山岩類のうち柱状節理が発達した高溶結凝灰岩層内では，特に節理が大きく開口してその層内の地下水流が極めて速い流速の non Darcy 流になりやすい．この場合に透水度の面から見て高溶結凝灰岩を次に示す 4 種類に分け，その各々に適合した止水対策を講ずるのが合理的と考えられる．すなわち，

ⓐ A 型．詳細に分類された場合には低溶結凝灰岩に分類されているが，高温の火砕流が流下し

た際にその下盤に接した部分や大気に触れて流下する過程である程度冷やされて低温で堆積し，低溶結凝灰岩となっている部分（緑川ダムでは 2〜3 m，漁川ダムでは約 5 m，下湯ダム下段グラウチングトンネルで水平方向に約 35 m，上段グラウチングトンネルで水平方向に約 5 m）．固結度は低くて節理はなく，透水度は低い．

ⓑ B 型．A 型の上に存在し，火砕流が流下した際に比較的高温で溶結しているが，その際下盤や低溶結部からある程度のせん断応力を受けた低溶結部から柱状節理の発達した高溶結部への漸移部分（漁川ダムでは Wtm_1 で表した高溶結で板状節理が発達した部分で厚さ約 15 m，下湯ダムでは上段および下段のグラウチングトンネル地質展開図で塊状節理の部分と記述された部分でそれぞれ水平に約 30 および 60 m，斜面勾配から見て厚さとしては 5〜15 m）．固結度は高くて透水度はそれほど高くなく，地下水流は Darcy 流で比較的急な地下水面も形成することもある．

ⓒ C 型．高溶結凝灰岩の中心部を形成し，柱状節理が発達している部分．しかし生成されたときの状態をそのまま保ち，柱状節理の開口は 1〜2 cm 程度である．極めて透水度は高くて地下水流は non Darcy 流になっている．岩石の固結度は高い．

ⓓ D 型．C 型に属する高溶結凝灰岩のうち，地形侵食によりできた斜面の近くで柱状の岩体が谷側に傾斜し，谷に平行な節理面が大きく開口した部分．谷に平行な節理面の上部では時には 10〜30 cm 以上も開口してその開口度は異方性が著しく，透水度は極めて高い．谷に平行な方向にはほとんど水平な地下水面しか形成されず，谷に直交する方向も C 型と同程度の透水度を示してほぼ水平な地下水面勾配が形成されている．

このように分類した場合は A 型はその固結度は低いが透水度はかなり低く，B 型は固結度は高くて通常の節理性岩盤での止水設計の考え方で対応してよい部分である．一方 C・D 型は透水度が極めて高くてその層内の地下水流は流速が極めて速い non Darcy 流になっている可能性は高く，満水位以下で貯水池に接するこの種の地層に対しては全面的に止水処理を行う必要があり，浸透路長を延ばすことにより止水するという考え方は適用できない部分である．またグラウチングによる止水は効果的である．

特に D 型は C 型での高い透水度をさらに顕著にしたもので，谷に平行な節理面は上部で 10〜30 cm 以上も開口している可能性がある．このような開口の著しい節理に対しては通常のセメントグラウチングでは充填しきれないこともあり得るので，D 型のゾーンではモルタルグラウチングなどにより荒止めを行った後に通常のグラウチングを行うなど，節理面の開口度に適合した施工法を検討する必要がある．

では高溶結凝灰岩層がこのように 4 つの型に分類され，その透水特性が各々異なるとともにそれに対応した止水対策工法も大きく異なる可能性があるという前提に立って，4.2 節と 4.5 節で述べた緑川ダム・漁川ダムの事例を振り返って見ることにしよう．

まず緑川ダムでは 4.2.3 項で補助ダム基礎部分の止水グラウチングの施工時に約 500 m 下流までグラウトミルクが漏洩したことと，旧発電用水路トンネル内で開度 10 cm 以上の亀裂が発見されたことを述べたが，これらは緑川ダムの補助ダム基礎には D 型の高溶結凝灰岩層が存在していたと解すべきであろう．

一方補助ダムの右岸側に広く分布する阿蘇の火砕流堆積層に対して一連の地下水流速の測定が行われて2cm/s前後の流速が測定されているが，この広い範囲の高溶結凝灰岩層がすべてD型であったと考えるのは無理があり，浸透経路の大半はC型で一部にD型が存在していたと考えるのが妥当であろう．したがってC型の高溶結凝灰岩層の中でも緑川ダムでは2cm/sに近い流速で流れていたと考えるべきであろう．

また追加止水工が行われていた部分は湛水と並行して2m間隔の1列のグラウチングで効果的な止水が行い得たということは追加止水工が施工された部分はC型がほとんどで，D型の部分はわずかであったと考えるべきであろう（もしD型で10cm前後の開口節理がかなり存在していたのであれば，斜めの注入孔により施工したにしても2m間隔1列のグラウチングでしかも湛水と並行して施工して効果的な止水が可能となるとは考えにくい）．この意味では予測していたか否かは別として，緑川ダムの追加止水工は地質的に施工しやすく，有利な止水線が選定されていたと考えられる．

次に漁川ダムでは4.5.1項で述べたように，高溶結凝灰岩（Wtm_1）層の上面近くに地下水面がありこのWtm_1層は板状節理が卓越していたと述べられているが，これからWtm_1層が先に述べた分類のB型に属し，その上の高溶結凝灰岩（Wtm_2）層がCおよびD型（河谷の斜面に近い部分がD型，奥の部分がC型）に相当すると考えられる．漁川ダムはB型の高溶結層の上面（地下水面）に常時満水位を合わせ，洪水時満水位時にWtm_2層内に形成される地下水面勾配がダム建設前にこの層内で形成されていた地下水面勾配と一致するまで止水カーテンが延長された．この部分の止水カーテンの施工はすでに4.5.4項で簡単に紹介したが，D型の溶結凝灰岩層と考えられる部分での施工では通常の濃度のミルクでは圧力が上昇せずに際限なくミルクが注入されたので，ミルク濃度を1：0.5にしたり，1回の注入量が2tを越えても圧力が上昇しないときは注入をいったん中断した後に再注入するなどの工夫が必要となったことが工事誌[21]に記述されている．

下湯ダムは副ダム右岸アバットメントのWt_2層の掘削面で開口節理が著しかったので，掘削斜面に近い9ブロックでは前述したようにその施工に先行して斜めの注入孔により止水カーテンの中央にモルタルグラウチングを施工した．その結果この部分はD型であるにもかかわらず1次孔からルジオン値・単位セメント注入量とも比較的小さく，漁川ダムの場合のような特殊な注入を行わずに良好な止水カーテンを仕上げることができた．しかし10ブロックではC型を主として11ブロックに近い部分には一部にB型も存在していたが，先行した斜めの注入孔によるモルタルグラウチングを施工せずに1.5m間隔千鳥2列の鉛直の注入孔のみで施工した．このためにこの部分のC型の地震に対しては，開口した柱状節理に交差しにくい方向の注入孔のみにより施工した結果となり，湛水中の地下水流速の測定結果にも現れたようにこの部分の止水カーテンにはミルクで充填されていない節理面が残り，予想以上の漏水が生じたと推定される．

ここで下湯ダムの施工時点での考え方と問題点を要約すると以下のとおりである．すなわち，

① 緑川ダムなどの経験から高溶結凝灰岩層は著しく透水度は高いが，グラウチングによる止水は極めて効果的で容易に止水し得ると考えられていた．この考え方は誤りではないが，この種の地層でのグラウチングは開口した柱状節理に交差しやすい斜めの注入孔により施工するのが本来であり，漁川ダムの工事誌にもこの点は強調されていたが，下湯ダムでは1.5m間隔千鳥2列の鉛直の注入孔のみで施工した．

② 止水カーテンを施工した場合，高溶結凝灰岩層内には耐久性のある止水カーテンを形成する

ことは可能である．しかし，高溶結凝灰岩に隣接する固結度が低い地層に耐水頭勾配性が高い止水カーテンを形成することは困難で，さらに高溶結凝灰岩層に効果的な止水カーテンが形成された場合には隣接する地層には通常の場合より急な水頭勾配が作用するので，固結度が低い地層，特に不整合面近くに存在する Gd_1・Gd_2 などの未固結層の耐水頭勾配性が低いことに対して強い懸念を持っていた．

③ ②で述べた不整合面近くの未固結層の耐水頭勾配性が低いことに対する強い懸念が，これらの地層の耐水頭勾配の強化を目指して高圧グラウチングを指向し，高溶結岩の部分も高圧グラウチングにより鉛直な注入孔で効果的な施工が可能と考えたようである．このために固結度が低い地層の工事段階でのルジオンテストで限界圧力以下の透水度を丁寧に測定しなくなり，これが図 4.8.4 (a) のパイロット孔によるルジオン値が固結度が低い地層で異常に高い値を示し，高溶結層でのルジオン値が節理面の開口度が著しいにもかかわらず低い値を示したと考えられる．さらにこのような状況が表 4.8.1 でも固結度が低い地層で単位セメント注入量が異常に高く，高溶結層で低い値を示した原因と考えられる．また試験湛水終了後の補強グラウチングも固結度が低い地層を中心に行われていたこともこの辺の事情を裏付けている．

ここで指摘した点はこのダムの新しい地質年代の火山性地層での止水処理の反省点として検討すべき点であろう．特に高溶結層の下に存在する Gd_1・Gd_2 層などの未固結層の低い耐水頭勾配性に対して慎重な配慮を払うことは重要なことであるが，一般的には開口度が著しい節理が存在する高溶結層に形成される止水カーテンは注入されるミルクの量も多いために比較的幅の広いものになると考えられる．

さらに透水度が著しい柱状節理を持った高溶結層と未固結層との間には一般に透水度が低くてある程度の耐水頭勾配性を持った高溶結な遷移部と低溶結層が存在しており，このダムで行われたように高溶結層の下の固結度が低い地層に対して特に高圧グラウチングにより補強する必要があるかについては検討の余地があろう．

以上の考察から新しい地質年代の透水度が著しい高溶結凝灰岩層の止水処理は，

Ⓐ 高溶結凝灰岩層にもすでに述べたようにその生成時の状況から 4 種類に分類され，その各々には異なった透水特性があり，その特性に適合した止水処理を行う必要がある．

Ⓑ 開口度が著しい節理面を持った節理性岩盤で止水目的のグラウチングを施工する場合には，その主要な節理群に交差しやすい方向の注入孔で施工すべきである．

Ⓒ 固結度が低い地層で止水目的のグラウチングを施工する場合には，限界圧力以下での透水度を正確に測定し得る透水試験で施工管理を行い，耐水頭勾配性が低いと考えられる場合には止水カーテンの厚さを増すことにより対応すべきで，注入圧を高くすることによる対応は慎重にその効果を検討すべきである．

という点に留意して計画し，施工すべきであるとまとめることができる．

4.9 美利河ダムの鮮新世末期から更新世初期の堆積層での止水処理

4.9.1 美利河ダムの概要

美利河ダムは後志利別川の上流に建設された高さ 40 m，堤頂長 1480 m の重力ダムとロックフィルダムの複合型のダムで，ダム高さは比較的低いが堤頂長は極めて長いダムである．

このダムの基礎岩盤は主として新第三紀中新世の後期から鮮新世初期にかけて堆積した八雲層や黒松内層が現河道部から左岸台地部にかけて分布し，河道の右岸側斜面からその右岸側にかけてはこれらの地層を鮮新世末期から更新世初期に堆積した瀬棚層が不整合に覆う形で分布している．このうち八雲層と黒松内層はある程度続成硬化も進行したいわゆる軟岩に属する地層であるが，フィレットなどで岩盤に伝えられる応力を低減すれば高さ 40 m の重力ダムの基礎としては充分用い得る地層である．しかし瀬棚層は堆積年代も新しくて固結度が低い細〜粗粒砂岩層より成るという浅海性の堆積層で，全般的に同時代の堆積層に比べて続成硬化の進行も遅くて透水度も高い地層である．

特に粗粒砂岩［Ssc (B)］層は未固結でその見掛けの透水係数も 10^{-3} cm/s 程度の高い透水度を示し，ダムの基礎地盤としては多くの問題のある地層である．さらにこの Ssc (B) 層が比較的続成硬化の進行が早くて透水度が低い細粒砂岩（Ssf_1）層に覆われている所では Ssc (B) 層内に被圧地下水が存在し，竪坑の掘削などにより Ssc (B) 層内に急な水頭勾配を与えると被圧地下水の噴出による掘削壁面の崩壊（この種の現象をこのダムではボイリング現象と呼んでいた）が生ずることが調査段階から判明した．このような状況から瀬棚層での止水対策と耐水頭勾配性対策はこのダム建設上の大きな問題として取り上げられることになった．

このダムの建設にあたって特に問題となった瀬棚層は前述したように鮮新世末期〜更新世初期の未固結に近い地層で，いわゆる岩盤力学的手法で取り扱うべき地層というよりは土質力学的手法で取り扱うべき地層に近いもので，その一方の手法，特に岩盤力学的な手法のみでアプローチした場合には誤った判断を下す恐れのある地層であった．このダムでは瀬棚層の調査・検討を進めるにあたってその一方の手法に偏ることなく両方の手法を並行して用い，その物理的・力学的性質や透水特性などを捉えてそれらを総合的に判断して対応策の検討を行った．このような検討を経てこのダムの建設を通して鯖石川ダム・漁川ダム・大門ダムで取り組まれた問題点に対してより組織的な調査・試験を行って完成したダムである．その意味では未固結に近い地層における止水問題に対して体系的にまとめる糸口をもたらした事例であるといい得る．

このダムは当初現ダム軸の下流約 1 km および 1.6 km の地点を候補地点として調査が進められたが，マンガン鉱採掘跡があったり地滑り地があるなど地質上の問題がある上に鉄道の付け替えが必要になるなどの理由から，鉄道の付け替えの必要がない現ダムサイトが選定された[35]．

このダムは 1969 年（昭和 44 年）4 月に建設に着手し，1982 年（昭和 57 年）10 月に本体工事に着工し，1991 年（平成 3 年）10 月に完成した．

4.9.2 美利河ダムサイトの地形・地質の概況

美利河ダム周辺の広域的な地形・地質的な状況を述べると，ダムサイトの周辺からその東側と下流南側にかけてその基礎地盤は主として新第三紀中新世以降の地層から成り，比較的緩い丘陵地形が広がっている．一方ダムサイトより 1〜2 km 上流から北西側には古生層および花崗岩が現れ［図 4.9.1 (a) 参照］，比較的急峻な地形となっている．後志利別川は現ダムサイトの直上流の今金町美利河で本川とその流域が対比し得るような流域を持ったピリカベツ川・ニセイベツ川・チュウシベツ川が合流している．したがって充分な効果を果たし得る集水面積を持ったダムを建設するためには，これらの支川の合流点より下流側で地形が緩やかで中新世以降の地層を基礎岩盤とする地域にダムサイトを選定することが必要になる条件下に置かれていた．

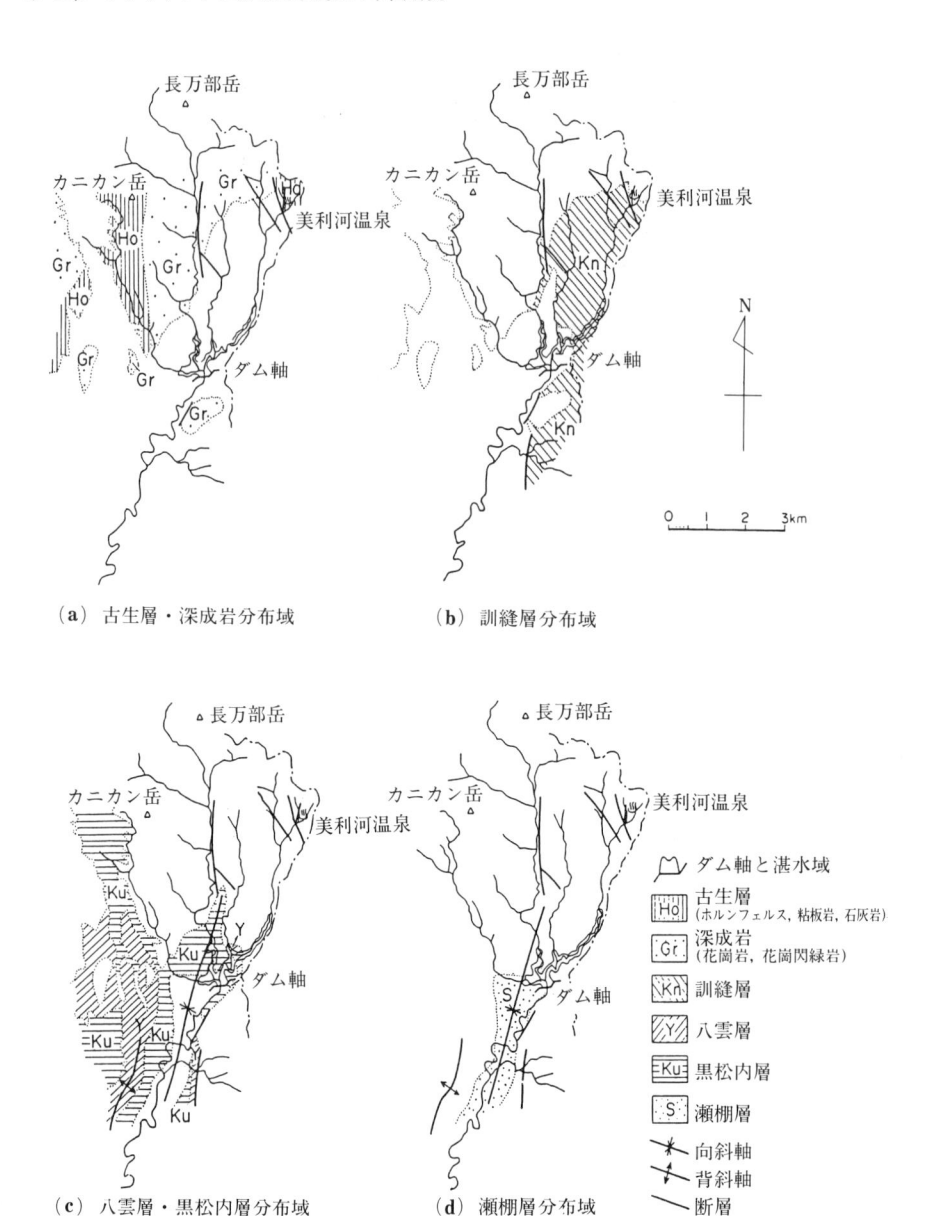

図 4.9.1 美利河ダムの上流域の広域的な地質図（「美利河ダム工事記録」より）

(a) 古生層・深成岩分布域
(b) 訓縫層分布域
(c) 八雲層・黒松内層分布域
(d) 瀬棚層分布域

凡例：
- ダム軸と湛水域
- 古生層（ホルンフェルス，粘板岩，石灰岩） Ho
- 深成岩（花崗岩，花崗閃緑岩） Gr
- 訓縫層 Kn
- 八雲層
- 黒松内層 Ku
- 瀬棚層 S
- 向斜軸
- 背斜軸
- 断層

　この広域的な地形・地質状況をもう少し詳しく述べると，後志利別川本川とその右支川のチュウシベツ川の流域はその合流点より約1〜2km上流から上流側では花崗岩および古生層が現れ［図4.9.1 (a) 参照］，周辺の山地は比較的標高も高くて急峻な地形をしている．また左支川のピリカベツ川とニセイベツ川の流域はその最上流域にのみ花崗岩が現れ，その部分では地形は比較的急峻となっているが，それより下流では中新世以降の地層が広く分布して全般的に地形はなだらかとなり，標高的にも本川およびチュウシベツ川流域に比べて低くなっている．

　これらの花崗岩や古生層が分布する地域の下流側には中新世以降の地層が広がり，鮮新世初期以前の堆積層はピリカベツ川とニセイベツ川流域からダムサイトの下流側にかけて最下層を中新世中

表 4.9.1 美利河ダムサイト周辺の地層一覧表（「美利河ダム工事記録」より）

年代			地質		記号	岩相および層相		固結度	備考
第四紀	完新世		現河床堆積層		rd	砂・シルト・礫		未固結	
			氾濫原堆積層		Al	砂・シルト・礫		未固結	
			崖錐堆積層		dt	シルト・粘土・礫		未固結	
	更新世	段丘堆積層	第6段丘堆積層		tr₆	砂・礫・シルト		未固結	EL.105～115 m
			第5段丘堆積層		tr₅	砂・礫・シルト		未固結	EL.115～130 m
			第4段丘堆積層		tr₄	砂・礫・シルト		未固結	EL.125～140 m
			第3段丘堆積層		tr₃	砂・礫・シルト			EL.140～155 m
			第2段丘堆積層		tr₂	砂・礫・シルト			EL.170～180 m
			第1段丘堆積層		tr₁	砂・礫・シルト			EL.200～250 m
新第三紀	鮮新世後期	瀬棚層	砂岩層	細粒砂岩層	Ssf	細粒砂岩	貝化石を伴う	固結度高い	瀬棚層相互層
				中粒砂岩層	Ssm	中粒砂岩		固結度やや低い（半固結）	
				粗粒砂岩層	Ssc	粗粒砂岩		固結度低い（半固結）	
				粗粒砂岩層	Ssc (B)	粗粒砂岩（茶褐色）			
			基底礫岩層		Cg	礫岩		固結度やや低い（半固結）	
	中新世		軽石凝灰岩層		Pt	軽石凝灰岩		固結度高い	＼不整合関係 黒松内層相当
					Cg₁	最下部に礫岩を伴う			
			シルト岩層1		Sil₂	珪藻土質シルト岩塊状		固結度高い	＼不整合関係
			シルト岩層2		Sil₁	シルト岩・泥岩・頁岩			八雲層相当層
			泥岩・頁岩層		Shm	泥岩・頁岩互層			
			角礫凝灰岩層		Tfb	角礫凝灰岩		固結度高い	＼不整合関係
			白色凝灰岩層		Wtf	浮石混り凝灰岩（白色）			訓縫層相当層
			緑色凝灰岩層		Gtf	凝灰岩（緑色）			
基盤			花崗岩		Gr	黒色花崗岩			

～後期の訓縫層とし，その上に中新世後期の八雲層と中新世末期～鮮新世初期の黒松内層が堆積している［図 4.9.1 (b), (c) 参照］．また合流点付近から現河道を中心にこれらの地層を鮮新世末期～更新世初期の瀬棚層[注20]が不整合に覆い，さらにその瀬棚層もその大部分はより新しい段丘堆積層や氾濫原堆積層に薄く覆われている．

以上が当ダムサイト周辺に現れる基礎岩盤の概要でこれらの地層についてさらに詳しく紹介することにする．表 4.9.1 にはダムサイト周辺に現れる上記各地層をその層序・構成粒度により細かに分類し，各地層の年代・構成物・岩相・層相・固結度が示されている．一般に新第三紀以降の新しい地層では層位学的深度が深いほど締め固められ，堆積年代が古いほど続成硬化が進行しているのが一般である．

[注20] 「美利河ダム工事記録」[35]では瀬棚層を鮮新世後期の地層としているが，「日本の地質，1」[37]では更新世初期の地層としており，『瀬棚層砂岩部は今金町市街地周辺に広く分布し，主に軽石・スコリヤ質の中～粗粒砂層から成り……層厚 20～30 m の細粒～砂質シルト層を挟む』と記されている．このことは当ダム建設にあたって最も問題となった Ssc (B) 層と Ssm～Ssc 層が瀬棚層砂岩部の主な地層で Ssf₁～Ssf₂ はむしろ挟まれた地層であるとされている．このように粗粒砂岩層が主体で，泥質・シルト質の層をほとんど含んでいないことは極めて浅海性であることを示しており，続成硬化も下位の層に比べて極端に進んでいないことなどから，瀬棚層は更新世初期の堆積層と考えた方が理解しやすい．

また同じ堆積年代の地層で比較すれば，4.4.1項の鯖石川ダムの事例研究の際に述べたように，中新世後期ないし鮮新世以降の堆積層では構成粒度が粗くて浅海性であるほど続成硬化の進行が遅く，微粒分が少ないために透水度が高くなるのが一般である．さらに火山性の堆積層になると砕屑性堆積層に比べて化学的に不安定な鉱物を多く含むために続成硬化の進行はより早い場合が多い．表4.9.1にはこのような傾向がはっきりと示されている．

すでに述べたように中新世から鮮新世初期に堆積した訓縫層・八雲層・黒松内層は堆積年代も比較的古く，続成硬化もある程度進行していた．このうち訓縫層は中新世前～中期の凝灰角礫岩を主体としたいわゆるグリーンタフでかなり固結度も高い層であるが，ダムサイト周辺では左岸下流側で現れてダムの掘削面には直接現れていない．

その上の八雲層・黒松内層は訓縫層を不整合に覆っており，泥岩・頁岩を主とする深海性の堆積層とされているが，ダムサイト周辺ではシルト岩を主として砂岩を挟んだ比較的浅海で堆積した地層となっている[36]．これらの地層は最上位の礫岩（Cg）層と軽石質凝灰岩（Pt）層を除ければある程度固結しており[注21]，フィレットなどにより基礎岩盤に伝わる応力を低減すればこの規模の重力ダムの基礎としては充分用い得る地層であった．

これに対してこれらの地層を不整合に覆う瀬棚層は堆積年代も新しいために層位学的深度は浅く，続成硬化の進行も少なかったので全般に固結度は下位の地層に比べてかなり低くて透水度も高かった．特に瀬棚層の中で最も構成粒度が粗い粗粒砂岩［$Ssc(B)$］層は最も固結度が低い上に透水度も高く，耐水頭勾配性も著しく劣った地層であった．さらにこの地層が続成硬化の進行が比較的早くて透水度も低い細粒砂岩（Ssf_1）層に覆われている場合には前述したように地下水が被圧しており，竪坑掘削などによりボイリング現象が発生したと推定される．

この$Ssc(B)$層は河床部から右岸側で現れ，河床部では着工前は崖錐および氾濫原堆積物に覆われていたが，ダム本体が河床部から右岸台地部に乗り移る部分（以後渡り部と呼ぶ）で掘削面に現れる．このためにその部分の工事中の耐水頭勾配性対策とともに止水対策や基礎岩盤の低い強度に対する対応策などがこのダムの建設上の大きな問題点として取り上げられることになった．

なおダムサイト周辺の地質平面図・ダム軸沿いの地質断面図を示せばそれぞれ図4.9.2および図4.9.3のようである．このダムは前述したようにダム高さは40mであるが，堤頂長は1480mと極めて長くその間の地質状況も大きく変化しているが，これを次の4区間に分けるとその各々での地

[注21] 「美利河ダム工事記録」の表2.2.2では八雲層～黒松内層は下位から泥岩・頁岩（Msh）層・シルト岩（Sil_1～Sil_2）層・基底礫岩（Cg_1）層・軽石凝灰岩（Pt）層からなるとし，Sil_1～Sil_2層とCg_1層・Pt層との間は不整合であるとしている．一方「美利河ダム工事記録」の表2.2.1では下位の訓縫層と八雲層の間は不整合であり，Msh層を八雲層相当層とし，Sil_1～Sil_2層の代わりにMs層をおいてこれを黒松内層相当層とし，上位のCg_1層との間も不整合関係にあるとしてCg_1層とPt層には対応する地層名をあげていない．またSil_1～Sil_2層は固結度も高く，Cg_1層の固結度はやや低いとし，Pt層の固結度は高いとしている．一方本節の表4.9.5ではSil_1～Sil_2層の一軸圧縮強度が$30~95 kgf/cm^2$の範囲にあったとしているが，Pt層の一軸圧縮強度は$18.5 kgf/cm^2$とされ，設計の章では軽石質凝灰岩層は『コンクリートダムの基礎としては適さない』とされている[38]．同一の地層内での不整合関係は他の地方の新第三紀後期の堆積層でもよく見られ，それほど不自然ではなく，Cg_1層の固結度が低いことは理解しやすいとしても，同じ層内では一般的に凝灰質のものの方が続成硬化の進行が早い場合が多いにもかかわらず，シルト質の層に比べて凝灰質の層の固結度がかなり低いのは異様な感じがする．この点に関して当ダムの地質調査担当者に問い合わせたところ，Sil_1～Sil_2は明らかに黒松内層特有の凝灰質・珪藻土質のシルト岩からなっていたとのことである．またその際送付された参考文献の中で古い文献（1935年）では黒松内層と瀬棚層との間に別の地層を挿入している地域も見られるが，最近の文献ではすべて黒松内層を直接瀬棚層が覆うという層序となっており，黒松内層の上部には火山礫岩や凝灰角礫岩から成る地層が存在しているとされている．したがってCg_1層・Pt層は層名としては黒松内層に属するが，その下位のSil_1～Sil_2層とはある程度年代差のあった地層と考えられる．

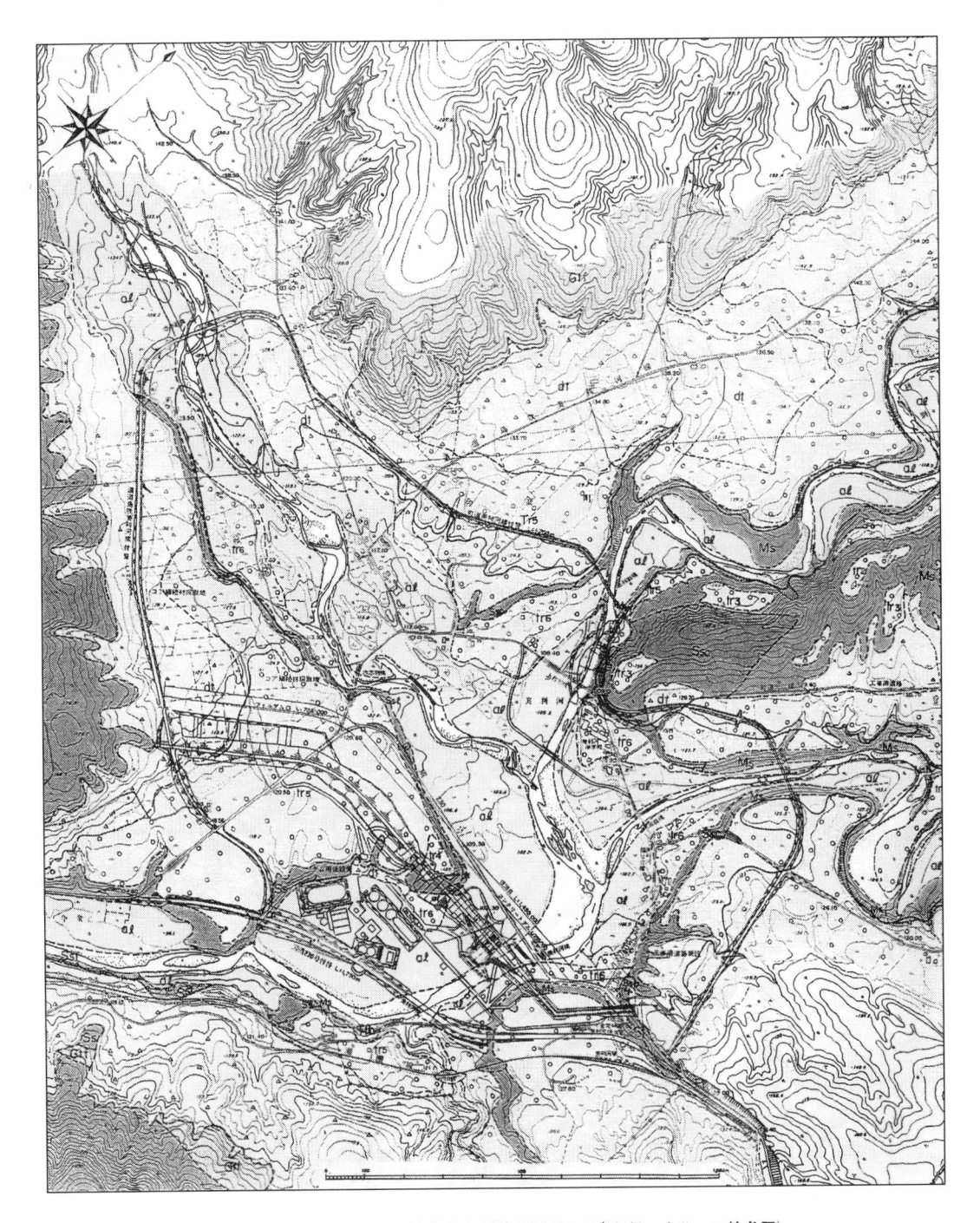

図 4.9.2 美利河ダム周辺地質平面図(「美利河ダム工事記録」より,口絵参照)

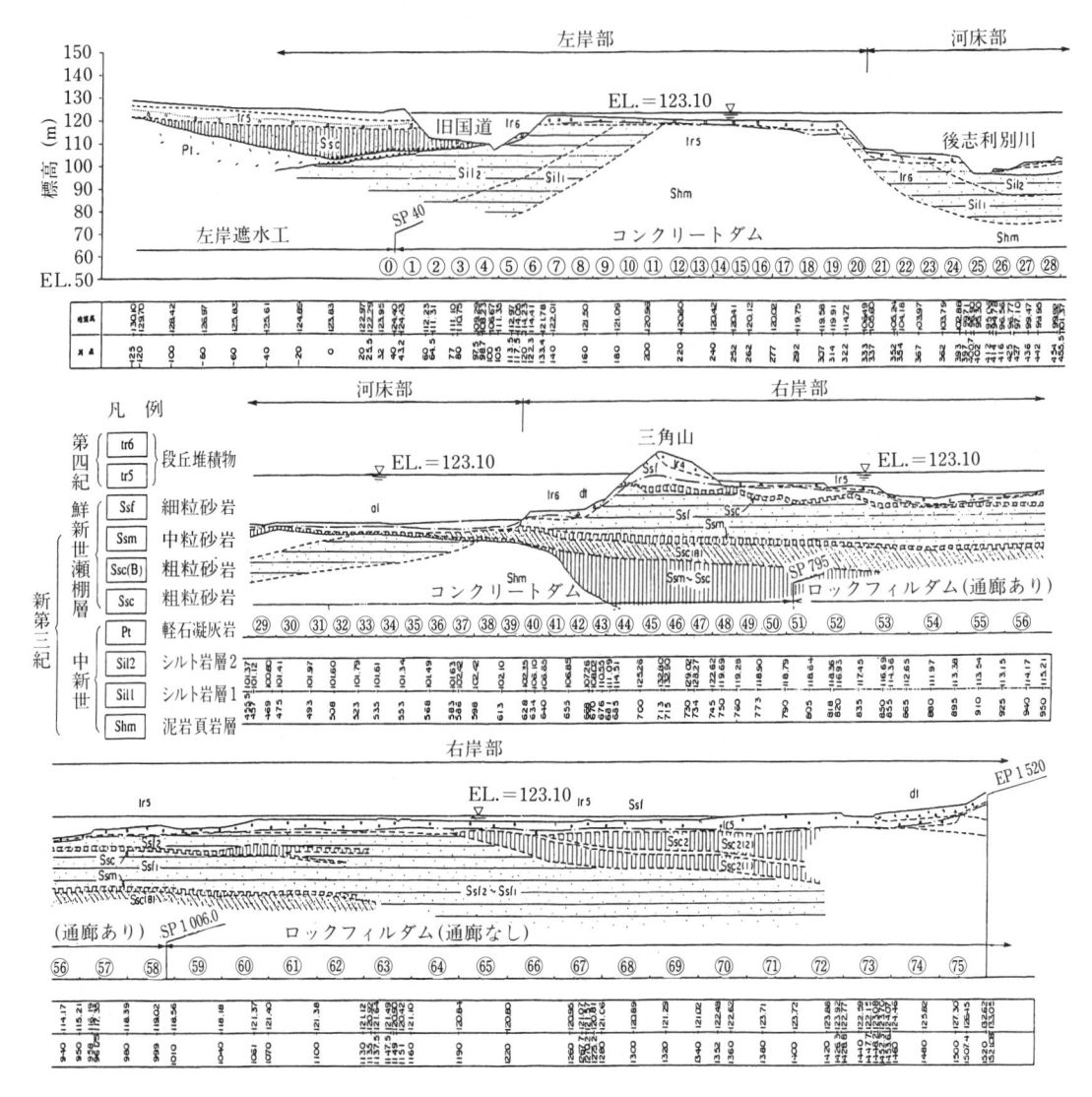

図 4.9.3 美利河ダムのダム軸沿い地質断面図(「美利河ダム工事記録」より)

質的な特徴が浮き彫りになる．すなわち，

(1) 左岸遮水工部と左岸側旧国道周辺部(図 4.9.3 の左岸側アバットメントから 4BL)，
(2) 左岸台地部から河床部内の河道まで(同，5〜25BL)，
(3) 河道の右岸より右岸台地付け根までの河床部(同，26〜39BL)，
(4) 右岸台地部の付け根部(渡り部)から右岸台地部(同，40〜75BL)．

これらの 4 つの区間の中で本節で特に取り上げて検討を加えたい鮮新世末期〜更新世初期に堆積して固結度が特に低い瀬棚層は (4) の部分に現れるので，この部分に焦点を当ててその地質状況とダムを建設する上での問題点について述べることにする．

この (4) の右岸台地部の付け根の渡り部から右岸台地部にかけての地質状況について簡単に述べよう．図 4.9.3 からも明らかなように，河道の右岸側の河床部より左岸側の旧国道部までの間((1)〜(3) の区間で 0〜34BL の間)は中新世後期以降の八雲層と黒松内層が露頭ないし段丘堆積層や現

河床堆積層に薄く覆われ，ダム高さ40m程度の基礎岩盤としては力学的な面からも止水面からも特に問題のある地層は存在していなかった．

これに対して(4)の河道の河床部右岸側(34BL)から瀬棚層のSsm〜Ssc層が八雲層のSil_1〜Sil_2層を不整合に薄く覆う形で現れ始め，ダム軸沿いに36BL付近からSsm〜Ssc層の上に問題のSsc(B)層が現れてくる．さらに39BL付近からはSsc(B)層はSsm層とSsf_1層に覆われているが，Ssm・Ssf_1層ともSsc(B)層に比べて粒度構成が細かいので透水度は低くて固結度はやや高く，特にSsf_1層はかなり透水度は低くて続成硬化もある程度進んでいた．

その直ぐ右岸側の44〜47BLにはダム軸の直上流にいわゆる三角山（山頂は45BL付近）があり，その周辺は地表面の標高がダムの天端標高よりも高くなるが，この部分ではSsf_1層の層厚も厚くなっておおよそ20mに達し，その上に固結度が低くて薄いSsm層を介して固結度がやや低いSsf_2層が現れてくる．

48BLから右岸側は広い氾濫原となり地表には段丘堆積面や氾濫原堆積層に薄く覆われているが，その下の地層は44〜47BLと同様な状態となっている．48BLから右岸側ではいったん地表面の標高はわずかに下がるが，右岸側に向かって極めて緩い勾配で上昇している．

以上が当ダムの軸線沿いで固結度が低い瀬棚層が分布する右岸台地部の付け根部から右岸台地部（図4.9.3の40〜75BL）にかけての地質概況である．この河道より右岸側で基盤の上部に現れる瀬棚層は堆積年代も新しくて浅海性であるので続成硬化の進行も遅く，これらの地層の上に建設するダム本体の設計はもちろんのこと，これらの地層での特に浸透路長が短い40〜43BLの部分の止水対策と耐水頭勾配性対策については入念な検討が必要となった．

4.9.3 美利河ダムの瀬棚層の透水および力学的特性の調査結果

前項において当ダムの基礎岩盤について簡単に述べたが，ダムの底面に現れる基礎岩盤の中の中新世後期から鮮新世初期に堆積したと考えられる八雲層と黒松内層は約40mのダム高さの基礎岩盤としては強度・透水度とも問題は少ない地層である．しかし前項の(4)の37〜39BLから右岸側を広く覆っている瀬棚層の強度と透水度がダム建設上の大きな問題として登場してくることになる．特に瀬棚層のSsc(B)層は未固結で透水度も高い上に，三角山より右岸側では比較的続成硬化の進行が速くて透水度も低いSsf_1層に覆われているので被圧地下水が存在し，この部分でSsc(B)層に竪坑などを掘削して急な水頭勾配を与えると側壁が崩壊していわゆるボイリング現象が発生することが調査段階から問題となっていた．さらに右岸台地部の右岸寄りの部分ではSsf_1層の上に堆積したより固結度が低くて透水度の面でもやや劣るSsf_2層やSsc_2層の上にダム本体を乗せざるを得なくなるなどの問題が生じ，瀬棚層の各層に対してはその透水度や強度などについて入念な調査が必要となった．

本章では主としてダム基礎岩盤の止水処理についての事例を取り扱っているので，これらの地層の透水度と止水対策を検討するために行われた調査・試験の結果を中心に述べることにする．すなわち表4.9.2にはこのダムの基礎岩盤の調査に際して行われた各層の調査・試験の着目点と室内試験および原位置透水試験の項目が示されている．この表からも明らかなようにこのダムの建設にあたっては構成する各層の物理的・力学的性質および透水度に関する調査・試験は極めて組織的に行われている．

表 4.9.2 美利河ダム基礎の各地層の調査・試験（「美利河ダム工事記録」より）

(a) 各層の調査・試験の着目点

	岩盤状況	対象地層	調査・試験のポイント
I	砂状の地層	Ssc・Ssc (B)	未固結，土質的な調査・試験を実施，岩石（室内）での試験結果をもって岩盤の値とする．
II	均質な地層	Ssm・Ssf$_1$・Ssf$_2$	弱く固結しており，岩石と岩盤の試験を行って対比し，岩盤の物性値を決定する．
III	節理性岩盤	Sil$_1$・Sil$_2$・Shm	原位置調査・試験をもって岩盤の物性値を求める（硬岩の調査・試験と同様）．

(b) 各層の岩石または不撹乱資料の室内試験項目

	真比重	見掛けの比重	粒度分布	吸水量含水比	間隙率間隙比	透水試験	一軸圧縮試験	一面せん断試験	有効間隙率試験	速度測定	粒度分析	パイピング透水試験
細粒砂岩 Ssf$_1$	○	○	○	○	○*2		○(△)*3			○	○	
中～粗粒砂岩 Ssm～Ssc	○	○	○	(○)*1	○	○					○	
粗粒砂岩 Ssc (B)	○	○	○	○	○	○	(□)*4	○	○	○	○	○
軽石凝灰岩 Pt		○								○		
シルト岩 Sil$_2$		○		○			○			○		
泥岩・頁岩 Shm～Sil$_1$		○		○			○			○		

注*1 (　) 内は含水比．　*2 (　) 内は岩石試験より．　*3 △は三軸圧縮試験．　*4 □は改良された岩石の透水試験．

(c) 各地層の原位置透水試験項目

地層	ルジオンテスト	揚水試験	パイピング試験	湧水試験	電気検層	グラウチング対象テスト	グラウトミルク浸透試験
細粒砂岩 Ssf$_{1\sim2}$	○	○	○	○	○		
粗粒砂岩 Ssc$_2$, Ssc (B)	○	○	○	○	○	○	○
中～粗粒砂岩 Ssm, Ssc	○			○	○		
軽石凝灰岩 Pt	○						
シルト岩 Sil$_2$	○				○		
シルト岩・泥岩・頁岩 Sil$_2$, Shm	○				○		

　まず止水面から問題となる瀬棚層の各層の土質力学的な試験結果について述べると，その粒度分布は図 4.9.4 のようである．この図で①で示される Ssf$_1$ 層以外の層は 0.074 mm 以下の微粒分はいずれも 10% 以下と少なく，特に③で示されている Ssc (B) 層④で示されている Ssc$_2$ 層はいずれも 0.074 mm 以下の微粒分が 5% 以下と極めて少なく，その粒度分布から見てもその透水度は相当に高いことが予測される．

　瀬棚層の各層の真比重・現場密度・乾燥密度は表 4.9.3 に示されている．これからも Ssc (B)・Ssm～Ssc 層は見掛けの密度と乾燥密度との差が大きくてその空隙率が高いことを示す値が表示されている．

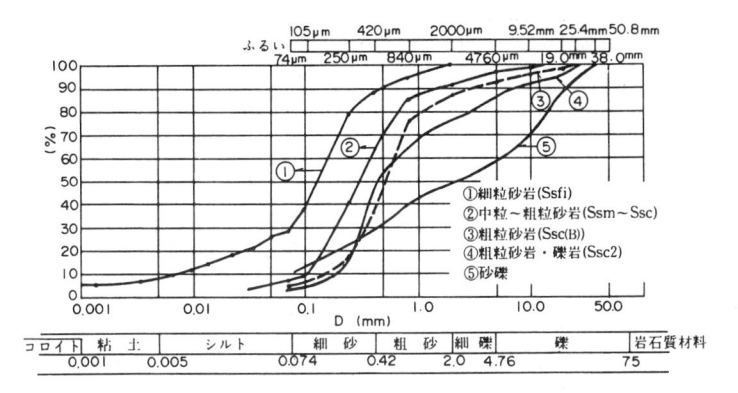

4.9 美利河ダムの鮮新世末期から更新世初期の堆積層での止水処理　221

図 4.9.4 瀬棚層の各層の粒度曲線（「美利河ダム工事記録」より）

表 4.9.3 瀬棚層の各地層の真比重・見掛けの密度・乾燥密度
（「美利河ダム工事記録」より）

	細粒砂岩 Ssf_1・Ssf_2	中～粗粒砂岩 Ssm・Ssm～Ssc	粗粒砂岩 Ssc (B)
真比重	2.66	2.66	2.66
見掛けの密度	1.85	1.65	1.55
乾燥密度	1.80	1.22	1.21

またダム基礎岩盤に現れる各地層に対しルジオンテストを実施した．そのうち瀬棚層の各層の限界圧力・ルジオン値と深度との関係を示せば図 4.9.5 のようである．

この図では瀬棚層の各層は深さ 15 m 以下の浅い部分で応力解放による緩みか風化のためかは明らかではないが，それより深い部分に比べて高いルジオン値を示している．一方深い部分では各層ごとにほぼ一定の値を示している．この図によると Ssf_1 層は 5～7 ルジオン，Ssc (B) 層は 20～30 ルジオン，Ssm～Ssc 層は 10～20 ルジオンであった．

また限界圧力は Ssm～Ssc 層の 20 m より浅い部分を除いていずれも $3 \mathrm{kgf/cm^2}$ 前後の値を示しており，これらのルジオンテストはいずれもスクリューポンプを用いて行われたのでポンプの脈動の影響が現れず，Ssm～Ssc 層の浅い部分を除いて比較的安定した値が得られていたようである[注22]．

[注22] 図 4.9.5 は調査担当者から提供された資料で，Ssf_1・Ssc (B)・Ssm～Ssc の各層の平均のルジオン値はそれぞれ 8.9・27.0・16.6 とされている．またこの図には記載していないが元の調査資料によると Pt・Sil_2・Sil_1～Shm の各層の平均のルジオン値はそれぞれ 12.6・7.8・2.6 であったとされている．これらの値と表 4.9.4 のルジオンテストの結果として示されている値とは Ssf_1・Ssm～Ssc・Pt・Sil_2・Sil_1～Shm の各層の値はほぼ一致しているが（一般には簡便に 1 ルジオン ≒ 10^{-5} cm/s として換算しているが，表 4.9.4 の脚注によると本来の換算式により換算しているので，これより 1.5 倍前後に大きくなる場合もあることを考慮すればほぼ一致していると見ることができる），Ssc (B) 層については図 4.9.5 に示されたルジオン値と表 4.9.4 に示された見掛けの透水係数とはかなり異なっている．もちろん，表 4.9.4 の値は図 4.9.5 に示す試験結果のみから求められたものではなく，その後に行われたかなりの数の試験結果が含まれているので両者は完全な対応関係になくてはならないわけではない．しかしここで注目すべきことは Ssc (B) 層のように未固結で限界圧力が極めて低い地層の場合にはルジオンテストでは限界圧力以下での P–Q 曲線の勾配を求めにくく，ルジオンテストから換算した見掛けの透水係数の方がかなり大きいのが一般である．しかし図 4.9.5 に示す値と表 4.9.4 に示す値とではこの関係が逆になっている．この点について調査担当者に問い合わせたところ，図 4.9.5 にまとめられた資料は調査段階で行われたルジオンテストの結果で，ルジオンテストの際に加圧部に圧力計を取り付けずに行われ，測定結果から計算により加圧部の圧力を補正して求めた結果であるとのことである．一般にルジオンテストで送水量が多い場合には，加圧部へのノズルの形状・パイプの摩擦抵抗により送水が受ける損失水頭はかなり異なっており，送水量が多いほど，また加圧部が孔口から深いほど損失水頭は大きくなり，損失水頭の補正計算を行ってもルジオン値やそれから換算した見掛けの透水係数の値は不正確になる．ここで図 4.9.5 の値と表 4.9.4 の値とで大きく異なったのが Ssc (B) 層のみで，特に送水量の多かった地層のルジオンテストで相違が

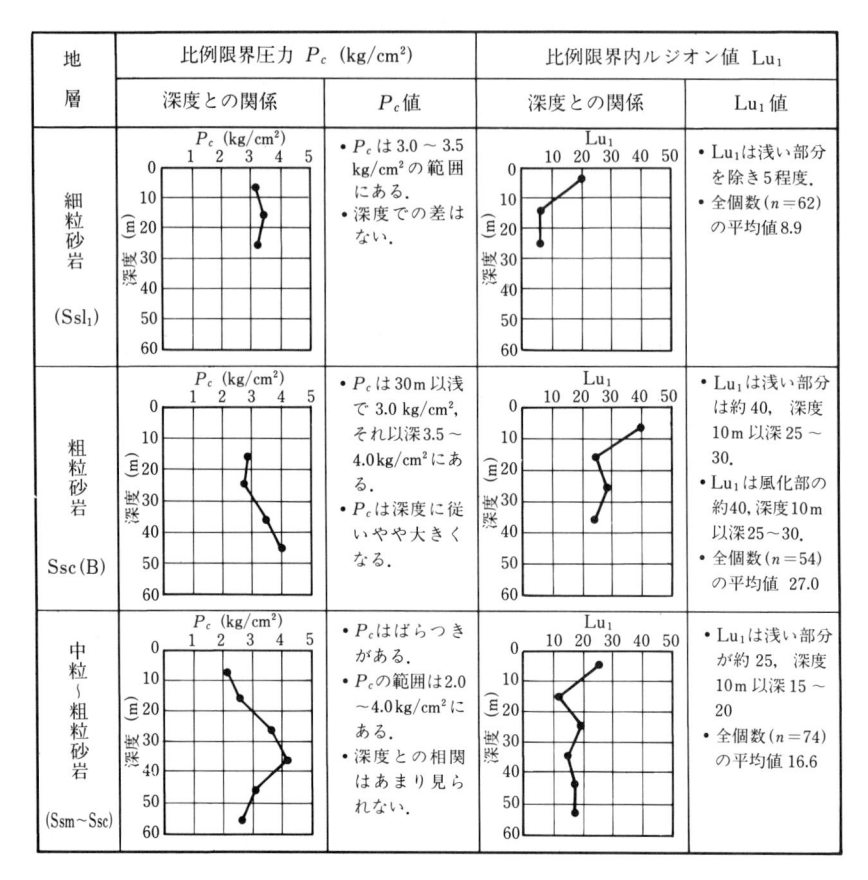

地層	比例限界圧力 P_c (kg/cm²)		比例限界内ルジオン値 Lu_1	
	深度との関係	P_c 値	深度との関係	Lu_1 値
細粒砂岩 (Ssl₁)	[グラフ]	・P_c は 3.0〜3.5 kg/cm² の範囲にある. ・深度での差はない.	[グラフ]	・Lu_1 は浅い部分を除き5程度. ・全個数 ($n=62$) の平均値 8.9
粗粒砂岩 Ssc(B)	[グラフ]	・P_c は30m以浅で 3.0 kg/cm², それ以深 3.5〜4.0 kg/cm² にある. ・P_c は深度に従いやや大きくなる.	[グラフ]	・Lu_1 は浅い部分は約40, 深度10m以深 25〜30. ・Lu_1 は風化部の約40, 深度10m以深 25〜30. ・全個数 ($n=54$) の平均値 27.0
中粒〜粗粒砂岩 (Ssm〜Ssc)	[グラフ]	・P_c はばらつきがある. ・P_c の範囲は 2.0〜4.0 kg/cm² にある. ・深度との相関はあまり見られない.	[グラフ]	・Lu_1 は浅い部分が約25, 深度10m以深 15〜20. ・全個数 ($n=74$) の平均値 16.6

図 4.9.5 瀬棚層の各層の深度と限界圧力・ルジオン値との関係

さらにこれらの瀬棚層の各層の透水度・耐水頭勾配性・強度などについてはその止水・耐水頭勾配性対策など, 特に渡り部とその周辺部に対する対応策を検討する上で不可欠と考えられたので, Ssc (B) 層と Ssf₁ 層では揚水試験とパイピング試験・湧水圧測定試験が, Ssm〜Ssc 層では湧水圧測定試験が行われた. これらの試験から得られた見掛けの透水係数の値が室内試験の結果やルジオンテストから得られた値などは表 4.9.4 に示されている. なおこの表には黒松内層や八雲層の Pt・Sil₂・Sil₁・Shm の各地層のルジオンテストから求めた見掛けの透水係数の値も示されている.

また瀬棚層の Ssf₁・Ssf₂ 層には様々な厚さの Ssm〜Ssc 層が薄い挟み層の形で存在しているので, 挟み層の厚さと透水係数の関係などについても入念な試験が行われてその関係も求められているが, これらは細部の調査に属するのでここでは省略し, 興味ある方は「美利河ダム工事記録」を参照されたい[39]．

著しかったのはこの原因と考えられ, このために加圧部の実際の圧力は計算された値より小さかったためと考えられる. また同じ理由から, 限界圧力も図 4.9.5 に示す値よりも Ssc (B) 層では低かった可能性が高い. 一方図 4.9.5 と表 4.9.4 とによると, 瀬棚層の見掛けの透水係数は Ssc (B) 層以外も, ルジオンテスト結果よりも土質試験的な方法により求めた値や, 種々な測定結果を浸透流解析により解釈して得られた見掛けの透水係数の方が大きめな値を示しており, ルジオンテストの結果のばらつきの範囲内ではあるが, その下限値が他の試験結果と対応する値となっている. なお限界圧力が低い地層では, ルジオンテストより求めた見掛けの透水係数の方がかなり大きいのが一般であるが, この場合には加圧にスクリューポンプを用いたのと, 加圧部に圧力計を入れなかったために逆の結果になっているのは注目に値する. なお, この点については再度 5.4.3 で詳しく論ずることにする.

表 4.9.4 美利河ダムの各地層の見掛けの透水係数の各種試験結果（「美利河ダム工事記録」より）

地層	透水係数 (cm/s)					備考
	揚水試験 *1	パイピング試験 *2	湧水圧試験	室内透水試験	ルジオンテスト *3	
細粒砂岩 Ssf_1	$k = 1〜2 \times 10^{-4}$	$k = 1 \times 10^{-5} 〜 1 \times 10^{-4}$	$k = 2 \times 10^{-4}$		$k = 1〜2 \times 10^{-4}$	※1
粗粒砂岩 Ssc (B)	$k = 2.7 \times 10^{-3}$	$k = 1 \times 10^{-3}$ 垂直パイピング試験 水平パイピング試験 長期パイピング試験	$k = 1 \times 10^{-3} 〜 5 \times 10^{-4}$	$k = 1 \times 10^{-3} 〜 5 \times 10^{-4}$	$k = 2 \times 10^{-3} 〜 1 \times 10^{-4}$	※2
中粒〜粗粒砂岩 $Ssm〜Ssc$			$k = 3 \times 10^{-4}$		平均 $k ≒ 3 \times 10^{-4}$	※3
軽石凝灰岩 Pt					$k = 1〜2 \times 10^{-4}$	
シルト岩 Sil_2					$k = 7 \times 10^{-5} 〜 1 \times 10^{-5}$	
シルト岩・泥岩・頁岩 Sil_1, Shm					$k = 7 \times 10^{-5} 〜 1 \times 10^{-5}$	

備考 ※1 自由地下水形状を示す，※2 本層対象にルジオン試験，揚水試験等を実施，被圧地下水形状を示す，
※3 被圧地下水形状を示す

注) *1 6種類の解析法使用　*2 $T = \dfrac{Q}{2\pi(S_1-S_2)} \ln\left(\dfrac{R}{\gamma}\right)$, $k = \dfrac{T}{m}$
*3 $k = \dfrac{Q}{2\pi LH} \ln\left(\dfrac{R}{\gamma}\right)$ *4 砂岩層のみ透水係数 cm/s

以上の試験結果から八雲層と黒松内層の各層は節理性岩盤でそのルジオン値も10以下なので，通常の止水処理で充分対応可能な地層であると考えられた．また瀬棚層のSsf_1〜Ssf_2層はその見掛けの透水係数は$1〜20 \times 10^{-5}$ cm/sで，この地層内の透水度が高い部分でも鯖石川ダムの砂岩層や漁川ダムの軽石質凝灰岩層などとほぼ同程度の透水度で，この程度の透水度の地層であれば施工事例もかなりあるので充分対応可能な地層と考えられた．

これに対してSsm〜Ssc層の見掛けの透水係数は3×10^{-4} cm/s程度で，それ以前に経験してきた固結度が低い地層よりやや透水度が高く，Ssc (B)層に至ってはその見掛けの透水係数は1×10^{-3} cm/s程度とそれ以前に経験したこの種の地層よりはるかに透水度が高いことが判明した．さらに前述したようにこのSsc (B)層は瀬棚層の中で最も透水度が低いSsf_1層に覆われ，被圧地下水が存在している所で竪坑を掘削したところボイリング現象が発生して坑壁が崩壊したので，その止水対策と並行して耐水頭勾配性対策などを検討すべく種々な調査・試験が行われた．

まず表4.9.4に示されているパイピングテストについて簡単に述べると，右岸台地部の河床寄りにある三角山の下流側の第六段丘面上でSsc (B)層がSsf_1層に覆われた所で8本の試験孔を掘り，これらの試験孔を用いて，

 i) 静水圧で長期注入する試験，
 ii) 垂直方向でのパイピング試験，
 iii) 水平方向でのパイピング試験，

を実施した．最大圧力時の水頭勾配は長期試験で57.4/1，垂直方向試験で44.74/1，水平方向試験で54.5/1まで作用させて，加圧部から食塩水を圧入して他の部分の圧力，電気伝導度の変化を測定したが，パイピング現象は観測されなかった．

表 4.9.5 美利河ダムの各層の試験結果

地質		記号	透水性			一軸圧縮強度 (tf/m²)	せん断強度 (tf/m²)	設計値 (tf/m²)	強度・変形性 変形係数 (kgf/cm²)*3
			Lu値*1	透水係数 (cm/s)*2	設計値 (cm/s)				
瀬棚層	細粒砂岩(中粒粗粒砂岩の薄層挟む)	Ssf	5~10 (10)	1×10^{-4} ~ 1×10^{-5}	1×10^{-4}	27	$\tau = 32-35+$ $\sigma\tan 35°$	$\tau_0 = 35\,\text{tf/m}^2$ $+\sigma\tan 34°$ 挟み層 $\tau_0 = 10\,\text{tf/m}^2$ $+\sigma\tan 34°$	1500~2500 2000
	中粒砂層	Ssm	20~35 (25)	1×10^{-4}	1.0~3.0 × 10^{-4}	—	$(\tau = 5-10+$ $\sigma\tan 30-34°)$	$\tau_0 = 20\,\text{tf/m}^2$ $+\sigma\tan 34°$	1000~2000 1500 (2000~2200)
	粗粒砂岩(茶褐色)	Ssc (B)	25~45 (40)	3×10^{-3} ~ 7×10^{-4}	1.0~3.0 × 10^{-3}	—	$\tau = 5-10+$ $\sigma\tan 34°$	$\tau_0 = 10\,\text{tf/m}^2$ $+\sigma\tan 34°$	500~1000
	中~粗粒砂岩	Ssm ~ Ssc	20~35 (25)	1.0~3.0 × 10^{-4}	1.0~3.0 × 10^{-4}	—	$(\tau = 5-10+$ $\sigma\tan 30-34°)$	$\tau_0 = 20\,\text{tf/m}^2$ $+\sigma\tan 34°$	1000~2000 1500
黒松内層	軽石凝灰岩	Pt	10~30 (10)	(1×10^{-4})	(1×10^{-4})	18.5	—		—
黒松内~八雲層	シルト岩	Sil₂	5~35 (5)	(1.0~7.0 × 10^{-5})	(1.0~7.0 × 10^{-5})	30	$\tau = 40+$ $\sigma\tan 37°$	$\tau_0 = 40\,\text{tf/m}^2$ $+\sigma\tan 37°$	2000~3000 2500 (1500~4500)
	シルト岩・泥岩・頁岩互層	Sil₁	2.5~15.0 (5)	(1.0~7.0 × 10^{-5})	(1.0~7.0 × 10^{-5})	30~95	$\tau = 50-68+$ $\sigma\tan 45°$	$\tau_0 = 50\,\text{tf/m}^2 +$ $\sigma\tan 45°$	2000~5000 3000
	泥岩・頁岩互層	Shm	2.5~15.0 (5)	(1.0~7.0 × 10^{-5})	(1.0~7.0 × 10^{-5})		$\tau = 50-68+$ $\sigma\tan 45°$		2000~5000 3000

*1 ( )内は採用ルジオン値 *2 ( )内はルジオンテストからの換算透水係数 *3 孔内載荷（上段：範囲, 中段：平均値, 下段：範
※ Ssc₂層は Ssc (B) 層と同等と判断した．また，細粒砂岩中の挟み層の透水係数は Ssc (B) と同等と判断した．

次に Ssc (B) 層がグラウチングによりその透水度と耐水頭勾配性が改良されるかが大きな問題となったので一連のグラウチングテストが行われた．すなわちパイピングテストが行われた場所に隣接した所で2種類のグラウチング工法により（一方は孔間隔 1 m で 4~5 孔，列間隔も 1 m で 4 列のステージ工法で，他方は孔間隔 1.50 m で 4~5 孔，列間隔 1.30 m で 4 列の二重管工法で）Ssf₁・Ssc (B) 層のグラウチングを行い，その効果について種々な調査・試験を行った．すなわちグラウチングの前後に注入孔を利用してコア観察・速度検層・孔間速度測定・孔内速度測定・孔内載荷試験・透水試験などを行うとともに，これらのグラウチングテストを行った所に竪坑を掘削して 50 cm 掘り下げるごとに底面や側壁でのミルクの注入状況や改良の度合を入念にスケッチし，さらにせん断試験・変形試験・透水試験なども行った．その結果これらのグラウチングにより部分的にはその透水度や力学的性質はかなり改良されるが，良く改良された部分は Ssc (B) 層では高々 20% 前後にとどまり，やや改良されたと見られる部分を含めて 50~60% にとどまっていた[40]．さらに竪坑の掘削に際してその周囲の地下水位を低下させずに掘削すると，Ssc (B) 層ではグラウチング施工後であるにもかかわらず壁面でボイリング現象が発生した．

このことは漁川ダムの河床部の軽石質凝灰岩層の場合には，深さ 20 m の竪坑を掘削して数十回にわたり坑内の水位を急激に低下させても壁面には何ら損傷が生じなかったことと比べると，かなり厳しい条件下に置かれていることが改めて認識された．それとともに Ssc (B) 層については二重管工法などの特殊グラウチングを用いても急な水頭勾配に耐え得るようなグラウチングによる改良は困難であることも判明した．

一覧表（「美利河ダム工事記録」より）

弾性係数 (kgf/cm²)	設計値 (kgf/cm²)	弾性波速度値 P, S波 (km/s)*4	重力ポアソン比 *5	標準貫入試験値 (回/cm)	岩石物性値 真比重 (g/cm³)	吸水率 (%)	密度・乾燥 (g/cm³)*6	間隙率 (%)	間隙比
4 000～6 000 5 000 (8 500～11 000)	5 000	1.52–1.82 (0.43–0.545)	0.437–0.469 (0.35)	52/20	2.7	37.0	1.7–1.8 (1.4)	45–50 *7	—
2 000～5 000 2 500 (2 800～2 900)	2 500	0.7–1.11 (0.3–0.36)	0.387–0.441 (0.40)	52/24	2.7	—	1.60～1.82 (1.25–1.4)	—	0.95–1.05
1 000～2 000	1 000	0.31–1.75 (0.12–0.53)	0.41–0.49 (0.45)	17/30～ 50/21	2.7	—	1.65–1.7 (1.2–1.3)	40–50	0.582–1.623
2 000～5 000	2 500	0.7–1.11 (0.3–0.36)	0.387–0.441 (0.40)	52/25～ 54/26	2.7	—	1.60–1.82 (1.25–1.4)	—	0.95–1.05
3 500	3 500	—	—	—	—	—	1.41		
4 000～5 000 4 500 (1 900～5 000)	4 500	1.78–1.82 (0.43–0.53)	0.454–0.469 (0.35)	—	—	—	1.47		
5 000～8 000 7 000	7 000	1.65–2.1 0.59	0.456 (0.30)	—	—	1.0～15.0	1.96		
5 000～8 000 7 000	7 000	1.65–2.1 0.59	0.456 (0.30)	—	—	1.0～15.0	1.96		

囲）, 平板　*4 （ ）内はS波　*5 （ ）内は静的ポアソン比提案値　*6 （ ）内は乾燥　*7 岩石の間隙率

なおSsc(B)層のグラウチング後の状況を立ち入って述べるとミルクの注入状況は肉眼観察でもかなりのむらがあり，中には粗粒が多い部分であるにもかかわらず粒子間にミルクがよく入り込んでいない部分があり，グラウチング後でも 3.2×10^{-3} cm/s という高い見掛けの透水係数の値を示す部分も残存していた．しかし全般的には構成粒子が粗くて空隙が大きい部分にはミルクが粒子間に入り込んだ部分が多く，見掛けの透水係数で $5～1.7 \times 10^{-4}$ cm/s の範囲に改良されていた部分が多かった．さらに同一箇所でグラウチングの前後で見掛けの透水係数を比較した試験結果によると，場所によりかなり異なるがグラウチングにより見掛けの透水係数の値は $1/2～1/30$ に改良されていた[41]．

なおこのダムでは各層の透水度のみでなくその力学的性質についても入念な調査試験が行われているので，参考のためにその結果のみを一覧表にして示せば表4.9.5のようである．

以上の一連の調査・試験から，

ⓐ 各種の原位置試験から得られた見掛けの透水係数の値はおおよそ同程度の値が得られており，ルジオンテストも限界圧力以下での透水度をスクリューポンプを用いて脈動がない加圧で昇圧刻みの細かい測定を行えば，限界圧力が $2～3 \text{kgf/cm}^2$ 程度の地層では他の試験から求められた値と同程度の値が得られていた．

なお注22)に述べたように，図4.9.5に示されたSsc(B)層のルジオン値は他の試験から得られた透水度よりかなり低い値を示していた．これはSsc(B)層の透水度が高いために送水量が多くて損失水頭が大きくなったにもかかわらず，注入圧を加圧部で測定せずにポンプ圧力

から損失水頭の補正計算を行って求めた結果と推定される．

透水度が高い地層でルジオンテストを行うときは送水管の粗度や加圧部へのノズルの形状により損失係数の値が通常用いられている値とかなり異なる場合が多い．特に送水量が多い場合には損失水頭による誤差が大きくなるので，正確な測定値を得るために加圧部に圧力センサーを挿入して注入圧を測定する必要があることを示している．

ⓑ 孔間隔・列間隔共 1～1.5 m で各々 4～5 行・列の本格的なグラウチングテストをステージ工法と二重管工法とで行い，グラウチング終了後に試験箇所に竪坑を掘削して注入状況を入念にスケッチするとともに 0.5 m ごとの底面で各種試験を行った．その結果,

㋐ 微粒分が 10% 以下で空隙が粗くて見掛けの透水係数が 10^{-3} cm/s 以上の部分では，粒子間にミルクが入り込みその透水度を 10^{-4} cm/s 程度まで改良している部分が多い．しかし微粒分が 10～15% 以上で空隙が細かくて見掛けの透水係数が 10^{-4} cm/s 程度以下の部分ではミルクは脈状に入るのみで粒子間にはほとんど入り込んでいない．

㋑ ㋐で述べた地層より微粒分が多くて空隙が細かい地層では，ミルクが脈状に入ることにより緩んだ部分を締め固めてその部分の粒度構成での締め固めた状態での透水度までは改良可能であるが，それ以下の透水度まで改良することは困難である．

㋒ 耐水頭勾配性も上記の㋐・㋑からも明らかなように，微粒分が少なくて空隙が粗い部分では粒子間にミルクが入り込んである程度の改良を期待し得る．しかし微粒分が 10～15% 以上の部分ではその粒度構成で締め固めた状態以上への改良は期待できない．

などが明らかになった．

このうちⓐは鯖石川ダム・漁川ダム・御所ダム・大門ダムでの経験を通してほぼ浮かび上がっていた姿をはっきりと示す結果となった．しかしⓑはこれらのダムでの経験で数値的にはっきりと把握し得ていなかった固結度が低い地層におけるグラウチングの効果を，本格的なグラウチングテストとその後の竪坑による詳細な調査により改良可能な透水度をその構粒度成と透水度との関係で捉え，この分野の体系化へ大きく一歩踏み出す方向を示したものとして注目すべき成果であった．

なおこれらの一連の原位置調査・試験から，このダムの設計面からは，

1) Ssc (B) 層を掘削除去する 40BL と掘削除去しない 41BL との境界での掘削方法と 40BL での下の八雲層へのダム本体の着岩させ方，
2) 渡り部（41～43BL）の着岩層の Ssf_1 層の下に存在する Ssc (B) 層の力学的安定性の確保，
3) Ssc (B)・Ssm～Ssc 層の止水処理方法と耐水頭勾配性対策，

が大きな問題として検討された．

その結果，40BL は上下流に 70 m の長さの箱形連続壁を下の八雲層の Shm 層に着岩させ，箱形連続壁内の瀬棚層はすべてコンクリートに置換する形でコンクリートダムの基礎を形成するようにした．さらに 41～43BL はダム本体は重力ダムとして瀬棚層の中で最も続成硬化の進んだ Ssf_1 層上に乗せてその下の Ssc (B) 層に対しては地中連続壁で止水し，浸透路長が比較的長くなる 44BL より右岸側の Ssc (B) 層の止水はグラウチングにより止水することにした．

これらの特殊基礎処理は設計論的には極めて興味深いものであるが，本書の目的のダムの基礎グラウチングには直接関係がないので詳細に紹介することは省略するので興味ある方は「美利河ダム工事記録」を参照されたい．

4.9.4 美利河ダムの施工と湛水後の状況

前項までに述べたような調査・設計に基づいて当ダムの止水処理は実施された．ここで固結度が低い地層の止水処理問題にとって興味あることは当ダムの止水設計上問題となった瀬棚層の各層がグラウチングによりどの程度改良されたかであろう．

特に前項で述べた一連のグラウチングテストで得られて㋐～㋒の形に要約された結論が実際の施工でもほぼ同じ結論に集約し得る結果が得られたのか，あるいは何らかの修正が必要とされる結果となったのかについては極めて興味あるところである．

したがって本項ではこの点に焦点を絞って簡単に紹介することにする．

まず瀬棚層の各層に対するグラウチングの施工法を述べると，Ssm 層と Ssc (B) 層に対しては二重管工法で注入し，他の地層に対しては通常のステージ工法で注入することにした．44～51BL ではグラウチングの対象地層が Ssf_1・Ssm・Ssc (B)・Ssm～Ssc 層であり，そのため注入工法も2種類の工法が用いられることになったので，同一ブロック内の深さ方向の施工手順は次のとおりとした．すなわち，

i) パイロット孔のボーリングコア観察に基づき各地層の分布を把握し，それぞれの注入工法の範囲を決定する．
ii) Ssf_1 層をステージ工法により施工する．
iii) Ssm 層および Ssc (B) 層を二重管工法により施工する．
iv) Ssm～Ssc 層をステージ工法により施工する．
v) 各地層を一括してチェックする．

各ブロックでの各地層に対するカーテングラウチングの配孔パターンを示せば図 4.9.6 のようである[44]．また各ブロック・地層別に見たルジオン値または見掛けの透水係数の超過確率図を示せば図 4.9.7 のようである[45]．

図 4.9.7 から明らかなように Ssf_1 層は最終的に 95% 以上が 2 ルジオンに改良されたのに対し，Ssm～Ssc 層や Ssc (B) 層（二重管工法を用いたにもかかわらず）は 90～95% が $2～3 \times 10^{-4}$ cm/s に改良されたにとどまっていた．

これらの結果は前項に述べたグラウチング試験の結果よりも改良されずに残された部分は少なくて比較的均一に近い状態に改良されている．しかし前節に述べた大門ダムの韮崎岩屑流堆積層での止水カーテンの施工結果と比較すると，0.074 mm 以下の微粒分が多い地層では韮崎岩屑流堆積層と同程度に改良され，微粒分が少ない地層では二重管工法のような特殊グラウチング工法を用いてもその改良度には限度があることを示していた．

最後に湛水後の状況について簡単に触れると，当ダムの試験湛水ではその透水度の上で問題のあった Ssc (B) 層や Ssc_2 層での漏水はほとんど観測されなかった．またこれらの地層内の間隙水圧は貯水位とよく連動した変化を示したが，全般に設計段階での解析結果に比べてやや低い値を示し[46]，このダムの調査・設計段階で想定したものよりやや良好な結果が得られていた．

4.9.5 美利河ダムの止水処理の施工結果に対する考察

美利河ダムは以上述べてきたように，中新世後期～鮮新世初期の八雲層や黒松内層を基盤岩としてこれを不整合に覆う鮮新世末期～更新世初期の瀬棚層の上にダムを建設することになり，特に瀬

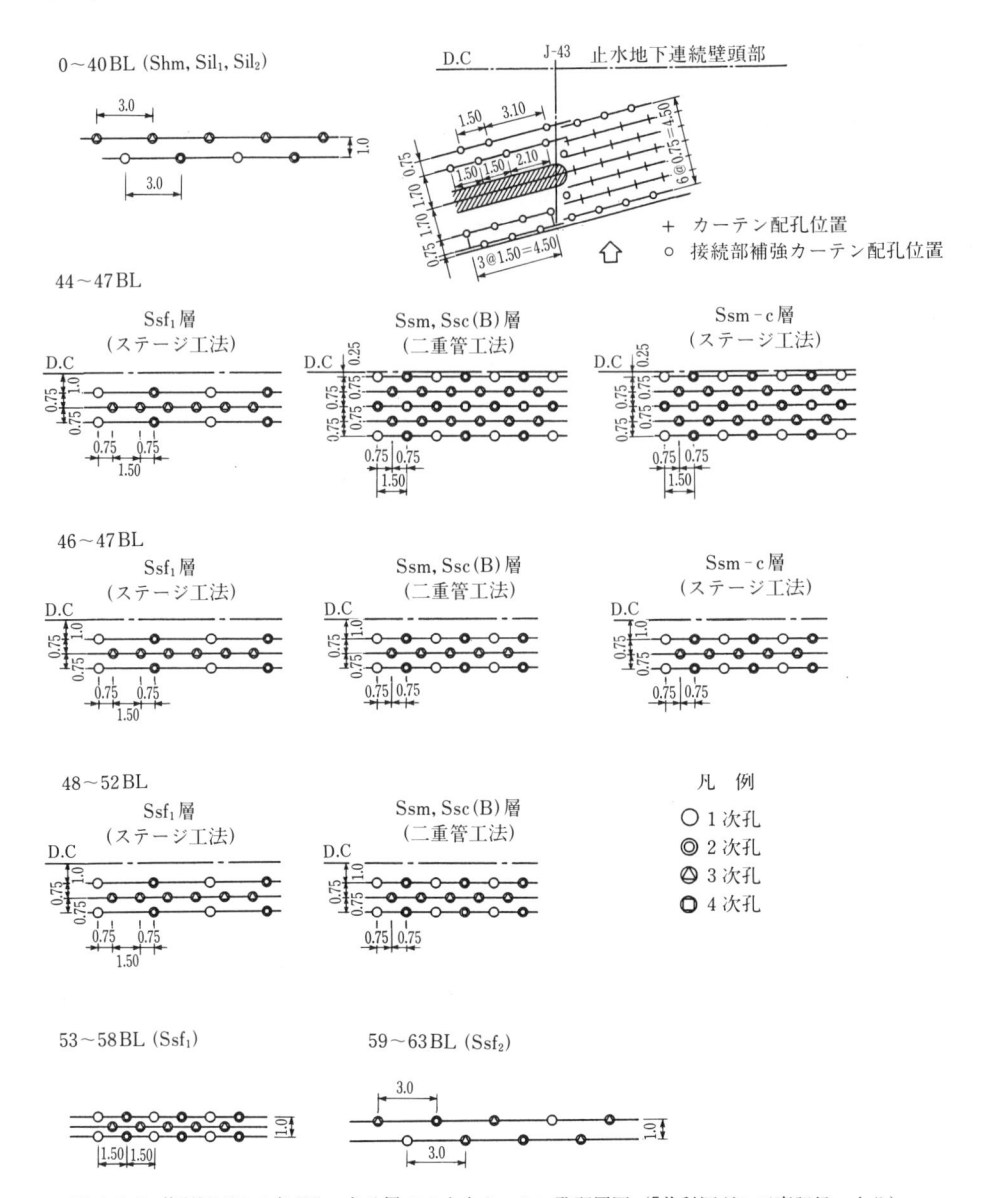

図 4.9.6 美利河ダムの各 BL・各地層での止水カーテン孔配置図（「美利河ダム工事記録」より）

棚層は浅海性の細～粗粒砂岩層を主としており，特に中～粗粒砂岩層は続成硬化の進行も遅くて透水度も高かった．さらに粒度分布が最も粗くて固結度も透水度も最も条件の悪かった Ssc (B) 層では，調査初期から周囲の地下水位を下げずに竪坑などを掘削すると地下水の噴出とともに掘削壁面が崩壊するボイリング現象が発生することが判明し，Ssc (B) 層を初めとした瀬棚層全般のダム基礎としての力学的設計・止水対策・耐水頭勾配性対策について検討が必要になった．

これに対して当ダムの調査では地質調査の段階から瀬棚層のみならず黒松内層や八雲層に対して一連の室内・原位置試験を組織的に行い，入念な調査と検討に基づいて設計や施工計画が検討されて施工が行われた．その結果は前項に述べたように湛水後も問題となるような漏水はほとんどなくて今日に至っている．

4.9 美利河ダムの鮮新世末期から更新世初期の堆積層での止水処理

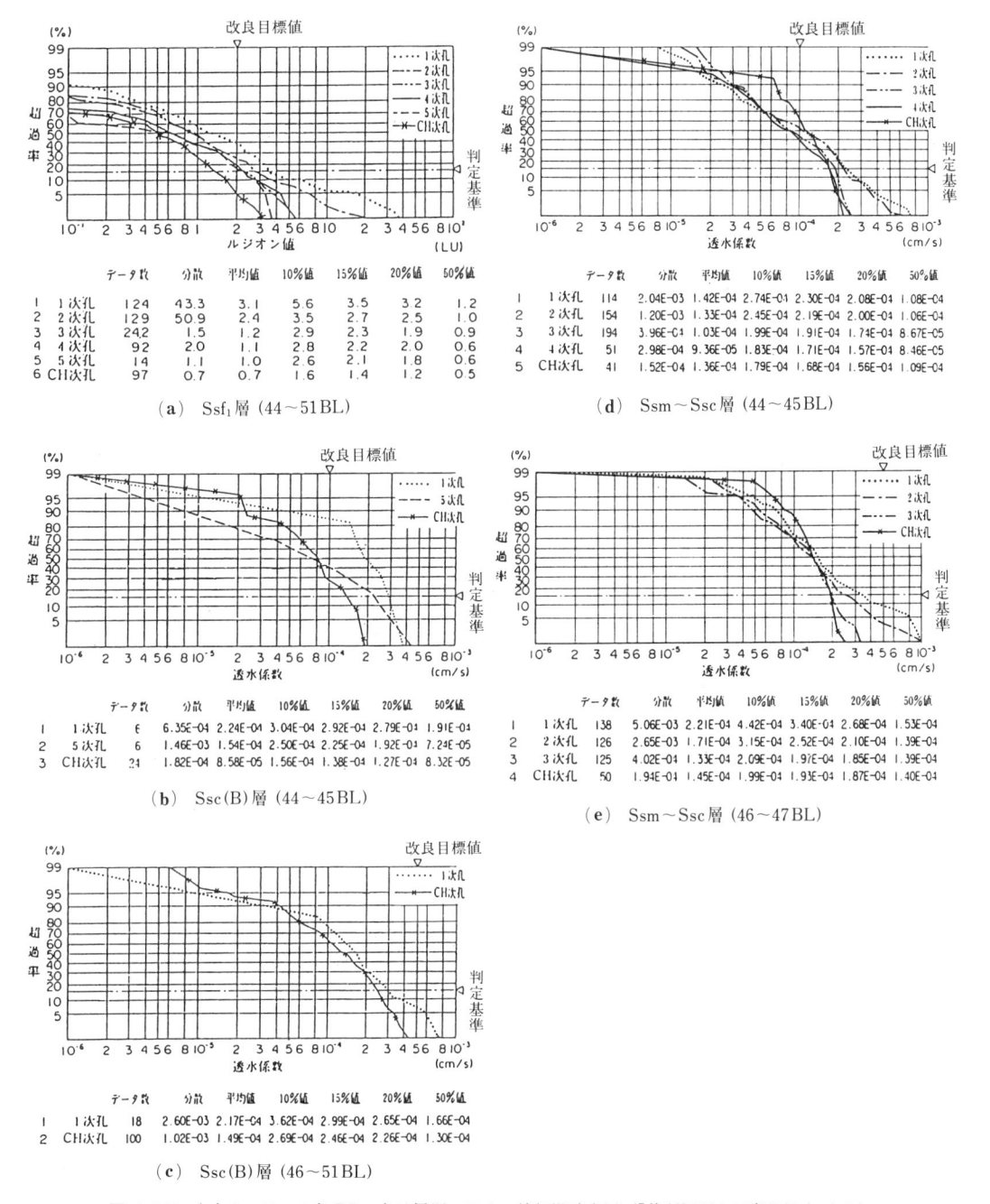

(a) Ssf₁層 (44〜51BL)

(b) Ssc(B)層 (44〜45BL)

(c) Ssc(B)層 (46〜51BL)

(d) Ssm〜Ssc層 (44〜45BL)

(e) Ssm〜Ssc層 (46〜47BL)

図 4.9.7 止水カーテンの各 BL, 各地層別ルジオン値超過確率図 (「美利河ダム工事記録」より)

ここでこのダムの調査・検討・施工を通しての固結度の低い地層や多孔質な地層など構成粒子間に空隙が多い地層に対する止水グラウチングに関して得られた経験と成果を振り返って取りまとめてみよう.

まず前々項で詳しく述べたように，未固結に近い瀬棚層の止水カーテンの施工に先立ってこのダムでは本格的なグラウチングテストが行われ，その注入状況と改良度合に対して竪坑を掘削して入念な調査が行われた．その結論は前々項の⑥の⑦〜⑰の形で取りまとめられ，この結論に基づいて

施工時の工法や孔配置が決められて施工された．

その施工結果は前項にも述べたように，瀬棚層の中の最も続成硬化が進んでいて透水度も低かった Ssf_1 層は 2 ルジオン超過確率 10%とほぼ節理性岩盤での改良目標値まで改良された．しかし Ssc (B) 層や Ssm~Ssc 層は $2~3 \times 10^{-4}$ cm/s 超過確率 10%程度までの改良にとどまっていた．この結果はグラウチングテストの結果をほぼ裏付ける結果となっている．

以上述べたこのダムでのグラウチングテストの結果と施工実績を集約してまとめると，前項のⓐおよびⓑのⓐ~ⓒと一部重複するが，

Ⓐ 未固結に近い地層でのルジオンテストは，一般に静水頭かスクリューポンプのように脈動がない加圧方法により細かな昇圧刻みで限界圧力以下での透水度を測定すれば他の試験方法と同程度の値が得られる．しかし Ssc (B) 層のように透水度が高くてルジオンテストの際の送水量が多い地層では送水管の摩擦抵抗や加圧部へのノズルでの損失水頭が大きくなり，使用した送水管やノズルの性状により計算による補正では用いた補正係数の値が実際の値と異なるためにかなりの誤差を伴う場合が多い．このためこの種の地層では加圧部に圧力センサーを挿入して直接加圧部での圧力を測定することが望ましい．

Ⓑ グラウチングテストの結果によると，土質材料に近い性質を持った未固結に近い地層でのグラウチングは微粒分が 5%以下で空隙が粗くて見掛けの透水係数が 10^{-3} cm/s 以上の部分ではミルクは粒子間に入り込み，見掛けの透水係数が 10^{-4} cm/s 程度までは改良している．しかし微粒分が 10%以上で見掛けの透水係数が 10^{-4} cm/s 程度以下の部分ではミルクは脈状に入るのみで粒子間にはほとんど入り込まない．

またミルクが脈状に入ることにより緩んだ部分を締め固めて，その部分の粒度分布での締め固めた状態での透水度までは改良可能であるが，それより低い透水度まで改良することは困難である．

Ⓒ 施工結果はⒷに述べたことを裏付けており，微粒分が少なくて透水度が高い Ssc (B) 層や Ssm~Ssc 層は $2~3 \times 10^{-4}$ cm/s 超過確率 10%程度まで改良されていた．したがって固結度が低くて微粒分が少ない地層での改良可能値は見掛けの透水係数で $2~3 \times 10^{-4}$ cm/s 超過確率 10%程度であろう．

Ⓓ 微粒分が 25%以上で見掛けの透水係数が調査段階で $10~1 \times 10^{-5}$ cm/s の値を示していた Ssf_1 層の施工結果では 2 ルジオン超過確率 5%以下まで改良された．この結果はⒷで述べたこととも整合性のある結果であり，この種の地層ではその粒度構成が同じ土質材料の締め固めた状態での透水度まで改良可能であることを示している．またこの結果は 4.7 節の大門ダムの韮崎岩屑流堆積層での施工結果とも整合性のある結果である．

Ⓔ 以上から未固結に近い地層の透水度とグラウチングによる改良可能値を検討するに際しては，その粒度分布を調べることは極めて重要である．

Ⓕ このダムでのグラウチングの施工管理は弱いながらやや固結した Ssf_1 層に対してはルジオン値で，ほとんど固結していない Ssm~Ssc 層や Ssc (B) 層に対しては見掛けの透水係数で行っている．これは Ssf_1 層は通常の節理性岩盤に近い性質を持ち，Ssm~Ssc 層や Ssc (B) 層は土質材料に近い性質を持つと考えたためであろう．未固結に近い地層では限界圧力が低いので限界圧力以下での透水度を正確に捉えるためにはⒶに述べたように施工管理といえども入

念な透水試験が必要となる．したがってこの種の地層が土質材料に近い性質を持ち，土質材料におけると同様な低い圧力下での透水度の測定が必要であるという認識を高めるため，施工管理の指標に見掛けの透水係数を用いることは極めて注目すべき方法であろう．

とまとめることができる．

この結論は美利河ダム以前に建設された鯖石川ダム・漁川ダム・大門ダムの固結度が低い地層での施工経験をもほぼ定量的に説明し得るものであり，このダムでの調査・施工を通してこの種の地層での止水グラウチングははっきりとした方向付けが得られたと考えられる．

4.10 四時ダムの山落ち弱層の上盤の緩んだ部分での止水対策

4.10.1 四時ダムの概要

前節までに新しい地質年代の火山性地層と固結度が低い地層での止水処理について注目すべきと考えられた事例を紹介し，検討を加えてきた．このうち新しい地質年代の火山性地層に対しては，最も節理の開口幅が大きくてその面沿いに極めて速い地下水流が流れている更新世後期以降の柱状節理を伴った高溶結凝灰岩層の止水問題について 4.2 節の緑川ダム・4.5 節の漁川ダム・4.8 節の下湯ダムで事例研究を行い，この種の地層の透水特性と止水対策を行うにあたっての着目点などについて述べた．また鮮新世後期以降の開口した節理面を持つ溶岩類での透水問題に対しては 4.3 節の松原ダムと下筌ダムでの事例研究で考察を加えたが，まだ事例も少ない上に問題もかなり複雑であるので今後とも検討していく必要があると考えられる．

一方鮮新世以降の固結度が低い堆積層や低溶結層の止水処理に対しては 4.4 節の鯖石川ダム・4.5 節の漁川ダム・4.7 節の大門ダム・4.9 節の美利河ダムで事例研究を行い，考察を加えた．これらの考察により固結度が低い地層での止水グラウチングについておおよその方向付けが得られた．

本節と次節においては新第三紀中新世中期以前の地層や花崗岩を含む変成岩類など地殻の深部で続成硬化し，最近の地質年代に地表近くに現れて深い部分ほど透水度が低い地層（以降通常の地層と呼ぶ）での地形侵食による緩みが著しい基礎岩盤での止水処理の問題点と，グラウチングによる止水処理を行う場合の留意点などについて四時ダムと浦山ダムの施工事例を紹介し，考察を加えることにする．

この種の地層の止水処理は更新世中期以降の開口した柱状節理を伴った高溶結凝灰岩層での止水処理とかなり共通した問題点を持っており，これらの点をさらに掘り下げて検討を加えることにする．

四時ダムは鮫川の右支川四時川に建設されたダム高さ 83.5 m の中央心壁型ロックフィルダムで 1978 年（昭和 53 年）2 月より本体工事に着手し，1982 年（昭和 57 年）12 月に湛水を開始した．しかし貯水位が EL.90 m を超えた時点から右岸側の漏水量がかなり増加し始めて貯水位が EL.99.34 m に達した時点で右岸側の漏水量が 627 l/min になり，さらに湛水域で地滑りが生じたので，貯水位を最低水位の EL.86 m に降下させて右岸の EL.80 m 以上の部分に対しての追加止水工事と上流の地滑り対策工事を行った．これらの工事終了後の 1988 年（昭和 63 年）10 月より再び貯水位を上昇させ，1988 年（昭和 63 年）11 月に貯水位をサーチャージ水位の EL.119.5 m まで上昇させた．

なお 1988 年のサーチャージ水位での全漏水量は 1790 l/min でこの規模のダムとしては多い方であったが，1984 年の湛水時の EL.115 m での全漏水量が 1642 l/min であったのに対して 1988 年

の同じ貯水位での全漏水量が 1483 l/min であり，漏水量は経年的に明らかに減少傾向を示していた．さらに漏水にも全く濁度が認められないことから，このダムの浸透流は将来に向かってその流路は目詰りにより狭められ，次第に減少することが予測され，漏水に対するダムの安全性は十分確保されていることが確認された．

4.10.2 四時ダムサイトの地質概況

次に当ダムサイトの地質概況を述べると，ダムサイト付近の広域地質の概況が「四時ダム工事誌」に示されている．これによると当ダムサイトより東側数 km 以東は新第三紀層であるが，当ダムサイトを含めて西側はジュラ紀に堆積した御斉所統の塩基性火山岩を主とし，一部に珪質・砂質および泥質岩を含む緑色片岩類が南北に細長く分布している．さらにその西側に同じくジュラ紀に生成された竹貫統の片岩類が南北に細長く分布し，さらにその西側に白亜紀の閃緑岩や花崗岩が広く分布している．

これらの御斉所統・竹貫統の変成岩類は白亜紀に広域変成作用を受け，さらに同じ白亜紀に西隣の花崗岩類の上昇により接触変成作用を受けたとされている[47]．

「日本の地質 2，東北地方」には，福島県いわき市の西部から茨城県北部の山地にかけて広く分布する御斉所・竹貫変成岩類は「四時ダム工事誌」と同様に，御斉所変成岩類は海岸沿いの平野部に南北に分布・堆積する新第三紀層のすぐ西側に南北に細長く分布し，塩基性の変成岩類を母岩と

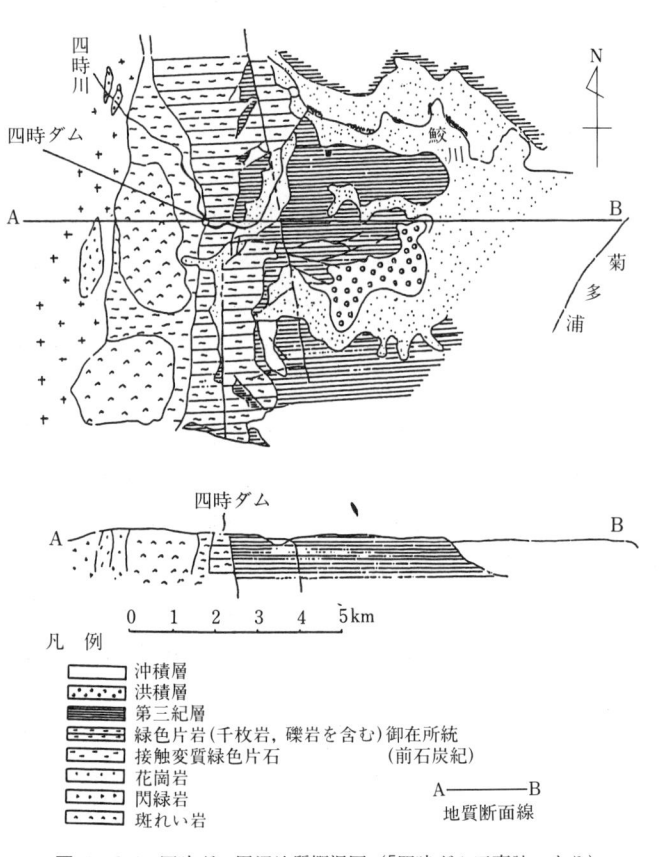

図 4.10.1 四時ダム周辺地質概況図（「四時ダム工事誌」より）

して一部に泥質・珪質起源の岩石を含んでいる．また，竹貫変成岩類はそのさらに西側に細長く分布していると記述されている[48]．

次にダムサイト近辺の地質をより微視的に見ると，前述したように当ダムの初期調査時点では現ダム軸より約 600 m 上流の A 軸を中心に調査が進められた．しかしこの付近では右岸上部に幅の広い山落ちの断層が確認され[注23)]，ダムの建設は困難との判断から以降下流側を中心に調査が進められたが，現ダム軸付近ではこの断層を避けることが可能となり，フィルダムであれば十分安全に建設可能と判断されて建設工事が進められた[注24)]．

現ダム軸の地質状況の概要は図 4.10.2 に示されている．この図と別途県より提供された「堤体コア部地質展開図」とを併せて参照しつつ詳細に調べると，注 23) にも述べたように上流サイトで観察された幅 20 m 以上で走向がほぼ上下流方向の山落ち断層の主力はダム天端標高より 20～30 m 高い標高で右岸斜面に現れている．その断層から派生したと考えられる E 断層が河床付近に現れ，コア敷では最大幅 1.8 m で傾斜は 30～32° の小規模のものとなっている．さらにこのほかに C・D 破砕帯がコア敷掘削面では EL.85～95 m にかけてその各々は規模は小さく，幅 0.3～1 m のもの数本に分岐した形で存在し，それらの傾斜は山落ち 55～60° であった．また注 23) にも述べたように，現ダム軸は小規模な断層・破砕帯以外の部分は岩盤は比較的堅硬であったが，パイライトが多く存在して鉱化変質を受けた痕跡があり，急傾斜の節理には mm 単位の開口幅を持ったものが多く存在していた．

なお，「四時ダム工事誌」のダムサイトの地質に関する記述では左岸上部を中心にその上流側にクリープゾーンが存在してこの部分では風化層も厚く，地滑りが生じやすくなっている[49] ことが記述されている[注25)]．

注23) 筆者は四時ダムの初期の上流サイト（A・B 軸）から現ダムサイト（D″ 軸）に決定するまでの間関係した．A・B 軸を放棄した理由として「四時ダム工事誌」には右岸上部に深層風化帯が存在したと記述されている．しかし当時の記憶では，上流サイトの右岸上部には幅 20 m 以上の変質を伴って走向がほぼ上下流方向で傾斜が山落ちの断層が存在し，その上盤は緩みが著しく，ダムタイプをフィルダムとしても止水処理が極めて困難であると判断したと記憶している．またこの断層の延長は現ダム軸付近になるとこの規模の大きかった断層は数本に分かれ，その主力断層はダムの天端より高い標高で右岸斜面に現れる位置になり，ダム基礎はこの主力断層を避け得るようになったので，ダムの建設に対しては問題が少ないダムサイトが選定し得たと考えられたと記憶している．

注24) 初期の上流サイト（A・B 軸）で問題となった規模の大きい断層は現ダム軸ではダム天端より上位標高で地表に現れ（右岸トンネル内で見られ），派生した小規模な断層・破砕帯がダム敷内に数本存在するが，ダムが乗る部分の地質状況はかなり好転していた．しかし筆者の記憶では，現ダム軸に決定する際に同行した当時の岡本地質研究室長はパイライトがかなり見られ，硬岩部で開口した節理がかなり見られ緩みが多く，地下水位が低いことを懸念し，必ずしも楽観できないことを表明していた．

注25) ここで述べられているクリープゾーンは河川の湾曲で突出した尾根部などにしばしば生ずるもので，地形侵食により片理面の方向が変化するほどの大きな変形が生じ，これによる緩んだ部分である．したがって河川の湾曲により突出部にあたる左岸側に多く見られ，大きな変形により片理面の走向・傾斜まで変化している部分があることが示されている．このような大きな変形を伴った緩んだ部分は風化の進行も著しく，地滑りを伴う場合も多く見られる．したがってこのような部分はダム建設にあたっては，ダム本体が乗る部分からは掘削除去されるのが一般で，当ダムでも図 4.9.2 では除去されたことが示されている．またクリープゾーンは本節で詳しく論ずるタイプの緩んだ部分とは大きく異なり，クリープゾーンでは岩盤の変形が大きくて緩みも風化の進行も著しいのに反して，本節で述べるタイプの緩んだ部分では変形は比較的小さく，岩石の風化はそれほど進行していないのが一般である．この種の緩んだ部分では，第三紀以降の堆積性の岩盤のように続成硬化が充分進行しておらず，化学的に安定していない岩盤の場合には節理面沿いの風化が進行している場合が多いが，花崗岩を含む変成岩類や中・古生層のように続成硬化が充分進行して化学的に安定している岩盤の場合には，節理面沿いの風化がほとんど進行していない場合も多く，一見良好な岩盤と見える場合もしばしばである．このためにクリープゾーンはダムの掘削面の選定には極めて重要な指標になるが，本節で述べるタイプの緩んだ部分は岩盤としての強度はある程度期待できるので，ダムの基礎岩盤として残される場合が多いが，透水度の面からは大いに注目すべき部分となる．さらにダム基礎岩盤の掘削中においては右岸の C・D 破砕帯の上盤で岩石はそれほど劣化していないが，オープンクラックが目立ったことはこれらを裏付けている．

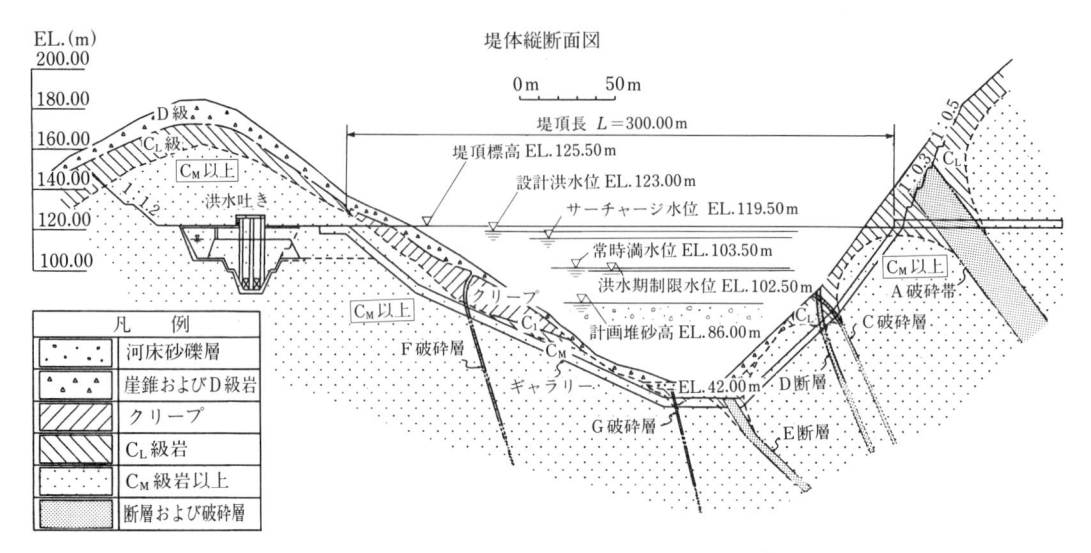

図 4.10.2 四時ダムダム軸沿いの地質断面図（「四時ダム図集」より）

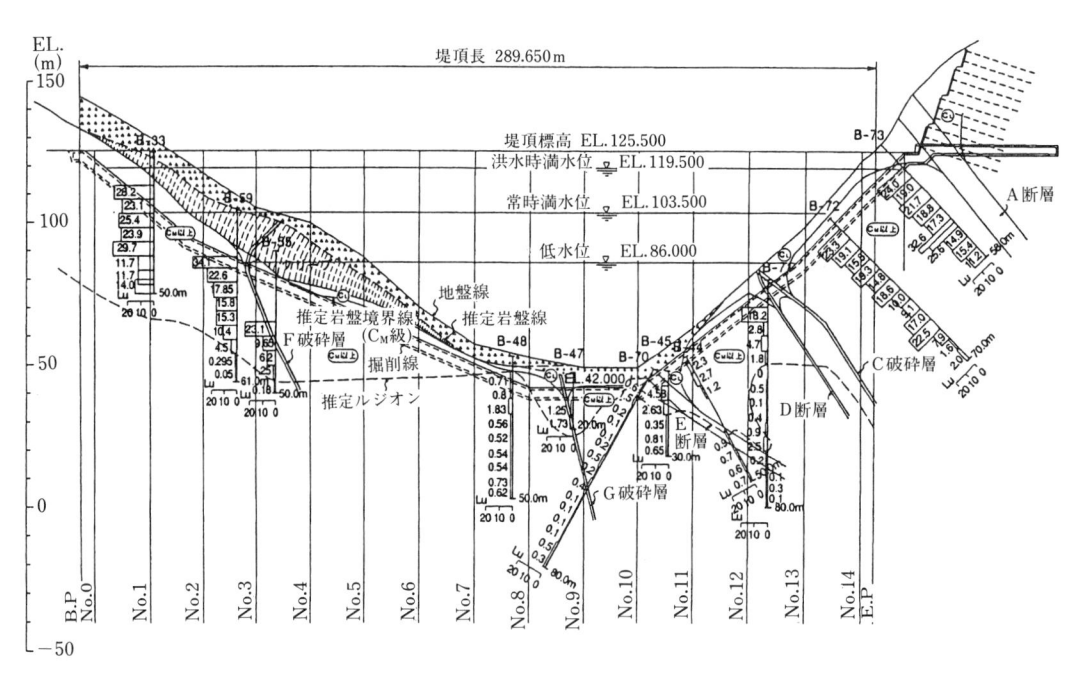

図 4.10.3 四時ダムの基礎岩盤の透水度の調査結果（「四時ダム工事誌」より）

またこのダムの工事担当者の説明によると，現ダム軸の右岸側で止水線の約 15～20 m 下流側に止水線にほぼ平行で河床部左岸側でコア敷を斜めに横切り，左岸側上流河床部の付け根沿いに伸びるほぼ鉛直な G 断層が存在した．この断層は幅約 20 cm の粘土質で透水度は低く，これが右岸側の EL.85 m 付近でフィルター敷を横切って下流側に現れているために左岸側での浸透水が遮断されて右岸側に回り，右岸側からの浸透流量を増大させた一因とも考えられたとのことである．

調査時点での透水度の調査結果は「四時ダム工事誌」にルジオンマップとして右岸側で 4 本，河床部で 4 本，左岸側で 3 本の調査孔でのルジオン値が示され，ルジオン値の等高線図は示されていない（図 4.10.3 参照）．

この図では左右岸とも上部はある程度の深さまでかなり透水度は高いが，湛水開始後浸透流量の増加で問題となった右岸上部のC・D破砕帯より上盤の硬岩部分での斜めの調査孔によるルジオン値は，左岸上部に比べてかなりの深部まで高ルジオン値を示しており，この部分の急傾斜の節理群がかなりの深部まで緩んでいたことを示す値を示している．さらにこの傾向を示す工事中の写真も残されている[注26]．

4.10.3 試験湛水開始前の止水処理

このダムはコア敷中央に底設監査廊を設け，コア敷全面にはブランケットグラウチングが施工され，ある程度ダム本体の盛立が進行した後に底設監査廊から止水カーテンが施工された．この本体工事と並行して行われた止水カーテンを以降本カーテンと呼ぶことにする．

この本カーテンの施工計画が立てられた時点では，当ダムサイトの開口幅が大きい節理面は走向がほぼ上下流で傾斜が右岸落ち70°程度のものが多いと考えられていたので（開口した節理の走向・傾斜を測定した上ではないが），孔間隔1.5mで列間隔1mの千鳥で鉛直の注入孔により施工された．その施工図は図4.10.4に示されている．

また「四時ダム工事誌」には各部分の止水カーテン施工時の超過確率図のほかに，各部分のパイロット孔→1次孔→……追加孔→チェック孔のルジオン値と単位セメン注入量の百分率図が示されている（図4.10.5参照）[50]．

図4.10.5はこのダムの基礎岩盤の止水面から見た特徴を示している．すなわち，

(1) ルジオン値と単位セメント注入量とも河床監査廊部は低い値を示していたが，他の部分はかなり大きな値を示していた．特に右岸監査廊部と右岸トンネル部ではパイロット孔→1次孔

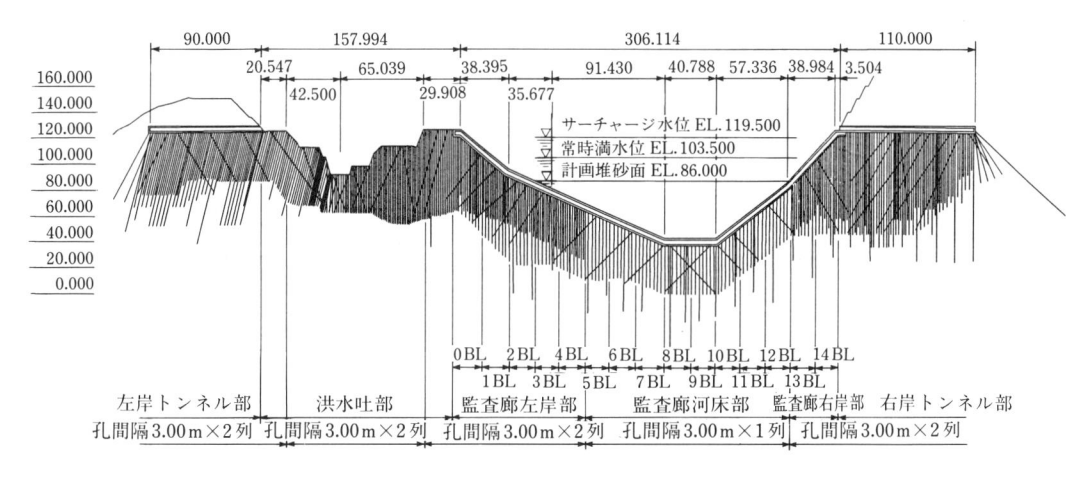

図 4.10.4 四時ダムの本カーテンの孔配置図（「四時ダム図集」より）

[注26] なお別途県より提供された「四時ダム写真集」によると，右岸上部の天端標高よりやや低い位置に10cm以上に開口した節理が数本存在し，この付近の緩みが著しかったことを示す写真が残されている．開口度の著しい部分は当然コア敷では掘削除去されたはずであり，その位置は「堤体コア敷部地質展開図」には示されていないので明確に述べることはできない．しかし掘削中の開口の著しい節理についての写真としてはこの部分のもののみが残されており，やはり右岸上部の急傾斜の節理の開口度はクリープゾーンを除くとこの部分で目立っていたようである．また開口した節理はコア敷では除去されるかブランケットグラウチングにより充填されたが，この部分のコア敷面は深部まで緩んでいた可能性は高い．これらの事実はC・D破砕帯の上盤の硬岩部の深部に急傾斜の開口節理が残され，この一部が湛水後の浸透流路になった可能性を示していると考えられる．

(a) 単位セメント注入量

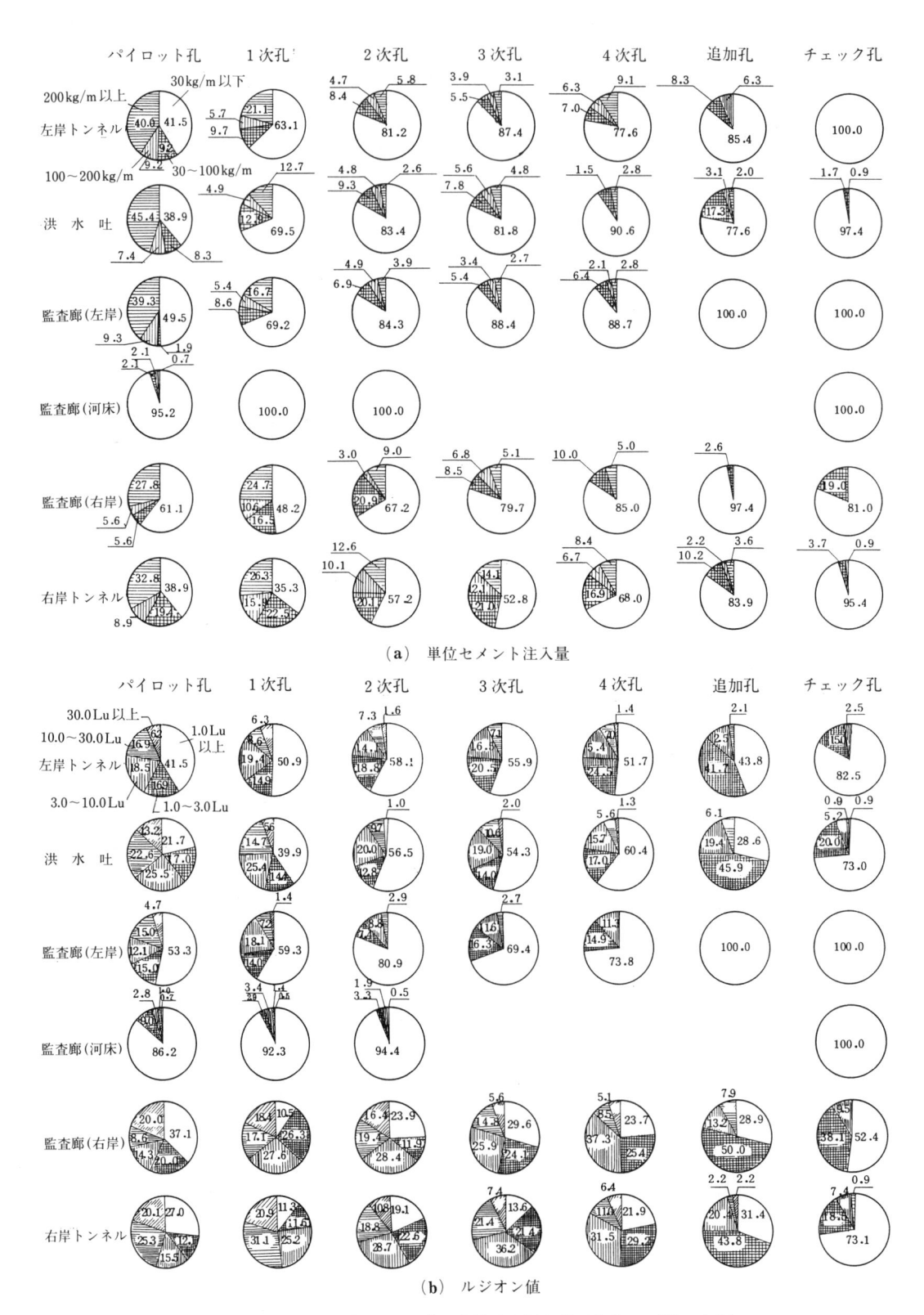

(b) ルジオン値

図 4.10.5 四時ダムの本カーテン施工実績百分率図(「四時ダム工事誌」より)

→……→追加孔へと施工の進行に伴ってのこれらの値の低減する割合は他の部分に比べてかなり小さい．これらの結果は右岸の基礎岩盤は他の部分に比べて透水度は高くて本カーテンの施工による改良効果も低かったことを示している．

(2) 追加孔でのルジオン値・単位セメント注入量はその平均値が示されていないのではっきりとは指摘できないが，右岸側および左岸上部では4次孔での値に比べて1～3ルジオン以下の注入孔の割合や30 kg/m以下の単位セメント注入量の注入孔の割合がやや増加し，若干の改良効果は現れているが顕著ではないような表示となっている．

(3) これに対してチェック孔でのルジオン値は右岸側および左岸上部ではいずれも追加孔の値に対して大幅に低下している．一方単位セメント注入量の値は右岸監査廊部以外の部分ではルジオン値と同様にチェック孔の段階で大幅に低下しているが，右岸監査廊部では逆にかなり増加している．

など注目すべき点が示されている．

これらの点に考察を加えると，(1) では河床部および左岸の中腹以下の部分は比較的透水度は低くて本カーテンの施工による改良効果も顕著であった．しかし右岸全般と左岸上部とはかなり透水度は高くて本カーテンの施工による改良効果の現れ方も遅く，孔間隔を狭くした施工を行うまで改良目標値に達していなかったことを示している．

(2) は施工資料の整理方法に関係し，次節の浦山ダムの事例研究や次章で詳しく述べるが，このダムではグラウチングの施工結果の整理はパイロット孔・1次孔……チェック孔の各施工段階での注入孔の実績のみを対象にして整理している．

このため規定孔とチェック孔の各施工段階では注入孔は施工区間全体に均等に配置されているので，各々の段階における施工結果は施工された部分全般の透水度と単位セメント注入量の状況を示している．これに対して追加孔は規定孔で高いルジオン値を示した部分のみを対象に施工されるので規定孔とは母集団の性質が異なり，追加孔の施工結果は全体の状況を示した数値ではなく，規定孔段階で改良目標値に達していなかった高いルジオン値を示した部分のみでの施工結果を示している．

したがって追加孔の段階でルジオン値・単位セメント注入量の統計処理した値が上昇するのはむしろ当然である．一方チェック孔は規定孔段階で高いルジオン値を示した部分も改良目標値に達した後に全施工範囲を対象に等間隔で施工されるので，当然チェック孔でのこれらの値は追加孔での値を大幅に下回る値を示すはずである．

このような観点に立って (3) で指摘した傾向を検討すると，右岸監査廊部の単位セメント注入量のみが先に述べた傾向とは逆の状況を示しており，他の部分のルジオン値・単位セメント注入量はいずれも前述した傾向をはっきりと示している．

このことは右岸監査廊部の本カーテンの施工時には通常の場合とは異なった現象が生じていたことを示しており，チェック孔の施工段階ではそれ以前の施工よりもセメントが注入されやすい状況にあったと考えられる．

ここでまず考えられることは規定孔と追加孔がすべて鉛直の注入孔により施工されていたのに対し，チェック孔は両岸で岩盤表面に垂直に近い斜めの注入孔により施工されていたことである．すなわち右岸監査廊部以外の基礎岩盤は緩みを持った節理面の方向が鉛直の注入孔と交差しやすくて鉛直の注入孔により効果的に充填されていた．一方，右岸監査廊部の基礎岩盤は鉛直に近い方向の

節理面が他の方向の節理面に比べて特に開口していたためであろうか，鉛直方向よりも斜め方向の注入孔による注入の方がセメントが注入されやすい状況にあったと考えられる．

これと同様な施工結果は緑川ダム・漁川ダム・下湯ダムでの開口した柱状節理が発達した高溶結凝灰岩層でも顕著に現れており，次節の浦山ダムの事例紹介でも詳しく述べるが，走向がほぼ上下流方向で傾斜が鉛直に近い節理が著しく開口していた浦山ダムでも顕著に現れている．このような施工結果は一般に開口幅が大きい節理面と平行に近い方向の注入孔により規定孔・追加孔が施工され，チェック孔がこれらに交差しやすい方向の注入孔で施工された場合に現れる特徴的な施工結果であると考えられる．

図4.10.5は現時点で見直すと右岸監査廊部の基礎岩盤は本カーテンの施工結果から見てもこの部分には傾斜が鉛直に近い節理面がより開口し，本カーテンは斜めの注入孔により施工した方が効果的であったことを示していたと解釈すべきであろう．

これらはすでに述べた掘削段階において右岸上部に走向がほぼ上下流方向で傾斜が鉛直に近い開口亀裂が観察されたことと，図4.10.3の基礎岩盤の透水度の調査結果で右岸上部の斜めの注入孔で高いルジオン値を示していることと相まって，このダムの基礎岩盤の透水特性を示すものとして注目すべき点であろう．

またこの施工結果は後述する初期湛水時のEL.90 m以上の貯水位から右岸側の浸透流量が大幅に増加したことと対比した場合に，右岸監査廊部と右岸トンネル部で追加止水工を行うことは極めて理解しやすい対応策であったと考えられる．

4.10.4 試験湛水初期の浸透流の状況と追加止水工事

このダムはすでに述べたように，1982年12月に試験湛水を開始した後に右岸からの漏水量が増大したために貯水位を下げて追加止水工事を行った．さらにサーチャージ水位の約3 m下の貯水に達した時点で湛水域に地滑りが生じ，その対策工事を行うなどの紆余曲折を経て1988年11月にサーチャージ水位までの貯水を行った．その間の貯水位と浸透流量の変化について立ち入って検討を加えよう．

このダムは下流側のフィルター敷に湧出する浸透流を左右岸に分けて集水して測定するために，下流側のフィルター敷に堰を設けて左右岸の漏水量を分けて測定した．

最初の試験湛水時の1983年3月の貯水位がEL.90 m付近までは左岸側漏水量が7 l/min，右岸側漏水量が40 l/min程度であったが，4月に貯水位がEL.99.34 mに達した時点で左岸側で85 l/min，右岸側で625 l/minまで増加した．このため貯水位を最低水位のEL.86 mまで下げて種々検討を行った結果，次の点に着目して追加止水工事を行うことにした．すなわち，

- ㋐ 初期湛水時に貯水位がEL.90 mを超える頃から右岸側の漏水量が急増したこと，
- ㋑ 右岸底設監査廊の底面ではEL.80～90 mにかけてC・D破砕帯が存在したこと，
- ㋒ 本カーテンの施工結果が右岸底設監査廊と右岸トンネル部とが他の部分に比べてルジオン値・単位セメント注入量ともかなり高い値を示したこと，

などを考慮して右岸側の漏水量の急増は主としてC・D破砕帯部を通してのものと判断した．また貯水位が上昇したときにダム天端標高より高い位置でダム軸上で交わるA・B断層も上流ではダム天端標高以下で貯水池に接することを考慮し，C・D破砕帯部とA・B断層に対して重点的に追加

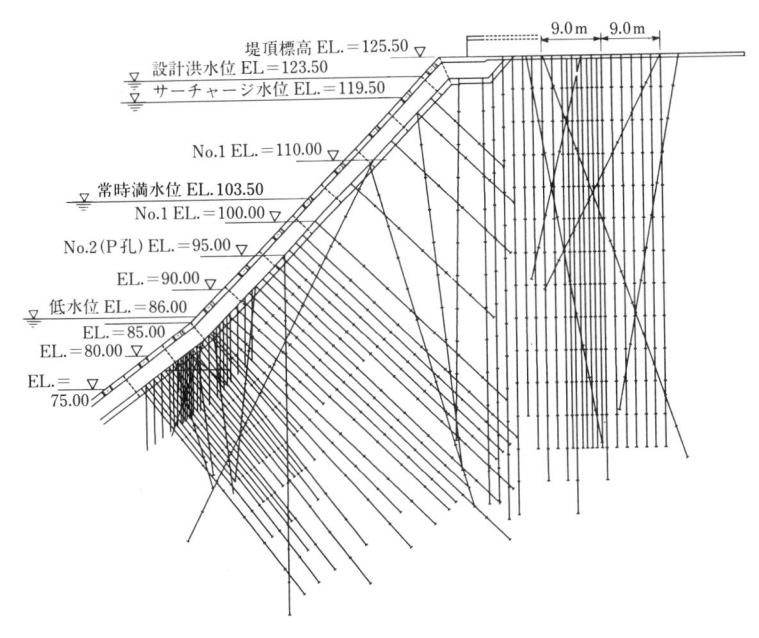

図 4.10.6 四時ダム追加カーテンの孔配置図（「四時ダムリグラウト解析業務委託報告書」より）

カーテンを施工することにした．

　右岸監査廊部からの追加カーテンの施工はこれらの破砕帯・断層が山落ちであることも考慮して，本カーテンは鉛直の注入孔で施工されたのに対して追加カーテンは斜面に垂直な斜めの注入孔で施工された[51]．

　追加カーテンの孔配置図は図 4.10.6 に示されている．この追加カーテンはパイロット孔（9m 間隔）→ 1 次孔（3m 間隔）→ 2 次孔（1.5m 間隔）→ 3 次孔（0.75m 間隔）→ チェック孔 → 追加孔を基本パターンとして施工した．ここで右岸監査廊部の EL.75〜85m の間と右岸トンネル部の坑口から 15〜20m の A・B 断層に交わる部分に対しては 3 次孔からチェック孔まで施工し，右岸監査廊部の EL.85〜100m と右岸トンネル部の坑口より 15m までと 20m より奥の部分とは 2 次孔まで，右岸監査廊の EL.100m から上の部分は 4 本のパイロット孔と 1 本の 1 次孔のみを施工し，さらに右岸監査廊部の EL.75〜85m の間は鉛直の注入孔で深さ 10m の追加グラウチングが施工されている．

　この図からも容易に推定されるようにこの追加グラウチングの検討にあたっては，EL.90m 以上の貯水位での貯水位上昇に伴う浸透流量の増加する割合の増大は C・D 破砕帯を通しての浸透流の可能性が高いと判断し，さらに貯水位をサーチャージ水位まで上昇させたときのことも考慮して，C・D 破砕帯と A・B 断層に対して極めて入念な追加グラウチングを行った．しかし C・D 破砕帯の上盤の堅岩部の緩みとその開口節理の方向に対してはほとんど配慮されていなかったと見ることができる．

　なおこれらの追加カーテンの施工時の資料は「四時ダム工事誌」には記載されていないが，別途県から提供された「四時ダムリグラウト解析業務委託報告書」に詳述されているので，これにより追加カーテンの施工時の各施工段階でのルジオン値・単位セメント注入量の百分率図を示すと図 4.10.7 のようである．なおこの報告書には注入圧力はすでに施工された本カーテンに影響を与えないように本カーテンの施工時よりも低圧で施工し，1 ステージで 3〜5 kgf/cm^2，2 ステージで 5 kgf/cm^2，

240　第 4 章　グラウチングによる止水処理の事例研究

(a) 単位セメント注入量　　(b) ルジオン値

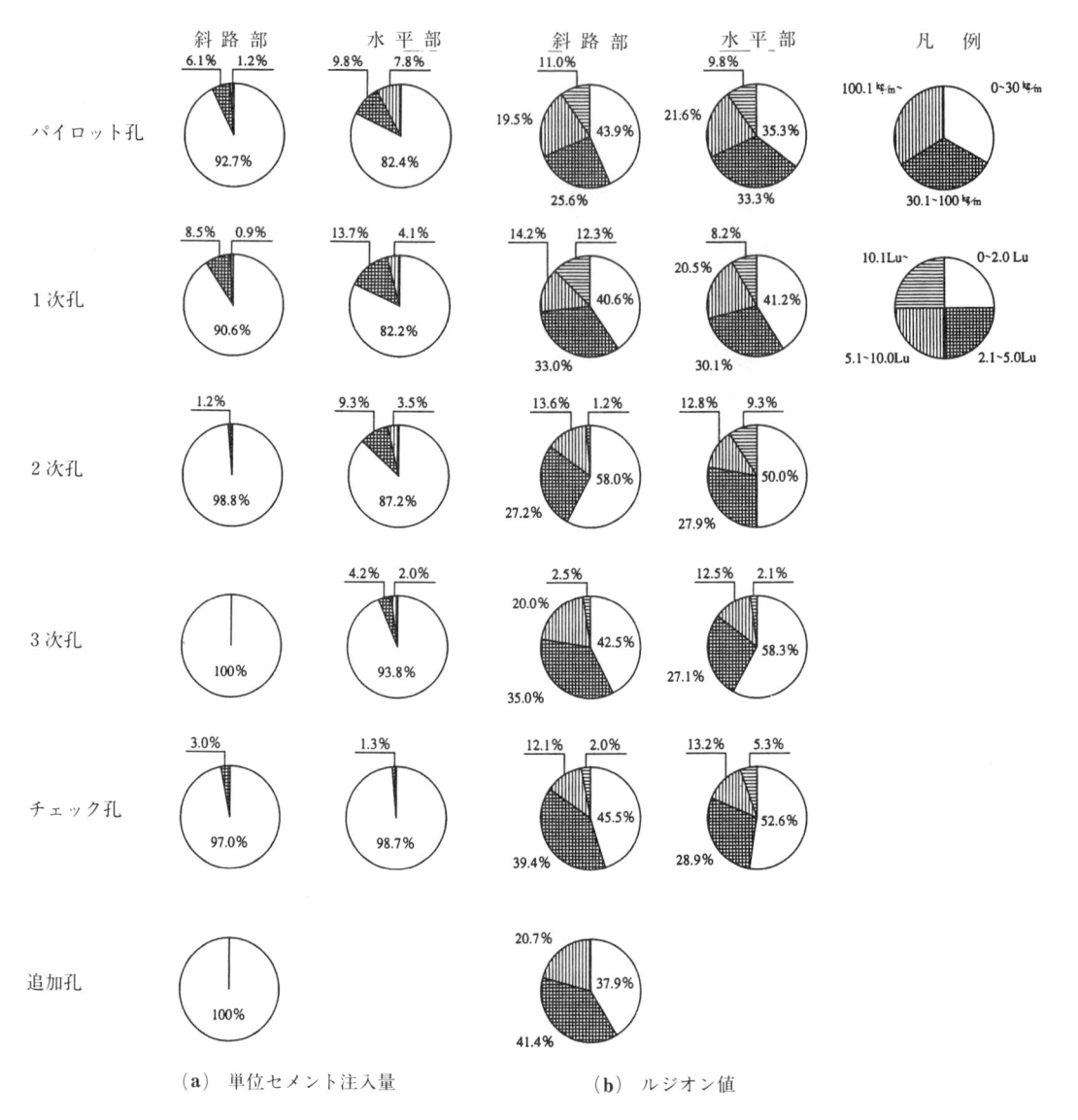

図 4.10.7　四時ダムの追加カーテン施工実績百分率図（「四時ダムリグラウト解析業務委託報告書」より）

3 ステージで 7 kgf/cm^2，4 ステージ以下で 10 kgf/cm^2 とかなり低圧で施工されたことが記述されている[52]．

　この図で注目すべきことは追加カーテン施工時のルジオン値は本カーテンの施工後の測定値であるにもかかわらず意外に高い値を示しており，その各施工段階でのルジオン値は本カーテンのチェック孔の値よりかなり高い値を示していることである．また単位セメント注入量はパイロット孔の段階から比較的少なく，2 次孔以降はほとんど注入されていない．このために全般的にルジオン値の工事の進展に伴っての改良はほとんど見られず，特に右岸監査廊部では顕著である．

　この追加止水工事は前述したように C・D 破砕帯と A・B 断層に対して集中的に施工され，逆に右岸監査廊部では EL.100～119.5 m の間は 9 m 間隔のパイロット孔 4 本と 1 次孔 1 本が施工されているのみである．さらに「四時ダムリグラウト解析業務委託報告書」を詳細に検討してみると，

EL.75～85mのC・D破砕帯部の1～2ステージの浅い部分で10ルジオン以上の値を示した部分はいくつか見られる．しかしこの部分での単位セメント注入量はいずれも極めて少なく，単位セメント注入量が100kg/m以上の箇所のほとんどはEL.90～119.5mの間のC・D破砕帯の上盤の硬岩部の深部で，斜めの注入孔による施工時に得られた結果である．

これらの結果はC・D破砕帯やA・B断層の部分はすでに本カーテンの施工により透水度はかなり改良されていた．しかし限界圧力が低い上に追加カーテンの施工では注入圧も本カーテンよりも低圧で3ステージまでは7kgf/cm^{2}以下の圧力で施工されたために，ある程度高い圧力で行われたルジオンテストでは限界圧力が低い破砕帯内のルジオン値はほとんど低下せずに終わったと考えられる．しかしこの部分はこれだけ入念なグラウチングが行われたので限界圧力以下の透水度はかなり改良され，透水度が低い部分の幅も広がり，急な水頭勾配に対する抵抗力もかなり向上したと考えられる．このために後述するように再湛水時には浸透流量もやや減少し，さらに30m程度の貯水位の上昇に対して十分安全に対応し得たのであろう．

これに対してC・D破砕帯の上盤の硬岩部は注24)および注26)にも指摘したように，走向がほぼ上下流方向で傾斜が鉛直に近い節理群が地形侵食によりかなり深部まで緩んでいた可能性がある．これがEL.90～119.5mの間のC・D破砕帯の上盤の硬岩部の深部で斜めの注入孔によるグラウチングでかなりの単位セメント注入量が見られた原因ではないかと考えられる．

したがってC・D破砕帯の上盤の硬岩部は本カーテンではかなり入念な施工が行われたにもかかわらず開口節理の傾斜は当初想定していたよりも鉛直に近いものが多く，これと交差しにくい鉛直の注入孔により施工されたので，充填されない節理が残った可能性は否定できない．一方追加カーテンでは注入孔の方向は実際にはこれらの開口節理に交差しやすい方向であったにもかかわらず，本カーテンによりこの部分の止水効果は充分得られているとの判断からこの部分に対しては孔間隔が広い上に低圧での注入しか行わなかった．このような背景から，追加カーテンの施工によりC・D破砕帯の上盤側硬岩部の比較的深い部分での透水度はあまり改良されない結果となったと考えられる．

4.10.5 追加止水工事後の湛水時の状況

追加止水工事は1984年4月より翌年の2月末まで行われ，3月1日より再び貯水位の上昇を行った．図4.10.8は追加止水工事終了後の貯水位と浸透流量の関係を示している．

この追加止水工の結果，貯水位がEL.95～99mの間の漏水量が50～100l/min減少するなど多少の改良効果は認められたが，期待したほどの効果は得られなかった．すなわち再湛水時にもEL.90mから右岸側の漏水量は増加し始め，EL.100mの貯水位で500l/min強とやや減少したものの水位上昇に伴っての増加する割合は依然として大きかった．

さらに貯水位がEL.105mを超える頃から右岸側での漏水量の測定値の増加する割合は減少するが，左岸側の測定値の増加する割合が大幅に増大し始め，両者の合計値の増加する割合はEL.105m以下の標高における増加率とほぼ同じ値を示している．これは右岸側の漏水量が増加して左右岸の漏水量を分ける堰を越流したためと解釈される．

以上から追加カーテンの施工はC・D破砕帯とA・B断層に対して比較的低圧で入念に行われたが，ルジオン値の低減という観点からも漏水量の低減という観点からも目立った改善は見られず，貯

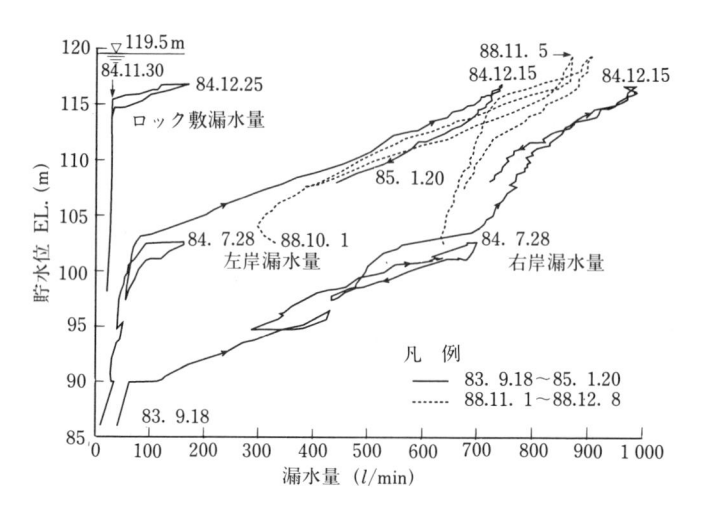

図 4.10.8 四時ダムの貯水位–漏水流量曲線（坂本より）

水位が EL.95～99 m の間で漏水量が 50～100 l/min 程度の減少を見るにとどまった．このことは初期湛水時の EL.90 m 以上の貯水位での漏水量の増加はこれらの弱層部からによるものではなく，他の部分を通した浸透流によるものが多かったことを示している．

これまでの考察において，このサイトの右岸側の地質条件や本カーテン・追加カーテンの施工時の工事実績資料などから C・D 破砕帯の上盤には走向がほぼ上下流方向で傾斜が鉛直に近い開口した節理が数多く存在し，これを通しての漏水がかなり多いのではないかということを示唆する資料が得られていたことを述べてきた．

一方追加カーテン施工の際には右岸監査廊の EL.100 m 以下の標高では 1.5 m 間隔の 2 次孔まで斜めの注入孔により施工されているので，追加カーテン施工後の 1984 年以降の貯水位の上昇に際して EL.90 m 以上の貯水位で貯水位の上昇に伴う漏水量が増加する割合が急に大きくなったことは，主たる浸透経路が破砕帯ではなく，その上盤の硬岩部にあったとの見方からだけでは十分説明し得ない点が残ることは否定できない．

しかし一般に河谷の斜面に傾斜が水平に近くて変形性が大きい弱層が存在する場合には，柱状節理が発達した高溶結凝灰岩層の場合でもよく見られるようにこれらの弱層の上盤の硬岩部では走向がほぼ上下流方向で傾斜が鉛直に近い方向の節理が開口しやすく，この方向の節理面沿いに高い透水度を示すことが多い．このような地質状況の場合には弱層部は表面に近い緩んだ部分のみ透水度が高くて少し内部に入ると透水度は低くなり（しかし弱層部は限界圧力が低いために低いルジオン値は得にくくて耐水頭勾配性も低い），逆に上盤の硬岩部はある程度の深部まで透水度は高いことが多い．

このような観点に立つと，この種の地質状況のダムサイトでは止水カーテンは斜面に垂直に近い斜めの注入孔で施工する方が効果的であることになる．

以上を要約すると，当ダムの貯水位が EL.90 m 以上のときの主たる漏水量が C・D 破砕帯の上盤の硬岩部の開口節理からのものであると結論づける決定的な資料は得られていない．しかし一般に走向がほぼ上下流方向で傾斜が鉛直に近い節理面は開口しやすく，本カーテンの施工結果も右岸監

査廊部のみは鉛直の注入孔より斜めの注入孔の方が単位セメント注入量は高い値を示していた．さらに，当ダムサイト右岸のC・D破砕帯の上盤の硬岩部での調査資料の中にもこのような見方の妥当性を示す状況がいくつか示されていた．

これに対してこの部分では本カーテンは鉛直の注入孔のみで施工されており，追加カーテンでは斜めの注入孔により施工されていたが孔間隔が広くて低圧で施工されており，それらのかなりの孔で比較的多い注入量を示していた．このことは追加カーテンの施工時にEL.90m以上の硬岩部の深部に対して少なくとも本カーテンの施工時程度の圧力で，EL.100m以上の標高に対して孔間隔1.5mの2次孔まで施工されていたならば，高貯水位時の漏水量をかなり低減し得た可能性が高いと考えられる．

4.10.6 四時ダムの止水処理の施工結果に対する考察

以上述べてきたように四時ダムでは初期湛水時に貯水位がEL.90mを超える時点から右岸側での漏水量が急増したので貯水位を下げてその原因を検討し，右岸のダム敷のEL.80～90mに存在するC・D破砕帯が主原因であるとしてその周辺を中心に追加カーテンを施工した．

しかしその効果は目立った形では現れず，貯水位がEL.100mのときに500l/minと追加カーテンの施工前より15～20%減少したにとどまり，サーチャージ水位での全漏水量は1790l/minとかなり多かった．

もちろん，このダムの漏水量はその後経年的に減少していることが確認されておりダムの安全性という観点からは何ら問題ない．しかし貯水位を下げて追加カーテンを施工したにもかかわらず効果的に漏水量を低減できなかった点に関しては，今後の同類の問題をより的確に処理するために再検討しておく必要があると考えられる．

なおこのダムの追加カーテン施工後の検討においては，

ⓐ 本カーテンおよび追加カーテンよりも深い部分を迂回した浸透流が多かったこと，
ⓑ 4.10.2項で述べたように右岸側で止水線にほぼ平行に15～20m下流側で，河床部左岸側でコア敷を斜めに横切る小規模な鉛直なG断層が存在し，この断層の透水度が極めて低かったので，この断層が止水線の下流側に現れる部分での漏水量が多くなったと考えられること，

などが主原因であろうと推定したようである．

これに対して本節での本カーテンおよび追加カーテンの施工結果の検討結果によると，鉛直の注入孔に比べて斜めの注入孔での施工は明らかに注入すべき節理群を的確に捉えているようである．このような状況は4.8節の下湯ダムの柱状節理が発達した高溶結凝灰岩層でのグラウチングでも斜めの注入孔で施工しなかったために充填し得なかった開口節理が残ったことと同類の問題であろう．

四時ダムのC・D破砕帯の上盤の硬岩部の開口節理の方向性についてはその点に着目した調査が行われていないので確定的なことは言い得ないが，鉛直の注入孔に比べて斜めの注入孔の注入状況が良いので，少なくとも追加止水工事の段階でこの種の検討を行い斜めの注入孔の間隔を通常の1.5m程度まで注入を行っていればより効果的な施工が可能ではなかったかと推定される．なおこの問題については次節の浦山ダムの施工結果でははっきりとした形で現れているので，次節において詳しく論ずることにする．

4.11 浦山ダムの地形侵食による緩みの著しい部分での基礎グラウチング

4.11.1 浦山ダムの概要

浦山ダムは荒川上流部の右支川浦山川に水資源開発公団により建設された高さ156mの重力ダムで，1972年（昭和47年）5月に実施計画調査，1978年（昭和53年）2月に建設事業に着手し，1999年（平成11年）3月に完成した．このようにこのダムは1970年代後半から1990年代にかけて東京近辺に建設されたダム高さ155mを超える大規模な重力ダムであったので，新しいRCD工法により建設された大規模な重力ダムとして宮ヶ瀬ダムと並んで注目されたダムである．

このダムは建設事業に着手してから本体工事に着手するまでおおよそ12年の歳月を要したがその後は順調に進み，ダム高さ156m，堤体積1 750 000 m^3 という大規模なダムにもかかわらずおおよそ6年間でダム本体は完成し，試験湛水を経て竣工することができた．

浦山ダムの基礎岩盤は後で詳しく述べるように高さ156mの重力ダムが建設し得るような堅硬な岩盤から成り両岸とも急峻な谷をなしていた．しかし中腹以上の岩盤はかなり緩んでおり，特に左岸上部の緩みは著しくて調査段階から左岸上位標高の横坑に50cmも開口した節理も発見され，このように緩みの著しい部分をどのように処理してダムを建設するかがこのダムの建設にあたっての大きな問題点となった．

このダムはダム高さ156mのダムでRCD工法で施工されたこともあり建設にあたってはいくつかの注目すべき点があったが，ここでは両岸上部，特に左岸上部の緩みの著しい部分のグラウチングによる基礎処理に焦点を絞って紹介して検討を加えることにする．

4.11.2 浦山ダムサイトの地質概況

浦山ダムの基礎岩盤は荒川本川上流部の右岸側から多摩川上流にかけて分布する古・中生代秩父層群の下位層の二畳〜三畳紀橋立層群からなる．この橋立層群はダムサイトより約1.1km上流から北側に最大5kmの幅で南南東から北北西に細長く分布しており，主としてチャート・輝緑凝灰岩・粘板岩からなっており，ダム軸から約1.1km上流から以南は同じ秩父層群の上位のジュラ紀の浦山層群が幅12〜13kmにわたって同じく南南東から北北西に細長く分布している[53]（図4.11.1参照）．

これをより詳細に見ると橋立層はダム軸より約100〜200m上流を背斜軸とする背斜構造をなし（図4.11.2参照），主としてチャートと粘板岩とから成っている．ダムサイトは背斜軸の下流にあるためにほぼ下流落ちの地層で河床部と低位標高部は黒色粘板岩・チャートを主体として風化は少なく，新鮮で緩みもない良好な岩盤からなっている．

左右岸の中腹以上はチャートを主体として岩質は比較的新鮮で硬質であるが，左右岸の斜面が急峻なためであろうか，走向がほぼ上下流方向で傾斜が鉛直に近い開口節理が大きく開口して地形侵食による著しい緩みが生じていた[54]．

これらの節理の開口幅は1cm以下のものが数多く見られたが5〜20cm程度のものもかなりあり，最大のものは50cmに達するもの（左岸EL.390mの横坑内）も見られた[55]．

ダムの基礎岩盤は図4.11.3に示すように，橋立層を形成する地層のうち最も岩石の強度が高いチャートがその2/3以上を占める位置に選定されたので，基礎岩盤の強度の面ではダム高さ156m

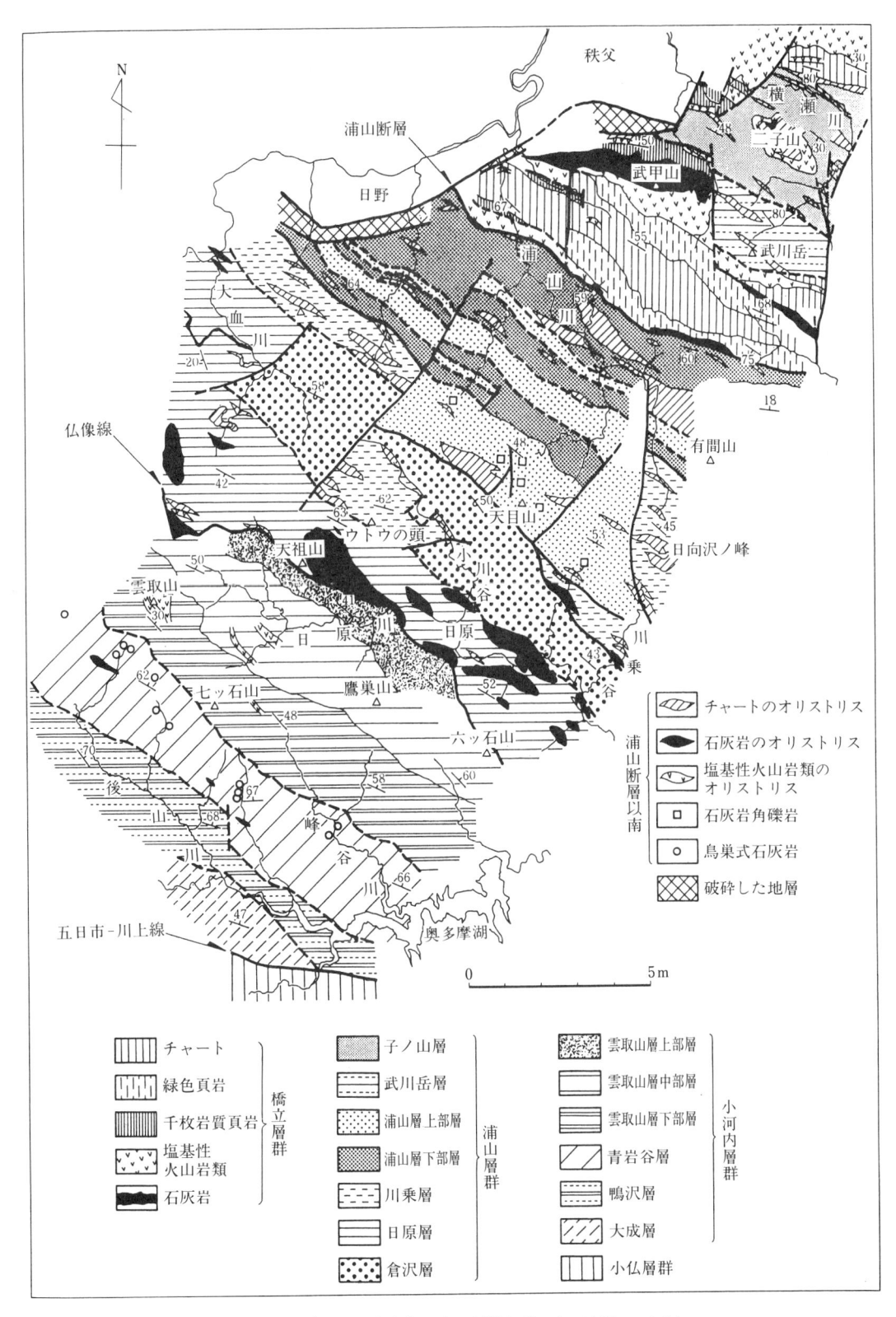

4.11 浦山ダムの地形侵食による緩みの著しい部分での基礎グラウチング　245

図 4.11.1　奥秩父～奥多摩山地の地質図（「日本の地質 3」より）

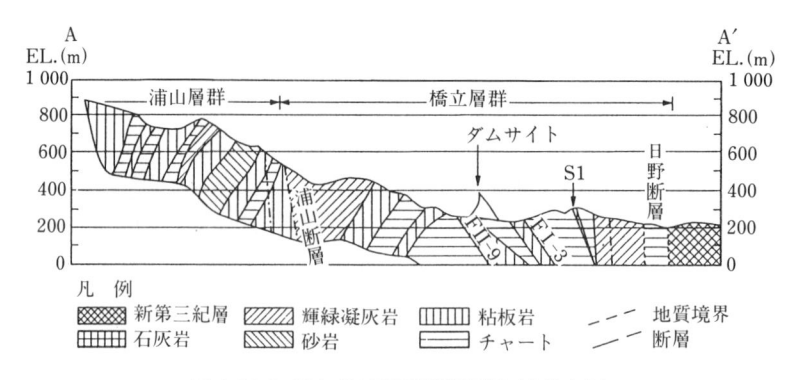

図 4.11.2 浦山ダム周辺地質断面図（丈達より）

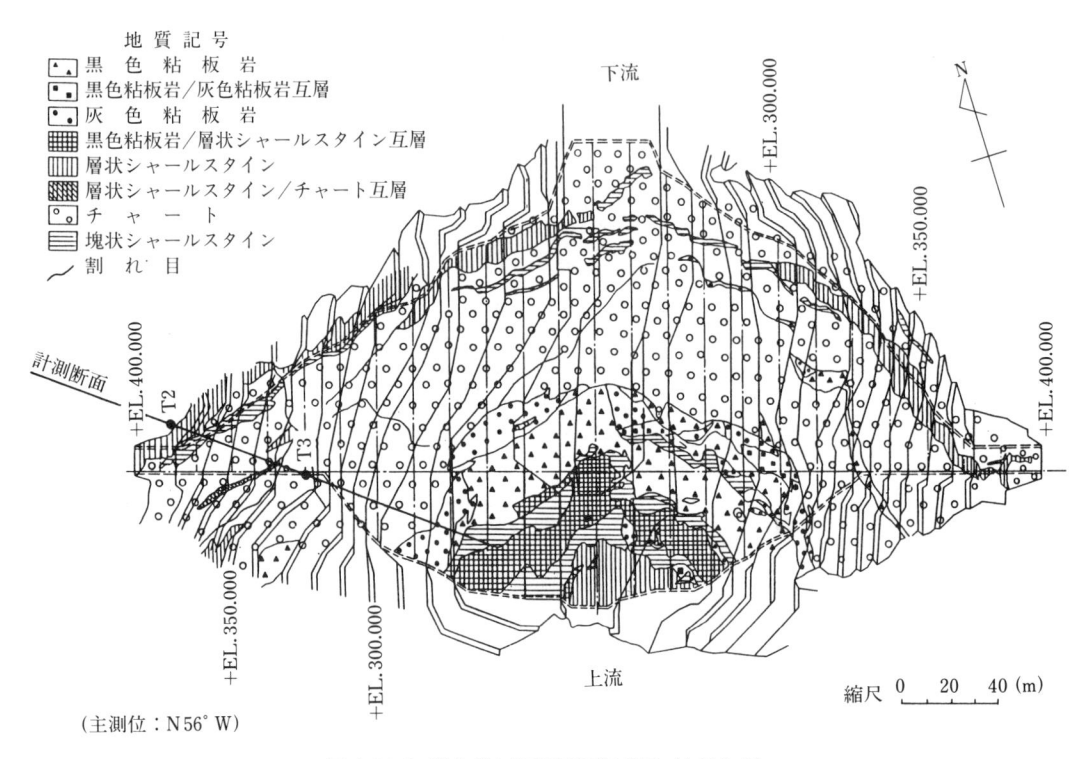

図 4.11.3 浦山ダム基礎掘削面地質図（丈達より）

という日本の重力ダムでは最大級のダム建設に対して問題の少ないダムサイトが選定された．しかし前述したように左右岸の上部は地形侵食による緩みが著しくて大きく開口した節理が数多く存在し，これらの緩みが著しい部分に対する基礎処理がこのダムの建設での大きな技術的問題点となった[57]．

なお止水処理施工前の浦山ダムのルジオンマップは図 4.11.4 に示すとおりである．この図からも明らかなようにこのダムサイトはチャートを主体とした新鮮で堅硬な岩盤からなり左右岸とも急峻な谷を形成している．しかしそのために上部の岩盤は地形侵食による緩みが著しくて左岸では EL.280 m 以上で深さにして 60～70 m，奥行きにして 80～90 m まで，右岸では EL.300 m 以上で深さにして約 20 m，奥行きにして約 50 m まで，前述した走向がほぼ上下流方向で傾斜が鉛直に近い開口節理

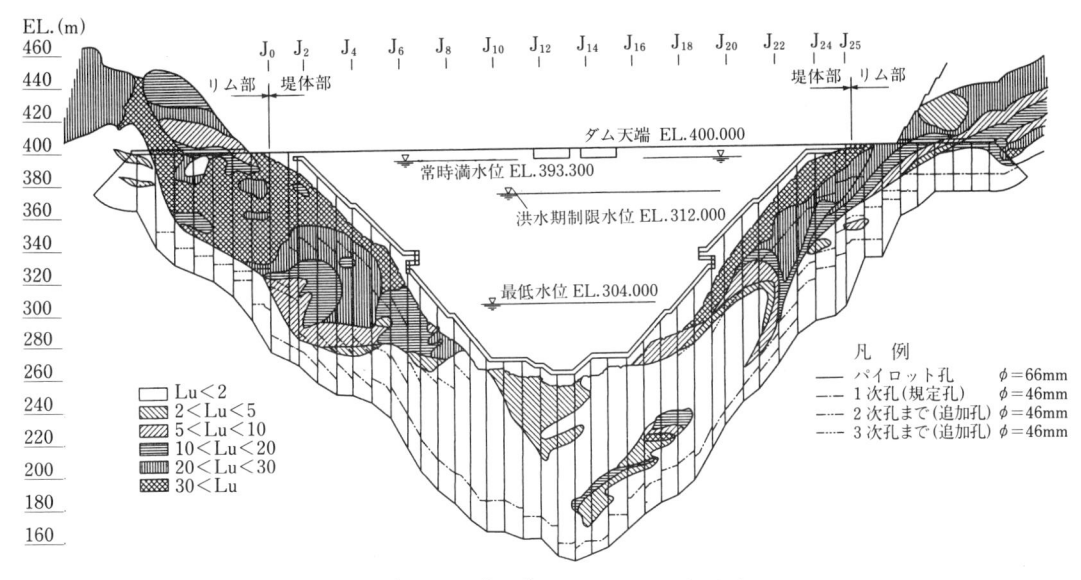

図 4.11.4 浦山ダムの施工前のルジオンマップ（丈達より）

が数多く存在して極めて高い透水度を示していた．このような地質状況からこれらの開口節理が発達した部分に対してはダムの基礎岩盤としての透水度と変形性の改良が大きな課題となった．

これらの開口節理にはかなりの流入粘土が存在したが施工前に行われたグラウチングテストの結果，入念なグラウチングによりこれらの開口節理を充填すればこの部分の透水度は大幅に改良され，岩盤の変形性もこの規模の重力ダムの基礎岩盤としては充分な程度に改良し得る見通しが得られた．これらの検討結果からこの部分の岩盤も新鮮かつ堅硬であったので，掘削除去しないでグラウチングによる改良を重点課題として施工することになった．

4.11.3 浦山ダムの緩みの著しい部分に対する特殊基礎処理の概要

前節に述べたように浦山ダムの基礎岩盤は新鮮かつ堅硬で岩盤の強度の面からは問題が少ない岩盤であったが，左右岸の中腹以上の岩盤には地形侵食により著しい緩みが生じて，走向がほぼ上下流方向で傾斜が鉛直に近い節理が発達してこれらの節理面がかなりの深さまで大きく開口していた．さらにこれらの開口節理群には流入粘土がかなり存在しており，これらの開口節理から流入粘土を除去してセメントミルクを充填することは極めて困難であると考えられた．

これから浦山ダムの左右岸の中腹以上に存在する多数の節理面が大きく開口した緩みの著しい部分はグラウチングを施工することにより，力学的には非弾性的・非可逆的変形を生じないようにするとともに止水面からは透水度を改良し，さらに湛水後に形成される急な水頭勾配により流入粘土が流出しないように流入粘土を封じ込めるような基礎処理が必要となった．

以上のような地質条件から当ダムでは基礎岩盤の状況に対応して図 4.11.5 に示すようにグラウチングによる基礎処理を行う部分を，

(1) A_1 ゾーン　河床部（チャート部）
(2) A_2 ゾーン　河床部（黒色粘板岩部）
(3) B・B′ ゾーン　右岸の透水度が高い部分（ダム敷より深さ 10 m まで B・以深を B′）

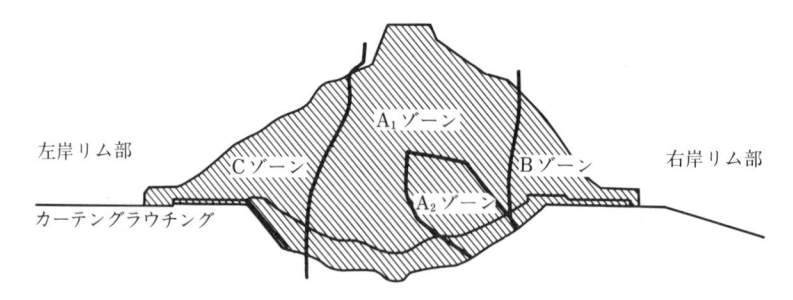

図 4.11.5 浦山ダム基礎処理計画図（「浦山ダム工事誌」より）

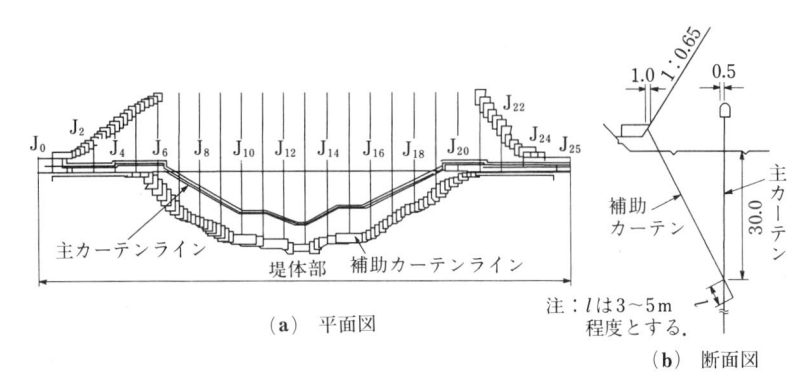

図 4.11.6 浦山ダムの補助カーテン施工図（丈達より）

(4) C・C′ゾーン　左岸の透水度が高い部分（ダム敷より深さ10mまでC・以深をC′）
(5) 左岸リム部（透水度が高い部分）
(6) 右岸リム部（透水度が高い部分）

の6つに分け，その各々に対して地質条件に対応した基礎処理を行うことにした．

このうちA_1・A_2ゾーンは通常の大規模な重力ダムで行われている基礎グラウチングによりダムの基礎岩盤として必要な透水度と力学的性状が得られると考えられる部分であるので，グラウチングによる岩盤改良はこの規模のダムの基礎岩盤で行われている通常の基礎処理方法で施工することにした．

すなわちA_1・A_2ゾーンではまず通常のコンソリデーショングラウチングを施工し，ある程度のダム高さまで打設が終了した後に上流側フーチングより補助カーテンを施工し，さらにその後に主カーテンを施工した．この補助カーテンはこのダムの下位標高では上流側に緩勾配のフィレットが取り付けられていたので監査廊から施工される主カーテンとダムの上流端とではかなり距離があり，その間の基礎岩盤の透水度を改良するために施工されたもので，主カーテンと深度30mで交差させ，さらにそれより3～5mの深さまで施工された（図4.11.6参照）．

これに対してB・Cゾーンでは通常のコンソリデーショングラウチングで改良される部分の下側に流入粘土を伴った開口幅の著しい節理が残る可能性があり，力学的な面からも透水度の面からもダム敷全体にわたって入念なグラウチングを施工する必要があると考えられた．さらにこのように開口幅が大きい部分（左右岸のリム部を含めて）では通常のグラウチングではミルクが大量に漏洩し，必要な部分に効果的なグラウチングが行いにくくなる可能性が高く，効果的なグラウチングを

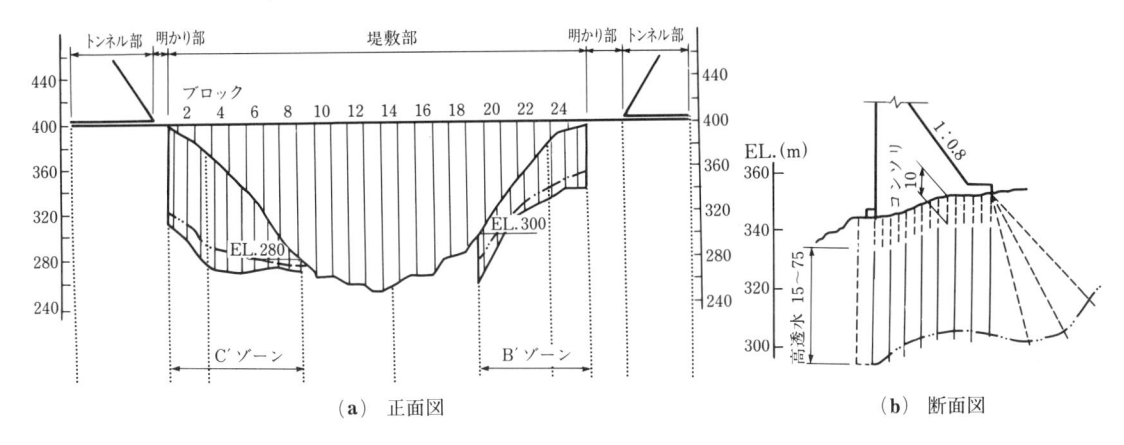

図 4.11.7 浦山ダム高透水グラウチング施工図（「浦山ダム工事誌」より）

行うためにはセメントで充填する必要がある範囲の外側に濃度の濃いミルクかモルタルにより荒止めのグラウチングを行うなどの特殊なグラウチングが必要であると考えられた．

このため B・C ゾーンでは，ダム敷全面に行うコンソリデーションや高透水処理のグラウチング施工の際に無駄なセメントミルクがダム敷外に大量に漏洩しないように，コンソリデーショングラウチングの施工に先立ってダム敷の上流端沿いに孔間隔 6 m で鉛直に 1 列，下流端沿いには孔間隔 6 m で鉛直よりそれぞれ 15°・30°・45° 下流向きに 3 列のグラウチングが透水度が高い部分を覆うように施工された．これらのグラウチングをこのダムでは前処理グラウチングと名付けている．

この前処理グラウチングは左岸リム部では掘削面からとリムグラウチングトンネルの一部から，右岸リム部では掘削面から主カーテン施工時の上下流方向への漏洩を抑制する目的で主カーテンの上下流にそれぞれ孔間隔 3 m で透水度が高い部分を覆うようにセメントミルクを注入した．また右岸リム部では前処理グラウチングは主カーテンの上下流側に各 1 列で施工されたが，開口幅が特に大きかった左岸リム部では上下流側とも外側に 5° と 10° 傾いた 2 列の注入を交互に行い，10° 傾いた外側の注入孔はモルタルにより，5° 傾いた内側の注入孔はセメントミルクにより注入された．

これらのグラウチングはいずれもダム軸に平行な断面内では鉛直の注入孔により施工されたが C ゾーンと左岸リム部との取付部分では主カーテンの上下流側にそれぞれ 12 m の孔間隔で，深さ 60〜70 m の斜面にほぼ垂直な斜めの注入孔により 1 ステージ 10 m でモルタル注入が行われた．

B・C ゾーンではこの前処理グラウチングに続いて深さ 10 m（2 ステージ）のコンソリデーショングラウチングを施工し，さらにその下の透水度が高い部分に対して 3 ステージ以深（2 ステージまでは通常のコンソリデーショングラウチング）で最大 15 ステージまで（深さにして 10〜75 m）の高透水処理グラウチングを施工した（図 4.11.7 参照）．

この高透水処理グラウチングが終了して堤体が 20 m 以上の高さまで打設された後に B・C ゾーンでは補助カーテンが施工され，その後に本カーテンが施工された．

以上が浦山ダムの著しい開口節理を伴った緩んだ部分に対する基礎岩盤の透水度と変形性の改良を目的としたグラウチングによる基礎処理の概要である[56]．

4.11.4 浦山ダムの特殊基礎処理の施工結果

前項において浦山ダムの特殊基礎処理の概要について述べた．本項ではその施工結果の概要について述べることにする．

なおこのダムで施工された特殊基礎処理，特に前項で紹介した【前処理グラウチング】→【コンソリデーショングラウチング】→【高透水処理グラウチング】の流れは岩石が堅硬であるが緩みが著しい岩盤の基礎処理としては注目すべきものである．特に前処理グラウチングとして先行して荒止め用のモルタルないし高濃度のミルクを注入して効率的な施工を行った点などは，この種の地層での施工に際して多くの参考になる点を持っていると考えられるので，本項ではその注入実績の概要を紹介することにする．

このコンソリデーショングラウチングの施工はそれに先行して施工された前処理グラウチング以外はすべて鉛直の注入孔により施工したので，注入孔の方向による改良効果の相違を検討する資料は得られていない．しかしルジオン値・単位セメント注入量の施工資料の統計処理方法の問題点については前節の四時ダムの事例紹介ですでに触れ，後述する止水カーテンの施工でも指摘する問題点がはっきりとした形で現れている．

したがって本項ではこのダムの施工として特に注目すべき前処理・コンソリデーション・高透水処理のグラウチングの施工実績を簡単に紹介してその特徴的な姿について述べ，次項において止水カーテンの施工実績と併せて検討を加えることにする．

まず左右岸上部の高透水ゾーンのコンソリデーショングラウチングに先行して施工された前処理グラウチングの施工結果の要約は表 4.11.1 に示されている．

表 4.11.1 からも明らかなように，これらの前処理グラウチングの施工結果はそれらのうちの先行施工された上流側前処理の 12 m 孔間隔のグラウチングと下流側前処理の外側孔のグラウチングでは大量のミルクが注入されている．特に上流側前処理の 12 m 孔間隔のグラウチングは B・C ゾーンとも 1600 kg/m 以上のセメントが注入された．

これらの事実からも左右岸上部の緩みは極めて著しいものであることが判明し，以降の透水度が高い部分の前処理グラウチングはモルタルかより濃度の濃いセメントミルクにより注入し，注入効率を高める必要があると判断された．

これらの状況から特に緩みが最も著しい左岸上部の止水カーテンの施工がダム敷部からリム部に移行する部分に対しては，前処理グラウチングをモルタル注入により施工することが検討された．特にモルタル注入についてはごく少数の実施例しかないことから，モルタル注入の基礎的な実験を行うなど効果的な施工方法についての検討が行われた．

表 4.11.1 左右岸ダム敷の前処理グラウチング施工実績表（「浦山ダム工事誌」より）

注入材料	位置	孔種	B ゾーン（右岸上部）			C ゾーン（左岸上部）		
			ステージ数	平均ルジオン値	平均単位セメント注入量 (kg/m)	ステージ数	平均ルジオン値	平均単位セメント注入量 (kg/m)
セメントミルク	上流側	12 m 孔間隔	37	22.0	1 630.5	97	20.4	1 658.5
		6 m 孔間隔	42	19.3	404.2	108	15.3	563.3
	下流側	外側孔	73	24.6	682.4	210	20.7	1 104.9
		中間孔				153	12.4	335.8
		内側孔	19	17.3	345.7	44	11.9	682.4

4.11 浦山ダムの地形侵食による緩みの著しい部分での基礎グラウチング

　これらの検討結果に基づいて前項に述べたように，高角度の節理の開口幅が特に大きかった左岸上部ではダム敷部からリム部に移り変わる部分で孔間隔 12 m で深さ 60〜70 m の斜めの注入孔で上下流側各 2 本ずつのモルタル注入により施工された．さらに左岸リム部で実施された前処理グラウチングのうち，上下流外側に 10° 傾斜した先行グラウチングはモルタル注入により，5° 傾斜した後行グラウチングはセメント注入により施工された．なおこれらのリム部で行われた前処理グラウチングではモルタル注入は 1 ステージ 10 m で，セメント注入は 5 m で行われた．

　左右岸リム部の前処理グラウチングの施工実績を示すと表 4.11.2 のようである．また C ゾーンと左岸リム部との取付部で行われた上下流側の 2 本ずつの斜めの注入孔による前処理グラウチングのステージごとの注入実績を示せば図 4.11.8 のようである．

　これらによると上下流ともかなりの量のモルタルが注入され，上下にほぼ鉛直に近い形で連続すると考えられる注入量の多いステージが存在しており，地質調査でも予測されていたようにほぼ鉛直に連なる大きく開口した節理が存在していたことを示す結果となっている．

　またモルタル注入を行った斜めの注入孔は傾斜が鉛直に近い開口した節理面に効果的に交差したために鉛直の注入孔に比べて効果的に注入されており，左岸トンネル部の前処理グラウチングの外側の注入孔に比べて 10 倍以上のモルタルが注入されている．このモルタル注入を行った斜めの注入孔の単位モルタル注入量も左岸ダム敷前処理グラウチングの上流側 12 m 間隔孔の単位セメント注入量に比べると 1/5 程度の量しか注入されていない [57]．

(a) 上流側斜めのモルタル注入孔　　　**(b)** 下流側斜めのモルタル注入孔

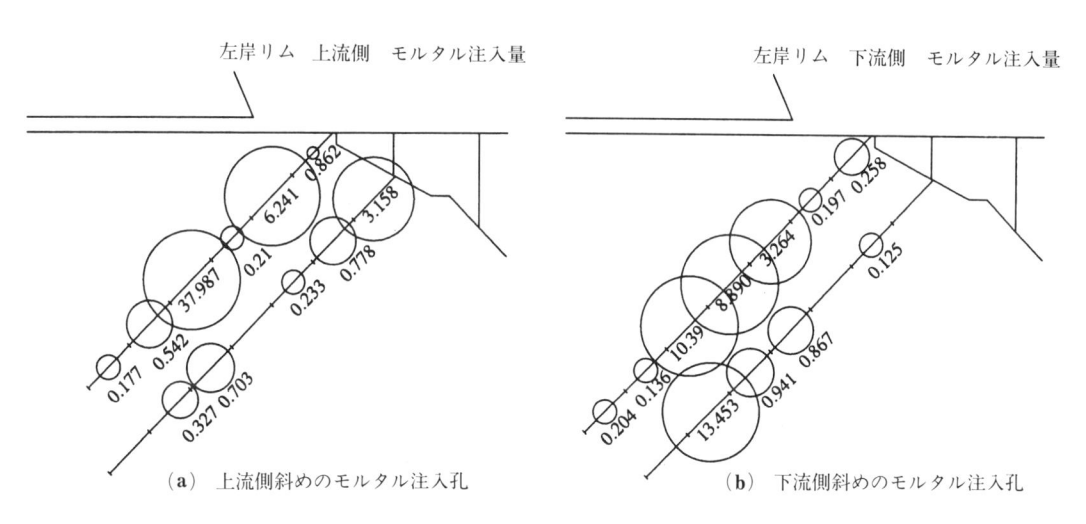

図 4.11.8 左岸の斜めのモルタル注入孔のステージごとの注入実績図（「浦山ダム工事誌」より）

表 4.11.2 左岸上部および左右岸リム部高透水部の前処理グラウチング施工実績表（「浦山ダム工事誌」より）

	右岸リム部					左岸上部およびリム部					
孔種	孔間隔	注入材料	施工孔数	平均ルジオン値	平均単位セメント注入量	孔種	孔間隔	注入材料	施工孔数	平均ルジオン値	平均単位セメント注入量
						斜孔	12 m	モルタル	23	44.0	389.7 l/m*
先行孔	6 m	セメントミルク	85	16.3	128.4 kg/m	外側孔	6 m	モルタル	40	15.4	28.8 l/m*
後行孔	3 m	セメントミルク	56	8.4	46.0 kg/m	内側孔	3 m	セメントミルク	284	7.6	38.8 kg/m

* 平均モルタル

さらにその後に行われたリム部の主カーテンの施工実績でも後述するように単位セメント注入量はパイロット孔で 477.5 kg/m，1 次孔で 90 kg/m と注入量は特に多くなかった（表 4.11.4 参照）．これらの事実から当ダムのように開口幅が大きい節理が数多く存在して極めて高い透水度を示す岩盤では主たるグラウチングを行う部分の外側に先行して荒止めグラウチングを行うことが効果的であり，開口度が特に著しい部分では荒止めグラウチングはモルタル注入が極めて効果的であることを示した結果が得られている．

前述したように河床部およびダム敷下部の $A_1 \cdot A_2$ ゾーンは通常のダム基礎岩盤と同様に掘削終了後 2〜3 リフトのコンクリートが打設された後にコンソリデーショングラウチングが施工された．一方 B・C ゾーンでは前処理グラウチングがダム敷の上下流端から先行して施工され，次いで 2 ステージで深さ 10 m のコンソリデーショングラウチングが施工された．ダム敷全体のコンソリデーショングラウチングの施工実績を図示すれば図 4.11.9 のようで，ゾーン別・ステージ別にその数値を示すと表 4.11.3 のようである[58]．

当ダムのコンソリデーショングラウチングの孔間隔は 1 次孔が 8.5 m 間隔，2 次孔が 6 m，3 次孔が 4.24 m，4 次孔が 3 m，5 次孔が 2.12 m，6 次孔が 1.5 m……を基本パターンとして行われた．

これらの 2 ステージのコンソリデーショングラウチングが施工された後に，前項で述べたようにB・C ゾーンではその下にかなりの開口した節理が残存していることが予測されたので，左右岸中〜高位標高でコンソリデーショングラウチング施工した部分の下に残存する透水度が高い岩盤に対して高透水処理グラウチング（3 ステージ以深，最大 15 ステージまで）を施工した．

この高透水処理グラウチングの孔配置は第 2 ステージまでのコンソリデーショングラウチングと基本的には同じ孔配置で施工された．その第 3 ステージの施工実績平面図は図 4.11.10 に示すとおりである．なおこれらの高透水処理グラウチングの施工実績をゾーン別・ステージ別に示すと表 4.11.4 のようである[59]．

ここでまずこれらの施工結果を観察して注目すべきことは，表 4.11.4 にはすでに 2 ステージのコンソリデーショングラウチングを施工した部分の下側であるにもかかわらず，高透水処理グラウチングの 1 次孔では B′ ゾーンで平均 800 kg/m 以上の，C′ ゾーンで平均 1 000 kg/m 以上の極めて高い単位セメント注入量の値が示されていることである．これらの事実は深さ 10 m のコンソリデーショングラウチングが施工された以深でも，その下の岩盤内にこれだけ大量のセメントミルクを吸収し得るような開口度が著しい節理群が残存していたことを意味していた．

このような充填されない開口節理が残存する基礎岩盤の上に高さ 100 m 規模のダムが乗ることを考慮すると，これらの開口節理は完全にセメントで充填して固化させ，湛水後ダム本体からの力が伝達されても不均一な非弾性変形が生じたり局部的な破損などが生じないような処置を講ずることは不可欠である．したがってこのダムで実施された高透水処理グラウチングは力学的に見ても不可欠で極めて適切な基礎処理であったと見ることができる．

次に表 4.11.3 と表 4.11.4 のコンソリデーションと高透水処理のグラウチングの施工結果で興味あることは，表 4.11.1 に示した前処理グラウチングや後述する補助カーテンと本カーテンの規定孔の施工に際しては一般的には施工が進行するに従って先行したグラウチングの効果が現れ，ルジオン値・単位セメント注入量ともはっきりとした減少傾向を示しているものが多い．これに対してコンソリデーションや高透水処理のグラウチングの施工結果では 1 次孔から 2 次孔への移行の際には

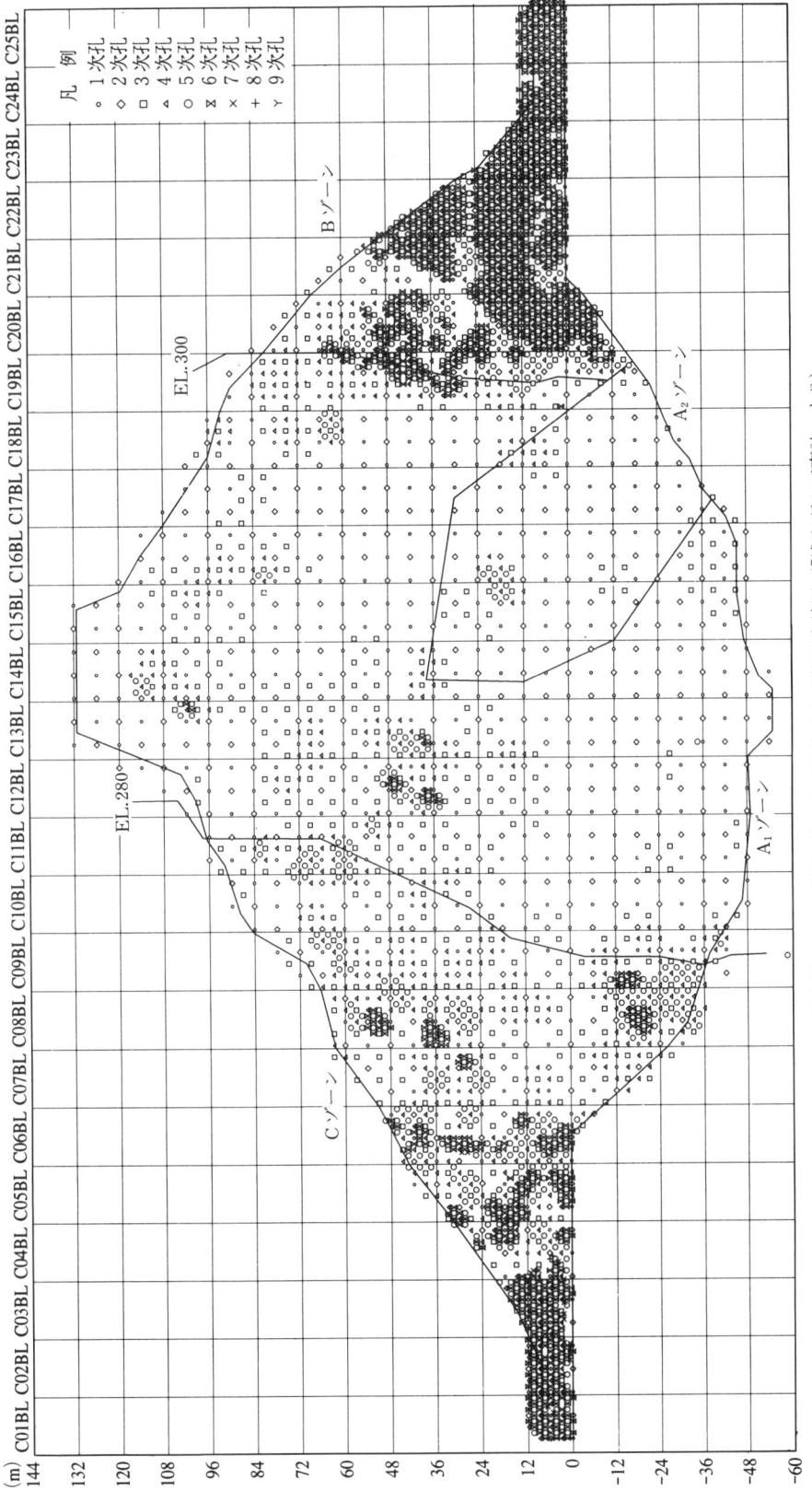

4.11 浦山ダムの地形侵食による緩みの著しい部分での基礎グラウチング 253

図 4.11.9 浦山ダムコンソリデーショングラウチング施工実績図(「浦山ダム工事誌」より)

表 4.11.3 浦山ダムのコンソリデーショングラウチングの施工実績表（「浦山ダム工事誌」より）

ゾーン	次数	第1ステージ 施工孔数	第1ステージ ルジオン値 平均値	第1ステージ ルジオン値 15%超過確率	第1ステージ 単位セメント注入量 (kg/m) 平均値	第1ステージ 単位セメント注入量 (kg/m) 15%超過確率	第2ステージ 施工孔数	第2ステージ ルジオン値 平均値	第2ステージ ルジオン値 15%超過確率	第2ステージ 単位セメント注入量 (kg/m) 平均値	第2ステージ 単位セメント注入量 (kg/m) 15%超過確率
A_1	1次孔	257	13.24	22.00	26.4	67.1	257	5.76	3.10	22.9	20.0
	2次孔	258	7.88	11.00	18.8	38.4	258	2.95	3.84	17.1	11.6
	3次孔	191	8.83	9.37	24.3	30.6	90	2.63	4.26	28.0	42.0
	4次孔	128	2.86	2.25	5.8	4.4	38	3.35	7.50	19.5	10.9
	5次孔	44	2.34	3.08	3.2	6.8	20	6.78	20.20	51.9	183.5
	6次孔	14	0.71	2.00	0.9	3.5	20	1.22	1.90	3.6	7.8
	7次孔	—	—	—	—	—	2	0.58	0.00	1.8	0.0
A_2	1次孔	54	6.23	10.82	12.5	29.9	54	9.93	1.20	18.2	3.6
	2次孔	53	1.62	1.02	3.2	3.2	53	1.33	0.62	7.5	0.5
	3次孔	18	3.05	8.73	9.9	17.0	11	4.85	8.00	60.2	178.0
	4次孔	12	2.12	7.80	11.6	48.0	8	0.00	0.00	0.8	0.0
	5次孔	8	0.04	0.00	0.0	0.0	—	—	—	—	—
B	1次孔	53	38.17	80.00	658.4	1675.6	53	24.29	40.74	1266.2	802.3
	2次孔	62	19.46	36.00	141.5	344.2	62	15.15	28.71	134.3	256.4
	3次孔	104	21.83	39.80	120.5	283.0	102	14.72	24.62	135.2	285.6
	4次孔	189	15.48	30.72	76.4	169.0	188	13.57	25.08	103.9	214.7
	5次孔	292	11.93	27.24	56.9	146.5	295	9.44	18.03	67.5	142.5
	6次孔	419	4.17	6.29	20.0	21.0	426	4.14	6.30	30.7	55.8
	7次孔	231	2.85	4.00	10.4	16.1	229	2.39	3.54	16.4	25.0
	8次孔	29	2.50	3.21	8.3	11.0	11	1.69	2.39	9.7	16.6
	9次孔	4	1.5	2.05	5.8	8.1	—	—	—	—	—
C	1次孔	98	71.01	134.00	754.2	1419.9	98	29.92	44.86	758.1	433.2
	2次孔	102	54.71	132.66	173.7	194.2	102	18.26	40.60	154.7	216.6
	3次孔	196	21.48	50.75	44.9	93.8	182	11.77	27.06	56.3	110.6
	4次孔	235	19.18	44.66	77.2	67.0	177	8.38	19.27	38.1	95.6
	5次孔	251	14.74	29.91	28.3	56.0	138	10.25	20.53	42.2	92.2
	6次孔	218	11.06	26.75	17.6	35.0	134	4.23	5.60	16.7	34.1
	7次孔	160	7.18	6.89	9.2	10.5	72	1.69	3.62	5.4	9.3
	8次孔	83	1.32	2.34	3.2	1.8	11	1.66	6.52	1.1	4.4
	9次孔	14	0.77	1.45	1.3	3.2	5	1.06	4.73	1.8	5.8

ルジオン値・単位セメント注入量ともはっきりとした減少傾向を示しているが，A_1・A_2 ゾーンでは3次孔で逆に2次孔よりもルジオン値・単位セメント注入量とも大きな値を示している．また第1ステージの A_2 ゾーンの4次孔と第2ステージの3次孔では単位セメント注入量がそれぞれの1次孔の値を上回る値を示していることである．

また B・C ゾーンでは 2～5 次孔の段階ではルジオン値・単位セメント注入量の減少ははっきりとは現れず，第2ステージの C ゾーンでは5次孔の方が4次孔よりも両者とも大きな値を示すなど通常考えられている傾向とは逆の傾向も現れている．

コンソリデーショングラウチングが施工された部分の下側で施工された高透水処理グラウチングでも同様の傾向を示している．すなわち B'・C' ゾーンの2次孔では1次孔に比べて注入量は大幅

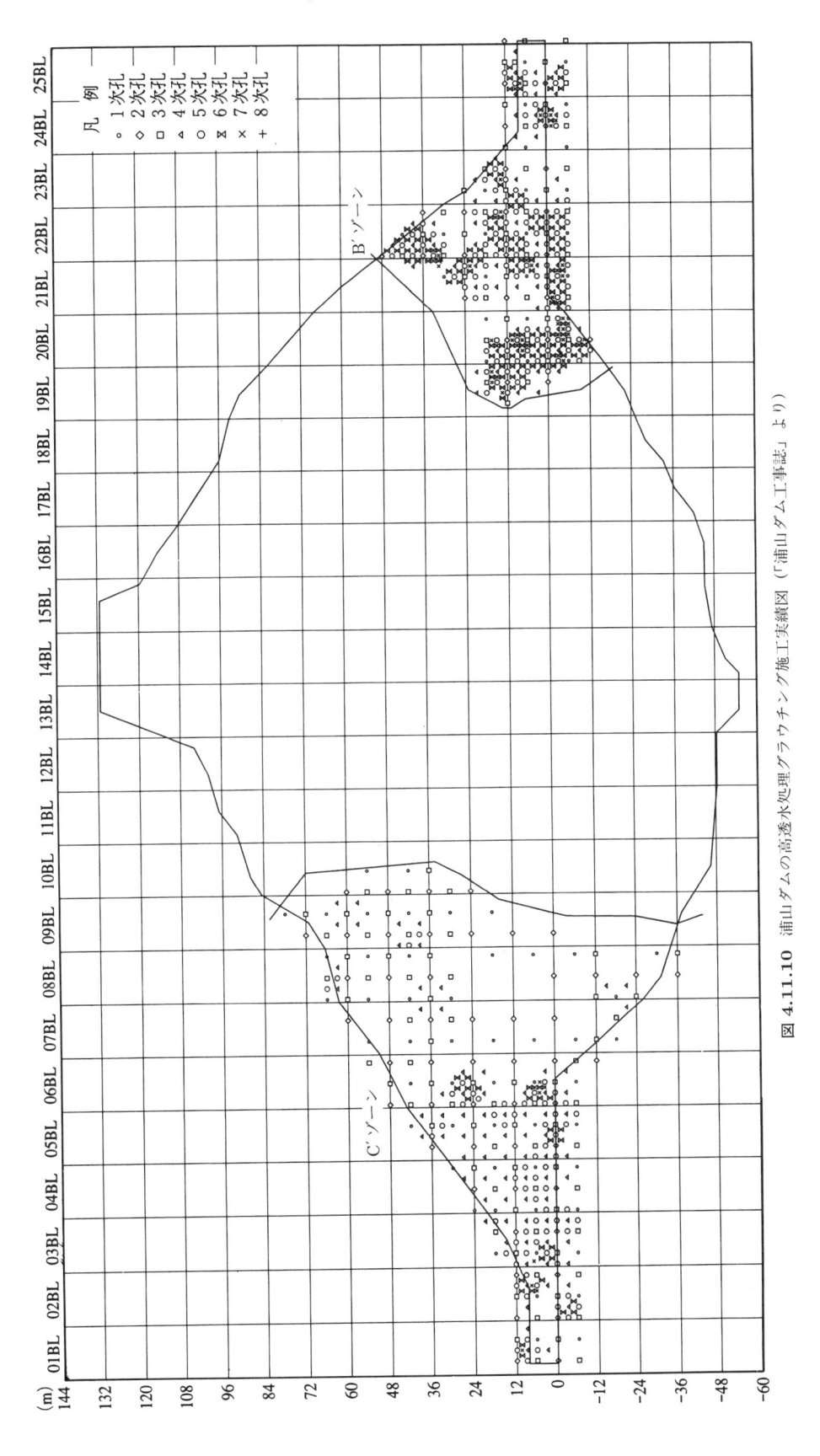

4.11 浦山ダムの地形侵食による緩みの著しい部分での基礎グラウチング 255

図 4.11.10 浦山ダムの高透水処理グラウチング施工実績図（「浦山ダム工事誌」より）

表 4.11.4 浦山ダム高透水処理グラウチングの実績表（「浦山ダム工事誌」より）

ゾーン	次数	施工孔数	ルジオン値			単位セメント注入量 (kg/m)		
			平均値	15%超過確率値	50%超過確率値	平均値	15%超過確率値	50%超過確率値
B′	1次孔	45	14.32	21.77	14.23	802.2	1572.8	193.9
	2次孔	53	12.62	21.15	11.90	291.6	487.6	85.8
	3次孔	83	11.72	20.10	10.41	149.9	272.3	103.0
	4次孔	152	11.24	18.18	10.27	200.8	281.1	61.1
	5次孔	171	10.50	18.36	9.24	109.3	210.3	48.8
	6次孔	194	5.90	12.81	3.22	61.0	135.3	20.2
	7次孔	92	1.98	3.24	1.48	33.5	31.1	10.4
	8次孔	2	0.20	0.00	0.23	0.0	0.0	0.0
	チェック孔	58	2.12	3.54	2.19	23.4	17.9	0.0
C′	1次孔	172	11.14	21.05	6.91	1090.2	948.6	217.0
	2次孔	202	9.17	16.21	4.23	173.7	352.5	92.0
	3次孔	150	9.22	18.52	3.15	154.1	301.0	23.2
	4次孔	196	7.81	16.95	3.12	119.9	220.2	9.5
	5孔次	133	5.67	11.41	2.08	62.7	125.5	4.4
	6次孔	67	3.43	5.78	1.51	9.3	11.4	3.1
	7次孔	20	1.68	3.08	1.21	6.8	10.9	1.8
	チェック孔	179	0.60	1.31	0.11	6.4	5.4	0.0

に低減するがB′・C′ゾーンとも2次孔から5次孔までの間はルジオン値・単位セメント注入量の低減は著しくなく，時には先行したグラウチングよりも大きな値を示していることもある（B′ゾーンの3次孔から4次孔の単位セメント注入量など）．

また後述するように補助カーテンと主カーテンの施工でも追加孔の施工段階ではしばしば施工の進行に伴って逆にこれらの値が増加している場合が見られている．

このようにルジオン値や単位セメント注入量が直前に施工された注入孔に比べてはっきりした低減傾向が見られないのは，表4.11.3と表4.11.4で見る限り孔間隔が4.34mの3次孔から孔間隔2.12mの5次孔の施工段階と，施工孔数が前の施工段階に比べて同程度または減少しているときにおいてである．

このように低減傾向がはっきりと現れない原因として考えられることは，

① 孔間隔が3次孔で4.34m，4次孔で3mであるので，3～4次孔までは直接交差しないためにミルクが入り込まない細かな節理が残存し，先行したグラウチングの注入効果が必ずしも施工結果にはっきりと現れにくい場合があること．

② 元来，1次孔を辺長8.5mの正方形の格子状に配置して続く2次孔以降を各正方形の対角線の交点に内挿する形で施工するときは，同じ面積を施工するには後行の施工ほど施工孔数は増大するはずである[注27]．にもかかわらず後行の施工で施工孔数が同程度または少ないとい

注27) 浦山ダムのコンソリデーショングラウチングで採用された孔配置はまず m 行 n 列の正方形を縦横に連続して配置し，1次孔を各正方形の辺の中点に配置し，2次孔を各正方形の頂点および対角線の交点に配置する．3次孔は1～2次行で形成される正方形の対角線の交点に配置し，4次孔は1～3次行で形成される正方形の対角線の交点に配置し，……という形で配置されている．このような孔配置のときの孔数を一般的な形で求めると，

1次孔の孔数は n 孔の列が $(m+1)$ 行と $(n+1)$ 孔の列が n 行となり，
$$n(m+1)+(n+1)m=2mn+m+n となり，m=n=3 のとき 24 孔，$$
2次孔の孔数は $(n+1)$ 孔の列が $(m+1)$ 行と n 孔の列が m 行となり，

うことは以下に述べることも大きな原因となっていると考えられる．すなわち図4.11.9や図4.11.10にも示されているように3次孔以降の段階では緩みがなくてルジオン値が追加基準より低い値を示す部分では内挿孔は施工していない．このため前の段階ではルジオン値が低い値を示してルジオン値や単位セメント注入量の平均値や15％・50％超過確率の値を引き下げていた部分の測定値が次の施工段階では母集団から外されることになる．このために統計処理の対象とされた値が前の施工段階とは異なった母集団から計算され，その数値の持つ意味が前の段階の数値とは異なった意味を持った値になっていること．

の2点が考えられる．

これらのうち①については施工部分の深度も大きく関係し，注入圧力が低くて漏洩しやすい第1ステージでは高次孔になるまでその効果が現れにくく，逆に注入圧が比較的高くて漏洩しにくい高透水処理グラウチングでは比較的早くに先行グラウチングの効果が現れることも考えられるが，必ずしもそのような傾向は読み取れない．むしろコンソリデーションや高透水処理のグラウチングも1次孔で極端に多い注入量が見られ，2～5次孔の段階で平均で10ルジオン以上，100kg/m以上の注入量という形が共通して見られる．

このような現象はコンソリデーションや高透水処理のグラウチングに共通して見られる．これは表4.11.3と表4.11.4を見る限り1次孔では直接交差した節理面やこれらとつながり開口してミルクが入りやすかった節理面は充填されるが，開口幅はそれほど大きくなくて注入孔に直接交差しなかった節理群の充填は不十分で，この種の節理群をほぼ完全にミルクで充填して改良目標値まで改良するためには部分的には4～6次孔程度までの施工が必要であったとも考えられる．

しかし3次孔→4次孔→5次孔……と進行していく間にルジオン値や単位セメント注入量が目立って減少せずに逆に増大する場合がしばしば見られるのは，むしろ②のルジオン値が低い部分を間引いて施工を進めたためにルジオン値が低い部分の資料が母集団から除外されたことが主な原因と考えるべきである．

以上述べたように現在一般に用いられているグラウチングの施工結果の統計処理方法は②に示した問題点があり，グラウチングの効果と追加施工が必要か否かの判断を行う上で不適切な点がある．この点に関しては止水カーテンの場合には一次元的な孔配置を内挿しつつ追加孔を施工するので次数が増えるごとに孔数の増加する割合は倍倍と増加していく．しかし注27)でも述べたようにコンソリデーショングラウチングの場合には面的な孔配置を内挿しつつ追加孔の施工が行われるので孔数の増え方が複雑になり，どの段階までが施工区間全体の平均的な状況の数値を示しているのか，どの段階から特に透水度が高い部分に限定された部分の数値を示しているか判断しにくくなっている．

したがってこの問題はグラウチングの効果と追加施工が必要か否かの判断を適切に行うためには早急に統計的に正しい方法を検討し是正していく必要があるが，次項で止水カーテンの施工資料を述べた後に併せて検討を加えることにする．

3次孔の孔数は $2n$ 孔の列が $2m$ 行となり，$(n+1)(m+1)+mn = 2mn+m+n+1$, $m=n=3$ のとき25孔，$4mn$, $m=n=3$ のとき36孔，
4次孔の孔数は $2n$ 孔の列が $(2m+1)$ 行と $(2n+1)$ 孔の列が $2m$ 行となり，
$2n(2m+1)+2m(2n+1) = 8mn+2(m+n)$, $m=n=3$ のとき84孔
となり2次孔→3次孔……と次数が上がるに従って孔数は次第に増え，特に4次孔以降は急増する形になる．

4.11.5 浦山ダムの止水カーテンの施工結果

まず施工順序に従って補助カーテンの施工結果について述べる．この補助カーテンの位置と施工深さは図 4.11.6 に示すとおりである．孔配置は 1 列で施工し，まず孔間隔 6 m の 1-1 次孔を施工し，次いで孔間隔 3 m の 1-2 次孔を施工し，これらの中で 4 ルジオン以上の値を示したステージの両側に 2 次の追加孔の施工を行った．

この施工は上流側フーチングより行われ，施工時期はコンソリデーションと高透水処理のグラウチングの終了後で堤体コンクリートの被りが 20 m 以上となった時点で施工された．なお上部のダム高さが 20 m 未満の部分は堤体打設終了後に施工された．

注入圧力は第 1 ステージで 3 kgf/cm^2，第 2 ステージで 5 kgf/cm^2，第 3 ステージで 7 kgf/cm^2，第 4 ステージで 10 kgf/cm^2，第 5 ステージで 15 kgf/cm^2，第 6 ステージ以深で 20 kgf/cm^2 で注入された．これらの注入圧力と先行して施工されたコンソリデーションや高透水処理での注入圧力と比較すると，先行したこれらの施工では第 1 ステージで 2～3 kgf/cm^2，第 2 ステージで 4～5 kgf/cm^2，第 3 ステージで 7 kgf/cm^2，第 4 ステージで 10 kgf/cm^2，第 5 ステージ以深で 15 kgf/cm^2 で行われている．いずれのステージでも先行して施工されたグラウチングとほぼ同程度の注入圧力で施工された．

補助カーテンの施工実績は表 4.11.5 に示されている．前述したように 1-1 次孔と 1-2 次孔とは両者相まって 3 m 孔間隔の規定孔で，ステージ数もほぼ等しく，先行して施工された 1-1 次孔の方がルジオン値・単位セメント注入量ともやや高い値を示しているが，これらの施工に先立って実施されたコンソリデーションと高透水処理のグラウチングが極めて効果的であったために，カーテングラウチングの改良目標値に近いルジオン値が得られていた[60]．

また 2 次孔は 1-1 や 1-2 次孔の施工時に 4 ルジオン以上の透水度を示したステージの両側と，2 ルジオン以上のステージが縦に連続する孔の周辺に対して追加孔として施工した．表 4.11.5 によると 2 次孔は規定孔を内挿して高透水な部分のみを母集団とした資料であるにもかかわらず，1-2 次孔に比べてルジオン値・単位セメント注入量とも低い値を示して改良目標値を達成していたことは，1-1 次および 1-2 次孔のグラウチングが残存した小さな透水路に対しても効果的な止水効果を果たしていたと見ることができる．

最後に主カーテンの施工方法とその施工実績について述べる．主カーテンの孔配置は図 4.11.11 に示すようである．すなわちパイロット孔 → 1-1 次孔 → 1-2 次孔の順に施工して 1 列で孔間隔 3 m の孔配置を規定孔とし，これらの先行して施工された孔のうち改良目標値に達しない孔の周辺に対しては，1 m 下流の平行線上を含めて図 4.11.11 に示すように 2 次孔 → 3 次孔……と内挿したグラウチングを施工した．

また主カーテンの深度は地質調査で求められたルジオン値が改良目標値の 2 ルジオン以下になる所よりも 1 ステージ (5 m) 以上の深さをカバーする範囲まで，側方には地下水面がサーチャージ水位に上昇する所までとした．注入圧力は補助カーテンと同じ圧力で補助カーテンの施工後に堤内監査廊から施工された．

また主カーテンの施工実績も表 4.11.5 に示されている[61]．この表を巨視的に観察すると河床部に近い下部の A$_1$・A$_2$ ゾーンの基礎岩盤は地形侵食による緩みもほとんどなく極めて透水度が低く，この部分では前処理や高透水処理のグラウチングのような特殊グラウチングは行われず，コンソリ

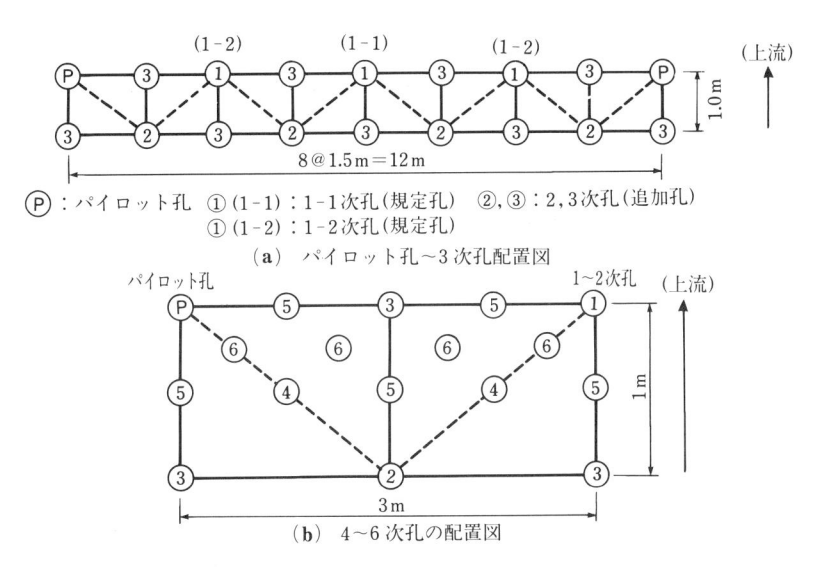

4.11 浦山ダムの地形侵食による緩みの著しい部分での基礎グラウチング

図 4.11.11 浦山ダム主カーテンの孔配置図（「浦山ダム工事誌」より）

デーショングラウチングも半分近くの面積で孔間隔 6m の 2 次孔までしか施工されていなかったにもかかわらず，ルジオン値も単位セメント注入量も極めて低い値しか示していなかった．

一方左右岸ダム敷上部と左右岸リム部の当初から問題視されていた緩んだ部分のうち，左右岸ダム敷上部ではパイロット孔の施工段階で平均の単位セメント注入量は 50～100 kg/m の値となり，ルジオン値も 15% 超過確率値で 3～4 と改良目標値に近い値が得られていた．さらに 1-1 次孔 → 1-2 次孔と進むにつれて単位セメント注入量は平均値で 1/3 強に減少し，ルジオン値も改良目標値を満足するようになってきている．

これに対して左右岸のリム部ではパイロット孔の段階で平均の単位セメント注入量は 200～500 kg/m とかなり高い値を示し，ルジオン値も平均 10 ルジオン以上という高い値を示していた．しかし 1-2 次孔の段階で単位セメント注入量が平均 30～50 kg/m，ルジオン値も平均 2～5 ルジオン程度と大幅に改良されてきている．

このように左右岸ダム敷上部の方が左右岸リム部よりも特にパイロット孔の施工段階でのルジオン値・単位セメント注入量ともかなり低い値を示したのはリム部の方が上位標高にあり，地形侵食による緩みが著しかったことも一因であろう．しかし主たる原因は左右岸ダム敷の上部は主カーテンの施工に先立って前処理・コンソリデーション・高透水処理などのグラウチングを徹底して行っていたのに対して，左右岸リム部に対しては前処理グラウチングのみが施工されていたのにとどまっていたことが主な原因であろう．

また表 4.11.5 では主カーテンの施工ではいずれのゾーンでもパイロット孔と 1-1 次孔とはほぼ同じ孔数の施工がなされているのに対して，1-2 次孔ではパイロット孔と 1-1 次孔の和にほぼ等しい孔数が施工されている．

このことは図 4.11.11 (a) の孔配置図から容易に理解し得ることで，パイロット孔・1-1 次孔・1-2 次孔は規定孔として間引くことなく施工されたので，これらの孔の施工結果を統計処理した値はその各々の施工段階での止水カーテン施工範囲全体での測定値を母集団として統計処理した値である

表 4.11.5 浦山ダム補助および主カーテンの施工実績表（「浦山ダム工事誌」より）

カーテン種類	ゾーン	次数	施工孔数	ルジオン値 平均値	ルジオン値 15%超過確率値	ルジオン値 50%超過確率値	単位セメント注入量 (kg/m) 平均値	単位セメント注入量 (kg/m) 15%超過確率値	単位セメント注入量 (kg/m) 50%超過確率値
補助カーテン		1-1 次孔	476	2.60	4.93	0.91	58.3	113.3	4.5
		1-2 次孔	372	1.43	2.12	0.27	15.6	15.8	0.0
		2 次孔	32	1.32	1.76	1.02	10.0	13.2	3.9
主カーテン	ダム敷河部床 (A_1・A_2)	パイロット孔	230	0.74	1.31	0.06	7.0	7.8	0.0
		1-1 次孔	220	0.89	0.88	0.02	9.8	5.4	0.0
		1-2 次孔	439	0.51	0.45	0.02	2.4	3.3	0.0
		2 次孔	139	0.51	0.91	0.02	4.5	4.2	0.0
		3 次孔	51	0.63	0.38	0.00	2.6	5.5	0.0
		4 次孔	13	0.10	0.10	0.00	0.3	0.0	0.0
		チェック孔	228	0.26	0.56	0.06	2.3	4.8	0.0
	ダム敷右岸上部 (B)	パイロット孔	178	1.90	3.70	0.38	96.0	182.3	5.8
		1-1 次孔	138	1.19	1.67	0.17	52.2	117.9	4.3
		1-2 次孔	272	0.89	1.48	0.12	35.0	26.3	0.0
		2 次孔	132	0.75	1.60	0.35	45.1	85.1	7.8
		3 次孔	103	0.73	1.63	0.23	24.1	18.6	6.5
		4 次孔	60	0.60	1.44	0.28	10.1	19.3	6.6
		5 次孔	20	0.43	1.04	0.22	12.0	21.4	12.2
		チェック孔	116	0.30	0.71	0.11	10.4	14.3	0.9
	ダム敷左岸上部 (C)	パイロット孔	281	1.42	2.89	0.45	68.2	191.6	3.5
		1-1 次孔	208	0.73	1.22	0.22	56.5	133.2	4.2
		1-2 次孔	418	0.55	0.95	0.14	26.2	33.5	2.6
		2 次孔	133	0.72	1.53	0.21	23.2	28.5	2.9
		3 次孔	96	0.63	1.36	0.39	3.8	7.1	3.2
		4 次孔	24	0.79	1.65	0.50	3.1	9.1	1.6
		5 次孔	17	0.56	1.38	0.41	3.0	6.6	0.0
		チェック孔	230	0.28	0.60	0.12	11.3	10.3	2.4
	右岸リム部	パイロット孔	73	11.64	6.09	2.96	184.9	410.0	34.0
		1-1 次孔	59	2.42	3.92	1.06	35.4	76.8	6.2
		1-2 次孔	110	2.14	3.31	0.67	30.8	21.0	5.0
		2 次孔	74	3.13	3.82	0.71	22.8	21.7	4.8
		3 次孔	97	1.66	1.79	0.78	8.1	10.4	4.7
		4 次孔	52	0.97	1.72	0.85	5.9	9.7	5.9
		5 次孔	31	1.19	2.48	0.97	5.8	10.3	5.5
		6 次孔	28	0.63	1.43	0.43	3.1	7.0	2.8
		チェック孔	47	0.50	0.88	0.43	20.5	17.8	6.5
	左岸リム部	パイロット孔	119	11.19	13.10	1.68	477.5	361.3	33.9
		1-1 次孔	120	3.42	5.69	0.67	90.1	186.1	8.9
		1-2 次孔	248	3.56	4.26	0.38	49.7	114.1	3.8
		2 次孔	151	3.00	6.51	1.40	30.4	89.6	6.4
		3 次孔	293	1.71	3.43	0.72	12.1	15.6	3.5
		4 次孔	221	1.59	2.80	0.74	11.3	9.8	4.3
		5 次孔	257	0.98	1.61	0.62	6.8	8.6	3.8
		6 次孔	115	0.86	1.58	0.54	4.8	8.1	3.6
		7 次孔	77	0.84	1.57	0.67	4.7	7.5	3.2
		8 次孔	35	0.48	0.84	0.43	9.1	8.1	1.6
		チェック孔	70	0.44	0.77	0.32	9.3	15.4	3.0

と見ることができる．

　これに対して2次孔以降の値はそれ以前に施工された孔のうち比較的高いルジオン値を示した部分の周辺を内挿する形で施工された孔のみの施工結果から求められた値である．このため施工孔数も明らかに減少して統計処理された測定資料の母集団の性質は変化しており，それ以前に施工された部分の中で低いルジオン値を示した部分を除外してルジオン値が高い部分のみを施工対象として得られた測定値を統計処理した値である．

　この点は前述したコンソリデーションや高透水処理のグラウチングの施工結果を統計処理した値と同じ問題点を持っている．すなわちこの種の資料を観察する場合には施工が進行するに従って施工孔数が同程度か増加しているときはルジオン値が低いために間引かれた部分は少なく，前の施工段階の母集団とはそれほど性質が異ならない母集団を対象として統計処理された値であり，これらの値の変化からグラウチングの効果を推定することは可能である．しかし施工孔数が減少しているときはルジオン値が低い部分が大幅に間引かれて比較的ルジオン値が高い部分の測定値のみが統計処理されていることを示している．このためグラウチングが効果的に行われて基礎岩盤の透水度がかなり改善されていてもルジオン値や単位セメント注入量の統計処理した値が逆に増大する場合が多く，逆に改良度が低下したと誤った判断を下しやすいことになる．

　ここで今一つ注目すべき点について述べると，前述したように2次孔以降の止水カーテンの施工で得られた値は比較的ルジオン値が高い部分に対して行った施工から得られた値であり，特に最終次に近い施工段階では各部分とも孔間隔はかなり狭くなっているが孔数は極めて少なくてごく限られた透水度が高い部分の施工結果である．すなわちこの段階で施工の対象となっている部分は元々ルジオン値が高くてグラウチングによる改良に最も手間のかかった部分であるということである．

　一方，チェック孔は主カーテンが鉛直の注入孔で施工されたのに対して斜めの注入孔により施工されたという相違があるが，特にルジオン値が高い部分に集中せずに全体を均等にカバーするように施工されている．このため施工対象とされた母集団は規定孔のパイロット孔・1-1次孔・1-2次孔と同じルジオン値が低い部分を含めた全施工部分を対象としており，ルジオン値が高い部分のみを母集団とした高次孔とは統計処理した値の物理的な意味は大きく異なることになる．

　にもかかわらず，チェック孔の施工結果の統計処理した値はその直前に行われた高次孔の数値と比較してみるとルジオン値は同程度の値を示しているのが大半であるが（A_1・A_2ゾーンではかなり増加しているが），単位セメント注入量は半数以上の部分でかなりの増加が見られている．この点に関しては一歩踏み込んだ考察が必要となる．

　すなわちこのような結果が得られた原因として考えられることは，

⑦ 一般に規定孔から内挿孔へと施工を進める段階ではルジオン値が追加基準以下の値を示した孔の周囲は追加グラウチングは施工されないが，このような部分に先行した注入孔により直接注入されない部分で部分的に比較的透水度が高い所が残されていた場合，

④ 止水カーテンの施工では規定孔や追加孔とチェック孔とでは注入孔の方向を変えて行うのが一般で，浦山ダムの場合には規定孔や追加孔は鉛直の注入孔で，チェック孔は斜めの注入孔で施工された．このように止水カーテンの施工では先行して施工された規定孔や追加孔とチェック孔との方向が異なるために先行して施工した注入孔と交差しにくい方向に開口した節理面が多く存在した場合には，先行した規定孔や追加孔と交差せずに充分注入されなかった緩ん

だ節理面にチェック孔が新たに交差して注入された場合、の2つである。

一般的にはこれらの2つの欠点を補うために先行した規定孔や追加孔と異なった方向の注入孔でチェック孔が施工されるのであろう。しかし浦山ダムの場合にはダム敷左右岸の上部やリム部では、前処理・高透水処理・補助カーテンなど他のダムでは行われていない入念なグラウチングが主カーテンの施工に先立ってかなりの深さまで施工されており（先行グラウチングでは改良目標値は主カーテンよりも多少高い値で行われたが）、⑦がチェック孔のルジオン値や単位セメント注入量が高次の追加孔の施工結果に比べて同等または高めの値を示した主な原因とは考えにくい。

むしろ浦山ダムの上部の緩みは 4.11.2 項に詳しく述べたように、走向が河谷にほぼ平行で傾斜が鉛直に近い節理群が地形侵食により大きく開口したことによる点を考慮すると、①のコンソリデーション・高透水処理・補助カーテン・主カーテンの規定孔や追加孔がすべてこれらの開口節理に交差しにくい鉛直の注入孔により施工されたことになり、これが主な原因であったと考える方が理解しやすい。

この点は 4.8 節の下湯ダムの柱状節理の発達した高溶結凝灰岩層や 4.10 節の四時ダムの右岸上部の硬岩部での問題点と共通した問題点であると考えられる。

このように考えると、前処理・コンソリデーション・高透水処理・補助カーテン・主カーテンなどの規定孔や追加孔が開口幅が大きい節理に交差しやすい斜めの注入孔により施工されていたならば、これらの開口幅が大きい傾斜が鉛直に近い節理群に交差する頻度が大幅に増大し、各々の施工段階においてこれほどの高次の追加グラウチングを施工せずにより効果的な改良が達成し得たのではないかという疑問が生じてくる（前処理グラウチングの一部は斜めの注入孔で施工されたが）。

このように当ダムの両岸上部は地形侵食により大きく緩み最大で 50 cm に達する開口節理が存在したほどであったが、主カーテンの施工結果はこれらの緩みの著しい部分に対して事前に【前処理グラウチング】→【コンソリデーション・高透水処理グラウチング】→【補助カーテン】と入念な基礎処理が行われた結果、力学的にも止水面からも極めて安全性の高いダムを完成することができた。

4.11.6　浦山ダム止水グラウチングの施工結果に対する考察

以上のようにこのダムでは左右岸の上部に緩みが著しい部分が存在したがこの部分を除去せずに、【前処理グラウチング】→【コンソリデーションと高透水処理グラウチング】→【補助カーテンと本カーテングラウチング】という通常のダムでは例を見ない入念な基礎処理を行い、試験湛水時の堤内排水孔からの全漏水量が最大で 40 l/min と極めて少ない量に抑制することができた[62]。

当ダムの地形侵食による緩みの著しい部分に対する基礎処理は今後のこの種の問題点を持つ地点でのダム建設に対して極めて貴重な事例であるとともに、施工資料も細部にわたり整理されているのでこの工事を通して多くの貴重な資料が得られた。

このダムの左右岸上部の緩みは緑川ダム・漁川ダム・下湯ダムでの更新世後期の柱状節理の発達した高溶結凝灰岩におけるそれと勝るとも劣らぬ規模のものであった。またこれらの高溶結凝灰岩はいずれもフィルダムの、しかも比較的上位標高での基礎として用いられたものであった。しかしこのダムではこれらの緩んだ部分がダム高さ 100 m 前後の重力ダムの基礎の部分より上位の標高全般に存在し、単に止水問題だけでなく、この規模のダムの基礎岩盤としての力学的な問題にも対応

する必要があったという点で日本のダム建設にとって初めて経験する問題であった．

このため水資源開発公団内にこのダムの基礎処理に関しての技術検討委員会が設置されて入念な検討が行われた．このダムで実施された特殊基礎処理の流れと各々の細部の施工方法を子細に見ると細部にわたって入念な検討が加えられており，少数の人の手で組み立てられたものではないことを伺わせる内容となっている．

しかしダムが完成して施工の際に収集された資料を第三者的な目で検討すると，今までの慣習に拘束されていた点やこのダムの施工を通して得られた経験から今後再検討すべき点もいくつか見られる．これらの点について考察を加えていくことにする．

まず高透水処理グラウチングの目的については「浦山ダムの技術的課題について」では高透水処理グラウチングが必要になった理由として，次の3点を上げている．すなわち，

i) 流入粘土が開口割れ目にそのまま残った場合には薄い止水カーテンのみでは将来パイピングの懸念が残るので，ダム敷全体に及ぶ幅の広い難透水ゾーンを形成して，止水カーテンの補助とする．
ii) カーテングラウチング部に流入粘土が多少残されても，移動しないようにこれを封じ込める．
iii) 岩盤の変形要因となるような，著しく開いた開口性割れ目を埋めておく．

と述べている[63]．

もしこのようにi)・ii)をその主目的とするならば，流入粘土が入った緩んだ部分では高透水処理グラウチングを施工した部分全体が止水上必要であることになる．したがって，この部分の上流面に近い監査廊内に排水孔を設けて上流端と排水孔との間に急な水頭勾配を形成し，揚圧力の大幅な低減を図ることは避け，むしろ排水孔を設けないでこの部分のダム本体の形状は排水孔を設けないために揚圧力が高くなった状態で安定が保てる形状に設計しておくべきだったことになる（例えば設計での揚圧力分布を上流端で揚圧力を $0.5 \sim 0.6H$，下流端で下流水位と一致する直線分布とするなど）．

しかし現実にはこの部分にも排水孔が設けられて排水孔の上流側には急な水頭勾配が形成されたが，サーチャージ水位に達した状態でもこの部分の排水孔からはほとんど漏水はなく，また全漏水量も経時的に減少傾向を示していた．これらの事実から当ダムで施工された一連のグラウチングにより排水孔より上流側の基礎岩盤内の流入粘土は完全に封じ込められ，急な水頭勾配に対して充分耐え得る状態に改良されたと見ることができる．

このように考えると排水孔より下流側に施工された高透水処理グラウチングは前々項にも述べたように，iii)のダムから岩盤に伝達される力の最も大きい部分にコンソリデーショングラウチングの施工後に開口幅が大きい緩んだ部分が残存し，予想以上の非弾性変形やそれによる応力の乱れが生じないために不可欠であったと考えるべきであろう．

また高透水部の外側の荒止めを目的とした前処理グラウチングが上流側は鉛直方向の孔1列で施工されたのに対して，下流側はダム敷下流端から鉛直からそれぞれ15°・30°・45°下流向きの3列で施工されている．これは最大圧縮主応力がダム下流面沿いに生じて岩盤に伝えられることを考慮し，最大圧縮主応力線の延長線より内側は充分に強化することを意図していたと考えると力学的にも極めて合理的な対応であったと見ることができる．

以上から浦山ダムの基礎処理において排水孔より上流側のグラウチングは止水を主目的にしたものであり，排水孔より下流側のグラウチングは力学的な改良を主目的としたものと考えるべきであろう．

このような観点に立つならば，排水孔より上流側のグラウチングの改良目標値はルジオン値の改良とともに流入粘土の流出が生じないような耐水頭勾配性の向上がその主目的となり，排水孔より下流側のグラウチングは岩盤の力学的性質の不均一性や変形性の改良に置かれるべきで，改良目標値も上流側とは異なった形になるべきであろう．

また排水孔より上流側のグラウチングの改良目標値が従来のルジオン値で設定されたのは当然であるが，このように流入粘土が入った緩んだ部分の耐水頭勾配性の改良に関してはどの程度の水頭勾配に対して，どの程度の注入圧力で施工すればよいかということが問題となってくる[注28]．この点に関しては現在のところはっきりした基準ないし目安はないのが実状である．

一方，当ダムにおいては湛水後排水孔からの目立った漏水はなく，経年的に減少傾向を示していたということは排水孔より上流側で施工された前処理・コンソリデーション・高透水処理・補助カーテン・主カーテンなど一連のグラウチングにより，耐水頭勾配性も充分であるように改良されたことを示している．したがって浦山ダムの施工結果が今後のこの種の問題の貴重な事例となることを考慮して，この点に関して数値的に整理しておくことはこの種の問題に対して貴重な資料となると考えられる．

[注28] この問題に関しては現在のところ組織的な研究はあまり行われていない．筆者の知る範囲では川俣ダムの河床部で交差する F-30 に対する止水処理の一環として，カーテンラインが F-30 と交差する所で深さ 57 m に及ぶ竪坑を掘削してコンクリートで充填し，その下の部分に最高圧力 40 kgf/cm^2 の注入圧力で注入を行った後にボーリングコアを採集したところ，断層粘土が完全に固化した棒状のコアが採集され，一軸圧縮強度は 300 kgf/cm^2 程度の値を示していた．なおこの部分はかなりの深度で締め固められていたので，グラウチングの施工前の水押しテストでは限界圧力は 20～30 kgf/cm^2 程度の値を示していた[64]．

下筌ダムの左岸の下筌溶岩と小竹溶岩との境界部付近は降雨により地下水位が上昇した際に横坑の側壁から流入粘土が湧出するほど緩みが著しく，ルーズな流入粘土が多量に存在した．この対策を検討するためにこの部分を貫通して標高差 30 m の横坑 2 本を平行に掘削してこの部分で横坑を拡幅して 10 × 10 m の試験箇所を造成し，周辺部に荒止めグラウチングを施工した後に粘土の洗い出し・高圧グラウチングによる流入粘土の締固め・固化等の試験を行い，さらにその中間標高に試験後横坑を掘削して状況観察を行った[65]．その結果，粘土の洗い出しは一度流路が形成されるとその後の洗浄水はその流路のみを流れ，効果的な流入粘土の除去は困難であることと，最高で 1 ステージ 1.7 m で注入圧力 45 kgf/cm^2 での高圧グラウチングを行って試験後の横坑掘削時にその効果を肉眼で観察したが，高圧注入孔の 30 cm 程度の周辺までは流入粘土が脱水してかなり固化し，壊すと方解石のように直方体に割れていくような状態であるが，その外側は脱水してやや締め固められた状態となり，60 cm 以上離れた所は元の流動性のある粘土の状態であった．

大門ダムの右岸に存在した韮崎岩屑流堆積層はグラウチング施工前には土質試験的な原位置透水試験結果は 10^{-6} cm/s 程度の透水度を示したが，ルジオンテストの結果は浅い所では限界圧力が低かったために 10 ルジオン前後の値を示していた．しかし 75 cm 孔間隔のグラウチングを施工した部分ではその施工時に静水頭により 0.5 kgf/cm^2 刻みで昇圧して測定するという丁寧なルジオンテストを行ったこともあり，ほとんどの所で 2 ルジオン以下に改良された．しかしこの点に関してはグラウチング前後での限界圧力の測定結果が残されていないので，グラウチングにより固化して限界圧力が上昇したためか，丁寧な透水試験により限界圧力以下での透水度が測定されたためかは判定しにくい状況であった（本書 4.7 節参照）．

このように川俣ダムの F-30 での高圧グラウチングの結果と下筌ダムのグラウチングテストの結果との相違は，川俣ダムの場合には弱層部の粘土が強い変質を受けており特殊な粘土鉱物を含んでいたことと，元々かなりの深部で（河床面下約 60～70 m）限界圧力も 20～30 kgf/cm^2 とかなり締め固められた部分であったのに対して，下筌ダムの試験対象となった粘土は流動性があり，硬い岩盤内の開口節理の中に存在して圧力をかけて締め固めても注入圧が硬い岩石に阻まれて伝播しにくい状況にあったことが大きな相違点としてあったと考えられる．しかしこの 3 つの結果から一般的な結論を引き出すことは困難であるが，粘土は高圧グラウチングによりある程度締固め・固化される可能性はあるが，川俣ダムの場合のようにある程度の強度を持つ状態まで固化するのは特殊な場合に限られ，一般的には通常の土質材料の締め固められた状態が限度と考えるべきであろう．

以上からこれらのグラウチングの施工で用いられた注入圧力なども適切なものであり，何ら是正すべきものはなかったと結論することができよう．しかしこのような結果論的な観点からではなく，施工という観点から検討した場合には，先行して施工されたコンソリデーションや高透水処理での注入圧力と，本体が 20 m 以上の高さまで打設された後に施工された補助カーテンや本体がさらに高い標高まで打設された以降に施工された主カーテンでの注入圧力とが同じであった点に対しては検討余地が残された問題であろう．

特に流入粘土が存在した場合のグラウチングの注入圧力と耐水頭勾配性との関係については注 28) にも述べたようにまだ組織的な研究はほとんど行われておらず，適切な事例が極めて少ないことから止水計画を立てる段階においては多くの不安な点を残しており，工費増を招かない範囲において可能な限り余裕を残すような施工をしておきたいところであろう．

したがって補助カーテン・主カーテンの施工にあたって高透水処理グラウチングの注入圧力が高すぎたための問題が特に生じていなかったのであれば，先行して施工された高透水処理グラウチングよりも注入圧力を高めたグラウチングを実施し得る余地が残されていたと考えられる．さらに注入量を規制しながら行う高圧グラウチング[66)]の導入も検討対象になり得たであろう．

次に検討しておきたい点は前項ですでに簡単に触れたグラウチングの施工管理資料として得られた各施工段階でのルジオン値と単位セメント注入量の統計処理方法と規定孔と追加孔の方向についてであろう．

この問題についてはすでに前節の四時ダムの事例紹介で簡単に触れ，前々項と前項でも立ち入って論じたが，現在一般に行われているダムの基礎グラウチングでは施工資料の整理方法に問題があることと施工にあたって充填すべき節理面に交差しやすい注入孔の方向を選定していないことの 2 点である．これらの点について検討を加えると，

- Ⓐ 現在一般に行われているグラウチングの施工結果のルジオン値と単位セメント注入量の統計処理の適用方法には明らかに方法論的に誤りがある．すなわち規定孔やパイロット孔などのルジオン値が低い部分での施工が間引かれていない段階での統計処理した値は施工部分全体の性質を表しており問題ない．しかし追加孔段階ではその前の段階でのルジオン値が低くて改良目標値以下に達した部分は施工対象から除外されており，ルジオン値が高くて改良目標値に達していない部分だけでの施工資料を統計処理した値なので，追加孔の施工段階になるとルジオン値・単位セメント注入量とも逆に高い値を示す場合が多い．このためにこのような処理方法で整理した場合には追加孔の施工段階では前の段階より改良されているにもかかわらず改良度が低下したと見られるような数値が示されることがしばしばで，適切な改良度合の判定が困難になることが多い．

  またこのような資料の整理方法で追加孔段階で改良目標値を達成しようとすると，元々高いルジオン値を示して追加孔が必要であった部分のみで指針で定めるチェック孔段階で 2 ルジオン超過確率 15％（カーテングラウチング）や 5 ルジオン超過確率 15％（コンソリデーショングラウチング）を満足することになり，本来の規定よりもはるかに厳しい基準の適用を行うことになる．

- Ⓑ 現在一般的にはダムの基礎グラウチングの注入孔は充填すべき節理面の方向を考慮せず，止水カーテンやコンソリデーショングラウチングやカーテングラウチングは鉛直の注入孔によ

り施工されている場合がほとんどである．しかし急峻な地形での河谷の侵食による緩みは走向がほぼ上下流方向で傾斜が鉛直に近い節理面が開口している場合が多く，このような場合には鉛直の注入孔ではかなり孔間隔が密な施工を行っても充填しきれない節理面が残存することがある．したがって開口幅が大きい節理面の方向が特定の方向を持っている場合にはその節理面に交差しやすい方向の注入孔で施工すべきである．

特に表 4.11.5 の主カーテンの施工結果では左右岸上部とリム部での施工結果では 5～8 次孔までの追加施工が行われ，さらにⒶに述べたように追加孔の施工段階ではチェック孔の施工結果に比べて厳しい値が示される方法で整理していた．にもかかわらずチェック孔の施工段階で単位セメント注入量がより高い値を示したのは，規定孔・追加孔の方向が充填すべき開口節理面に交差しにくい方向であったことを示している．

もしもコンソリデーション・高透水処理・カーテンなどのグラウチングでの規定孔や追加孔が斜面に直交する斜めの注入孔で施工されていたならばより効率的な施工が可能となり，追加グラウチングもこれほどまでの高次の追加孔の施工を行わずに改良目標値まで改良し得たのではないかと考えられる．

とまとめることができる．

このうちⒶについては現在までの長い経緯もあり過去の事例との整合性を取る意味からも慎重な検討が必要であるが，少なくとも現在の方法には方法論的に誤りがあり，効果の判定などにも誤った判断へ導く可能性があるので早急に是正を検討すべきであろう．

またⒷについては 4.8 節の下湯ダムの柱状節理が発達した高溶結凝灰岩層のグラウチングや 4.10 節の四時ダムの右岸上部の緩んだ硬岩部での問題と共通した問題で，少なくとも充填すべき開口度が著しい節理面の方向が判明している場合にはこれらの節理面に交差しやすい方向の注入孔で施工すべきであろう．

またⒶで述べた方法で整理した場合には追加孔段階でのルジオン値や単位セメント注入量は実態よりも高い値を示すので，特定の方向の節理面が特に開口していない場合には追加施工の最終段階の値よりチェック孔の値の方が大幅に低い値を示すはずである．

表 4.11.6 は基礎岩盤を花崗岩として特定の方向の節理面沿いの緩みが顕著ではなかった比奈知ダムの施工実績を示している．この表では 6 次孔や 7 次孔の値に対してチェック孔の値はルジオン値・単位セメント注入量とも 1/5～1/10 以下の値を示している．

Ⓐで述べたように現在用いられている方法で得られる値はこの表の 4 次孔以降の値は止水カーテン全体の透水度を示しているのではなく，追加施工が必要になったルジオン値が高い部分のみを対象とした値である．このためここに示された値よりも止水カーテンの全施工部分の値は当然かなり低いはずであり，また規定孔や追加孔の方向とチェック孔の方向とがその改良効果が同程度であるならば，当然表 4.11.6 に示されるような傾向を示すはずである．にもかかわらず表 4.11.5 ではルジオン値は最終次孔とチェック孔とでは同程度の値を示しており，単位セメント注入量は 2～3 倍に増えているのがほとんどである．

このことは明らかに規定孔や追加孔の方向が充填すべき節理面と交差しにくい方向であったのに対してチェック孔の方向は充填すべき節理面をよく捉えていたことを示している．したがってもし規定孔や追加孔がチェック孔の方向に近い方向の注入孔で施工されていたならばより効率的な施工

表 4.11.6 比奈知ダムの止水カーテンの施工実績表（水野より）

	施工孔数	ルジオン値			単位セメント注入量 (kg/m)		
		平均値	15%超過確率値	50%超過確率値	平均値	15%超過確率値	50%超過確率値
パイロット孔	63	1.7	3.4	0.5	20.5	19.2	2.9
1次孔	63	0.9	1.6	0.2	5.7	10.6	0.9
2次孔	126	0.5	1.1	0.1	2.6	6.6	0.0
3次孔	252	0.4	0.8	0.1	2.5	6.4	0.0
4次孔	17	0.5	1.1	0.0	1.2	2.7	0.0
5次孔	2	2.7	3.0	1.8	6.2	6.8	4.7
6次孔	2	1.4	1.9	0.3	2.4	3.3	0.0
7次孔	1	1.1	1.1	1.1	3.0	3.3	3.0
チェック孔	63	0.1	0.2	0.0	0.3	0.4	0.0

が可能であったと考えられる．

さらにここで行ったように追加孔でのルジオン値や単位セメント注入量とをチェック孔での値と対比すれば，結果論的ではあるが効率的なグラウチングを行うための注入孔の方向を知ることができる．

この注入孔の方向とグラウチングの効率の問題は工事費にも大きな影響を及ぼすので可能な限り事前に充填すべき節理面の方向を捉え，規定孔や追加孔の方向が充填すべき節理面に交差しやすい方向を選定する必要がある．さらに規定孔が充填すべき節理面に何 m 間隔で交差するかも規定孔の孔間隔を決める目安にするなどの検討を行うことが望ましいと考えられる．

参考文献（4章）

1) 緑川ダム工事事務所；「緑川ダム所報 No.1」，pp.15〜29，昭和41年7月．
2) 日本の地質『九州地方』編集委員会編；「日本の地質9，九州地方」，pp.216〜218，1992年7月，共立出版．
3) 緑川ダム工事事務所；「緑川ダム所報 No.1」，pp.117〜139，昭和41年7月．
4) 緑川ダム工事事務所；「緑川ダム所報 No.4」，pp.61〜87，昭和46年3月．
5) 九州地方建設局緑川ダム管理所，（財）ダム技術センター；「平成4年度緑川ダム総合点検評価業務報告書」，pp.7-28〜7-29，平成5年3月．
6) 日本の地質『九州地方』編集委員会編；「日本の地質9，九州地方」，pp.133〜137，1992年7月，共立出版．
7) 筑後川統合管理事務所；「松原・下筌ダムの記録」，総括編・技術編，pp.250〜261，1992年3月．
8) 同上，pp.328〜332．
9) 同上，pp.292〜300．
10) 九州地方建設局筑後川ダム統合管理事務所・（財）ダム技術センター；「平成9年度下筌ダム総合点検評価業務報告書」，pp.7-30〜7-35，平成5年3月．
11) 筑後川統合管理事務所；「松原・下筌ダムの記録」，総括編・技術編，pp.357〜388，1992年3月．
12) 九州地方建設局筑後川ダム統合管理事務所・（財）ダム技術センター；「平成3年度下筌ダム総合点検評価業務報告書」，p.7-27，平成5年3月．
13) 筑後川統合管理事務所；「松原・下筌ダムの記録」，総括編・技術編，pp.379〜382，1992年3月．
14) 新潟県柏崎土木事務所；「鯖石川ダム工事誌」，pp.108〜110，昭和49年12月．
15) 土木学会；「ダム基礎岩盤グラウチングの施工指針」，p.6，昭和47年6月．
16) 九州地方建設局，国土開発技術研究センター；「火山地帯における既設ダムの基礎止水工法」，pp.396〜416，昭和53年3月．
17) 新潟県柏崎土木事務所；「鯖石川ダム工事誌」，pp.319〜349，昭和49年12月．

18) （財）ダム技術センター；「平成8年度，鯖石川ダム堰堤改良（総合点検評価業務）委託報告書」，平成9年1月．
19) 日本の地質『北海道地方』編集委員会編；「日本の地質1，北海道地方」，pp.166～167，1990年7月，共立出版．
20) 北海道開発局石狩川開発建設部；「漁川ダム工事記録」，1981年（昭和56年）3月．
    北条紘次；「漁川ダムの基礎処理について」，大ダム，No.98，1981年12月．
21) 北海道開発局石狩川開発建設部；「漁川ダム工事記録」，pp.141～143，1981年3月．
22) 建設省東北地方建設局御所ダム工事事務所；「御所ダム工事誌」，昭和57年3月．
23) 日本の地質『東北地方』編集委員会編；「日本の地質2，東北地方」，1989年8月，共立出版，および東北地方土木地質図編集委員会；「東北地方土木地質図解説書」，昭和63年3月，（財）国土開発技術センター．
24) 建設省東北地方建設局御所ダム工事事務所；「御所ダム工事誌」，p.2-86，昭和57年3月．
25) 建設省東北地方建設局御所ダム工事事務所・ケミカルグラウト株式会社；「御所ダム泥流堆積層現地透水試験報告書」，昭和49年9月．
26) 同上，p.44．
27) 建設省河川局開発課監修；「ルジオンテスト技術指針・同解説」，pp.34～35，昭和59年6月，（財）国土開発技術研究センター．
28) 日本の地質，『中部地方I』編集委員会；「日本の地質4，中部地方I」，pp.164～169，1988年6月，共立出版．
29) 山梨県大門ダム調査事務所，開発工事株式会社；「大門ダム総合解析報告書」，昭和52年12月．
30) 山梨県大門ダム調査事務所，開発工事株式会社；「昭和50年度，大門ダム横坑内透水試験・土質試験報告書」，昭和51年1月．
31) 山梨県大門塩川ダム建設事務所；「大門ダム」，pp.520～553，昭和63年3月．
32) 同上，p.542．
33) 青森県土木部下湯ダム建設事務所；「下湯ダム工事誌」，1989年（平成元年）3月．
34) 日本の地質『東北地方』編集委員会；「日本の地質2，東北地方」，1989年6月，共立出版．
35) 北海道開発局函館開発建設部；「美利河ダム工事記録」，pp.73～74，平成4年3月．
36) 同上，pp.76～78．
37) 日本の地質『北海道地方』編集委員会；「日本の地質1，北海道地方」，pp.122～125，1990年7月，共立出版．
38) 同上，p.260．
39) 同上，pp.111～112．
40) 北海道開発コンサルタント（株）；「昭和57年度，後志利別川美利河ダム建設業務，美利河ダムサイト地質調査解析業務，グラウト効果判定解析編報告書」，付図2．
41) 同上，p.15，表7-1, 2，表8-1, 2．および
    北海道開発局函館開発建設部；「美利河ダムの基礎処理」，pp.6-2～6-15，平成4年7月．
42) 北海道開発局函館開発建設部；「美利河ダム工事記録」，pp.232～246，平成4年3月．
43) 同上，pp.246～253．
44) 同上，pp.514～517．
45) 同上，pp.526～527．
46) 同上，pp.670～671．
47) 福島県土木部・福島県四時ダム建設事務所；「四時ダム工事誌」，pp.45～51，昭和59年3月．
48) 日本の地質『東北地方』編集委員会；「日本の地質2，東北地方」，pp.63～65，1989年8月，共立出版．
49) 福島県土木部・福島県四時ダム建設事務所；「四時ダム工事誌」，pp.49～50，昭和59年3月．
50) 同上，pp.302～305．
51) 福島県四時ダム建設事務所・東日本測量株式会社；「四時ダムリグラウト解析業務委託報告書」，昭和59年3月．
52) 同上，p.6．
53) 日本の地質『関東地方』編集委員会；「日本の地質3，関東地方」，1986年10月，共立出版．
54) 丈達俊夫；「浦山ダムの技術的課題について」，p.143，ダム工学，Vol.7, No.3，1997年9月．
55) 同上，pp.143～150．

56) 水資源開発公団浦山ダム建設所;「浦山ダム工事誌」, pp.6-43~6-53, 2002年（平成14年）1月.
57) 同上, pp.6-46~6-52.
58) 同上, pp.6-52~6-63.
59) 同上, pp.6-64~6-90.
60) 同上, pp.6-90~6-98.
61) 同上, pp.6-99~6-116.
62) 三島勇一, 岩淵寿郎;「浦山ダムの亀裂性岩盤の基礎処理について」, ダム技術, No.152, 1999年5月, p.60.
63) 丈達俊夫;「浦山ダムの技術的課題について」, pp.143~144, ダム工学, Vol.7, No.3, 1997年9月.
64) 土木学会;「工事報告　川俣ダム」, pp.298~300, 昭和40年（1965年）8月, および
建設省関東地方建設局川俣ダム工事事務所;「川俣ダム工事誌」, pp.194~196, p.205, 昭和41年（1966年）10月.
65) 建設省九州地方建設局筑後川統合管理事務所;「松原・下筌ダムの記録」, 総論編・技術編, pp.89~92, 1992年3月.
66) 土木学会;「ダム基礎岩盤グラウチングの施工指針」, pp.41~42, 昭和47年（1972年）.

第5章

各種地層のグラウチングによる止水処理の面から見た特徴と各々の問題点

5.1 ダム基礎岩盤のグラウチングによる止水処理の面から見た地層の分類

　第3章では通常の地層での戦後50年余のダムの基礎グラウチングの変遷について概観して考察を加えた．また第4章では第3章で検討対象としなかった特殊な地層のうち新しい地質年代（鮮新世中期以降）に生成された火山性地層上に建設されたダム（緑川ダム・松原ダム・下筌ダム・漁川ダム・下湯ダム）や，新しい地質年代に堆積して続成硬化があまり進んでいないために固結度が低い地層上に建設されたダム（鯖石川ダム・漁川ダム・御所ダム・大門ダム・美利河ダム）のグラウチングによる止水処理を中心に事例研究を行い，この種の地層の止水処理の問題点に検討を加えた．

　さらに通常の地層で地形侵食による緩みが著しかった2ダム（四時ダム・浦山ダム）も事例研究として取り上げて現在一般に行われているグラウチングの施工実績資料の整理方法での問題点に考察を加えるとともに，地形侵食による緩みが著しい部分での効果的な注入孔の方向など特に留意すべき点について考察を加えた．

　以上の事例研究の結果を受けて本章では第4章での検討結果を地層別に取り上げてより一般的な形で検討を加えることにする．また花崗岩の風化が進行してマサ化した地層と断層・破砕帯などの弱層部での止水処理はダム建設ではしばしば遭遇する問題である．前者はまだ適切な指標に着目して検討を加えた事例が少なく，後者はほとんどのダムで遭遇する問題であるが事例研究として検討を加えるには数が多すぎたので前章では取り上げなかったが，本章の後半で数個の事例を取り上げて検討を加えることにする．

　ダムの基礎岩盤をグラウチングによる止水処理という観点から分類すると大別して，

I. 硬岩から成り節理を有する地層（以降単に節理性岩盤と記す）．この種の地層内の浸透流は主として節理面沿いに生じ，岩石内の浸透流は無視し得る地層．

II. 溶結や続成硬化があまり進んでいない固結度が低い地層．この種の地層内の浸透流は主として構成粒子間か岩石内の空隙を流れ，節理面などの特定な面沿いの流れはほとんど生じていない地層，すなわち土質材料に近い性質を持った地層．

に分けることができる．一般にコンクリートダムや大規模なフィルダムの基礎岩盤のほとんどはIに属する地層から成り，グラウチングによる止水処理の対象となった地層の多くはこの種の地層であった．これに対してIIに属する地層は近年30〜40m以下の重力ダム（鯖石川ダム・亀山ダム）や50m以下のフィルダム（漁川ダム・御所ダム・美利河ダム）の基礎として登場しており，ダムの止水処理としてはIに属する地層とは異なった観点から取り組む必要がある地層である．近年この種の地層での止水処理もかなり経験し，前章でも述べたようにかなり体系的にまとめ得る資料と経

験が蓄積されてきている．

また元来断層・破砕帯などもその中を流れる浸透流の性質から考えるとIIに属する部分であるが，第3章にも述べたようにグラウチングに関する指針類が整備されてルジオン値による施工管理とルジオン値による止水カーテンの施工範囲の決定が一般化して以来，その特性を考慮せずにIに属する地層と同じ基準で施工されたダムが多くなって孔間隔が密で施工深さが深くなり工事数量が著しく増加した部分である．

このような状況からまず施工対象とする地層がいずれの地層の特徴を持った地層かを明確に判断してその特徴に対応した止水処理の計画を立てることが最も重要である．

次にIに属する地層をその高い透水度を示す原因から分類すると止水処理の対象となる緩みが主として地形侵食が進行する過程で生じた地層と，その成因に基づく高い透水度を示す地層とに分けることができる．すなわち，

- A. 新第三紀中新世中期以前に生成された地層で地殻のかなり深い所で締め固められて続成ないし変成作用を受けて最近の地質年代になって地表近くに現れ，止水処理の対象となる部分が主として地形侵食により緩んだ部分，深部に行くに従って透水度が低くなっている地層．
- B. 鮮新世後期以降の火山活動により生成された火山性地層で高温で流下・堆積した部分には生成時に開口した冷却節理がや空隙を持った部分が生じ，層位学的深度が浅かったために比較的深い部分やかなりの側方にも高い透水度を示す部分が存在する地層．
- C. 溶食空洞を伴った石灰岩層．

などに分けることができる．このうちAに属する地層がダム建設の基礎岩盤として最も多く遭遇する地層で，第3章はこの種の地層を通常の地層としてこの種の地層における基礎グラウチングの変遷を歴史的に考察した．したがって第4章ではダム基礎岩盤の止水処理という観点から見て特殊な地層での工事事例としてIのBに属する地層とIIの固結度の低い地層を重点的に事例研究を行った．IのCに属する地層は世界的には止水上困難な問題を数多く提起してきているが，日本では全面的にこの種の地層で構成される地点にダムを建設することを極力避けてきたので取り上げて検討すべき事例も少なく[注29]，本章では検討を加えないことにする．

IのAに属する地層は前述したようにダム建設において最も遭遇する機会が多い種類の地層であるが，この種の地層での緩みが生じて止水処理の対象となる部分は前述したように主として地形侵食により緩んだ部分で，これをさらに分けると，

- i) 上載地層の除去による応力解放のために緩んだ部分，
- ii) 河谷の侵食に伴って両岸地山の上部が川側に変形することにより緩んだ部分，

に分けることができる．このうち緩みが著しくて高い透水度を示す部分はii)に属する部分で，i)に属する部分は地表面からある程度の深さまでにとどまって透水度も比較的低い場合が多い．すなわ

注29) 日本では薄い石灰岩層や比較的小さな塊状の石灰岩が部分的に存在する地層上にダムが建設された事例としては河本ダム・手取川ダム・真名川ダム・阿武川ダムなどいくつかあげられるが，石灰岩が広く分布してカルスト地形を示す地点でのダム建設は極力避けられ，筆者の知る限りでは帝釈川ダムのみである．しかしこの帝釈川ダムも1924年に完成したダムで基礎岩盤の状況や基礎処理に関する資料はほとんど残されていない．

また筆者は中国の観音閣ダムの建設に関係しており，このダムの基礎岩盤はカンブリア紀からオルドビス紀の石灰質の堆積層からなっていたが，珊瑚礁の化石を主体とする日本の石灰岩層とはその状況はかなり異なっていたことと（飛驒変成岩類の中の石灰質の地層とはかなり類似点があると考えられるが），止水問題に関してはほとんど関係していなかったためにこの種の問題を取り上げて論ずるほどの経験も資料も持ち合わせていない．

ち柱状節理が発達した高溶結凝灰岩層での大きく開口した節理（緑川ダム・漁川ダム・下湯ダム）や急峻な谷で走向がほぼ上下流方向で傾斜が鉛直に近い節理が大きく開口した地層（四時ダム・浦山ダム）などはいずれも ii) に属する部分であった．

したがって I の A に属する地層で止水処理が重要な役割を演ずるのは ii) に属する部分である．

以上から本章ではダム建設で遭遇する地層のうち，まず，

1) 通常の地層での地形侵食により緩んだ地層（I の A に属する地層），
2) 新しい地質年代の火山活動により生成された火山性地層（I の B と II に属する地層），
3) 固結度が低い地層（II に属する地層），

の順に前章で行った事例研究の結果に検討を加えつつより一般論的な形で考察を加え，さらに，

4) 風化岩，特に花崗岩のマサ化した部分（II に属する地層），
5) 断層・破砕帯などの弱層部（II に属する地層），

については前章で事例研究を行わなかったので数個の事例を簡単に紹介して一般論的な考察を加えることにする．

5.2 通常の地層の地形侵食により緩んだ部分での止水処理

5.2.1 通常の地層の地形侵食により緩んだ部分の特徴

一般に河谷の表面近くは比較的高い透水度を示し，ダムを建設するにあたってはこの透水度が高い部分に対して止水処理を行い，湛水後に貯水池からダムの下流側への浸透流量をダムの安全性に問題がなく，さらにダムの水収支に関係がない量に低減するために止水処理を行っている．

これらの河谷の表面近くに形成される高い透水度を示す部分は一般に地形侵食により緩みが生じた部分である．すなわち前節で述べた分類に従えば I の A に属する通常の地層，すなわち古・中生層や花崗岩などを含む変成岩類のように地殻のかなり深い部分で続成ないし変成作用を受けて最近の年代になって地表近くに現れた地層は，深部にあった時点では強く締め固められていてこれらの地層を通して顕著な浸透流が流れるような空隙は存在する余地はなかったはずである．

一方，現在の河谷を形成している河床部や両側の斜面の地表近くは比較的高い透水度を示すことが多い．特に両側の斜面部ではかなり奥まで高い透水度を示すこともしばしばである．これらの高い透水度を示す部分はその生成過程から考えるとまず地殻の比較的深い部分で続成ないし変成された地層が地表近くに現れて応力解放による緩みが生ずる．次いでその後さらに河谷の侵食が進行して河床面より上部の地山として取り残され，両側の地山が河谷の側に変形することによりその部分の緩みが一段と促進されるという経緯をたどり，現在見られる高い透水度を示す部分が形成されたと見るべきであろう．

このように地形侵食により緩んだ部分の止水対策はダム基礎岩盤の止水対策としてはすべてのダム建設での共通の問題として直面する問題である．この種の一般的な地層での止水カーテンの施工範囲決定上留意すべき問題点などは次章で検討を加えることにして，ここでは地形侵食による緩みが著しくて特別な対応策が必要になる場合について述べることにする．

次節に述べるように比較的新しい地質年代（後期鮮新世以降）に生成された高溶結な火山性地層の場合，すなわち I の B に属する地層には生成時点ですでに 1 cm/m 程度の開口が生じて（5.3.3 項

参照）その後上載地層が堆積するとある程度閉ざされていく．しかし特に鉛直に近い傾斜の節理面はあまり閉ざされず，全体的にも土質材料のようには効果的に締め固められずに一般の堆積層に比べてかなりの高い透水度を示すことが多い．

このようにⅠのAに属する地層，すなわち古・中生層や花崗岩などを含む変成岩類のように地殻のかなり深い部分で続成ないし変成作用を受けた地層は，現在見られるような堅硬な岩盤になった時点では地殻のかなり深い部分にあって断層・破砕帯などの弱層部を含めて強く締め固められており[注30]，顕著な浸透流が流れ得るような状況ではなかったはずである．したがってこの種の地層で現在の表面近くで見られる高い透水度を示す部分のほとんどは現在の地形に近い形に侵食された後に生じたものであろう[注31]．

このようにⅠのAに属する地層での止水処理はそのほとんどが地形侵食による緩んだ部分を対象にしたものである．ⅠのBに属する比較的新しい地質年代に生成された高溶結な火山性地層も河谷の侵食により節理面の開口幅が大幅に増大し，その高い透水度がかなり増幅されている場合が多い．このためにダム建設に伴う止水処理は主として地形侵食により緩んだ部分を対象にしたものと見て差し支えないと考えられる．

この地形侵食による緩んだ部分はその原因により前節に述べたように大別してi)とii)とに分けることができる．このうちi)により緩んだ部分は地表近くの岩盤には全般にある程度生じており，特に河床面よりある程度下位の標高まで存在している緩んだ部分は主としてこれによるものである．

一般に河床部でも着岩してから5～20mの間にこの種の緩みが存在していることが多い．例えば極めて堅硬で断層などの弱層がほとんど存在せず，かなりの側地圧が残存している花崗岩のダムサイトで河床掘削中に岩はね現象が生じ（小渋ダムや魚切ダムなど），水平な節理が音を立てて開口する事例に遭遇している．このような現象は断層などの弱層がない極めて堅硬な岩盤での典型的な応力解放による緩みの発生であるが，一部に断層・破砕帯などの変形しやすい弱層がある一般的な地層では河床面下5～10m程度までは緩みが生じている．

また古・中世代の地層でチャートのように極めて堅い岩盤では生成後の幾度かの地殻運動によりもまれて細かな節理が数多く発達し，これが地表近くに現れて応力解放のために緩みが生じた例はよく見られる．しかしこの種の緩みはある程度深部に入ればなくなる場合が多い．またこれによる緩みは次に述べるii)による緩みほどは開口幅は大きくなく，特に高い透水度を示さないのが一般である．

これに対してii)により緩んだ部分は河床面より上の標高ではi)により緩んだ部分に比べて広い範囲に生じて開口幅も大きくなる場合が多い．この節理面の開口幅が極端に大きかった事例が前章の事例研究の中で見るならば緑川ダム・漁川ダム・下湯ダムの柱状節理が発達した高溶結凝灰岩層

[注30] 断層や破砕帯の生成過程を考えると，地殻の浅い部分では上載荷重による応力が低いので地殻運動により大きな変動を受けても破砕は生じにくく，それより深い部分に断層が形成されてその周辺に相対的な変位が生じても既存の断層などの弱層部に相対的な移動が生じ，硬岩部に新しい断層・破砕帯が生ずるような応力状態にはならないのが一般である．したがって現在見られる硬岩が破砕された断層・破砕帯は少なくとも数千m以上の深部で破砕され，破砕時には緩みなど生ずる余地がない状態で破砕されたと見るべきであろう．

[注31] 古・中生層や花崗岩などを含む変成岩類のように地殻の深部で続成ないし変成作用を受けた地層でも，まれに河床部で$H/2 \cdot H$以上の深部で高い透水度を示す部分が存在することがある．この原因については各サイト固有の問題が関係しており，一般論的には論じ得ない問題である．場合によっては上載地層の厚さが数百m以下の比較的浅い所に現れてきた時点で，何らかの原因により緩みが生じたとも考えられる．

であり，浦山ダムの左右岸上部や四時ダムの右岸上部であろう．これらの開口幅が特に大きな節理面が発達した地層の特徴をあげると，

　㋐ 走向がほぼ上下流方向で傾斜が鉛直に近い節理が発達した地層であること，
　㋑ 急峻な地形ほどこの種の節理面が開口しやすいこと，
　㋒ 下位標高に水平ないしそれに近い傾斜の変形しやすい節理面または弱層が存在していること，

が共通してあげられる．

　緑川ダム・漁川ダム・下湯ダムの柱状節理が発達した高溶結凝灰岩層はまさに㋐の条件を満足していた．またこれらのダムサイトでは高溶結凝灰岩層の部分はいずれも絶壁を形成していて㋑の条件も満足していた．さらに，これらの高溶結凝灰岩層の下にはいずれも傾斜が水平に近い板状ないし塊状の節理群を持った漸移部分が存在し，その下に低溶結凝灰岩層や弱層を伴った不整合面があり，㋒の条件も満足していた．

　一方第4章では検討対象とはしなかったが，相俣ダムの本ダムの基礎岩盤は中新世後期に生成された安山岩の岩株でほぼ鉛直な柱状ないし板状の節理が発達して急峻な谷を形成していた．その意味では先に挙げた条件の㋐と㋑は満足していた岩盤であるが，岩株であったので河床面よりかなり深い所まで連続した柱状または板状の岩体から成り，河床面より上位標高の柱状体が川側に傾きやすくする水平に近い節理面や弱層がほとんど存在していなかった．このために㋒の条件は満足しておらず，表面から少し内部に入ると開口した節理はほとんど存在していなかった．

　また，浦山ダムの左右岸の上部や四時ダムの右岸上部はⅠのAに属する古生層や変成岩で高溶結凝灰岩層のように特に傾斜が鉛直に近い柱状ないし板状の節理群が卓越していた地層ではなかったが，この部分はどちらかといえば走向がほぼ上下流方向で傾斜が鉛直に近い節理群が目立った部分であった．このように浦山ダムではかなりはっきりとした形で㋐の条件を満足しており，四時ダムの場合には特にこの走向・傾斜の節理群が目立ってはいなかったが，この走向・傾斜の節理面が一つの節理群として存在したという意味ではっきりとした形ではないが㋐の条件を満たしていたと見ることができる．

　また㋑の条件については浦山ダムは標高差にして250mに及ぶ急峻な谷を形成しており，柱状節理が発達した高溶結凝灰岩層の場合にはその絶壁の高さは高々20〜30mであるから，この条件に対してははるかに開口幅が大きくなりやすい状況下にあった．一方，四時ダムの右岸のC・D破砕帯より上部は浦山ダムほどではないが標高差にして100mに及ぶ比較的急な斜面をなし，周辺の地形の中では急峻な地形をしていた部分という点では開口幅が大きくなりやすい条件下にあったと見ることができる．

　また特に急峻な河谷を形成している場合には走向がほぼ上下流方向で緩傾斜の節理群，特に川落ちの低角度の節理群が発達して開口しているときは急峻な斜面を安定した状態で保つことが困難になる．このためにこれらの走向・傾斜の節理群が開口した状態で存在することは少なく，走向がほぼ上下流方向で傾斜が鉛直に近い節理群が開口していることが多い（川俣ダム・奥三面ダムなど）．

　さらに㋒の条件についてみると浦山ダムは特にこの条件を満足してはいなかったが，前述した㋑の条件に対して極めて厳しい状況下にあったので開口幅が特に大きくなったと考えられる．また四時ダムの右岸にはその下位標高に山落ちの破砕帯があり，その破砕帯より上側の岩盤が川側へ変形して右岸上部の緩みを特に促進したと考えられ，㋒の条件が四時ダムの右岸上部の節理面の開口幅

を大きくした主たる原因であったと見ることができる．

　このようにダム基礎岩盤の透水度が高い部分は主として河谷の侵食により生じた緩みであり，特にⅠのAに属する通常の地層では一般にその透水度には地形的な要因が強い影響を与えていると考えられる．しかし浦山ダムの左右岸上部のような著しい開口節理群が存在する部分が常に一般の地点で生じているのではなく，先に挙げた㋐・㋑・㋒の3条件が特に厳しい状況にあった場合に顕著な形で現れてくるようである．

　逆に上記の3条件のうち一つでも厳しい条件下にあるときは走向がほぼ上下流方向で傾斜が鉛直に近い節理群の開口幅が大きくなっている可能性が高いので，入念な調査が必要になると考えられる．

　以上の検討から明らかなように，河谷の侵食による緩みの場合に走向がほぼ上下流方向で傾斜が鉛直に近い節理群が大きく開口しやすいことは否定できない．しかしどのダムサイトでもこのような走向・傾斜の節理群が存在するわけではないし，ほぼ直交する3つの走向・傾斜の節理群が発達して直方体を積み上げたような状態の岩盤では（このような状態の方が一般的であるが）緩みが分散して，特定の走向・傾斜の節理群のみが特に大きく開口するという状態になることはそれほど多くないと考えられる．

　したがって先に示した㋐・㋑・㋒の3条件のすべてを満足しているか，あるいはそのうちの1条件でもこの走向・傾斜の節理群の開口幅を大きく拡大させる状況下にある場合にこの走向・傾斜の節理群は大きく開口し，時には数〜数十cmに達する開口が観察されることになる．しかし一般的にはこの走向・傾斜の節理群が他の節理群に比べて開口しやすい程度にとどまり，高々1〜2mm程度の開口にとどまっている場合が多いと考えられる．

　このような場合でも河谷の侵食により走向がほぼ上下流方向で傾斜が鉛直に近い節理群の開口幅が最も大きくて傾斜が水平に近い節理群の開口幅が最も小さいのが一般であり，両側の地山の表面近くでは湛水後に主たる浸透経路になる走向がほぼ上下流方向で傾斜が鉛直に近い節理面沿いに最も早い流速の浸透流が生じやすくなっている．

　さらに現在一般に行われている鉛直な試験孔によるルジオンテストでは試験孔が交差する節理面は主として傾斜が水平に近い節理面で鉛直に近い節理面には極めて交差しにくい．このために最も開口幅が小さくて傾斜が水平に近い節理群沿いの透水度を主として測定し，地形侵食により開口幅が最も大きくなっている可能性が高い走向がほぼ上下流方向で傾斜が鉛直に近い節理群沿いの透水度を測定していない点に留意すべきであろう．

　このような節理群の走向・傾斜とその開口幅との関係は河谷の侵食による緩んだ部分内の浸透流の特徴として認識しておく必要がある事項である．

5.2.2　通常の地層の河谷の侵食により緩んだ部分の止水処理上の留意点

　前項で考察したように河谷の侵食による緩んだ部分は一般に走向がほぼ上下流方向で傾斜が鉛直に近い節理群が開口しやすく，傾斜が水平に近い節理群は閉ざされたままの状態に置かれているという傾向を持っている．

　このような開口幅が節理群の方向により大きく異なる岩盤でグラウチングによる止水処理を行う場合に，開口幅が最も大きい走向・傾斜の節理群に対して交差しやすい方向の注入孔により施工するのが効果的であることは論を待たない．

このように考えると河谷の侵食により緩んだ部分，すなわち河谷の両側の地山の止水処理は本来走向がほぼ上下流方向で傾斜が鉛直に近い節理群に交差しやすい方向，すなわち斜面に直交する斜めの注入孔により施工するのが基本になる．しかし斜めの注入孔による止水カーテンの施工は工事単価がやや高くなるが，開口して透水度が高くて湛水後の主たる浸透路となる節理群に効果的に交差して孔間隔が広くてもより効果的な止水処理が可能となり，結果的には工事費を大幅に削減できる場合が多くなる（奥三面ダムなど）．

しかし一方ではアーチダムや重力ダムで止水面をリム部で折り曲げた場合などの止水面が折れ曲がっている場合には適切な止水面の形成に工夫を要する場合がある．

このため走向がほぼ上下流方向で傾斜が鉛直に近い節理群の開口幅とその他の走向・傾斜の節理群の開口幅との間に大きな相違が見られない場合には，必ずしも斜めの注入孔による施工にこだわる必要はないと考えられる．

しかし河谷の侵食により緩んだ部分での止水処理は走向がほぼ上下流方向で傾斜が鉛直に近い節理群の開口幅が他の走向・傾斜の節理群の開口幅に比べて大きいので，この走向・傾斜の節理群に交差しやすい方向の注入孔により施工するのが基本であるということは念頭に置くべきであろう．

したがって止水処理計画を立てる前に露頭や調査横坑などを入念に調べて，卓越した節理面の走向・傾斜とその頻度と開口幅，さらには各々の走向・傾斜の節理群沿いにミルク注入のしやすさと注入孔の方向との関係などを的確に捉えることは重要である．またこれらの調査により節理群の走向・傾斜によりその開口幅に大きな相違があることが判明した場合には重点的に充塡すべき走向・傾斜の節理群と注入孔がどの程度の間隔で交差するかなどを検討し，注入孔の方向と孔間隔などについてより合理的な施工法を検討すべきであろう．しかし開口幅の相違がそれほどでなければ施工しやすい方向の注入孔により施工すべきであると考えられる．

特に前章の事例研究で紹介した緑川ダム・漁川ダム・下湯ダムのように開口幅が大きい柱状節理が発達した高溶結凝灰岩層や，浦山ダムの両岸上部のように調査時点から特定の走向・傾斜の節理群の開口幅が特に大きいことが判明している地点では，その止水処理はこれらの開口幅が大きい節理群を効果的かつ確実にセメントミルクで充塡することがその主目的となる．このために止水計画を立てる段階で図面上での孔間隔ではなくてこれらの節理群に交差する注入孔の交差点間隔を主たる検討項目とし，さらに主として充塡すべき節理群の開口幅に対応して事前の荒止めグラウチングが必要か否かについても検討すべきであろう．

また前章11節の浦山ダムの事例研究で述べて次項で詳しく説明するように，事後的ではあるがグラウチングの施工実績資料から鉛直な注入孔による施工と斜めの注入孔による施工とを比較していずれがより効果的であったかについて簡単に判定する方法もある．これらもグラウチングの結果の最終的な判定を下すにあたっての有益な判断根拠となり得ると考えられる．

5.2.3 通常の地層でのグラウチング施工実績資料の整理方法の問題点

すでに述べたように，前節で述べた分類に従えばⅠのAに属する通常の地層でのグラウチングによる止水処理のほとんどは本節で取り扱う河谷の侵食により緩んだ部分に対する止水処理であり，特に両岸の地山に対する止水処理は河谷の侵食により緩んだ部分に対する止水処理が主である．

まずここではまず現在一般に行われているグラウチングの施工実績資料の整理方法とその問題点について検討を加える．次いで四時ダム・浦山ダムのように節理面の開口幅がその走向・傾斜により大きく異なる場合に対して，事後的な判定方法ではあるが規定孔・追加孔の方向が効率的な方向であったか否かを施工実績資料から判定する方法についても述べることにする．

グラウチングの施工実績資料の整理方法については浦山ダムの事例研究ですでに詳しく述べたように，現在の止水カーテンの施工は一般にパイロット孔→1次孔→2次孔→……チェック孔と進められ，各々のダム工事により多少異なるが3次孔までを規定孔として各ダムごとに追加基準を決め，以降それ以前の施工段階でルジオン値が追加基準を上回った孔の周囲に追加孔を削孔して追加注入を行っている．

また最近のダム工事では，規定孔・追加孔の施工段階で得られたルジオン値と単位セメント注入量は各次孔の施工段階で得られた値のみを統計処理して平均値や15％超過確率の値を求め，新たに施工した孔の施工結果がすべて追加基準の値を下回り，さらに最終次の施工孔の15％超過確率の値が改良目標値に達するまでルジオン値が高い孔の周辺に追加孔による注入を行っている．その後チェック孔として方向の異なった注入孔によりパイロット孔とほぼ同程度か2倍程度の孔間隔で施工し，規定孔・追加孔と異なった方向での注入孔によるルジオン値も改良目標値を達成していることを確認して作業を終了させているのが一般である．

現在のグラウチング施工実績資料の整理方法はまず黒部ダムの工事で欧州のグラウチング施工技術を導入してルジオン値による施工管理方法が導入され，施工中に得られたルジオン値と単位セメント注入量の平均値を求めてこれによりルジオン値が高い注入孔の周囲に内挿孔を施工するという形で始められた．次いで下筌ダムの工事でルジオン値と単位セメント注入量を平均値ではなく10〜15％超過確率の値で示す方法が採用された以降，この超過確率15％の値で示す整理方法がおおよそ30年以上にわたって用いられ，一部は変更されながら現在ではほぼ定着している．次いで資料整理の結果が判明する前に追加孔の施工が必要か否かを即決的に判断し得るように各ダムごとに追加基準を決めて施工するようになり，実際の追加孔の施工はこの追加基準に従って行われるようになった．

また現在一般的に行われている規定孔・追加孔の各施工段階での施工孔のルジオン値と単位セメント注入量のみをそれぞれ統計処理する方法は必ずしも当初から行われていた方法ではなく，15〜20年前までは母集団が施工全域の性質を表すようにそれ以前の施工段階での資料を含めて処理していたダムが多かった．

このような過去の経緯を踏まえて現在一般に行われている整理方法を原点に立ち返って検討し直してみると次の問題点が浮かび上がってくる．

① 規定孔とチェック孔はいずれも等間隔で施工されているので，その施工実績資料を統計処理した値は止水処理の施工の対象となった全域の透水度とセメントの注入状況を示したものとなっている．

② これに対して最近の15〜20年間で一般的に用いられている整理方法は，4次孔・5次孔……のような追加孔の施工段階ではそれに先行して施工された注入孔の中の高いルジオン値を示した孔の周囲のみを施工対象とした追加孔の施工実績資料のみを整理の対象とし，それ以前に施工された部分の中で追加基準以下のルジオン値を示した部分での施工実績資料は含まずに整理している．このためにその前の施工段階での透水度が低い部分を除外して透水度が高

い部分のみの施工結果を統計処理した値である．しかしこのような整理方法は15～20年以前までは一般的には用いられていなかった方法で，どちらかといえばより安全側の結果になるとして最近積極的に採用されるようになった方法である．

③ 以上から規定孔とチェック孔の施工実績資料を統計処理した値は止水処理を施工した全領域の状況を示した値である．一方現在一般的に行われている方法の追加孔段階での施工実績資料を統計処理した値はその前の段階で改良目標値に達していなかった透水度が高い部分のみの状況を示した値である．このためにその前の施工段階とは全く母集団が異なった資料を統計処理した値でその値の変化から改良度合を判定することはできず，本質的に規定孔やチェック孔の値と比較すべき値ではない．このような母集団が異なったものを同一種の統計処理結果と見なしたためにいくつかのダムで追加孔の施工段階での改良効果が低いなどの誤った判断が工事誌に示されている[1]．

④ もし追加孔の施工段階での改良状況を規定孔やチェック孔と対比し得る値を求めようとするならば，15～20年前まで多くのダムで用いられていたように前の施工段階で追加孔を必要と判断された注入孔の値を除外して，追加孔の値に代えて前の施工段階で追加孔を必要としないと判断された部分の資料を含めた形で整理すべきであった．

⑤ またグラウチングによる改良がチェック孔の施工実績資料が改良目標値に達していればよいとするならば（1972年の「施工指針」ではそのように規定しているが），④に示した方法で改良目標値に達すれば充分なはずである．したがって従来の追加孔の施工段階でも追加孔のみを母集団として整理して得られたルジオン値が最終次孔の段階で改良目標値を達成するようにしている現在一般に行われている方法は，チェック孔の資料が改良目標値に達するように規定している「施工指針」に示された記述[2]からすると厳しすぎる適用である．またその意味ではまた現在一般のダムで採用されている追加基準も「施工指針」に示された記述よりもかなり厳しい基準となっていると見ることができる．

⑥ 一方では最近の15～20年間に完成した多くのダムでは追加孔の施工段階で追加孔での施工実績資料のみを対象として統計処理を行い，それが改良目標値に達するまで追加孔の施工を行うように追加基準を決めて施工されてきたという事実も存在する．したがって④に示した方法に対応した追加基準に改めて追加孔の必要か否かを判断した場合には，最近の15～20年間に完成したダムよりも透水度が高い部分がある程度残される可能性は否定できない．

しかし15～20年以前に完成したダムではこのような厳しい考え方で施工されていたダムは少なかったという事実も存在する．

⑦ ②～⑥で指摘した問題点を解決する方法として現在のグラウチングの施工実績資料の統計処理方法は統計学的に見て明らかに間違いなので是正し，追加基準を現在よりもやや緩めるが④に示した方法で得られた値が改良目標値に達するまでとするよりはやや厳しめの値になるような追加基準を設定するなど折衷的な方法も考えられる．

⑧ 一般に4～5次孔以降の高次孔が施工される部分は一般にセメントミルクが回りにくく，水は比較的少量ではあるが通る部分である場合が多い．このような部分は一般的に節理群が細かく発達して各節理面は閉ざされているか夾雑物で満たされていたり，破砕帯などの弱層部で限界圧力が低くてその中の浸透路は数は多いが細くてルジオン値の割に浸透流速が遅い部

分であることが多い．すなわちこのような部分は節理の開口幅が大きい部分ではなく，細かな浸透路が入り組んだどちらかといえば細かな岩片や粒子が密に詰められた断層・破砕帯などの弱層部が多いと考えられる．このような部分は前節で述べたように浸透流が主として節理面沿いに流れるのではなくて細かな構成粒子間の空隙を流れる部分が多く，Ⅰの節理性岩盤ではなくてⅡの土質材料に近い性質を持った部分であることが多い．したがってこのような部分はⅠに属する地層の施工指針に準拠するのではなくⅡに属する地層の特性に合った施工法で施工すべき部分である．この種の地層でのグラウチングについては本章の4節と6節で述べることにする．

⑨ 現行のグラウチングの施工実績資料の整理方法に従って整理して追加孔の施工段階で施工孔のみを統計処理した値が改良目標値に達するまで施工する場合には，高次の追加孔の施工段階ではごく限られた透水度が高い部分のみを対象として整理されている．これに対してチェック孔は全体を母集団とした施工実績資料が整理されている．このため一般的には最終次孔の施工結果に比べてチェック孔の施工結果はルジオン値・単位セメント注入量とも飛躍的に低い値を示すはずである（p.267の表4.11.6参照）．

⑩ 一方，時に最終次孔の施工結果よりもチェック孔の施工結果の方がルジオン値や単位セメント注入量が大きい値を示していることがある．このような傾向は浦山ダムや四時ダムでもはっきりと現れている（表4.11.5と図4.10.5参照）．これらの部分はいずれも走向がほぼ上下流方向で傾斜が鉛直に近い開口節理が卓越した部分であるにもかかわらず規定孔と追加孔が鉛直な注入孔により施工された部分である．すなわちこのような現象は最も開口幅が大きい節理群に交差しにくい方向の注入孔で規定孔や追加孔を施工し，チェック孔をこれらの節理群に交差しやすい方向の注入孔で施工したときに特徴的に現れる現象と見ることができる．

すなわち最終次孔の施工実績資料とチェック孔の施工実績資料と比較することにより，事後的ではあるが規定孔や追加孔とチェック孔とでいずれが改良効果が良い方向の注入孔であったかを判定し得ることになる．

以上指摘したように現在一般に行われているグラウチングの施工実績資料の整理方法には明らかに統計処理方法としては誤りがあり，そのために追加孔の改良効果が低いという間違った記述がある工事誌も見られる．したがって従来の統計処理方法は明らかに是正すべきであるが，追加孔の必要性の判定基準については従来の経緯もあり，従来の結果とある程度の整合性を取るなどの処置が必要であろう．

現在の整理方法は以上述べたような問題点があるために厳しすぎる基準の適用となっているが，15～20年以前に完成したダムではこのような整理方法を用いていなかったダムは数多く存在している．したがって，このような方法が一般化してからチェック孔の結果が指針類で規定された値以上に低い透水度に仕上げられたダムも多くなったことも事実である．

しかし一方ではこれらの整理方法と判定基準は15～20年にわたる経緯があり，単に理論的な考察から一方的に変更することには問題があるが，少なくとも現在の整理方法は統計学的に誤りがあって誤った判断に導く可能性があり，早急に現実的な是正方法を見出すべきであろう．

また浦山ダムの両岸の上部や四時ダムの右岸上部のように特定の走向・傾斜の節理群の開口幅が大きく，規定孔や追加孔がこれらの開口幅が大きい節理群に交差しにくい方向の注入孔で施工され

ている場合には，⑩で述べたように最終次の追加孔の施工結果よりもチェック孔の施工結果の方がルジオン値や単位セメント注入量が高い値を示している．

もちろん今後止水処理の施工計画を立てる段階から大きく開口した節理群の走向・傾斜が判明している場合には，これらの開口した節理群に交差しやすい方向の注入孔により規定孔や追加孔の施工を行うように施工計画を立てるべきであろう．

しかし柱状節理が発達した高溶結凝灰岩や浦山ダムにように開口幅が数～数十cmに達するような特定な走向・傾斜の節理群が存在する場合は別として，通常のダム基礎岩盤では調査横坑などで開口幅の大きい節理群の走向・傾斜を入念に調査を行わなければ，特定の走向・傾斜の節理群の開口幅が大きいという事実を見落とすこともあり得ると考えられる．四時ダムの右岸上部などはその典型的な事例で，通常の調査では右岸上部の硬岩部で走向がほぼ上下流方向で傾斜が鉛直に近い節理群の開口幅が大きいという事実は見落としやすい程度の緩みであった．

したがって今後も開口幅の大きい節理群の走向・傾斜を明確に把握できないでこれらの節理群に交差しにくい方向の注入孔により規定孔や追加孔を施工し，チェック孔を施工した段階でより効果的な注入が可能な注入孔の方向が判明するということはしばしば起こる可能性はあると考えられる．

もちろん調査段階で緩みが著しい節理群の走向・傾斜を的確に把握し，特に5.2.1項で示した⑦・①・⑦の3条件（p.275）のいずれかを満足して走向がほぼ上下流方向で傾斜が鉛直に近い節理群が開口しやすい条件下にある地点では，節理群の走向・傾斜と開口幅との関係について入念な調査を行い，それに対応した施工計画を立てるべきである．

しかし今までの工事例では開口幅の大きい節理群の走向・傾斜に対して詳細な調査が行われた例はほとんどなく，また特定な走向・傾斜の節理群の開口幅が特に大きいことが判明していても注入孔の方向に特に注意を払わずに施工された例が多かった．また⑦・①・⑦の3条件がはっきりとした形で現れていない場合には，調査横坑での丁寧な調査を行わなければ特定な走向・傾斜の節理群の開口幅が大きいことを見落とすことは間々あり得ることであろう．

このような場合に対する適切な方法として，両側斜面部の一部に適当な区間（パイロット孔間隔の2倍程度の区間）の試験施工区間を設けて鉛直な注入孔による施工と斜面に直交する方向の注入孔による施工を行い，以降注入効果が大きい方向の注入孔により施工することも考えられる．

次に開口幅が極めて大きい節理群が存在する場合に前処理あるいは荒止め用のグラウチングを行った方がより効率的であるか否かの問題について，またその際モルタル注入や高濃度セメント注入が必要か否かについて検討を加えることにする．

この種の問題は緑川ダム・漁川ダム・下湯ダムで見られた柱状節理を伴った高溶結凝灰岩層や河谷の侵食による緩みが著しかった浦山ダムの上部で大きな問題となった点である．これらのダムサイトでは開口幅が数～数十cmに達する開口節理がかなり存在することが調査時点から判明していたが，これらの開口節理に対してグラウチングを施工する場合に通常の1：1の濃度のセメントミルクから出発したグラウチングでは大量のミルクが注入され，時には注入を中断して注入したミルクが固結するのを待って再注入を行った例（漁川ダム）も見られる．このような状況では通常の注入法では止水カーテンを形成したい部分よりかなり広い範囲に無駄なミルクが注入されることは避けられなくなり，より効率的な注入法を検討する必要が生じてくる．

この種の問題に取り組んだ事例としては漁川ダムと浦山ダムでこの問題を解決すべくモルタル注入を先行して施工したことが工事誌などに記述されており[3]，下湯ダムでは担当者の説明によると副ダムの掘削面に現れた高溶結凝灰岩層では開口幅が数十cmに及び，これらの開口節理に表面からモルタルを投入し，さらにその奥の数mの区間は斜めの注入孔によるモルタル注入を通常のグラウチングに先行して施工したとのことである．

しかし漁川ダム・下湯ダムでのモルタル注入はいずれも対症療法的に行われ，どの程度の開口幅からモルタル注入が適当かどの程度の開口幅からどの程度の濃度のミルク注入が適当かについての組織だった資料は得られていない．

浦山ダムではどの程度のスリット幅から目詰りなしにモルタルが注入し得るかについて基礎的な実験を行い，その結果に基づいて施工が行われた[4]．しかし実際の開口節理とスリットとは状況も異なるので，実際の工事に際して事前の検討結果と対比して何mm以上の開口節理から通常のミルク注入では際限なく注入されるか，何mm以上の開口幅のときはモルタル注入が適しているかなどについて組織的に資料を整理して検討すれば今後の同種類の問題に対して極めて有効な資料になると考えられる．

もちろん開口節理の状況は各ダムサイトごとにまた各節理ごとに異なることが予想されるのである程度幅を持たせた整理が必要となると考えられるが，この種の資料がこのような観点から整理されていけば施工前からあらかじめ最適な方法を準備することができ，そのサイト固有な状況に応じた変更も合理的に行い得るようになると考えられる．

5.2.4 通常の地層での浸透流解析の適用の可否

前項において地形侵食により緩んだ部分のグラウチングによる止水処理を行う場合の施工計画・施工の実施にあたっての問題点について述べてきた．

本項では止水処理設計の問題に立ち返って地形侵食により緩んだ部分に対して浸透流解析の適用の可否を検討することにする．

筆者は前章2節の緑川ダムの事例研究の注8)で柱状節理が発達した高溶結凝灰岩層内の浸透流に対して測定されたルジオン値から見掛けの透水係数を算定して浸透流解析を行い，完成後観測された浸透流量と比較してこの種の開口幅の大きい節理性岩盤内の浸透流に対しては解析的手法が適用しにくいことを述べた．

その後高い透水度を示す節理性岩盤内の浸透流が問題になった下筌ダム・松原ダムや下湯ダムで浸透流速の測定を行ったが，測定されたルジオン値からは想像し得ないほどの速い流速が観測された (pp.151～158, pp.206～207 参照)．

また節理性岩盤上に建設されたダムでは湛水後にルジオン値から換算された見掛けの透水係数からは想像できないほどの浸透流量が観測された例もかなりあった．

その代表的な例は緑川ダムの事例研究の注8)で述べた例であろう．すなわち，緑川ダムでは補助ダムの右岸側台地部に存在する高溶結凝灰岩層を通しての浸透流量をごく簡単な計算ではあるがDarcy則に基づいて求めている．当時はルジオンテストの測定値に対する損失水頭の補正の必要性は認識されておらず，高溶結凝灰岩層での損失水頭の補正がされていないルジオン値が20～30ルジオンであったので，見掛けの透水係数を3×10^{-4} cm/sと仮定して流路幅を500 m，高溶結層の厚

さを 30 m，水頭勾配を 1/10 として，

$$500\,\mathrm{m} \times 30\,\mathrm{m} \times (1/10) \times 3 \times 10^{-4}\,\mathrm{cm/s} = 270\,l/\mathrm{min}$$

という浸透流量が推定された．この計算の浸透流路幅などは安全のためにかなり過大に取られていたので当初はこれより少ない浸透流量しか生じないのではないかと推定された．しかし高溶結層の柱状節理の開口幅が極めて大きいので右岸台地部の高溶結層の分布を入念に調査し，さらにその柱状節理面沿いに流れていた地下水の流速を測定した．その結果，湛水前の緩い水頭勾配で 2 cm/s という non Darcy 流でこの地層で測定されていたルジオン値から予測された流速の数百倍以上に達する流速が観測された．このために満水位標高以下に存在する高溶結層に対しては全面的に止水グラウチングを施工するという方向に大きく変換されたことは緑川ダムの事例研究の際にすでに述べた．

なお前章 2 節でも述べたようにこの部分の浸透流量の測定値は初期湛水時で約 $3\,\mathrm{m}^3/\mathrm{min}$ で，約 30 年の年月を経た現在では最大で $1.5\,\mathrm{m}^3/\mathrm{min}$ 程度に減少している．このように高溶結層に対して全面的に止水カーテンを施工したにもかかわらず前述した計算結果よりも 10 倍以上の値が観測された．これから浸透流解析の対象としたように，高溶結凝灰岩層に対して全面的に止水グラウチングを施工せずに湛水したならば恐らく数十 $\mathrm{m}^3/\mathrm{min}$ 以上の浸透流が生じ，解析で予測した値の数百倍以上になったと考えられる．

これらの経験は高い透水度を示す節理性岩盤では，ルジオン値から換算された見掛けの透水係数を用いて浸透流解析を行うと浸透流量などの値に対して誤った判断を下す可能性が高いことを示していた．したがってむしろ経験的に 10 ルジオン以下のときは浸透流解析を用いてもよいが 10〜20 ルジオンのときは解析的手法の適用範囲を超えており，20 ルジオン以上のときは non Darcy 流が発生する可能性があるなど（これらの値はいずれも損失水頭の補正を行っていない値なので補正を行ったときのルジオン値は状況によって異なるが，約 2 倍以上の値となる），経験に基づいて判断した方がよいとしてきた．

このような考え方は実情に即した考え方であったが，節理性岩盤内の浸透流問題に対する理論的な検討の発展を阻害してきた点は否定し得ず，このような節理性岩盤内の浸透流が理論的検討に適していない原因の解明と適用限界などについて充分な検討が行われないまま今日まで来てしまったことの原因になったとも考えられる．

しかし節理性岩盤内の浸透流の解析手法の適用の可否を検討した事例はいずれも開口幅が極めて大きい柱状節理の発達した高溶結凝灰岩や冷却節理が残存し，高い透水度を示した新しい地質年代の高溶結な火山性地層においてであった．もちろんこのような高い透水度を示す場合こそ何らかの方法で止水対策とそれに対応した浸透流量を推定して効果的な止水対策を検討する必要性があったのであるが，高い透水度の節理性岩盤では解析的な手法によっては適切な回答が得られないという結果が多かった．

現時点で見るとこの種の問題の検討対象となった事例は前述したように，次節で述べる高溶結な火山性地層や前々項で述べた河谷の侵食による開口幅が特に大きい節理性岩盤を対象にしたものが主で，一般のダムサイトの基礎岩盤が常にこのような状況にあるとは言い得ないことも事実であろう．

このような観点からこの問題について今一度見直すことにする．まずルジオン値から換算した透水係数を用いて浸透流解析を行った結果と湛水後に観測される現象が大きく異なる原因を列記すると，

(1) 節理性岩盤では土質材料に比べて面的な空隙率が数十〜百分の一程度と大幅に小さく，同じ

見掛けの透水係数の場合でも真の透水係数は数十〜百倍の値となり，流速も数十〜百倍も速くなる．

(2) 土質材料内の浸透路は粒状体内の流れであるのに対して節理性岩盤内のそれは節理面沿いの二平面間の流れの組合せであり，浸透路での抵抗が少ないので比較的低い見掛けの透水係数の場合でも乱流，すなわち non Darcy 流に移行しやすい．

(3) ルジオンテストでの圧力は孔口圧力に対して損失水頭の補正計算を行って求めているのが一般であるが，使用する送水管の摩擦抵抗・継手や加圧部へのノズルの形状により実際の損失水頭は計算で求めた補正値とはかなり異なっていることがある．

(4) ルジオン値は一般に 5 m の測定区間の平均の透水度を求めている．土質材料や固結度が低い地層の場合には一般に 5 m の測定区間での透水度の不均一性はそれほど著しくない．しかし節理性岩盤の場合には浸透流のほとんどが節理面沿いに流れているためにある程度の高い透水度を示す岩盤にあっては 5 m の測定区間内の透水度の不均一性が著しく，注入水のほとんどが測定区間の 1/10〜1/50 の部分，すなわち 50〜10 cm 程度の区間から集中的に流出しているようなことはしばしば見られることである．このような場合には浸透流が集中した部分ではルジオン値で示された透水度の 10〜50 倍の透水度を持っていることになる．さらにその高い透水度の部分に開口した節理が存在しているときにはその部分で non Darcy 流となって流れている可能性が高い．

(5) 前項にも述べたようにダム基礎岩盤の止水処理の主たる対象となる河谷の侵食により緩んだ部分では節理群の走向・傾斜によりその開口幅が大きく異なる場合が多い．このような部分では岩盤の透水度も著しい異方性を持っている．すなわち，ダム完成後に貯水池から下流側への主たる浸透路となる走向がほぼ上下流方向で傾斜が鉛直に近い節理群沿いの透水度が最も高く，通常のルジオンテストによる透水度の調査対象となる傾斜が水平に近い節理群沿いの透水度が最も小さい場合が多い．

(6) 極めて高い透水度を示した部分のルジオンテストの測定結果を調べると，送水量が多いためにポンプ能力を上回り規定の 10 kgf/cm^2 まで昇圧し得ない部分が多く見られる．このような部分の試験結果は一般に 50 ルジオン（損失水頭に対する補正が行われていなかった時点では 20 ルジオン）以上として表示されていた．これが岩盤の透水度を示すルジオンマップや岩盤の透水係数を推定するに際しては 50 ルジオン（損失水頭に対する補正を行わなかった時点では 20 ルジオン）として取り扱われ，それに基づいて浸透流解析が行われた場合が多かった．このために透水度が著しく高くて規定圧力まで昇圧していない段階でポンプ能力以上の送水が必要となるような部分は本来は透水度が高すぎて測定されていないにもかかわらず，単に 50 ルジオン ≒ 5×10^{-4} cm/s（損失水頭に対する補正なしの時代には 20 ルジオン ≒ 2×10^{-4} cm/s）として解析されていた．

などがあげられる．

これらのうち (1)・(2) は節理性岩盤内の浸透流と土質材料内の浸透流との基本的な相違点として認識しておくべき事項で，同程度の見掛けの透水係数でも節理性岩盤内の浸透流の流速が土質材料内のそれの数十〜百倍になり，さらにかなり低い透水度の場合でも non Darcy 流が生じやすい原因となっている．しかし浸透流量は見掛けの透水係数を用いて解析しているので解析により浸透流量

を求める場合には節理性岩盤と土質材料との面的な空隙率の相違は問題にはならず，高い透水度の節理性岩盤での浸透流量が解析で予測した値よりもかなり大きな値になる原因にはならないと考えられる．

なお最近二平面間の流れに関して層流から乱流における流体抵抗の法則性や水頭勾配と流速との関係について理論・実験の両面からいくつかの研究[5]が発表され，節理面沿いの浸透流の non Darcy 領域における水頭勾配と流速との関係についてもかなり明らかになってきた．したがって近い将来に節理面沿いの non Darcy 流についても水頭勾配と流速との関係が正確に把握し得るようになれば non Darcy 領域の浸透流の解析も可能になると考えられる．

(3) の問題は最近ルジオンテストに用いられる送水管や加圧部へのノズルの形状などが統一されて損失水頭もそれほどの大きなばらつきはなくなってきているが，解析に用いるような信頼できる見掛けの透水係数の値を得るためには加圧部に圧力センサーを挿入して正確な注入圧力と注入量の関係を捉える必要がある．

さらにこの (3) の問題は (6) の問題に関連して，岩盤の透水度が著しく高くてポンプ能力の上限まで用いても規定圧力まで昇圧し得ないような場合にはポンプ能力のほとんどが送水管内の損失水頭により消費されている．このためにその部分の透水度を正確に捉えるためには単に損失水頭に対する補正を計算により行うのではなく，加圧部に圧力センサーを挿入して加圧部での圧力と注水量との関係を測定することが不可欠となる．

(4) の問題は測定区間全体の平均の透水度を捉えているという点では解析対象となった全領域が Darcy 則に従った流れである場合には巨視的には解析手法が適用可能となる．しかしその測定区間内の集中して浸透流が流れている部分で non Darcy 流が発生している場合には Darcy 則に基づいた解析手法が適用できない部分が存在していることになり，Darcy 則に基づいた解析手法のみでは解析できないことになる．

(5) の問題は岩盤の透水度の調査は一般に鉛直な試験孔によるルジオンテストで行われており，他の方向の試験孔でのルジオンテストの結果と比較対比して岩盤の透水度の異方性を調査した例は皆無と言っていい状態である．しかしすでに述べたようにダム建設での止水処理の主たる対象となる河谷の侵食により緩んだ部分では節理面の開口幅は節理面の走向・傾斜により大きく異なっているのが一般である．このために鉛直な試験孔が主に交差する傾斜が水平に近い節理群の開口幅は最も小さく，ダム完成後に主たる浸透路となる走向がほぼ上下流方向で傾斜が鉛直に近い節理群の開口幅が最も大きくなり，両者の間には見掛けの透水係数で数～数十倍の相違がある可能性があることに留意すべきである．

最後に (6) の問題は元来ルジオンテストの結果が，その使用器具の性能から規定どおりの透水度の測定が行えなかった部分の透水度を使用ポンプの能力の上限で規定圧力に達した場合のルジオン値が 50 ルジオン（補正なしの時代の 20 ルジオン）であるので 50 ルジオン以上と表現し，これを 50 ルジオン $\fallingdotseq 5 \times 10^{-4}$ cm/s（補正なしの時代の 20 ルジオン $\fallingdotseq 2 \times 10^{-4}$ cm/s）と換算して解析に持ち込んだ点である．事実，cm 単位の開口節理に交差した試験孔では一般に通常のルジオンテストで所定の圧力まで昇圧することは困難であり，このような試験では本来の透水度は測定し得ていないまま便宜的に見掛けの透水係数を算出して用いた点にこの種の問題の最大の誤差要因があったと考えられる．

さらにこのような規定圧力まで昇圧不能となるような開口した節理面沿いでは当然流れは non Darcy 流になっているはずであり，透水度の表示方法とともに解析の際の流体抵抗を支配している法則に関しても見直す必要がある領域になっていると考えられる．

特に (5) で指摘した岩盤内の節理群の開口幅がその走向・傾斜により大きく異なるということを合わせ考えると，開口幅が最も大きい節理群と交差しにくくて開口幅が最も小さい傾斜が水平に近い節理群に交差する頻度が高い鉛直な調査孔によるルジオンテストでは，この 50 ルジオン以上と表示されて測定不能となる可能性が高い開口節理面とは実際の孔間隔よりもはるかに広い孔間隔でしか交差していないことになる．したがって場合により調査孔の方向いかんによってはこのような開口節理群が存在するにもかかわらずこの種の開口節理をほとんど捕捉せずに透水度の調査が行われていることもしばしばであると考えられる．

以上から数 mm とか cm 単位の開口節理が存在する場合には少なくとも現在行われているルジオンテストの結果に基づいて浸透流解析を行うことは定量的に参考になる解析結果を得ることは極めて困難である．さらにまた解析対象とする岩盤の中にルジオンテストで規定圧力まで昇圧不能となるような高い透水度の部分が存在している場合は浸透流解析の対象とはならない岩盤であると考えるべきであろう．

事実先に例示した緑川ダムの計算例も現時点から見ると柱状節理を持った高溶結凝灰岩層でのルジオンテストの結果は開口節理に交差した部分ではほとんど規定圧力まで昇圧することができず，損失水頭の補正を行わない段階で 20〜30 ルジオン以上と表示された透水度を 3×10^{-4} cm/s として解析したものであった．さらにそのルジオンテストは開口した柱状節理に交差しにくい鉛直な試験孔により行われており，用いられた見掛けの透水係数の値は実態とは遠く離れたものであったことは否定し得ない．

また通常の鉛直な試験孔によるルジオンテストでこのような規定圧力まで昇圧不能となるような高い透水度の部分が捉えられていなくても，最も開口幅が大きいと考えられる節理群に交差しやすい調査孔で規定圧力まで昇圧不能となるような高い透水度の部分が存在する可能性がある限り，実用的な浸透流解析の結果が得られる可能性は少ないと考えるべきであろう．

前述したように筆者が浸透流解析結果とダム完成後の浸透流と比較して解析結果よりも実際に生じた浸透流速や流量がはるかに多かった事例は，いずれも走向がほぼ上下流方向で傾斜が鉛直に近い節理群が大きく開口してルジオンテストで規定圧力まで昇圧不能な部分が存在した場合であった．

したがって開口幅が大きい節理群が存在せずにルジオンテストで規定圧力まで昇圧不能であった測定箇所がない岩盤ではこれほどまで解析結果と実際との相違は著しくないと考えられる．しかし浸透流解析により止水対策を検討する場合は基礎岩盤の高い透水度の部分が広かったり透水度が著しく高い場合が多い．したがって適切な結果を得るためには以上指摘した点に対して充分配慮して岩盤の透水度の非均一性と異方性とに着目して入念に調査資料を調べるとともに，ルジオンテストで規定圧力まで昇圧不能な部分がなかったことも調べて当該部分が浸透流解析の対象とし得る部分であることを確認すべきであろう．

この種の問題に対しては最近までは本格的な調査に取り組んだ事例は見られなかった．しかし最近奥三面ダムなどで調査横坑での入念な調査により開口度が卓越した節理面の走向・傾斜を的確に捉え，これに交差しやすい方向の注入孔により施工し，極めて効果的な結果が得られている．

したがってこの種の調査に基づいて透水度が高い部分がその開口幅から見て透水度を見掛けの透水係数で表示して解析対象とすることが可能な部分であるか否か，開口幅の異方性が著しいか否かについて調査することが重要である．さらに，浸透路が集中した部分での短い区間での透水試験を行ったり岩盤の透水度の異方性についても適切な試験を行えば，節理性岩盤に対して浸透流解析の適用可能な部分を適切に見分けることが可能になると考えられる．

5.3 鮮・更新世以降の火山性地層での止水処理

5.3.1 火山性地層の特徴

　本節で扱う地層は本章1節で述べた分類に従えばIのBに属する地層で，前章で取り上げた11の事例研究のうち6事例はこの種の地層における止水対策であった．さらにこの種の地層では本節で述べる高溶結な火山性地層内の浸透流問題以外にも次節に述べる固結度が低い地層での止水問題など多くの困難な問題に遭遇してきた．したがって本項ではまずこの種の火山性地層の特徴と止水上の問題点を概観して次項以降で詳細な検討を行うことにする．

　火山性地層の特徴は火山活動により噴出した火山噴出物や低〜高溶結凝灰岩・溶岩類などが入り乱れて堆積していることである．このために陸成の火山性地層の場合にはその下に各々の火山活動の前の旧河床砂礫層や旧表土から成る地層が不整合面沿いに存在している．さらに個々の火山活動の間には降下火山灰層などが堆積したり，降雨時にはいったん堆積した火山灰などが土石流や泥流として流下して二次堆積するなど，極めて複雑な成層関係を示している．

　この不整合面沿いの旧河床礫・旧表土や降下火山灰・火山礫の堆積層は生成時点では全く固結しておらず現時点でも強度上の多くの問題が提起されることが多い．特に生成後経過年数の少ない更新世後期以降の地層では高い透水度を示すことが多い上に耐水頭勾配性が低いなど多くの問題点を持っている．またこの種の新しい地質年代の地層の中で高溶結凝灰岩層や溶岩類は固結度が高くて強度的には問題ないが，一般に冷却固化する過程で多くの開口した冷却節理が発達して極めて高い透水度を示している場合が多い．

　このように火山性地層はダム建設という観点から見た場合にはその地層が生成された年代が新しいほど厳しい形で現れ，古い年代になるほどその厳しさは緩和されてくる．またこの種の問題はその地層が陸成層の場合には一段と厳しいものになり，海成層の場合にはかなり緩和された形で現れてくるのが一般である．

　これらの問題点が地層の生成年代によってどのように変わってくるか詳細な説明に入る前にダム建設という観点からの問題点を理解しやすくするために火山性地層を次の5つの年代に分け，その各々の地層に建設された代表的なダムのうち前章で取り上げたダムや筆者の記憶にある主なダム名を示すと，次のようである．

  1) 更新世中期〜後期…………緑川ダム・漁川ダム・下湯ダム・大門ダム・湯川ダム
  2) 鮮新世後期〜更新初期………松原ダム・下筌ダム・耶馬渓ダム・川俣ダム
  3) 中新世後期〜鮮新世中期………相俣ダム・裾花ダム・湯川ダム
  4) 中新世初期〜中期…………室牧ダム・豊平峡ダム・川治ダム・浅瀬石川ダム・宮ヶ瀬ダム・奥三面ダム

5) 古・中生代の火山岩類………岩屋ダム・阿木川ダム・大渡ダム・日吉ダム

　これらのダム名を見ると1) に示されたダムはいずれも前章の事例研究で検討されたダムで，止水面でも多くの困難な問題に直面したダムである．

　これに対して2) で示されたダムの中では松原ダムと下筌ダムのみが事例研究で検討され，川俣ダムについては3.3.2項で簡単に触れた．このうち松原ダムと下筌ダムでは主として冷却節理が発達した溶岩ないし自破砕状の岩盤での浸透流に関して困難な問題が提起されたが，1) で示されたダムに比べると地層内の開口幅の大きさと浸透流速の速さという面からはある程度緩和された形で止水上の問題に遭遇していた．

　本章1節で述べた分類でⅠのAに属する通常の地層，すなわち古・中生層や花崗岩などを含む変成岩類のように地殻の深部で続成ないし変成作用を受けて最近の地質年代になって地表近くに現れた地層では，ダムの止水処理の対象となる部分は地形侵食により緩んだ部分が主で，ある程度の深部では透水度はかなり低いのが一般である．したがってこの種の地層で止水計画を立てるにあたっては特殊な場合を除いて［注31)］一般的には深い部分ほど低い透水度を示すという前提に立って検討を進めていても差し支えない．しかし1)・2) の年代に生成された火山性地層では$H/2$やHを超えた深部やかなりの側方でもこの種の冷却節理が発達した高溶結の火山性地層が存在する場合には，その部分を通してかなりの流速の浸透流が発生する可能性が高くなる．

　3) の年代に生成された火山性地層になると層位学的深度は一般に1 000～2 000 m以上に達して堆積層の続成硬化はかなり進行し，高溶結層の冷却節理もかなり閉ざされたものになってくる．先に示したこの時期の地層上に建設されたダムで高溶結の火山性地層が存在したのは相俣ダムと裾花ダムで，高溶結の地層の方がやや高い透水度を示したが止水処理上特に注目すべき問題には遭遇しなかった．

　これが4) の年代に生成された火山性地層になると，ここにあげられたダム名もそのほとんどがアーチダムであることからも明らかなように1)・2) の年代に生成された火山性地層で問題となった点はほとんどなくなる．この年代の火山性堆積層の岩石の強度はいわゆる硬岩類に比べてやや劣るものの節理間隔が広くて岩石も粘りけのある岩石になるので急峻な地形を形成することが多く，数多くのアーチダムが建設されてきた．

　さらに5) の年代に生成された火山性地層になると火山性地層特有の問題は全くなくなり，中生代の濃飛流紋岩類は岩石が硬くて地形侵食による緩みがより強く現れたり，古～中生代の輝緑凝灰岩類は岩石強度がやや劣るとか塩基性のために蛇紋岩化作用を受けた岩盤があるなど，その岩種特有の問題点が主な留意点となってくる．

　以上，各地質年代に生成された火山性地層上に建設されたダム名とそのダム型式と，それらのダムの建設にあたっての問題点について前章での記述を参考にすればおおよその問題点は理解し得ると思われる．次に火山性地層の生成時の状況からその後の続成作用による変化をも含めて考察を加えてみよう．

　すでに簡単に述べたように活発な火山活動は多くの火山生産物を噴出させて火山灰や火山礫を周辺に堆積したり，火砕流が流下して低～高溶結凝灰岩を周辺に堆積し，さらに溶岩流の形で溶岩類（溶岩や自破砕溶岩など）を流下・堆積する．この活動がカルデラの形成を伴った火山活動の場合には一般に一度に大量の火砕流を流下させ，周辺を広く厚く（数十m）火砕流堆積層を堆積させてい

る．これに対してカルデラの形成を伴わない火山活動や成層火山の火山活動の場合には比較的小規模な噴出を間欠的に繰り返し，特に活発な活動が長期間にわたり継続する場合には結果としてかなりの厚さの火山性地層を堆積することもある．さらにこれらの個々の噴出の合間を縫って降雨時には土石流や泥流が発生してその下流域に二次堆積層を堆積する．

これらの地層のうち降下火山灰・火山礫の一次および二次堆積層や不整合面沿いに存在する旧河床砂礫・旧表土などは固結度が低く，力学的にも多くの問題点を持っている上に止水面からはその粒度構成によってはかなりの高い透水度を示し，耐水頭勾配性が低いという問題点を持っている．また低溶結凝灰岩層は一般にかなり透水度が低くて耐水頭勾配性もある程度あるが，力学的強度が低いという問題点を持っている．さらに高溶結凝灰岩層や溶岩類は強度的には問題ないが開口した冷却節理が多く存在し，溶岩流が流下・堆積する際にはその先端や表面には冷やされてスコリヤ・軽石質の多孔質で空隙が多い部分が形成される．このためこれらの開口した節理面や空隙の多い部分にはしばしば明らかな non Darcy 流が発生しているような高い透水度を示している場合が見られる．

このように新しい地質年代の火山活動による火山性地層はダム建設にとって極めて厳しい多くの問題点を持った地層であるが，この火山性地層が陸成の地層か海成の地層かによりその状況は大きく異なったものとなってくる．

すなわち海成の火山性地層では火山活動の前から地層が堆積して平準化しつつある比較的平坦な地形の所に火山生産物が堆積していく．このために溶岩類や火山性堆積層を主として堆積していくが，オリストローム（海底地滑り）やスランプなどにより乱されていない限り規則性のある成層関係を示しているのが一般である．

これに対して陸成の火山性地層では火山生産物が堆積しているときや土石流が流下したとき以外は地形は侵食過程にあり，降下火山灰・降下火山礫（軽石質やスコリヤ質の）は降下時の尾根や沢にかかわらず堆積するが，溶岩類・溶結凝灰岩層や二次堆積層などは主に沢や河谷の部分に堆積することになる．このような形で火山性地層は形成されていくので旧河床部では河床堆積物，その他の部分では地表の表土の上に堆積し，これらの火山性堆積層の下の不整合面沿いにはこれらの旧河床堆積物や旧表土が存在することになる（前述した溶岩流の表面や先端部で高透水性を示す部分は陸成の火山性地層でよく見られる）．

このように火山性地層が海底火山活動により生成された地層か陸上の火山活動により生成された地層かにより地層や成層関係は大きく異なってくることになる．

前述したようにこれらの火山性地層のうちの火山灰や火山礫の堆積層・不整合面沿いの河床堆積層や表土・二次堆積層などは生成時には全くの未固結な状態，低溶結凝灰岩層は低固結な状態であり，高溶結凝灰岩層や溶岩類は堅い岩石から成っている．

これらの地層のうち固結度が低い地層は生成後に上載地層が堆積するに従って締め固められ，年月の経過とともに続成硬化が進行していくことになる．また高溶結凝灰岩や溶岩のような生成時の硬岩類も上載地層によりある程度締め固められていくが，固結度が低い地層のようには効果的には締め固められず[注32]，続成硬化はほとんど進行しない．

[注32] 高溶結凝灰岩や溶岩のような生成時の硬岩類には 5.3.3 項で述べるように一般に冷却節理が発達しており，これらの冷却節理は上載地層の増大によりある程度締め固められていくが，鉛直方向に近い節理は上載荷重により側方圧が増大した場合のみ閉ざされ，さらにこれらの節理面はいくつかの点で点接触した後はそれ以上閉ざされにくくなるため，固結度が低い地層ほどには効果的には締め固められない．

これらの地層は生成時には未固結に近い地層（旧河床・旧表土・降下堆積層・泥流堆積層など）・低溶結層（低溶結凝灰岩層など）・高溶結層（高溶結凝灰岩や溶岩類など）とそれぞれ強度的にも透水度の面からも大きく異なっている．このうち泥流堆積層や低溶結凝灰岩は生成時からかなり透水度が低いことが多いが，その他の地層はかなり高い透水度を示すのが一般である．

しかしその後年月が経過するに従って上載地層の厚さが増していくと締め固められて生成時に固結度が低くて透水度の高かった地層も次第に透水度は低くなるが，注32)にも述べたように高溶結層はそれほど効果的に締め固められず，透水度は目立っては低くならない．またこの変化は上載地層の厚さが大きいほどはっきりと現れてくることになる．

さらに続成硬化の進行も上載地層の厚さが大きいほど著しく，生成後の経過年数が長いほどはっきりと現れてくる．したがって海成の火山性地層は生成後常に上載地層が堆積していく環境にあるので，上載地層の増加する割合が大きくて締固めや続成硬化の進行は早くなる．一方陸成の火山性地層は生成後には新たな火山活動による降下または流下した火山生産物の堆積や土石流などによる堆積がない限り以後常に侵食されていく環境にあり，上載地層の増加は少なくて締固めや続成硬化の進行は遅くなる．

以上のような特徴を浮かび上がらせるためにこれらの火山性地層を生成された地質年代により5つに分けたが，その各々の地質年代の火山活動の特徴を示すと，

1) 更新世中期〜後期の火山性地層……………現在の地形に近い形になった以降の陸上の火山活動による地層で，その供給源となった火山が特定されていることが多い．
2) 鮮新世後期〜更新世初期の火山性地層……北部九州で多く見られる海底から陸上に移行していく時期の火山活動による地層．
3) 中新世後期〜鮮新世中期の火山性地層……グリーンタフ造山運動[注33)]終了以降の海成ないし陸成の火山性地層．
4) 中新世初期〜中期の火山性地層……………グリーンタフ造山運動最盛期の海成の火山性地層．
5) 古・中生代の火山性地層……………………例えば中生代の陸成の火山性地層の濃飛流紋岩類・高田流紋岩類や古・中生代の輝緑凝灰岩類など．

のようである．

このうち1)の年代の火山性地層はほとんどが陸成の火山性地層で陸成の火山性地層の問題点を最も厳しい形で持った地層が多く，先にこの種の地層上に建設されたダムとして示された5ダムのうち4ダムは前章の事例として検討されたダムである．これらのダムでは新しい年代の火山性地層の持つ厳しい問題に遭遇して悪戦苦闘しながらこれを克服していったダムでもあった．

この種の地層の成層関係は極めて複雑で各地層は生成時の性質そのままに近い状態にある．すなわち生成時には固結していなかった地層は全般に強度は極めて低い上に透水度や耐水頭勾配性に問題がある地層が多く，高溶結層は極めて高い透水度を示して時には明らかにnon Darcy流と見られる地下水流が観測された場合もしばしばであった．

[注33)] 北海道・東北地方の西部からフォッサマグナ沿いに伊豆半島に南下する部分と，フォッサマグナ以西の北陸・山陰地方の日本海沿いの部分と，九州の北部および西部において中新世初期から中期にかけて極めて活発であった海底火山活動で，この地域では3000m以上の厚さで火山性地層が堆積している所がある．

2) の年代の火山性地層は北部九州で多く見られ，一般に成層関係は 1) の年代の火山性地層に比べると複雑でその追跡にはかなりの困難を伴うことが多い．しかし生成時の固結していなかった地層は締固めと続成硬化がやや進行して透水度も若干改善されてくるが，高溶結層は依然としてかなり高い透水度を示すことが多い．

3) の年代の火山性地層になると生成時の固結していなかった地層の続成硬化はさらに進行して岩石としての不安定性は多少残るがある程度の強度を持ち透水度はかなり低くなってくる．一方生成時の高溶結層は裾花ダムや相俣ダムの本ダムの基礎岩盤で見る限り堆積層に比べてやや透水度が高い程度で特に高い透水度は示さなかったが，一般論的には高い透水度を示す可能性はあるが特に留意する必要があるほどの高い透水度は示さない場合が多い．

これが 4) の年代の火山性地層になると，この種の地層上には数多くのアーチダムが建設されていることからも明らかなように生成時に固結していなかった火山性堆積層の続成硬化はかなり進行し，アーチダムの基礎岩盤としても充分な強度を持つとともに透水度の面からも節理性岩盤としての性質を示す透水度が低い地層になってくる．

この時期の火山性堆積層は節理が比較的広い間隔で発達して粘りけのある岩石から成り極めて急峻な地形を形成することが多くなる．この時期の地層の層位学的深度は 3000 m 程度のものが多くてかつての高溶結層の冷却節理は充分閉ざされて透水度もかなり改良され，火山性堆積層に比べてやや透水度が高い程度となっている場合が多い．

5) の古・中生代の火山岩類になると生成時の堆積性の地層か高溶結の地層かよりもその後の続成硬化と岩石の構成鉱物の性質の方がその性質を強く支配し，生成時の固結度が低い地層か高溶結層かの区別はほとんどその意味がなくなる．このために中生代の濃飛流紋岩類・高田流紋岩類や古・中生代の輝緑凝灰岩類はその名前のように溶岩としての流紋岩や凝灰岩と解釈すべき地層ではなく，溶岩・貫入岩・凝灰岩などを総称した流紋岩類・輝緑凝灰岩類と解釈すべき地層となっている．

このように見ると火山岩地域のダム建設に伴う力学的および透水度の面からの問題点は 1) の更新世中期～後期の火山性地層で最も厳しい形で現れ，2) の鮮新世後期～更新世初期の火山性地層になるとやや緩和された形で現れてくる．これが 4) の中新世中期以前の火山性地層になると特に火山性地層として意識する必要は少なくなり，むしろ続成硬化は砕屑性堆積岩類よりも進行は早い場合が多く，コンクリートダム，特にアーチダムの建設が容易になる場合も多くなってくる．さらに 5) の古・中生代の火山岩類になると同年代の他種の岩盤と同等の考えで対応してもよい状態（もちろん，濃飛流紋岩・高田流紋岩・輝緑凝灰岩にはそれぞれの固有の問題点と対応の仕方があるが）になってくる．

このように火山性地層における諸問題は 1) の新しい地層では最も厳しい形で現れ，2) → 3) と生成年代が古くなるに従ってこれらの問題は緩和された形となり，4) 以前に生成された火山性地層になると火山性地層としての特別な取扱いはほとんどなくなることになる．

以上が火山性地層の年代別に見た特徴である．したがって 1)・2) の火山性地層上にダム建設を行う場合には，

❶ 複雑な成層関係の明確な把握，
❷ 固結度が低い地層の力学的な問題，
❸ 固結度が低い地層の透水度の問題，

❹ 高溶結層の開口した冷却節理を通しての透水度の問題,

が主要な問題として登場してくることになる．このうち❶の問題は地質調査上の問題であるので次項でその概要を述べ，❷の問題については本書の主要な目的からはずれるので特に立ち入っては述べないことにする．❸の問題は砕屑性堆積層（一般の砂岩・泥岩など）の固結度が低い地層と共通の問題であるので次節で詳しく論じ，5.3.3項以降で主として❹の問題に対して述べることにする．

5.3.2 火山性地層の地質調査上の留意点

筆者は地質に関して専門的知識を持ち合わせていないし，本書はダム建設に伴う止水処理をいかに合理的に進めるかについて論述することをその目的としているので地質調査の細部まで記述することは避けたいが，この種の地層上にダム建設を行う場合に地質調査として是非留意しておきたい点について簡単に述べることにする．

前項に述べたように火山性地層は間欠的に続く火山活動により火山生産物が堆積して生成された地層である．したがってその成層関係は一般に極めて複雑で，特に陸成の火山性地層の場合には堆積する前の地形には沢・尾根あり平地・河川ありで一段と複雑になっており，それを正確に把握することはかなりの努力を必要とすることが多い．

この個々の噴出による堆積層はカルデラを形成した大規模な噴出の際には一回の噴出で極めて大量の火砕流が流下して厚さが数十mに及ぶ溶結凝灰岩層が広い範囲を覆い，その成層関係はかなり規則的な形で捉えることができる場合が多い．

これに対してカルデラを伴わない火山活動の場合には一回の噴出で流下ないし降下する火山生産物は比較的少なく，数十cm～数mの厚さにしか堆積しない場合が多い．

一般にカルデラ火山の場合にもカルデラを形成した大規模な噴出は数回あり（阿蘇の場合には4回，八甲田の場合には3回といわれている），その前後には小規模な噴火が数多くあり，大規模なカルデラ形成を伴った噴出による火砕流堆積層の間にこれらの小規模な噴出時の流下または降下物を堆積しているのが一般である．

一方，成層火山の場合には比較的小規模な噴出を数多く繰り返しており，火山活動が活発でマグマの上昇が継続的に大量で長期にわたる場合には大門ダムの韮崎岩屑流堆積層のように厚さが200mに達する地層を堆積することもある．このような場合には個々の噴火の間の降雨時には土石流や泥流が流下して堆積したり，あるいは噴火時に量的にはそれほど多くない溶岩や自破砕状の溶岩を流下させ，塊状に堆積するなど極めて複雑な地層が形成されることもある．

さらに湯川ダムの軽石流堆積層のように地質学的には1つの火砕流堆積層と見なされて同一の構成鉱物から成る地層であっても，詳細に粒度構成などにより細かく分類すると数～数十回の流下・堆積により生成されたと考えざるを得ない地層も多く見られる．

このような成層火山活動による火山性地層では，力学的性質や透水度の面から細かく分類してそれに対応した成層関係を追跡することはその成層関係が複雑に入り乱れているために事実上不可能となることがしばしばである．

以上を要約すると，カルデラの形成を伴う火山活動の場合には成層関係をはっきりと把握しその各々の力学的性質と透水度の面からの特性を正確に調査して対策を講ずることが重要となる．これに対して成層火山活動の場合には個々の噴出時に堆積した地層の成層関係を正確に把握することは

かなりの困難を伴うことがあり，個々の噴出により堆積した地層ではなく，より大きな活動期に堆積した地層に着目してより巨視的にその特徴を捉えた方が適切な対応が可能となる場合が多い（大門ダムの韮崎岩屑流堆積層など）．しかしこのような場合には同一の地層に分類された地層は均一な性質を持った地層ではなく，巨視的には一つの性質を持った地層と見なし得ても微視的には種々な性質を持った部分が混在した地層となる．このために止水対策を検討する場合などにはかなりの余裕を持った対策を検討する必要が生ずることになる．

以上から新しい火山性地層，特に 1) の地質年代の火山性地層を調査する場合に，その火山活動がカルデラの形成を伴った火山活動によるものか成層火山の活動によるものかはっきりと把握しておくことが重要となる．

次に前節の説明からも明らかなように，1)・2) の地質年代の火山性地層の特徴は高溶結な地層に開口幅が大きい冷却節理や空隙が多い部分が存在してかなりの高い透水度を示すことである．しかもこの種の地層は山体のかなり深部でも相当な高い透水度を示す可能性があるので（下筌ダムの津江川水路での漏水[6]など），ダムの止水処理の検討にあたっては通常の地層と異なり深部でも高い透水度を示す部分が存在する地層であることを認識しておく必要がある．したがってこの種の地層で止水処理のための調査では高溶結層の存在とその連続性を正確に把握することを最重要項目として着目しておくべきである．

以上から貯水池からダムの下流側にわたって連続する高い透水度を示す高溶結な地層が存在するか否かを入念に調査し，調査範囲を $H/2 \cdot H$ の深さに関係なく，この種の地層の存在とその上下流方向への連続性を正確に把握して対応策を検討する必要がある．

この点は火山性地層，特に 1)・2) の地質年代の火山性地層で止水対策を検討する際に最も留意すべき点で，前章で紹介した緑川ダム・漁川ダム・下湯ダム・松原ダム・下筌ダムのほか，耶馬渓ダムなどで最も慎重な対応が必要となった点であった．

5.3.3 高溶結の火山性地層での冷却節理の特徴

本項では高温で流下した高溶結凝灰岩層や溶岩類のように流下後に冷却・固化する際に冷却節理が発達した地層内での浸透流の特徴と止水対策について述べることにする．

溶岩が冷却し固結する際に生ずる収縮は熱膨張係数が常温での値と変わらないと仮定して概算すると[注34]，幅 1 m の岩体は約

$$1000°C \times 1000\,\mathrm{mm} \times 10^{-5}/°C = 10\,\mathrm{mm}$$

収縮することになる．したがって溶岩が流下して冷却・固化する過程で無応力状態に置かれるならば，1 m の幅の岩体は 1 cm 以上［注34) 参照］収縮すると考えられる．また高溶結凝灰岩層の場合でも高温の火砕流の流下温度は 500°C 以上と考えられているので，かなりの開口した冷却節理が発達すると考えられる．

これらの開口した冷却節理のうち傾斜が水平に近い節理面は自重によりある程度閉ざされ，傾斜が鉛直に近い節理面は閉ざされにくい状態に置かれている．海成の火山性地層の場合にはその後の

注34) 一般に熱膨張係数は温度が上昇するに従って大きくなるとされており，特に液状のときはかなり大きな値となっているので，無応力状態での熱収縮量はここで計算される値よりもかなり大きくなっていると考えるべきであろう．一方冷却・固化していく過程で特に谷状の所にたまった場合には，液状の段階では自重による側圧がかかり，冷却時の開口がこれよりも小さくなる可能性もある．

地層の堆積により，陸成の火山性地層の場合にはその後の流下または降下物の堆積により上載荷重が増大し，さらに若干閉ざされてくる．この場合にも傾斜が水平に近い節理面はかなり閉ざされるが，注32)にも述べたように傾斜が鉛直に近い節理面は閉ざされにくい．

しかし上載地層の厚さが数百〜数千mと大きくなってくると，傾斜が鉛直に近い節理面も側方応力の増大により閉ざされたり流入物が入り込んで透水度は低くなってくる．この場合にも高溶結の火山岩類は注32)にも述べたように土質材料ほど効果的には締固めは進行しないのが一般である．このためにかなり上載荷重を受けた火山岩類の中でも高溶結層は堆積性の地層や低溶結層に比べて高い透水度を示し，傾斜が鉛直に近い節理面，特に柱状節理が発達した火山岩類の場合は著しく高い透水度を示すことが多い．

この種の地層内の浸透流は5.2.4項で詳しく論じたように岩石内の浸透流はほとんどなく，主として節理面沿いの浸透流であり，特に節理面の開口幅が大きいときはかなり速い流速の浸透流が生じて non Darcy の浸透流となっていることもある．

この種の地層内の浸透流は土質材料内の浸透流とはかなり異なった性質を示し，いわゆる節理性岩盤内の浸透流として土質材料内の浸透流とは分けて取り扱い，岩盤力学的な観点から取り扱った方がよいと考えられる浸透流である．この種の地層内の浸透流ではすでに述べたように岩石内の流れはほとんど考えられず，問題となる浸透流はすべて節理面沿いの流れであるから，単位面積当たりの浸透流路面積は単位面積当たりの節理面の開口面積になる．

また前述した温度収縮計算からも明らかなように，節理性岩盤内の浸透流路の占める割合は流下時そのままの状況で一次元的に1%以上，二次元的にでも1〜2%以下（水平に近い方向の節理面は前述した理由から0.1%程度の開口幅しか持っていない場合がほとんどである）である．これに対して土質材料の二次元的な空隙率の15〜25%［立体的な空隙率の約20%〜35%に相当，2.1.2項の注3) 参照］に比べると極めて小さく，同程度の見掛けの透水係数でも浸透流速は土質材料内よりも数十倍以上速くなっている．

しかも開口節理面沿いの流れは本質的には二平面間の流れで，土質材料内の粒子間の流れとは大きく異なっている．したがって土質材料内の流れに比べて受ける摩擦抵抗もはるかに小さくて粘性流から非粘性流に移行しやすいので，土質材料の場合よりもかなり小さい見掛けの透水係数でも非粘性流，すなわち non Darcy 流に移行しやすくなっている．

このように生成された時点からの経過年月の短い高溶結凝灰岩層内の浸透流は冷却節理面の開口状態によっては極めて厳しい状態にあり，その状況は当該地層の層位学的深度が深い地層ほど緩和されてくる．

この変化を5.3.1項に示したダムの工事例から概観してみよう．まず3)の中新世後期〜鮮新世初期の火山性地層での工事例から考察すると高溶結な火山岩類での止水処理の工事記録が残されているのは裾花ダムのみであるが，このダムでは安山岩層の方が凝灰角礫岩層より透水度は高いために右岸側方部の止水カーテンはかなり広く施工されたが，パイロット孔の延長のみで対応されている．また河床部深部では当初計画よりかなり深くまで止水カーテンの一般孔も延長されたがこの部分の地質は凝灰角礫岩層であった[7]．

次に中新世初期〜中期の地層での工事経験について考察すると，5.3.1項に示したダムのうち室牧ダムは「グラウチング施工指針」が制定されてルジオンテストが採用される以前に施工されたダム

で，その溶岩類（安山岩）の部分での透水度を工事記録から調べることは困難である．しかし筆者の記憶では凝灰角礫岩層の部分より多少透水度が高いことは当時から指摘されていたが，グラウチングの施工に際してセメント注入量が多少多かった程度で施工にあたっての問題は特に発生せず，湛水後も目立った漏水問題は発生しなかった．また浅瀬石川ダムの基礎岩盤は中新世初期の玄武岩質の凝灰角礫岩を主体として一部に玄武岩溶岩が存在したが透水度の面では特に相違はなかった．

一般にグリーンタフ造山運動が盛んであったグリーンタフ地域では，中新世初期から中期の前半にかけて海底火山活動が極めて活発で火山性地層以外はほとんど見当たらない地層が 1 000～2 000 m 以上の厚さで堆積している所もあるほどである．その後中新世中期以降，火山活動は急速に衰えて火山性地層は限られた地域で見られるだけになり，この地域のほとんどの所で中新世中期の後半から深海性の泥岩を堆積し，次いで次第に浅海性のシルト岩・砂岩から礫岩を堆積しつつ鮮新世末期から更新世初期にかけて陸化していった．このためにグリーンタフ地域（九州の北中部以外の）では，中新世中期後半以降の火山性地層は限られた所でしか見られない．

以上のように中新世の高溶結の火山性地層はそのほとんどがグリーンタフ造山運動の一環として形成された海成の火山性地層と貫入岩類で，生成されてからの年月も一千万年以上経過していて層位学的深度も 2 000～3 000 m 程度の地層である．このために生成時には開口していた節理面もその多くは閉ざされ，裾花ダム・室牧ダム・浅瀬石川ダムなどで経験したように火山性堆積層に比べてやや透水度は高いものの極端な透水度の相違はなく，その止水処理に特に苦労する問題が提起されることはまれであった．

これに対して九州の北中部では鮮新世後期から更新世初期にかけての火山活動が極めて活発で，この年代での火山性地層が広く分布してこの時期の高溶結の透水度が高い火山性地層に遭遇することが極めて多い（松原ダム・下筌ダム・耶馬渓ダムなど）．さらにこの地方の火山性地層は本州および北海道の同年代の地層に比べて層位学的深度はかなり浅いようで，生成年代から推定されるよりも高い透水度を示している例が多い．耶馬渓ダムでは高溶結な地層は極めて少なくて上部に薄い層が存在したのみであったので，止水上の問題はほとんど発生しなかったが，他のダムでは予想以上の高い透水度の地層に遭遇して入念な止水対策が必要となった（松原ダム・下筌ダム・横竹ダムなど）．

これが更新世中期以降の高溶結な地層になるとそのほとんどが陸上の火山活動によるもので，生成後の上載地層の厚さは薄くて 100～200 m 以下の場合が多くなってくる．このために冷却節理面の開口幅が上載荷重により閉ざされる度合も少なく，さらに現在の地形が形成されていく過程で河谷の侵食による緩みが生ずる．すなわち河谷の両側の地山が川側に変形することにより走向がほぼ上下流方向で傾斜が鉛直に近い節理群の開口幅が大幅に増大し，これらの節理群沿いの透水度が著しく増大することになる．

前項で詳しく述べたように一般に陸成の火山性地層の場合には溶岩・火砕流堆積層・降下火山灰や火山礫の堆積層・二次堆積層などの複雑な積み重なりの形をとり，成層火山の活動による火山性地層の場合にはその各々の一回の堆積量は比較的少なくてこれらが不規則に堆積していることが多い．さらに前項にも述べたように陸成の火山活動による溶岩流の上面や先端部には空隙を伴った部分が存在していることがしばしばである．このために高い透水度の火山性地層の分布や規模も小さくて不規則になる場合が多く，その止水対策もその高い透水度の部分の分布を正確に捉えてその結果に基づいて検討することが困難になることが多い．

これに対してカルデラを形成した火山活動の場合には一回の噴出による噴出量は極めて大規模なものになり（阿蘇火山特に Aso-4・八甲田・支笏の火砕流など），大量の溶結凝灰岩層などを周辺に堆積している．このうち高溶結凝灰岩層は一般に下部の不整合面に近い部分は流下時に温度が低下して低溶結層となり，その上の流下時にせん断抵抗を強く受けた部分は高溶結な部分も板状ないし塊状の節理が発達し，さらにその上の高温の火砕流の中心部は高溶結で柱状節理が発達した地層となっている．

この柱状節理は傾斜がほぼ鉛直のために自重によってはほとんど閉ざされない．さらにこの高溶結層の一部が侵食により削り取られて柱状節理の面から成る絶壁が形成されると，柱状体の下側にある板状または塊状の節理が発達した部分の傾斜が水平に近い節理面や不整合面沿いの弱層や低溶結層などが柱状体に対して一種のヒンジとして働くためであろうか，柱状体の上部が川側に傾斜して上下流方向の節理群が大きく開口するようになる．このために柱状節理が発達した高溶結層はその生成したときよりも，柱状節理を形成する面の中で走向がほぼ上下流方向で傾斜が鉛直に近い節理面が斜面の近くで開口幅が極端に大きくなっていることがしばしばである[注35]．

この河谷の侵食による節理面の開口幅の増大はこの種の高溶結な火山岩特有の問題ではなくてすべての硬岩で共通して起こる問題で，この点に関しては前節ですでに詳しく論じた．しかし新しい高溶結な火山性地層は元々開口した冷却節理があるため開口幅が増大しやすい状態にあり，さらに柱状節理が発達した高溶結凝灰岩層では前述したようにその下側に変形性が大きい部分があるために開口幅が極端に増大しやすい状態にある．したがって河谷の侵食による節理面の開口幅の増大は柱状節理が発達した高溶結凝灰岩層の斜面の近くで最も顕著な形で現れてくることになる．

その代表的な例が緑川ダム・漁川ダム・下湯ダムにおける柱状節理が発達した高溶結凝灰岩層であり，これらの地層内ではいずれも数十分の一程度の水頭勾配で 1 cm/s 以上の浸透流速が観測されていた．また更新世中期以降に火山活動のあった火山地帯での地質調査で高溶結な火山性地層を捉えた調査孔のケーシングに耳を当てると，水の流れている音が聞き取れるような場合にしばしば遭遇している．

一方前章 8 節で述べたように，下湯ダムの試験湛水時の高溶結凝灰岩層内の地下水面の観測結果によると柱状節理の発達した部分の地下水面勾配はいずれも水平に近い緩い勾配しか示さず，その透水度が極めて高いことを示していた．これに対して同じ高溶結層でも下の不整合面に近い低溶結層に接した層厚で 5～10 m の塊状に節理が発達した部分では地下水面は川側に向かってかなり急な下り勾配を示し，その部分は柱状節理が発達した部分に比べてかなり透水度が低いことを示していた（4.8.4 項参照）．

このように現在の節理の開口幅は節理面の走向・傾斜に大きく関係し，高溶結凝灰岩層の柱状節理のように鉛直に近い方向の節理面は比較的薄い上載地層（厚さ数十 m 程度）が乗ってもほとんど閉ざされずにほぼ生成時の開口幅を保ち，その後の河谷の侵食によりさらに大きく開口することに

[注35] 緑川ダムの高溶結凝灰岩では手が入るような開口節理があったといわれ，下湯ダムの副ダムの掘削面では 20 cm 以上の開口節理があったことが記録されている．またアメリカ Teton Dam の上部の高溶結凝灰岩層にも人体が入るような開口節理があったといわれているが，これらは冷却による開口では説明できず，その開口節理面の方向からも河谷の侵食により促進された開口と解釈すべきであろう．またこのように数十 cm 以上の開口節理はいずれも河谷の斜面近くで走向がほぼ上下流方向で傾斜が鉛直に近い節理面のみであって，斜面から中に入った部分の節理面や河谷に直交ないし斜交する方向の節理面の開口幅は 1～2 cm 止まりのものが多いのもこの種の開口節理の特徴である．

なる．

　これに対して高溶結凝灰岩層の低溶結部に近い部分で見られる板状ないし塊状の節理群の中の傾斜が水平に近い節理群は自重により閉ざされてそれほど開口せず，その後もそれほど厚くない上載地層によってもさらに閉ざされて河谷の侵食を受けても開口幅は特に大きくはならないようである．

　以上の考察から明らかなように鮮・更新世以降の高溶結な火山性地層は冷却節理が発達して高い透水度を示すので極めて入念な止水対策が必要であり，non Darcy 流かそれに近い性質の浸透流が発生する可能性が高い．また節理群の開口幅はその後の上載地層の厚さや河谷の侵食の影響を強く受けてその走向・傾斜により大きく異なり，柱状節理のときは特に開口幅が大きくなり，走向がほぼ上下流方向で傾斜が鉛直に近い節理群は河谷の侵食により特に大きく開口している可能性が高いことに留意すべきである．

　このように高溶結な火山性地層にはかなり開口した冷却節理群が発達し，これらの節理群の開口幅はその後の河谷の侵食によりさらに拡大したり，あるいはその後の上載地層により閉ざされるなど流下・堆積した後の環境によっても大きく変化していくが，少なくとも 1)・2) の時期の高溶結な地層はかなり高い透水度を示すのが一般である．

　特に 1) の時期の柱状節理が発達した高溶結凝灰岩層では走向がほぼ上下流方向で傾斜が鉛直に近い節理群が河谷の侵食により大きく開口し，これらの開口節理群沿いに non Darcy の浸透流が生じている場合が多い．

　また 1)・2) の時期の高溶結な地層は深部やかなりの側方地山内にあっても大きな浸透流路を形成することが多いので止水対策上特に注意を要する地層となる．

5.3.4 新しい地質年代に生成された高溶結の火山性地層での止水処理上の問題点の要約

　この種の開口した節理群を持った高溶結の火山性地層の止水処理は一般にグラウチングによる止水が効果的である．特に開口幅が大きい節理群を持った地層の場合以外は通常の節理を有する硬岩，すなわち I の A に属する地層に対して行われている通常のグラウチングによる止水処理で充分であるが，開口幅が特に大きい場合，例えば柱状節理を持った高溶結凝灰岩層などの場合にはいくつかの特に留意すべき点が生じてくる．

　この点に関しては 5.3.1 と 5.3.3 項とにおいてすでにかなり詳しく述べたが，新しい地質年代の高溶結な火山性地層で顕著に現れる問題点を繰り返し述べると，

ⓐ 柱状節理が発達した高溶結凝灰岩層に止水カーテンを施工する場合に，柱状節理の面はほぼ鉛直で数十 cm 程度の間隔で存在して水平に近い傾斜の節理面はほとんど存在していない．このために鉛直の注入孔によっては注入されない節理面が残り，止水ラインと交わる節理面を確実に充填して効果的な止水カーテンを形成するためには柱状節理と斜交する注入孔により施工することが不可欠である．

ⓑ 開口幅が大きい柱状節理面に対して止水カーテンを施工する場合に，特に数 cm 以上開口している節理面にグラウチングを施工するときは通常の 1：1 の濃度のミルクから出発した注入ではミルクが開口節理面沿いにかなり遠くまで流れて無駄なミルクを大量に注入する結果となることが多い．一方より濃度の高いミルクかモルタルの注入から出発して良好な結果が得られた例が多い（5.2.3 項の pp.281〜282 参照）．

ⓒ 一般に開口幅の大きい節理面を伴った生成年代の新しい高溶結層は極めて高い透水度を示すが，前述したⓐ・ⓑの点に留意して入念な止水カーテンを施工すれば極めて効果的な止水処理が可能である．しかしここで特に留意すべき点はこの種の高溶結層の下側には必ずこの地層が堆積する前の旧河床砂礫や旧表土などから成る不整合面の下側の未固結層・降下あるいは流下した火山性堆積層・不整合面の上側の低溶結凝灰岩層など，固結度が低くて耐水頭勾配性が低い層が接近して存在していることである．この高溶結層は極めて高い透水度を示すがグラウチングにより効果的で強固な止水カーテンを形成することが可能なので，止水カーテンの上下流で通常の場合よりはるかに急な水頭勾配が形成されることになる．したがってこれらの高溶結層に隣接した固結度が低くて耐水頭勾配性が低い地層に対して極めて急な水頭勾配が作用することになるので，これらの隣接地層の止水および耐水頭勾配性に対しても充分な配慮を払うことが必要になる．

などであろう．このうちⓐ・ⓑは河谷の侵食による緩みが著しい場合でも共通した問題点で前節において詳しく論じたが，ⓒは一般に新しい陸成の火山性地層特有の問題点でこの種の地層においては特に留意が必要な問題点である．以上の点に充分な配慮を行って止水処理を実施すれば効果的な止水処理は可能である．

5.4 固結度が低い地層での止水処理

5.4.1 固結度が低い地層内の浸透流の特徴

ここで述べる固結度が低い地層は本章1節で述べた分類に従えばⅡに属する地層で，この種の地層内の止水問題は10m前後の水深の所での止水問題としてはかなり前からダム建設では遭遇し，特に小規模なアースダムの基礎としてはしばしば経験してきた問題であった．しかし相俣ダムの段丘堆積層の止水処理を除くと20m以上の水深の所でしかも大規模なダム建設に伴った止水問題として登場してきたのはここ40年以降のことである．またこの相俣ダムの経験は新しい堆積層の止水問題の難しさを強く認識させ，それ以降の新しい地質年代の堆積層の止水問題に対して極めて慎重な対応を取らせるようになった．

この種の地層の止水問題は大規模なダムの建設を通して得られた節理性岩盤，すなわち本章1節での分類に従えばⅠに属する地層で得られた数多くの経験をそのまま発展させて利用することができない多くの問題を提起しており，試行錯誤の連続であったとも見ることができる．このために前章で取り上げた事例のうちの6事例はこの種の地層内の止水対策であったし，高溶結層を主たる対象とした5事例の中の3事例も注目すべき止水問題としてこの種の地層の止水問題にも直面していた．したがってこの種の地層の止水問題は当初は限られたダムでの止水問題として登場してきたが，ここ30〜40年の間に新しい困難な問題を次々に提供し，止水対策上大きな注目を集めた地層であったといい得る．

この種の地層内の浸透流は今までに述べてきたⅠに属する地層内の浸透流とは大きくその性質が異なり調査方法や止水対策の進め方も大きく異なる．したがってまず浸透流とその止水対策という観点から見た固結度が低い地層を定義して節理性岩盤内の浸透流との主な相違点を指摘し，これらを着目点としつつその透水度を支配する主要因・調査試験方法・透水度の表示方法・グラウチング

による改良限界などについて述べることにする．

　ここで述べる地層は固結度が低くて節理がほとんど存在していない地層を指しており，続成硬化や溶結の度合は低くてその地層内の浸透流は主としてその構成粒子間を流れている場合を指している．したがって弱いながら続成硬化が進行したり溶結によりいわゆる軟岩程度に固結して節理がある程度発達し，節理面沿いの浸透流を可能な範囲で低減すればその止水処理の目的を果たし得る地層はこの種の地層には含まれないものとする．

　このように浸透流の面から固結度が低い地層をその中の浸透流が構成粒子間の流れを主体とした地層と定義すると明らかにこの種の地層は土質力学的手法によりアプローチすべき地層であり，この種の地層内の浸透流は節理性岩盤内の浸透流とは本質的に異なった特性を持ったものである．

　このような観点に立って節理性岩盤内の浸透流との主な相違点を列記すると，

① 単位面積当たりの浸透流が流れる面積，すなわち面的な空隙率が節理性岩盤の場合に比べてかなり大きい．すなわち節理性岩盤の場合には一般に $0.2 \sim 0.5\%$ 程度で，かなり緩んだ岩盤でも 1% 以下であるのに対してこの種の地層のそれはかなり締め固められて粒度構成の良い地層でも $15 \sim 20\%$ 以上で，緩んだ地層や粒度分布が良くない地層では $20 \sim 30\%$ 以上［注3)p.22参照］になっている．したがって見掛けの透水係数（浸透流量から求めた透水係数）の値が同じ場合でも真の透水係数（浸透流速から求めた透水係数）は固結度が低い地層では節理性岩盤での値の数十分の一，極端な場合には百分の一程度の値となっており，同じ水頭勾配により生ずる浸透流速も数十～百分の一程度の値となっている．

② 節理性岩盤の透水度は節理面の開口幅に強く支配されるのに対してこの種の地層の透水度はその構成粒子間に存在する空隙とその連続性に支配される．したがってその粒度分布と締固めの度合，すなわち現場密度に強く支配された透水度を示す．また低固結層は節理面が存在する場合があり，その場合には風化していない in tact な状態では節理面は一般に閉じているが，節理面沿いの浸透流は無視し得ない程度となっている．

③ 節理性岩盤内の浸透流は比較的抵抗の少ない節理面沿いに流れるのに対して，この種の地層内の浸透流はその構成粒子間に存在する空隙を曲がりくねって大きな抵抗を受けながら流れる．したがって節理性岩盤内の開口節理面沿いには non Darcy 流が発生しやすいが，この種の地層内では non Darcy 流は発生しにくい．

④ 本章2～3節で述べたように節理性岩盤の緩んだ部分における節理面の開口幅は節理面の走向・傾斜により大きく異なり，その透水度は強い異方性を示して場合によってはその方向により数～数十倍の透水係数を示すこともある．これに対してこの種の固結度が低い地層も異方性は示すが高々数倍程度であり，節理性岩盤の緩んだ部分ほど著しい異方性は示さない．

⑤ ③に述べたように節理性岩盤内の浸透流は節理面沿いに流れるので，節理が集中した部分や開口節理がある部分で集中して流れて透水度の非均一性が著しい．これに対してこの種の地層内は多少の非均一性はあるが節理性岩盤内に比べて非均一な度合ははるかに小さい．

⑥ 高い透水度を示す節理性岩盤内では前項で述べたようなルジオンテストで規定圧力まで昇圧し得ないような高い透水度の部分がしばしば存在していた．しかしダムの止水問題の対象となるような固結度が低い地層ではこのような測定結果が得られた部分にしばしば遭遇しているが，測定資料を調べるとほとんどの場合に限界圧力以上の測定においてであり，限界圧力以

下では注入圧に対応した比較的少ない注水量が測定されている．
⑦ 節理性岩盤内の浸透流は破砕の著しい部分や節理面沿いに流入粘土や夾雑物が存在しているような特殊な場合を除いて，構成する岩石などの構成素子の大きさに比べて浸透流路面積が極めて小さいので，パイピング現象，すなわち浸透流により構成粒子の一部が流されて流路が拡大する現象は起こりにくい．これに対して固結度が低い地層では構成粒子の中の微ないし細粒子の大きさに比べて流路面積が大きいのでパイピング現象は起こりやすい．すなわち節理性岩盤の耐水頭勾配性は高いが，この種の地層，特に固結度が低くて未固結に近い地層の耐水頭勾配性は低い．
⑧ 固結度が低い地層は固結度が低いために節理性岩盤と比べてその強度がかなり低く，限界圧力もかなり低い．
⑨ 後で詳細に説明するが節理性岩盤の場合にはグラウチングによりかなり急な水頭勾配に耐え得るような効果的な止水処理が可能である．しかし固結度が低い地層の場合には 5.4.5 項で詳しく述べるように透水度も耐水頭勾配性もある程度までしか改良し得ず，また強度的にも目立った改良は困難であるのが一般である．

などがあげられる．

5.4.2 固結度が低い地層の透水度を支配する主要因

以上述べたように固結度が低い地層内の浸透流は土質材料内の浸透流とほぼ同類の性質を持ち，特に未固結に近い地層は土質力学で扱うべき地層そのものといってもよい地層である．このためにこの種の地層では土質力学でその透水度を最も強く支配していると考えられている要因，すなわちその粒度構成と締固めの度合に着目して整理してみるとこれらの値と極めて密接な相関関係を示している．例えば 0.074 mm 以下の微粒分を 20% 以上含み，充分締め固められた地層ではほとんどの場合にその見掛けの透水係数は $10^{-5}\sim10^{-6}$ cm/s の値を示している．これに対して微粒分が 10% 前後の場合には 10^{-4} cm/s 以上の値を，微粒分が 5% 以下の場合には 10^{-3} cm/s 以上の値を示している（表 5.4.1 参照）．このようにその透水度は粒度構成に極めて高い相関性を示しているのが一般である（韮崎岩屑流堆積層や美利河ダムの瀬棚層の各層など）．

さらに土質材料の場合にはその締固めの度合がその透水度に大きく関係しているとされているが，不撹乱試料の真比重・見掛けの密度・乾燥密度などを測定して空隙率を求めればその地層のおおよその透水度を推定することは可能であろう．

したがって後述するようにこの種の地層の透水試験方法はルジオンテストのほかに土質試験として通常行われている原位置透水試験や不撹乱試料による室内透水試験などがある．これらの試験結果は一般にその地層の粒度分布と現場密度などから推定される値と類似した値を示すので，大きく離れた値を示す試験結果はそのような離れた値を示す合理的な理由がない限り棄却して検討を進めるべきであろう．

またこの種の地層は 5.4.5 項で詳しく述べるようにグラウチングにより節理性岩盤でのような効果的な透水度の改良は期待できないが，入念なグラウチングにより緩んだ部分がある程度締め固められてその粒度分布から推定される締め固められた状態での透水度近くまで改良することは可能である．

すなわち，鯖石川ダムの低固結砂岩層・漁川ダムの軽石質凝灰岩層・美利河ダムの瀬棚層の粗粒砂岩層や中粒砂岩層のように，構成粒子が砂質ないし砂礫質なものを主体として微粒分が少ない地層は入念なグラウチングを施工しても $2～3 \times 10^{-4}$ cm/s から $5～8 \times 10^{-5}$ cm/s 程度の見掛けの透水係数までしか改良し得なかった．しかし大門ダムの韮崎岩屑流堆積層の泥質部や瀬棚層の細粒砂岩層のように，微粒分が 20～25% 程度と多い地層では入念なグラウチングによりその粒度分布で締め固められた状態での $2～3 \times 10^{-5}～10^{-6}$ cm/s 程度の見掛けの透水係数かそれに相当するルジオン値まで改良されていた．

このような地層の粒度分布や現場密度と透水度との相関性は当然のことながら未固結に近い地層の場合にはかなり良いはずであるが，続成硬化や溶結を弱いながらある程度受けた固結度が低い地層の場合に続成硬化や溶結の影響がどの程度現れているかについては充分検討することはできなかった．すなわち鮮新世後期の地層で層位学的深度が約 1500 m 程度と考えられる鯖石川ダムの砂岩層や弱い溶結を受けた漁川ダムの軽石質凝灰岩層ではその粒度分布の測定が行われていなかった．一方鮮新世後期～更新世初期の地層と考えられる美利河ダムの瀬棚層を構成する細粒砂岩層・中粒砂岩層・粗粒砂岩層などは粒度分布と続成硬化とが高い相関性を示し，両者の影響を分離することはできなかった．

しかし美利河ダムの瀬棚層を構成する各層ではその粒度分布・真比重・見掛けの密度・乾燥密度・一軸圧縮強度と見掛けの透水係数などについて一連の測定が行われ，これらの値の相互関係は極めて理解しやすい関係を示していた．すなわち「美利河ダム工事記録」によると各層の一軸圧縮強度はその粒度構成と極めて密接な対応関係を示しており（図 4.9.4〔p.221〕と表 4.9.5〔p.225〕を参照）[8]，続成硬化もその粒度構成に対応して進行していた．このように弱い続成硬化が進行していても節理が発達していない程度であるならば，地層の粒度分布・締固めの度合と透水度との相関性はかなり高いようである．

このように固結度が低い地層の透水度は土質材料の場合と同様にその粒度分布と締固めの度合と高い相関性を持っており，さらにグラウチングによる透水度の改良を行う場合でも改良可能値の推定にも極めて有効な資料となる．したがってこの種の地層の止水対策を検討するに際しては美利河ダムで行われたように構成する粒子の粒度構成などの特徴に着目して可能な限り細かく分類し，その各々に対して粒度分布と締固めの度合を示す現場密度などの資料は是非測定・整理しておきたいと考えられる．

5.4.3 固結度が低い地層の透水試験方法

ダム基礎岩盤の透水試験方法は昭和 47 年（1972 年）の「施工指針」によりルジオンテストに統一された．その理由として『比較的簡便にテストができること，実用的に岩盤の透水度の大小を知ることができること，直接ボーリング孔に水を圧入するのでグラウチングの資料を得やすいこと』[9]をあげている．

しかしこの「施工指針」が作成された時点では固結度が低い地層の止水処理は相俣ダムの段丘堆積層での地中止水壁と表面遮水壁による止水と，矢木沢ダムの旧河道の河床堆積層と基盤の風化部とでの地中連続壁による止水などごく特殊な事例のみであった．したがって 1972 年の「施工指針」では一般論としては取り扱われずに将来の課題としてこの種の地層の止水が取り上げられるであろ

うと述べるにとどまっていた．このためにこの指針ではこの種の地層のルジオンテストで大きな問題となる限界圧力も高圧グラウチングのところで定義して論ぜられているにとどまり，透水試験のところでは全く触れられていない．

その後 1975 年以降になると，前章でも紹介した鯖石川ダムの固結度が低い砂岩層・漁川ダムの軽石質凝灰岩層・御所ダムの泥流堆積層・大門ダムの韮崎岩屑流堆積層・美利河ダムの瀬棚層の粗粒砂岩層など相次いでこの種の地層の止水問題に直面し，この種の地層の透水度・耐水頭勾配性の調査やグラウチングによる透水度の改良度合の検討などに取り組まざるを得なくなってきた．

1983 年の「技術指針」では鯖石川ダムや漁川ダムなど 1980 年以前に着手されたダムでの調査・検討の結果により，透水試験の条文の中で『透水試験としてはルジオンテストをおこなう』と規定し，直ぐその後に『なお軟岩，風化岩等均質で多孔質岩と見なせる岩盤では，ルジオンテストと併用して他の透水試験を実施する』[10]という文章を挿入している．この「技術指針」では明らかにこの種の地層でも透水試験はルジオンテストを主として他の透水試験を従とした書き方になっており，さらにグラウチングによる改良目標値などもすべてルジオン値で規定されているために，この種の地層でもほとんどのダム（漁川ダム，美利河ダム以外のダム）では実質的にはルジオン値以外は用いられなかった．

また他の透水試験の実施対象とした地層を『軟岩・風化岩など』とし，これらを多孔質岩としたことは，これらの地層が必ずしも土質材料に近い性質を持つ地層とは解釈されていなかったことを示している．このために前項に述べたように土質力学的なアプローチを用いてその粒度分布と締固めの度合を測定していればおおよその透水度は推定できる．

このような観点から推定された値からかけ離れた値を示す透水試験の結果は明らかに試験方法が適切でなかったためか，注意すべき事項に対する見落としがあったためと解釈すべきところをそのまま止水処理の検討に用いた場合が多かった．

ここではまず最初にダムの基礎岩盤すべてにルジオンテストを適用するように規定する前に，基礎岩盤を構成する地層の物理的性質に対応してどのような透水試験方法が最も適しているか，また各種の透水試験にはどのような特徴があって各々の試験方法の適用が妥当な地層はどの種の地層であるかが先になければならなかったと考えられる．

これらの指針類が制定された経緯を振り返ってみると，1972 年の「施工指針」の時点ではこの種の地層の止水問題は前述したように岩瀬ダムなどごく一部のダムでしかも水深もごく浅い部分での止水問題として登場しただけなので，その作成作業の段階では考慮の対象から外されていたと考えられる．しかし「施工指針」が制定された前後からこの種の地層の止水問題に直面するダムが急激に増え，「施工指針」に従ってこの種の地層の透水試験がルジオンテストにより行われて透水度がすべてルジオン値で表されるようになってきた．その段階で限界圧力が低い場合のルジオン値の表示の仕方が問題となり，限界圧力が低い地層でのルジオンテストの仕方などについて検討が行われるようになった．

この段階で問題として取り上げられたダムは前章で事例として検討された鯖石川ダムの固結度が低い砂岩層・漁川ダムの軽石質凝灰岩層のほかに，亀山ダムの固結度が低い砂岩層などで限界圧力が 3～4 kgf/cm^2 程度の地層であった．これらの地層では未固結に近い地層に比べると限界圧力がある程度高かったので，パッカー部を補強するなどの工夫を行うとともにポンプの脈動を抑制して

入念な加圧を行うことにより，不撹乱資料による室内試験結果や土質試験的な原位置透水試験結果と大差ない結果が得られていた．

一方その後御所ダムの泥流堆積層や大門ダムの韮崎岩屑流堆積層など泥質分が多くて未固結な地層では，土質試験的な方法による測定結果は 10^{-6} cm/s 程度のかなり低い透水度を示したにもかかわらず限界圧力が $1\sim2$ kgf/cm^2 と極めて低かったために，送水ポンプの圧力の脈動を抑制しても原位置透水試験などの土質試験的な方法による測定結果の数十～数百倍の値しか得られなかった[11]．

このような事情に対応して 1983 年の「技術指針」では先に述べたような表現に改められるとともに，これを補足する 1984 年の「ルジオンテスト技術指針」の参考資料ではこの種の地層でルジオンテストを実施する際に用いる試験器具・資料・整理方法などを詳細に述べている[12]．しかし実際にはダム基礎岩盤の透水度の分布を示す図面がルジオン値で表すのが一般化されており，グラウチングによる改良目標値などもルジオン値で規定されていた．このためにルジオン値のみが他の試験結果と大幅に異なった値を示していたり，その地層の粒度構成と密度から推定される値と大幅に異なるなど物性論的に説明しにくい値を示していても，ルジオン値のみに着目して止水に関する設計・施工が進められたダムが多かった．

節理性岩盤に対する透水試験方法はルジオンテストが実用化される以前から種々試みられていた．当初はボーリング技術も未熟で孔壁が乱れて加圧区間を区切るパッカーの止水性も不十分であった．このために試験孔の区間を区切って透水試験を行っても充分な精度での測定値が得られないことなどから浅い部分の透水試験か長い区間の透水試験かしか行われず，岩盤の深部に至る短い区間別の透水度を測定することは困難であった．

これに対してボーリング技術の進歩とパッカーの改良に裏付けられてルジオンテストが実用化されてくると岩盤のかなりの深部まで 5m 区間ごとの透水度が測定され，透水度が高い部分の分布や連続性などが追跡可能となり，岩盤の透水度調査の面で著しい進歩が見られた．さらにルジオンテストがグラウチングの施工管理に用いられるようになるとグラウチング用の注入孔を用いて注入作業の前に透水試験を行い得ることから，注入作業をそれほど乱さなくても透水度の測定を行い得るようになった．その上に透水度の改良度合を単位セメント注入量のみでなくルジオン値，すなわち透水度の変化で判断できるようになり，より少ないセメント注入量でより効果的な透水度の改良を目指す道が開けてきた．

このようにルジオンテストのダムの基礎岩盤の透水度の調査とグラウチングの施工管理への適用は，20 世紀後半における日本のダム技術の発展をもたらした最も目覚ましい技術革新の一つといっても過言ではないと考えられる．しかしこのルジオンテストにもいくつかの問題点があり，適用限界があることも知っておく必要がある．

特に固結度が低い地層にルジオンテストを行った場合の主な問題点をあげると，

ⓐ 固結度が低い地層のようにその強度が低い地層でルジオンテストを行う場合にある圧力以上に加圧するとパッカーの周辺に破損が生じて漏洩したり，加圧部の地層に破損が生じて新たな浸透路が形成されたりして注入量が急増する．この注入量が急増し始めるときの注入圧力を限界圧力と呼んでいるが，地層の透水度はこの限界圧力以下での注入圧力と注入量との関係から求める必要がある．もしも限界圧力以下での注入圧力と注入量との関係が測定されていないと実際の透水度とは異なったかなり高いルジオン値が得られる結果になる．このよう

な注入量が急増する原因としては，

  ㋐ 地層に新たな亀裂が生じてその部分を通しての漏洩が生ずる．
  ㋑ パッカー周辺の地層に破損が生じてその部分を通しての漏洩が生ずる．
  ㋒ 試験用の送水ポンプとしては通常ピストンポンプが用いられているが，この場合は $0.5 \sim 1\,\mathrm{kgf/cm^2}$ 程度の脈動は避けられず，かなり低い圧力下でもポンプの脈動のため㋐・㋑による漏洩が生ずる．なおこの対策として蓄圧器を用いて脈動を抑制することも行われているが $0.3\,\mathrm{kgf/cm^2}$ 程度の脈動は残る[13]．

が考えられる．

 ⓑ 測定箇所が孔口から深いところにあって送水量が多い場合には送水パイプの粗度や継手・加圧部へのノズルの形状いかんによっては損失水頭がかなりの値となり，孔口で計った圧力と加圧部での圧力との間にかなりの相違が現れる．この点に対する補正計算に関しては「ルジオンテスト技術指針」[14]ではかなり詳しい記述が示されている．しかし実際には用いた送水パイプの粗度や継手・加圧部へのノズルの形状などによりかなりの相違があり，送水量が多いときには加圧部に圧力センサーを取り付けて加圧部の圧力を直接測定しなければ正確なルジオン値が得られないことが多い．

などであろう[注36]．

 ここで指摘したルジオンテストの問題点に対して前章で取り上げた事例においてどのように対応していたか，また測定結果にどのような問題が生じていたかについて考察してみよう．

 ここでⓐで述べた問題点は固結度が低い地層に対するルジオンテストでの最大の問題点である．このうちⓐの㋐についてはこの種の地層の透水試験は当然これらの地層の透水度の測定を行うのであるから in tact な状態での透水度を測定する必要があり，新たな浸透路が形成される前の状態，すなわち限界圧力以下で測定しなければならないはずである．したがって㋑・㋒の点について種々工夫していかに低い圧力での測定を正確に行うかが最大の問題点となる．㋑の点については事例研究で述べたいくつかのダムではパッカーを改良したり，パッカー周辺部を補強するなどの工夫を行っている．

 ㋒の問題については鯖石川ダムの低固結砂岩層・漁川ダムの軽石質凝灰岩層の場合にはその限界圧力も $3.5\,\mathrm{kgf/cm^2}$ 程度とそれほど低くなかった．このためにルジオンテストでの加圧はピストンポンプを用いて蓄圧器は用いなかったが，限界圧力以下での注入量がある程度の精度で測定されていたので，得られたルジオン値から換算された見掛けの透水係数の値は不撹乱試料の室内透水試験や原位置透水試験から得られた値と大差ない値となっていた．

 これに対して御所ダムの泥流堆積層や大門ダムの韮崎岩屑流堆積層の場合にはかなり泥質分が多くて[注37]よく締め固まっていたので，土質力学的な原位置透水試験ではいずれも $10^{-6} \sim 10^{-7}\,\mathrm{cm/s}$ の見掛けの透水係数の値を得ていた．しかし限界圧力が極めて低かったためにルジオンテストの結果はいずれも 10 ルジオン前後の値で見掛けの透水係数に換算して $10^{-4}\,\mathrm{cm/s}$ 程度の値しか得られ

[注36] このほか前節に述べた節理性岩盤の場合と同様の透水度の非均一性や異方性など極めて測定しにくい問題もあるが，この点に関してはいずれの試験方法でも解決しにくい問題であり，本節で取り扱う固結度が低い地層ではこの種の問題に対しては節理性岩盤の場合ほど厳しくないのでここでは触れないことにする．

[注37] 御所ダムの場合には泥流堆積層の粒度分布は測定されていなかったが，大門ダムの韮崎岩屑流堆積層の泥質部での粒度構成は微粒分が 25% 以上であった．

なかった．なお御所ダムの泥流堆積層の場合は限界圧力は $1\sim1.5\,\mathrm{kgf/cm^2}$ の値を示して同じ試験孔での水位回復法による見掛けの透水係数は $10^{-6}\sim10^{-7}\,\mathrm{cm/s}$ の値を示しており，その試験の報告書ではこのようにルジオンテストの結果が高い値を示したのは送水ポンプの脈動を制御し得なかったためとしている[11]．

また大門ダムの韮崎岩屑流堆積層は止水カーテンの施工によりその透水度もある程度改良されるとともに施工時には静水頭で加圧して $0.5\,\mathrm{kgf/cm^2}$ 刻みで注水量を測定するという入念なルジオンテストを行った結果，施工後のルジオン値は限界圧力以下の値が正確に測定されて2ルジオン以下の値が得られた．この値はこの地層の微粒分の量に対応した値であり，事前に泥質部で行われた原位置透水試験から得られ見掛けの透水係数の値と同程度の値であった．この結果このように丁寧なルジオンテストを行えば限界圧力がかなり低い地層でも限界圧力以下での透水度を正確に測定し得ることが示された．

一方美利河ダムの瀬棚層の細粒砂岩層・中〜粗粒砂岩層・粗粒砂岩層のルジオンテストでは送水にスクリューポンプを用いたのでポンプの脈動は極めて小さく抑制され，細粒砂岩層・中〜粗粒砂岩層のルジオンテストの結果は土質力学的な透水試験結果と同程度の値が得られていた．しかし粗粒砂岩層のルジオンテストの結果のみは後述するようにこの層の透水度が極めて高いために送水量が特に多くなり，⑤で述べる損失水頭の補正が実態と合わなかったためか逆にかなり低い値しか得られていなかった．

限界圧力は細粒砂岩層・中〜粗粒砂岩層および粗粒砂岩層のいずれも $3\sim4\,\mathrm{kgf/cm^2}$ の値を示していたが，送水量が多かった粗粒砂岩層では損失水頭の補正計算による誤差が大きくなり，実際の限界圧力の値も測定結果から換算された値より小さかったと解釈すべきであろう．

⑤の損失水頭の影響についてはすでに美利河ダムの事例研究の際に詳しく述べたが（4.9.3項の pp.221〜222 の注22）および本文の pp.224〜226 参照），この種の問題は測定対象となる地層の強度が低いために生ずるのではなくて送水量が多いために生ずる問題である．したがって高い透水度の地層でのルジオンテストでは常に生ずる問題で，むしろ節理性岩盤の高い透水度の部分で多発する問題である．今日までのダム建設では固結度が低い地層の場合には比較的透水度が低くて見掛けの透水係数が $10^{-4}\,\mathrm{cm/s}$ に近い透水度の地層を対象とした場合が多かったために[注38]限界圧力以下での送水量が少なく，損失水頭の誤差が問題となることは少なかった．しかし瀬棚層の粗粒砂岩層の見掛けの透水係数は限界圧力以下で $10^{-3}\,\mathrm{cm/s}$ 程度と大きいために限界圧力以下での送水量が多くなり，この種の問題が生じたと考えられる．

この補正計算法については「ルジオンテスト技術指針」の参考資料に詳しく述べられているが[13]，実際には計算に用いる諸係数の値は送水パイプの粗度や継手・加圧部へのノズルの形状などによりかなり異なり，正確な測定を行うためには加圧部に圧力計を挿入して加圧部に実際に作用している圧力を測定する必要があることになる．

美利河ダムのルジオンテストは加圧部には圧力計を挿入せずに孔口で測定した圧力から計算により補正してルジオン値を求めているので，送水量の特に多かった粗粒砂岩層で他の試験から得られた値と大きな相違が現れたことはすでに述べた．この誤差要因をさらに詳しく検討すると，送水パ

[注38] 今日までのダム建設ではこの種の地層はグラウチングによる改良に限度があるため，止水対象として調査される地層のほとんどは $10^{-4}\,\mathrm{cm/s}$ 程度以下の透水度の地層であったという事情があったと考えられる．

イプの摩擦抵抗の仮定に実際との相違があったのであれば深部ほどその誤差は大きくなるはずであるが，そのような傾向がはっきりと読み取れないことは継手や加圧部へのノズルでの損失水頭が計算値より大きくて送水量が多いために誤差が大きくなったと考えられる．

　以上の事例研究の結果から固結度が低い地層におけるルジオンテストを的確に行うためには，

❶ パッカーをかける部分に対しては何らかの方法で補強し，パッカー周辺の地層からの漏洩が生じないようにする．

❷ 限界圧力が低い地層では注入圧力が限界圧力より低い段階でもポンプの脈動により瞬間的に限界圧力を越えてパッカー周辺の地層を損傷して注入量が急増する可能性があるので，蓄圧器を用いるなどの工夫が必要となるが，さらに限界圧力が $1\sim2\,\mathrm{kgf/cm^2}$ 以下のときは静水頭かスクリューポンプにより脈動がない加圧を行い，限界圧力以下で数点での注水量の測定を行うために細かな昇圧刻みでの測定を行う必要がある．

❸ 送水量が多いときには損失水頭の影響が大きくなり，「ルジオンテスト技術指針」でその補正計算方法も示されているが，使用するパイプの粗度や継手・加圧部へのノズルの形状などによりある程度の相違があるので正確な値を得るためには加圧部に圧力計を挿入して測定を行う．

などに配慮して行う必要がある．しかしこれらの事項をすべて満足したルジオンテストを初期の調査段階から行うのはかなりの困難を伴い，特に未固結に近い地層では実際とはかなり異なったルジオン値が得られることが多い．

　これに対して土質試験で行われている種々な透水試験（原位置透水試験や不撹乱試料による室内透水試験など）を行った場合には御所ダム・大門ダム・美利河ダムの例からも明らかなようにルジオン値以外の測定結果は相互に近い値を示しており，さらにその地層の粒度分布や現場密度の測定結果から推定される透水度にも近い値を示していた．

　このように見ていくと固結度が低い地層の場合，特に限界圧力が $2\sim3\,\mathrm{kgf/cm^2}$ 以下のときは通常のルジオンテストでは良い結果が得にくい．このために未固結に近い地層ではルジオンテストよりも土質力学的な手法による測定を主にして数種類の異なった手法（例えば粒度分布・現場密度の測定値による推定や土質試験的な原位置透水試験など）を組み合わせて行い，相互に説明しやすい値を設計・施工の検討に用いるようにすべきであろう．

　特に御所ダムの泥流堆積層や大門ダムの韮崎岩屑流堆積層のように泥質分が多くて限界圧力が低い地層の場合には，本来透水度が極めて低い地層であるにもかかわらず高いルジオン値が測定され，透水度が高い地層としての止水対策を検討した例にしばしば遭遇している．恐らくフィルダムの止水コアに対してもルジオンテストを行えばかなり丁寧に試験を行っても限界圧力が低いために高いルジオン値が得られることが多いと考えられる．フィルダムのコアがダム本体の止水部として立派にその機能を果たしていることを考えるならば，少なくともコアとその性質が類似した未固結に近い地層の透水度についてはコア材料の調査試験や施工管理試験に用いられていると同類の試験方法により調査すべきではないかと考えられる．

5.4.4　固結度が低い地層の透水度の表示方法

　元来地層の透水度は浸透流解析を適用する場合にも見掛けの透水係数の値が必要であるから見掛けの透水係数で表示すべきものである．ダムの基礎岩盤の場合にすでに述べたように 1972 年の「施

工指針」において透水試験方法をルジオンテストに統一してグラウチングによる改良目標値もルジオン値で規定されたために，その透水度はルジオン値で示してルジオンマップの形に整理されるのが一般となっている．しかもグラウチングの施工管理もそのほとんどがルジオン値により行われているので過去のグラウチングによる透水度の改良事例などもそのほとんどがルジオン値で示され，整理されている．特に節理性岩盤での透水度・改良の必要の有無やnon Darcy流が発生する可能性がありや否やなどの判断はルジオン値なしでは不可能なほど多くの経験が積み重ねられている．

しかしここで取り扱う固結度が低い地層の止水処理の事例はまだそれほど多くはなく，ルジオン値で整理した過去の事例から適切な判断を下し得るほどの経験も積み重ねられていない．これに対して見掛けの透水係数で表示された事例はフィルダムの遮水コアやアースダムなどにおける豊富な経験があり，これらを参考にしてかなり適切な判断を下し得る状態になっている．

しかも前項と前々項で述べたように固結度が低くて限界圧力が低い地層ではその透水度を的確に捉え得るようなルジオンテストを行うことはかなりの困難を伴い，土質試験的な透水試験による方が実際に近い値が得やすい．一方その地層の粒度分布や現場密度の測定値からおおよその透水度を推定し得る場合が多い．以上を考慮すると，固結度が低い地層の場合，特に未固結に近い地層の場合にはその透水度の表示は見掛けの透水係数で示した方が自然ではないかと考えられる．

その上後述するようにこの種の地層は節理性岩盤の場合に比べて透水度の非均一性や異方性の程度は低く，non Darcy流も発生しにくいために浸透流解析を適用しても実際に近い結果が得られることが多い．したがって浸透流解析が有力な設計検討方法として登場してくるのでその透水度は見掛けの透水係数で表示した方が便利であろう．

この点に関して今までの事例を調べると鯖石川ダム・御所ダム・大門ダムの最終報告書や止水処理の施工管理関係の資料はすべてルジオン値で整理されている．これに対して漁川ダムでは固結度が低い軽石質凝灰岩のみは調査資料は見掛けの透水係数とルジオン値の両方で表示され，グラウチングの施工管理はルジオン値により行われている．

さらに美利河ダムになると鮮新世初期以前の黒松内層・八雲層は節理性岩盤であることから透水試験もルジオンテストのみで行われ，透水度の調査結果やグラウチングの施工管理もすべてルジオン値で行われた．一方鮮新世後期〜更新世初期に堆積した瀬棚層の各層の透水度の調査結果は最終的にはすべて見掛けの透水係数で整理され，グラウチングの施工管理の結果は比較的続成硬化が進行して透水度が低い細粒砂岩層はルジオン値で，続成硬化の進行が遅くて透水度が高い中〜粗粒砂岩層や粗粒砂岩層は見掛けの透水係数で整理されている（4.9.4項参照）．

また設計段階では止水のための地中連続壁や止水カーテンの施工範囲の検討なども浸透流解析により行われている．その意味では美利河ダムの固結度が低い地層である瀬棚層の止水処理に関しては現行の指針類とは異なった表示方法が用いられているが，調査・設計・施工という流れを通して見たときには一貫した考えが通っており，注目すべき事例と見ることができる．

5.4.5 固結度が低い地層のグラウチングによる改良可能値

固結度が低い地層は前項までに詳しく述べてきたようにその透水特性は節理性岩盤とは大きく異なって土質材料に近い性質を持ち，その透水度はその粒度構成と締固めの度合に強く支配されている．さらにその面的な空隙率は節理性岩盤と比べて数十倍，極端な場合には百倍以上の値を示して

おり，同程度の見掛けの透水係数でも真の透水係数は節理性岩盤の数十～百分の一程度，浸透流速も同程度の見掛けの透水係数を持つ節理性岩盤の数十～百分の一程度の流速しか生じないという大きな相違点を持っている．

またこの種の地層内の浸透路は主として構成粒子間の細かな数多くの浸透路から構成されていて節理性岩盤内の節理面沿いの浸透路とは大きく異なり，グラウチングを行っても個々の細かな浸透路にミルクを入り込ませることは困難であり，節理性岩盤ほどの効果的な改良結果を得ることは困難である．

このためにこの種の地層ではその構成粒子の粒度分布に対応してグラウチングによる透水度の改良には限度があり，その特性に順応した止水処理を行う必要がある．本項では前章で検討を加えた事例研究から得られた結果を要約しつつこの種の地層でのグラウチングによる改良可能値について述べ，この種の地層内での浸透流の限界流速ないしダム基礎岩盤として許容し得る流速については次章で論ずることにする．

固結度が低い地層の透水度がグラウチングによりどの程度まで改良し得るかという問題はこの種の地層の止水問題が提起されていた当初から大きな問題点となっていた．すなわち最初にこの種の問題に直面した相俣ダムの段丘堆積層の止水対策の検討にあたってはグラウチングによる止水処理を主張する意見があったが，止水対策工事の実施にあたって工事主体が県から建設省に移管されて最も確実な方法を採る必要があったことと，当時段丘堆積層に対してグラウチングによる止水処理を行った経験がなかったことなどから地中止水壁と表面遮水壁による止水処理が行われた．

その後宮崎県の岩瀬ダムにおいてその左岸上部に姶良の低溶結凝灰岩層が堆積していたのでその止水対策が検討された．事前に試験的にセメントミルク・アクリルアマイドなどの注入を行って注入した部分を掘削して注入状況を観察したがいずれも脈状に入るのみで粒子間には入り込まず，目立った透水度の改善は得られないことが判明した．

幸いこのダムサイトの低溶結層は極めて透水度が低くて着工前の段階でこの地層内の地下水位はダム完成後の満水位より高いことが判明したので，浸透路長が短いダムアバットメント付近に対してのみ上流側をコンクリート壁で覆い，この層に対しては特別な止水処理は行わずに湛水したが，湛水後この部分からの漏水量はほとんど観測されなかった．

また緑川ダムの止水処理の事例研究では阿蘇の柱状節理を持った高溶結凝灰岩層内の極めて速い流速の浸透流に対する止水処理を中心に述べた．しかし補助ダムの基礎岩盤で事前に行われたグラウチングテストで最終的には高溶結層は極めて効果的にその透水度が改良されることが明らかになった．しかし旧河床堆積層や低溶結凝灰岩層などの固結度が低い地層の改良度は期待したほどではなく，5～10ルジオン程度までしか改良し得ない結果となっていた．

一部にはこの点を不安とする意見もあったが，その後の調査で補助ダムの右岸側の広い台地内に分布する高溶結凝灰岩層内の地下水が極めて速い流速で流れていることが判明し，満水位以下に存在する高溶結凝灰岩層に対して全面的に止水カーテンを施工する必要があるとの考えが強く打ち出された．これに伴って止水対策の主眼点は右岸台地部の高溶結凝灰岩層の止水へと移行して，固結度が低い地層に対しては特別な止水対策は行わなかった．

その後前章の事例研究の際に述べた鯖石川ダム・漁川ダムのほかに亀山ダムなどでこの種の地層の止水処理問題に直面した．これらのうち鯖石川ダムと亀山ダムの基礎岩盤はいずれも鮮新世中期

以降の砂岩・泥岩の互層で泥岩層はある程度固結して節理も発達していたが，砂岩層は固結度は低くて節理は全く発達していない状態であった．これらのダムでは「施工指針」が制定された直後であったこともあり入念な施工が行われた．その結果節理が発達していた泥岩層はグラウチングによりその透水度は効果的に改善されたが，固結度が低くて節理がない砂岩層はグラウチングによる改良効果は低くてケミカルグラウチングを併用しても 5〜10 ルジオン，見掛けの透水係数で 10^{-4} cm/s 程度までしか改良し得なかった．

また漁川ダムの軽石質凝灰岩層の上部は軽い溶結を受けていて数 m 間隔の節理は存在していたが下部に行くに従って溶結の度合は低くなり，グラウチングテストの結果 10 ルジオン前後，見掛けの透水係数にして 10^{-4} cm/s 程度までは改良し得るが，それ以下に改良することは極めて困難であることが判明した．漁川ダムの事例研究の際に述べたように，この軽石質凝灰岩層は竪坑での汲み上げ試験などにより浸透流解析がかなりの精度で適用し得ることが確認されていたので，この程度の改良でどの程度の漏水が生ずるかを浸透流解析により検討した．

その結果，予想される漏水が常識の範囲内であるとの解析結果が得られたのでこの地層での改良目標値を 10 ルジオンと設定して施工されたが，完成後の満水位時の漏水量は解析結果をやや下回っていた．

これらの事実から固結度が低い地層のグラウチングによる改良可能値は 10 ルジオンあるいは 10^{-4} cm/s 程度ではないかと一部の人々の間では考えられるようになった．このため大門ダムのアスファルト表面遮水壁の端末からその奥の韮崎岩屑流堆積層に対して行った止水カーテンの施工に際してはその改良目標値は 10 ルジオンに設定して行われた．当初計画ではこの層に対する止水カーテンは孔間隔 1.5 m のグラウチングを 3 列施工するとして着手されたが，最終的にはかなりの部分でさらにこれを内挿するグラウチングが施工され，チェック孔のほとんどを 2 ルジオン以下に仕上げることができた．

ここで注目すべきことは韮崎岩屑流堆積層は部分的に自破砕状の部分やその周辺の黒色火山砂状の部分など透水度が高い部分が塊状に不連続に存在し，これらの部分はグラウチングにより改良されやすい性状を示していたことである．さらにその他の大部分を占める部分は泥質分が多くて微粒分が 25% 以上あり，土質試験的な原位置透水試験で 10^{-6} cm/s 程度の結果が得られていた．このために透水度が高い自破砕状や黒色火山砂状の部分は入念なグラウチングにより効果的に改良された．一方他の泥質分の多い部分は調査段階では通常のルジオンテストでその透水度を測定したために高いルジオン値しか得られなかったが，施工段階では静水頭により 0.5 kgf/cm^2 刻みで測定するという丁寧なルジオンテストを行ったので，限界圧力が低くて透水度が低かった泥質部は限界圧力以下での透水度が正確に測定され，ほとんどのチェック孔で 2 ルジオン以下の値が得られた．

また美利河ダムの瀬棚層の各層の調査結果とグラウチングの施工結果とを見ると，鯖石川ダム・亀山ダムの固結度が低い砂岩層や漁川ダムの軽石質凝灰岩層が 10 ルジオン前後までしか改良し得なかったのに対して，大門ダムの韮崎岩屑流堆積層が 2 ルジオン以下にまで改良し得た事実をさらにわかりやすく説明し得る資料が得られている．

すなわち瀬棚層の細粒砂岩層と中〜粗粒砂岩層と粗粒砂岩層の 0.074 mm 以下の微粒分の含有量と調査段階・グラウチング施工段階の 1 次孔での超過確率 10%・チェック孔での超過確率 5% のそれぞれの見掛けの透水係数の値を示せば，表 5.4.1 のようである．

表 5.4.1 美利河ダムの瀬棚層の各層の微粒分の含有百分率と見掛けの透水係数

	微粒分の含有百分率	調査段階の見掛けの透水係数 (cm/s)	施工中の見掛けの透水係数 (cm/s)	
			1 次孔 (10%)	チェック孔 (5%)
細粒砂岩層 (Ssf)	25%	$10^{-5} \sim 2 \times 10^{-4}$	10~20 Lu	2 Lu
中~粗粒砂岩層 (Ssm~Ssc)	5~8%	3×10^{-4}	3×10^{-4}	2×10^{-4}
粗粒砂岩層 [Ssc (B)]	5%以下	$10^{-3} \sim 5 \times 10^{-4}$	$3 \sim 5 \times 10^{-4}$	$2 \sim 3 \times 10^{-4}$

なお表 5.4.1 では各層の粒度構成の微粒分の含有百分率のみを示したが，細粒砂岩層以外は均等係数も悪く，中~粗粒砂岩層は 0.1~0.8 mm の粒径の細砂がその 75% を占め，粗粒砂岩層は 0.2~1.0 mm の粒径のものがその 70% 以上を占めていた．このような粒度構成からすれば中~粗粒砂岩層や粗粒砂岩層，特に粗粒砂岩層の透水度がかなり高いことは十分理解し得ることである．

このように見ていくと，各層の微粒分の含有百分率と調査段階および施工中の 1 次孔段階での見掛けの透水係数（表 5.4.1 参照）とは極めて密接な対応関係があることが明らかである．さらに 1 次孔の超過確率 10% の値は調査段階で測定された値の上限値に近い値を示しており，細粒砂岩層のチェック孔の超過確率 5% のルジオン値は調査段階での測定値の下限値に近い値を示していた．また中~粗粒砂岩層・粗粒砂岩層の見掛けの透水係数の値はいずれも $3 \sim 5 \times 10^{-4}$ cm/s の値を示し，細粒砂岩層ほどはっきりとした対応関係ではないがおおよそ類似した関係を示していた．

このことは in tact な状態での見掛けの透水係数が $5 \sim 10 \times 10^{-4}$ cm/s 以上のように空隙が粗くて透水度が高い地層ではグラウチングによりミルクがその空隙の中に入り込み，$2 \sim 3 \times 10^{-4}$ cm/s 程度の透水度まで改良可能である．しかしそれより透水度が低くて空隙が細かい地層ではグラウチングにより細かい空隙にミルクが入り込んでその透水度を改良することは困難で，in tact な状態での透水度が低い部分，すなわちその粒度構成での締め固められた状態と同程度の透水度までしか改良し得ないことを示していたと解釈される．

なお美利河ダムにおいては調査段階において細粒砂岩層に覆われた粗粒砂岩層で孔間隔 1.0~1.5 m で 4~5 本，列間隔 1.0~1.3 m で 4 列のステージ工法と二重管工法によるグラウチングテストを行い，グラウチング後にその部分に竪坑を掘削して側壁と 0.5 m ごとの深さの底面でセメントの注入状況をスケッチし，さらに各底面で粒度分布の測定・透水試験などを行っている（4.9.3 項の p.224 と p.226 参照）．

その結果は微粒分が少なくて粒径が比較的揃い，空隙が粗く見掛けの透水係数の値が 10^{-3} cm/s 程度の部分では構成粒子間にセメントミルクは入っているが，見掛けの透水係数の値が 10^{-4} cm/s 程度以下の粒度分布が良くて空隙が細かい部分では粒子間にはミルクは入らず，所々に脈状に入っているのみであった．これらの観察結果は表 5.4.1 に示されている微粒分の含有百分率と注入前後の透水性状との関係を極めて理解しやすく示したものであると言い得る．

それ以前に施工されたダムでは定性的にはこのような関係があるのではないかと考えられていたが，美利河ダムのように透水度が異なる数種類の地層がなくて細かに分類されていなかったり，各々の地層の粒度分布や調査・施工段階の各種透水試験の結果が測定・整理されていなかったために定性的な解釈にとどまっていた．これに対して美利河ダムではこれらの試験が組織的に行われるとともに，組織的なグラウチングテストとその注入状況の入念な調査も加わり，未固結に近い地層の粒度構成と in tact な状態での透水度とグラウチングによる改良可能値との関係が示されるようになった．

このように鯖石川ダム・漁川ダム・大門ダムで固結度が低い地層でのグラウチングによる透水度の改良が種々な試行錯誤を経て実施され，美利河ダムの調査・施工を通してこの種の地層の粒度構成・空隙率と透水度の改良可能値との関係が明らかになり，グラウチングによる透水度の改良について理解しやすい形にまとめ得るようになってきた．

以上述べてきたように固結度が低い地層はその粒度構成によってグラウチングによる改良可能値には限界があり，その微粒分が 10%以下で空隙が粗くて見掛けの透水係数が $5 \sim 10 \times 10^{-4}$ cm/s 以下の地層では粒子間の空隙にはミルクが入り込まず，その粒度構成での締め固められた状態での透水度以下に改良することは困難である．

このため微粒分が 20〜25%以上で締め固めた状態での見掛けの透水係数が 10^{-5} cm/s 以下であるような地層以外では，現在の「技術指針」で規定されている改良目標値まで改良することは困難である．

また現実には鯖石川ダムの低固結砂岩層・漁川ダムの軽石質凝灰岩層・美利河ダムの瀬棚層の粗粒砂岩層などでは，種々なグラウチング試験を行った結果 10 ルジオンまたは 2×10^{-4} cm/s 以下には改良できないことが判明し，これらの値を改良目標値に設定して施工を行った後に湛水したが浸透流上の問題は何ら発生していない．

ここでこの種の地層の止水処理の問題で注意しておかなければならないことは，この種の地層は一般的に限界圧力が低いために通常の施工管理に用いられているルジオンテストでは限界圧力以上での注入圧と注入量との関係からルジオン値を求めている場合が多く，このためにその地層本来の透水度よりかなり高いルジオン値をその地層の透水度と見なしている場合が多いことである．この傾向は特に限界圧力が低い未固結に近い地層において顕著である．

以上からこの種の地層でダムの基礎岩盤としての止水対策を検討する際に，この種の地層の透水特性を考慮した上でダムの基礎岩盤として浸透流に対して安全性を確保する上で必要な透水度はどの程度のものかについて検討する必要がある．この点に関しては次章で水頭勾配と関係付けて安全性確保の上から必要な改良目標値の値について検討を加えるので省略し，ここではこの種の地層内の浸透流の流速について説明を加えることにする．

筆者は元来ダムの基礎岩盤として止水面から必要な透水度は湛水後の満水状態において水収支に関係がない範囲内において目詰りが進行して浸透流量が低減していくか，少なくとも増加しない状態にあるような透水度以下であると考えている．

また基礎岩盤内の構成粒子の一部が洗い流されて流路が拡大したり，non Darcy 流が発生したりするなどの基礎岩盤内の浸透流に対する安全性の面から注目すべき現象はすべて浸透流速に関連して発生すると考えられる．このように考えると元来ダムの基礎岩盤の浸透流に対して安全性を確保するために着目すべき指標はルジオン値のような浸透流量から求めた見掛けの透水係数に関連した指標ではなく，地層内で生ずる浸透流速から求めた真の透水係数に関連した指標であるべきであろう．

しかし現実には浸透流速を測定することは特殊な場合を除いて極めて困難であるが浸透流量を測定することは容易なので，グラウチングの施工管理は浸透流量から求めたルジオン値に基づいて行われ，改良目標値などもすべてルジオン値で設定されている．

ここで I に属する地層と II に属する地層とがその空隙率の値に大差なければ両者とも同程度のルジオン値を改良目標値としてもその地層内に生ずる浸透流速は同程度のものとなり，両者とも浸透

流に対する抵抗力が同程度であれば浸透流に対する安全性は類似のものとなる．しかしすでに述べたようにIIに属する地層の空隙率はIに属する地層の空隙率の数十〜百倍程度大きいので同程度の見掛けの透水係数の値でもその値を空隙率で除した真の透水係数（浸透流速から求めた透水係数）の値はIに属する地層のそれの数十〜百分の一程度の値となり，同じ見掛けの透水係数で同じ水頭勾配が作用した場合には数十〜百分の一程度の流速しか生じないことになる．

　もちろんIに属する地層とIIに属する地層とでは浸透流に対する安全性を確保するために必要な浸透流速，すなわち限界流速の値は大幅に異なると考えられるので現時点では各々の浸透流に対する安全性が確保し得る見掛けの透水係数の値を提示することは困難である．しかし一つの地層に着目した場合には作用する水頭勾配により浸透流速は異なるので，浸透流に対して安全な見掛けの透水係数は作用する水頭勾配に反比例した値であるはずである．

　以上述べてきたように各種地層での止水対策を行う際のグラウチングの改良目標値を設定する場合には，その改良目標値で示された見掛けの透水係数と当該箇所で満水時に形成される水頭勾配により生ずる浸透流速はどの程度のものであるか，またその浸透流速がその部分で目詰りが進行して低減傾向を示す流速であるかを見定めて設定する必要がある．

　このような観点に立つならば面的な空隙率が15〜20％以上と高い値を示すIIに属する固結度が低い地層と空隙率が0.2〜0.5％以下と極めて低い値を示すIに属する節理性岩盤とでは改良目標値は同じ見掛けの透水係数やルジオン値で提示すべきものではなく，その透水特性とその着目点の水頭勾配性を考慮して別の値を設定すべきであるということになる．

　この点に関しては今までの事例を分析して，着目した地層と類似した地層内での浸透流速以下であるか否かについては検討可能なはずであり，次章でIとIIに属する地層の透水特性と着目点の水頭勾配とを考慮しつつ今日までに得られた浸透流速の測定結果も示しつつ論ずることにする．

5.4.6　固結度が低い地層における浸透流解析の適否

　5.2.4項では節理性岩盤の透水度が高い部分では，
(1) 節理面の開口幅は強い異方性を示し，特に貯水池からの主な浸透路となる走向がほぼ上下流方向で傾斜が鉛直に近い節理面は両岸の上部では開口していて，それらの節理面沿いに速い浸透流速が生ずる可能性が高い．
(2) 土質材料内の浸透流に比べて流路の摩擦抵抗もかなり小さいのでnon Darcy流になりやすい．
(3) 開口幅が大きい透水度が高い部分では規定圧力まで昇圧不能となるような高い透水度を示す部分も20〜50ルジオン以上と表示され，その透水度は20〜50ルジオンとして扱われていた．

ことなどからルジオン値から換算した透水係数を用いて浸透流解析を行った場合には浸透流量が著しく過小に計算された例が多かったことを述べた．

　これに対して固結度が低い地層の場合には元々強度が低いために急峻な地形ができにくく，河谷の侵食による緩みが生ずると風化の進行が早くて泥化しやすい上に土質材料に近い性質を持っているので，節理性岩盤の場合ほど強い透水度の異方性は現れないのが一般である．またこの種の地層内では前述したように同じ見掛けの透水係数でも面的な空隙率が節理性岩盤に比べて数十〜百倍程度大きいので真の透水係数は大幅に小さくなり，同程度の水頭勾配により生ずる浸透流速も大幅に小さくて流路の摩擦抵抗も大きいのでnon Darcy流は極めて発生しにくい．

さらに現在までにダムの基礎地盤として遭遇してきた固結度が低い地層は特殊な場合（相俣ダムの右岸台地部の砂礫層や美利河ダムの瀬棚層の粗粒砂岩層など）以外はある程度透水度が比較的低い地層が多かった．このためルジオンテストで (3) に述べたような大量の注水量が測定されたのはいずれも限界圧力以上で，地層の透水度の非均一性も節理性岩盤の場合に比べて大幅に小さく，入念な加圧を行って限界圧力以下での測定を行うと極めて高い透水度を示した部分はまれであった．このためこの種の地層に対して浸透流解析を適用して実態に近い結果を得た例は多かった．

すなわち漁川ダムの調査段階で河床部の軽石質凝灰岩層に深さ 20 m で径 3 m の竪坑を掘り，湧水の汲み上げ時の浸透流解析を行った結果から得られた見掛けの透水係数の値は，不撹乱試料の室内透水試験結果やルジオン値から換算された見掛けの透水係数などの他の試験方法から求めた値とかなりよく一致していた．このために漁川ダムでは河床部の軽石質凝灰岩層では浸透流解析がかなりの精度で適用し得ると判断して止水カーテンの改良目標値と施工深さを検討する際にも浸透流解析により検討した．その結果グラウチングテストの結果から改良可能値として得られた 10 ルジオンという値を止水カーテンの改良目標値に設定し，深部にある被圧地下水層まで止水処理を行わなくても湛水後に生ずる漏水は常識的な範囲にとどまるとの結果を得て施工された．

湛水後の満水位時に観測された漏水量の値が解析結果を少し下回る程度であったことはすでに述べたとおりである．

また美利河ダムでは固結度が低い地層である瀬棚層の各層に対して室内透水試験・揚水試験・パイピング試験・湧水試験など各種の試験を行い，パイピング試験・湧水試験などでは地層内の圧力分布も測定し，浸透流解析がかなりよく実際に生じている現象を表現していることを確認した．その上で最も高い透水度を示してボイリング現象が発生した粗粒砂岩層に対する止水対策・耐水頭勾配対策を浸透流解析を用いて検討している．

これらの事例からも明らかなように，この種の地層に対してはかなりの精度で浸透流解析を適用することが可能であると言い得る．

5.4.7 固結度が低い地層内での止水処理上の問題点の要約

前項までに固結度が低い地層の透水度とその試験方法・グラウチングによる改良可能値・浸透流解析適用の可否などについて検討を加えてきた．これらの検討から明らかにし得たことを要約すると，固結度が低い地層は，

- Ⓐ 本質的に強度は低くて耐水頭勾配性は低い．この傾向は特に未固結に近い地層で顕著で，未固結に近い地層は本来土質力学的手法により検討すべき地層である．
- Ⓑ その透水度は土質材料と同様に粒度構成と締固めの度合に高い相関性を示している．
- Ⓒ Ⓐ・Ⓑで述べた特性からこの種の地層ではルジオンテストによりその透水度を捉えることは困難を伴うことが多く，ある程度固結した地層では入念なルジオンテストによりその透水度を把握することは可能である．しかし限界圧力が $2 \sim 3 \, \text{kgf/cm}^2$ 以下の未固結に近い地層では静水頭かスクリューポンプにより脈動のない加圧を行い $1 \, \text{kgf/cm}^2$ 以下の刻みで測定するなどの入念なルジオンテストでなければ正確な結果は得られない．
- Ⓓ この種の地層内の浸透流は空隙が著しい場合を除いて一般に Darcy 則に従う流れとなっている．

Ⓔ この種の地層ではグラウチングによりミルクを構成粒子間に入り込ませてその透水度を改善することは空隙が粗くて見掛けの透水係数が 10^{-3} cm/s 程度以上のようなかなり透水度が高い地層の場合にしか期待できない．したがってこの種の地層で見掛けの透水係数が 10^{-4} cm/s に近い透水度が比較的低い地層をグラウチングによりその粒度構成で締め固められた状態での透水度以下に改良することは困難である．言い換えれば透水度が高いこの種の地層をグラウチングにより改良する場合に $2\sim3\times10^{-4}$ cm/s 程度まで改良することはできるが，それ以下にまで改良することは困難である．

以上からこの種の地層の止水対策を実施するにあたっては，5.4.4 項に詳しく述べたように指針類で規定されている 2 ルジオン（コンクリートダム）または 5 ルジオン（フィルダム）超過確率 15% という改良目標値から離れて，その地層の粒度構成などの特性に対応した改良目標値を設定する必要がある．さらにその値に対応して止水カーテンの厚さを増すなどにより透水度が低い部分ではその部分での水頭勾配を緩くするなどの止水対策を検討するべきであろう．

Ⓕ 耐水頭勾配性の改良もグラウチングにより注入材を構成粒子間に入り込ませることが困難である以上大幅に改良することは困難であり，入念なグラウチングにより締め固めて限界圧力をある程度向上させることは可能であるが，締固めによる耐水頭勾配性改良を意図することは必ずしも効率的な改良ではない．

Ⓖ 透水度が高い節理性岩盤のような流速の速い浸透流の生ずる可能性は少ない．一方浸透路長を長くしたり止水カーテンの厚さを厚くして止水カーテン内の水頭勾配を緩くすることにより浸透流速や浸透流量を低減し，その低い耐水頭勾配性を補うことは効果的となる．

Ⓗ 極端に透水度が高い場合を除いて浸透流解析は適用可能である．

などである．

以上から固結度が低い地層における浸透流対策を検討する場合には上記の点に留意してグラウチングによる大幅な透水度や耐水頭勾配性の改良を期待することは適切でない．したがって排水孔などによる急な水頭勾配の形成は極力避け，さらに止水カーテンの厚さを増して透水度が低い部分での浸透路長を長くすることなどにより浸透流速を低減するとともにその低い耐水頭勾配性に対応するのが望ましい．これらの検討には漁川ダムや美利河ダムの例からも明らかなように浸透流解析が有力な手法として用い得ることに留意すべきであろう．

5.5 風化岩特にマサ化した花崗岩での止水処理

5.5.1 風化花崗岩の特徴とその止水処理事例の概況

前節までは本章 1 節の分類で I の A・B および II に属する地層での止水対策について前章での事例研究結果を総括的に考察してその問題点に検討を加えてきた．本節では続成ないし変成作用により硬岩から成る節理性岩盤となった地層が風化により劣化した部分での止水処理について検討を加えることにする．

近年貯水効率に恵まれた地点が減少して貯水容量を可能な限り大きくとるために両側の山体の上部の風化が進行した部分までダムを取り付ける事例が多くなってきている．特に花崗岩の風化（マサ化）の進行した岩盤での止水処理は今後のダム建設で遭遇する機会が多くなり，ダム基礎岩盤の

止水処理での主要な問題点として登場してくる可能性が高いと考えられる．このような状況を考慮して資料が入手し得たこの種の3つの施工事例を取り上げて検討を加え，現時点で可能なこの種の地層での止水処理の問題点に考察を加えることにする．

前述したように前節までに本章1節の分類のIのA・Bに属する地層とIIに属する地層での止水処理について一般論的に検討を加えてきた．これらの地層は続成ないし変成作用により硬い岩盤になった後またはその過程で地表近くに現れて地形侵食による緩みが生じた地層であるが，まだ風化による劣化はそれほど著しくない部分での止水事例を中心に検討を加えてきた．本節では風化による劣化が顕在化して止水対策の面からも風化の度合を考慮した対応策の検討が必要になる地層について検討を加えることにする．

この風化の進行による岩石の性状の変化は岩種により大きく異なり，一般論的に論ずることは困難であるが，ここでは日本の山地で分布が広い花崗岩地帯で，さらに風化部の止水処理として遭遇する機会が多い花崗岩が風化した部分，すなわちマサ化した部分の止水処理について検討を加えることにする．

したがってここで取り上げる地層は硬岩から成る岩盤が地形侵食により緩んだ部分ではなく，節理面近くで風化によりその構成鉱物の一部が劣化・溶出して多孔質状になった部分から土質材料状または粗粒砂状に近い状態にまで風化した部分や，節理面沿いのみではなくて岩芯部までも多孔質状体や土質材料状または粗粒砂状の部分内の空隙を通る浸透流が生じてその低減が重要となる地層である．

花崗岩は日本ではその分布する範囲は広く，その風化する過程が特異でその風化した部分，いわゆるマサ化した部分をダム基礎の一部とするダム建設はしばしば遭遇する問題であり，止水面からも独特な問題を提起する場合が多い．すなわち岩石の面から見ると花崗岩は極端に風化しにくい石英と風化しやすい黒雲母と長石とが分離結晶しているので，黒雲母と長石での風化が進行して石英の結晶部分を緩くつなぎ止めた状態から石英の結晶粒と黒雲母・長石の残留鉱物が微～細粒化して残存する形へと風化が進行する．この場合に風化しやすい黒雲母と長石の粒径が大きい粗粒花崗岩の方が風化の進行が速いので，粗粒花崗岩地帯では風化が進行した花崗岩はしばしば雲母と長石が劣化して多孔質の状態から，石英の結晶粒と黒雲母と長石の残留鉱物が微～細粒化した部分から成る土質材料状または粗粒砂状になったいわゆるマサ化した部分が山体の上部に発達することになる．

花崗岩の風化は黒雲母・長石が劣化した状態からその一部が溶出して多孔質状になって石英の結晶部分を弱いながらつなぎ止めている状態を経て，雲母と長石の主要部分がほぼ溶出してその残存微～細粒鉱物と石英の結晶粒とから成る土質材料状または粗粒砂状へと変化していく．これが最も風化が進行した粗粒砂状になった状態でも石英粒の粒子が大きくて粒子相互間の摩擦抵抗が大きいためであろうか，他種の岩石が風化した部分に比べて崩壊が生じにくくて比較的大きな岩体として残存している場合が多く，急峻な地形は形成しないが比較的大きな山体として残存していることが多い．このために他種の岩石からなる山体より上部に厚い風化した部分が残存している場合が多く見られる．

この風化した部分は変質部や断層などの弱層部がない限り粒度構成が粗いために保水性が低く，崩壊は生ずるが地滑りはまれであると言われているように透水度が高いのがその特徴である．このために風化した部分は山体の形をした割に強度的に低くてダム建設にあたってはコンクリートダム

の基礎岩盤としては力学的な問題が提起されるので，風化の進行がダム高さに比べて著しいときは少なくともその部分に対してはフィルダムとして設計されるなど基礎岩盤に対する力学的条件を緩和する方策が採られるのが一般である．また透水度の面からは前述したように一般に高い透水度を示し，前節までに検討を加えてきた地層とは異なった独特の問題を提起している．

　現在までにこの種の地層の止水処理に取り組んだダムとして筆者の記憶にあるのは広瀬ダム（高さ 75 m，フィルダム，1974 年完成）・山神ダム（高さ 59 m，コンクリートダムとフィルダムの複合ダム，1979 年完成）・奈良俣ダム（高さ 158 m，フィルダム，1990 年完成）・牛頚ダム（高さ 52.7 m，フィルダム，1991 年完成）・布目ダム（高さ 72 m，コンクリートダム，1991 年完成）の右岸鞍部・竜門ダム（高さ 99.5 m，コンクリートダム，工事中）の右岸鞍部などであろう．これらのダムの花崗岩の風化した部分での風化の進行状態と対比してどのような透水度・限界圧力・改良可能値を示していたか，グラウチングの施工実績はどのようなものであったかなどについては極めて興味深いものがある．

　しかしこれらのダムの建設時点では前節で述べた固結度が低い地層での透水度の調査資料やそれに対応した止水対策の施工実績と比較するとまだ公表された資料は少なく，土質力学など他の分野で組織的に行われた研究との対比も充分に行われていない．このために共通した指標に基づいた風化の進行度合とこれに対応した透水特性の変化などについての研究は少なく，個々のダムでの調査・施工の資料にとどまっているのが実状である．この意味では固結度が低い地層のようなダム建設で得られた資料から止水処理の体系化を目指した検討は緒についた段階にあると言える．

　一方前節で検討した固結度が低い地層での粒度分布・現場密度と透水度・改良可能値との関係が風化の進行した花崗岩でも同様な関係が成立しているのか，さらには風化の進行に対応してこれらの関係がどのように変化するのかなどについては極めて興味ある問題である．

　この点については結論から先に述べると，調査・試験・施工関係の資料が入手可能であったダムの中で広瀬ダムの左岸上部・布目ダムの右岸鞍部と竜門ダムの右岸鞍部以外には，止水処理の観点から見て風化は黒雲母・長石の劣化にとどまってそれ以上に風化した部分での止水処理事例はまだ極めて少なかった．このため風化の影響を受けて岩盤の強度面からの対応策が必要であった事例は多かったが，風化の進行が著しいために止水面からの特徴的な対応策が必要となった事例はそれほど多くなかったようである．

　なお竜門ダムの右岸鞍部にも風化がかなり進行した部分があり，この部分に対して本格的な止水処理が行われている．この部分の一部は広瀬ダムの左岸上部と同程度の風化が進行していたようであり，その調査・試験・施工の資料は極めて興味深いものであるが現段階ではこれらの資料は整理中であり，まだ公表されていないのでここでは触れないことにする．

　風化の進行の度合と基礎岩盤の透水度・限界圧力・改良可能値などとの関係についてはまだ一般論的に検討し得るほどの資料は得られていないが，まずある程度資料を入手可能でこの種の地層の止水問題にとって注目すべき資料と考えられる広瀬ダム・奈良俣ダムの上部と布目ダムの右岸鞍部の止水処理について検討を加えることにする．

5.5.2　広瀬ダムの風化花崗岩での止水処理

広瀬ダムは富士川の支川笛吹川の上流部の標高約 1 000 m の所に建設された高さ 75 m のロックフィルダムで，1969 年（昭和 44 年）4 月に工事に着手して 1974 年（昭和 49 年）12 月に完成した．

ダムサイトの基礎岩盤は花崗閃緑岩から成り，河床部および右岸急傾斜部には新鮮な花崗閃緑岩の露頭が見られたが，両岸上部は風化が進行しており，特に左岸上部の風化の進行はかなり著しかった．このダムサイトの地質の模式断面図を示せば図 5.5.1 のようである．

この図からも明らかなように左岸上部はかなり深くまで風化しており，左岸上部の風化した部分での止水処理はこのダムの建設の初期から大きな問題点となっていた．すなわち左岸上部の風化の著しい部分の止水問題は当初からこのダム建設での最大の問題点として認識されていたようである．すなわち広瀬ダムの工事誌の初代所長の巻頭言の中にも調査初期からこの問題に取り組み，いくつかの試行錯誤を経てこの部分の掘削に取りかかる前に各種の注入材料を用いていろいろな注入法により注入テストを行い，これを掘削していく過程で注入状況を観察してセメント注入で良好な結果が得られることを確信した経緯が縷々として述べられていること[15]からも伺い知ることができる．

この部分の風化の度合は筆者がその掘削段階で見た記憶ではここで紹介する 3 つの事例の中では最も風化の進行は著しくてその分布は広く，かなり入念なグラウチングテストも行われて極めて興味ある結果が得られていたが[注39]，その調査・試験関係の資料は前述した巻頭言の記述以外は入手し得なかった．なお左岸上部は風化の進行が著しくて元の節理面の存在もわからなく，粒状体に近い状態まで風化していたと記憶していたので，特にその部分の施工関係の資料に着目して調べた．その結果，左岸上部の風化が著しい部分は工事誌・工事図面集でもマサ土部分と表現してその風化の著しさを表した表現となっており，その部分のパイロット孔・1 次孔・2 次孔……チェック孔の段階でのルジオンマップ・単位セメント注入量分布図・$p \sim q$ 曲線，さらには各施工段階でのルジオン

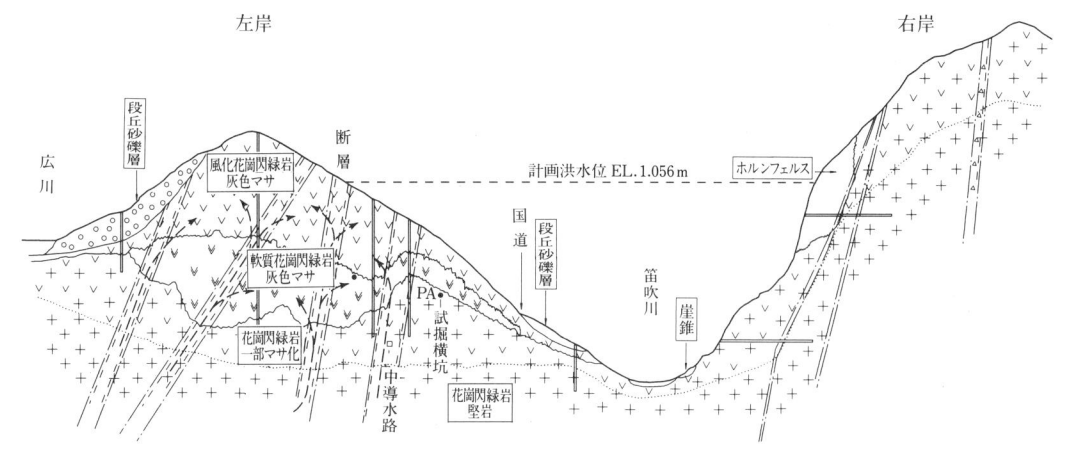

図 5.5.1　広瀬ダムのダム軸沿いの地質の模式断面図（「広瀬ダム」より）

[注39] この試験は筆者は直接関係せずにその結果だけ見たので不正確であるが，当時の記憶では岩盤変位計を設置して浮上がりが生じないように注入圧力を制御してグラウチング試験を行い，その部分を掘削して注入状況を調査した．その結果鉛直に近い方向に幅 1 mm 程度の脈状にミルクが注入され，その脈状のミルクの両側には茶褐色の酸化鉄がついており，それ以外の場所では脈状に分布した酸化鉄は見当たらなかった．このことはグラウチングにより風化する以前の節理面沿いにミルクが進入した形となっただけであると解釈されるが，このようにかつての節理面沿いに脈状にミルクが注入された状態で風化岩盤の透水度はかなり改良されていたことを記憶している．

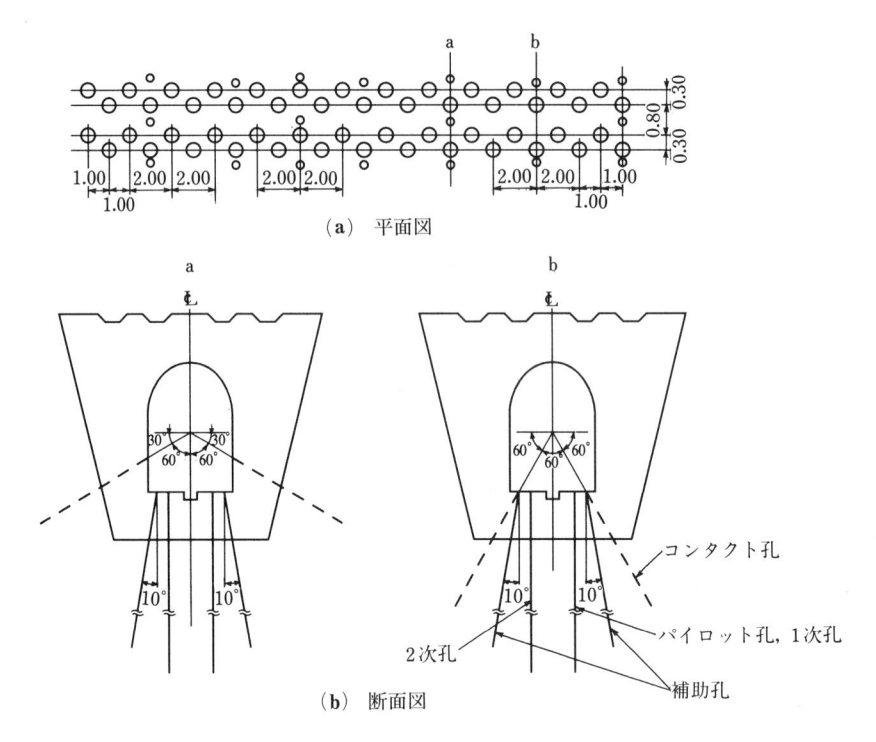

図 5.5.2 広瀬ダムマサ土部分のカーテングラウチング孔配置図（「広瀬ダム」より）

値の超過確率図などを見出すことができた[16]．

なお左岸上部の風化の著しい部分での止水カーテンの孔配置は図 5.5.2 に示すようである．すなわち風化の著しい部分に対しては孔間隔 2 m のカーテングラウチングを 4 列施工し，中央の 2 列は列間隔 0.8 m で千鳥に配置されてこの部分に設けられた底設監査廊から鉛直な注入孔で施工された．その上下流側の各 1 列は中央の 2 列から各々 0.3 m 上下流の所から斜め 10° 上下流（外側）に傾けた注入孔により施工された（図 5.5.2 参照）．

この孔配置は現在の目で見ると孔間隔は 2 m までにとどめて列間隔 0.8 m および 0.3 m（ただし 0.3 m 間隔の外側列は 10° 外向きに傾斜）

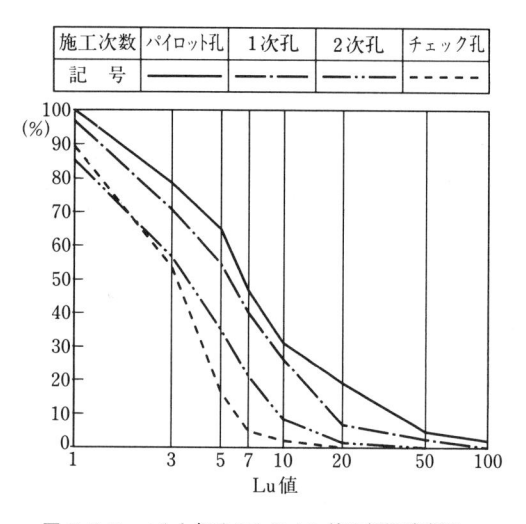

図 5.5.3 マサ土部分のルジオン値の超過確率図（「広瀬ダム」より）

で 4 列施工して，止水カーテンの厚さを増すことによりその改良効果と耐水頭勾配性の低さを補う設計思想が示されている．

このダムは 1972 年の「施工指針」が制定される前に工事に着手され，この種の限界圧力が極めて低い部分に対してのルジオンテストの問題点が充分検討されていない時期に施工されている．しかしこの時期の施工としては驚くほど丁寧なルジオンテストが行われており，パイロット孔→1 次孔→……チェック孔へと施工が進行するに従ってのルジオン値の変化なども示されている（図 5.5.3）．

また「工事図面集」には各部分の施工時に得られた代表的な $p\sim q$ 曲線も示されていて，1次孔の段階では浅い部分で $0.2\,\mathrm{kgf/cm^2}$ 前後の極めて低い限界圧力が記載されている注入孔もあるなど注目すべき資料が見出されるが[16]，これらの $p\sim q$ 曲線の中には理解しにくいものも多く含まれていてこれらの $p\sim q$ 曲線から風化が著しい部分での透水度・限界圧力などをそのまま読み取ることには問題があると考えられる．

しかしグラウチングが1次孔→2次孔……と進むに従って $p\sim q$ 曲線の異様な形が少なくなるとともに限界圧力が上昇していく様子がはっきりと現れており，グラウチングにより限界圧力がある程度上昇していく状況（3次孔で $5\,\mathrm{kgf/cm^2}$ 以上まで）が読み取れる．またグラウチングによる透水度の改良は超過確率5%で7ルジオン，15%で5ルジオン程度と固結度が低い地層と同様にグラウチングによる改良可能値は5ルジオン（これは損失水頭に対する補正を行わない値で，補正を行った値で7～10ルジオン程度）であったようである（図5.5.3参照）．

この広瀬ダムの風化の著しい花崗岩での止水処理の実績は極めて貴重なものであり，現時点で見ても注目すべき結果が得られている．しかし当時としては類似した事例もなく初めての経験であったので当然のことではあるが，風化の度合とそれに対応した岩石の物理的性質の変化や透水度の変化を関連づけて整理するという発想は芽生えていない．このために貴重な事例であるがその風化の度合と各々の部分での透水度・限界圧力・改良可能値などを客観的な指標により整理するために必要な資料は残されておらず，この種の地層での止水処理の一般論的な体系化を指向する資料を得るまでには至らなかった．

5.5.3 奈良俣ダムの風化花崗岩における止水処理の検討

次に花崗岩の風化に着目したより細かな分類が試みられてそれに関する資料が工事誌のほかに研究報告の形で発表されている奈良俣ダムについて簡単に述べることにする[17]．

奈良俣ダムは現在日本でロックフィルダムとして二番目の高さの158mの大規模なダムで利根川の上流部の左支川奈良俣川に水資源開発公団により建設され，1981年（昭和56年）に本体工事に着手して1988年（昭和63年）に完成した．このダムサイト周辺はかなり広い範囲に粗粒花崗岩が分布して全般に風化が進行していた．このため高さ158mのダムを建設するにはコンクリートダムの基礎としては強度的に問題がありロックフィルダムとして建設が進められた．

このダムの基礎岩盤は高さ158mのロックフィルダムの基礎としては力学的な観点からは問題はなかったが，上部に行くに従って緩みと風化はかなり深い部分まで進行し，特に右岸側上部に透水度が高い部分がかなりの深部まで広がっていた．しかしこのダムの建設にあたっては調査段階から広瀬ダムの左岸上部のような岩体の芯部まで風化が進行した部分は除去し得る見通しが得られていた．このため止水対策として重要性を持つ透水度が高い部分は風化も進行しているがその高い透水度は主として緩みによるもので，その止水対策は比較的早い段階から節理面またはかつての節理面沿いの浸透流を低減するのがその主目的であり，溶出した長石・黒雲母の跡の空洞を通る浸透流の低減が主目的とはならない程度の止水処理と見られていた．

図5.5.4は奈良俣ダムの基礎岩盤のルジオンマップを示している．この図によると奈良俣ダムの基礎岩盤は河床部を除いて地表から10～20m位は20ルジオン以上の部分があり，河床から上部に行くに従って透水度が高い部分は深くまで及び，特に右岸上部では40～50mからそれ以上の深さま

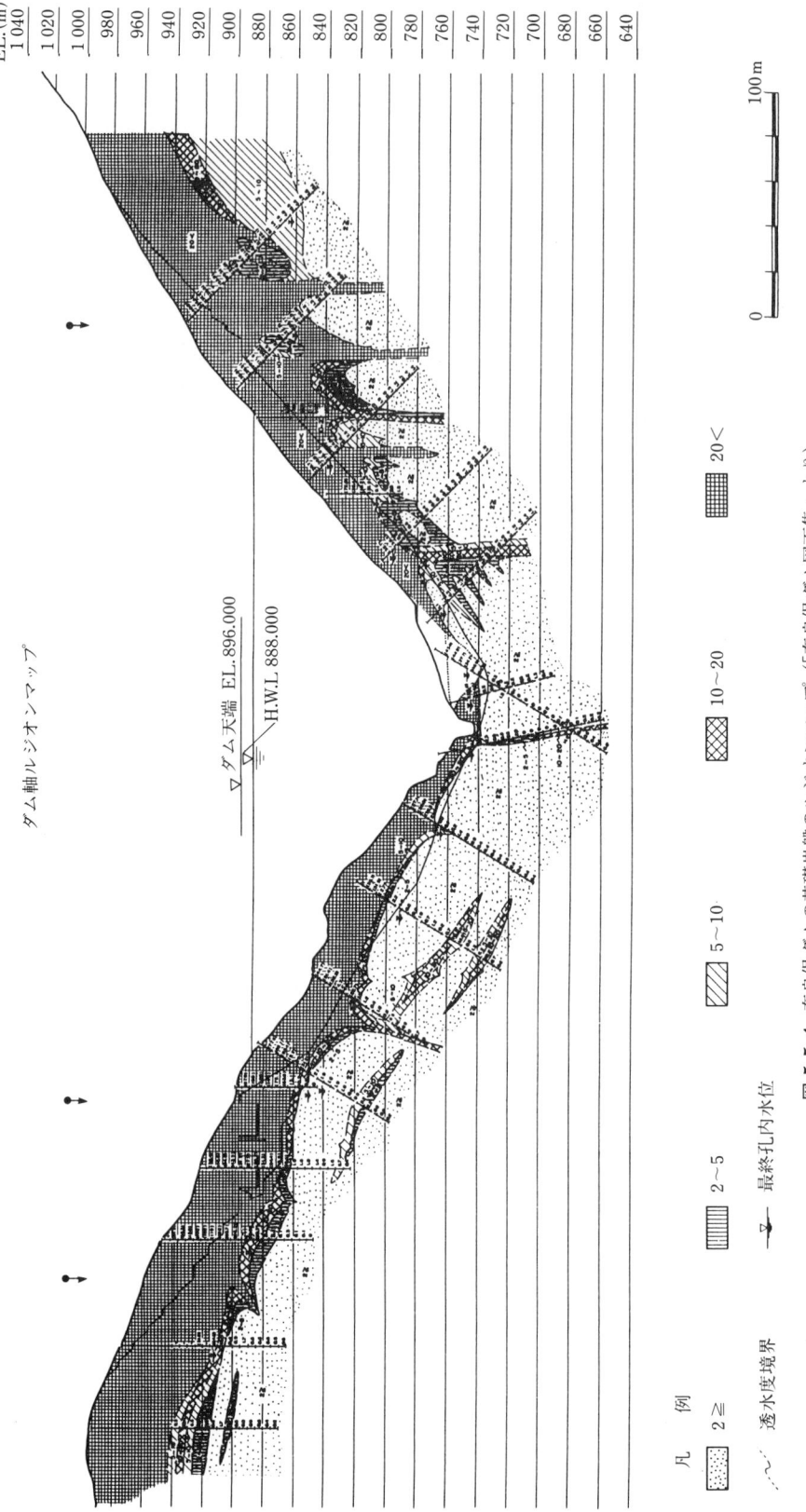

320　第 5 章　各種地層のグラウチングによる止水処理の面から見た特徴と各々の問題点

図 5.5.4　奈良俣ダムの基礎岩盤のルジオンマップ（「奈良俣ダム図面集」より）

5.5 風化岩特にマサ化した花崗岩での止水処理

で及んでいた．このために左岸側のダム本体および洪水吐の基礎は20ルジオン以上の部分は除去して10〜20ルジオンかそれ以下の所に取り付けることにしたが，右岸上部には透水度が高い部分がかなりの厚さで存在したので20ルジオン以上の岩盤にフィルダム本体が取り付けられた．この20ルジオン以上の部分の風化の進行と緩みはどの程度であったかなど，風化の進行と緩みの度合が岩盤の透水度と止水処理の効果に及ぼす影響に関しての検討にとって参考になる資料は見出せなかった．

しかし奈良俣ダムのブランケットグラウチングに関する発表論文では岩石の風化の度合に対応して α（褐色化なし），β（薄い褐色化または緑泥石化），γ（著しい褐色化），δ（節理が判定不能）に分類している[18]．しかし地質断面図または掘削面展開図にはその各々の分布状況は示されておらず，文章で右岸斜面は β〜γ の部分，左岸上部は γ の部分と記述されているのみである．またコア敷内には δ の部分は分布していなかったと記述され，γ の部分では荒掘削後のグラウチングテストの結果でも漏洩が著しくてその改良度に問題があると思われるとの記述もみられる．

これらの記述から推定すると本ダムサイト風化花崗岩は風化の進行が著しい部分はダム基礎から除去され，着岩面付近でこのダムで用いられた分類により $\beta\cdot\gamma$ に分級された岩盤は長石・黒雲母の風化が進行して岩盤としての強度や限界圧力はかなり低下していた．しかし岩石自体は多孔質状あるいは土質材料状のように溶出鉱物が流出した後の空洞を通る浸透流に注目する必要があるほど風化は進行していなかったと推定される．

さらに基礎岩盤として用いられた岩盤の中の最も風化が進行して γ に分級された部分も，節理面がはっきりと識別し得たことは風化の進行が最も進んでいる節理面近傍でも土質材料状または粗粒砂状に近い状態には至っておらず，高い透水度の主原因は風化の進行ではなくて地形侵食による緩みであったと考えられる．

また地形的にも右岸上部の透水度が高い部分については斜面勾配が1：1に近く，山体もダム天端標高よりもかなり高いところまで急勾配となっている．これらの事実は，この部分は岩盤としてはある程度の強度を持った部分で，その高い透水度は風化によるよりも開口節理の残存による方が大きかったことを裏付けている．

以上から奈良俣ダムでは岩体全体が風化が進行して緩みより風化の影響が卓越した部分の大半は除去されたが，一部コア敷には岩石の芯部まで長石・黒雲母の溶出が始まって力学的にはかなり劣化した部分が存在したが，透水度の面からは岩芯部を通しての浸透流は問題とならない部分が大半であったようである．したがって当ダムでの止水処理は風化の進行により岩石の劣化が生じて限界圧力の低下が問題となったが，岩盤全体の透水度や止水処理の効果などは地形侵食による開口節理の存在がその高い透水度の主原因となる部分が主として対象とされたと見られる．

このように奈良俣ダムでは花崗岩の風化の度合に着目した分類が試みられてコア敷内には δ の部分が残らないように掘削面の選定に利用され，γ の部分では限界圧力が低いためか漏洩しやすくてグラウチングによる改良度合に問題があるなどの記述が残されている．しかし透水度・限界圧力・施工時のルジオン値の超過確率図など（これらの図にはステージごとと全体をまとめた図のみが示されている）がこの $\alpha\cdot\beta\cdot\gamma$ の分類別に整理されていなかったので，これらの数値が風化の度合によりどのように変化していくのかについて知ることはできなかった．

なお止水カーテンの施工中に行われた透水試験での加圧方法は工事誌に詳細な記載があり，1次・2次ステージは $0.5 \to 1.0 \to 2.0\,\mathrm{kgf/cm^2}$……という昇圧刻みで行われたと記述されていることから，

施工管理段階での透水試験は極めて丁寧に行われていたことを知ることができる．

以上から奈良俣ダムの基礎岩盤は全般的には花崗岩の風化はかなり進行していてその力学的性質はかなり低下していたのでダム型式としてはフィルダムが選定された．しかしその透水度の面からは花崗岩の風化が著しい部分特有の多孔質状や土質材料状または粗粒砂状にまで風化した部分はダム基礎からは除去された．このため限界圧力が低い節理性岩盤での止水処理が主たる課題となり，特別な対応策を採らずに通常の節理性岩盤の地形侵食により緩んだ部分のグラウチングの考え方で施工することができたと考えられる．

いずれにせよ奈良俣ダムで初めて花崗岩の風化の度合に着目したより細かな分類が行われて新しい注目すべき芽が芽生えてきた．しかし風化の著しい花崗岩特有の粗粒砂状に近い状態の部分はほとんど除去され，ルジオンテストによる透水度の把握やグラウチングによる透水度の改良が節理性岩盤とは異なった観点からの検討が必要になるほど風化が著しい花崗岩での止水処理はごく部分的にとどまっていた．このために風化の度合と透水度・限界圧力・グラウチングによる改良可能値との関係などを検討するまでの資料は得られていない．

5.5.4　布目ダム右岸鞍部の風化花崗岩での止水処理

布目ダムは淀川水系木津川の右支川の布目川に水資源開発公団により建設された高さ72mのコンクリートダムで，1986年（昭和61年）5月に本体工事に着手して1991年（平成3年）10月に完成した．

このダムサイトは領家変成岩帯にあってその周辺には広く花崗岩が分布し，コンクリートダムが建設された現河床部は狭い谷を形成して比較的新鮮な岩盤が露頭して高さ72mのコンクリートダムを建設するには何ら問題のなかった地点であった．しかしダムサイトの右岸側には現河谷にほぼ平行な幅広い沢があり，現ダム軸の延長線よりやや下流側で鞍部となっていた．

この鞍部を走向が上下流方向で傾斜が山落ちの断層が横断していてその周辺は風化の進行が著しかった．この断層は断層としては比較的小規模なもので変質を伴っており，大半は断層と言うよりは熱水変質を伴って劣化した部分となっていた．

この鞍部はその天端標高もダム天端標高よりも低い上に風化の進行も著しかったのでこの部分にはフィルタイプの副ダムを建設し，さらにこの鞍部の止水処理は入念に検討された[20]．すなわち右岸鞍部には走向がほぼ上下流方向で傾斜が山落ちのF-16が存在してその周辺は熱水変質を受けていた．さらにこの断層とその周辺の変質した部分は周囲の岩盤に比べて変形性が大きかったためであろうか，この断層の上盤側の岩盤は大きく緩んで風化の進行も著しかった．

図5.5.5は布目ダムのダム軸沿いの地質断面図を示しており，図5.5.6は右岸鞍部での地質詳細図を示している．

これらの図からも明らかなように布目ダム本体の基礎岩盤は堅硬な岩盤で透水度も低い．一方右岸側の鞍部では断層より山側の上盤では風化の進行が著しくてこの部分では掘削前の地形で地表より10～15mの深さまで10～20ルジオン，20～30mの深さまで5～10ルジオンで断層の上盤側ではかなりの深さまで高い透水度を示していた．

まずこのダムサイトの花崗岩の風化した部分を表5.5.1に示すようにM_1～M_3の3種類に分けてその分布状態を調査した[20]．そのおおよその分布状態は図5.5.6に示されている．これから本ダム

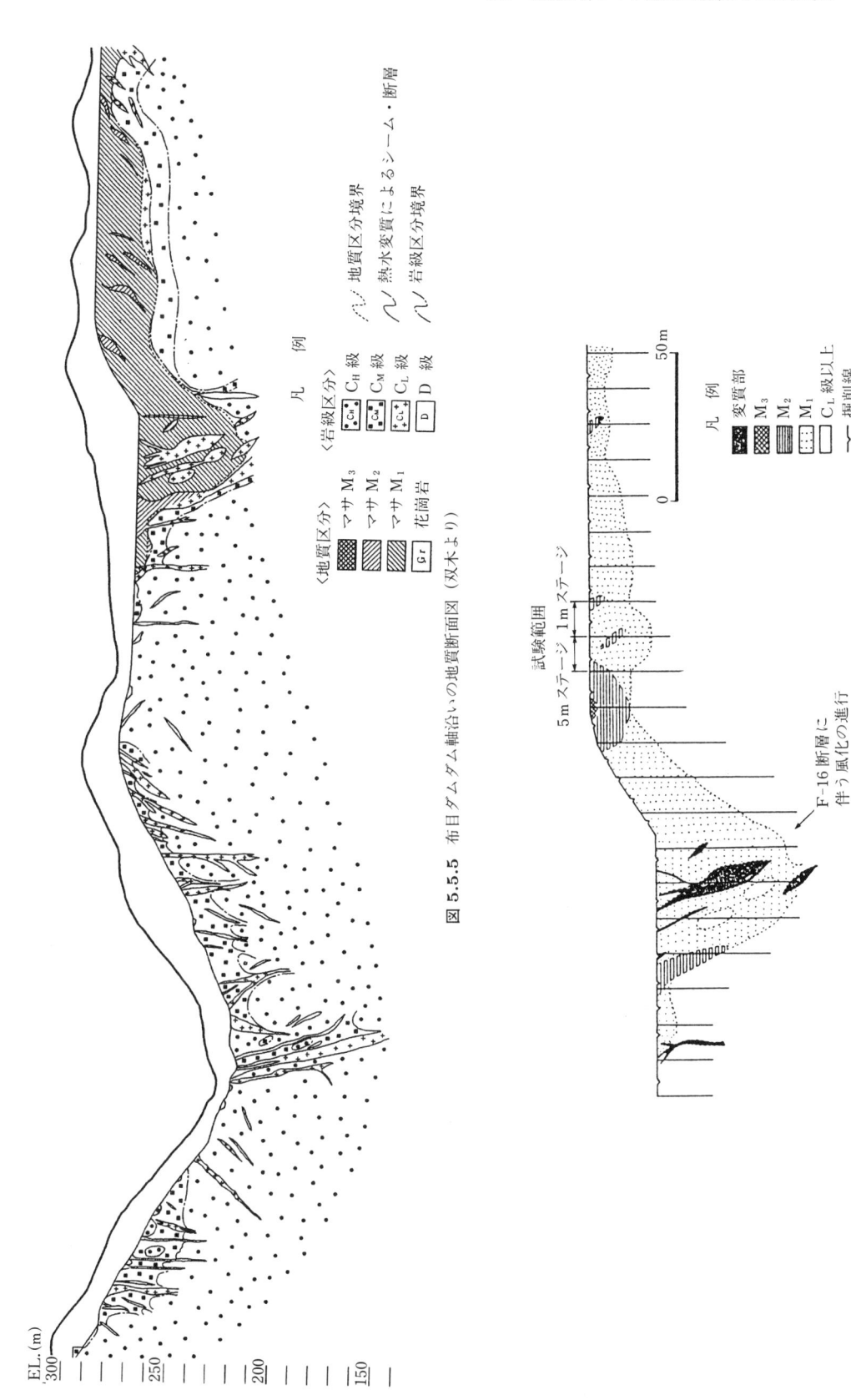

5.5 風化岩特にマサ化した花崗岩での止水処理　323

図 5.5.5　布目ダム軸沿いの地質断面図（双木より）

〈地質区分〉
マサ M_3
マサ M_2
マサ M_1
Gr 花崗岩

〈岩級区分〉
C_H 級
C_M 級
C_L 級
D 級

地質区分境界
熱水変質によるシーム・断層
岩級区分境界

図 5.5.6　布目ダム右岸鞍部の地質詳細図（双木より）

凡　例
変質部
M_3
M_2
M_1
C_L 級以上
掘削線

F-16断層に伴う風化の進行

試験範囲
5mステージ　1mステージ

表 5.5.1 布目ダムのマサ化の分類基準と物性値（双木英人より）

岩級区分	マサ区分		硬さの状態	表面の状態	節理間隔(cm)	節理の性状	透水係数 (10^{-5} cm/s)	地山密度 (g/cm^3)
			地表踏査および試掘横坑観察				物性値	
D	M$_3$	軟弱	粘土状マサ　土壌化	ほとんど土壌化している	節理識別できず		10～30	1.567
				粘土物質主体で締まり良好				
	M$_2$	軟弱	砂状マサ　ハンマーのピックが突き刺さる	サクサク、バサバサした状態			60	2.044
	M$_1$	硬質	小礫状マサ　ハンマーのピックで叩くと傷が付く	ザラザラした状態	< 5		80～100	2.256
				節理は残っており、見た目では岩盤		岩芯に硬質部残存		
C$_L$			岩芯マサ ハンマーの打撃で鈍い金属音を発す	露頭全体に褐色、節理が多い	5～10	幅1～5cmの粘土シームマサ状風化あるいは流入粘土存在		

の基礎岩盤では風化した部分はほぼ完全に除去されたが，鞍部の断層の上盤側では風化が深部まで及んでいるのでその止水対策を検討することになった．

　この風化した部分の透水特性を調べるためにこのダムで行われた岩盤分類で風化により劣化してD級に分類された部分をさらにM$_1$～M$_3$に分類し，その各々の部分から資料を採集して粒度分布・地山密度を測定するとともに原位置透水試験を実施した．これらM$_1$～M$_3$の分類の着目点と試験から得られた物性値は表5.5.1に，粒度曲線は図5.5.7に示されている．

　これらの調査資料からこのダムでM$_1$に分類された風化花崗岩はまだ節理は残っていて見た目には岩盤状であり，長石・雲母は一部が溶出した程度で石英の粒子をつなぎ止める役割はかなり低下しながらも果たしている段階にあったとみられる．しかしこの部分の風化した岩盤のグラウチングに関する研究報告[21]では，『割れ目の識別が可能なM$_1$においてもハンマーのピックで削った場合，小礫状マサとして剥離することはあるが，視認可能な割れ目沿いに剥離することはほとんどない．したがってマサ中の割れ目とマサを構成する鉱物粒子間の付着状況はほぼ同程度であると考えられる』と記述されている．一方原位置透水試験の結果はM$_1$よりもより風化の進んだM$_2$さらにはM$_3$の方がより低い透水度を示していることは，M$_1$の部分では浸透流の大部分は開口した節理面沿いに流れてM$_2$でもそれらの節理面近辺でより多く流れていたと解釈される．

　この解釈はこの報告書[20]の著者とは異なる解釈となるが，この断層の近傍の透水度が高い部分が断層の上盤に広く存在していることは断層とその周辺の変質帯の変形性が大きいためにその上盤に著しい緩みが生じ，この緩んだ節理面沿いに溶存酸素を持った地表地下水が多く流れて風化の進行が他の部分に比べて速くなったと考えられる．

　このような考えに立つと，断層の上盤側で走向が断層の走向に近くて傾斜が断層面に直交ないし鉛直に近い節理面はかなり開口してそれ以外の走向・傾斜の節理面は密着したままの状態で残り，風化は主としてこれらの開口した節理面沿いに進行して他の走向・傾斜の節理面沿いには岩石内と

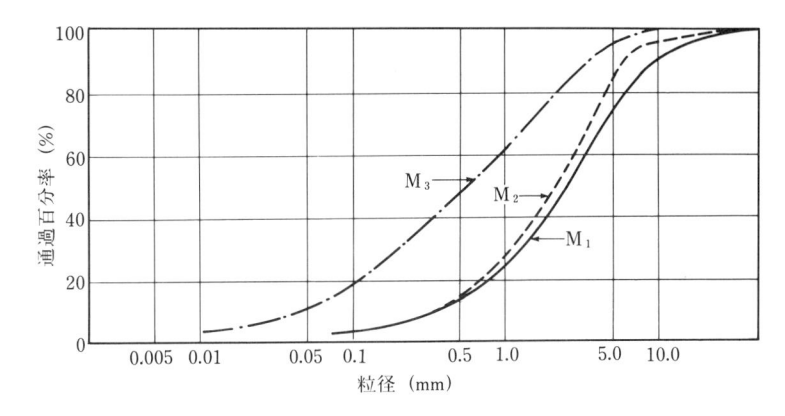

図 5.5.7 布目ダムのマサの粒度曲線（双木より）

大差ない程度にしか進行しなかったと考えられる．したがって先の研究報告で『可視可能な割れ目沿いに剥離することはほとんどない』と記述されているのは緩みがない節理面に着目した記述であると見るべきであろう[注40]．

これらの開口した節理面沿いの部分が $M_1 \to M_2 \to M_3$ へと風化が進行するに従ってこれらの開口した節理面周辺が崩れてその部分の浸透路が細かくなり，その部分の流路面積は増大するが浸透流速は大幅に減少したために浸透流量が減少して結果として見掛けの透水係数が低下したと解釈される（2.2.1項の pp.18～19 参照）．

また $M_1 \cdot M_2 \cdot M_3$ の粒度曲線と現場密度も示されている（図 5.5.7 と表 5.5.1 参照）が，この種の資料は風化花崗岩の透水度を検討する上で貴重な資料となると考えられる．しかし M_1 は地山密度もかなり高くて肉眼でも節理面が識別可能であり，長石・黒雲母は石英をつなぎ止めている状態であることを考慮すると，これらの粒度曲線はどの程度の物理的な意味を持っているかについてさらに検討する必要があろう．

また少なくとも M_1 の段階では粒度曲線と地山密度からその透水度が推定し得るほど土質力学的なアプローチが必要であった岩盤ではなかったとも考えられる．

さらに図 5.5.7 に示す風化の進行と粒度曲線の変化との関係についてはより詳しい検討が必要となる．すなわちまだ節理が識別し得る M_1 や土質材料状または粗粒砂状にまで風化が進行していない M_2 に分類されている風化部分では粒径が 0.5～5 mm の部分が 60%以上を占め，微粒分の 0.074 mm 以下が 2～4%以下と極めて少ないが，風化の進行に伴って M_3 になると微～細粒分が大幅に増えて粒度分布がより細かくなっていることである．

このことは表 5.5.1 に示す原位置試験から求めた見掛けの透水係数の値とも整合性がある状況であるが，M_1 の節理が識別し得る状態では風化していない石英の結晶間の長石・黒雲母は充分つながった状態にあったと考えられる．

[注40] この点に関しては筆者はこのダムサイトの M_1 に相当する部分を直接見ていないし，原位置透水試験箇所も見ていないのでこの報告書の著者の見解に従うべきであろうが，節理面がはっきりと肉眼観察し得る状態で岩体内の溶出部分を通しての浸透流が支配的な浸透流となっているとは考えにくかったので，あえて別の見方を述べた次第である．さらに風化が著しく，長石・黒雲母の溶失が著しい M_3 の方が見掛けの透水係数が 1/3～1/10 程度と小さいことは，上記のように考えた方が理解しやすい．

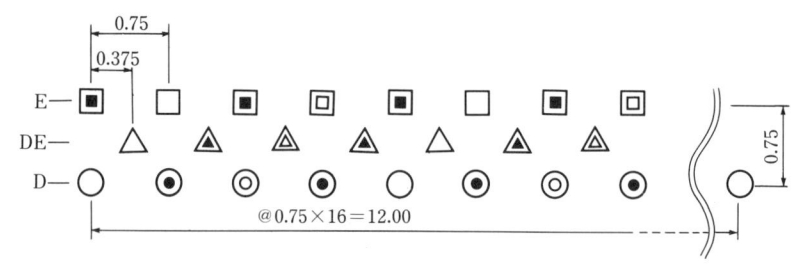

図 5.5.8 右岸鞍部の試験施工での孔配置図（双木より）

施工順序（1.0 および 5.0 m 注入共通）
① ○ D 孔間隔 3.0 m　　④ □ E 孔間隔 1.5 m　　⑦ △ DE 孔間隔 3.0 m
② ◉ D 孔間隔 1.5 m　　⑤ ● D 孔間隔 0.75 m　⑧ ▲ DE 孔間隔 1.5 m
③ ☐ E 孔間隔 3.0 m　　⑥ ■ E 孔間隔 0.75 m　⑨ ▲ DE 孔間隔 0.75 m

この状態では粒度分布を求める際に長石・黒雲母の風化した部分を破砕してその破砕の仕方により粒度曲線が異なる可能性がある．したがって少なくとも節理が識別し得る M_1 では粒度曲線がどの程度の物理的な意味を持っていたかに

表 5.5.2　試験施工の注入圧力 [kgf/cm²]（双木より）

ステージ	1	2	3〜4
注入圧力	3.0	5.0	7.0
透水試験等最大圧力	1.5	2.5	3.5

ついては疑問が残り，むしろ地山密度などを風化の度合を示す指標としてより重視すべきであろう．
　また図 5.5.7 で M_1 と M_2 の粒度分布がほとんど相違がなくて M_3 で微〜細粒分が大幅に増えていることは，M_1・M_2 の段階では長石・黒雲母は劣化してその一部はすでに溶出していたが石英の結晶をつなぎ止める役割は果たしていたことを示している．また M_3 の段階では長石・黒雲母はほぼ完全に分解してその一部が微〜細粒子として残留している状態になっていたと解釈される．いずれにせよ M_1〜M_3 を肉眼観察により分類するのは当然としても地山密度や長石・黒雲母の劣化・溶出の度合と関連付けておきたいところである．
　これらの予備的な調査結果に基づいて右岸鞍部の風化の著しい部分に対して試験施工を行った．すなわち右岸鞍部で図 5.5.8 に示すような 0.75 m 間隔の注入孔列を 0.375 m 間隔に 3 列千鳥に配置して（最終的な孔間隔は 0.53 m），注入は深さ 1 m のステージグラウチングと深さ 5 m のステージグラウチングと対比しながら行われ，グラウチングの効果と地層に適合したグラウチングの方法を検討した．なおグラウチングの際の注入圧力とルジオンテストの際の最大圧力は表 5.5.2 に示されている．またこれらの試験施工結果をステージ長 1 m で行った場合と 5 m で施工した場合とに分けて超過確率図で示せば図 5.5.9 のようである．
　その結果グラウチングの効果は一般の節理性岩盤に比べると透水度の改良度合は少ないが，グラウチングの初期段階で所々にあった 5〜10 ルジオンの部分は改良され，最終段階ではほとんどが 5 ルジオン以下，超過確率 15％で 4 ルジオン以下となっていた．またステージ長 1 m と 5 m との注入効果の相違はわずかで最終段階ではステージ長 1 m の方が 3 ルジオン以上の部分がやや少ない程度であった．
　以上の試験結果から右岸鞍部の止水カーテンの施工は図 5.5.10 に示す孔配置で行われた．実際の施工での風化部のルジオン値の超過確率図は図 5.5.11 に示されている．すなわち風化の著しかった部分の止水カーテンの施工結果ではパイロット孔→ 1 次孔→……チェック孔での改良度合の進行は

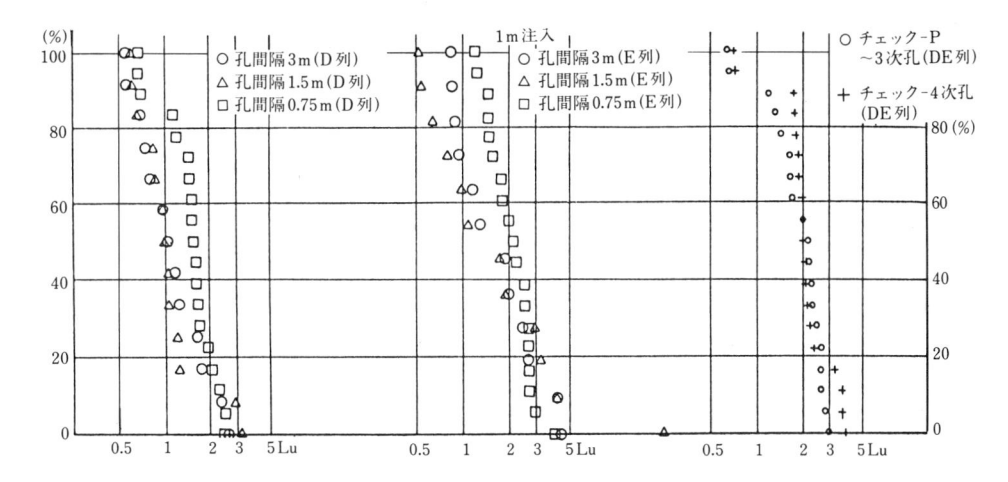

5.5 風化岩特にマサ化した花崗岩での止水処理　327

(a) 1 m ステージ

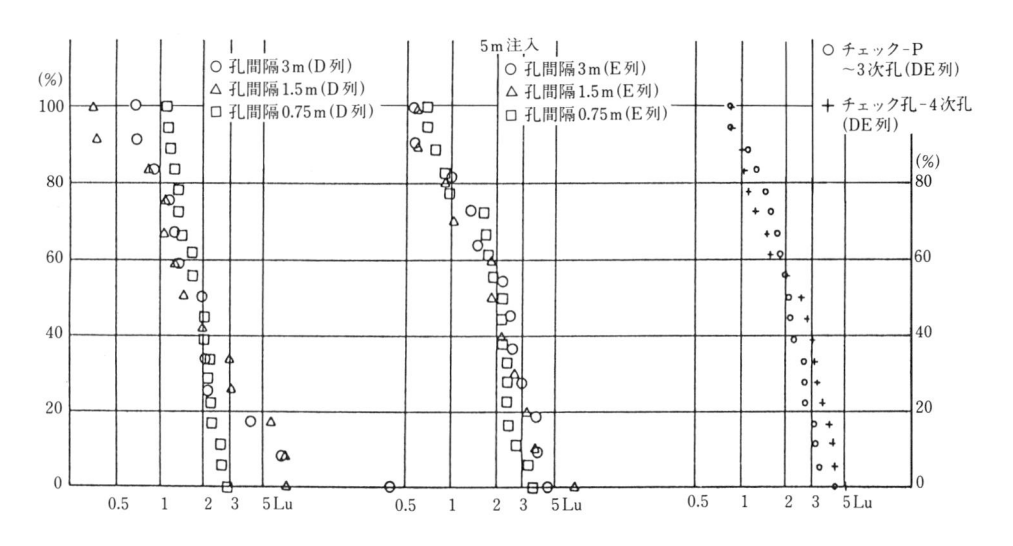

(b) 5 m ステージ

図 5.5.9 試験施工のルジオン値超過確率図（双木より）

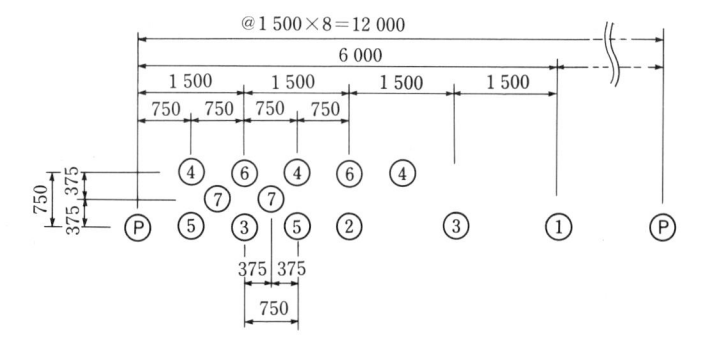

図 5.5.10 止水カーテンの実施工での孔配置図（双木より）

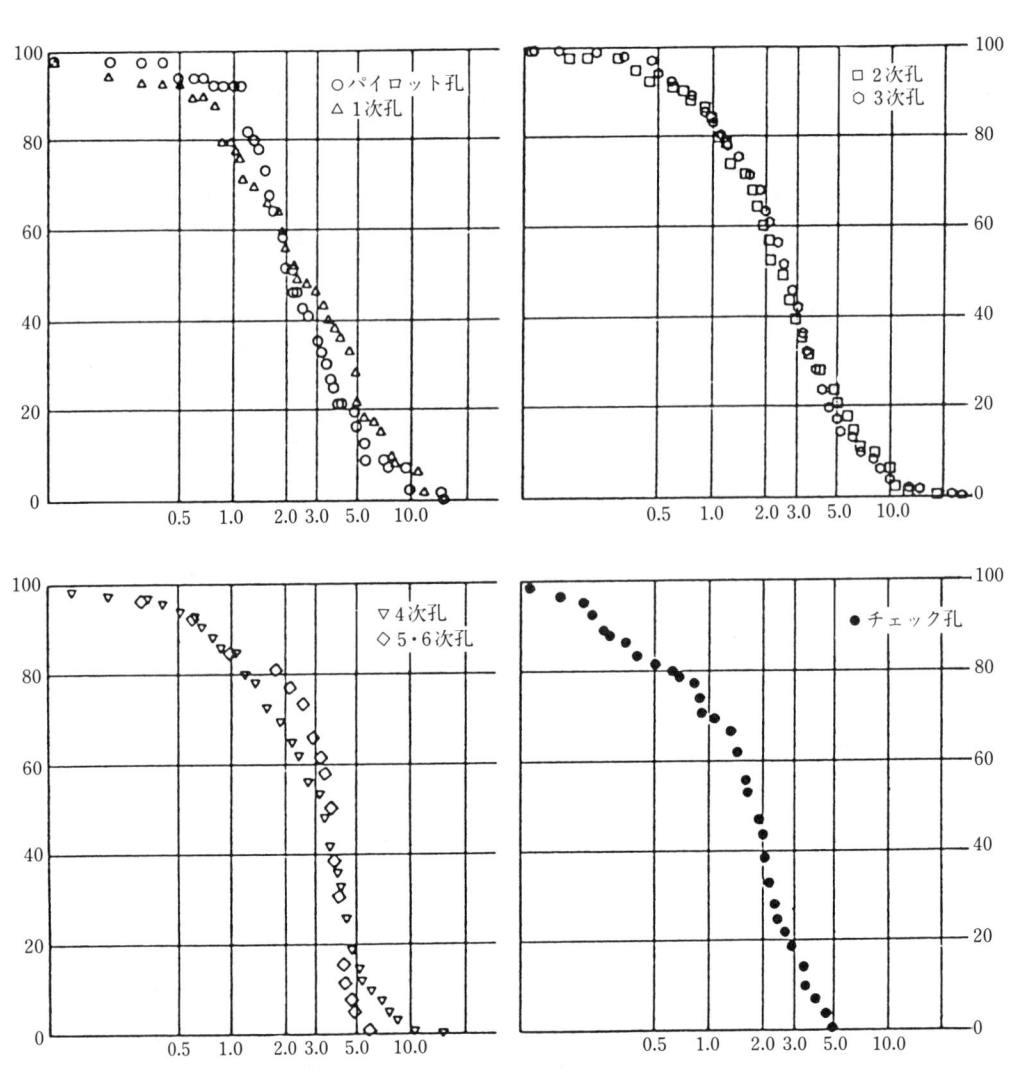

図 5.5.11 マサ部の止水カーテン実施工でのルジオン値超過確率図（双木より）

　一般の節理性岩盤の場合に比べると目立たないが，そのほとんどが5ルジオン以下，15％超過確率が3ルジオンとなった．このように，風化の進行がそれほど著しくなかったので広瀬ダムの場合よりも15％超過確率が4～7ルジオンほど低くなっており，広瀬ダムの改良達成値の7～10ルジオン程度から当ダムでの3ルジオン程度までが風化の程度に応じた改良可能値であろうか．
　これらの試験結果や施工実績の結果は風化が進行した部分での風化の進行状態をより客観的に示す因子，すなわち地山密度の変化などに着目した分類方法で整理して他の同類の地点での資料と比較検討したならば極めて興味深い結果が得られ，止水カーテンの適正な孔配置図・改良達成可能値・改良目標値や1次→2次→……とグラウチングが進んでいくに従って限界圧力が上昇していく状況も明らかになっていく可能性がある．

5.5.5　風化花崗岩の透水特性と止水処理から見た分類方法
　以上風化の著しい花崗岩での止水処理について広瀬ダム・奈良俣ダム・布目ダムの右岸鞍部を例

にとって入手し得た資料からその概要を示して検討を加えた．

すでに述べたように広瀬ダムは 1972 年の「施工指針」が制定される以前に着手されて施工時点ではこの指針に従って施工されたが，現在のように限界圧力が低い部分でのルジオンテストなどの問題点が充分把握されていない時点で施工されたダムであった．しかし約 30 年前にもかかわらず極めて入念な検討と調査・試験を行って悪戦苦闘しながら困難な問題を打開していったことに大きな驚きを感ずるが，その資料を客観的な風化の度合と対比していないなどのために，一般論的な検討に利用することはできなかった．

奈良俣ダムは現在の止水処理に関する調査・試験方法がほぼ確立した以降に施工されたダムで，このダムでは基礎岩盤がある程度風化が進行していたので風化の進行した部分を 4 種類に分類した．その意味では花崗岩の風化の進行に対応した分類を行い，それに対応した岩盤の透水度・グラウチングによる改良効果・限界圧力・改良可能値等を検討していく最初のステップを踏み出した事例と見ることができる．

しかしこのダムでは節理が識別不能となるような風化が進行した部分はダム基礎からは除去されて基礎岩盤の止水処理の中心課題は地形侵食により緩んだ部分の止水となり，風化が著しい花崗岩特有の止水処理上の問題点には遭遇しなかったために施工結果の資料も風化の度合に着目した分類別には整理されておらず，この種の問題をより体系化する方向に踏み出すための有益な資料を提供するまでには至らなかった．

一方布目ダムの右岸鞍部の風化した部分はその大半は節理が識別し得る程度の風化にとどまって石英の粗粒砂状にまで風化が進行した部分はほぼ除去されていたようである．しかし風化が進行して D 級に分類された岩盤をさらに 3 種類に区分してその各々に対して粒度曲線・地山密度を求め，原位置透水試験も行うとともに本格的なカーテングラウチングの試験施工を行っている．これらの資料は細部についてはまだ検討すべき点を残しているが，風化の進行に伴う透水度や改良効果の変化などを考察する上で有益となる資料を残している．

ここでまず風化花崗岩の風化の進行の度合と止水面から見たその特徴の変化をより客観的な指標に基づいて整理するために花崗岩の風化の進行度合とそれに伴った岩盤としての透水度の変化過程について考察すると，

① 地形侵食により山体の上部が谷側に変形して緩んだ部分の発生．
② 溶存酸素を持った地表地下水の緩んだ部分への流入．
③ 開口した節理面近傍から岩芯部に向かっての風化の進行．
④ 岩石としては
　㋐ 新鮮な岩石，
　㋑ 長石・黒雲母の劣化，
　㋒ 長石・黒雲母の一部の溶出による多孔質状態，
　㋓ 長石・黒雲母の残存微～細粒子と石英の粗粒砂から成る状態，
という順の風化の進行．
⑤ 風化が進行して開口した節理面近傍が㋓の状態になると，風化前の開口節理は周辺の土質材料状や粗粒砂状に風化した部分が崩れ込んで埋められ，それ以前に地山内の浸透流の大半を占めていた開口節理面沿いの浸透流は減少し，逆に多孔質体ないし土質材料状や粗粒砂状の

部分内の空隙を通しての浸透流が増大してくる．すなわち節理面近辺が⑦〜⑨の状態にあり，岩芯部が⑦〜④の状態にあるときは浸透流は節理面沿いに流れる．これが節理面近傍が④の状態になると開口節理は残存粒子により埋められ，節理面近辺の浸透流路は二平面間の流れから土質材料状や粗粒砂状の部分内の流れに移行して細かくなり，流路面積は増大するが流速は大幅に低下して結果としてこの部分の浸透流量は減少する．これに対して岩芯部を通る浸透流は⑦から④へと進行するのに従って増大する．

以上の考察から透水度と止水対策の面から花崗岩の風化度合を簡単化すると，

ⓐ 主たる浸透流が緩んだ節理面沿いに流れている状態．
ⓑ 主たる浸透流は緩んだ節理面近傍に生ずるが，その部分は風化が進行して崩れて浸透流は土質材料状や粗粒砂状の部分内の流れになっている状態．
ⓒ 岩芯部まで風化が進行して土質材料状や粗粒砂状になってかつての岩芯部を通しての浸透流が無視し得ない状態．

とに大別することができる．

ここでⓐの状態では節理面沿いにミルクを注入して開口節理を充填すれば止水効果は著しいものになる．これがⓑの状態になると主たる浸透流は緩みが著しかった開口節理の近傍で生ずるが，浸透流は流体力学的には二平面間の流れから土質材料状や粗粒砂状の部分内の流れへと移行していく．このためⓑの状態ではⓐ状態に比べて non Darcy 流は発生しにくくなるが，限界圧力が低下して（特に節理面近傍で著しく）その構成粒子間にミルクを注入することによりその透水度を改良することになるのでグラウチングの作業は複雑になり，その改良効果も低下してくると考えられる．さらにⓒの状態になると緩みが多い元の開口節理面近傍の浸透流は他の部分に比べて多いが，岩芯部の浸透流もかなりの量に達してこれを低減することも止水対策上重要な課題となってくる[注41]．

このような観点に立ってここで紹介した3つの事例を振り返ってみると広瀬ダムの左岸上部ではⓑないしⓒの状態の岩盤が止水処理の対象に含まれており，奈良俣ダムの右岸上部はⓐないしⓑの状態であり，ⓑの風化の進んだ部分やⓒの部分はほとんど除去されたようである．布目ダムの右岸鞍部の場合には M_1 はⓐでの最も風化が進行した部分からⓑでの風化の進行が少ない部分を含んでおり，M_2 がⓑの残りの部分を，M_3 は主としてⓒに対応する状態であったと考えられる．

布目ダムの止水対策では風化した部分の各々の分級に対して地山密度・原位置透水試験・粒度分布等も測定し，試験施工・実施工の資料も風化した部分の施工実績を分離して整理しており，このダムでの検討から初めて将来の風化した花崗岩での止水問題に対する組織的な検討が着手されたと言っても過言ではないであろう．

以上から風化花崗岩の止水問題は止水対策の面から見た風化花崗岩の分類方法を整理し，布目ダムで行われたように地山密度・不攪乱資料による室内透水試験・原位置透水試験・粒度分布など各ダムサイトの資料を客観的に比較し得る形に整理したならば，風化花崗岩に対する体系的な止水処理の姿も見えてくるのではないかと考えられる．この意味でも現在資料整理中の竜門ダムの右岸鞍部の止水処理の資料に期待している次第である．

[注41] 注39) で述べたように，広瀬ダムの上部のマサ土化した部分は筆者の記憶ではⓒ段階まで風化が進行していた．この部分に対するグラウチングテストの結果では元の節理面沿いに脈状にミルクが注入されることにより透水度はかなり改善されていたが，これに関する具体的な資料は見出せなかった．

5.5.6 風化花崗岩の止水処理検討での調査・試験と浸透流解析の適否

　以上述べたように風化花崗岩での止水処理の観点から見た分類法が検討された後により合理的な止水処理の検討を進めるための調査・試験方法を検討する必要がある．この調査・試験はその分類に対応して各々の分級での透水度・限界圧力・グラウチングによる改良可能値などの値とそれらの相互の関係が的確に把握し得るものである必要がある．

　この花崗岩の風化による透水特性の変化は布目ダムの調査結果の検討の際にも触れたように地層としての透水度はⓐの状態で最も高くてⓒでは逆にある程度低くなる場合が多いが，限界圧力・改良可能値・耐水頭勾配性は風化が進行してⓐ→ⓑ→ⓒへと進むに従って確実に悪化の方向に変化すると考えられる．したがってこの種の調査・試験方法はこれらの値の変化を的確に把握してその結果に基づいて地層の特性に対応した孔配置・施工深さや施工管理用のルジオンテストの方法を検討し，合理的な止水処理の施工を実施し得るように検討する必要がある．

　これらの問題は机上で検討すべきものではなく，実際の施工に際しての研究においてその地層の風化の度合に対応して検討されるべきものであろう．したがってここではこれ以上の机上での調査・試験方法の検討は避けて問題点を指摘するにとどめ，今後の実際の調査・検討での研究に期待することにする．

　次にこの種の地層に対しての止水対策の検討の際に浸透流解析が用い得るか否かについて検討を加えよう．

　風化花崗岩の部分は一般に透水度が高くて地下水位が低いので止水カーテンをどの範囲まで延長すべきか，あるいは風化がある程度進行した部分ではすでに述べたように改良可能値が通常の節理性岩盤より高いのでダムの浸透流対策の面での安全性確保の上で問題がないかなどの疑問点から，浸透流解析を用いた検討を行いたい場合はしばしば遭遇すると考えられる．

　本書ではすでに5.2.4項で浸透流のほとんどが開口した節理面沿いに流れている節理性岩盤では浸透流解析は適用しにくい場合が多く，逆に5.4.6項で浸透流が主として構成粒子間を流れる地層では浸透流解析がかなりの精度で利用し得ることを述べた．

　では風化花崗岩では浸透流解析は適用し得るのかについて考察を加えてみよう．

　筆者はまだ風化が進行した花崗岩で浸透流解析を行い実際の状況と対比した経験はないので，以下の記述はあくまでも机上の推定にすぎないが一応述べることにする．

　前々項に述べたように花崗岩の風化はⓐ→ⓑ→ⓒと変化する．一方ⓐの状態では浸透流は主として緩んだ節理面沿いにある程度の流速で流れているが，風化の進行とともにⓑの状態へと移行して全流路面積は増えるが個々の流路は細かくなってその中を流れる浸透流の流速は逆に大幅に遅くなる（2.2.1項のpp.18〜19参照）．さらにⓒの状態となると全体が土質材料内の流れと類似した流れとなって流路は細かくなって流速は大幅に遅くなってくる．

　このような変化は5.5.4節で検討を加えた布目ダムでの研究結果でもはっきりと現れており，布目ダムの風化花崗岩では$M_1 \to M_2 \to M_3$と風化が進行するに従って地山密度は減少するが見掛けの透水係数は小さくなっていることからも裏付けられている．

　これから常識的にはⓐの状態では浸透流解析の適用には問題があるが，ⓒの状態まで風化が進行すると逆に浸透流解析が充分適用可能になるとも考えられる．しかし実際にはⓑ・ⓒの状態まで風化が進行した部分の奥や下側にⓐの緩みが著しい部分が存在している可能性が高く，その部分で浸

透流解析が適用可能な状態であるか否かが問題となる．

すなわちこの種の地層に対して浸透流解析が適用可能か否かについてはⓑ・ⓒの状態にある部分の性状によるのではなく，その奥や下側に存在するⓐの部分での節理の開口度合によることになると考えられる．

5.6 断層・破砕帯など弱層内の浸透流の止水対策上の問題点

5.6.1 断層周辺部などの弱層部での止水処理の問題点

元来節理性岩盤での節理面沿いの浸透流の場合には，浸透流速が早くて節理面沿いの夾雑物を洗い流すような場合でも硬岩部を洗い削るようなことは考えられないので浸透流路が無制限に広がることは考えにくい．しかし断層周辺部などの弱層部では本来は比較的透水度は低いが，何らかの原因でその一部に流速の早い浸透流が生じてその部分の微～細粒子を洗い流すような状態が発生すると流路は急速に拡大して大きな事故にまで発展する可能性があると考えられ，早い時期から極めて慎重な対応がとられてきた．

すなわち，1970年以前に完成した一ツ瀬ダム・川俣ダム・青蓮寺ダム・釜房ダムなどでは断層周辺部での止水カーテンは他の部分に比べて特に深く，$0.7 \sim 1.2H$（H はダム高さ）の深さまで施工され，孔間隔も密に施工されている．

一方3.4節で述べたようにこれと同じ時期に完成したダムの多くでは断層・破砕帯はその周辺の硬岩部よりある程度掘り下げた後に（深さは通常 Shasta 公式などに準拠して）その部分をコンクリートで充填し，さらにその上から周辺部に深めのコンソリデーショングラウチング（早明浦ダムでは深さ30mの追加コンソリを施工）を施工するなどの対策はとられているが，止水カーテンは経験公式が示す範囲（≒ $H/2$）しか施工されていないダムが多かった．

これが1980年代後半以降，止水カーテンの施工範囲は1～2ルジオン超過確率15%以下という改良目標値まで改良して施工前の透水度がそれと同程度の岩盤まで施工するという方向が示されると，断層周辺部の止水処理に大きな変化が現れた．すなわち断層周辺部に対しても止水カーテンの施工範囲内のみならず施工範囲外でも，改良目標値以上の透水度の部分が残らないように施工することを目指すようになり，断層周辺部で H 以上の深さまで極めて狭い孔間隔で追加孔が施工される例が多くなった．さらに断層周辺部で $1.2H$ 以上の深さまで，孔間隔が20cm以下になるまで追加孔が施工されたダムの工事誌を詳細に調べると，これほどまで極端な施工を行いながら改良目標値までの改良が達成できず，さらに主カーテンの上下流側に補助カーテンを追加施工して補強した例（定山渓ダム）も見られる（3.5.2項参照）．

このような断層周辺部での止水処理の歴史的経緯を振り返ってみると，断層周辺部はその力学的対策のみならず浸透流対策の面からもダムの安全性の確保にとって最も重要度が高い問題点であるという認識は当初から強くあったようである．

しかし断層周辺部の透水面から見た特徴に着目した独自の止水処理方法は一般論的には検討されておらず，1983年の「技術指針」以降原則としてすべての岩盤で節理性岩盤での改良目標値までの改良と改良目標値と同程度の透水度の岩盤までの施工範囲の設定とが強く打ち出された．このために，ほとんどのダムで断層周辺部でも硬岩から成る節理性岩盤と同じ基準で施工されるようになっ

た．これによりそれ以前に完成したダムに比べて断層周辺部での止水カーテンの施工深さは大幅に深くなり，孔間隔も極端に密に施工される例が多くなってきた．

この「技術指針」では止水カーテンの［3.5.2の改良目標値］の条文で『カーテングラウチングの改良目標値は，岩盤の性状等を総合的に考慮して適切に設定する』と記述されていた[22]．さらに［3.5.3 施工範囲（参考）2. カーテングラウチングの施工範囲の特殊な決定法の例］では，『断層等の脆弱部や堤体材料のパイピングに対して安全なように改良目標値および施工範囲が定められているかどうか検討を行う方法として，Justinの限界流速の理論や限界導水勾配の理論が用いられていることがある．…（中略）…これらは経験的な方法であり，問題点も多いので実際の設計に用いる時には十分余裕のある値を採用する必要がある』[23]と記述され，断層周辺部などの弱層部はフィルダムのコア部と類似した性質を持っていて土質力学的な観点からの検討方法があることを示していた．

しかしこの種の弱層部ではどのような方法でその透水度を測定すべきか，どの程度の透水度まで改良する必要があるのか，さらには［3.5.3 施工範囲（参考）］の限界流速と限界水頭勾配を示す式など土質力学的な検討方法を適用するにあたって，どのような留意すべき点があるのかなどの具体的な指示は示されなかった．

このため節理性岩盤での改良目標値の設定とそれと同程度の透水度の岩盤までを施工範囲とするという規定がはっきりと提示されると，浸透流に対して充分な安全性を保つためには貯水池を節理性岩盤の着岩面直下での止水カーテンの改良目標値と同程度の見掛けの透水係数の岩盤で覆う必要があると解釈されるようになった．

さらに断層周辺部などの弱層部に対しても節理性岩盤の改良目標値まで改良することが不可欠であるとの考え方が一般的となり，断層周辺部などの弱層部での止水カーテンの工事数量の大幅な増大を招いたことはすでに第3章で指摘した．

一方5.4.5項では固結度が低い地層での止水処理結果に考察を加えて，

⑦ 土質材料や粒状体に近い性質を持つ地層はその粒度構成によりグラウチングによる改良可能値はかなり異なり，微粒分が少ない砂質な地層では現在一般に用いられている2ルジオン超過確率15％以下という改良目標値を達成できない場合が多い．

一般論的には微粒分が少なくて空隙が多く，見掛けの透水係数が10^{-3}cm/s以上の地層では粒子間にミルクが入り込んで10^{-4}cm/s程度まで改良することは可能である．しかしそれより空隙が細かくて透水度が低い地層ではグラウチングによりミルクは粒子間に入らずに脈状に入るのみで，その地層の粒度構成で締め固められた状態での見掛けの透水係数より低い透水度まで改良することは困難である．

④ 貯水池を取り囲む地層が浸透流に対して安全なために必要な透水度は各々の部分を流れる浸透流が満水位時に目詰りにより経年的に低減していく状態にあるか，浸透流速が流路を拡大させない流速，すなわちパイピングを起こさせない限界流速以下に抑制する必要があるという観点に立つならば，各種地層での限界流速に対応した改良目標値ないし透水度は本来浸透流速から求めた真の透水係数で提示されるべきものである．

したがってルジオン値のような浸透流量から求めた見掛けの透水係数で表した場合には，節理面沿いを主な浸透流路とした岩盤と粒子間を主とした浸透流路とした土質材料や粒状体に近い性質の地層とでは限界流速もかなり異なると考えられる．さらに2.1.2節（pp.22～23）で

述べたように土質材料や粒状体に近い性質の地層での空隙率の値が節理性岩盤に比べて数十～百倍程度大きいために，これらの値は地層の種類によりかなりの相違がなければならないことになる．

現実には浸透流の流速測定はトレーサーによる測定などごく限られていて実施困難である場合が多いので，実際の調査・施工管理にあたっては見掛けの透水係数を用いる以外にない．しかし節理面沿いの浸透流と土質材料や粒状体のような粒子間を流れる浸透流とでは，同じ浸透流速に対応するルジオン値などの見掛けの透水係数の値は両者の間には大きな相違があることを認識しておく必要がある（p.23 参照）．

㋒ さらに㋑で述べたようにパイピングによる浸透流路の拡大は浸透流速がその部分の地層の特性に対応したある値以上になったときに生ずるのであれば，当然浸透流に対する安全性を確保するためには各々の部分の水頭勾配の値に反比例した真の透水係数以下の値である必要がある．

㋓ 現在一般に用いられている改良目標値の2ルジオン超過確率15%以下という値は，節理性岩盤で湛水後に有害な浸透路となる可能性がある緩んだ節理面が存在する部分が残存していないことを保証している値で，節理性岩盤の水頭勾配が高い値を示す着岩面に近い浅い部分では妥当な値である．しかし深部でこのような有害な浸透路となる可能性がある部分が存在していても浸透路長も長くなり，それらの節理面が酸化して地表地下水が流れた痕跡がない限り貯水池から下流側地表近くまで連続した透水度が高い浸透路を形成する可能性はかなり低くなる．したがってそれらが著しく透水度が高い浸透路を含む部分でない限り許容し得るものとなり，岩盤が浸透流に対して安全性を保つために必要な透水度は浅い部分よりある程度緩和された値にし得ると考えられる．

㋔ 土質材料や粒状体に近い性質を持つ固結度が低い地層では，ダム高さが50m以下のダムにおいてではあるが10^{-4}cm/s程度の透水度で安全に貯水し得たダムがかなりある（鯖石川ダム・漁川ダム・美利河ダムなど）．

ことを示した．

以上の点からも明らかなように断層やその周辺部の地層内の浸透流は節理面沿いを主な浸透流路とした岩盤とは明らかに異なるはずである．また土質材料や粒状体に近い性質の固結度が低い地層と類似した部分と見なしてよいのか，さらにどのような特性を考慮しつつ検討を進めるべきかについて節を改めて考察することにする．一方改良目標値は㋒で指摘したように浸透路長，すなわち深さにより異なるはずであるが，この点については6.2.4項で詳しく論ずることにする．

5.6.2 断層やその周辺部などの弱層部の止水面から見た特徴と問題点

まずダム建設においてしばしば遭遇する断層・破砕帯などの弱層部は一般に，
(1) 最も破砕が著しくて粘土化した部分，
(2) 角礫状ないし細片状に破砕された破砕部分，
とから成る場合が多い．

筆者が今までに見た断層の多くは鏡肌を持った硬岩の破断面に接してある幅の粘土化した部分があり，次いで角礫化または細片化した破砕部分という形のものが多かった．このような状況は手取

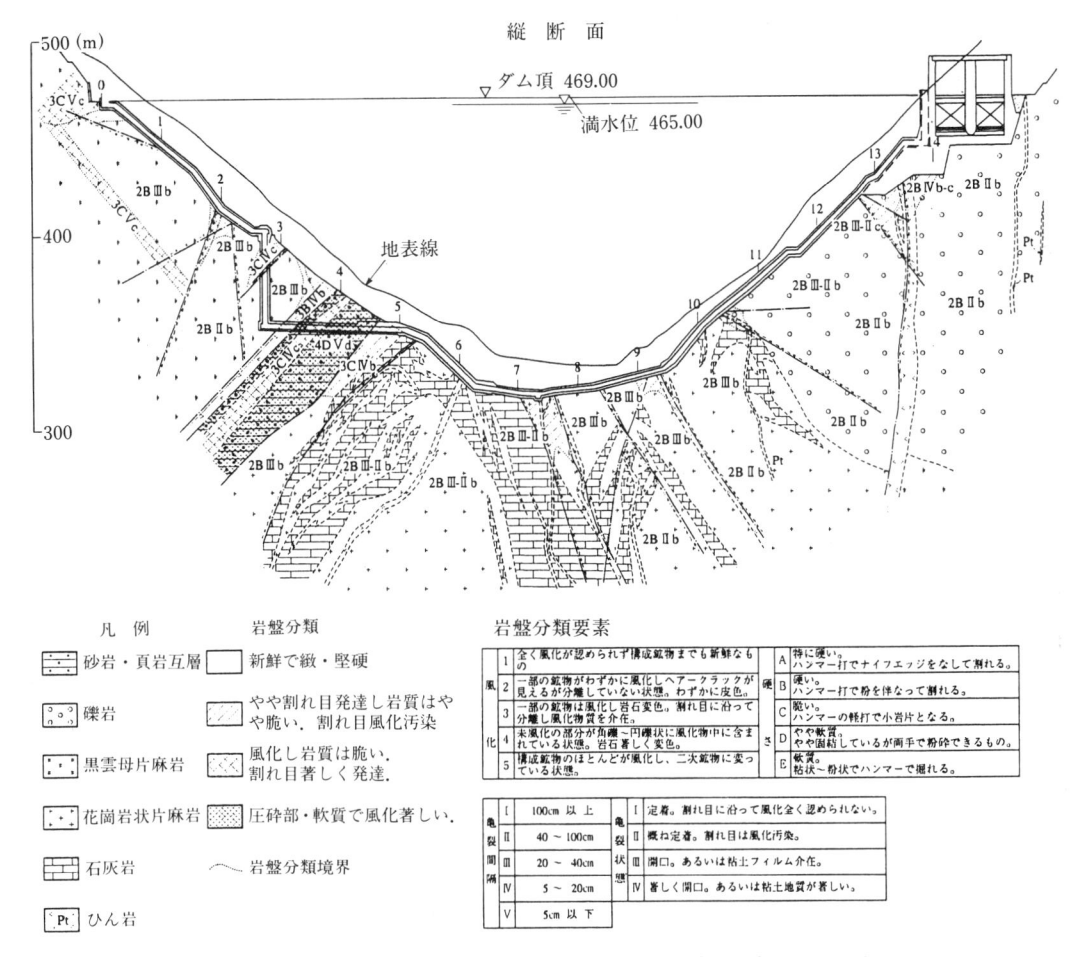

5.6 断層・破砕帯など弱層内の浸透流の止水対策上の問題点

図 5.6.1 手取川ダムの地質断面図（「手取川総合開発事業工事記録」より）

川ダムの左岸中腹部に存在した幅 25 m に及ぶ断層についての工事誌での記述が一般的な断層の状況を表現している．すなわちダムサイトの地質状況の記述では『断層の走向は河流にほぼ平行し，左岸側に約 45° 傾斜しており，破砕部は断層粘土と圧砕岩から成る』と記述され，さらに断層破砕帯処理グラウチングの記述では『この断層は…（中略）…圧砕粘土は高い水密性 (1×10^{-7} cm/s) を有し，一方非粘土部は透水性が高い』と記述されているが[24]，これは典型的な断層の姿を示している（図 5.6.1 参照）．

すなわち図 5.6.1 の左岸中腹に存在する比較的規模が大きい断層の下側の 2/3 強は粘土化した部分でその上に角礫化した破砕部分があり，さらにその上に薄い粘土化した部分が示されている．前述したようにこの粘土化した部分はかなり透水度は低かったが，破砕部分はやや透水度は高いがグラウチングによる改良はある程度期待できる状態であった．

しかしこれはあくまでも一般的な形であって，時にははっきりとした粘土化した部分がなくて破砕部分の中に数 mm ないし数 cm 程度の薄い粘土化した部分が複雑に入り込んでいる場合などもしばしば見られる．

このように現実に存在している断層・破砕帯の構成は先に示した (1)・(2) の部分が秩序だって並ぶという単純なものでない場合も多いが，一般論的には断層はこの 2 種類の部分から成り，破砕帯は主として (2) の角礫状ないし細片状の破砕部分から成っていると考えられる．すなわち透水度の面から見た断層ははっきりとした粘土化した部分を持っていて断層の両側で地層のずれが見られる部分を言い，破砕帯ははっきりと連続した粘土化した部分はなく，その両側の地層には必ずしもはっきりとしたずれが認められない部分であると見ることができる．

このうち (1) の粘土化した部分は手取川ダムの工事記録にも述べられているように特に緩んだ部分を除いて一般に透水度は極めて低いが，グラウチングによる改良効果が低くて耐水頭勾配性は通常の節理性岩盤よりは低いのが一般である．これに対し (2) の破砕部分は (1) の粘土化した部分に比べて一般的に高い透水度を示すが，グラウチングによる改良効果は (1) の部分よりはある程度期待できる場合が多い．

ここで留意しておくべきことは断層周辺部はその破砕や粘土化が生じたのは堅い岩石が破砕されることにより生じているので，生成された時点では少なくとも数千 m 以上の地殻の深部にあって高い hydro-static な応力に強い偏差応力が加わることにより破砕されて粘土化したと考えられることである．

したがって断層・破砕帯が形成されたときの状況を考慮すると，通常の土質材料とは異なった状況にあると考えるべきであろう．すなわち通常の土質材料は別の所で破砕されて運ばれてきた種々の形状を持った粒子で構成されていて充分締め固まった状態でもかなりの空隙が存在しているのに対して，断層・破砕帯はいずれの部分も周辺の部分に対して相対的に同じ場所で高い地圧の下でほとんど膨張を許さない状態で破砕された部分である．したがって空隙は極めて少なくていわゆる土質力学的な締固めでは達成し得ないように構成粒子はよく嚙み合って締め固められた状態におかれていることである．

このことは断層・破砕帯は地形侵食による緩みを受ける前の状態では各々の透水度はそれぞれの粒度構成により異なるが，その空隙率は土質力学で推定される粒度構成に対応した締め固められた状態での空隙率より大幅に小さくて透水度も通常の土質材料の締め固めた状態よりかなり低い状態にあったと考えられる．

このためにこれらの弱層は現在のように地表近くに現れる以前には極めて高い圧力下で締め固められた状態にあり，粘土化した部分はもとより粗い粒度構成の部分でも同じ粒度構成の土質材料や粒状体に比べて大幅に空隙率は低くて透水度は低かったと考えるべきであろう．また変質を伴っている場合でも，変質を受けた時点では周囲より熱水が通りやすかったために熱水が圧入した部分であるから周辺に比べて透水度は高かった部分と考えるべきである．しかし熱水がかなりの高圧で圧入された時点では現在よりも上載荷重ははるかに大きい上に変質の際に各鉱物もある程度膨張しているのが一般であるから，地形侵食による緩みが加わる以前の状態や深部の緩みが少ない部分では現在地表近くで見る状況よりはかなり透水度は低かったと考えるべきであろう．

これが地表近くに現れた後に河谷の侵食が始まると応力解放による緩みが生じてくるが，さらに河床面より上位の標高では山体が川側に変形するような力が作用してこの種の河谷の侵食による緩みが加わることになる．この場合に弱層部は周辺の硬岩部に比べて変形しやすいので他の部分よりも大きく変形し，それより上側の部分により大きな河谷の侵食による緩みが生ずることになる．し

たがって一般的には河床面以下では緩みは少なくて透水度は低いが両岸の山体上部ではかなりの緩みを持っており，さらに走向が上下流方向に近くて緩傾斜の弱層が存在する場合にはその弱層の上盤の地層を全般的に大きく緩ませていることが多い（四時ダムの右岸上部など）．

以上が断層周辺部などの弱層の特徴であるがこれらを要約すると，

　i) 一般にこの種の弱層部は (1) の粘土化した部分と (2) の破砕部分とからなり，各々の部分は連続性がある場合が多い．また (1) の粘土化した部分は透水度は低いが，グラウチングによる改良効果は低くて緩んだ部分を締め固める程度以上の改良は見込めない．一方 (2) の破砕部分は (1) に比べて一般的に透水度は高いが，グラウチングによる改良効果はある程度見込み得る場合が多い．

　ii) (1) の粘土化した部分も (2) の破砕部分も地殻の深い部分で破砕されて現在の姿になったものであるから，生成された時点では通常の土質材料や粒状体では考えられないように空隙は少なくて構成粒子が良く嚙み合った状態におかれていたと考えられる．したがって深部ではこのような状況下にあり，河床部の浅い部分では応力解放による緩みを受けてこの状態よりもやや透水度は高くなっていると考えるべきであろう．しかし河床面以上の標高では河谷の侵食後は上部の山体が川側に変形しようとするための緩みが生ずるが，このような緩みが生じた部分では上記の状態よりも空隙はさらに大きくなって透水度も高くなっていると考えられる．この傾向は両側の斜面の表面近くで著しくて上部に行くに従って広い範囲に及んでいる場合が多い．

　この場合に粘着力が高い (1) の粘土化した部分では緩みは少なくてその低い透水度はある程度保持されているが，(2) の破砕部分は粘着力が低いために緩みやすくて透水度はある程度高くなっていると考えるべきであろう．

　iii) 以上から断層周辺部の止水対策は (1) の粘土化した部分ではそれほど大幅な透水度の改良は必要とはならない．したがって地形侵食による緩みを締め固めて透水度を低く改良するとともに，限界圧力が低いのでこの部分で形成される水頭勾配を緩くするか強い水頭勾配に耐え得るように緩んだ部分の耐水頭勾配性を高めることが止水処理の主たる目標となる．一方 (2) の破砕部分は元来比較的透水度が高い上に緩みやすいのでこの部分の透水度の改良が断層周辺部での止水対策の主要な問題点となる．

とまとめることができる．

これから断層周辺部の止水対策は，

　ⓐ 断層の走向がダム軸に平行に近くてダム軸とは交差しない方向の場合，

　ⓑ 断層の走向が上下流方向に近くてダム軸と交差する方向の場合，

とで大きく異なってくることになる．

　すなわち一般に断層は (1) の粘土化した部分と (2) の破砕部分とから成っていてその各々が連続している．したがって断層面に直交する方向には目立った浸透流路は形成されにくいが，断層面に平行な方向には (2) の破砕部分沿いに浸透流路が形成されやすいことになる．

　この点はトンネル工事でよく遭遇する問題で，トンネルの先端の前方に直交する走向の断層が存在する場合は地下水位は断層を境に大きな段差が生じ，断層より奥の地山内の地下水位はあまり低下しないが断層より手前側の地下水位は低下して湧水量は少ない状態にある（図 5.6.2 の実線）．

これがトンネルの先端が断層より先に掘進されると同時に断層より前方の高かった地下水位が一気に手前側の低かった地下水位と同程度まで低下するので，大量の湧水が生ずることになる（図5.6.2の点線）．

これがトンネル工事で断層部で大湧水が生ずるときのメカニズムであるが，このような現象が生ずるのは断層がその走向に直交する方向には極めて透水度が低くて耐水頭勾配性が高いために生ずる現象である．

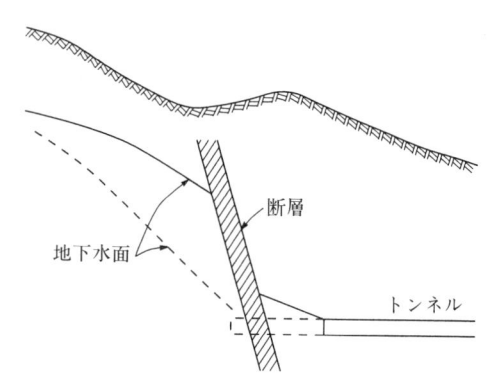

図 5.6.2 トンネル掘削時の地下水面模式図

このように断層は一般的に見て透水度は極めて低くて耐水頭勾配性も比較的高い場合が多い[注42]．特に (1) の粘土化した部分の透水度はその粒度構成から考えて全般的に透水度は極めて低いと考えて差し支えないが，地表近くや緩んだために限界圧力が低くなっている部分では耐水頭勾配性はある程度低下していると考えるべきであろう．

以上の考察から明らかなように断層周辺部の止水問題はⓐのダム軸に平行な断層では問題は少なく，ⓑの上下流方向に近い走向の断層で主として生じて (2) の破砕部分の透水度の改良が主たる問題点となる．さらに地表近くでは (1) の粘土化した部分の中の緩んだ部分を締め固めることにより耐水頭勾配性を高めることが問題点として浮上してくることになる．

以上の考察に基づいてまず比較的規模が大きい断層の止水処理について代表的な事例を示しながら検討を加えてみよう．

5.6.3 比較的規模が大きい断層の止水対策事例に対する考察

まず最初に戦後の50年余の間に建設されたダムの中での規模の大きい断層・破砕帯に対して行われた止水処理の代表的な事例について検討を加えてみよう．

戦後のダム建設で最初に大規模な断層・破砕帯の止水処理が登場するのは1961年に完成した御母衣ダムにおいてであろう．このダムは日本で最初に登場した大型機械化施工による高さ131mの大規模なゾーン型フィルダムであるが，河床部右岸側に走向が上下流方向の規模が大きい断層・破砕帯が存在し，このダムがフィルダムとして建設された主な理由がこの断層の規模が大きいのでコンクリートダムとして建設するには岩盤の強度の面で無理があると考えられた点にあったとされている．このためにダム建設にあたっての主要な技術的課題の一つとして断層の止水処理に取り組まれた．

このダムはフィルダムとして建設されたのでこの断層処理の主目的は止水対策となった．このダムの工事誌[25]によるとこの断層は河床の掘削面では右岸側に現れて幅約10mの粘土化した部分を持ち，その周辺部を含めて幅の広い部分では幅30m以上に達する規模の断層であった．

[注42] トンネルの断層での湧水問題は地下100m以上の比較的深部で生ずる問題で，上載荷重が大きくて断層粘土部の限界圧力が高い状態で生じている．しかしダムの止水問題はトンネルの場合に比べるとはるかに浅くて上載荷重が小さい部分での問題であるので，限界圧力は低くて耐水頭勾配性も低い状態での問題と考えておくべきであろう．

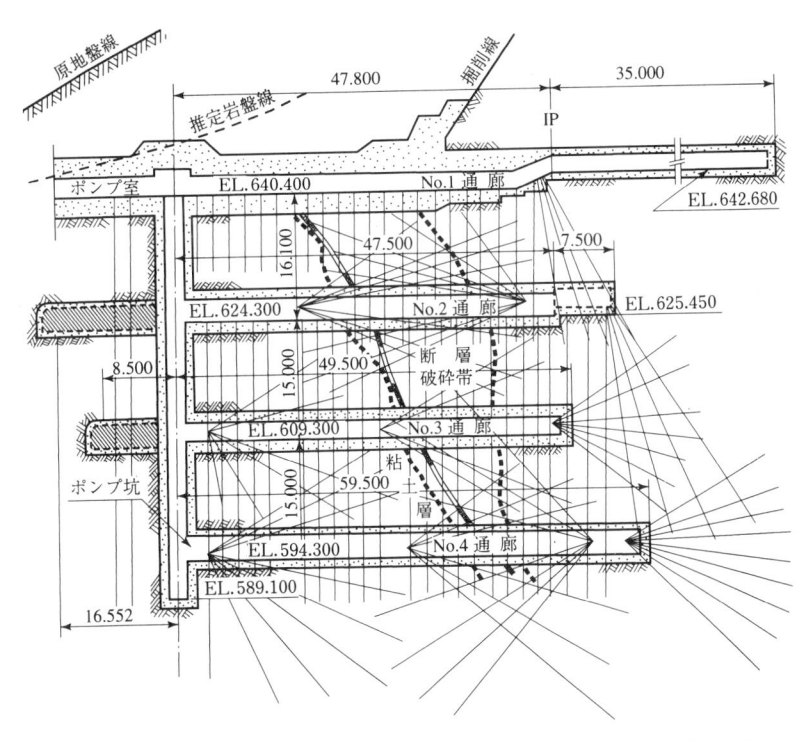

図 5.6.3 御母衣ダムの河床断層の止水処理(「御母衣ロックフィルダム工事誌」より)

　当初この断層・破砕帯はある程度の深さまでコンクリートに置き換えて止水することが検討されたが，調査の結果この断層周辺部はかなり良く締まっていたのでこの断層・破砕帯を横切る標高差15 m の 4 本のグラウチングトンネルを設けてこれから入念なグラウチングが施工された(図5.6.3)．

　すなわち河床部の一部を掘り下げて断層・破砕帯に直交する方向(堤軸方向)に底設監査廊を設けるとともに堅岩部に河床面下深さ 60 m の竪坑を掘削し，これから底設監査廊に平行で断層・破砕帯に直交する標高差 15 m のグラウチングトンネルを 4 本設け，これから断層・破砕帯に対して集中的にグラウチングが施工された[25]．

　したがってこのダムの断層・破砕帯に対してはグラウチングによる止水処理が主体となったが，河床掘削面下約 50 m まで 4 段のグラウチング用の監査廊が断層・破砕帯を直交する方向に設けられ，これからグラウチングが施工されたという点では断層・破砕帯の規模が大きかったとはいえ極めて規模が大きい止水処理が行われている．

　次いで大規模な断層の止水処理として登場するのが 1966 年に完成した川俣ダムの河床部に存在したダム軸方向の走向の F-30 の弱層に対する処理であろう．このダムはダム高 117 m に対して最大厚さ 12 m と現在でも日本で最も薄肉のアーチダムであるが，この F-30 の弱層は川をほぼ直交する方向で幅 5 m 以上あり，全般に変質による粘土化が著しい部分から成っていた．

　当初はこの弱層には直接ダムを乗せないようにダムの位置が検討されたが，上位標高での基礎岩盤の下流側の厚み(いわゆるショウルダーの厚み)が不足することが懸念されて河床部であえて F-30 の上にダム本体を乗せる位置が選定された．

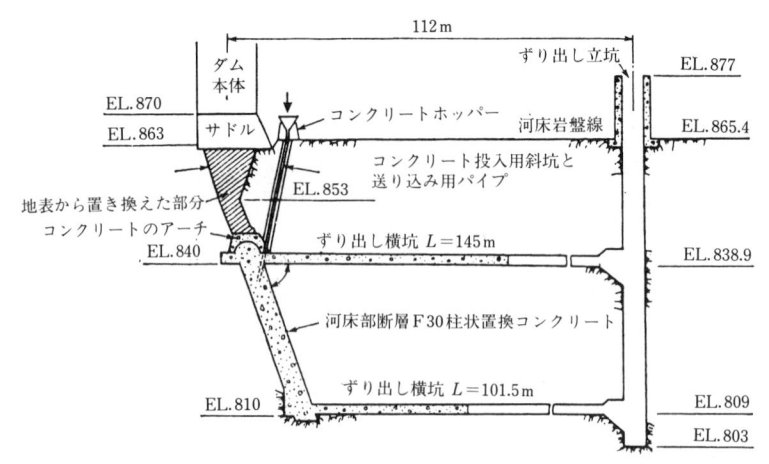

図 5.6.4 川俣ダム F-30 の断層置換コンクリート断面図(「工事報告　川俣アーチダム」より)

　この弱層はダム基礎岩盤に現れる弱層としては特筆するほど規模が大きいものではなかったが，ダム本体が極めて薄いアーチダムであり，その最大水深の位置でダム本体が乗るという意味で特に入念な対策が講じられた．

　すなわち力学的にはアーチダムの最大片持梁要素の基礎という意味で大きな変形を生じさせないためにかなりの深さまでコンクリートで置き換えた．さらに，このダムの最大断面の着岩部で 117 m の水圧の所で水頭勾配が約 10 という厳しい条件になることを考慮して，弱層部で形成される水頭勾配を緩くするためにも深くまでコンクリートで置き換え，その下側の弱層部に対して高圧グラウチングを施工して耐水頭勾配性の向上を図った．

　このような設計思想の下に河床部では河床面下 53 m までコンクリートプラグを施工し（工法は図 5.6.4 参照），この部分は約 H の深さまで止水カーテンが施工された．なお F-30 に施工されたコンクリートプラグの下側の弱層部に対して $30 \sim 40\,\mathrm{kgf/cm^2}$ の圧力でグラウチングを施工した．その結果弱層部で粘土の部分でボーリングコアが締め固められて硬化した状態で採取され，その一部には $300\,\mathrm{kgf/cm^2}$ 以上の一軸圧縮強度を示したものもあった[27]．

　この 2 つの事例が 1970 年以前に行われた大規模な断層止水処理の代表的なものであろう．このうち御母衣ダムの断層処理は Malpasset ダムの事故とほぼ同時期に施工されており，Malpasset ダムの事故を契機とした設計の着目点が堤体の応力状態から基礎岩盤の安全性の確保への移行という大きな設計思想の変換以前に施工されたものである．しかしすでにこの時期にこれだけ大規模で入念な止水処理が行われていたということは，断層の規模もさることながら比較的早い時期から断層とその周辺部の止水対策はダム建設にとって極めて重要であるという認識が強く存在していたことを示している．

　また御母衣ダムの断層の走向はⓑの上下流方向で止水対策としても破砕部分沿いの透水が問題となるはずであるが，特に破砕部分に着目して重点的に施工されたという記述は残されていない．グラウチングの施工深さは工事誌には記載されていないが，図からはおおよそ $80 \sim 90\,\mathrm{m}\,(\fallingdotseq 0.6 \sim 0.7H)$ 程度であったようである．

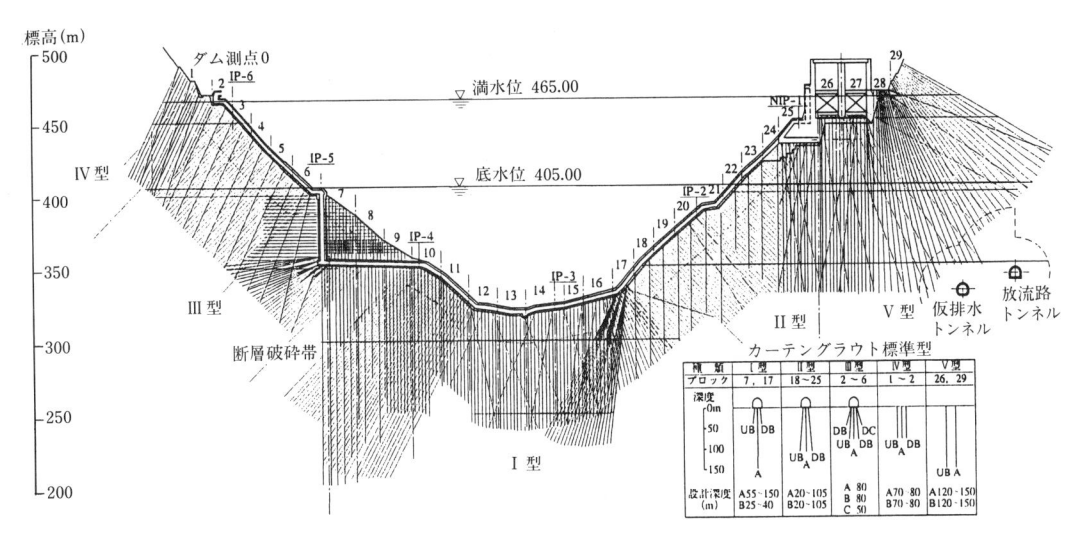

図 5.6.5 手取川ダムのカーテングラウチング孔配置図（「手取川ダム竣工図」より）

　これに対して川俣ダムは正に先に述べた Malpasset ダムの事故を契機とした設計思想の変換以降に建設されたダムの初期の代表的なダムであり，その意味では現在の目から見るとかなり過剰に反応した傾向も見られよう．このダムの設計には筆者も関係していたが，すでに述べたように現在でもダム高さに比べて堤体厚が最も薄いアーチダムであり，弱層部での水頭勾配も最も急なダムであったので力学的にも止水面からも余裕を残しておきたいと考えてこのような断層処理が行われた．

　しかしこのダムでの F-30 の走向は@のダム軸に平行な方向であり，止水処理としては問題の少ない方向の弱層であったので，現在の目で検討するならば止水処理の面からはかなり低減した姿が検討されると考えられる．

　これ以降で比較的規模が大きい断層に対する止水処理としては前項で触れた手取川ダムの左岸中腹部の断層であろう．前項でも述べたように手取川ダムでは調査段階でこの断層の構成状況と各々の部分の透水度はかなり正確に調査されていた．すなわちこの断層の下側の 2/3 強は粘土化した部分から成り，上側 1/3 弱は角礫化した破砕部分と薄い粘土化した部分とから成っており，粘土化した部分は透水度は極めて低くて見掛けの透水係数で 10^{-7} cm/s 程度であるが，破砕部分は逆に比較的透水度は高いがグラウチングによりある程度の改良が見込めることが判明していた（pp.334〜335 参照）．

　このために図 5.6.5 に示すようにこのダムでは粘土化した部分は浅くて緩みが生じていると考えられる部分を中心に施工された．すなわち粘土化した部分は 60〜90 m（≒ 0.4〜0.6H）の深さまで断層内に設置された水平監査廊から鉛直面内に 32〜38 本の放射線グラウチングを面間隔 2.5 m で施工し，破砕部分は粘土化した部分に施工された鉛直方向のグラウチングに加えて断層の傾斜と同じ方向に 0.6H 程度の深さまで掘削面から止水カーテンが施工されている[27]．

　なおこの断層の下盤には石灰質変成岩が存在し，この部分の方が断層部よりはるかに深い止水カーテンが施工されている．

　このように手取川ダムになると，断層全体を 1 つの高ルジオン値・高単位セメント注入量の部分として捉えずに断層の構成状況と各々の透水特性を捉えてそれに対応した止水処理が行われるよう

に変化してきており，約15年の間に断層の止水処理の考え方が大きく合理化された姿が見られるようになったことは注目すべきであろう．

　もちろんこの断層は幅25mに及ぶ比較的規模が大きい断層であったので横坑調査などにより入念にその構成状況と各々の透水度を的確に捉えることが可能であったのであろう．これが幅1～2m程度の小規模な断層・破砕帯では通常行われているボーリング調査のみではこのような詳細な調査は不可能であろう．すなわち横坑調査かボアホールスキャナーなどにより構成状況を詳細に調査して各部の粒度構成や低い加圧下で弱層部の各部（粘土化部分や破砕部分）に限定した短い試験区間での透水試験を行うなどの丁寧な調査を行わない限りこのような調査結果を得ることは困難であろう．

　しかしこのような比較的規模が大きい断層の止水処理が入念な調査により，その構成状況と各々の透水特性が的確に捉えられ，その調査結果に対応して特に深くて孔間隔が密なグラウチングを施工せずに止水処理を行い得たということは注目すべきである．

5.6.4　最近の断層周辺部のグラウチングによる止水処理の問題点

　第3章で戦後の日本のダム基礎グラウチングの変遷を検討した際に第3期，すなわち1972年の「施工指針」制定以降に完成したダムから次第に止水カーテンの施工深さが深くなり，第4期，すなわち1983年の「技術指針」制定以降になるとこの傾向は一段と顕著になり，特に断層周辺部などの弱層部ではその施工深さが大幅に深くなるとともに極端に狭い孔間隔で施工されている事例が目立ってきていることを指摘した．

　このうち止水カーテンの施工深さについては止水カーテンの改良目標値を地層により異なった値をとるべきか深度により異なった値を取るべきかなどの検討が必要となるので，この点に関しては次章で改めて検討を加えることにする．本項では断層周辺部での止水処理の変化，特に孔配置の変化の実態をより明らかにするために1980年以前に完成したダムと1985年以降に完成したダムの中で，断層周辺部のグラウチングの孔配置を調べ得る主要なダムでの断層周辺部での止水カーテンの施工深さ・孔間隔・孔数・列間隔や断層周辺部での改良目標値などを表示すると表5.6.1のようである．

　この表を概観して1970年代以前に完成したダムの断層周辺部での止水カーテンの施工実績では孔間隔1.5mで施工されたダム（川俣ダム・青蓮寺ダム・早明浦ダムなど）がかなり見られ，釜房ダムのようにHを上回る深さまで止水カーテンが施工された事例でも孔間隔は1.5mにとどまっているダムも見出される．一方，一ツ瀬ダム・奈川渡ダム・石手川ダム・草木ダムの河床部の断層周辺部で部分的に0.75mの孔間隔の施工が，また草木ダムの左岸上部の劣化部分で部分的に0.32mの孔間隔の施工が見られる．しかし1980年代以降のダムで見られたような0.5m以下の孔間隔で施工された事例は前述した草木ダムの左岸上部の劣化部分のみでほとんど見られない．

　これに対して1980年代後半以降に完成したダムではこの表に示された3ダムとも断層周辺部で0.5～0.1875mという1970年代までには見られなかった狭い孔間隔での施工が行われており，ここに掲載したダム以外でもこのような狭い孔間隔の施工事例が多く見られるようになってきている．

　特に断層周辺部や限界圧力が低くて固結度が低い地層での施工事例を見ると，1980年以前の施工事例では孔間隔を特に狭くせずに列数を増やした事例も見られるが（川俣ダムの河床弱層周辺部や広瀬ダムのマサ土化した部分［図5.5.2参照］など），1980年代以降ではこのような事例はごく一部

表 5.6.1 主要なダムにおける断層周辺部での止水カーテンの孔深と孔配置

ダム名	型式	ダム高 (m)	完成年	断層部での止水カーテンの孔配置 深さ (m)	断層部での止水カーテンの孔配置 孔間隔／列数と列間隔	改良目標値
一ツ瀬ダム[31]	アーチダム	130	1963	90～40	1～3次カーテンから成り、1次は上流側から、2・3次は監査廊から施工。いずれも孔間隔 1.5 m、1～2次の列間隔は 12 m、2～3次は列間隔 1.5 m 千鳥。1次は補助カーテン、2・3次は主カーテンに相当か？河床断層部で孔間隔 0.75 m の追加孔を施工。	断層部の特記なし。
川俣ダム[32]	アーチダム	117	1966	120 m	通常の部分は孔間隔 1.5 m、列間隔 0.5 m 2列、断層部は孔間隔 1.5 m、列間隔 0.5 m 3列。	断層部の特記なし。
奈川渡ダム[33]	アーチダム	155	1969	1次孔 (15 m 間隔) は H、一般孔は孔間隔 1.5m で深さは $H/2$.	断層部の孔配置は特記なし。施工図からは部分的に孔間隔 0.75 m まで施工.	断層部の特記なし。
釜房ダム[34]	重力ダム	45.5	1970	河床断層周辺で 54m	孔間隔 1.5 m、列間隔 1.0 m、2 列千鳥。	断層部の特記なし。
青蓮寺ダム[35]	アーチダム	82	1970	35～60 m	孔間隔 1.5 m 列間隔 0.8～1.5 m、2 列千鳥。	断層部の特記なし。
石手川ダム[36]	重力ダム	87.3	1974	$0.5H$	孔間隔 3.0 m、列間隔 0.5 m 千鳥、部分的に孔間隔 0.75 m の内挿孔を施工。	断層部の特記なし。
草木ダム[37]	重力ダム	140	1976	45～55	両岸上部の脆弱部では 0.32 m 孔間隔で施工されているが、ダム高さで 60 m 以上の中央部では孔間隔 1.5 m を主として、部分的に (断層周辺部) で 0.75 m 孔間隔で施工されている.	最終的にはすべて平均 1 Lu 以下.
早明浦ダム[38]	重力ダム	106	1977	$0.5H$	1.5 m、必要に応じて追加。2 列千鳥。	断層部の特記なし。
手取川ダム[39]	フィルダム	153	1979	粘土部分は 90～60 m まで、破砕部は 90 m まで.	断層部を水平と鉛直のグラウチングトンネルで結び、この両トンネルから面間隔 2.5 m、断面内 32～38 本の放射線グラウチングを施工.	断層部の特記なし。
厳木ダム[40]	重力ダム	117	1986	100	河床部右岸の F-4～F-6 周辺は 0.5 m の 5 次孔まで施工し、改良目標値に達しない部分は 0.5 m 上流側に孔間隔 0.5 m の 1 列追加.	1 Lu
定山渓ダム[41]	重力ダム	117.5	1989	120	河床部の F-2～F-4 周辺は最終的には中央 1 列は孔間隔 0.1875 m、その 0.375 m 上下流に孔間隔 0.75 m の 1 列ずつ施工.	
玉川ダム[42]	重力ダム	100	1990	140	規定孔は孔間隔 3 m、2 列千鳥で (6 次孔)、F-C 断層周辺ではその中央に最終的に孔間隔 0.375 m (8 次孔) まで追加施工.	1 Lu

（定山渓ダムなど）で見られるのみとなっている．

これらの実績から見ると 1980 年以前には 0.75 m より狭い孔間隔での止水カーテンの施工は考慮の対象外で，1.5〜0.75 m の孔間隔の施工で改良目標値が達成されないときは列数を増やすことで対応して 0.5〜0.1875 m というような極端に狭い孔間隔の施工は避けられていた．これに対してこのような孔配置は改良目標値に達しない部分に対して内挿孔を追加施工することによってのみ達成することが基本とされるようになった以降に現れている．

3.5 節ですでに述べたように，このような方向への変化は 1972 年の「施工指針」制定以降に完成したダムからある程度見られるようになったが，1983 年の「技術指針」制定以降に完成したダムで特に顕在化しており，前述したように 1972 年の「施工指針」で止水カーテンの改良目標値をコンクリートダムで 2 ルジオン超過確率 15%，フィルダムで 5 ルジオン超過確率 15% 以下と設定して内挿孔の追加施工による達成を指示し，1983 年の「技術指針」でこの改良目標値の達成を強く推進したことが大きな原因となっていたと考えられる．

すなわち 1970 年代後半から 1980 年代前半まではこの改良目標値の厳密な達成が実際の施工に浸透していく過程と見ることができる．すなわち各々のダム建設にあたってはそれ以前の施工法との折衷を図りながら新基準で工事費の増加が顕著でない場合には新基準をそのまま受け入れ，工事費の増加が著しいときは必ずしも新基準を厳密には適用しないで止水に対する安全性を確保するための別の工夫（止水カーテンの列数を増やしたり，その部分でのコンソリデーショングラウチングを深くする［早明浦ダム］など）を講ずるという形で進められたダムも多かったようである．これが 1980 年代後半になるとこの改良目標値の規定はほぼ厳密に遵守されるようになってきた．

一方断層周辺部のように固結していないために強度が低い部分ではこの改良目標値を完全に達成するには次の 4 つの問題点を持っていた．

① この種の強度が低いために限界圧力が低い地層では，通常のルジオンテストでその透水度を測定する場合には，規定圧力よりかなり低い注入圧下でパッカーの周辺部や加圧部周辺の地層に破損が生じて新たな透水路が形成され，実際のその部分の透水度よりかなり高いルジオン値が得られやすい．したがってこのような部分ではポンプの脈動を抑制して 1 kgf/cm^2 以下の刻みでの加圧を行って限界圧力以下での透水度を測定するような極めて入念なルジオンテストを行わない限り，実際にはかなり透水度が低い部分でも高いルジオン値しか得られない場合が多い（5.4.3 参照）．

② 断層周辺部のように主たる浸透流が節理面沿いではなくて構成粒子間を流れる地層では，粒度構成が粗いために空隙が多くて見掛けの透水係数が 10^{-3} cm/s 以下の地層の場合にはその粒子間にセメントミルクが入り込んで見掛けの透水係数を 10^{-4} cm/s 程度まで改良することは可能である．しかしそれより粒度構成が細かくて空隙が細かい地層の場合にはその粒子間にセメントミルクを入り込ませて透水度を改良することは困難で，グラウチングにより締め固めてその粒度構成で締め固めた状態での透水度までの改良が限度である（5.4.5 参照）．

したがって (1) の粘土化した部分は粒度構成が細かくて元来透水度は極めて低いので，緩んだ部分をグラウチングにより締め固めて入念な透水試験を行えば指針に定められた改良目標値より充分低いルジオン値が得られるはずである．一方 (2) の破砕部分は場合によっては改良目標値を達成できない場合はあり得ることになる．

③ 1970年代までは地質調査の結果に基づいてダムの基礎岩盤を地質状況に応じて数種類に分類して各々での孔配置をあらかじめ決めてそれに従って施工されていた．しかし1972年の「施工指針」が制定されて止水カーテンもパイロット孔→1次孔→……と内挿法により施工することが基本となり，事前調査により孔配置を決めるのではなくて各施工段階で高いルジオン値を示した注入孔の周辺に内挿孔を施工するようになると，必然的に高ルジオン値を示した孔の周辺は狭い孔間隔で施工されるようになった．

このように各施工段階での施工資料に基づき高ルジオン値を示した部分の周辺に内挿孔を施工するという工法への移行は調査段階での調査不足を補い，極めて確実度が高い工法への移行であった．しかし前述した①・②への配慮が充分でない場合は不必要な内挿孔を数多く施工する結果を招いた．

④ 1980年代初期以前は追加孔の施工段階でも施工実績を統計処理して整理する場合に，前の施工段階で高いルジオン値や単位セメント注入量を示してその周辺に追加孔の施工が必要と判断された注入孔での値を追加孔で得られた値に置き換えて統計処理し，母集団が追加孔の施工段階でも施工部分全体の性状を表すように整理していたダムが多かった．したがってこのような整理方法を行って施工したダムでの施工結果は追加孔段階の施工結果が前の施工段階での値より高い値を示したことはほとんどなかった．しかし1980年代後半以降は追加孔の施工段階ではこれらの値が高い値を示した部分に限定して施工された追加孔の施工実績のみを母集団として整理するダムが多くなった（pp.278～279参照）．このために追加孔の施工段階で逆により高い値を示す場合が多くなり，さらに高いルジオン値や単位セメント注入量を示す限定された部分のみでも改良目標値まで改良する必要があると判断されるようになって一段と厳しい改良が行われるようになった．

このように「技術指針」以降，ダムの基礎岩盤の透水試験方法をルジオンテストに統一して地層の性状やその部分の水頭勾配に関係なく止水カーテンの改良目標値を設定し，止水カーテンの施工にあたっては改良目標値の達成を最大の目標にして内挿孔を施工するのが一般となった．これに伴って断層周辺部のような強度が低くて限界圧力が低い部分では①で述べたように極めて入念な透水試験を行わない限りその本来の透水度よりかなり高い透水度を示すルジオン値しか得られず，改良目標値より充分低い透水度であるにもかかわらず追加孔の施工が必要であると判断された場合が多くなってきた．

また破砕帯などで粒度構成が粗いために改良目標値まで改良することが困難で，改良目標値に達しない分を止水カーテンの厚さを増してその厚みで補う方がより効果的な止水処理が可能な場合でも，画一的に内挿孔での追加施工によってのみ改良目標値の達成を目指すようになった．このために極端に狭い孔間隔で施工するダムが多くなり，場合によってはさらに追加列の施工を行わざるを得ないダム（定山渓ダムなど）も現れてきた．

また④で述べた施工資料の統計処理方法の変化はそれ以前には透水度が低い硬岩部を含めてある程度の広がりを持った部分で改良目標値を達成すればよかったが，断層周辺部のような部分的に高ルジオン値や高単位セメント注入量を示す部分もその限られた部分だけでも節理性岩盤での改良目標値を達成することが必要と見なされ，高ルジオン値や高単位セメント注入量を示す部分への改良目標値の適用が一段と厳しくなった．

このような変化は 1980 年代後半を境にはっきりと現れてくるが，それ以前に完成したダムでも断層周辺部で湛水後に漏水問題が発生して追加グラウチングなどの追加工事が必要となったダムはなく[注43]，各ダムで施工された止水カーテンは充分にその機能を発揮して浸透流に対して充分安全性が保たれた状態にあったことも厳然たる事実である．

このような状況を工事費の面から見ると孔間隔が特に狭い止水カーテンの施工は工事数量を大幅に増大させる可能性がある．特に孔間隔が 0.5～0.1875 m と著しく狭くなるまで施工して改良目標値まで改良することと，孔間隔はある限度までで止めて改良達成値が改良目標値に達しなかった止水性の不足分を止水カーテンの厚みを増すことにより補う方法との，止水面と限界圧力が低い断層周辺部での耐水頭勾配性の低さに対する対応策の両面から考察を加えてその利点と欠点について充分検討する必要がある．

例えば孔間隔 1.5 m の止水カーテン 3 列を施工するのと孔間隔 0.5 m の止水カーテン 1 列施工するのと同じ注入孔数が必要になる．この両者を比較すると，孔間隔 1.5 m の止水カーテン 3 列を施工の場合には止水カーテン内の改良度合はやや劣るが，列間隔が孔間隔以上であれば止水カーテンの厚さは孔間隔 0.5 m の止水カーテン 1 列施工の場合の 3 倍以上の厚さとなって止水カーテン内に形成される水頭勾配は 1/3 以下となる．したがって浸透流理論からは 3 倍の孔間隔で 3 列の止水カーテンを施工した方が見掛けの透水係数で表した改良達成値は後者の 3 倍であっても止水効果は同じかそれ以上であることになる．

一方断層周辺部は強度が低いために耐水頭勾配性が低いので，この部分で生ずるパイピングなどのこの部分で最も避けなければならない損傷に対しては改良達成値は高くてもそれに対応しただけ止水カーテンを厚く施工した方が安全性は高いことになる．

特に狭い孔間隔での施工で効果が上がるような部分はグラウチングによるミルクの注入される範囲は狭く，透水度が低く改良された部分の厚さは孔間隔に相当する程度の厚さしか期待できない．このために 1 列で極端に狭い孔間隔での止水カーテンの施工は周辺部との透水度の差が大きい上にその止水カーテンの厚さは極めて薄くなる．その結果その部分に極めて急な水頭勾配が形成されて（浸透流理論からは止水カーテン内と周辺部との透水度の相違が大きいほど止水カーテン内の水頭勾配は急になる［図 2.3 参照］），パイピングなどの損傷に対する安全性の面からは好ましくない止水処理となる．

この点に関しては 1983 年の「技術指針」では［3.5 カーテングラウチング，3.5.5 孔配置および深さ（解説）］では『特に粘土を挟在する断層破砕帯では，限界圧力が低くて改良効果が乏しいため，列数の増加による厚みのある難透水ゾーンを形成する必要がある』と指摘している[43]．しかし 1980 年代後半以降ではこのような断層・破砕帯の特性に着目した記述は重要視されずに，ただ画一的に節理性岩盤と同じように高いルジオン値や単位セメント注入量の部分は内挿孔による 1～2 列での狭い孔間隔の施工によってのみ改良目標値の達成を目指すようになった．このために断層周辺部での耐水頭勾配性の低さに対応して止水カーテンの厚みを増やすことにより対応した事例はあま

[注43] 湛水後に追加止水工事が行われたダムは筆者の知る限りでは断層周辺部での漏水が多いために行われた事例はない．本書の事例研究で取り上げたダムで追加止水工事が行われた松原ダム・下筌ダム・下湯ダムはいずれも開口した節理が卓越した節理性岩盤での漏水対策のために行われた．なお四時ダムは 4.10 節で述べたように当初は破砕帯からの漏水と考えて追加止水工事が行われたが効果はほとんど見られず，筆者の検討結果ではその上盤の節理性岩盤を通しての漏水と推定された．

り見られなくなっている．

　このように考えると断層周辺部での止水カーテンの施工にあたっては通常のルジオンテストにより透水度を測定し，高いルジオン値を示す部分に対して画一的に内挿孔による狭い孔間隔の施工のみで改良目標値を達成しようとすることは単に工事数量を増大させるのみで，必ずしも断層周辺部の性状に対応して浸透流によるパイピングなどの損傷に対する安全性，すなわち耐水頭勾配性の面からの安全性を高めていない可能性がある．

　したがって止水カーテンの施工中に高い単位セメント注入量やルジオン値を示す部分に遭遇した場合にはまずボーリングコアを調べてその部分が断層周辺部のような弱層部か否かを確かめることが重要である．その結果，弱層部であれば限界圧力以下の低い圧力下での透水度を測定し得るような透水試験方法に改めて限界圧力以下での透水度に着目した施工に切り替える必要がある．

　もし限界圧力以下での透水度が改良目標値と同程度かそれ以下であるならば改良目標値は充分達成されたと考えてよい．また改良目標値より高い透水度しか得られないときは 1.5～0.75 m 以下の内挿孔の施工は避け，改良目標値が達成されていないことを補うためにその部分の主カーテンの上下流に追加カーテンを施工して止水カーテンの厚さを増すことにより止水効果を向上させる方が，止水面からは同程度でも耐水頭勾配性は大幅に増加して工事費も低減し得ることになる．

　1980 年代後半以降に多く行われるようになった深くて孔間隔が極端に狭い止水カーテンの施工は，施工中に行われている通常のルジオンテストが断層周辺部などの限界圧力が低い部分では不向きであり，この点に充分な配慮を払わずに施工を進めたことと，断層周辺部が通常の節理性岩盤に比べて耐水頭勾配が低いことに配慮せずに，ただ改良目標値の達成のみを目指した結果であると考えられる．

　また 3.5 節で述べたように，1990 年代初期に完成した弥栄ダム（p.114 参照）などではそのダムで最も規模が大きくて当初から注目されていた断層に対しては調査段階から入念な透水試験が行われた．その結果その透水度はかなり低いことが判明していたのでその部分での止水カーテンの施工深さは他の部分と同程度で特に狭い孔間隔では施工されなかった．これに反して調査段階で特に注目されていなかった小規模な断層・破砕帯の周辺で深くて狭い孔間隔の止水カーテンが施工が行われていることは注目すべきである．

　これらの事実は調査段階で注目されていなかった中・小規模な断層や弱層の周辺部で通常の節理性岩盤での施工法でそのまま進めていくと，事前に入念に透水特性が調査されていた大規模な断層周辺部よりも深くて狭い孔間隔での止水カーテンが施工されている例が多いことを示している．さらに施工中に高いルジオン値や単位セメント注入量を示す部分に遭遇したときは即刻ボーリングコアを調べるなどしてその部分の地質状況を調べ，その部分の性状に適合した施工法と孔配置の検討を行うことの重要性を示している．

　また浅瀬石川ダムや大門ダムの韮崎岩屑粒堆積層内などのように，工事誌に止水カーテン施工中のルジオンテストで 0.5～1 kgf/cm^2 の昇圧刻みで行ったことが明記されているダムでは，断層周辺部や弱層部での止水カーテンの施工深さや孔間隔が通常の節理性岩盤でのそれと大差ない．逆にこの種の記述が工事誌に示されていないダムの断層周辺部で深くて狭い孔間隔での施工が目立つことは，このような限界圧力が低い部分での施工中に行われるルジオンテストの実施方法が極めて重要であることを示している．

以上は最近の止水カーテンでの入手可能な資料を集めて整理してその施工状況の問題点を抽出して検討した結果である．

5.6.5 断層周辺部でのその性状に適合した止水処理の要約

以上述べたように断層周辺部のような弱層部はその力学的性状や透水性状は節理性岩盤とは大きく異なる．したがって堅硬な節理性岩盤で適切であったルジオンテストをそのままの形で適用して節理性岩盤での改良目標値まで内挿法により止水カーテンを施工していくことは多くの問題点を持っており，これらの点を改良することにより合理的で安全度が高い施工が実施し得ることになる．

これらの断層周辺部でのグラウチングによる止水処理の問題点を改善するためには，

Ⓐ まず当該ダムサイトでの断層・破砕帯などの弱層部に対しては可能な限り調査時点でその走向・傾斜と限界圧力以下の in tact な状態での透水度を的確に捉え，その走向・傾斜・限界圧力・透水度に適合した止水処理を計画し，施工時にはその限界圧力以下での透水度の改良度合を捉え得るような施工管理を行うべきである．

Ⓑ 調査段階で断層・破砕帯などの弱層部として捉えられていなかった部分で高いルジオン値や単位セメント注入量を示す部分に遭遇した場合には（実際の施工ではこのような形で遭遇する高いルジオン値や単位セメント注入量の部分が多い），まずその部分が断層・破砕帯などの弱層部で限界圧力が低いために高ルジオン値や高単位セメント注入量を示している部分か，開口節理などの顕著な浸透路が存在している部分かをボーリングコアを入念に観察して確認することが重要である．この場合にその部分に酸化して茶褐色化した部分があるか否かを確認することは重要である．

もし酸化して茶褐色化した部分がある場合にはこれまでに溶存酸素を持った地表地下水が通っていたことを示しており，少なくとも地表と連続した透水路が存在していることを示しているので入念な止水処理が必要な部分である．

Ⓒ 高ルジオン値や高単位セメント注入量を示す部分が断層・破砕帯などの弱層部であることが確認された場合には，まず事前に作成された地質図やダム基礎面地質図と対比してその走向・傾斜を推定する．その走向・傾斜が 5.6.2 項で述べたⓐ（p.337）のダム軸方向に近いときはその弱層部沿いに貯水池からダム下流側への透水路が形成される可能性は低いので特に止水処理上の問題点として着目する必要はない．しかしⓑの上下流方向に近いときは弱層沿いに透水路が形成される可能性は高くて止水上着目すべき弱層部となるので，以降の施工にあたっては止水上注目すべき弱層部として施工を進める．なおこの弱層部の走向・傾斜については以降の施工段階（この作業がパイロット孔段階であるならば 1 次孔で，1 次孔段階であるならば 2 次孔で……）で確認する．

またその透水度については以降の施工段階でポンプの脈動を抑制して $0.5～1\,\mathrm{kgf/cm^2}$ 刻みの昇圧でルジオンテストを行い，その部分の限界圧力と限界圧力以下での透水度を可能な限り正確に測定する．以降その高いルジオン値や単位セメント注入量を示す部分でのグラウチングの施工にあたっては施工管理用のルジオンテストはその部分の限界圧力と限界圧力以下での透水度を正確に測定し得る方法で行い，限界圧力以下での透水度の改良度合を把握する．

Ⓓ 限界圧力以下での透水度が改良目標値以下の透水度であることが確認されたならばその部分

の止水カーテンの施工は終了する．1.0〜0.75 m の孔間隔まで施工しても限界圧力以下での透水度が 6.2.4 項に示す改良目標値（pp.367〜368）以上の透水度を示すときはより狭い孔間隔の施工は中断して，止水カーテンの上流か下流側に主カーテンと同程度かより孔間隔が広い止水カーテンの追加列の施工を検討する．この場合に改良された透水度が改良目標値を上回る度合に応じて止水カーテンの列数，すなわち厚さを増加することを検討する．

の手順で止水処理を進めていく必要があると考えられる．さらに断層周辺部の止水処理はダムの安全性確保の上からも極めて重要であるので，その止水処理が確実に行われたことを確認するためにも，

Ⓔ 断層周辺部ではその部分の性状に対応してより入念なルジオンテストを行って限界圧力以下での透水度を測定することが重要である．その際特にその性状に適合した節理性岩盤の部分とは異なる改良目標値を設定して施工する場合にはその施工実績資料は硬岩部とは別に整理して断層周辺部での施工実績と改良状況の資料は的確に整理し，限界圧力以下での透水度は止水カーテンの厚さに対応した値以下であり，さらにその厚さも断層周辺部の耐水頭勾配性の低さに対応したものであることを明らかにすべきである．

と改善点をまとめることができる．

ここで問題点として指摘した事項は現在のダムの基礎岩盤の止水処理での問題点をある程度捉え，より合理的な止水処理を目指していくためには取り組んでいくべき問題であると考えているが，なにぶんにも筆者は止水グラウチングの施工の経験がないのでⒶ〜Ⓓで指摘した手順には実施上手間がかかり過ぎて問題がある可能性がある．

この点については今後工事経験が豊富な人々の意見を加えて，ここで述べた問題点を解決する方向でのより合理的で実施可能な止水処理へと改善されていくことを念願する次第である．

参考文献（5章）

1) 北海道開発局豊平川統合管理所；「定山渓ダム工事記録」，p.451，平成 4 年 3 月．
2) 土木学会；「ダム基礎岩盤グラウチングの施工指針」，p.73，土木学会，1972 年（昭和 47 年）6 月．
3) 北海道開発局石狩川開発建設部；「漁河ダム工事記録誌」，p.143，昭和 56 年 3 月．
4) 丈達俊夫；「浦山ダムの技術的課題について」，ダム工学，Vol.7, No.3, pp.145〜150, 1997 年 9 月．
5) 松本徳久，山口嘉一；「ダム基礎の透水特性と浸透流対策」，ダム技術，No.133, 1997 年 10 月，および杉村叔人，森田豊，山口昌弘，渡辺邦夫；「室内及び原位置試験に基づく亀裂性岩盤の層流・乱流抵抗則」，岩盤構造物の設計法に関する研究報告書⑦，岩盤構造物の設計法に関する研究委員会主催シンポジウム No.107, 平成 9 年（1997 年）12 月．
6) 筑後川統合管理事務所；「松原・下筌ダムの記録」，技術編，pp.245〜247，平成 4 年（1992 年）12 月．
7) 土木学会；「ダム基礎岩盤の施工実例集」，pp.253〜266，土木学会，1973 年 5 月．
8) 北海道開発局函館開発建設部；「美利河ダム工事記録誌」，p.117，平成 4 年 3 月．
9) 土木学会岩盤力学委員会；「ダム基礎岩盤グラウチングの施工指針」，p.9，土木学会，1972 年（昭和 47 年）6 月．
10) 建設省河川局開発課監修；「グラウチング技術指針・同解説」，p.18，国土開発技術研究センター，1983 年（昭和 58 年）11 月．
11) 建設省東北地方建設局御所ダム工事事務所・ケミカルグラウト株式会社；「御所ダム泥流堆積層現地透水試験報告」，昭和 49 年 9 月．
12) 建設省河川局開発課監修；「ルジオンテスト技術指針」，pp.25〜41，国土開発技術研究センター，1984 年（昭和 59 年）6 月．
13) 同上，pp.34〜35．
14) 同上，pp.42〜56．

15) 山梨県広瀬ダム建設事務所；「広瀬ダム」, p.7, 昭和 50 年（1975 年）3 月.
16) 山梨県広瀬ダム建設事務所；「広瀬ダム建設工事図面集」, 図 20～23, 昭和 50 年（1975 年）3 月.
17) 水資源開発公団奈良俣ダム建設所；「奈良俣ダム工事誌」, 1990 年（平成 3 年）.
富樫至, 竹内英二, 高橋陽一；「奈良俣ダムブランケットグラウチングの施工について」, 第 20 回水資源開発公団技術研究発表会資料.
中平栄一, 竹内英二, 高橋陽一；「奈良俣ダムカーテングラウチングの施工について」, 第 22 回水資源開発公団技術研究発表会資料.
18) 富樫至, 竹内英二, 高橋陽一；「奈良俣ダムブランケットグラウチングの施工について」, 第 20 回水資源開発公団技術研究発表会資料, p.829.
19) 水資源開発公団布目ダム建設所；「布目ダム工事誌」, 1992 年（平成 4 年）3 月.
20) 双木英人；「均質なマサのグラウチングに関する一考察」, ダム工学, No.7, 1992 年 9 月.
21) 同上, pp.52～53.
22) 国土開発技術研究センター；「グラウチング技術指針」, p.50, 昭和 58 年 11 月.
23) 同上, pp.52～53.
24) 建設省・石川県・北陸電力株式会社・電源開発株式会社；「手取川総合開発事業工事記録」, p.81 および p.216, 1982 年 4 月.
25) 「御母衣ロックフィルダム工事誌」, pp.44～46, 昭和 39 年 3 月.
26) 土木学会；「工事報告 川俣アーチダム」, pp.279～300, 土木学会, 昭和 40 年 8 月.
27) 建設省・石川県・北陸電力株式会社・電源開発株式会社；「手取川総合開発事業工事記録」, p.208, 1982 年 4 月.
28) 中国地方建設局弥栄ダム工事事務所；「弥栄ダム工事誌」, pp.89～100 および pp.481～485, 平成 3 年 3 月.
29) 水資源開発公団阿木川ダム建設所；「阿木川ダム工事誌」, pp.522～526 および pp.315～319, 平成 3 年 3 月.
30) 国土開発技術研究センター；「グラウチング技術指針」, p.19, 昭和 58 年 11 月.
31) 土木学会；「ダム基礎岩盤グラウチングの施工実例集」, pp.200～204, 1973 年 5 月.
32) 同上, pp.208～210.
33) 同上, p.181.
34) 同上, p.123～125.
35) 同上, p.272.
36) 同上, pp.21～22, および四国地方建設局石手川ダム工事事務所；「石手川ダムの設計と施工」, p.282, 昭和 48 年 3 月.
37) 水資源開発公団草木ダム管理所；「草木ダム工事誌」, pp.191～197, 昭和 53 年 3 月.
38) 土木学会；「ダム基礎岩盤グラウチングの施工実例集」, pp.15～16, 1973 年 5 月.
39) 建設省・石川県・北陸電力株式会社・電源開発株式会社；「手取川総合開発事業（手取川ダム）工事記録」, pp.216～218, 1982 年 8 月, および
同；「手取川ダム竣工図」, 第 15 号図, 1981 年 12 月.
40) 九州地方建設局厳木ダム工事事務所；「厳木ダム工事誌」, pp.6-36, 昭和 62 年 3 月, および
同；「厳木ダム図集」, pp.80～84, 昭和 62 年 3 月.
41) 北海道開発局豊平川統合管理所；「定山渓ダム工事記録」, p.451, 平成 4 年 3 月.
42) 東北地方建設局玉川ダム工事事務所；「玉川ダム工事誌」, pp.540～542, 平成 3 年 3 月.
43) 国土開発技術研究センター；「グラウチング技術指針」, p.57, 昭和 58 年 11 月.

第6章
ダム基礎グラウチングの問題点と改善方法

6.1 ダム基礎グラウチングの問題点の概要

　前章までに最近の50年余の通常の節理性岩盤でのダムの基礎グラウチングの変遷について述べるとともに，新しい地質年代の火山性地層・生成された年代が新しいために固結度が低くて主たる浸透流が構成粒子間を流れる地層・マサ化した花崗岩など特殊な地層や断層・破砕帯での止水処理の事例研究を行い，その問題点と改善方法について検討を加えた．

　しかし止水カーテンの施工に関しては，各種地層での限界流速と改良目標値の関係や地表からの深度あるいは浸透路長に対応した改良目標値の設定などは特に踏み込んだ検討は避けて論を進めてきた．またコンソリデーショングラウチングやブランケットグラウチングの変遷についても述べたが，その問題点とあるべき姿には検討を加えなかった．本章ではこれらの点に関して現状で可能な範囲で検討を加えることにする．

6.2 各種地層での主止水カーテンの改良目標値と施工深さの検討

6.2.1 現在の主止水カーテン改良目標値の問題点と浸透流速の実測値

　1972年の「施工指針」で主止水カーテンの改良目標値をコンクリートダムで2ルジオン，フィルダムで5ルジオン超過確率15%以下と設定した以降，ダムの基礎岩盤の止水カーテンの施工ではこの値が最も重要な数値とされ，止水カーテンの施工範囲もこれと同程度の透水度の岩盤まで施工されるのが一般となってきた．

　特に止水カーテンの施工範囲がこの改良目標値と同程度の透水度の岩盤までと規定した以降止水カーテンの施工範囲は次第に拡大されるようになった．このような止水カーテンの施工範囲の拡大はもっぱら地質条件に恵まれない地点でのダム建設が増えたためと考えられている．しかし3.4.3項で述べたように地質条件に恵まれないためにフィルダムとして建設されたダムでも，「施工指針」でフィルダムでの改良目標を2〜5ルジオン超過確率15%以下と規定したために改良目標値を2〜5ルジオンに設定したダムが多く，止水カーテンの施工深さがコンクリートダムより逆に浅くなるダムが多く見られるなど，単に地質条件に恵まれない地点が増えただけでは説明できない事実も現れてきている．

　この2ルジオン超過確率15%という改良目標値はどのような検討や建設経験によって設定された値であるのかについては，3.3.1項で触れたように黒部ダム建設にあたって欧州の基礎グラウチングの施工技術を導入した際に，当時のイタリア・フランスの高いアーチダム建設で平均1ルジオンを改良目標値として施工されていたのを導入したものであった．この値は当時のこれらの国ではある

程度の検討を経たものであったと考えられるが，日本ではこれを特に裏付ける検討なしにこれに統計処理手法を加えて規定された値である．

したがってこの改良目標値の値はダムの浸透流の面から安全性確保の上で必要な値として理論的な検討から求められた値ではないし，ダム建設から得られた資料に基づいて必要な値として設定された値でもない．ただ約40年以上前に欧州の技術を導入した際に当時のこれらの国の高いアーチダムの建設で用いられていた値に準拠したに過ぎない．

一方土質力学の分野ではJustinの限界流速理論のように浸透流速により移動する粒径を求め，土質材料の構成粒子の大きさに対応してパイピングを起こさない流速，すなわち限界流速を求め，生ずる浸透流速を限界流速以下に抑制するという考え方も提示されている．しかしこのJustinの理論は限界流速を均一粒径の場合に対して求めているので，種々の粒径の粒子で構成されている通常の土質材料では実際的な適用は困難な場合が多いとされている．

Justinのようにある粒径の粒子が流される流速に着目した限界流速を設定するか否かは別としても，ダム基礎岩盤の止水対策もその地層の特性に対応してパイピングなどの損傷が生ぜずに確実に流路が広がらない流速，あるいは目詰りにより将来に向かって浸透路が狭められていく流速が今までの工事経験などから判明してこれに対応した止水カーテンの改良目標値やその施工範囲が設定されるならば，ダム基礎岩盤の止水処理はより合理的な基礎の上に組み立てられることになる．

現在一般に用いられている改良目標値の値は，堅硬な節理性岩盤から成るダム基礎岩盤内で最も急な水頭勾配が形成される着岩面直下の止水カーテン内での改良目標値として，現時点では数多くの工事経験で裏付けられたかなりの妥当性を持った値と考えられる．しかし浸透路長が長くて水頭勾配が緩い深部や土質材料のような主たる浸透流が構成粒子間を流れる地層でも厳守しなければならない透水度であるか否かについては検討の余地がある．すなわち5.4.5項でも述べたように主たる浸透流が構成粒子間を流れる地層，特に砂質分が多い場合にはこの改良目標値を達成することは困難な場合が多く，地層の特性に対応した改良目標値とそれに対応した止水対策を検討する必要が生じてきている．

以上から浸透流に対する安全性の確保はその地層の特性に対応したある値以下の真の浸透流速に抑制することにより達成されるという観点に立って検討を加えてみよう．

まず現在のところ工事経験や湛水後の流速測定の結果などからは浸透流に対して充分な安全性を確保し得る真の流速，あるいは目詰りが進行する流速を設定し得るような資料は得られていない．しかし湛水後に浸透流速の測定はある程度行われており，少なくともその浸透流量がはっきりと経時的に減少している状態（下筌ダムの第4次測定時）での測定結果や，測定された浸透路ではっきりとした目詰りが進行せずに1～2年の短い期間では目立った経時的な増減は見られなかったが，3～10年以上の年月ではある程度減少傾向が見られた浸透流（松原ダム・下湯ダム）の流速測定の結果は得られている．

この種の資料はダム基礎の節理性岩盤内での浸透流の特徴的な挙動を示したもので，この種の岩盤内で生じている現象を理解する上で極めて有益な知識が得られる資料となると考えられるので，まずこれらの値について考察を加えることにする．

4.3.4項で下筌ダムの試験湛水時に漏水問題が発生してその対応策を検討する段階で4次にわたる浸透流速の測定が行われ，特に第4次の測定は追加カーテンの施工が功を奏して主たる湧水箇所で

あった水叩部での湧水量ははっきりとした経時的な低減傾向を示した段階で行われていたことを述べた（pp.150～155 と pp.156～158）．しかしこれらの浸透流速の測定でのトレーサーの投入は止水カーテンの上流側から行われたものではなく，止水カーテン直下流の揚圧力観測孔から圧入してその下流側の観測孔で検出され，測定された流速であった．

これらの明らかに目詰りが進行していたと考えられる第4次の測定段階では半数の浸透路ではトレーサーが検出し得なくなったが，河床部で初期検出時での流速が 67×10^{-3} cm/s，ピーク時の流速が 17×10^{-3} cm/s という速い流速も観測されていた．このような速い流速は浸透路が堤体下のグラウチング施工区間のみであった場合に限られており，浸透路の大半がグラウチングの非施工区間であった場合には大体 5×10^{-3} cm/s 以下の流速しか測定されていない（右岸水叩部先端付近ではトレーサーを自然流入で投入してかなり速い流速が測定されているが，これはダム本体から100 m程度離れた水叩尖端部右岸側の短い区間での測定値でダム本体付近の浸透流とは直接関係がない流速である）．

したがって下筌ダムの第4次測定で得られた $17 \sim 67 \times 10^{-3}$ cm/s という速い浸透流速は，コンソリデーショングラウチングが施工されて開口節理が充塡された部分の狭められた浸透流路内の，目詰りが進行した状態での浸透流速の一部を測定した値と考えると，同じ浸透路内でも改良度合が良い止水カーテン内ではこれよりやや速い流速が生じていた可能性もある．

このように測定されたダム基礎岩盤内の浸透流速を検討する場合には，その流速がグラウチング施工部分の浸透流路が狭められた区間のみでの測定値か，グラウチングの非施工部分で開口節理が残存して流路幅が広く，水頭勾配も緩い区間を含めた浸透路での測定値かによりその持つ意味は大きく異なることになる．特に下筌ダムのように極めて堅硬であるが開口幅が大きい節理が存在する岩盤の場合には，測定区間がグラウチング施工部分のみか否かにより測定された浸透流速の値は大きく異なることになる．

次項で述べる高さ100 m級の重力ダムで通常の基礎処理を行った基礎岩盤の着岩面直下の止水カーテン内で生じている真の浸透流速の簡易計算結果では，このように下筌ダムの目詰りが進行していると考えられた段階でグラウチング施工区間での観測された浸透流速とほぼ同程度の値が計算されている．

またこの計算対象となったダムと同規模で同程度の設計・施工条件で建設されたダムのほとんどで湛水後にはっきりとした目詰りが進行し，排水孔からの湧水量は経時的な低減傾向を示していたという事実は下筌ダムの第4次測定の結果と整合性がある結果であり，極めて興味深いものがある．

このような事実は節理を有するダム基礎岩盤では最も急な水頭勾配が形成されて浸透流路が最も狭められた着岩面直下の止水カーテン内では，70×10^{-3} cm/s 程度と我々の想像よりはるかに速い流速が生じていて，止水カーテン内のようにグラウチングが施工されて浸透流路が狭い部分ではこのような速い浸透流速下でも遊離石灰や細かな粒子などにより目詰りは進行していくと考えられる．

一方 4.3.5 および 4.8.5 項で述べたように松原ダムと下湯ダムでも試験湛水時に漏水問題が発生してトレーサーによる浸透流速の測定が行われ，検出ピーク時の流速でそれぞれ 43×10^{-3} cm/s，90×10^{-3} cm/s という流速を観測している．

これらの流速が測定された浸透路の大半はグラウチングの非施工区間である．したがってその意味ではグラウチング施工区間のように流路幅が大幅に狭められて急な水頭勾配が形成された部分の

みの測定値ではなく，トレーサーの投入孔と検出孔の位置から見てこれらの速い流速が止水カーテンの下側の浸透路（松原ダム）か，止水カーテンの施工部分ではあるがセメントミルクが部分的に充塡されずに残った開口節理面沿いの浸透路（下湯ダム）で生じていたと考えられる．

　この両ダムでの測定された浸透路での浸透流量は1～2年の短い期間では経時的な低減傾向も増加傾向も示していなかったが，以上のような状況からその浸透路沿いには断層・破砕帯のような速い浸透流速により流路が拡大しやすい部分がなくて硬岩内の節理面沿いのみを流れていたので，その流路が短い期間では広がることも狭くなることもなく，3～5年の経過後にある程度狭くなり浸透流量が低減傾向を示したと解釈される．

　しかし次項で述べる概算では高さ100ｍ級の重力ダムの着岩面直下の止水カーテン内ではこれと同程度の浸透流速が生じているという結果が得られている．しかしこの松原ダムや下湯ダムで測定された流速は大半が開口節理面沿いの水頭勾配も緩い部分から成る流路での平均の流速である．したがってこの浸透路が止水カーテンを通過している場合には止水カーテン内で流路幅が狭められて水頭勾配が急な部分ではこれらの値よりも大幅に速い流速が生じていたと考えられる（多分このような速い流速の浸透流は止水カーテンの施工範囲外か，施工されずに残留した開口節理面沿いに流れていたと考えられるが）．

　このように初期湛水時からはっきりした低減傾向を示さない浸透流は，その流路が硬岩内の節理面沿いに限られていてその両側の硬岩が侵食される可能性がない場合にのみ経時的に浸透流量が増加せずに経緯することができるが，流路の近くに断層・破砕帯などの構成粒子が洗い流されて流路が拡大しやすい部分が存在する流路では危険な流速である．したがって高溶結な火山岩類の開口節理面沿いのような硬岩内に限定された流路以外では追加対策が必要な流速であり，一般的には許容されない流速であろう．

　以上の考察からも明らかなように，湛水時に測定された浸透流速から止水カーテン内や岩盤内での目詰りが進行し始める流速の設定の手がかりになる資料を得ることはできなかった．しかしこれらの測定結果は次項で述べる着岩面直下の止水カーテン内のようなダムの基礎岩盤内で止水面からは最も厳しい条件下にある部分での値と対比してその測定値の持つ意味を検討する必要がある．

6.2.2　ダム基礎岩盤の主止水カーテン内の水頭勾配・浸透流速などの推定

　ここでダムの基礎岩盤内で浸透流の面から最も厳しい条件下にあり，水頭勾配・見掛けの浸透流速（単位面積当たりの浸透流量）・真の浸透流速が最も高い値を示していると考えられる着岩面直下の止水カーテン内でのこれらの値を簡単な一次元浸透流解析で求めてみよう．

　図6.1はダム着岩面直下での水頭分布を示し，A点はコンクリートダムではダム着岩面の上流端とし，ゾーン型フィルダムではコア敷の上流端，フィルダムでコアの上流側に遮水ブランケットが施工された場合には遮水ブランケットの上流端とする．

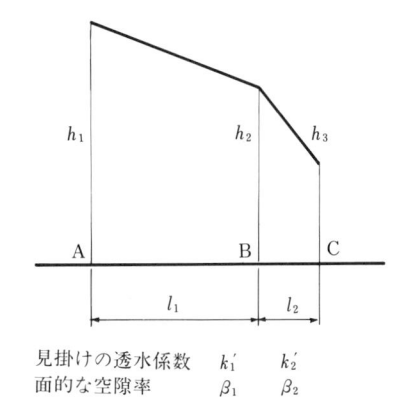

見掛けの透水係数　　k_1'　　k_2'
面的な空隙率　　　　β_1　　β_2

図 6.1　水頭勾配図

B 点は止水カーテンの施工部分とそれ以外の部分との接点とし，C 点は止水カーテン内かその下流側で揚圧力を境界条件として設定し得る点とする．すなわち C 点は重力ダムにあっては排水孔の位置とする．

また C 点はゾーン型フィルダムで基礎の止水グラウチングが止水カーテンの中央点を対称軸として上下流ほぼ対称に施工されている場合は止水カーテン施工区間の中央点とする．一方フィルダムで遮水ブランケットが施工されてコア部の下流側岩盤に特に止水処理が行われていない場合はコア敷下流端（または簡略化のために止水カーテンの下流端）とする．

したがって重力ダムで上流側より止水カーテンが施工されたときは AB が止水カーテンの施工区間となり，BC は止水目的のコンソリデーショングラウチングの施工区間となる．一方監査廊より止水カーテンが施工されたときは BC を止水カーテンの施工区間とし，AB を止水目的のコンソリデーショングラウチングの施工区間とする．

中央心壁式ゾーン型フィルダムで補助カーテンやブランケットグラウチングなどの止水処理が止水カーテンの上下流で対称に施工されているときは，BC は止水カーテンの施工区間の半分で AB はコア敷で上流側の非止水カーテン施工区間とする．

またコア敷の上流側に遮水ブランケットが施工されてコア敷の下流側には特に止水処理が行われていないときは，AB は止水カーテンの非施工部分の透水度を持つ基礎岩盤で (ブランケット長)+[(コアの厚さ)−(止水カーテンの厚さ)]/2 の長さを持つ部分とし，BC は止水カーテンの施工区間とする．

A・B・C 点での水頭をそれぞれ $h_1 \cdot h_2 \cdot h_3$ とし，AB・BC 区間の長さ；見掛けの透水係数；面的な空隙率；その間の水頭勾配；単位面積当たりの浸透流量，すなわち見掛けの浸透流速；真の浸透流速をそれぞれ $l_1 \cdot l_2$；$k'_1 \cdot k'_2$；$\beta_1 \cdot \beta_2$；$(\Delta h/l)_1 \cdot (\Delta h/l)_2$；$q_1 \cdot q_2$；$u_1 \cdot u_2$ とすると，

$$(\Delta h/l)_1 = \frac{h_1 - h_2}{l_1}, \quad (\Delta h/l)_2 = \frac{h_2 - h_3}{l_2}$$

$$q_1 = k'_1 (\Delta h/l)_1 = \frac{k'_1(h_1 - h_2)}{l_1}, \quad q_2 = k'_2(\Delta h/l)_2 = \frac{k'_2(h_2 - h_3)}{l_2}$$

と表される．また連続の条件から AB 間を流れる単位面積当たりの浸透流量と BC 間を流れるそれとは等しいから，各々の区間での見掛けの浸透流速は等しくなり，

$$q_1 = q_2$$

となる．これから h_2 が求められ，以下各区間の水頭勾配；見掛けの浸透流速；真の浸透流速の値が求められる．すなわち，以下の一連の式が得られる．

$$h_2 = \frac{k'_1 l_2 h_1 + k'_2 l_1 h_3}{k'_1 l_2 + k'_2 l_1}$$

$$\therefore \quad (\Delta h/l)_1 = \frac{k'_2 (h_1 - h_3)}{k'_1 l_2 + k'_2 l_1} \tag{6.1a}$$

$$(\Delta h/l)_2 = \frac{k'_1 (h_1 - h_3)}{k'_1 l_2 + k'_2 l_1} \tag{6.1b}$$

$$q_1 = q_2 = \frac{(k'_1 k'_2)(h_1 - h_3)}{k'_1 l_2 + k'_2 l_1} \tag{6.2}$$

$$u_1 = \frac{(k_1' k_2'/\beta_1)(h_1 - h_3)}{k_1' l_2 + k_2' l_1} \tag{6.3a}$$

$$u_2 = \frac{(k_1' k_2'/\beta_2)(h_1 - h_3)}{k_1' l_2 + k_2' l_1} \tag{6.3b}$$

次に式 (6.1), (6.2), (6.3) を用いて実際のダム基礎で最大の水頭勾配・見掛けの浸透流速・真の浸透流速が生ずる着岩面直下の止水カーテン内での値を概算してみよう.

まず堅硬な節理性岩盤を基礎とした高さ 100 m の重力ダムで上流端より 10 m 下流側に排水孔が設けられ, 排水孔での揚圧力は構造令の規定に従って最大水深の 0.2 倍である場合の着岩面直下での値を求めてみる. 止水カーテンは監査廊から排水孔の直上流に孔間隔 1.5 m, 列間隔 1.5 m 2 列千鳥で施工されたとする. この場合には止水カーテンの厚さを 2.5 m とすると,

$$h_1 = 100 \text{ m}, \quad h_3 = 20 \text{ m}, \quad l_2 = 2.5 \text{ m}$$
$$l_1 = 10 \text{ m} - 2.5 \text{ m} = 7.5 \text{ m}$$

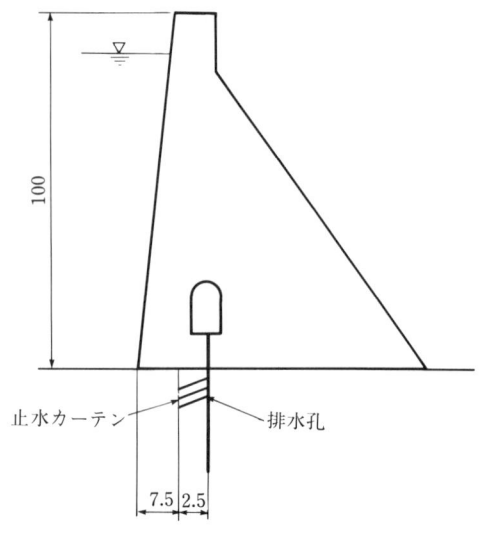

図 6.2 重力ダム

となる (図 6.2 参照).

通常コンクリートダムの止水カーテン施工区間の改良目標値は 2 ルジオン超過確率 15% としているが, この規模の多くの重力ダムの施工実績では平均 0.6 ルジオン程度まで改良されている.

一方止水カーテンの上流側は一般に補助カーテンや止水目的のコンソリデーショングラウチングが施工されてその改良目標値は 5 ルジオン超過確率 15% としているが, 多くのダムの施工実績では最終的には平均 2 ルジオン程度まで改良されている. したがって 1 ルジオン $= 1.5 \times 10^{-5}$ cm/s として,

$$k_1' = 2 \times 1.5 \times 10^{-5} \text{ cm/s}, \quad k_2' = 0.6 \times 1.5 \times 10^{-5} \text{ cm/s}$$

として計算を進めることにする.

なお止水カーテン施工区間とコンソリデーショングラウチング施工区間の平均のルジオン値がそれぞれ 0.6 ルジオン・2 ルジオンという値は施工実績での平均値である. 一方設計段階での値を考慮して各々の部分の平均のルジオン値が改良目標値の超過確率 15% の値と等しくなるまでしか改良されていなかった場合も併せて計算することにする.

またこの規模のダムの基礎となる堅硬な節理性岩盤の止水カーテン施工区間での面的な空隙率を平均 0.6 ルジオンまで改良された場合には 0.2% (これは一次元的に節理面の開口幅の合計が 1 m で 1 mm で一次元的な空隙率が 0.1% に相当する) とし, 平均 2 ルジオンまでしか改良されなかった場合には 0.4% と仮定する. このような諸数値を設定したときの止水カーテン内に形成される水頭勾配・見掛けの浸透流速・真の浸透流速は表 6.1 に示されている.

なおこの概算での高さ 100 m 級の重力ダムの排水孔の位置がダム基礎面の上流端から 10 m という仮定は, 一般にこの規模のダムではある程度のフィレットが設けられて排水孔とダム基礎面の上

流端との距離はこれより大きい場合が多く，止水カーテン内に形成される水頭勾配などの値はこの表に示された値よりもやや小さい場合が多いと考えられる．しかし基礎岩盤が極めて堅硬な場合には上流面と排水孔との距離は 10 m 以下のダムもあり，堅硬な基礎岩盤の計算例としては妥当なものであろう．

この止水カーテン内の水頭勾配の約 16.8 という値は排水孔の上流側での平均の水頭勾配が 8（排水孔の位置での揚圧力を $0.2H$ としたので）であり，止水カーテン内は他の部分より低い透水度に改良されるためにより急な水頭勾配が形成されることを考慮すると常識的な値である．したがって着岩面直下の止水カーテン内での見掛けの浸透流速の 1.5×10^{-4} cm/s という値も理解しやすい値である．しかし止水カーテン内が平均 0.6 ルジオンまで改良された場合に 7.5×10^{-2} cm/s，平均 2 ルジオンまで改良された場合に 11×10^{-2} cm/s という真の浸透流速の値は従来の常識からは異様に高い値と感ぜられるであろう．

このように計算された真の浸透流速の値が予想外と感ぜられるのは，我々が見掛けの透水係数と見掛けの浸透流速のみを扱っていて真の透水係数や真の浸透流速の値を扱い慣れていないことと，止水カーテン施工区間の岩盤の面的な空隙率を 0.2～0.4％ と仮定したこととが主原因であろう．

一方では前項で述べたように，下筌ダムで明らかに目詰りが進行していると考えられた段階で行われた第 4 次測定でグラウチング施工区間では初期検出時にはこれと同程度の流速が測定されており，グラウチングにより流路幅が狭められて水頭勾配が急になった部分ではこの程度の浸透流速は生じていると考えられる．

しかし節理性岩盤の面的な空隙率の値は現時点では前述したようにグラウチング施工後に一次元的に節理面の開口幅の集計が単位長さ当りどの程度かを推定して面的な空隙率を求める以外になく，実際の値を求めることは困難で不確定要因を含んだ値しか得られない（ここで仮定した値はそれほど実態から離れた値ではないと考えられるが）．

次に固結度が低くて浸透流が主として構成粒子間を流れる地層での浸透流は，最も厳しい条件下に置かれている着岩面直下の止水カーテン内ではどのような状況になっているかを概算してみよう．

この種の地層では第 4・5 章で述べたようにグラウチングの改良効果は低く，特に砂質で微粒分が少ない地層ではコンクリートダムでの改良目標値まで改良し得ない場合が多い．このためにこの種の地層ではグラウチングによる止水処理で浸透流に対する安全性が充分確保できるのか，あるいはどのような止水処理が妥当であるのかについては大きな問題点になっている．したがってこの種の地層で施工されたダムの基礎地盤では浸透流の面から見てどのような状況になっているかは大いに興味ある点である．

この種の地層でルジオン値が 5～10，あるいは見掛けの透水係数が $1\sim3 \times 10^{-4}$ cm/s 程度までしか改良されていなかった地層上に建設されたダムとして，第 4 章の事例研究では鯖石川ダム・漁川ダム・美利河ダムを取り上げた．このうち鯖石川ダムは固結度が低い節理性岩盤であった泥岩層を主とした地層上に建設され，この泥岩層は現行のコンクリートダムでの改良目標値まで改良し得たので除外すると，漁川ダム・美利河ダムのこの種の地層上に直接ダム本体を取り付けた部分はいずれもフィルダムであった．このために通常の重力ダムの基礎岩盤よりは着岩面直下での浸透路長を長くするとともに止水カーテンの列数を増やして増厚するなどの対策も講じられており，止水カーテン内で形成される水頭勾配が緩くなるような設計上の配慮が払われていたことは留意しておくべ

き点であろう．

すなわち，漁川ダムでは4.5.2項（p.171）でも述べたように調査段階で河床部で問題の軽石質凝灰岩層に直径3m，深さ20mの竪坑を掘って坑内調査のために数十回に及ぶ坑内水位の急降下を行ったが，その壁面に何ら損傷が生じなかった．

この事実に着目してこの竪坑の水位急降下時に対して浸透流解析を行ってどの程度の浸透流速に耐えていたのかの検討を行った．その結果この地層の見掛けの透水係数は室内試験などから求めた値とほぼ同じ約 2×10^{-4} cm/s であり，坑内水位急降下時に生ずる坑壁面近辺での見掛けの浸透流速は 4×10^{-4} cm/s 以上であったと推定した．一方止水カーテンを施工しない状況での湛水後の基礎岩盤に生ずる浸透流速を計算した結果では見掛けの浸透流速の最大値は 3×10^{-4} cm/s で，止水カーテンを施工しない状態でも竪坑の水位急降下時の壁面より浸透流に対する安全性は高いとして工事は進められた[1]．

ここで漁川ダムの基礎岩盤の固結度が低くて透水度が高かった軽石質凝灰岩層に止水カーテンを施工した状態で，この地層内で水頭勾配・見掛けおよび真の浸透流速が最大値を示す着岩面直下の止水カーテン内での値を式（6.1）～（6.3）から求めてみよう．

なお漁川ダムの設計段階で河床部の軽石質凝灰岩層を通しての漏水量を推定する際に行われた解析では浸透流量を推定する際の軽石質凝灰岩層の見掛けの透水係数を 5×10^{-4} cm/s，止水カーテン内のそれを 1×10^{-4} cm/s として解析している．一方施工実績から見ると止水カーテン内の見掛けの透水係数の値を 1×10^{-4} cm/s，止水カーテン外のコア敷の基礎はブランケットグラウチングや排水孔の充填時のグラウチングが施工されているので見掛けの透水係数を 2×10^{-4} cm/s とするのが妥当のようである．

またこのダムの河床部でのコア幅は18.2mで止水カーテンは孔間隔3mで列間隔1.5m2列千鳥で施工され，さらにその中央に孔間隔0.75m1列が施工されているので（図4.5.6参照），止水カーテンの幅を2.5mと仮定する．また止水カーテンとブランケットグラウチングは止水カーテンの中央に対して上下流対称に施工されているので，C点を止水カーテンの中央点としてその点の水頭を $H/2$ とし，A点をコア敷上流端として止水カーテン内の面的な空隙率を15%（三次元的な空隙率が20%相当）とすると，

$$h_1 = 45.5\,\mathrm{m}, \quad h_3 = \frac{45.5}{2}\,\mathrm{m} = 22.75\,\mathrm{m},$$
$$l_1 = \frac{18.2 - 2.5}{2}\,\mathrm{m} = 7.85\,\mathrm{m}, \quad l_2 = \frac{2.5}{2}\,\mathrm{m} = 1.25\,\mathrm{m},$$
$$k_1' = 2 \times 10^{-4}\,\mathrm{cm/s}, \quad k_2' = 1 \times 10^{-4}\,\mathrm{cm/s}, \quad \beta_2 = 0.15$$

となる．このように設定した数値を用いた計算結果も表6.1に示されている．

最後に美利河ダムについて概算してみよう．このダムでは4.9節で述べたように調査段階から粒度構成が粗いために透水度が高くてグラウチングによる改良効果が低い瀬棚層のSsc (B)・Ssm～Ssc層などは，グラウチング前のin tactな状態での見掛けの透水係数が部分的ではあるが 5.7×10^{-4} cm/s と高く，グラウチング後で 2×10^{-4} cm/s 程度までしか改良し得ないことが判明していた．

さらにこの最も強度が低くて透水度が高いSsc (B)層が強度が比較的高くて透水度が低い Ssf_1 層に覆われている部分ではSsc (B)層内に被圧地下水が存在し，掘削すると高い内部間隙圧により掘

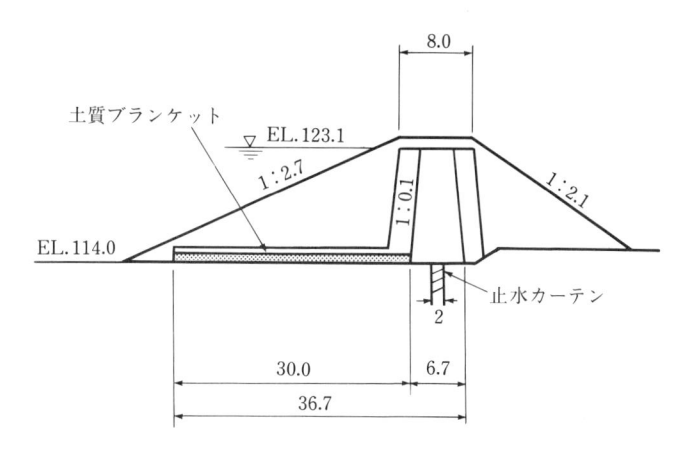

6.2 各種地層での主止水カーテンの改良目標値と施工深さの検討

図 6.3 美利河ダムの BL.59~62 断面図

削壁面が崩落するなどの困難な問題も存在した．このために Ssc (B) 層が掘削面に現れる河床部の右岸側斜面下部から右岸台地部の Ssf_1 層の下側に存在する部分では，ダム本体をコンクリートダムとした部分はダム本体を箱形地中連続壁を介して基盤に取り付けた．またダム本体がフィルダムで Ssf_1 層の下の Ssc (B) 層など透水度が高い地層内の浸透路長が短い部分は地中連続壁で止水し，これらの地層内の浸透路長が充分ある部分はカーテングラウチングにより止水するように設計された．さらに Ssf_1 層の上に透水度が高い Ssc (B)・Ssc~Ssm・Ssf_2 層が堆積してこれらの地層に直接フィルタイプの本体が取り付けられる部分は，コア敷より上流側に遮水ブランケットを施工している[2]．

これらの部分のうち止水が地中連続壁から止水カーテンに移行する部分では浸透流が集中してかなりの浸透流速が生ずる懸念があるなど，Ssc (B) 層などがダムの基礎岩盤にある部分では止水対策上かなり困難な問題点も存在したので，これらの各部分に対して入念な浸透流解析による検討が行われた．

これらの各部分の止水対策の検討にあたっては，Ssc (B) 層などの透水度が高い地層の見掛けの透水係数の値は調査時点で得られた透水度の中で高い方の値を用いて検討され，Terzaghi の限界水頭勾配や Justin の限界流速に対して 4 以上の安全率が確保されるように検討された．その結果各々の部分のグラウチングが施工されていない部分で生ずる最大の水頭勾配が 0.2 以下になるように地中連続壁の施工範囲・止水カーテンの列数と厚さ・遮水ブランケットの長さなどが設計されている[3]．

したがって本来ならばこの解析結果を基に諸数値を求めて比較すべきであるが，前述したように工事誌に記載されている浸透流解析では見掛けの透水係数の値は調査時点で得られた値の中での高い方の値を用い，施工実績で得られた値より高い値を用いている．さらに止水カーテン外の水頭勾配や真・見掛けの浸透流速などが求められて止水カーテン内のこれらの値は求められておらず，解析方法も式 (6.1) ~ (6.3) のような簡易式ではない．したがってここでは他の計算例との比較のためにダム高さは 10 m 以下で低い部分であるが，これらの式が適用しやすい土質ブランケットが施工された部分を計算対象としてみよう．

すなわち Ssc (B) 層などの透水度が高い地層に直接フィルダム本体が乗り長さ 30 m の遮水ブランケットが施工された部分（図 6.3）は主として土質ブランケットにより止水され，止水カーテンは孔間隔 3 m，列間隔 1 m 2 列千鳥で施工されている（p.228 参照）．

表 6.1 着岩面直下の止水カーテン内の水頭勾配・見掛けの浸透流速・真の浸透流速

ダムと地層名	基礎岩盤の透水度 (Lu または cm/s)		面的な空隙率	水頭勾配	見掛けの浸透流速 (10^{-4} cm/s)	真の浸透流速 (10^{-3} cm/s)
	カーテン外	カーテン内				
100 m 級重力ダムの基礎	2 Lu	0.6 Lu	2×10^{-3}	16.8	1.5	75
	5 Lu	2 Lu	4×10^{-3}	14.5	4.4	110
漁川ダム軽石質凝灰岩	2×10^{-4}	1×10^{-4}	0.15	2.2	2.2	1.5
美利河ダム粗〜中粒砂岩	4×10^{-4}	2×10^{-4}	0.15	0.47	1.0	0.6

注) ルジオン値の見掛けの透水係数への換算は地下水位により異なるがここでは 1 Lu = 1.5×10^{-5} cm/s として計算した.

この場合に A 点は遮水ブランケットの上流端とし，B 点は止水カーテンの上流端，C 点は止水カーテンの下流端とする．なお C 点の下流側にコア敷は 2.35 m 存在するが計算が複雑となるのでこの部分は無視して止水カーテンの下流端で揚圧力を 0 と仮定する．すなわちこの部分のブランケットの長さはコア敷から上流に 30 m 施工されており，コア敷の厚さは 6.7 m であった．また止水カーテンの厚さは前述したように列間隔 1 m 2 列千鳥で施工されていたので 2 m とすると（図 6.3），計算に用いる諸数値は，

$$h_1 = 9.1, \quad h_3 = 0, \quad l_1 + l_2 = 30 + 6.7 - \frac{6.7 - 2}{2} = 34.35, \quad l_2 = 2, \quad \therefore l_1 = 32.35$$

となる．なお Ssc (B)・Ssm〜Ssc 層の施工実績では 1 次孔（パイロット孔）の平均の透水度は 2.2×10^{-4} cm/s であるが超過確率 10%程度では $3 \sim 4 \times 10^{-4}$ cm/s の部分があり，チェック孔段階では平均で $1.5 \sim 0.9 \times 10^{-4}$ cm/s であるが超過確率 10%では 2×10^{-4} cm/s 以下となっている（p.229 参照）．したがって施工実績で得られた平均値より透水度をやや高めに想定して，

$$k_1' = 4 \times 10^{-4}\,\text{cm/s}, \quad k_2' = 2 \times 10^{-4}\,\text{cm/s}, \quad \beta_2 = 0.15$$

として計算することにする．これらの数値を用いた概算結果も表 6.1 に示されている．

なお前述したように，このダムの工事誌には Ssc (B) 層の見掛けの透水係数を 5×10^{-4} cm/s としてグラウチングの非施工区間で水頭勾配を 0.2 以下に抑制したと記述されている．したがってこのダムの止水処理は Ssc (B) 層内の止水カーテンの内外とも見掛けの浸透流速（見掛けの浸透流速，すなわち単位面積当たりの浸透流量は 1 つの浸透路内では連続の条件から同一の値となるので）を 1×10^{-4} cm/s 以下に抑制したことになり，計算対象とした部分以外でも Ssc (B) 層の止水カーテン内での水頭勾配や真・見掛けの浸透流速の値はこの表の計算結果と同程度であったと見ることができる．

この表によると高さ 100 m 級の重力ダムの基礎となった堅硬な節理性岩盤内と，2 つのフィルダムの基礎となった主たる浸透流が構成粒子間を流れて透水度が高く，グラウチングによる改良度合が低い地層では，基礎地盤内の止水面から最も厳しい条件下にある着岩面直下の止水カーテン内での数値の中で水頭勾配や真の浸透流速の値はそれぞれ大きく異なった値を示している．すなわち堅硬な節理性岩盤ではかなり高い値を示しているのに対して，透水度が高くて改良度合が低い地層内では極めて低い値を示している．これに対して特に興味を引くことは，着岩面直下の止水カーテン内での見掛けの浸透流速の値は地層の性質いかんにかかわらずいずれも $1 \sim 3 \times 10^{-4}$ cm/s と同程度の値に抑制されていることである．

すなわち止水カーテン内やコンソリデーショングラウチングの平均の改良値がそれぞれの改良目標値の超過確率15%の値と同じ値までしか改良されていなかった高さ100m級の重力ダムの基礎では，見掛けの浸透流速は4.4×10^{-4} cm/sとやや高い値を示した．一方，止水カーテン内の平均値が0.6ルジオンと改良目標値の超過確率15%の値よりかなり低い平均値まで改良されたダム（一般的にはこの規模の重力ダムではこの程度まで改良されている場合が多いが）や漁川ダムや美利河ダムの主たる浸透流が構成粒子間を流れる地層では見掛けの浸透流速は$1\sim2 \times 10^{-4}$ cm/sと低い値に抑制されていたことになる．

さらに前述したように見掛けの浸透流速，すなわち単位面積当たりの浸透流量は連続の条件から同一の浸透路内では止水カーテンの内外を問わず同一の値となるから，着岩面直下の浸透路では同一の値となる．

これは漁川ダムや美利河ダムの止水設計が最大の見掛けの浸透流速をある値以下に抑制するように検討されていたことからも当然なことであるが，これらの値は堅硬な節理性岩盤上に建設された高さ100m級の重力ダムの着岩面直下に生ずる最大の見掛けの浸透流速とほぼ同程度の値であったことは極めて興味深い点である．

また表6.1で見掛けの浸透流速（単位面積当たりの浸透流量）が大差ない値を示していたことは，各地層の限界流速がその地層の面的な空隙率とほぼ逆比例関係にあるという仮定が許されるならば，見掛けの浸透流速をある一定値以下に抑制することは各地層ごとに各々の限界流速に対して同程度の安全性が確保されるように浸透流速を抑制していることと物理的に同じ意味になる．この各地層の面的な空隙率と限界流速との関係は現在では不明であるのであくまでも仮定の範囲を出ないが，近似的にはこのような関係がおおよそ成立している可能性は高いと考えられる．

今までに繰り返し述べてきたように本来は満水位状態でパイピングなどにより流路が広がることなく，目詰りにより経時的に低減傾向を示しているときは浸透流に対する安全性は確保されていると考えられる．また目詰りもパイピングも生ずるか否かは地層の性質と真の浸透流速によって決まると考えられるので，理論的には浸透流に対する安全性はその地層の特性に対応した真の浸透流速を限界値として設定して検討すべきであろう．

しかし止水カーテン内外の真の浸透流速を直接測ることにはかなりの困難を伴う以上，不確定要因を持った岩盤の面的な空隙率の推定値を用いて算出する必要がある．また限界流速はパイピングなどによる浸透路の拡大が起こりにくい節理性岩盤と粒度構成が粗くて空隙率が高くパイピングが起こりやすい地層とでは限界流速は大きく異なると考えられる．さらにこの各種地層の限界流速をその特性に着目して設定することは入念な基礎的な実験などが必要となり，現時点では現実的に不可能であるのが実状であろう．

この見掛けの浸透流速に着目する考え方は理論的な裏付けはなく，ここで検討対象となった4つのダムが浸透流に対して同程度の安全性を持っていたか否かは明らかではない．しかし表6.1を見る限り現在までに建設されたダムでは着岩面直下での見掛けの浸透流速を節理性岩盤でのそれと同程度に抑制するような止水処理が行われている．すなわちグラウチングにより現行の改良目標値まで改良できない地層でも見掛けの浸透流速を$2\sim3 \times 10^{-4}$ cm/s以下に抑制するように浸透路長を延ばしたり，止水カーテンの列数を増して増厚するなどの止水処理を行うことにより何ら止水上の問題が生ぜずに湛水し得ている．したがって漁川ダムの軽石質凝灰岩や美利河ダムの瀬棚層の粗粒

砂岩層程度の in tact な状態で見掛けの透水係数が $3〜6 \times 10^{-4}$ cm/s，グラウチングにより $1〜2 \times 10^{-4}$ cm/s 程度まで改良し得る地層では浸透流に対して安全に湛水し得た事例の範囲内であると見ることはできる．

以上述べてきたように漁川ダムの軽石質凝灰岩や美利河ダムの瀬棚層の粗粒砂岩層程度の透水度で改良可能値が高い地層では，現行の改良目標値まで改良し得ない分を止水カーテンの列数を増して増厚したり，浸透路長を延ばすなどの補強を行って湛水している．したがって現行の改良目標値まで改良し得た節理性岩盤と同程度の見掛けの浸透流速に抑制したならば，ここで検討したダムの規模と地層の範囲内では充分安全な止水対策を実施することができると結論付けられる．

この基礎岩盤内の最大の見掛けの浸透流速をある一定値以下に抑制するという止水処理の目標の設定は，ダム軸方向の単位幅当たりの浸透流量をダム高さに対応したある一定の値以下に抑制することと同一の意味を持つことになり，経験的にも理解しやすい考え方になる．

以上のように基礎岩盤内で浸透流に対して最も厳しい条件下にある着岩面直下の止水カーテン内で満水位状態でパイピングなどにより流路が広がることなく，目詰りにより経時的に減少傾向を示しているときの真の浸透流速に着目し，それをある値以下に抑制すれば安全であるという考え方の検討を行った．

しかし現時点では面的な空隙率を求める方法に問題があり，さらに各種地層での限界流速を設定することは困難であることが明らかになった．

この真の浸透流速に着目した方法は理論的には理解しやすいが，数値的にはなじみのない数値しか得られなかった．この点に関しては今後ともこの種の資料を蓄積していく必要がある．

しかし各種地層の限界流速がその面的な空隙率にほぼ逆比例した値を持っているという仮定が許されるならば，地層の性状に関係なく見掛けの限界流速を設定し得ることになる．本項の試算結果では高さ 100 m 級の重力ダムの基礎の堅硬な節理性岩盤での最も厳しい条件下にある着岩面直下での見掛けの浸透流速は，漁川ダムや美利河ダムの基礎地盤のような地層の同じ場所での値とほぼ同程度の値を示していた．

したがってこれらの事例から見る限りこれらのダムの規模と基礎地盤の範囲内では，基礎岩盤内で最も厳しい条件下の着岩面直下での見掛けの浸透流速が設計段階では $2〜5 \times 10^{-4}$ cm/s（超過確率15％に相当する見掛けの透水係数に対応して）以下に，施工実績で平均 $1〜2 \times 10^{-4}$ cm/s 程度に抑制すれば，浸透流の面からはここで計算対象となったダムと同程度の規模で同類の地層の範囲内ではこれらのダムと同程度の安全性は確保されると見ることができる．

以上の検討から明らかなように改良目標値は地層の性状に関係なく設定すべきものではない．現実的には浸透流が主として構成粒子間を流れるような地層にあっては過去の事例やグラウチング試験などにより改良可能値を推定し，改良目標値を改良可能値よりもやや高め（透水度がやや高め）に設定する必要がある．その改良目標値が通常の節理性岩盤のそれより高い値のときは，前述した着岩面直下の止水カーテン内の見掛けの浸透流速の値を参考にしつつ改良度合の不足分を補うために浸透路長を延ばしたり，止水カーテンを増厚するなどにより対応しうることになる．すなわち着岩面直下での見掛けの浸透流速が過去の事例と同程度の設計段階で $2〜5 \times 10^{-4}$ cm/s（超過確率15％の見掛けの透水係数に対応して），施工実績で平均 $1〜2 \times 10^{-4}$ cm/s 以下に抑制するような止水処理を行えば，ここで検討されたダムと同程度の安全性は確保し得ることになると言い得る．

6.2.3 主止水カーテンの施工深さと改良目標値

現在止水カーテンの施工深さはその改良目標値と同程度の透水度の岩盤までとされていることは前々項で述べた．

現在の考え方が形成された経緯を簡単に述べると，1972年の「施工指針」では止水カーテンの施工深さについては経験式としてGrandyの式を示して『従来は経験式によって深度を決定する方法が用いられることが多かった．しかし近年計画されるダムは，その高さに比べて必ずしも岩盤が良好であるとは言い難い場合も見受けられるようになるとともに，…（中略）…グラウチング前の岩盤のルジオン値がコンクリートダムの場合1〜2ルジオン，ロックフィルダムの場合2〜5ルジオン程度の透水度を示す部分までの範囲を目標とする例が多い』と述べるにとどまっていた[4]．しかし1983年の「技術指針」では経験公式が姿を消して改良目標値と同じ透水度の岩盤までとはっきり規定されるようになり，以降止水カーテンの施工深さは大幅に増大するようになってきたことは第3章で述べた．

このような方向が強く打ち出されてきたのは浸透流に対する安全性を確保するためにはコンクリートダムでの2ルジオン，フィルダムでの2〜5ルジオン超過確率15%の改良目標値と同じ透水度の岩盤で貯水池を覆う必要があると考えられたためである．

元来止水カーテンの施工深さは地形・地質条件により異なるべきで経験公式から離れて岩盤の透水度の調査結果に対応して設定されるべきものである．その意味では経験公式を離れて岩盤の透水度に着目した設定法への移行はあるべき方向への進歩であった．

しかし貯水池を一定の透水度の岩盤で覆う必要があるという考え方は一見理解しやすいように見えるが，本来止水カーテンによる止水対策は水頭勾配がある部分に対して必要なものであって水頭勾配がない部分には不必要なはずである．したがって止水処理の必要性は浸透路長が短くて水頭勾配が急な部分と浸透路長が長くて水頭勾配が緩い部分とでは異なるはずである．このような考えから着岩面直下での水頭勾配が緩いことに着目してフィルダムの改良目標値を緩和したと考えられるが，ダム形式により水頭勾配がほとんど変わらない深部では安全上必要な岩盤の透水度がダム形式により異なるという矛盾した方向を示すことになった．

また1970年代までに完成したコンクリートダムでは止水カーテンの施工深さが$H/2$にとどまりその外側に2〜5ルジオンの部分が残存していたことを示すルジオンマップのダム（石手川ダム・草木ダム・一庫ダムなど）がかなり存在している．

さらに1970年代後半〜1980年前半に完成したフィルダムの多くは1972年の「施工指針」でフィルダムの改良目標値を5ルジオン超過確率15%と緩めたことに対応して改良目標値を3〜5ルジオンに設定して施工したダム（三保ダム・手取川ダム・漆沢ダム・四時ダム・十勝ダムなど）が多かった．このために施工深さが$H/2$程度でその外側に2〜5ルジオンの部分を残したフィルダムも多く見られる．

このように実在するダムではコンクリートダムの改良目標値と同等の透水度の岩盤に達するまでを施工範囲としないで2〜5ルジオンの透水度の岩盤がその施工範囲外に残されても，湛水後に目立った漏水量は示さずに目詰りの進行が確認されている数多くのダムがあり，その安全性は充分立証されている．

にもかかわらず次第にコンクリートダムのみならずフィルダムでも2ルジオン以下の岩盤まで止水カーテンが施工される事例が増え，1970年代以前に完成したダムに比べて地質条件に恵まれないダムサイトが増えたことは否定できないが，それ以前のダムと透水面から見て同程度かそれより恵まれていると見られる地点でも止水カーテンの施工深さは2倍以上になっていることは3.5節で述べたとおりである．

この問題点を解決してより合理的な施工深さの設定法を検討するためには過去の事例を参考にしつつ理論的に検討する必要がある．

前項ではこのような場合にはその地層の改良可能値よりある程度高い改良目標値を設定して施工し，その改良度合が現行の改良目標値まで改良し得なかった分を補うためにその地層内に生ずる見掛けの浸透流速を着岩面直下の過去の施工事例で経験済みの見掛けの浸透流速以下に抑制し得るように浸透路長を延ばしたり，止水カーテンの列数を増して増厚するとにより補強した止水処理を検討すべきであることを述べた．

これは湛水により基礎岩盤内で最も速い真の浸透流速の値が，面的な空隙率の値が同程度で同類の地層で目詰りが進行していたダムで生じていたと推定される真の浸透流速以下に抑制されていれば，湛水後過去の事例と同様に浸透流路は拡大することなく目詰りにより狭められていく状態になることが予測され，その基礎岩盤の浸透流に対する安全性は確保し得るとの考え方に立っている．

この考え方が是認されるならば着目した点での真の浸透流速はその点での水頭勾配に比例するから，着目した点で湛水後に形成されると推定される水頭勾配に逆比例した真の透水係数で表した改良目標値は高い値に設定しても良いことになる．

また前項での検討で真の浸透流速を求めるためには着目した部分の面的な空隙率の値を求める必要があるが，現時点ではこの値を直接求める方法はなくて不確定要因が多い値であることを述べた．

一方見掛けの浸透流速の最大値は式(6.3)からも明らかなように着岩面直下での水頭勾配とその部分での見掛けの透水係数の積として求められ，不確定要因が少ない値として容易に計算できる値である．

この値は前節での概算によれば高さ100m級の重力ダムの基礎の堅硬な節理性岩盤や，主たる浸透流が構成粒子間を流れて透水度が高く，グラウチングによる改良度合が低かった漁川ダムの軽石質凝灰岩層や美利河ダムの瀬棚層の粗粒砂岩層でも，見掛けの浸透流速の最大値（着岩面直下での値）はいずれも$1 \sim 2.5 \times 10^{-4}$ cm/sであった．

したがって前項で検討対象としたダムの規模で堅硬な節理性岩盤や，主たる浸透流が構成粒子間を流れて見掛けの透水係数が$3 \sim 6 \times 10^{-4}$ cm/s程度と比較的高くてグラウチングによる改良効果も低い地層では，止水面から最も厳しい条件下にある着岩面直下での見掛けの浸透流速の値を設計段階で$3 \sim 4 \times 10^{-4}$ cm/s（超過確率15％に相当する見掛けの透水係数に対応して），施工実績で平均$1 \sim 2 \times 10^{-4}$ cm/s以下に抑制するように止水処理の設計・施工を行えば，浸透流に対しては前項で検討対象となったダムと同程度の安全性が確保されていると見ることができる．

さらにこの考え方をルジオン値で表した改良目標値で表現すると止水カーテンの列数に比例して改良目標値を高く設定し得ることになる．したがって[改良目標値（ルジオン値）]/[止水カーテンの列数]の値がある一定の値以下であればよいことになる．すなわちより安全側の値として従来のコンクリートダムの2ルジオン超過確率15％の値は孔間隔0.75〜1.5m，2列千鳥で施工された止水カー

テンでの改良目標値とすると，着岩面直下でのコンクリートダムの改良目標値は [改良目標値 (ルジオン値)]/[孔間隔 0.75〜1.5 m の止水カーテンの列数] の値が 1(ルジオン)/(列数) 超過確率 15%以下であればよいことになる．

このような観点に立つと基礎岩盤内では着岩面近くで最も急な水頭勾配が形成されるので，その部分では他の部分に比べて最も低い見掛けの透水係数になるまで改良する必要がある．しかし深い部分になるとその部分を通る浸透路長は長くなりそれに対応して水頭勾配は緩くなるので，同じ見掛けの浸透流速以下に抑制するためには着目した部分の水頭勾配に逆比例して見掛けの透水係数で表した改良目標値を高い値に設定し得ることになる．

2.1.5 項では以上述べた観点からの理論的な検討結果を示して深さ対応した止水カーテンの改良必要値を概算した．しかしそこで行った計算は極めて概略な計算であり，実際に用いるにあたってはこれよりもある程度低い値を用いるべきであろう．

またここで留意しておくべきことは，節理性岩盤では非均一性が著しくて 5 m の試験区間でルジオンテストを行ってもその一部の 20〜50 cm の区間に節理・亀裂が集中してその部分から注入水のほとんどが流出し，その狭い区間での透水度を求めると 5 m 区間の平均のルジオン値の 25〜10 倍の透水度であることがしばしばであることである．

このような部分は測定区間全体としては比較的透水度は低くても局部的には極めて高い透水度を示す部分が存在し，その部分は湛水後に有害な浸透路を形成する可能性があるので止水処理にあたっては確実に処理する必要がある部分である．一般にコンクリートダムの改良目標値の 2 ルジオンという値は経験的に測定区間にこのような湛水後に有害な浸透路が形成される可能性がある部分がほとんど存在していないことを示す値であり，5 ルジオンはこのような部分が存在する可能性はかなり少ないことを示す値であり，10 ルジオン以上になるとこのような部分の存在は否定し難いことを示す値であった．

このような経験的事実が節理性岩盤でのコンクリートダムの改良目標値の 2 ルジオン超過確率 15%，あるいは平均 1 ルジオン以下という数値を長年支えてきた背景であったと考えられる．

このような有害な浸透路になりやすい部分は深部に行くに従って貯水池からダムの下流側に連続している可能性は低くなるので，浅い部分よりは多少緩和した考えを適用し得ると考えられる．しかし計算上は 10 ルジオン以上の透水度が許容される場合でも，実際の適用にあたっては非均一性が著しい節理性岩盤では 7〜10 ルジオン以下を限度に改良目標値の緩和を検討すべきであろう．

この場合に特に留意しておくべき点は，深部でもボーリングコアで酸化して茶褐色化した部分が存在している場合には以前からその部分を地表地下水が流れていたことを示しているので止水カーテンの施工範囲とすべきことである．

固結度が低くて浸透流が主として構成粒子間を流れている地層では節理性岩盤で見られたような非均一性による 5 m の測定区間での見掛けの透水係数の変動幅は高々数倍程度に減少するので，計算結果に対応して改良目標値を緩和し得ると考えられる．

2.1.5 項での検討では止水カーテン先端付近の面的な空隙率の値は着岩面直下の止水カーテン内での値の約 2 倍程度と仮定して計算しているが，平均 1〜3 ルジオン，見掛けの透水係数で 1〜5×10^{-5} cm/s 程度の透水度の節理性岩盤では面的な空隙率の値は近似的にはルジオン値や見掛けの透水係数とほぼ比例関係にあると考えられるので，表 2.2 (p.40) に示した値は本項で示した考え

方にほぼ対応した値と見ることができる．

なお5.1節（pp.272〜273）に述べたように，一般に地形侵食による緩みには，
 i) 応力解放による緩み，
 ii) 河谷の侵食により両岸の地山の上部が川側に変形することによる緩み，
の2種類がある．河床面以下では主として i) による緩みが生じて，緩んだ部分の深さも浅く，緩みの度合いも少ないのが一般である．これに対して両側の地山の上部では両者による緩みが生じ，特に ii) による緩みが顕著になっているのが一般である．

さらに河床面以下では断層・破砕帯の存在などの地質条件の相違による緩みの範囲も深くまでは及んでおらず限定されているのが一般である．しかし両岸の上位標高では断層・破砕帯の存在とその走向・傾斜により緩みの度合いとその範囲は大きく異なってくる．

このために下位標高では深部に行くに従って透水度が低い部分での浸透路長の増大が著しく，止水カーテンの前後での水頭差は急速に低減する．しかし上位標高では奥に行っても緩みが多くて透水度が高い部分での浸透路長の増大が主として生ずるので，奥の部分での止水カーテン前後の水頭差の低減は小さくなる．

このような状況を考慮すると一般的には河床面近くの下位標高部では深部に行くに従っての改良目標値を緩和する度合いを大きくし得るが，上位標高では改良目標値を緩和する度合いは小さくした方が良いと考えられる．

したがって表2.2の値では H は着目した着岩点での水深ではなく，ダムの最大水深とすれば前述した問題点を補う形になると考えられる．

以上からより安全側の値として表2.2の緩んだ部分が深い岩盤の場合の数値を参考にし，節理性岩盤の改良目標値を深さに応じて [改良目標値（ルジオン値）]/[止水カーテンの列数] の値がある一定の値以下になるように設定すればよいことになる．すなわちこの値が着岩面直下から $H/4$ の深さまではコンクリートダムで1(ルジオン)/(列数)，フィルダムで1〜2.5(ルジオン)/(列数)，$H/4$〜$H/2$ の範囲ではダム形式に関係なく 2.5(ルジオン)/(列数)，$H/2$〜H の範囲では 2.5〜4(ルジオン)/(列数) 超過確率15%と設定すると，今までの建設事例の範囲内で深部での改良目標値はかなり緩和されてくると考えられる．

また浸透流が主として構成粒子間を流れる地層では節理性岩盤のような非均一性は著しくなくて浸透流解析の計算結果と実際の状況との相違は少ないので，緩んだ岩盤での深度による必要な透水度の結果（表2.2）に準拠して $H/2$ の深さで着岩面直下の透水度の2倍程度，H の深さで3〜4倍程度の改良目標値の設定で良いと考えられる．

なお止水カーテンの施工にあたっては，12〜16 m 孔間隔で施工するパイロット孔のみをより深く施工することは工事費の増加は比較的少ない上により深部の状況を的確に把握して処置し得る．したがってパイロット孔のみは一般孔より $H/4$ 程度深くまで施工し，$H/2$ 以上の深部では注入量を規制して注入圧を高めた高圧グラウチングで施工した方が効果的で止水に対する安全性が高い止水処理が可能となると考えられる．

6.2.4 断層・破砕帯周辺部での主止水カーテンの改良目標値・施工深さ・孔配置

前々項では高さ100 m 級の重力ダムの基礎の堅硬な節理性岩盤のみならず，浸透流が主として構

成粒子間を流れる地層に止水カーテンを施工する場合に現行の改良目標値まで改良し得なかった分を止水カーテンの増厚や土質ブランケットの施工により補い，湛水後浸透流の面からは何ら問題が発生せずに湛水し得たダムの基礎地盤の着岩面直下での水頭勾配や見掛け・真の浸透流速を概算した．

その結果高さ100m級の重力ダムの基礎の堅硬な節理性岩盤や漁川ダムの軽石質凝灰岩・美利河ダムの瀬棚層の粗粒砂岩など浸透流が主として構成粒子間を流れる地層内でも，ダム基礎岩盤内で浸透流の面から最も厳しい条件下にある着岩面直下での見掛けの浸透流速（単位面積当たりの浸透流量でその部分の水頭勾配と見掛けの透水係数の積）の値はいずれも $3\sim4\times10^{-4}$ cm/s 以下の値を示していた．

したがって最も厳しい条件下にある着岩面直下の設計段階での超過確率15%の見掛けの透水係数に対応する見掛けの浸透流速が $3\sim4\times10^{-4}$ cm/s 以下になるように設計し，施工実績で平均 $1\sim2\times10^{-4}$ cm/s 以下になるように施工すれば，この部分ではこれらの検討対象となったダムと同程度の規模と同類の基礎岩盤の範囲内では，浸透流に対してこれらのダムと同程度の安全性が確保されていると見ることができることを述べた．

また前項では前々項での検討結果を受けて，ダム基礎岩盤内に形成される各々の浸透路内で最も厳しい条件下にある着岩面直下で，見掛けの浸透流速がある一定値以下に抑制するような止水処理を行えば浸透流の面から見たダムの安全性は確保されるという観点に立って，節理性岩盤での深度に対応した改良目標値について検討を加えた．

一方5.6節では近年，特に1980年代後半以降に完成したダムでは断層・破砕帯の周辺部では止水カーテンの施工範囲が大幅に広がるとともに孔間隔も極端に狭められた施工が目立ち，この部分でのグラウチングの工事数量の増加が著しいことを述べてその問題点に考察を加えた．この断層・破砕帯の周辺部での止水処理はほとんどのダム建設で遭遇し，最近目立って工事数量の増加が見られる部分であるので前項と前々項に述べた考え方に従って再びこの問題に考察を加えることにする．

まず5.6.2項に述べたように断層・破砕帯は一般に粘土化した部分と破砕して角礫～細片状化した部分とが存在している．このうち粘土化した部分は地形侵食により緩んだ部分を除き透水度は極めて低く，丁寧なルジオンテストにより限界圧力以下での透水度を正確に測定すれば現行のコンクリートダムの改良目標値より低い透水度が得られるのが一般である．

一方破砕して構成粒度が粗い部分，通常破砕部と呼ばれる部分は粘土化した部分に比べて透水度は高いが，グラウチングによる改良はある程度見込める部分である．

一般に断層・破砕帯は以上のような構成からなり，その走向・傾斜に平行して各々が存在している場合が多い．したがって断層・破砕帯に直交する方向には極めて高い遮水性を示すが，平行な方向には破砕部沿いに浸透路が形成される可能性がある．このため断層・破砕帯の走向がダム軸に平行に近いときにはそれ沿いに貯水池からダムの下流側への浸透路が形成されにくくて止水上の問題は特に発生しない．しかし断層・破砕帯の走向がダム軸に交わる方向のときは破砕部沿いに貯水池からダムの下流側への浸透路が形成される可能性が生じて入念な止水対策が必要となる．

1983年の「技術指針」の［3.5 カーテングラウチング 3.5.1 改良目標値の（条文）］では『カーテングラウチングの改良目標値は岩盤性状等を総合的に考慮して適切に設定する』と記述している[5]．さらに［3.5.5 孔の配置および深さの（解説）］では『特に粘土を挟在する断層破砕帯では，限界圧力が低くて改良効果が乏しいため，列数の増加による厚みのある難透水ゾーンを形成する必要があ

る』と記述されているにもかかわらず[6]，現在断層・破砕帯に対しても画一的に堅硬な節理性岩盤での改良目標値までの改良を目指して内挿孔による極めて狭い孔間隔での施工が一般化し，列数の増加により対応した事例はほとんど見られなくなっている．

一方前々項で述べたように主たる浸透流が構成粒子間を流れる地層，特に砂質な地層では現行のコンクリートダムの改良目標値までの改良困難な場合が多い．これに対して止水カーテンを増厚したり浸透路長を伸ばすことにより基礎地盤内に生ずる水頭勾配を緩くし，基礎地盤内に生ずる見掛けの浸透流速（単位面積当たりの浸透流量）の値を改良目標値まで改良した堅硬な節理性岩盤内の最大値以下に抑制することにより，透水度が低くて改良効果も低い地層で安全に建設されたダムがあることを述べた．

また前項ではこの考え方に従えば浸透路長が延びる深部では堅硬な節理性岩盤でも深部の改良目標値を緩和して施工範囲を狭め得ることを論じ，深さに応じた改良目標値の値を示した．

すでに述べたように，断層・破砕帯の止水処理で粘土化部分での高ルジオン値を示す場合はほとんどがルジオンテストでポンプの脈動を抑制せずに粗い昇圧刻みで測定を行っているためである．したがって粘土化した部分で現行のコンクリートダムの改良目標値以上の値を示すときはほとんどの場合に限界圧力以上での注水量を測定しているため，静水頭かスクリューポンプにより脈動を抑制した加圧方法を用いて $1\,\mathrm{kgf/cm}$ 刻み以下の昇圧で注水量を測定するという入念なルジオンテストに切り替える必要がある．

しかしその部分のボーリングコアに酸化して茶褐色化した部分が存在するときはそれ以前に地表地下水が流れていたことを示しており，入念な止水処理が必要な部分である．

一方破砕部では上記のような入念なルジオンテストを行っても現行の改良目標値以下の透水度が得られない場合は起こり得る．この場合には前項で示したように深度に対応して改良目標値を緩めて高めの値を用いるとともに，改良達成値が現行の改良目標値に達しない分を止水カーテンの厚さを増してその部分での水頭勾配を緩くし，破砕部を通る浸透路での見掛けの浸透流速が $1\sim2\times10^{-4}\,\mathrm{cm/s}$ 以下になるように施工すればよいと考えられる．

ここで特に留意すべきことは「技術指針」の［3.5.5 孔の配置および深さの（解説）］でも述べているように，断層・破砕帯とその周辺部は固結度が低くて強度が低いために急な水頭勾配に対する抵抗力は低いことである．さらに一般にグラウチングによる改良度合が低い部分は1孔当たりの改良範囲は狭くて1列の施工によるカーテンの厚さは薄いものになる．

したがって1列で高次の内挿孔を施工して極端に孔間隔が狭い止水カーテンを施工すると，薄い厚さで周囲に対して大幅に透水度が改良された止水カーテンを形成することになり，その結果止水カーテン内に際だって急な水頭勾配が形成されて浸透流量を低減する目的は達成し得ても水頭勾配に対して抵抗力が低い止水カーテンを形成することになる．

以上から断層・破砕帯とその周辺部では入念なルジオンテストにより限界圧力以下での透水度を正確に捉えるとともに，改良目標値に達しない場合は改良目標値にこだわって孔間隔が狭い施工を行わずに列数を増やして止水カーテンを増厚し，見掛けの浸透流速が所定の値以下になるようにすべきである．

6.2.5 止水カーテンの調査範囲

前節まで各種地層での改良目標値の設定・施工深さについて今までの浸透流速の測定結果や工事実績について考察を加え，浸透流が主として構成粒子間を流れる地層などでの改良目標値とその値に対応した孔配置（孔間隔と列数）について論じた．

その結果浸透流が主として構成粒子間を流れる地層などではグラウチングによる改良には限度があり，特に微粒分が少ない砂質の地層では通常の改良目標値まで改良し得ない場合がしばしばである．しかしこの種の地層上に建設されたダムでは着岩面直下での浸透路長を伸ばしたり止水カーテンを増厚し，さらに排水孔の設置による揚圧力の低減を図らないなどの処置により改良目標値に達しない分を水頭勾配を緩くして補うような止水処理が行われている．

6.2.2 項ではこれらのダムで浸透流の面で最も厳しい条件下にある着岩面直下での見掛けの浸透流速 [(水頭勾配) × (見掛けの透水係数)] の値を概算すると，いずれも $2～4 \times 10^{-4}$ cm/s 以下に抑制されており，高さ 100 m 級の重力ダムの堅硬な節理性岩盤の着岩面直下での値とほぼ同じ値になるような止水処理が行われていたことが明らかとなった．

元来各地層にはその地層の特徴に対応して，パイピングなどにより浸透流路が広がらずに目詰りにより狭められていく状態に保つための浸透流速の限界値がある．

上記のような結果を受けて 6.2.3 項では，ダム基礎岩盤の浸透流に対する安全性を確保するためには浸透流の面から最も厳しい条件下にある着岩面直下で浸透流速がその部分の地層の特徴に対応した限界値以下に抑制するという観点に立って，深さに対応した改良目標値について論じた．

したがって止水カーテンの調査範囲も当然前節で設定した深度に対応した改良目標値と同程度の透水度を示す岩盤まででよいことになる．

しかしここで留意すべきことは，6.2.3 項での深さに対応した改良目標値の検討は止水処理の対象になる透水度の高い部分は主として地形侵食により生じた節理性岩盤から成る地点のみを対象としたもので，深部に行くに従って緩みはなくなり透水度は低くなる通常の地層を対象としたものであった．

この種の地層は一般的には中新世中期以前に生成された地層（主として古・中生層）や花崗岩を含む変成岩類で，日本での現在までのダム建設の基礎岩盤としてはおよそ 90% 以上を占めている．

しかし第 5 章でも述べたように新しい地質年代に生成された高溶結の火山性地層や溶触空洞を伴った石灰岩層ではさらに深い部分や側方に極めて透水度が高い部分が存在する可能性があり，上記の考え方は適用できない地層である．また 6.2.2 項でも検討対象となった地層，すなわち浸透流が主として構成粒子間を流れる地層ではその粒度構成によってその透水度と改良可能値の値は大きく異なるので，深部ほど透水度が低くなるという前提は成り立たなくなるので以下の検討からは除外する．

特に 5.3 節で述べた鮮・更新世以降の火山性地層や石灰岩質の地層では，予想を超える深部や側方の部分に開口度の著しい冷却節理が存在したり溶食空洞が存在する透水度が高い地層が分布している場合が多い．1983 年の「技術指針」で調査範囲を $H/2$ から H に大幅に広げたのは 1970 年代にこの種の地層，特に新しい地質年代の火山性地層での漏水問題に直面したことが大きな原因となっていた．

しかしその後の数多くの工事経験を分析すると通常の地層ではここまで止水カーテンの施工範囲を広げる必要はなく（最近の工事例ではこの程度まで広がっているのが大半であるが），2～5 ルジ

オン程度の透水度の岩盤や断層などで限界圧力が低いために高いルジオン値を示して透水度が高い部分と誤認された部分はあった．しかし鮮～更新世以降の火山性地層のように予想を超える深部や側方の部分で高い透水度を示した地層には特殊な場合を除き遭遇していなかった．

以上から通常の地層では深部の状況を確認するために河床部で数本の調査孔により H の深さまで，両側の地山でそれぞれ数本程度地下水面がサーチャージ水位に上昇するまでの調査を行うべきである．しかし精度の良いルジオンマップや止水カーテンの施工範囲の決定に用いる詳細な透水度調査は特殊な場合を除き前々項に示した透水度を示す地層まででもよいと考えられる．

一方鮮～更新世以降の火山性地層・石灰岩質の地層や固結度が低くて浸透流が主として構成粒子間を流れる地層が存在する地点では，止水処理上着目すべき地層，すなわち更新世以降の火山性地層では開口した冷却節理が発達した高溶結な地層・石灰岩質の地層が存在する場合はその種の地層，固結度が低い地層にあっては粒度構成が粗くて透水度が高い地層などの分布はかなりの深部や広範囲にわたって調査する必要がある．

また岩盤の透水度の調査を行うに際しては節理性岩盤では開口度の著しい節理面の走向・傾斜について調査しておくことと，固結度が低い地層では限界圧力以下での透水度を正確に捉えることとは，その後の止水処理の検討に対して極めて重要な意味を持っていることを認識しておくべきである．

6.3 補助カーテン

6.3.1 補助カーテンの目的と現況

元来補助カーテンは止水カーテンの一部を形成するものである．すなわち着岩面直下の浅い部分は浸透路が短くて水頭勾配が急な上に，施工面からもセメントミルクが漏洩しやすいために注入圧を抑制して施工されるので改良効果が充分でない部分である．これを補うために補助カーテンは施工されている．したがって主カーテンや止水目的のコンソリデーショングラウチングと一体になって効果を発揮するものである．

1950年代に多くのダム建設で参考としていたUSBRの「Treatise on Dams」に止水カーテンを高圧グラウチング，補助カーテンを中圧グラウチング，コンソリデーショングラウチングを低圧グラウチングと記述して，補助カーテンの施工をはっきりと規定していた．これが大きく影響していたと考えられるが，第3章にも述べたように1960年以前に完成した佐久間ダムや藤原ダムなどコンソリデーショングラウチングがほとんど施工されていなかったダムでも $H/4$ 程度の深さまで施工されていた．

一方では戦前の主としてカットオフウォールによる止水から止水カーテンによる止水処理に移行する際に，着岩面近くの浅い部分は水頭勾配が最も急であるにもかかわらず止水カーテンの施工にあたってはミルクの漏洩を防ぐために注入圧力を抑制せざるを得ず，その仕上がりに自信が持てなかったためにこれを補強する意味で施工されたようである．したがって補助カーテンはコンソリデーショングラウチングよりは歴史は古く，主カーテンと一緒になって止水効果を発揮すると考えられていた．

1980年代初期以前に完成した重力ダムでは上流側または監査廊から1～2列で施工深さは主カーテンの施工深さの半分程度のものが多く，10～30 m程度か $H/5$ ～ $H/3$ 程度の深さで主カーテンの

施工前に施工されていた．これに対して同時期の高さ100m以上のアーチダムでは補助カーテンは2次コンソリの形で施工され，ダム本体がある程度打ち上がった後にダムの上下流端から放射状に深さ15～25mまで施工されたダムが多かった．

これが1980年代後半以降に完成した重力ダムになると，主カーテンの施工深さが次第に深くなってH程度まで施工されるダムが増えるに従って，補助カーテンの施工深さも$0.45H$（弥栄ダム）まで施工されたダムが現れてくる．

しかし一方では高さが40m以下程度の中小規模のダムでは止水目的のコンソリデーショングラウチングが1～2ステージ，5～10mの深さまで施工されているので，これで補えるとの考え方から補助カーテンが施工されないダムが多くなってきている．

これに対してゾーン型フィルダムでは当初の御母衣ダムや牧尾ダムでは補助カーテンは施工されていなかったが，1960年代末に完成した九頭竜ダムから主カーテンの上下流に各々1列ずつ深さ10～20mの補助カーテンが施工されるようになった．さらに喜撰山ダムや大雪ダム以降底設監査廊を設けるのが一般となるとコンタクトグラウチングを兼ねて長さ5～10mの放射線グラウチングを施工するのが一般的な傾向となってきた．

しかし1990年以降に完成した高さ100m以上の大規模なゾーン型フィルダムでは補助カーテンの列数と施工深さは急激に増大し，主カーテンの上下流に各々2～3列，計4～6列で深さ30～40mと$H/3$以上に達するような規模の補助カーテンが多く見られるようになってきた．

一方止水カーテンの前後で最も急な水頭勾配が形成される表面遮水型フィルダムでは1970年代前半までに完成した大津岐ダムや多々良木ダムでは主カーテンの上下流に各々1列で深さ5mの補助カーテンが施工されていたに過ぎない．これが1995年に完成した八汐ダムではダム高さが50～60mから約90mと大幅に高くなったこともあるが，底設監査廊から主カーテンの上下流に各1列やや上下流に傾けて深さ15m（$H/6$）のものと底設監査廊の外側に上下流各2列で深さ15mの計6列の補助カーテンが施工されている．

以上述べたように重力ダムの補助カーテンは高さ100mを越えるダムでそれ以前に比べて施工深さが深くなったダムが見られるが，全般的には1960年代初期に完成したダムと大差ない姿で施工されているダムが大半である．しかしフィルダムでは1990年以降に完成したダムでは列数・深さとも大幅に増加した姿が目立ってきている．

補助カーテンは本来どのような姿であるべきかという問題は基礎岩盤の状況により異なるので一般論的に論ずることは困難である．しかし最近のゾーン型フィルダムの補助カーテンはブランケットグラウチングがコア敷全面に重力ダムの止水目的のコンソリデーショングラウチングより幅が広くて同程度の改良目標値で施工されていることと，さらにフィルダムの着岩面直下での水頭勾配は重力ダムのそれに比べるとかなり緩いことを考慮すると明らかに過剰であると考えられる．

しかし手取川ダムでは3.4.3項（pp.102～103参照）で述べたが，緩みがかなり深くまで及んでいたのでコア敷に緩んだ部分をある程度の厚さで残してこれをブランケットグラウチングにより改良した．この例に見られるようにフィルダムの場合には基礎岩盤に対する力学的条件は重力ダムに比べて大幅に緩いので重力ダムのように緩みがある岩盤を完全に除去する必要はない．このために重力ダムのダム敷に比べてコア敷に緩んだ岩盤が残される場合は充分あり得ることである．このような場合には当然補助カーテンの列数や施工深さは増大することになる．

以上のような状況を考慮して補助カーテンの列数・施工深さ・改良目標値の合理的な姿について以下検討を加えることにする．

6.3.2 補助カーテンの孔配置・施工深さと改良目標値

　元来着岩面直下の止水カーテン内は最も急な水頭勾配が形成されて最も速い真の浸透流速が生ずる部分であるが，この部分の止水カーテンの施工は深度が浅いために注入圧力を抑制せざるを得ず，注入範囲が狭くて注入効率が低い部分である．補助カーテンはこれを補強するために止水ゾーンの厚さを増してこの部分に形成される水頭勾配を緩くし，この部分での浸透流速を低減することを目的として施工される．

　さらに施工面からは止水カーテンの注入効率を高めるとともに主カーテンの施工の際のミルクの漏洩の防止を兼ねて，ダムがある程度の高さまで施工された後に止水カーテンの施工に先立って施工されるのが一般である．

　このような目的から補助カーテンは浸透路長が短くて水頭勾配が急で，主カーテンの施工で深度が浅いために注入圧力が低い部分ほど幅が広くて列数が多いのが本来の姿であろう．しかし一方では止水カーテンは一般に着岩面から5～10mの浅い部分は止水目的のコンソリデーショングラウチングやブランケットグラウチングにより補われている．

　現在重力ダムでは大規模なダムで1～3列の補助カーテンが施工され，コンソリデーショングラウチングとして中規模のダムで5m，大規模なダムで10m程度の深さで孔間隔は2～2.5m格子で施工されている．また40m以下の小規模な重力ダムでは補助カーテンはコンソリデーショングラウチングにより代替えし得るとして施工されず，コンソリデーショングラウチングのみで主カーテンを補っているのが一般である．

　一方6.4.3項にも述べるように最近完成した重力ダムでは排水孔からの漏水量はかなり少なく抑制されている．したがって経験的には現在の重力ダムでは主および補助カーテンと上流端と排水孔との間に施工される止水目的のコンソリデーショングラウチングとにより，排水孔からの漏水量の低減を含めて基礎岩盤の止水対策としては一般的には充分な対応がされていると見ることができる．

　したがってコンクリートダムでコンソリデーショングラウチングが従来どおりダム敷全面または上流面と排水孔との間に2～2.5m格子で，大規模ダムで深さ10m，中小規模のダムで深さ5mで施工されている場合には，止水面から主カーテンを補強する補助カーテンは深さ10～25m，または$H/4$程度の1～2列で充分であろう．

　また6.4.2項で提案するように今後比較的堅硬な岩盤上の中小規模の重力ダムで，ダム敷全面の格子状に施工するコンソリデーショングラウチングに代わって，ダムがある程度打ち上がった時点でダムの上下流端から2次コンソリの形で放射線状に施工されるグラウチングに置き換えられることも考えられる．この場合には上流側からの放射線グラウチングは明らかに止水を主目的として，上流面と排水孔との間の基礎岩盤に施工される1次コンソリの機能も代替するものとなるので，上流側からの2次コンソリは従来の補助カーテンと上流面と排水孔との間の基礎岩盤に施工される1次コンソリにも対応するものとなる．

　したがってこのように2次コンソリに置き換えて施工する場合には，主カーテンに平行で深さ10mないし$H/4$程度の深さの補助カーテン1～2列を兼ねて，上流面と排水孔との間に従来の止水

目的のコンソリデーショングラウチングとほぼ同程度となるように，2~3mの面間隔で断面内に数本の放射線状のボーリングにより深さ5~10mの範囲を覆うように施工すべきであろう．この場合には2次コンソリの形での施工では1次コンソリの場合よりも上載荷重が大きい状態での施工が可能となるので，漏洩が少なくて注入圧力を高くし得るために孔間隔は広くし得るはずである．

フィルダムの補助カーテンは前項で詳しく述べたように最近の大規模なフィルダムの補助カーテンは重力ダムのそれに比べて列数・孔深とも大幅に増大しており，特に列数が4~6列になっている例も見られる．これにはフィルダムでは補助カーテンとブランケットグラウチングとも上載荷重がないカバーロックの状態で施工せざるを得ないために改良効果が低いという事情があったにせよ，重力ダムの場合に比べて過剰な感は否めない状況にある．

ここで重力ダムの現況と整合性が取れた形でのフィルダムの補助カーテンを検討すると，6.5.2項で述べるように少なくともコア敷の半分程度は重力ダムの上流端と排水孔との間の止水目的のコンソリデーショングラウチングと同程度のブランケットグラウチングが施工されている．またこのブランケットグラウチングの施工区間での浸透路長は重力ダムの上流端と排水孔との間の浸透路長の2倍以上ある．この点を考慮すると重力ダムでの補助カーテンと同程度の主カーテンの上下流に各1~2列以下で充分であると考えられる．

しかし前述した手取川ダムのようにコア敷に緩んだ部分を残した場合には当然緩んだ部分より5~10m程度深いところまでは複数列の補助カーテンを施工すべきであろう．

また断層・破砕帯の周辺部や固結度が低くて主たる浸透流が構成粒子間を流れる地層でグラウチングによる改良効果が低くて主カーテンの列数を増やした部分では，主カーテンの列数に対応して補助カーテンの列数も増やして主および補助カーテン内に形成される水頭勾配を緩くするような配慮を払うべきである．

次に補助カーテンの改良目標値について検討を加えてみよう．現在のグラウチングの指針である1972年の「施工指針」や1983年の「技術指針」では補助カーテンという章が設けられておらず，補助カーテンに関する具体的な記述はなく，改良目標値も設定されていなかった．このために1990年以降に完成した大規模なフィルダムでは補助カーテンの改良目標値はかなり異なった値が設定されており，10ルジオンとかなり高い値を設定したダム（阿木川ダム）もあれば2ルジオンと重力ダムの主カーテンより厳しい値を設定したダム（寒河江ダム）も見られる．

しかしこれまでに述べてきたように補助カーテンの役割は主カーテンを補強して止水目的のコンソリないしブランケットグラウチングとの間を補完することにあると考えられる．したがって改良目標値も主カーテンと止水目的のコンソリデーションないしブランケットグラウチングの改良目標値の中間の値とするのが妥当であろう．

したがって補助カーテンの改良目標値は重力ダムでは2~5ルジオン，フィルダムのそれは5~7ルジオン程度とするのが妥当であろうか．

6.4 コンソリデーショングラウチング

6.4.1 コンソリデーショングラウチングの目的と効果

コンソリデーショングラウチングは現在一般にコンクリートダムやフィルダムの余水吐など，ダ

ムのコンクリート構造物の基礎部分の主および補助カーテンの施工部分以外の広い範囲に浅く施工される基礎グラウチングを指している．

したがってここではコンクリートダム，特に最近そのほとんどを占める重力ダムの基礎面に施工される主および補助カーテン以外のグラウチングを中心に述べることにする．

コンソリデーショングラウチングは第3章に述べたように1950年代後半までに完成した重力ダムでは部分的にしか施工されておらず，断層周辺部や弱層部に対してのみ施工されていた．これが比較的現在の姿に近い形で施工されるようになったのは小河内ダムからである．しかしこれも排水孔より上流側はかなり密な孔間隔で全面的に施工されているが，それより下流側では主として断層・破砕帯周辺部や節理・亀裂が多い部分に対して施工され，コンソリデーショングラウチングが全く施工されていないブロックも見られる程度であった．

これが1950年代に入り上椎葉ダムを初めとして相次いで大型のアーチダムの建設に着手されるようになると，アーチダムでは着岩面に作用する応力は極めて高くて基礎岩盤内の水頭勾配も重力ダムよりかなり急になるので，ダム敷全面にコンソリデーショングラウチングが施工されるようになった．

一方1959年12月にフランスのMalpassetダムが基礎岩盤の欠陥から破壊し，これを契機にダムの基礎岩盤の安定性の確保はダム建設での最重要項目と見なされ，ダムの基礎グラウチングも全面的に見直されるようになった．すなわち1960年代に入ると重力ダムも次第にダム敷全面にコンソリデーショングラウチングが施工されるようになった．

当初アーチダムではコンクリート打設前に弱層部や節理・亀裂がある部分を中心に施工し，ミルクの漏洩が著しい部分にはパイプを立て込んで打設後注入する工法が主であった．一方重力ダムでもダム敷全面に施工されるようになると重力ダムのダム敷は広いのでアーチダムでのような施工法は極めて多くの労力を要して施工が困難となるので，次第に2～3リフト打設後に画一的な格子状な配置で施工してルジオン値や単位セメント注入量が多い部分には内挿孔を追加施工するという工法になっていった．

現在の重力ダムのコンソリデーショングラウチングの施工法はこのような経緯でできあがってきたので，現在ダム建設に従事している人の多くはコンソリデーショングラウチングは基礎岩盤の力学的性質の改良のために行っており，コンクリートダムの基礎岩盤の力学的安全性を確保するためには不可欠なものであると考えられているようである．

この点について検討を加えてみよう．前節まではダム基礎岩盤の止水面からの検討を行ってきたので，まずコンソリデーショングラウチングの止水面から見た効果について述べてみる．

6.2.2項では浸透流の面からの安全性を確保するためには，止水面で最も厳しい条件下に置かれている着岩面直下の止水カーテン内の見掛けまたは真の浸透流速をある一定値以下に抑制する必要があるという観点から論じた．しかし重力ダムの場合には上流面から排水孔までの距離が短いので主および補助カーテンの施工区間だけでなく，排水孔より上流側のこれらの止水カーテンの非施工部分も改良を充分行わなければ，止水カーテン内をその改良目標値以下に改良しても着岩面直下の浸透路での見掛けまたは真の浸透流速を所定の値以下に抑制することは困難になり，排水孔からかなりの湧水を招く危険性が生じてくる．

6.4 コンソリデーショングラウチング

この意味では着岩面に近い浅い部分では排水孔より上流側の止水カーテンの非施工部分でのグラウチングによる改良の必要性は高いことを認識しておく必要がある．

一方排水孔より下流側でのコンソリデーショングラウチングは止水面からは排水孔で抜け切れなかった浸透流を堰上げて排水孔より下流側での揚圧力を高くする可能性があり，必ずしも好ましいとはいえない面も持っている．

次にコンソリデーショングラウチングの力学的性質の改良という面から見た効果について検討してみよう．

コンソリデーショングラウチングの力学的性質の改良効果は 2.2.2 項（pp.45〜46）で述べたように，節理性岩盤では開口した節理・亀裂面にミルクを充填して外力が作用した場合にこれらの開口した節理・亀裂面が閉ざされることにより生ずる非均一な非弾性的・非可逆的変形を抑制することにあり，弾性変形を小さくしたり強度を向上させることはあまり期待できないのが実状である．

したがって緩みが多い部分や破砕帯などの非均一な変形が生じやすい所で大きな応力が堤体から伝えられる部分は非均一な変形による応力分布の乱れを抑制するなどの効果が発揮される．しかし小さな応力しか伝えられない部分では元々発生応力が低い上に非均一な変形による応力の乱れも小さいのでその必要性は低くなる．

図 6.4 は満水位時での着岩面近くに生ずる応力集中を無視した応力分布を示している．この図に示されるように上流面が鉛直な重力ダムの応力集中を無視した応力分布は鉛直応力・せん断応力とも上流端で 0，下流端で最大値を示す三角形分布を示している．

したがって上流側 1/3 の部分には堤体から岩盤に伝えられる鉛直力・水平力とも全外力の 1/9 であるが，下流側 1/3 の部分では全外力の $5/9\{= 1 - (2/3)^2\}$，すなわち堤体からの力の半分以上を受け持つことになる．

以上から重力ダムでは力学的に重要なのは下流側 1/3 の部分でこの部分が半分以上の力を担っており，上流側 1/3 の部分は止水上重要な働きをしていることになる．

すなわち重力ダムの場合にダム基礎の上流側 1/3 の部分，特に排水孔より上流側は止水上極めて重要な働きをしており，主および補助カーテンの施工区間以外

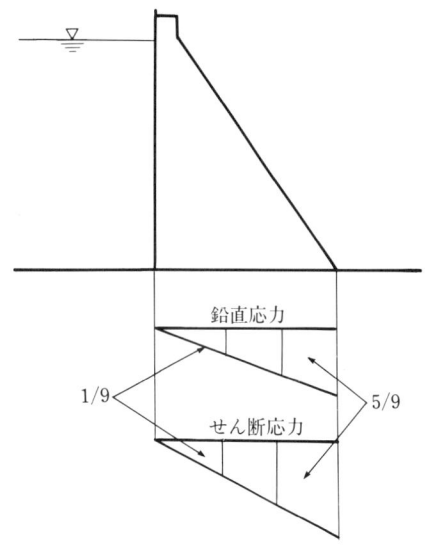

図 6.4 重力ダムの応力分布

も入念なグラウチングが必要であり，この部分が低い透水度まで改良されて初めて排水孔による揚圧力の低減が図れる．一方重力ダムの下流側 1/3 の部分は力学的な面から重要な働きをしており，堤体から岩盤に伝えられる力の半分以上はこの部分で基礎岩盤に伝えられている．

このように見ると中央の 1/3 の部分は止水面からも力学的な面からもそれほど重要な働きをしておらず，上流側 1/3 の部分と下流側 1/3 の部分とをつなぐ働きをしているに過ぎないと見ることができる．このような状況が中空重力ダムで中央の部分を中空にして堤体積を減少させたと考えられる．

以上のような状況を考慮すると，岩盤の力学的性質の改良という面から見た場合にはコンソリデーショングラウチングは下流側1/3の部分が最も重要な意味を持っていてその必要性は高い．一方中央の1/3の部分は中間的な意味しかなくて必要性はかなり低くなり，上流側1/3の部分になると力学的な必要性はほとんどないことになる．特に上流側1/3の部分は空虚時に最も大きい力が鉛直方向に作用するので，工事中や湛水直前までに比較的長い時間をかけて湛水開始以降よりも大きい力が作用してクリープなどにより非弾性的・非可逆的変形も吸収していると考えられる．さらにその状態で止水カーテンが施工されているので，湛水開始以降に力学的な問題が発生する可能性は極めて少ないと見るべきであろう．

また重力ダムの基礎岩盤は充分なコンソリデーショングラウチングを施工しなければ岩盤の強度は不足する危険性があるのではないかという点について考察してみよう．この点に関しては現在設計に用いられる岩盤強度の設定の根拠となっている岩盤試験は，横坑内の岩盤分類により基礎岩盤として用いる予定の代表的な部分で30cm程度掘り下げた所で行われている．しかし横坑掘削による緩みは完全に除去された箇所を対象とはされていない場合が多く，一般的にはダムの掘削面よりはやや緩んだ状態での強度が求められている場合が多い．

したがってダム本体からの力の大半が作用する下流側1/3の部分では非弾性的・非可逆的な変形が生じなくするためだけでなく，強度的にも充分グラウチングを施工して緩みがない状態に改良しておくべきである．しかしそれ以外の部分は作用応力も低いので，特に入念な力学的改良を目的としたグラウチングの必要性は低いと考えられる．

さらに現在一般的には各ダムとも調査・設計段階で岩盤分類を行い，そのダムで強度的に余裕があると考えられる岩盤はB～C_H級に，強度的にほぼ適切と考えられる岩盤はC_M級に，そのダムの基礎岩盤にとって何らかの補強が必要か除去すべきであると考えられる岩盤に対してはC_L～D級に分類されている．

したがってB～C_H級の岩盤はダムの下流端付近の最も応力の高い部分でも充分な強度を持つと判定された部分であるから，岩盤の強度という点からはすでに余裕があると判定された部分で力学的強度の面からは特に入念なグラウチングは必要ない部分と考えられる．

以上から下流側1/3の部分は前述したように堤体から伝えられる力の半分以上を受け持つ部分であり，非均一な変形による応力の乱れを防ぐ意味からも力学的改良を目的としたコンソリデーショングラウチングの必要性は高い．これに対してそれ以外の部分では力学的改良を目的としたコンソリデーショングラウチングの必要性は低いことになる．

また上流側1/3の部分のうち排水孔より上流側は止水面からは極めて重要な意味を持っているが，排水孔より下流側は止水面からも力学的な面からもコンソリデーショングラウチングの必要性はC_H級のような特に良好な岩盤でなくても低いことになる．

現在重力ダムのコンソリデーショングラウチングはダム敷全面に一律に1次孔を4～5m格子，2次孔を2～2.5m格子で施工し，さらに高ルジオン値や高単位セメント注入量を示した部分に対しては追加孔を施工するというのが一般的である．しかし上記のような考え方に立つと，排水孔より上流側は止水目的に，下流側1/3の部分は力学的な改良を目的に施工するというように重点をはっきりさせたコンソリデーショングラウチングを施工すべきではないかと考えられる．特に中空重力ダムで中空にしている中央部に対して排水孔の上流側や下流側1/3の部分と同じように一律なコンソ

リデーショングラウチングを施工している点は中小規模の重力ダムでは再検討すべき点であろう．

しかしアーチダムでは着岩面近くに形成される岩盤内の水頭勾配は重力ダムに比べて極めて急な上に堤体から岩盤に伝えられる応力もはるかに高いので，止水面からも力学的な面からも全面的なコンソリデーショングラウチングを施工した方がよいと考えられる．

6.4.2 コンソリデーショングラウチングの改善点

第3章にも述べたように初めて着岩面全面にコンソリデーショングラウチングが施工されるようになった1960年以前に完成したアーチダム，特に上椎葉ダム・殿山ダムなどでは，コンソリデーショングラウチングはあらかじめ孔配置は決めずに断層・破砕帯周辺や節理・亀裂がある部分などグラウチングが必要と考えられる部分に対してカバーロックで施工されていた．

日本で最初のアーチダムとしてアメリカのOCIの指導で初めてダム敷全面にコンソリデーショングラウチングを施工した上椎葉ダムではこの点を工事誌で強調している．すなわちコンソリデーショングラウチングは緩んだ節理・亀裂がない所に施工しても意味はなく，カバーロックでの施工により節理・亀裂にミルクを充填してそれを肉眼で確認することにその原点があることを述べている[7]．

コンソリデーショングラウチングのカバーロックでの施工はミルクの漏洩が著しくて施工に多くの手間と時間を要したので，次第にアーチダムではコンクリート打設前に削孔してパイプを立て込んで打設後に注入するという方法が用いられるようになった（坂本ダム・黒部ダム・池原ダムなど）．次いで基礎岩盤を地質状況に応じていくつかに分類してその各々に対して孔配置を変えた施工（青蓮寺ダムなど）から均一型孔配置のカバーロックでの施工へと変わっていった．

一方重力ダムではアーチダムでの基礎面全面コンソリデーショングラウチングの施工が1960年以降に完成したダムから導入されたが，施工面積も広いことから比較的早い時期から施工が容易な2〜3リフト打設後に施工するカバーコンクリートでの施工が主流となった．しかしこのような施工法では岩盤状況を見ながらの施工が困難になることもあって画一的な孔配置で，高ルジオンや高単位セメント注入量を示した部分に追加孔を施工するという方法が一般となった．

しかし小河内ダム・菅沢ダム・草木ダムなどのように排水孔より上流側は止水効果を考慮して他の部分に比べて特に密な孔間隔で，堤体から伝えられる応力が低くて止水上の必要性もない中央部や岩盤が良好と見られた部分ではかなり間引いて施工するなどその孔配置にかなりの工夫が見られたダムもあった．しかし次第に画一的な施工へと移行して現在ではまず2〜2.5m格子の孔配置で規定孔を施工し，高ルジオン値や高単位セメント注入量を示した部分に追加孔を施工するという方法一色になった．

この過程でコンソリデーショングラウチングの効果と目的についてもはっきりとした認識が薄れ，重力ダムの基礎岩盤としての強度を得るためには全面的で充分なコンソリデーショングラウチングの施工が不可欠であると考えられるようになった．

特に現在一般に行われている2〜3リフト打設後に打設面から施工するカバーコンクリートによるコンソリデーショングラウチングの施工は，上載荷重が少ない状態で施工するために注入圧を低く抑制する必要があるので注入効率が低い上に，追加孔の施工が多いときは打設工程を遅らせて工事の進捗にとって大きな障害になる場合が多い．

したがってコンクリート打設前に岩盤掘削面を直接見て注入が必要な部分に集中的に施工することがミルクの漏洩などから困難であるならば，アーチダムで一般に行われているようなダム本体がある程度打ち上がった以降の上載荷重がある程度加わった状態で，注入圧も多少高めで堤体の上下流側から放射線状に施工する2次コンソリの形での施工（鳴子ダムや豊平峡ダムでは高さ100m級のアーチダムではあるが1次コンソリは行わずに2次コンソリのみ施工した）に置き換えられないかという考え方もあり得ることになる．

前項にも述べたように重力ダムでは止水面からは排水孔より上流側でのコンソリデーショングラウチングの施工が重要であり，力学的な面からはダム敷の下流側1/3の部分での施工が重要であることを考慮すると，重力ダムでのコンソリデーショングラウチングは2次コンソリの形で施工することは充分考えられることである．

この場合に排水孔より上流側に施工する止水目的のコンソリデーショングラウチングは上流端と排水孔との距離いかんによっては充分カバーできない部分が生ずる可能性もあり，止水カーテンとの施工の重複を避けるために従来どおりの施工がよいと考えられる場合もある．しかし中小規模（高さ50～60m以下）の重力ダムでは下流側1/3の部分の力学的改良を目的としたコンソリデーショングラウチングの施工法として，ダムの下流端から面間隔2～2.5m程度で深さ5～10mまでの面内数本の放射線状のグラウチングによる施工の方が効率的ではないかと考えられる．

このような施工法をすると重力ダムの中央部の1/3の部分はコンソリデーショングラウチングは施工されないことになる．しかし前項にも述べたようにこの部分は止水面からも力学的な面からもコンソリデーショングラウチングの必要性は低くて中空重力ダムでは中空としている部分であるから，中小規模の重力ダムでは断層・破砕帯周辺部や劣化部のような弱層部を中心に施工すれば充分であると考えられる．

これらの弱層部でカバーロックで施工するとミルクの漏洩が著しいので，小河内ダムではフィッシャーグラウチングの名称でコンクリート打設前に弱層部をV字型に掘り下げてコンクリートを充填してその上からグラウチングを施工している（p.55参照）．これらの弱層部ではこれに準じて施工し，他の部分，特に下流側1/3の部分は前述した要領で上載荷重が作用した状態で2次コンソリの形で施工すればやや高めの圧力で注入し得るようになり効果的な施工が可能となり，打設工程の面からも有利ではないかと考えられる．

また前項でも述べたようにこの部分でC_H級と分類された岩盤は強度的にも充分余裕があるので，中央の1/3の部分ではコンソリデーショングラウチングの対象からは除外しても差し支えないと考えられる．

ダム高80～100m以上の比較的規模が大きい重力ダムでは堤体から岩盤に伝えられる応力もある程度大きくなるので，一応従来どおりダム敷全面にコンソリデーショングラウチングを施工した方が安心感が高い施工となろう．また施工面積も広くなるので従来どおりのカバーコンクリートでの施工の方が容易であろう．

しかしまず規定孔を全面的に均一な孔配置で施工してさらに高ルジオン値や高単位セメント注入量を示した部分に内挿孔を施工するという従来の孔配置ではなく，各々の部分の施工目的がわかりやすい孔配置で施工すべきである．すなわち小河内ダム（図3.2.3）や草木ダム（図3.4.4）のように，排水孔より上流側と下流側1/4～1/3はそれぞれ止水面と力学的な面から密な孔間隔でやや厳

しめの改良目標値で施工し，それ以外の部分は弱層部を中心としたコンソリデーショングラウチングと，その他は粗い孔配置と改良度合の必要性に対応して緩和した改良目標値を設定して，グラウチングの目的と効果を考慮した施工を行うべきであろう．

6.4.3 コンソリデーショングラウチングの改良目標値

現在コンソリデーショングラウチングの追加基準や効果判定基準はルジオン値に対応して設定されている．カーテングラウチングや止水目的のコンソリデーショングラウチングは基礎岩盤の透水度の改良を目指して施工されるのでルジオン値の改良により判断することは合理的であるが，力学的性質の改良を目的とするコンソリデーショングラウチングをルジオン値により判定することの合理性は少ないと考えられる．

一般にグラウチングを行う場合には注入効率を良くするためにセメントミルクの注入に先だって水押テストを行っている．しかしコンソリデーショングラウチングの改良目標値がルジオン値で設定されるようになった以降，この水押テストの昇圧刻みを細かくするなど単なる注入効率を良くするための水押テストではなく，注意深いルジオンテストに変わってきている．

前述したような観点に立つならば，岩盤の力学的性質の改良を目標とするコンソリデーショングラウチングでは改良目標値をセメント注入量で設定し，水押テストを簡素化するのも一法であろう．

事実1983年の「技術指針」作成の際に行った調査ではその時点で工事段階にあったかなりのダムでは単位セメント注入量で追加基準や効果判定基準を設定していた．

作業の簡素化のために，排水孔より上流側に施工する止水目的のコンソリデーショングラウチングは従来どおりルジオンテストを行ってルジオン値により判定し，他の部分の力学的改良を目的としたコンソリデーショングラウチングはルジオンテストを行わずに，単位セメント注入量での改良目標値を設定してそれと対比して判定するという方法も検討すべきであろう．

すでに述べたように1960年以前に完成した重力ダムではコンソリデーショングラウチングは五十里ダムと小河内ダム以外のダムでは断層・破砕帯や弱層部以外は施工されず，排水孔より上流側の岩盤にも施工されていなかった．

筆者はこのように排水孔のより上流側にコンソリデーショングラウチングが施工されていないいくつかの重力ダムに対して総合点検の際に漏水状況を調べる機会を持った．これらのダムではコンソリデーショングラウチングが施工されたダムに比べて排水孔からの漏水量がかなり多いと感ぜられたダムは多かったが，ダムの安全性という観点からはいずれのダムも何ら問題はなかった．

当時建設されたダムの基礎岩盤は現在建設中のダムの基礎岩盤に比べて地質条件に恵まれた地点が多かったので，これらの事例に準拠して論を進めることには問題があるが，一つの参考になると考えられる．

コンソリデーショングラウチングの改良目標値については，昭和55年より3年間にわたって建設省技術研究会で「ダム基礎岩盤のグラウチングに関する研究」が指定課題として取り上げられ，建設省・水資源開発公団・都道府県で当時工事中のダムの実態調査が行われた．その結果[8]，ルジオン値で改良目標値を設定していたダムのうちで，

① 重力ダムでは約60％のダムが5ルジオンとし，約40％のダムが7〜10ルジオンとしていた．
② アーチダムではコンソリデーショングラウチングは堤体から岩盤に伝えられる応力が高く水

頭勾配も急なため，ほとんどのダムが2～5ルジオンを改良目標値としていた．
③ フィルダムのブランケットグラウチングの改良目標値は大半が5～10ルジオンであった．
という結果が得られた．

この調査対象となったダムの中で改良目標値を7～10ルジオンに設定したダムでも，その改良目標値を見直すべきであると考えられるような現象が観測されたダムはなかったようである．

以降のダム建設にあたっては大体ここで集約された結果に準拠して施工されているが，重力ダムの補助カーテンとコンソリデーショングラウチングの改良目標値はほぼ5ルジオンに統一され現在に至っている．

またこれまでの経緯を考慮して，

ⓐ 重力ダムの排水孔より上流側に施工される止水目的のコンソリデーショングラウチングは従来の5ルジオン以下，

ⓑ 力学的改良を目的としたコンソリデーショングラウチングでは5ルジオン以下または単位セメント注入量を20～30 kg/m 以下，

ⓒ 高い重力ダムでダム敷全面にコンソリデーショングラウチングを施工する場合には，排水孔より上流側はⓐに，下流側1/3の部分はⓑに準拠し，中央1/3の部分は緩和して10ルジオン以下あるいは単位セメント注入量を50 kg/m 以下，

ⓓ アーチダムでは2次コンソリとして行い，2～5ルジオン以下，

とするのが妥当ではないかと考えられる．

なお固結度が低くて主たる浸透流が構成粒子間を流れる地層や断層・破砕帯の周辺部あるいはマサ化した風化花崗岩などの弱層部では，6.2.2項で述べたように各々異なった改良可能値があり，その値に対応して主カーテンの列数を増した止水処理を行っている．コンソリデーショングラウチングもこれに対応して主カーテンでの改良目標値を1.5～2倍程度に緩めた値とすべきであろう．

6.5 ブランケットグラウチング

6.5.1 ブランケットグラウチングの目的と効果

ブランケットグラウチングは現在一般に主および補助カーテンのほかにフィルダムのコア敷に1～2ステージ（5～10 m）の深さで止水目的の基礎グラウチングで，重力ダムの止水目的のコンソリデーショングラウチングに類似した性質のものとして施工されている．

日本でのこの種のグラウチングの経緯としては，第3章で述べたように1960年以前に完成した重力ダムと同様に1965年以前に完成した牧尾ダムや御母衣ダムなどでは断層・破砕帯などの弱層部以外ではほとんど施工されていなかった．これが1960年代後半に完成した九頭竜ダムや水窪ダムになるとコア敷の主カーテンの2.5 m上下流側に各1列で孔間隔2.5 mで深さ10～20 mの補助カーテンを施工し，地質不良部には断層処理グラウチングが施工され，さらに節理・亀裂が発達した部分に深さ1～2 mの表面処理グラウチングが施工されるようになり，現在見られるブランケットグラウチングの原型が現れてきた．

1970年代に完成したダムになると喜撰山ダムや大雪ダムなど底設監査廊を設けたダムが主流となり，底設監査廊からその周辺や弱層部を中心にコンタクトグラウチングを兼ねてブランケットグラ

ウチングが施工されていた．これが1976年に完成した岩屋ダム以降すべてのダムでコア敷全面にブランケットグラウチングが施工されるようになった．

このようにコア敷全面のブランケットグラウチングは重力ダムでのダム敷全面のコンソリデーショングラウチングが1960年頃に完成したダムから見られるようになったのと対比すると，約15年遅れて本格的に採用されるようになった．しかしそれ以前に完成したフィルダムは御母衣ダムの河床部に大きな断層が存在した以外は地質条件に恵まれてコンクリートダムでも充分建設し得た地点で，主として経済的な理由からフィルダムとして建設されたダムが多かったことも考慮する必要がある．

このコア敷全面のブランケットグラウチングが施工されるようになった背景には，ダムの止水を果たす基礎岩盤にはダム敷（フィルダムの場合はコア敷）全面にコンソリデーショングラウチングと同様の5〜10 mの深さのグラウチングが必要であるという考え方から導入された色彩が強い．そのためにその効果とあるべき姿についての検討は必ずしも充分に行われた結果ではないようである．

この点について立ち入って検討を加えてみよう．

フィルダムは元来その基礎岩盤に非均一的な変形が生じても堤体にはかなりの可塑性があるので，ブランケットグラウチングの目的は基礎岩盤の力学的性質の改良にはなくてその止水性の向上にあることは誰も異論ないところであろう．

さらに表面遮水型フィルダムでは基礎岩盤内の止水は主および補助カーテンのみにより行われているので，ゾーン型フィルダムで施工されるブランケットグラウチングの主目的は【主カーテンの上流側コア敷内の岩盤】→【コア部】→【主カーテンの下流側コア敷内の岩盤】というコア内よりも短い浸透路の形成を防ぐことあると考えられる．

一方重力ダムの止水目的のコンソリデーショングラウチングと同様に浅い部分では水頭勾配が急で，注入圧を低く抑制して施工するために施工効率が充分でない基礎岩盤内を通る【主カーテンの上流側コア敷内の岩盤】→【止水カーテン】→【主カーテンの下流側コア敷内の岩盤】という浸透路の止水を補強する目的も持っていると考えられる．

一般にゾーン型フィルダムの遮水コアは土質材料を用いて着岩面では$(0.3〜0.6)H$の厚さで，10^{-6}〜10^{-7} cm/s程度の見掛けの透水係数の土質材料を用いて10^{-5}〜10^{-6} cm/sの見掛けの透水係数の部分に仕上げることを目標に施工されるのが一般である．

このようにコア部は一般のコア直下のグラウチングを施工しない基礎岩盤よりはかなり透水度は低いが，コンクリートダムのダム本体よりは透水度はかなり高いのが一般である．さらにコア部は土質材料から成るので水頭勾配に対する抵抗力が低いので，コア内に急な水頭勾配が形成されるのを避けるために止水上必要な厚さよりも厚いコアが設計されている．

このためにコア部に接する基礎岩盤はコア部に近い透水度まで改良しないと，【主カーテンの上流側コア敷内の岩盤】→【コア部】→【主カーテンの下流側コア敷内の岩盤】というコア内よりも短い浸透路が形成される可能性が生じてくることになる．

ブランケットグラウチングはこのような浸透路の形成を防ぐために施工されるもので，その目的の一部には【主カーテンの上流側岩盤】→【主カーテン】→【主カーテンの下流側岩盤】という浸透路での止水を補強する目的も含まれているとも考えられる．しかしこの浸透路での水頭勾配は重力ダムでの排水孔の上流側より大幅に緩いし，アスファルト表面遮水型フィルダムでは止水目的のコンソリデーションやブランケットグラウチングは施工されていないことを考慮すると，その面か

らの必要性は他の型式のダムよりは大幅に低いと考えられる．

したがってブランケットグラウチングの主目的は【主カーテンの上流側コア敷内の岩盤】→【コア部】→【主カーテンの下流側コア敷内の岩盤】という浸透路の形成を防ぐにあると考えるべきであろう．

6.5.2 ブランケットグラウチングの施工範囲・孔配置・孔深と改良目標値

前項で述べたようにブランケットグラウチングは【主カーテンの上流側コア敷内の岩盤】→【コア部】→【主カーテンの下流側コア敷内の岩盤】という【上流側フィルター部】→【コア部】→【下流側フィルター部】よりも短い浸透路の形成を防ぐことを主目的としたものである．

このために主カーテンに近い部分は最も短い上記の浸透路が形成される可能性があるが，フィルター敷に近いコア敷では【フィルター部】→【コア部】→【フィルター部】と大差ない浸透路が形成される可能性しかない．したがって主カーテンに近いコア敷とフィルター敷に近い部分とではブランケットグラウチングの必要な深さと改良度合はかなり異なってくることになる．

このような観点に立つと 3.4.3 項に述べたように，高瀬ダムと寺内ダムではコア敷の止水カーテンを中心とした約半分の部分とそれ以外のフィルター敷に近い部分とでは孔配置・孔深・改良目標値を変えて施工している事例（表 3.4.10 参照）は注目すべきであろう．

すなわち高瀬ダムでは中央の 18 m 幅の部分は孔間隔 6 m，列間隔 3 m 千鳥 3 列で深さ 12～6 m，改良目標値 2 ルジオン（この改良目標値はやや厳しすぎたと考えられるが）で，その上下流側のコア敷は 6 m 格子で深さ 6 m，改良目標値 10 ルジオンで施工されている．また寺内ダムではコア敷の中央半分は 3 m 格子で，その外側は 5 m 格子で深さはいずれも 5 m で施工している．

これとは別の意味で注目すべき事例としてはすでに簡単に触れたが，手取川ダムでは当初コア敷全面に孔間隔 5 m，列間隔 2.5 m 千鳥で深さ 5 m，改良目標値は 10 ルジオン超過確率 30% で計画したが，緩みが著しかった部分が深かったので部分的には孔間隔 2.5 m，列間隔 1.25 m で深さ 20 m まで施工された（pp.102～103 参照）．

この手取川ダムの事例は，フィルダムの場合には基礎岩盤に対する力学的な条件が大幅に緩いので力学的な条件からは緩みの著しい部分を完全に除去する必要はなく，緩んだ部分を掘削除去するよりはグラウチングによりその透水度を止水上必要な程度まで改良する方が経済的である場合があることを示している．このような場合には緩みが著しい部分を残して止水処理によりダムの基礎岩盤として用いることは充分考えられることである．

このような設計思想はコンクリートダムの場合には特殊な場合以外は考えられないが（浦山ダムはこのような設計思想で建設されているが），フィルダムの場合にはしばしば検討対象となる設計思想であろう．

したがってブランケットグラウチングの孔配置や孔深はコア敷で基礎岩盤の緩んだ部分をコンクリートダム並に除去したか否かにより大きく異なり，一般論的に論ずるのは困難である．しかし少なくともコア敷の止水カーテンを中心とした中央部の約半分とその外側とでは高瀬ダムや寺内ダムのように孔配置・孔深・改良目標値を変えて施工すべきであると考えられる．

あえて標準的な姿を述べれば，中央部分は高さ 50 m 以下の中小規模のフィルダムでは 3～5 m 格子で深さ 5 m，高さ 70 m 以上の規模が大きいフィルダムでは 2.5～5 m 格子で深さ 10 m で改良目

標値は止水カーテンのそれをやや緩めて 5～7 ルジオン程度とし，その外側のコア敷は深さを 5 m，改良目標値を 10 ルジオン以下とする程度であろうか．

またブランケットグラウチングの目的が【主カーテンの上流側コア敷内の岩盤】→【コア部】→【主カーテンの下流側コア敷内の岩盤】という浸透路の形成を防ぐことにあるならば，コア敷に入念なスラッシュグラウチングやある程度の厚みがあるモルタル吹付けを施工することは極めて効果的であるはずである．

したがってコア敷で重力ダムの基礎岩盤と同程度に緩んだ部分を除去した中小規模のフィルダムでは，外側部分のブランケットグラウチングを入念なスラッシュグラウチングやある程度の厚みのモルタル吹付けに置き換えることは充分に考えられることであろう．

参考文献（6章）
1) 北海道開発局石狩川開発建設部；「漁川ダム工事記録」，pp.72～80，昭和 56 年 3 月．
2) 北海道開発局函館開発建設部；「美利河ダム工事記録」，pp.254～256，平成 4 年 3 月．
3) 同上，p.242．
4) 土木学会；「ダム基礎岩盤のグラウチングの施工指針」，pp.65～66，昭和 47 年 5 月．
5) 建設省河川局開発課監修；「グラウチング技術指針」，p.50，昭和 58 年 11 月．
6) 同上，p.57．
7) 九州電力株式会社；「上椎葉ダムの計画と施工」，p.314，昭和 31 年 1 月．
8) 国土開発技術研究センター；「グラウチング技術指針」，pp.41～42，昭和 58 年 11 月．

索　引

あ行

アーチダム　　62, 87
RCD 工法　　86, 95, 104
アスファルト遮水壁　　185, 189
アスファルト表面遮水型フィルダム　　81, 119, 381
圧力センサー　　226, 230, 285, 304

1 次コンソリ　　59, 71, 95, 372
岩株　　275
岩屋ダム　　13

応力解放による緩み　　272, 274, 336
OCI　　57, 376
オリストローム　　289

か行

改良可能値　　11, 230, 307, 313, 316, 331
改良達成値　　328, 346,
改良目標値　　6, 81, 87, 96～99, 112～116, 122, 278, 311, 345, 351, 361～369, 372～381
拡張レアー工法　　105
河谷の侵食による緩み　　272, 276～277, 281, 283, 297, 312, 336
火砕流堆積層 (Aso-4, Aso-3)　　132, 186, 196, 199, 283, 292, 295
火山砕屑物　　186
火山礫堆積層　　296
荷重-変位曲線　　43
河床砂礫層　　133, 200, 287
カットオフウォール　　4, 53, 370
カバーコンクリート　　58, 94, 95, 104, 115, 123
カバーロック　　55, 58, 69, 94, 104, 127
上椎葉ダム　　4
軽石質凝灰岩層　　301, 302, 309
カルデラ　　195, 292, 296
岩屑流堆積層　　184～188, 292, 302, 303, 309
乾燥密度　　189, 220, 300, 301
岩盤分類法　　61, 376

規定圧力　　284～286, 299
規定孔　　237, 258～266, 278～281
基盤岩　　140
旧河床堆積層　　135
凝灰角礫岩　　197
凝集コロイド　　160
輝緑凝灰岩類　　288, 290, 291

空隙率 (または立体的な空隙率)　　22, 300
空隙率 (面的な)　　312
グラウトキャップ　　82
クリープゾーン　　233
クリープ比　　33
グリーンタフ造山運動　　145, 290, 295
グリーンタフ地域　　67, 295
黒部ダム　　6
黒松内層　　213

経験公式　　8, 63, 67, 71, 75, 88, 104, 113, 125
頁岩　　197
原位置岩盤試験　　61, 162, 163, 195, 219, 304, 306, 308
原位置ハイドロフラクチャー試験　　171
限界圧力　　6, 68, 115, 173, 179, 182, 191, 221, 230, 299, 302, 307, 311, 313, 316, 345～349
限界水頭勾配　　32
限界流速　　22, 122, 179, 351, 362,
現場密度　　189, 220, 301, 316, 325

コア敷全面　　10
高圧グラウチング　　6, 61, 200, 207, 265, 302
降下火山灰層 (Qr_2)　　133, 287, 289, 295
降下軽石質火山灰層　　139, 289
降下スコリヤ質火山灰層　　139, 289
高溶結凝灰岩層 (Wth)　　132～135, 139, 167, 172, 196～212, 275, 277, 281～282, 286, 290, 296, 308
高溶結な火山岩類 (または火山性地層)　　131, 287, 294, 296
固結度が低い地層　　174
コロイドセメント　　164, 174, 176
コンタクトグラウチング　　56

さ行

砕屑性堆積岩類　291
砕屑性堆積層　140, 292

止水カーテン　91~93
　　―の施工深さ　13
止水壁　4
湿潤密度　189
室内高圧透水試験　171
室内透水試験　163, 300, 304, 306, 313, 330
Shasta 公式　332
Justin　81, 333, 352
　　―の限界流速　22
地山密度　324, 330
蛇紋岩化作用　288
重力ダム　63, 87
上載地層　295, 297
侵食速度　66, 124
浸透流解析　175, 178, 282, 283, 307, 312~314, 354
浸透流速　157, 206~209, 352~354, 372
浸透流速測定　136, 151, 155
浸透流量(漏水量)　17, 22
　　―の低減率　25
真の透水係数　18, 21, 137, 312, 333, 354~361
真比重　220, 300, 301

水位回復法　181
水頭勾配　13, 224
スクリューポンプ　221, 225, 230, 305, 313, 368
ステージグラウチング(工法)　176
ステージ工法　224, 226, 227, 310
スラッシュグラウチング　383

静水圧(または静水頭による加圧)　183, 191, 230, 305, 308
成層火山　195, 292
施工深度　8
瀬棚層　213
節理性岩盤　11, 280~284, 298~300, 307, 312, 356, 365

層位学的深度　142, 155, 215, 316, 272, 288, 291, 295, 301, 494
続成硬化　216, 228, 230, 271, 301
続成作用　273, 274, 288
損失水頭　8, 225, 285
損失水頭に対する補正　10, 108, 146, 283~285, 305, 319

た行

耐水頭勾配性　135, 200, 226, 264~265, 287, 300, 302, 313
高田流紋岩類　290, 291
Darcy の法則　17, 137, 285
単位セメント注入量　12, 64, 87, 94, 97, 251~261, 265~267, 278, 281, 345~348, 376~380

チェック孔　237, 261, 262, 265, 266, 279~281
地下水位測定　136
蓄圧器　183, 304
地形侵食　210
地形侵食による緩み　132, 231, 244~247, 262, 271~278, 282, 315, 329
地層の生成年代　155
地中連続壁　301, 359
中空重力ダム　5, 63
柱状ブロック工法　86
注入孔　237
超過確率図　112, 227, 229, 321
沈降速度　160

追加基準　66, 96, 98, 278, 278, 379
追加孔　237, 258, 261, 265, 266, 278~280
通常の地層　124, 131, 369

定水位透水試験　181
底設監査廊　83, 119, 176, 371, 880
低溶結凝灰岩(Wtl)　132, 133, 139, 162, 200, 208, 275, 290, 296, 308
泥流堆積層　179, 183, 187, 302, 303
Terzaghi　359
電気検層　136

統計処理　111, 137, 257, 259, 261, 265, 278~280, 345
透水度　125, 308
Treatise on Dams　3, 370
特殊な地層　123, 131, 351
土質ブランケット　175, 359, 367

な行

Nikuradse の実験　19
2 次コンソリ　59, 71, 95, 372
二次堆積層　295
二重管工法　224, 226, 227, 310
Newton の法則　18

熱水変質　322
粘性流体模型実験の基本式　18
粘土鉱物　160

濃飛流紋岩類　288, 290, 291
non Darcy 流　20, 137, 139, 200, 283～286, 294, 297, 299, 307, 311～312

は行

Hagen-Poiseuille の解　18
hydro-static　336
ハイドロフラクチャーテスト　178
パイピング現象　22
パイライト　233
パイロット孔　73, 74, 124
箱形連続壁　27, 135, 171, 222～226
パッカー　164, 171, 302～306

$p \sim q$ 曲線　319
ピエゾ水頭　17
非弾性的・非可逆的変形　48
表層処理グラウチング　82, 83

フィッシャーグラウチング　55, 95, 378
フィルダム　64, 88
不撹乱試料　300, 303, 306, 313, 330
不整合面　67, 108, 289, 298, 300

Hele-Shaw の解　18
変形係数　45
偏差応力　336
変質　118, 122, 322, 336
変成作用　232, 273, 274, 288
ベントナイト　164, 174

ボアホールスキャナー　342
ボイリング現象（掘削壁面の崩壊）　213, 216
母集団　237, 257, 259, 261, 278～280, 345
補助カーテン　83, 128
ポリウレタン　164
本カーテン　235

ま行

マサ　271, 273, 314
Malpasset ダム　4, 61, 76, 85

見掛けの浸透流速　354～362, 364～368
見掛けの透水係数　18, 171, 222, 284, 300, 301, 310, 313, 341, 360, 365
見掛けの密度　300
ミルク注入　298

面的な空隙率　17, 22, 137, 299, 308, 312, 355～358, 362

モルタル注入　203, 250～252, 281, 282, 297

や行

薬液注入　164, 166
八雲層　213

USBR　1, 54, 95, 370
遊離石灰　353

溶食空洞　272
揚水式発電　61, 86, 96

ら行

立体的な空隙率　22
粒度曲線　221, 324～326
粒度構成　122, 226, 292, 299～303, 310, 313, 315
粒度分布　189, 195, 220, 228, 230, 301, 302, 306, 308

ルジオン値　6, 61, 87, 252～261, 278, 302～307, 311, 313, 345～349, 376～379
ルジオンテスト　6, 61, 87, 222, 299, 302～307, 311～313
ルジオンマップ　146, 165

著者紹介

飯田 隆一（いいだ りゅういち）

1953 年	東京大学工学部土木工学科卒業
1953 年	建設省土木研究所入所
1973 年	工学博士
1982 年	建設省土木研究所 所長
1985 年	建設省退官
1985 年	（財）ダム技術センター 理事
1992 年	（財）ダム技術センター 理事長
1994 年	（財）ダム技術センター 顧問

主　著

「土木工学における岩盤力学概説」（彰国社，1978）
「新体系土木工学 75 巻 ダムの設計」（編著，技報堂出版，1980）
「コンクリートダムの設計法」（技報堂出版，1992）

ダムの基礎グラウチング　　　定価はカバーに表示してあります
2002 年 4 月 15 日　1 版 1 刷発行　　ISBN 4-7655-1627-X C3051

監　修　財団法人ダム技術センター
著　者　飯　田　隆　一
発行者　長　　祥　隆
発行所　技報堂出版株式会社

〒102-0075　東京都千代田区三番町8-7
（第25興和ビル）

日本書籍出版協会会員
自然科学書協会会員
工学書協会会員
土木・建築書協会会員

電　話　営業　(03)(5215)3165
　　　　編集　(03)(5215)3161
Ｆ Ａ Ｘ　　　(03)(5215)3233
振替口座　00140-4-10
http://www.gihodoshuppan.co.jp

Printed in Japan

© Japan Dam Engineering Center, 2002

落丁・乱丁はお取替えいたします　　装幀　海保　透　　印刷・製本　エイトシステム

本書の無断複写は，著作権法上での例外を除き，禁じられています．

● 小社刊行図書のご案内 ●

書名	編著者	判型・頁数
土木用語大辞典	土木学会編	B5・1700頁
コンクリート便覧（第二版）	日本コンクリート工学協会編	B5・970頁
セメント・セッコウ・石灰ハンドブック	無機マテリアル学会編	A5・766頁
土木工学ハンドブック（第四版）	土木学会編	B5・3000頁
ダムの設計［新体系土木工学 75巻］	飯田隆一編著	A5・286頁
コンクリートダムの設計法	飯田隆一著	B5・400頁
コンクリートの高性能化	長瀧重義監修	A5・238頁
コンクリートの長期耐久性―小樽港百年耐久性試験に学ぶ	長瀧重義監修	A5・278頁
コンクリート工学―微視構造と材料特性	Mehtaほか著／田澤榮一ほか監訳	A5・406頁
コンクリートの水密性とコンクリート構造物の水密性設計	村田二郎著	A5・170頁
繊維補強セメント／コンクリート複合材料	真嶋光保ほか著	A5・214頁
コンクリート構造物の診断と補修―メンテナンス A to Z	Allenほか編／小柳洽監修	A5・238頁
コンクリート土木構造物の補修マニュアル	日本塗装工業会編	B5・178頁
セメント系固化材による地盤改良マニュアル（第二版）	セメント協会編・発行	A5・440頁
詳述水理学	池田駿介著	A5・452頁
水理学―水工学序論	水工学研究会編	A5・270頁
応用水理学	岩崎敏夫著	A5・242頁

● はなしシリーズ

書名	編著者	判型・頁数
ダムのはなし	竹林征三著	B6・222頁
コンクリートのはなしⅠ・Ⅱ	藤原忠司ほか編著	B6・各230頁

技報堂出版　TEL 編集 03(5215)3161 営業 03(5215)3165
FAX 03(5215)3233